电磁炉维修
从入门到精通

韩雪涛◎主　编
吴瑛　韩广兴◎副主编

化学工业出版社
·北京·

内容简介

本书是一本专门讲解电磁炉维修专业知识和技能的图解实用教程。全书以国家维修类职业资格标准为指导，以岗位就业为导向，采用完全图解的表现方式，系统、全面地介绍了目前市场上流行的电磁炉的结构、特点、电路原理、检修方法与检修案例。根据读者学习习惯和行业特色，按照电磁炉维修的从业培训习惯和维修特点，本书共划分成22个模块，系统讲解了电磁炉的结构原理、元器件功能、检修工具及典型故障维修方法，涵盖电源供电、功率输出、主控及操作显示电路的分析与实操检修，同时提供美的、奔腾、尚朋堂、九阳等主流品牌电磁炉的故障检修案例，帮助读者掌握全面维修技能。

本书各个项目模块的知识技能严格遵循国家维修类职业资格标准和行业规范。大量的家电实用电路板与电路图配合讲解，让读者在最短时间内掌握不同电磁炉的电路构造和工作流程。大量样机的实拆、实测、实修，力求让读者掌握最真实、全面的维修技能。同时大量的实测案例和数据也为读者今后实际工作积累了经验，实现从入门到精通的技能“飞跃”。

本书可作为专业技能认证的培训教材，也可作为各职业技术院校的实训教材，适合正在从事和希望从事电子电工领域技术人员、家电维修从业者和业余爱好者阅读。

图书在版编目（CIP）数据

电磁炉维修从入门到精通 / 韩雪涛主编；吴瑛，韩广兴副主编. -- 北京 ：化学工业出版社，2025. 10.
ISBN 978-7-122-48851-0

Ⅰ. TM925.510.7

中国国家版本馆CIP数据核字第2025JV6317号

责任编辑：李军亮　李佳伶　徐卿华　　文字编辑：赵　越
责任校对：边　涛　　装帧设计：王晓宇

出版发行：化学工业出版社
（北京市东城区青年湖南街13号　邮政编码100011）
印　　装：北京瑞禾彩色印刷有限公司
787mm×1092mm　1/16　印张24¼　字数603千字
2026年1月北京第1版第1次印刷

购书咨询：010-64518888　　售后服务：010-64518899
网　　址：http://www.cip.com.cn
凡购买本书，如有缺损质量问题，本社销售中心负责调换。

定　　价：99.00元

前言

PREFACE

电磁炉是目前人们生活中必不可少的厨房电器之一。随着技术的不断成熟，电磁炉的功能越来越多，品种也越来越丰富。然而，伴随着功能更加全面和智能，电磁炉的电路也越来越复杂。如何能够在短时间内搞清电磁炉的电路原理，进而掌握电磁炉的实用维修技能，成为摆在希望从事电磁炉维修人员面前的首要难题，对于具备一定家电维修技术的从业人员来说，同样也面临着如何快速转型，跟上行业发展的技术难题。

为了能够让学习者在短时间内掌握电磁炉维修的专业知识和实用技能，我们特别编写了《电磁炉维修从入门到精通》技能培训图书。该书是一本专门教授电磁炉维修专业知识和实用维修技能的实用型图解教程。本书以电磁炉实用维修技术为主线，最大的特色就是将知识与技能紧密连接，通过图解方式演示讲解不同类型电磁炉的电路结构和工作原理。同时，依托实际样机和实用维修案例，实拆、实测、实修，让读者真实感受维修的过程，学习并掌握实用的维修方法。

本书具有以下特点。

（1）在读者群体上，明确市场定位

本书立足于初学者，以就业为导向。首先对读者的定位和岗位需求进行了充分的调研，然后将目前流行的电磁炉按照维修特点划分为各单元模块，并针对不同电磁炉的故障表现和维修特点，整理提炼维修方法和维修技巧。

（2）在内容规划上，贴近实际需求

电磁炉维修的学习最忌与实际需求脱节。本书所涉及的基础电路知识不是单纯的理论学习，不是以知道电路符号、电路公式为目的，而是选用具有代表性的电磁炉作为样机，通过对样机的解剖，对电路进行深入的分析。将实际电路板与电路图相结合，通过对照让学习者清楚不同类型电磁炉的结构组成和电路工作流程，建立科学的检修思路。然后，在此基础上，通过大量实际维修案例的引入，让学习者通过各种不同的维修方法和维修案例，最终掌握最实用的维修技能。

（3）在表现方式上，发挥图解特色

本书的编写充分考虑读者的学习习惯和岗位特点，将专业知识技能运用大量图表进行演示，尽量让学习者能够快速、主动、清晰地了解知识技能。对于

结构复杂的电路，通过图解流程演示讲解的方式，让学习者跟随信号流程完成对电路控制关系的识读，最终达到对电路的领悟。在检修操作环节，运用大量的实际维修场景照片，结合图解演示，引导学习者真实感受维修的现场，不仅充分调动了学习者的主观学习动力，同时还大大提升学习的效率。

（4）在学习方式上，开启全新学习体验

本书开创了全新的学习体验。“模块化教学”+“多媒体图解”+“二维码微视频”构成了本书独有的学习特色。根据知识内容的专业特点和行业岗位需求，将学习内容模块化分解，然后依托多媒体图解的方式输出给学习者，让学习者以“看”代“读”，以“练”代“学”。为了获得更好的学习效果，本书充分考虑学习者的学习习惯，在图书中增设了二维码。学习者可以通过手机扫描二维码即可打开相关的微视频。微视频中有对图书相应内容的有声讲解，有对关键知识技能点的演示操作。全新的学习手段更加增强了自主学习的互动性，不仅提升了学习效率，同时增强了学习的兴趣和效果。

专业的知识技能我们也一直在学习和探索，由于水平有限，编写时间仓促，书中难免会出现一些疏漏，欢迎读者指正，也期待与您的技术交流。

值得说明的是，本书所选用的多为实际工作案例，电路图纸很多都是原厂图纸，为了确保学习效果，本书电路图所使用的电路图形符号与厂家实物标注一致（各厂家的标注不完全一致），在书中不进行统一处理。

编　者

目 录

CONTENTS

第 5 章　电磁炉功率输出电路的结构原理

第 6 章　电磁炉主控电路的结构原理

第 7 章　电磁炉操作显示电路的结构原理

第 8 章　电磁炉检修环境的搭建与元器件检测技能训练

第 9 章　电磁炉电源供电电路的检修

第 14 章 奔腾电磁炉故障检修案例

第 15 章 尚朋堂电磁炉故障检修案例

第 16 章 九阳电磁炉故障检修案例

第 17 章 万利达电磁炉故障检修案例

第 18 章 乐邦电磁炉故障检修案例

第 19 章 三洋电磁炉故障检修案例

第 20 章 富士宝电磁炉故障检修案例

第 21 章 苏泊尔电磁炉故障检修案例

第 22 章 其他品牌电磁炉故障检修案例

附录 电磁炉维修资料

第1章
电磁炉的结构和故障特点

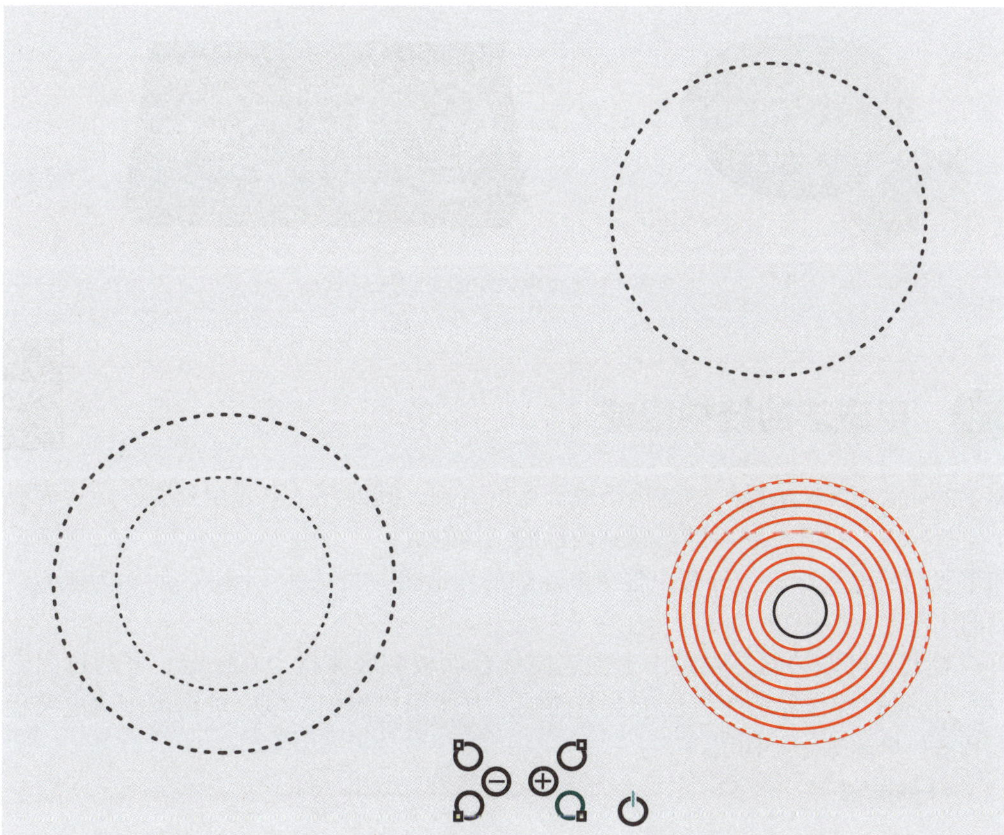

1.1 电磁炉的结构特点

目前，市场中电磁炉的种类繁多，外形也多种多样，但组成结构基本相似，图 1-1 所示为典型电磁炉的实物外形，下面我们以典型电磁炉为例，具体了解一下电磁炉的结构特点，为接下来学习维修操作打好基础。

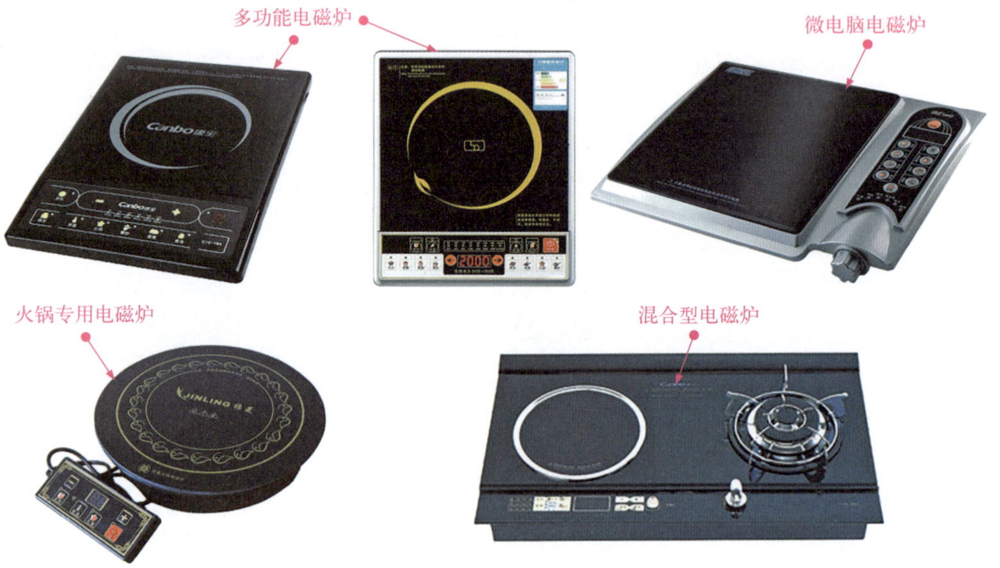

图1-1　典型电磁炉的实物外形

1.1.1 电磁炉的结构组成

图 1-2 所示为典型电磁炉的结构组成。可以看到，其外部主要是由外壳、灶台面板、操作显示面板构成，打开外壳后即可看到内部的结构组成。

如果我们将电磁炉进行分解，整个电磁炉的构造将一目了然。图 1-3 所示为电磁炉的分解示意图。

可以看到，电磁炉的外壳是由上盖连同灶台面板和底座拼合在一起，并通过固定螺钉（或卡扣）连接；操作显示面板位于上盖前端，方便用户操控；电磁炉内部则由电路板、炉盘线圈和散热风扇等部分构成。

(1) 灶台面板

电磁炉的灶台面板采用高强度、耐冲击、耐高温的陶瓷或石英微晶材料制成，在加热状态下热胀系数小。电磁炉的灶台面多为圆形和方形两种，并且其面板的花色也有所不同，主要有印花板、白板和黑板，如图 1-4 所示。

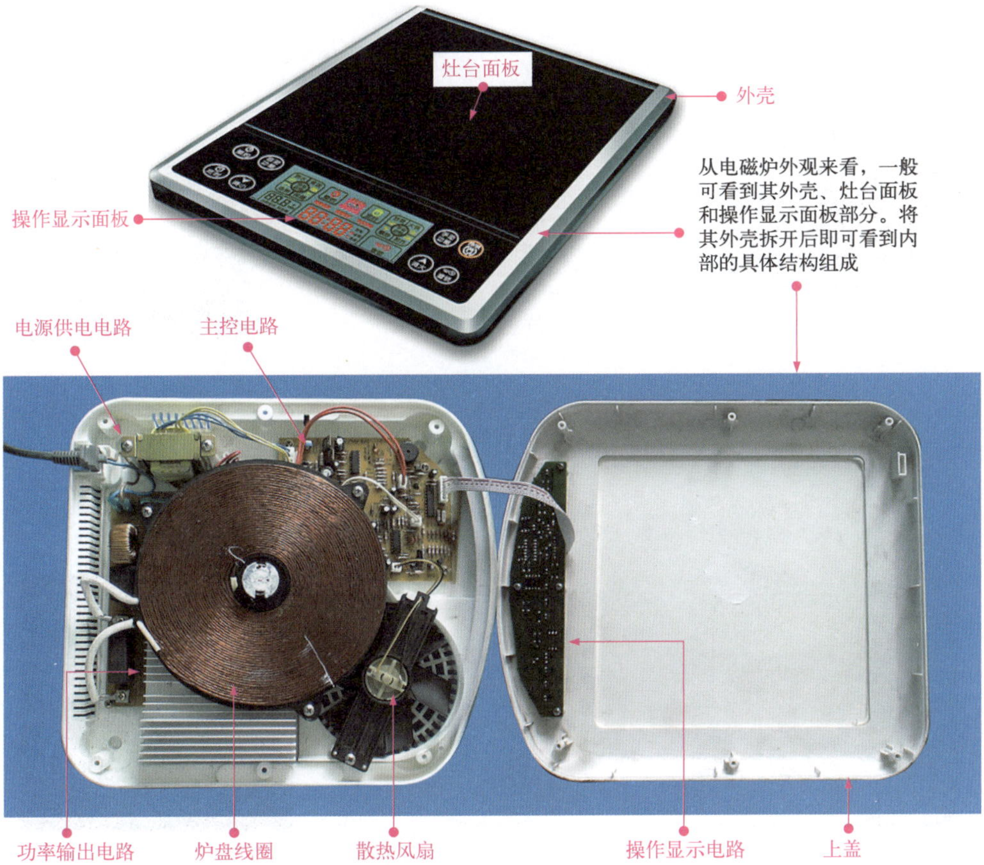

图1-2　典型电磁炉的结构组成

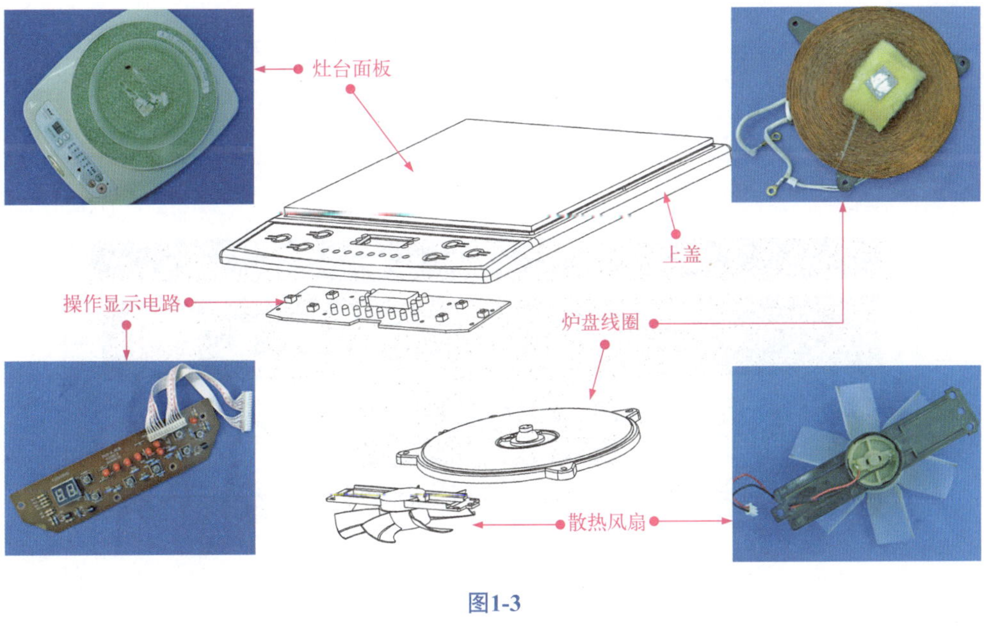

图1-3

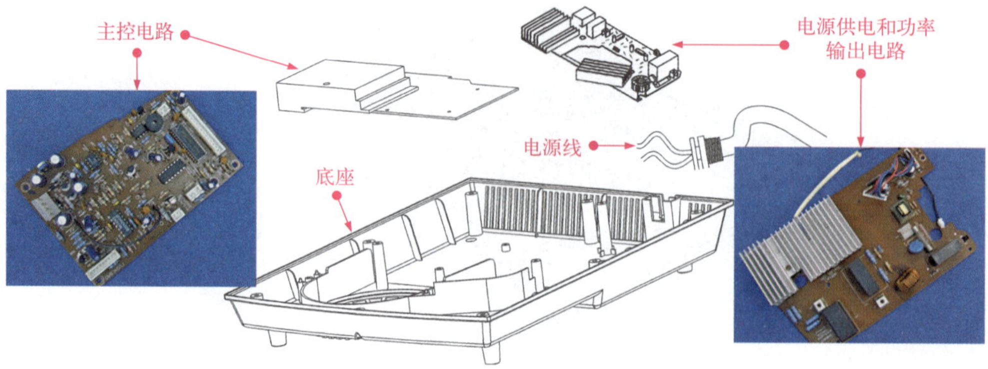

图1-3　电磁炉的分解示意图

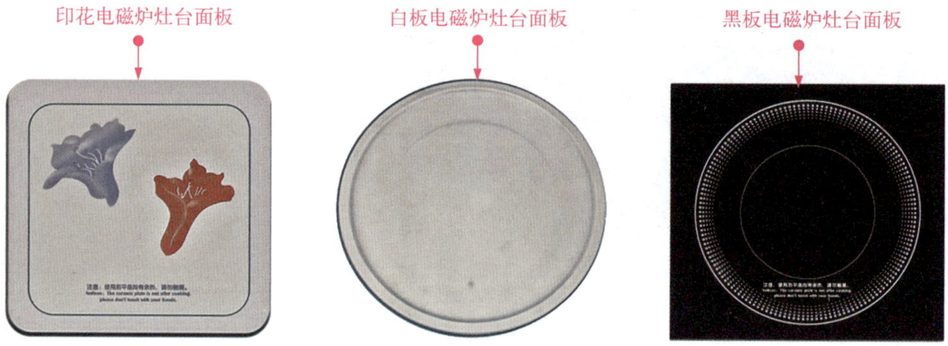

图1-4　不同外形的灶台面板

（2）操作显示面板

电磁炉的操作显示面板是人工指令输入和工作状态显示的窗口。通常，在电磁炉的操作显示面板上都设有电源开关、功能开关按键、火力调节旋钮、温度及功率指示灯、显示屏等，如图 1-5 所示，用户可以通过操作面板的按键实现对电磁炉的工作控制，电磁炉再通过指示灯或显示屏显示出电磁炉的工作状态。

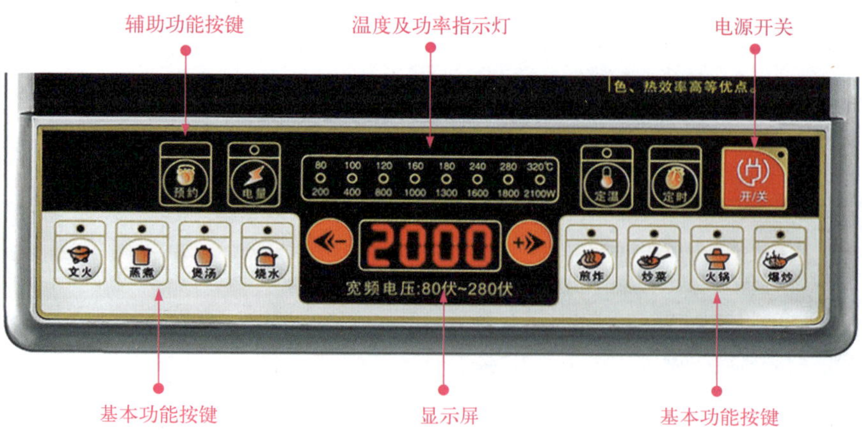

图1-5　操作显示面板

（3）炉盘线圈和散热风扇部分

打开电磁炉外壳后，首先看到一个最大的圆盘状部件，即为炉盘线圈，在炉盘线圈附近带有扇叶结构的部件即为散热风扇，如图 1-6 所示。

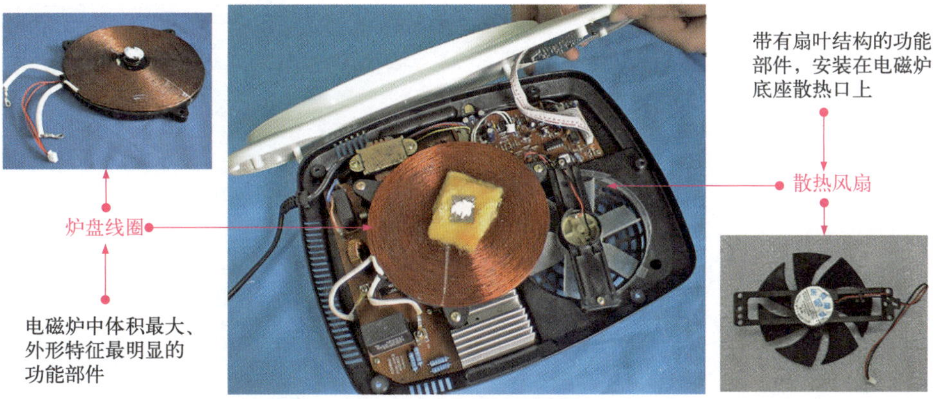

图1-6　电磁炉中的炉盘线圈和散热风扇部分

炉盘线圈通过连接线与电路板连接，也属于电路板中某功能电路的组成部分；散热风扇是一个相对较独立的器件，也通过连接引线与电路板关联，受电路板控制和驱动。

（4）电路板

电路板是电磁炉内部的主要组成部分，也是承载电磁炉主要功能电路的关键部件。目前，常见的电磁炉中通常设有两块或三块电路板，如图 1-7 所示，不同结构形式电路板的功能基本相同。

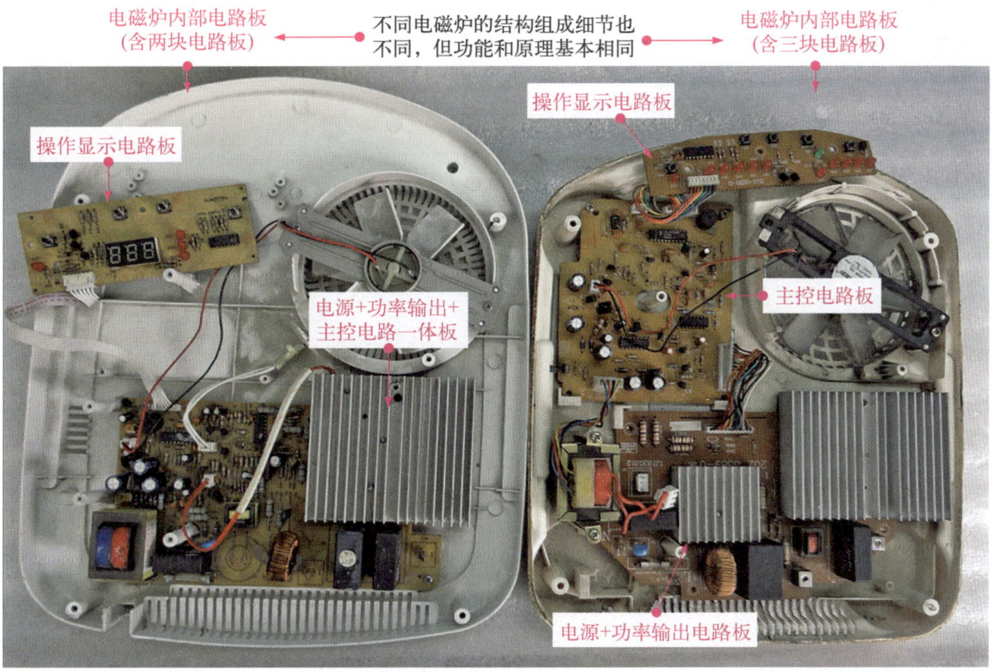

图1-7　电磁炉内部的电路板部分

相关资料

在电磁炉底部外壳上通常贴有电磁炉的铭牌，电磁炉的品牌、型号、功率、产地等，都通过其铭牌进行标识，例如，图 1-8 所示为某电磁炉的铭牌标识。通过铭牌标识主要是了解其供电电压和最大输入功率，以便了解家庭中的电源能否提供其消耗功率。

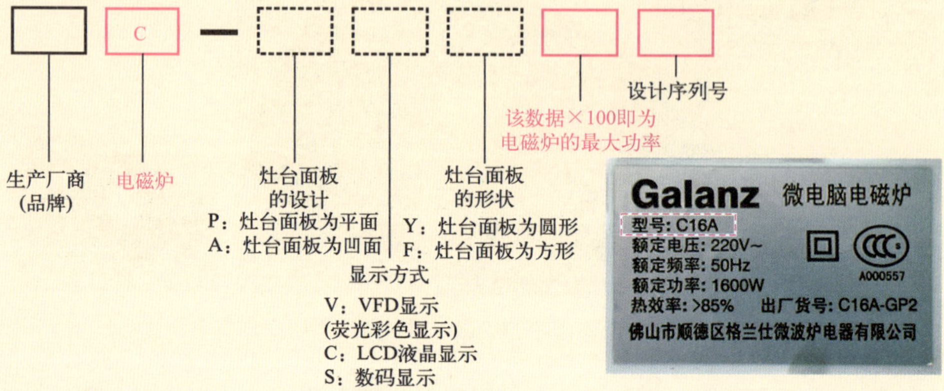

图1-8 电磁炉的铭牌标识

1.1.2 电磁炉的电路结构

电磁炉的电路部分是实现电磁炉整机功能最重要的组成部分。目前，不同品牌和型号电磁炉的电路部分，虽然采用的器件和分布形式不同，但根据电路的功能特点基本上都可划分为电源供电电路、功率输出电路、主控电路以及操作显示电路等几部分。

(1) 电磁炉电路部分的结构特点

图 1-9 所示为典型电磁炉的电路结构。

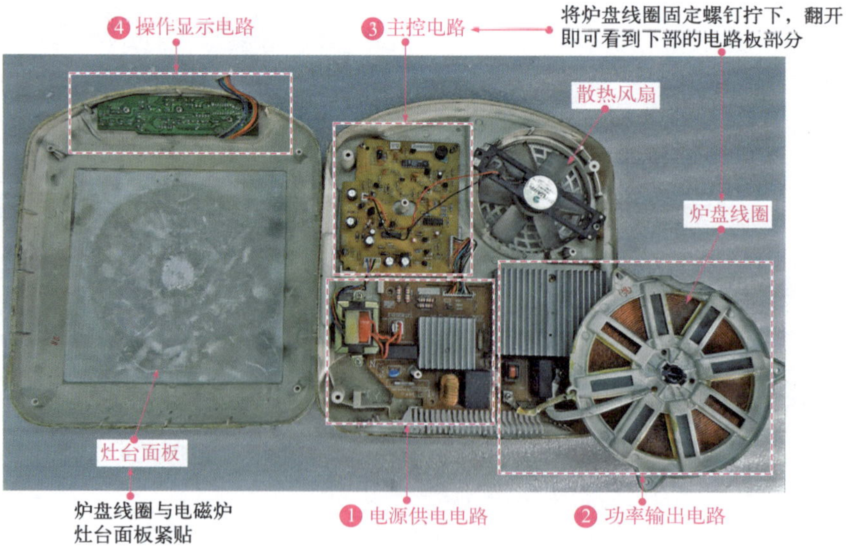

图1-9 典型电磁炉的电路结构（德昕S-188C16型）

① 电源供电电路　电源供电电路是电磁炉整机的供电电路，该电路部分主要由几个体积较大的分立元件构成，元件分布较稀疏，如图 1-10 所示。

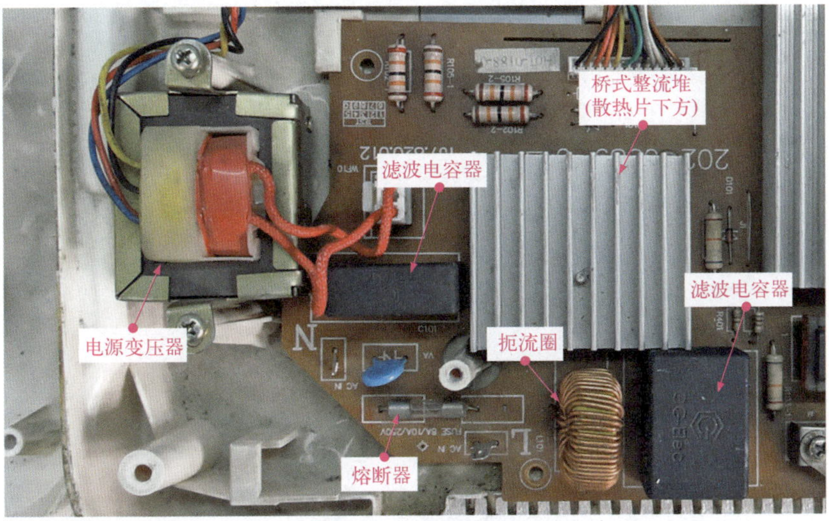

图1-10　典型电磁炉中的电源供电电路

② 功率输出电路　功率输出电路是电磁炉的负载电路，主要用来将电磁炉电路功能进行体现和输出，实现电能向热能的转换，如图 1-11 所示为典型电磁炉中的功率输出电路部分。

图1-11　典型电磁炉中的功率输出电路

③ 主控电路　主控电路是电磁炉中的控制电路，也是核心组成部分。电磁炉整机人工指令的接收、状态信号的输出、自动检测和控制功能的实现都是由该电路完成的，图 1-12 所示为典型电磁炉中的主控电路部分。

图1-12　典型电磁炉中的主控电路

④ 操作显示电路　操作显示电路是电磁炉实现人机交互的窗口，一般位于电磁炉的上盖操作显示面板下部，如图 1-13 所示为典型电磁炉中的操作显示电路。

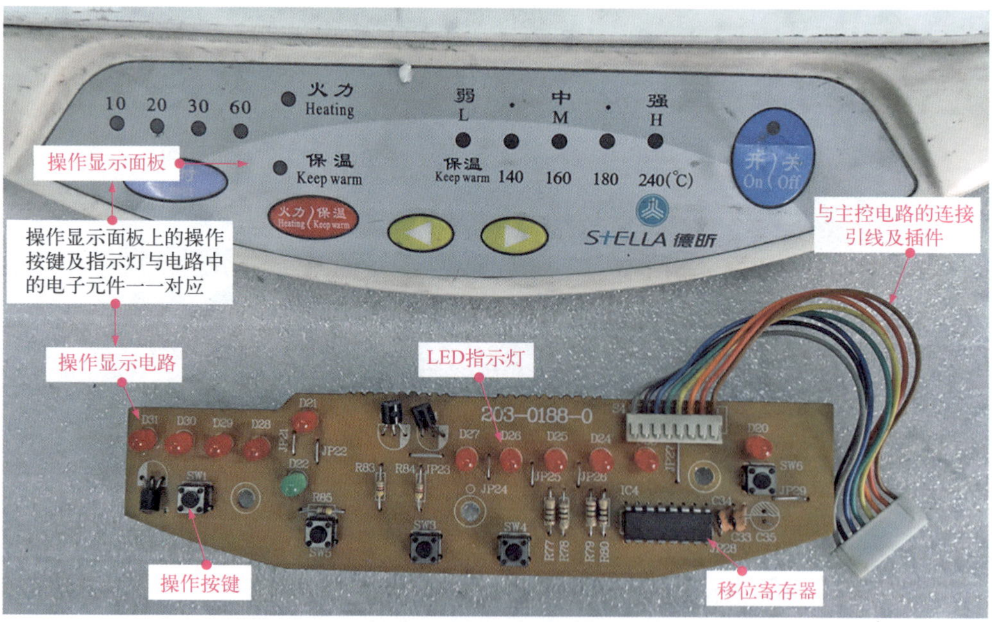

图1-13　典型电磁炉中的操作显示电路

（2）电磁炉各电路部分的关系

电磁炉中的各组成电路都不是独立存在，它们之间通过连接引线和接口插件形成关联，构成一定的电路关系，如图 1-14 所示。

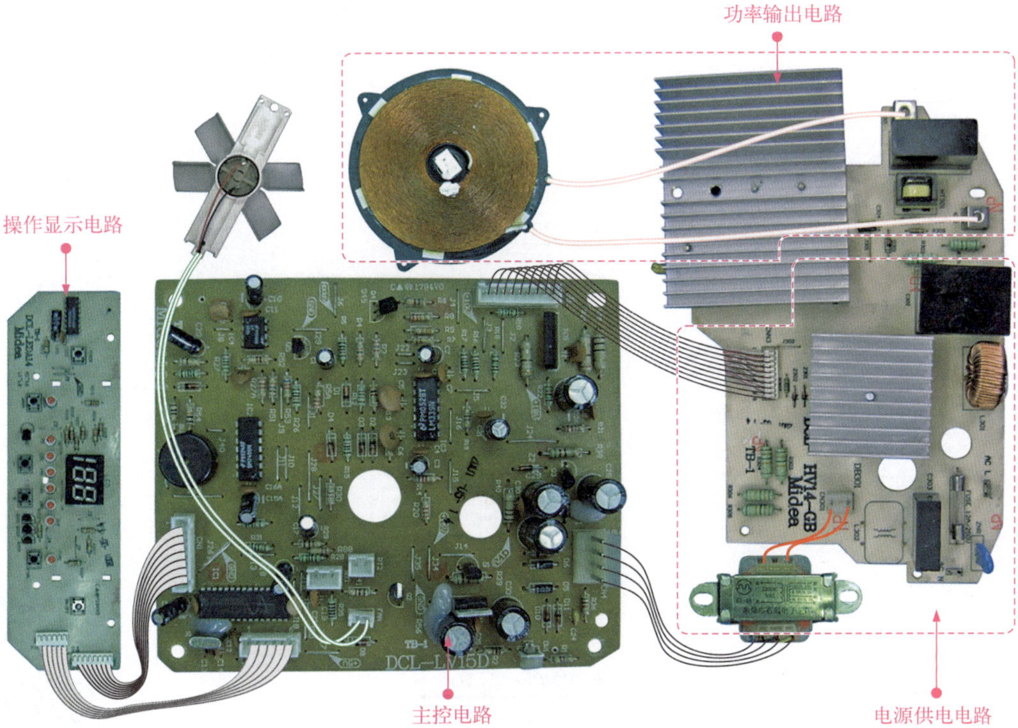

图1-14　电磁炉各组成电路的关系

图 1-15 所示为电磁炉中各组成电路的关系框图。从框图中能够清晰了解整机电路的关联和信号关系，有助于从整体上把握电磁炉的工作流程。

从图中可以看到，电源供电电路输出分为两路：一路送往功率输出电路，为该电路提供 +300V 供电电压；另一路经降压和整流滤波输出多路直流低压为主控电路供电。

功率输出电路在主控电路控制下进入工作状态，实现电磁炉的炊饭功能。

主控电路是整机电路的核心部分，其他各部分电路都与该电路有一定关联。当主控电路满足供电等基本工作条件后，便进入准备工作状态，一旦操作显示电路有指令送入便根据控制指令进行相应控制，实现整机自动控制功能。

操作显示电路是电磁炉人工指令的输入和工作状态的显示电路，用户通过操作按键可为主控电路输入人工指令；主控电路识别处理后，输出控制信号，同时将相应工作状态信号送回操作显示电路中，显示电磁炉当前工作状态。

由此可知，这些电路之间通过电压、信号的传送形成相互协作关系，任何一个电路不良都将影响到其他电路工作，了解这一电路关系可为后面学习检修做好准备。

（3）典型电磁炉整机电路关系分析

图 1-16 所示为美的 MC-PSD16A 型电磁炉中单元电路间的连接关系图。由图可知，该电磁炉主要包括操作显示电路、电源供电电路、功率输出电路、主控电路、炉盘线圈和散热

风扇等部分。通过不同的连接插件将电路中的信号进行传送，对电磁炉进行启动 / 停止 / 加热等工作的控制。

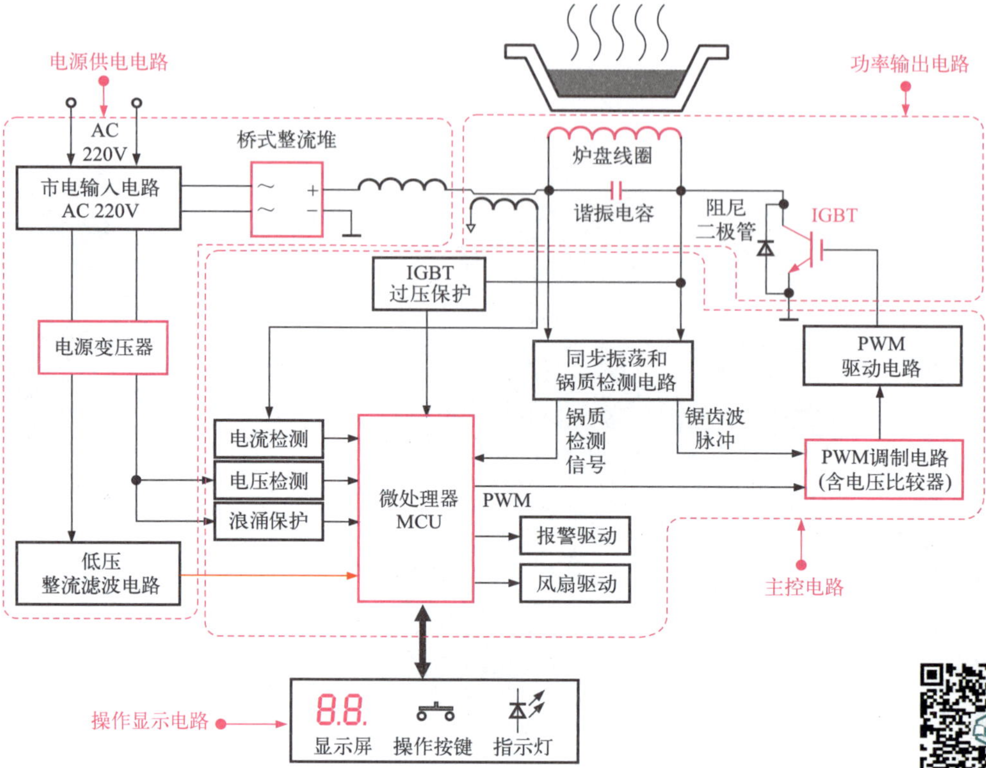

图1-15　电磁炉中各组成电路的关系框图

电源供电电路和功率输出电路是电磁炉正常工作的动力源，只有电源供电电路和功率输出电路正常工作，其他电路和部件才可能正常工作。

交流 220V 通过降压变压器进行降压后输送到电磁炉的控制电路中（①和②），电源电路通过⑤号导线，将炉盘线圈的工作电流输入到炉盘线圈中，为炉盘线圈提供工作电压。

主控电路和操作显示电路也由数据线进行连接，该电路接收的各种人工指令信号通过⑧号数据线传递给主控电路，由其内部的微处理器进行控制，并输出相应的控制信号，再通过⑨号数据线将显示信号输入到操作显示电路板中，对电磁炉相应的工作状态进行显示。

图中的④号线为 IGBT 温度检测传感器的数据线，通过该数据线将温度检测传感器的状态传输到主控电路的微处理器中，通过微处理器对其信号作出相应的处理和控制。

电磁炉的散热风扇通过⑦号线连接主控电路，在主控电路控制下进行工作。

图 1-17 为典型的美的电磁炉整机电路图，主要分为电源供电电路、功率输出电路、主控电路等部分。另外操作显示电路通过插件 CON8 与主控电路相连接。

交流 220V 输入电压接入电磁炉的电源供电电路后，分成两路：一路经熔断器 FUSE1、过压保护器 NR1、电容器 C3、电阻器 R6、桥式整流堆、扼流圈 L1、滤波电容 C6 后输出 +300V 直流电压（交流输入及整流滤波电路）；另一路经插件 CN5 后，再经降压变压器 T2 降压，分别输出交流 20V、交流 22V、交流 19V，再分别经整流滤波电路后输出直流 +18V、+13.5V、+5V 等电压。

功率输出电路主要由炉盘线圈、高频振荡电容 C11、IGBT 等部分构成，有些电路还可能安装有阻尼二极管。+300V 直流电压为炉盘线圈供电，IGBT 的基极接收 PWM 驱动电路送来的驱动信号，经其放大后由集电极输出脉冲信号送到高频振荡电容和炉盘线圈构成的谐振电路中，使其正常工作。

主控电路是电磁炉中的主控电路板，其内部包含很多单元电路，如电压检测电路（过压检测电路）、温度检测电路、电流检测电路（过流检测电路）、IGBT 过压保护电路、PWM 驱动电路、同步振荡电路、微处理器控制电路等，这些电路相互协作，实现电磁炉的检测与控制功能。

操作显示电路通过插件 CON8 与主控电路相连，实现对电磁炉的启动、停止等控制功能，并将主控电路输出的状态信号进行显示，提醒用户电磁炉当前工作状态。

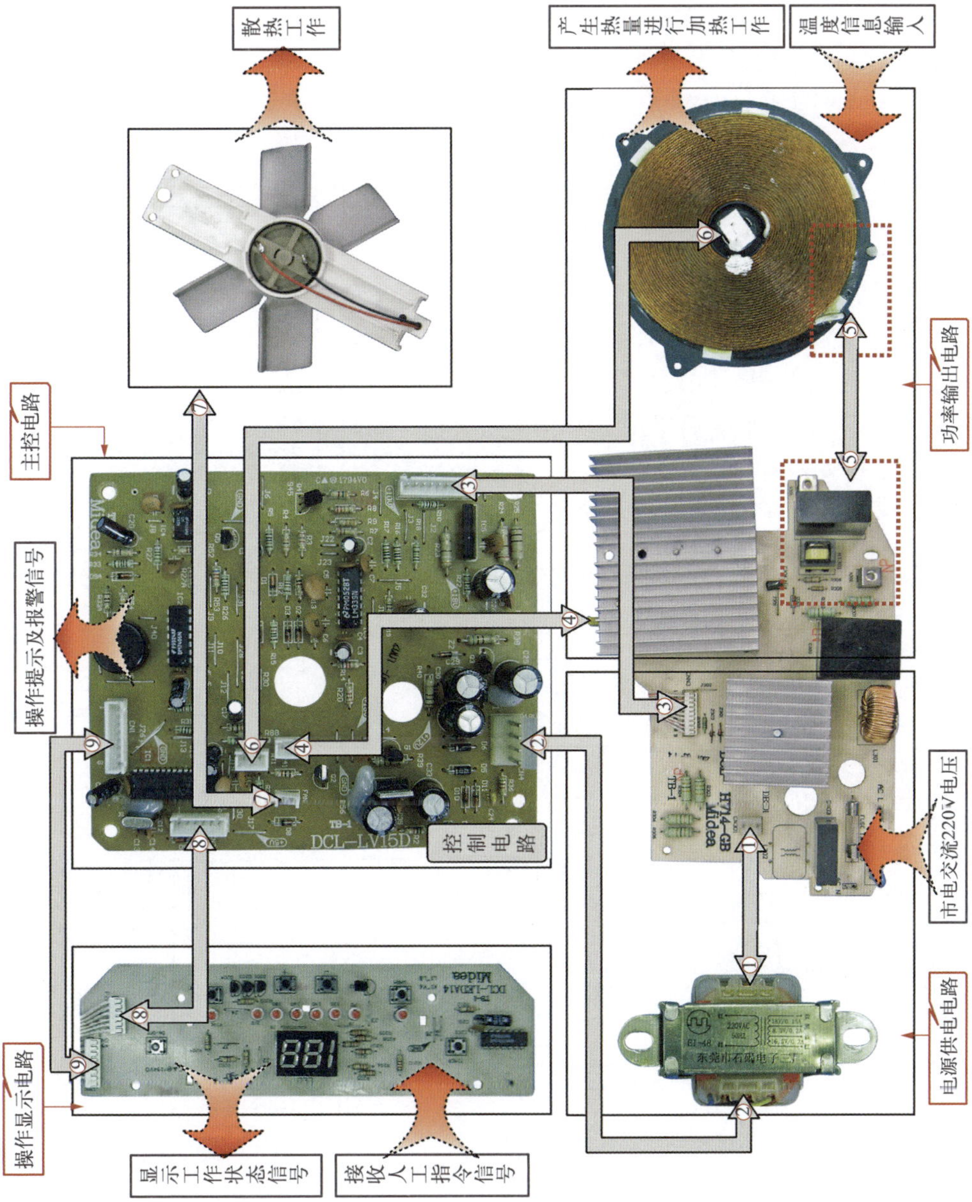

图1-16　美的MC-PSD16A型电磁炉中单元电路间的连接关系图

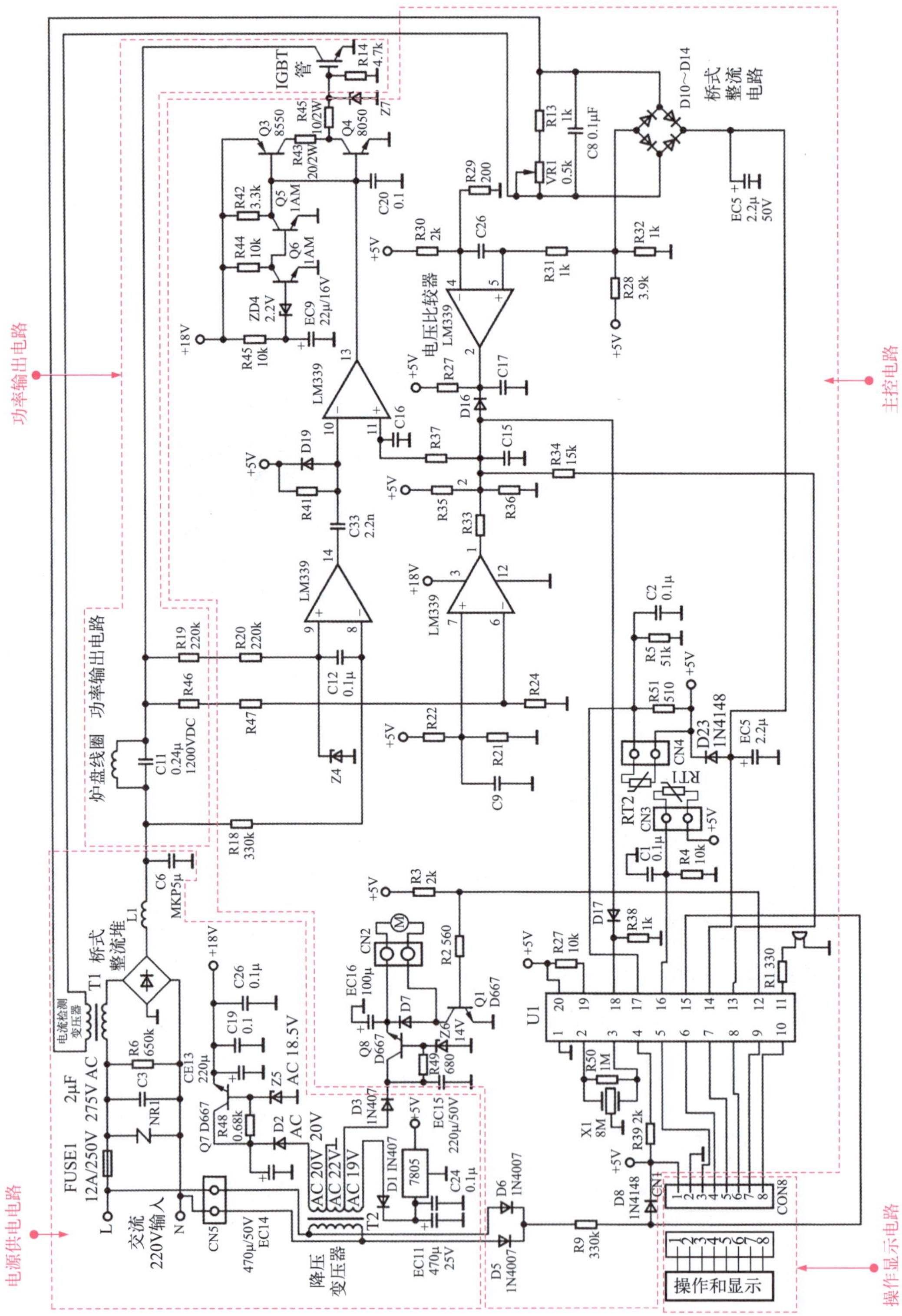

图1-17　典型美的电磁炉的整机电路图

1.2 电磁炉的故障特点

对于维修电磁炉，由于其功能结构和工作原理上的特点，加之工作环境因素的影响，使得电磁炉的故障会明显区别于其他家用电子产品，且故障表现具有明显特征。因此，能够掌握电磁炉的故障特点，辨别不同故障的表现，并能够根据故障对产生故障的原因进行分析，制定合理、正确的检修流程是非常有效的一项技能，这项技能将最终指导我们完成检修。

1.2.1 电磁炉的故障表现

电磁炉作为一种厨房用具，最基本的功能是实现加热炊饭，因此出现故障后，最常见的故障也主要表现在功能和工作状态上，如通电不工作、不加热和加热失控等方面。

(1) 通电不工作

通电不工作的故障主要表现为电磁炉通电后，显示屏无显示，操作按键无反应，电磁炉无法进入工作状态，如图 1-18 所示。

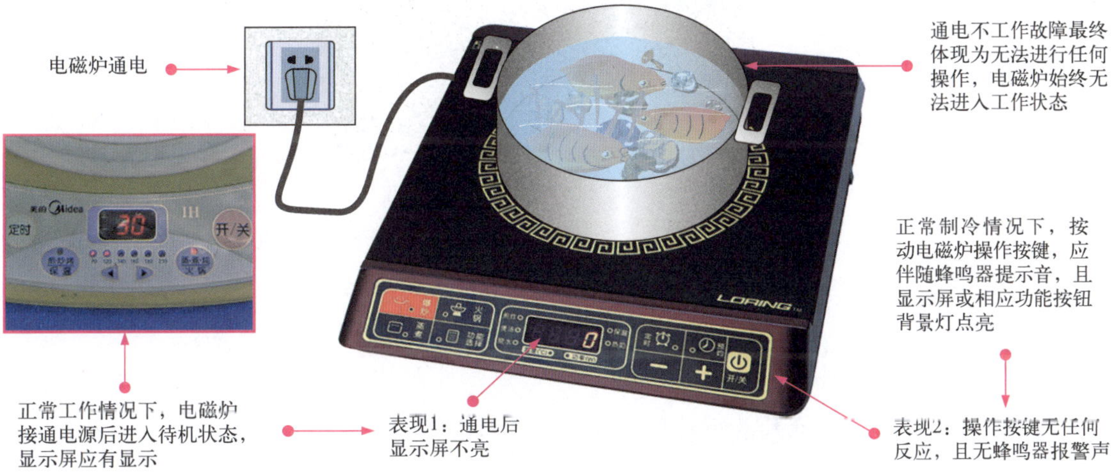

图1-18　电磁炉通电不工作的故障表现

(2) 不加热

不加热的故障主要表现为电磁炉通电后，显示屏正常，设定功能参数也正常，但不能进行加热，如图 1-19 所示。

(3) 加热失控

加热失控故障主要表现为电磁炉显示正常，电磁炉的加热功能出现异常，通过操作按键不能对电磁炉的加热温度进行调节，如图 1-20 所示。

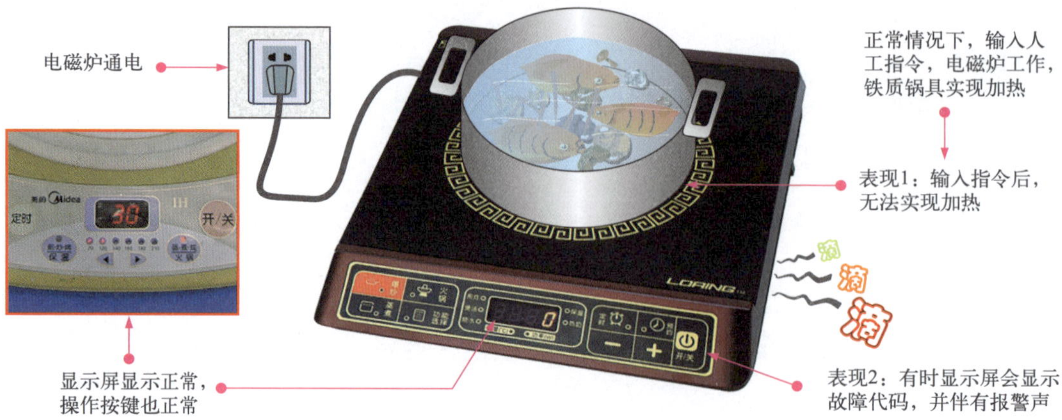

图1-19　电磁炉不加热的故障表现

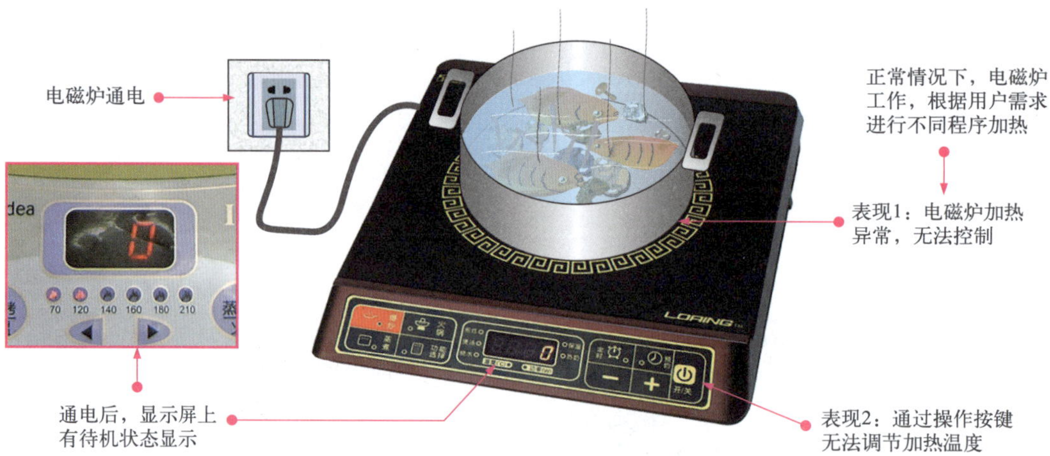

图1-20　电磁炉加热失控的故障表现

1.2.2　电磁炉的故障分析

电磁炉的故障现象往往与故障部位之间存在着对应关系。掌握这种对应关系，准确进行故障分析，对我们在实际检修中大大提高维修效率十分有帮助。

下面我们针对上一小节几种常见故障进行简单的故障分析，初学者应在实际应用中灵活运用，并能在此基础上进行一定的扩展、积累和提升。

（1）电磁炉通电不工作的故障分析

电磁炉通电不工作是最为常见的故障之一。根据故障表现分析可知，电磁炉通电后，无开机声，显示屏不亮，操作按键也无反应，说明供电没有送入到电磁炉中，发生这种故障的原因多为电源供电电路、主控电路发生故障。根据维修经验，应对电源供电电路和主控电路中的相关部件进行检查，重点对熔断器、低压电源电路、复位电路、晶振电路等进行检查。

图 1-21 所示为电磁炉通电不工作的故障分析。

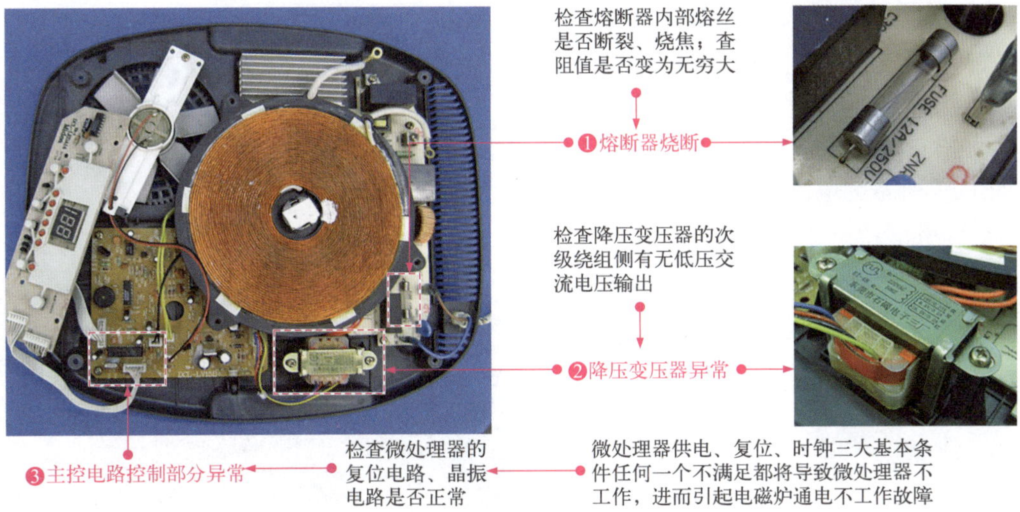

图1-21　电磁炉通电不工作的故障分析

（2）电磁炉不加热的故障分析

电磁炉显示屏正常，功能按键也正常，说明电磁炉的供电部分以及操作显示部分正常，而电磁炉不能进行加热的故障原因多为功率输出电路、主控电路发生故障。

一般当电磁炉出现不加热故障时，应重点检测功率输出电路中的 IGBT、炉盘线圈、谐振电容，主控电路中的锅质检测电路、同步振荡电路、PWM 调制电路、PWM 驱动电路、浪涌保护电路、IGBT 高压保护电路以及电流、电压检测 / 保护电路等。

图 1-22 所示为电磁炉不加热的故障分析。

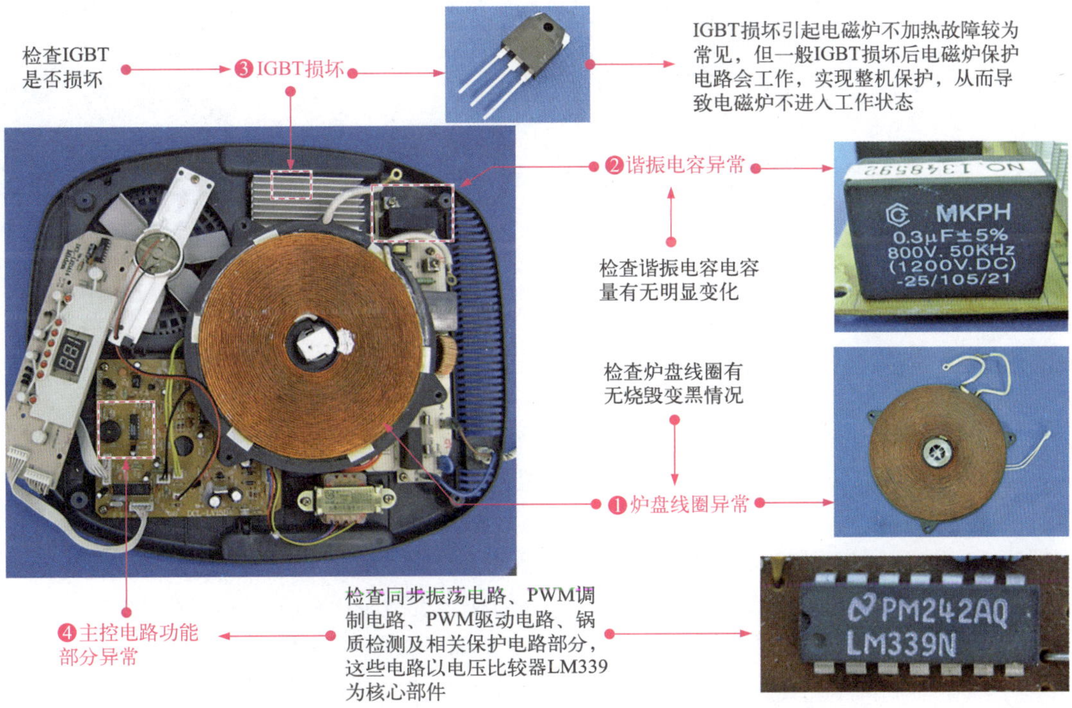

图1-22　电磁炉不加热的故障分析

（3）电磁炉加热失控的故障分析

电磁炉显示屏正常，能够进行加热，说明电磁炉的供电部分以及显示部分正常，通过操作按键不能调节电磁炉加热温度，这种故障的原因多为主控电路中与温度控制相关的电路发生故障，如 PWM 调制电路、温度检测 / 保护电路等。

图 1-23 所示为电磁炉加热失控的故障分析。

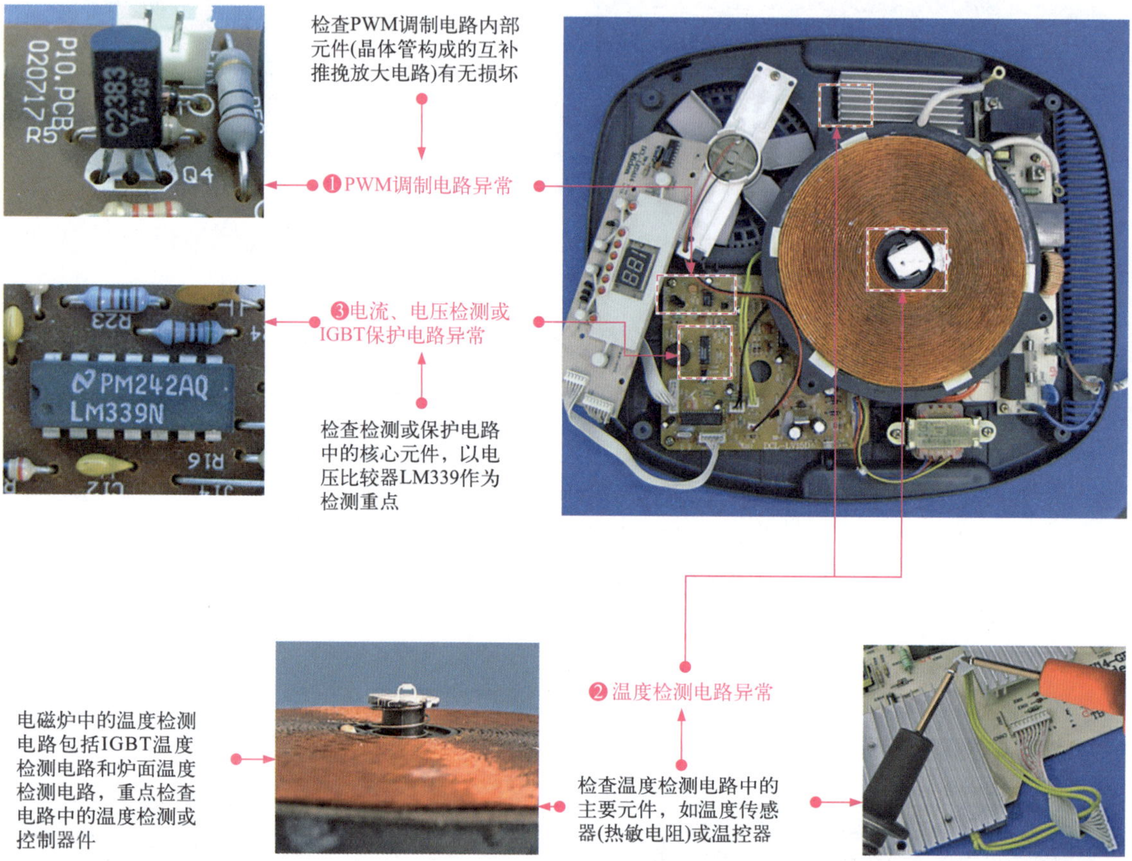

图1-23　电磁炉加热失控的故障分析

相关资料

检修电磁炉时与普通电子产品还有一个明显区别，即在其操作面板上有显示屏或指示灯，如图 1-24 所示。当电磁炉发生故障时，显示屏或指示灯可作为故障代码的显示窗口，提示用户当前电磁炉可能出现的故障原因，以便于进一步检查。

故障代码大多能够直接提示出当前故障原因或出现故障的部位，对检修十分有帮助。不同厂家生产的电磁炉所显示的故障代码的含义都是不同的，在维修故障过程中，需要首先根据故障机的品牌、型号查找对应的故障代码说明，根据说明进行检修。

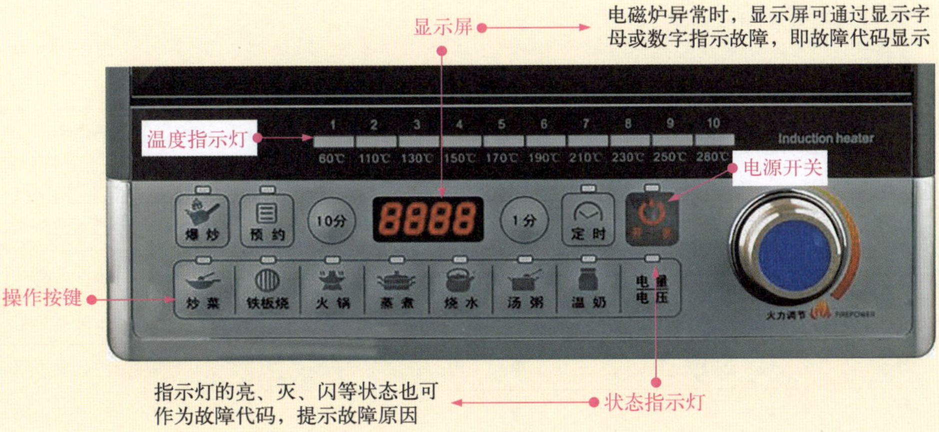

图1-24　典型电磁炉的操作面板

下面是市面上常见的几种品牌电磁炉的故障代码，可在检修时作为参考。

◆ 格兰仕电磁炉故障代码

C××A-×（×）P1Ⅱ型电磁炉的指示灯和数码显示

15min灯	30min灯	45min灯	60min灯	数码显示	故障原因
●	●	●	●	E0	硬件故障
●	○	○	○	E1	IGBT管（门控管）超温
○	●	○	○	E2	电源电压偏高
●	●	○	○	E3	电源电压偏低
○	○	●	○	E4	炉盘线圈温度传感器开路
●	○	●	○	E5	炉盘线圈温度传感器短路
○	●	●	○	E6	炉面超温
●	●	●	○	E7	IGBT管（门控管）传感器开路

注：“○”表示灯灭，“●”表示灯亮。

××P1系列（Ⅱ型板）电磁炉的故障代码

数码显示	故障原因	数码显示	故障原因
E0	内部电路故障	E5	炉盘线圈温度传感器短路
E1	无锅、锅质不符	E6	炉面超温
E2	电源电压偏高	E7	IGBT管（门控管）传感器开路
E3	电源电压过低	E8	IGBT管（门控管）传感器短路
E4	炉盘线圈温度传感器开路	E9	IGBT管（门控管）超温

◆ 美的电磁炉故障代码

火力指示灯型1电磁炉的故障代码

火力灯1	火力灯2	火力灯3	火力灯4	故障原因
●	○	○	○	主传感器开路
○	●	○	○	主传感器短路
●	●	○	○	主传感器高温
○	○	●	○	散热片传感器断路
●	○	●	○	散热片传感器短路
○	●	●	○	散热片传感器高温
●	●	●	○	电源电压偏低
○	○	○	●	电源电压偏高
○	●	○	●	锅具干烧保护
●	●	○	●	传感器失效保护

注："○"表示灯灭，"●"表示灯亮。

火力指示灯型2电磁炉的故障代码

火力灯	数码显示	故障原因	火力灯	数码显示	故障原因
100W	E0	开路（主传感器坏）	1200W	E4	电源电压偏低
400W	E5	短路（主传感器坏）	1500W	E2	IGBT管（门控管）超温
800W	E3	电源电压偏高	1900W	E6	炉面超温

◆ 九阳电磁炉故障代码

JYC-18B型电磁炉的故障代码

数码显示	故障原因	数码显示	故障原因
E0	内部电路故障	E4	电源电压偏低
E1	无锅、锅质不符	E5	炉盘传感器故障
E2	机内温度过高	E6	锅具干烧、温度过高
E3	电源电压偏高	E8	机内潮湿或按键闭合

◆ 奔腾电磁炉故障代码

典型机的故障代码

数码显示	故障原因	数码显示	故障原因
E0	按键短路	E4	IGBT管（门控管）传感器短路
E1	炉盘传感器开路	E5	电源电压偏低

续表

数码显示	故障原因	数码显示	故障原因
E2	炉盘传感器短路	E6	电源电压偏高
E3	IGBT传感器开路	E7	炉盘传感器温度过高

PC19N-B/PC19N-C 型电磁炉的故障代码

数码显示	故障原因	数码显示	故障原因
E0	IGBT管（门控管）传感器开路	E4	电源电压偏低
E1	无锅、锅质不符	E5	炉盘传感器开路
E2	IGBT传感器短路	E6	干烧保护
E3	电源电压偏高		

PC10N-A 型电磁炉的故障代码

数码显示	故障原因	数码显示	故障原因
E0	电源电压偏低	E4	IGBT管（门控管）传感器开路、短路
E1	电源电压偏高	E6	干烧保护
E3	炉盘传感器开路		

◆ TCL 电磁炉故障代码

数码显示	故障原因	数码显示	故障原因
E0	IGBT管（门控管）传感器开路	E4	电压偏低
E1	无锅、锅质不符	E5	炉盘传感器开路、短路
E2	IGBT管（门控管）传感器短路、超温	E6	锅面超温
E3	电压偏高		

◆ 苏泊尔电磁炉故障代码

数码显示	故障原因	数码显示	故障原因
E0	内部电路故障	E5	炉盘传感器开路
E1	无锅、锅质不符	E6	炉面温度过高
E2	IGBT管（门控管）温度过热	E8	电源电压偏低
E3	电源电压偏高		

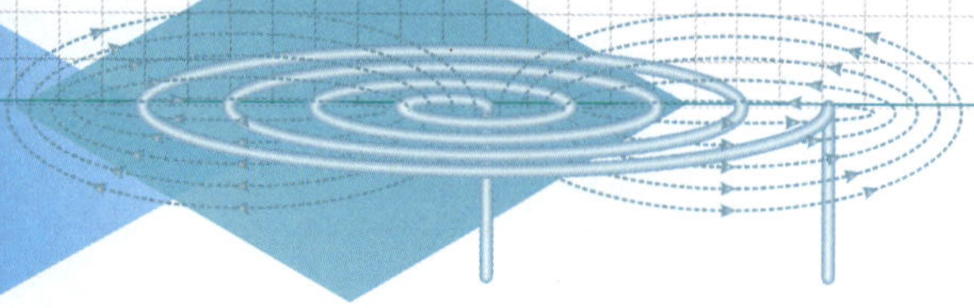

第 2 章
电磁炉中的常用元器件

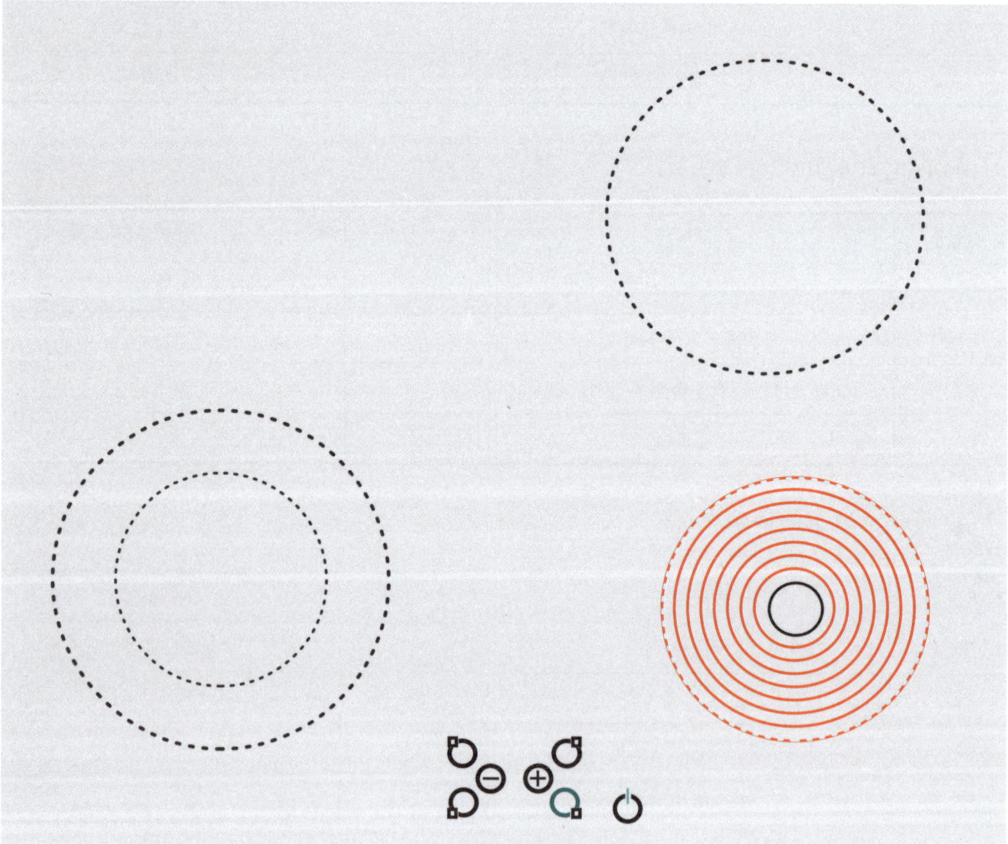

2.1 常用电子元件

2.1.1 电阻器

电阻器在电磁炉电路中的应用十分广泛，它的电路符号是“—▭—”，用字母“R”表示。它是电磁炉电路中最基本、最常用的电子元件之一。图 2-1 所示为电阻器的实物外形。

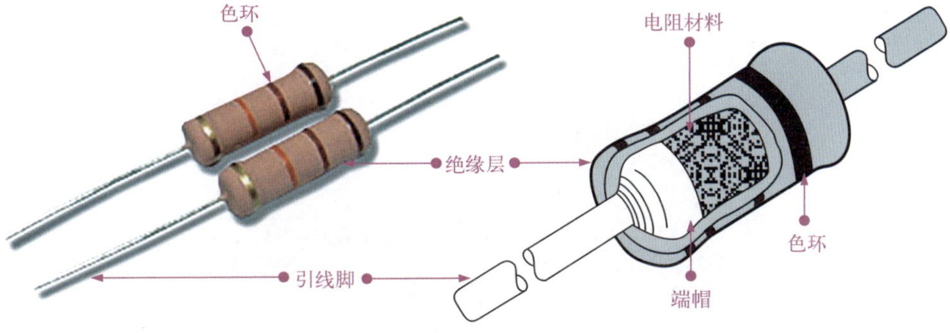

图2-1　电阻器的实物外形

电阻器主要由具有一定阻值的材料构成，外部有绝缘层包裹。电阻器两端的引线用来与电路板进行焊接。为了便于识别，在绝缘层上标注了该电阻器的阻值（通常，电阻的阻值有直标法和色环标注法两种）。

实际应用中的电阻器的种类很多，根据其功能和应用领域的不同，主要可分为固定电阻器和可变电阻器几种。其中可变电阻器又可分为可调电阻器和敏感电阻器两种类型。图 2-2 所示为几种常见电阻器的实物外形。

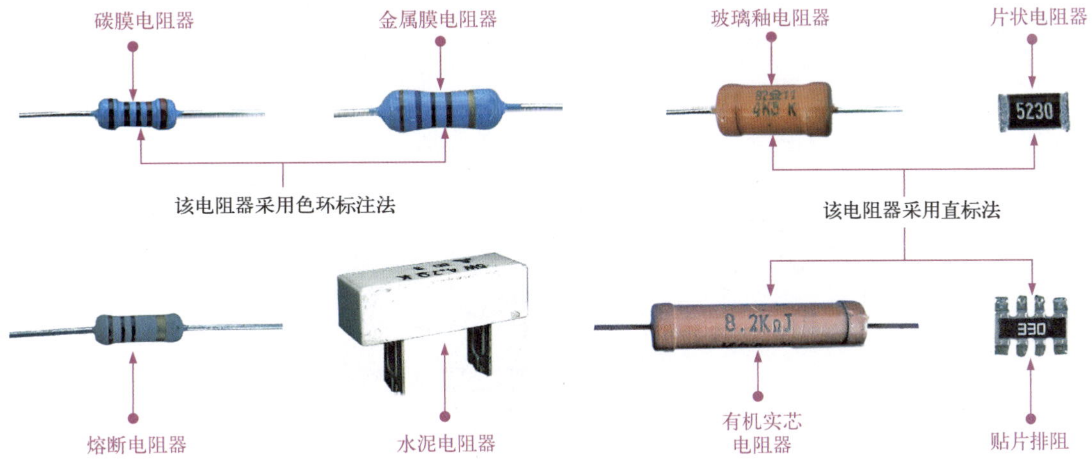

图2-2　几种常见电阻器的实物外形

（1）电阻器的功能

电阻器利用其自身对电流的阻碍作用实现限流功能，可为其他电子元器件提供所需的电流，电阻器可以组成分压电路为其他电子元器件提供所需的电压。此外，电阻器也可以与电容器组合构成滤波电路以减少供电电压的波动。

电阻器最主要的特性是阻碍电流的流动。利用这一特性，电阻器可以实现限流和分压的功能，电阻器的限流功能如图 2-3 所示。

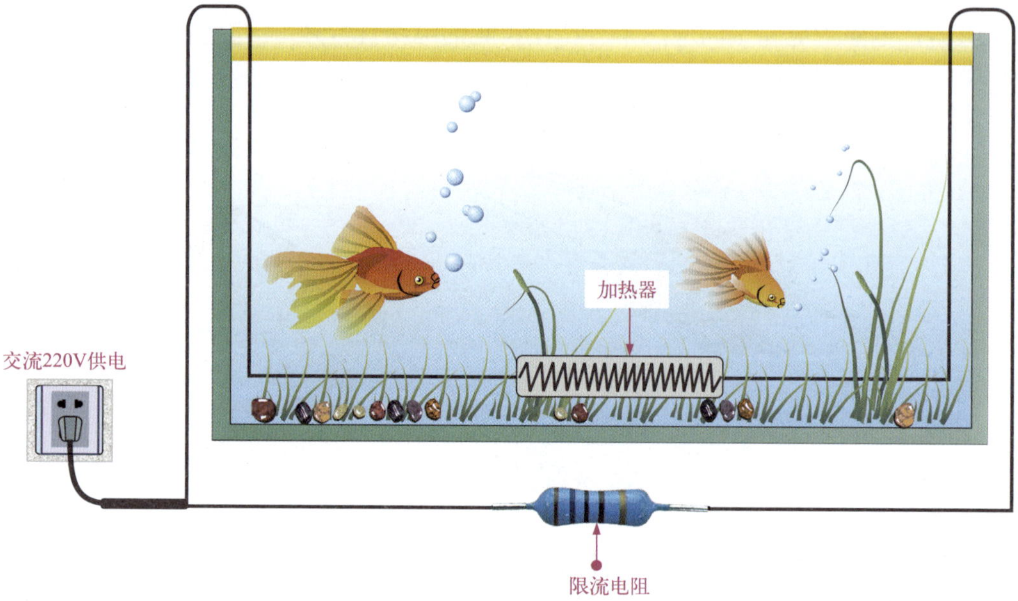

图2-3　电阻器的限流功能

这是一个简单的鱼缸加热器电路，在该电路中串联了一个电阻。这个电阻在电路中起限流的作用，从而有效确保加热器上流过的电流不会超过加热器的额定电流。

（2）电阻器的基本特性

① 电阻器构成的分压电路　电流流过电阻会在电阻上产生电压降，将电阻串联起来接在电路中就可以组成分压电路，为其他电子元件提供所需要的电压。

电阻分压电路为晶体管基极提供电压如图 2-4 所示。将两个电阻串联起来组成分压电路为晶体管的基极提供基极偏压，使该电路构成一个典型的交流放大器。

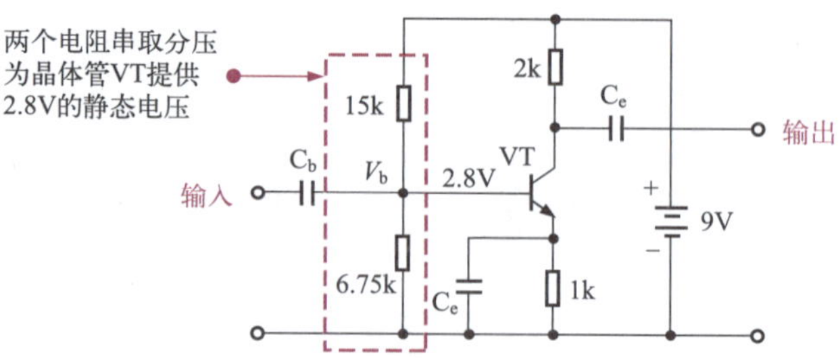

图2-4　电阻分压电路为晶体管基极提供电压

可以看到，该电路的电源供电是 9V，放大器中晶体管的基极需要一个 2.8V 的电压，使用两个电阻串联很容易获得这个电压。

该电路是一个共射极放大电路，其输入信号加到基极和发射极之间，而输出信号取自集电极和发射极之间，发射极（交流）为输入、输出的公共端。

② 电阻器与电容器组成滤波电路　发光二极管显示供电电路如图 2-5 所示。交流 220V 电压经变压器变成 6V 交流电压，再经整流二极管整流成直流电压，直流电压是波动较大的电压。在整流二极管的输出端接上一个电阻和两个电解电容 C1、C2，就可以起到滤波的作用，可以使直流电压的波动减小。同时，电阻还可以起到限流的作用，为发光二极管提供适当的供电电流。

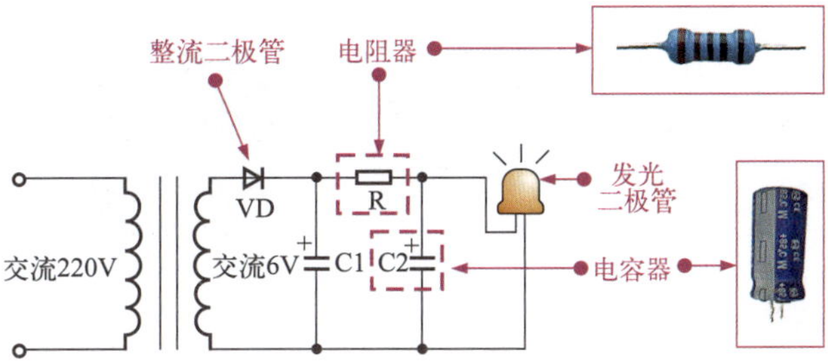

图2-5　发光二极管显示供电电路

图 2-6 所示为信号通过电阻器的状态示意图。不同频率的信号经过电阻器时，信号的幅度会有所衰减，电阻对不同频率信号的阻碍作用是相同的。

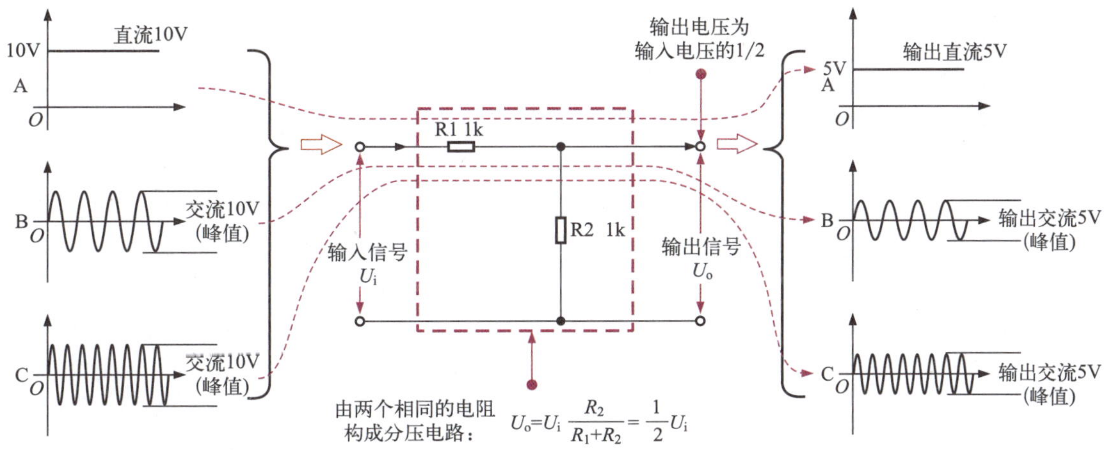

图2-6　信号通过电阻器的状态示意图

2.1.2　电容器

在电磁炉电路中，电容器具有隔直通交的特性，即隔断直流，允许交流电通过；该类元器件在电磁炉电路中应用十分广泛，它的电路符号是“⊣⊢”，用字母“C”表示，图 2-7 所示为几种常见电容器的实物外形。

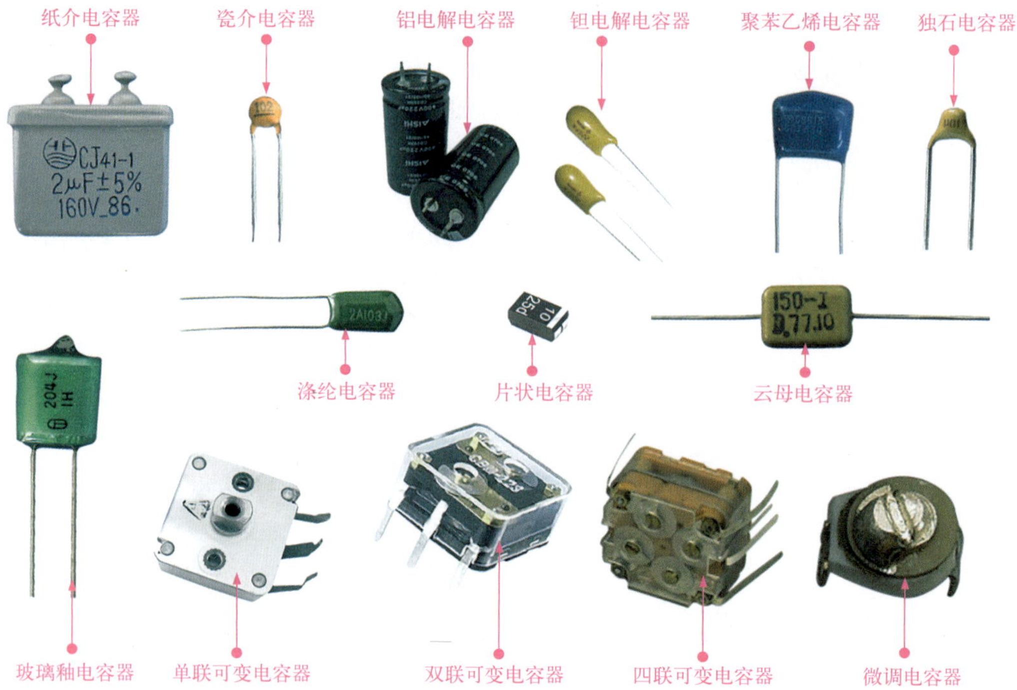

图2-7　几种常见电容器的实物外形

下面我们将分别对电容器的功能和基本特性进行学习。

（1）电容器的功能

电容器在充电或放电过程中，电容器两极板上的电荷有积累过程，或者说极板上的电压有建立过程，因此电容器上的电压不能突变。利用这些特性，电容器可以实现耦合、滤波等功能。

① 电容器的耦合功能　电容器对交流信号阻抗较小，可视为通路，而对直流信号阻抗很大，可视为断路。在放大器中，电容器常作为交流信号的输入和输出耦合电路器件。图 2-8 所示为采用电容器耦合的晶体放大器。交流信号经耦合电容器 C1 加到晶体管的基极，经晶体管放大后，由集电极输出的信号经输出耦合电容器 C2 加到负载电阻 R_L 上。

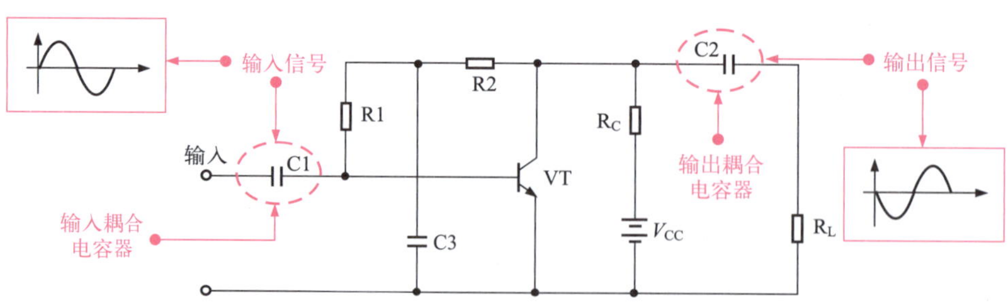

图2-8　电容器耦合功能图

值得注意的是，该电路中的电源电压 V_{CC} 经 R_C 为集电极提供直流偏压，再经 R1、R2 为基极提供偏压。直流偏压的功能是给晶体管提供工作条件和能量，使晶体管工作在线性放大状态。

此外，从该电路中可以看到，由于电容器具有隔直流的作用，因此，放大器的交流输出信号可以经耦合电容器 C2 送到负载 R_L 上，而电源的直流电压不会加到负载 R_L 上。也就是说从负载上得到的只是交流信号。

② 电容器的滤波功能　图 2-9 所示为滤波电容器的滤波功能图，电容器（平滑滤波电容器）应用在直流电源电路中构成平滑滤波电路。可以看到，交流电压经整流后变成的直流电压很不稳定，波动很大。由于平滑滤波电容器的加入，电路中原本不稳定、波动比较大的直流电压变得比较稳定、平滑。

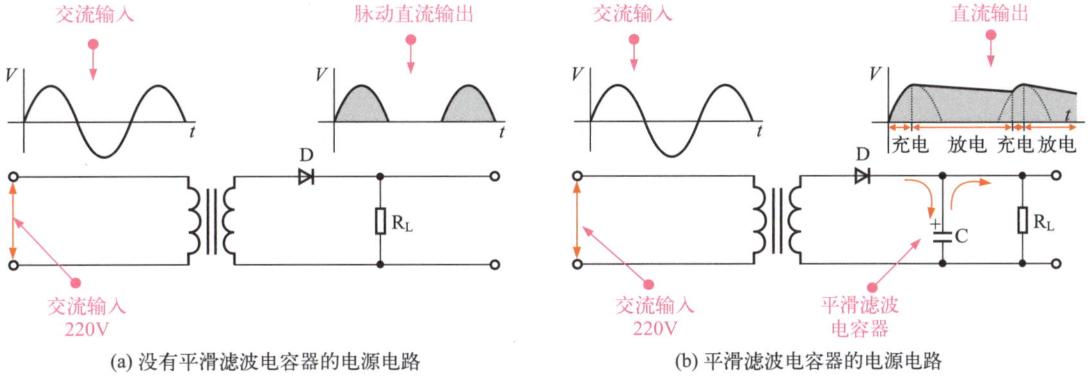

图2-9　电容器的滤波功能图

（2）电容器的基本特性

两块金属板相对平行地放置，不接触就构成一个最简单的电容器。

① 电容器的充电原理　图 2-10 所示为直流电路中电容的充电原理。如果把电容器的两端分别接到电源的正、负极，那么接正极的金属板上的电子就会被电源的正极吸引过去；而接负极的金属板就会从电源负极得到电子。这种现象就叫作电容器的“充电”。充电时，电路中就有电流流动。两块金属板有电荷后就产生电压，当电容器所充的电压与电源的电压相等时，充电就停止，电路中就不再有电流流动，相当于开路。这就是电容器能隔断直流电的道理。

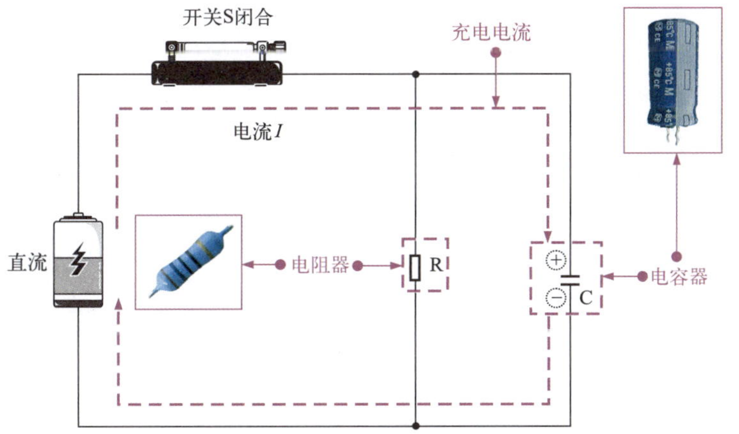

图2-10　直流电路中电容的充电原理

② 电容器的放电原理　图 2-11 所示为直流电路中电容的放电原理，如果将接在电路中的电源拿开，而用导线把电容器的两个金属板接通（视为将开关 S 断开），则在电源断开的一瞬间，电路中便有电流流通，电流的方向与原充电时的电流方向相反。随着电流的流动，两金属板之间的电压也逐渐降低，直到两金属板上的正、负电荷完全消失，这种现象叫作“放电”。

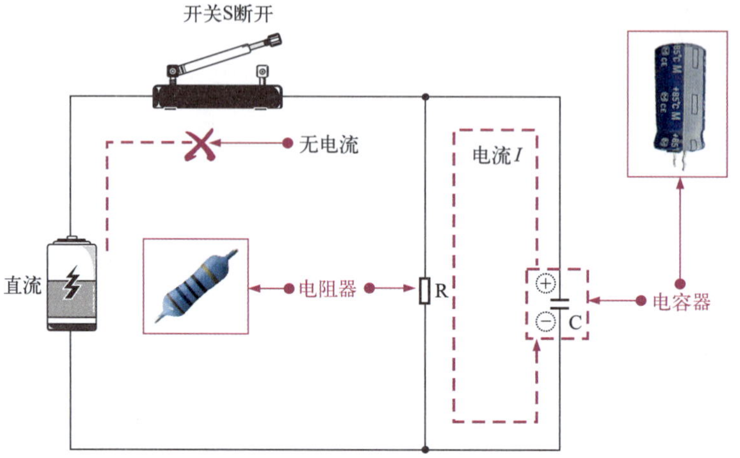

图2-11　直流电路中电容的放电原理

如果电容器的两块金属板接上交流电，因为交流电的大小和方向在不断地变化着，电容器两端也必然交替地进行充电和放电，因此，电路中就不停地有电流流动。这就是电容器能通过交流电的道理。

图 2-12 所示为信号通过电容器的状态示意图。电容器对低频信号的阻抗高，对高频信号的阻抗低，信号频率越低阻抗越大，对直流信号的阻抗为无穷大，有隔直流的作用。当信号通过电容器时，信号的频率越低，衰减越大（如果是直流，则不能通过）。

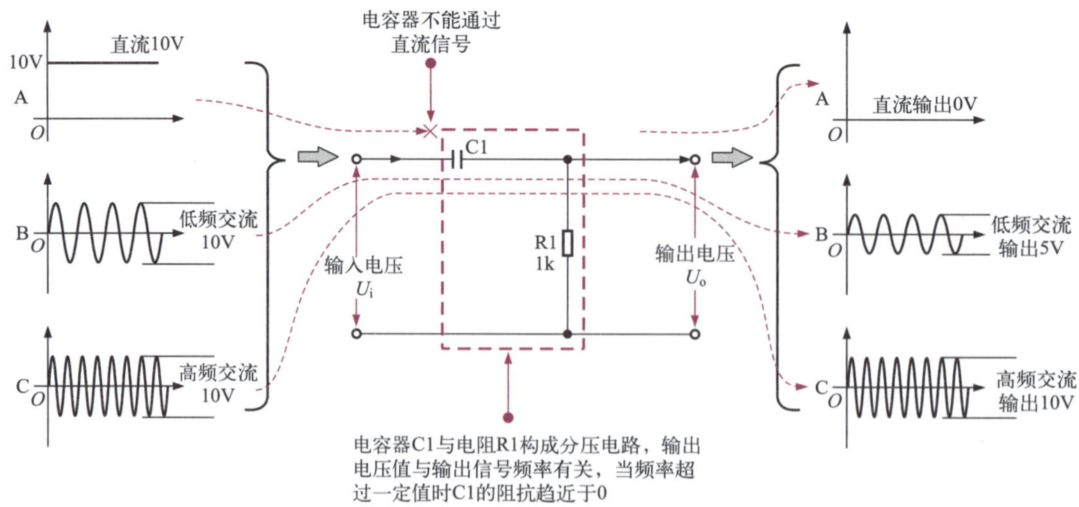

图2-12　信号通过电容器的状态示意图

2.1.3 电感器

电感器是一种储能元件，它可以把电能转换成磁能并储存起来。在电路中，电感器的电路符号为“⌒⌒⌒”，用字母“L”表示。电感器由导线绕制而成，当电流流过时在电感的两端就会形成较强的磁场。由于电磁感应的作用，它会对电流的变化起到阻碍的作用。电感器的种类很多，在电子产品中是常见的电子元器件，图 2-13 所示为几种常见电感器的实物外形。

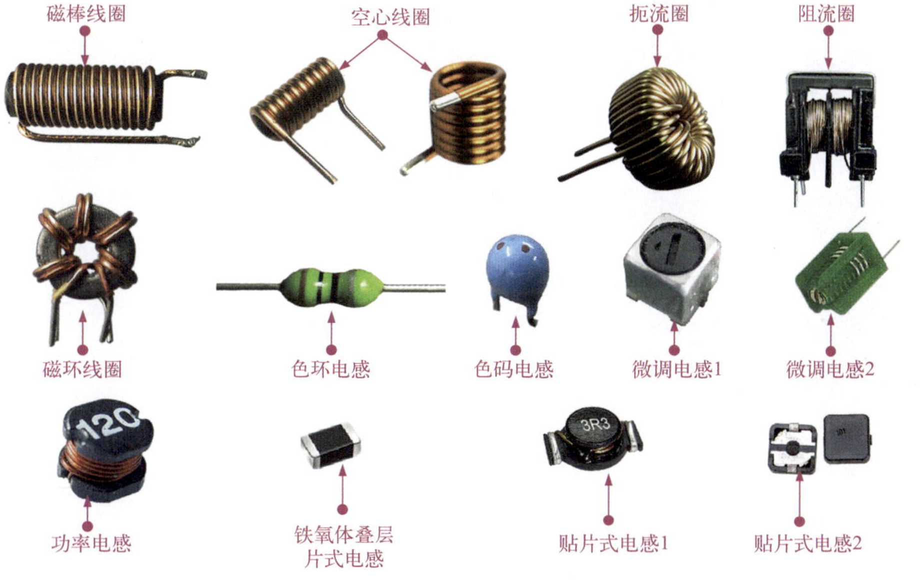

图2-13　几种常见电感器的实物外形

因此，电感器对直流呈现很小的电阻（近似于短路），而对交流呈现阻抗（其阻值的大小与所通过的交流信号的频率有关。同一电感器，通过的交流电流的频率越高，则呈现的电阻值越大）。

根据电感器的特性，其在电子产品中常被用作滤波线圈、谐振线圈或高频信号的负载。此外，电感器还可被制作成变压器传递交流信号，或制作成电磁元件（磁头和电磁铁等）。

电感器的两个重要特性：

① 电感器对直流呈现很小的电阻（近似于短路），对交流呈现的阻抗与信号频率成正比，电感量越大，对交流信号的阻抗越大。

② 电感器具有阻止其中电流变化的特性，所以流过电感器的电流不会发生突变。下面，我们进一步对电感器的功能及基本特性进行学习。

（1）电感器的功能

电感器就是将导线绕制成线圈状。当电流流过时，在线圈（电感）的两端就会形成较强的磁场。由于电磁感应的作用，它会对电流的变化起阻碍作用。因此，电感器对直流呈现很小的电阻（近似于短路），而对交流呈现阻抗较高，其阻值的大小与所通过的交流信号的频率有关。同一电感器，通过的交流电流的频率越高，所呈现的电阻值越大。

电感器可以用在交流电路中构成滤波电路，图 2-14 所示为电磁炉中滤波电路结构原理图。从图中可以看到，交流 220V 输入，经桥式整流堆整流后输出直流 300V，然后经扼流圈及平滑电容为负载提供稳定的直流电压。电路中的扼流圈实际上就是一个电感器，它的主要作用就是用来阻止直流电压中的交流分量。

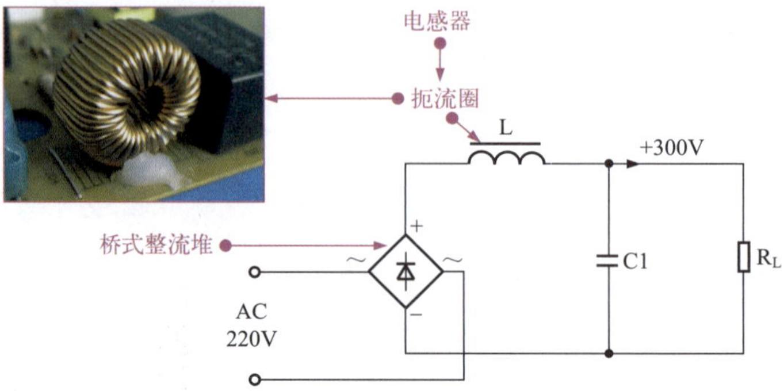

图2-14 电磁炉中滤波电路

(2) 电感器的基本特性

电感器对低频信号的阻抗很低，信号的频率越高电感器的阻抗则越高，图 2-15 所示为信号通过电感器的状态示意图。

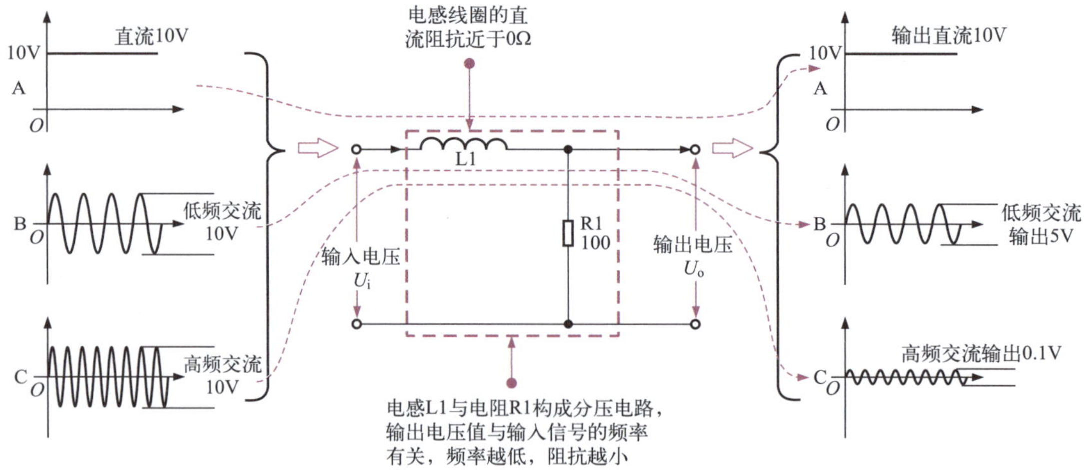

图2-15 信号通过电感器的状态示意图

图 2-16 所示为电容器和电感器的频率特性曲线。不同的电容器和电感器都有自身的频率特性曲线。信号的频率越高，电容器的阻抗（容抗）越小，电容器对高频信号的衰减越小，输出幅度越大。对电感器来说则与电容器正好相反，信号频率越高，电感器的阻抗（感抗）越大，对高频信号的衰减越大，输出幅度越小。

如果将电容器 C 和电感器 L 并联连接，就组成了一个 LC 谐振电路，这个电路对谐振频率的信号阻抗最大，常用作阻波电路；将 LC 串联起来，对谐振频率的信号阻抗最小，常用来作选通电路。

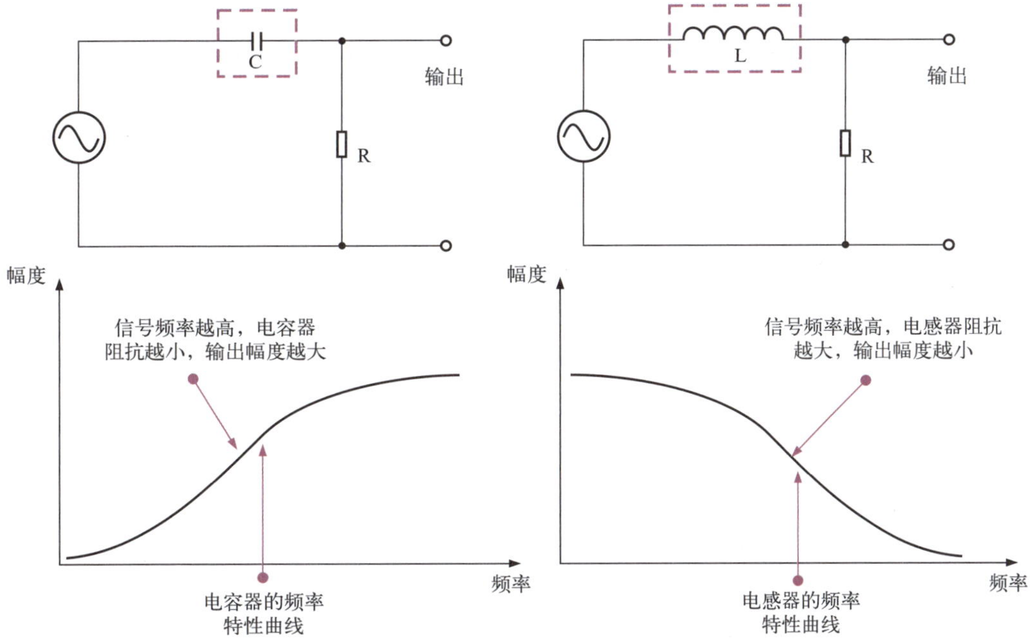

图2-16　电容器和电感器的频率特性曲线

2.2 常用半导体器件

2.2.1 二极管

二极管是一种常用的半导体器件，也被称为晶体二极管。它是由一个 P 型半导体和 N 型半导体形成 P-N 结，并在 P-N 结两端引出相应的电极引线，再加上管壳密封制成的，如图 2-17 所示。

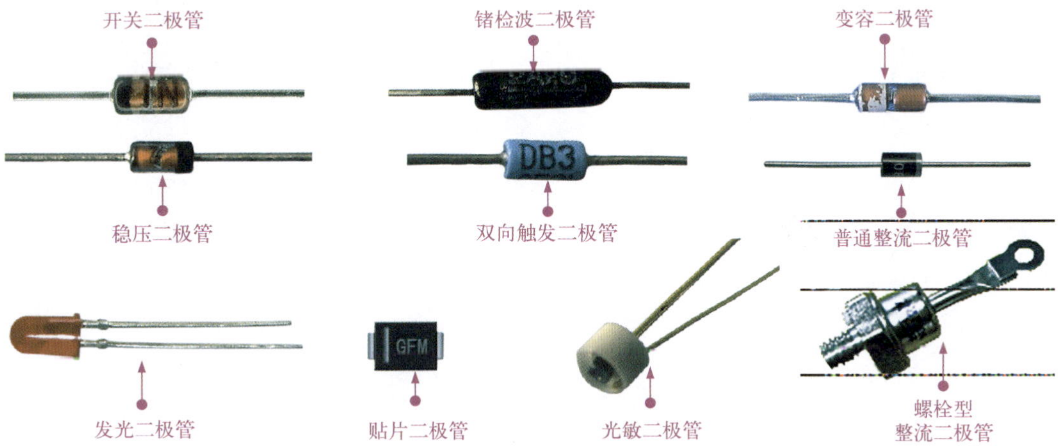

图2-17　常见二极管的实物外形

二极管的电路符号为"—▷|—"，它最重要的特性就是单方向导电性，即在电路中，电流只能从二极管的正极流入，负极流出。不同种类二极管的功能和基本特性大致相同。

（1）二极管的功能

二极管是诞生最早的半导体器件之一，应用非常广泛，突出特点是单向导电性，即正向导通，反向截止。二极管有很多种，常见的有整流二极管、稳压二极管、检波二极管等。

① 整流二极管的功能　整流二极管可以构成半波整流电路或全波整流电路。

a. 二极管半波整流电路。图 2-18 所示为二极管构成的半波整流电路。在交流电压处于正半周时，二极管导通；在交流电压负半周时，二极管截止，因而交流电经二极管 VD 整流后就变为脉动直流电压（缺少半个周期），然后再经 RC 滤波，即可得到比较稳定的直流电压。

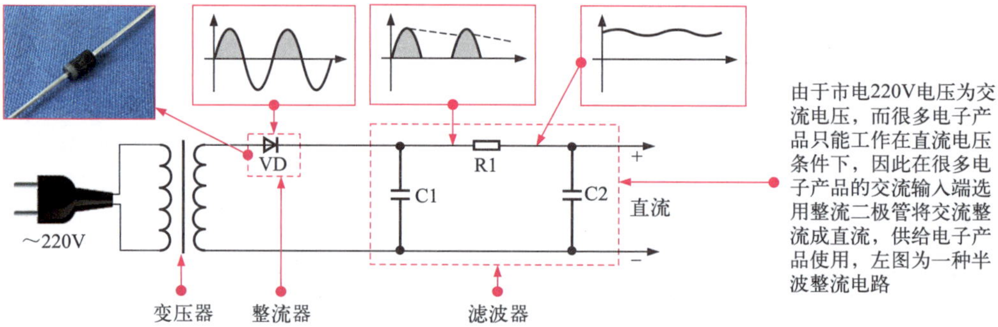

图2-18　二极管的半波整流功能

b. 二极管全波整流电路。图 2-19 所示为二极管构成的全波整流电路。在该电路中，变压器次级绕组采用中心抽头方式，两输出端分别连接了两个整流二极管。这样，由变压器次级绕组中间抽头为基准组成上下两个半波整流电路。VD1 对交流电正半周电压进行整流，VD2 负半周的电压进行整流，这样最后得到两个合成的电流，称为全波整流。

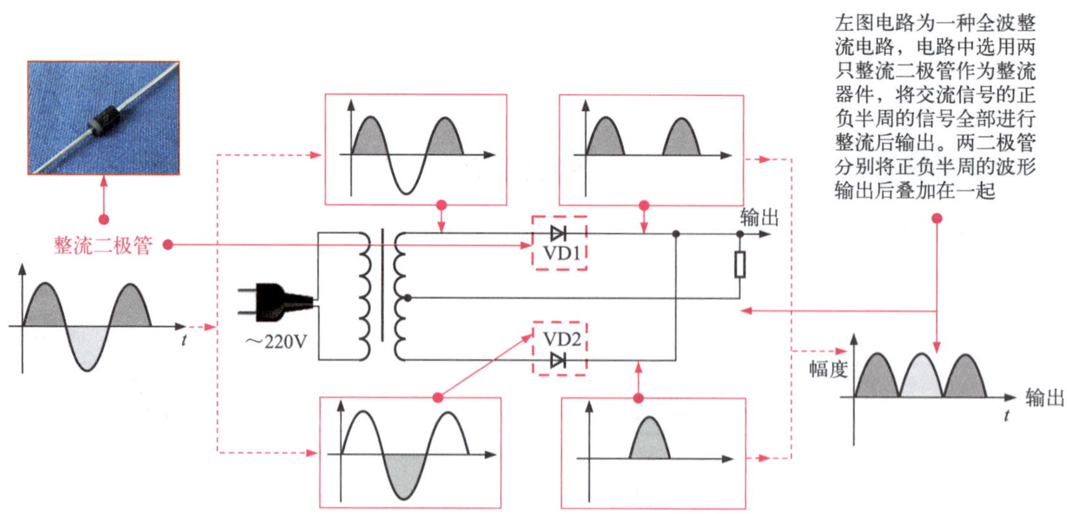

图2-19　全波整流电路

② 稳压二极管的功能　图 2-20 所示为稳压二极管构成的稳压电路。在该电路中，二极管 VD 起整流作用，二极管 VDZ 起稳压的作用。

稳压二极管 VDZ 负极接外加电压的高端，正极接外加电压的低端。当稳压二极管 VDZ 反向电压接近稳压二极管 VDZ 的击穿电压值（5V）时，电流急剧增大，稳压二极管 VDZ 呈反向击穿状态，该状态下稳压二极管两端的电压保持不变（5V），从而实现稳定直流电压的功能。为了满足电路的需要，工厂要制造出各种稳压值的稳压二极管，出厂后的稳压二极管其稳压值是不会变的，例如有 5V 的稳压二极管，有 6V 的，还有 9V、10V、12V、15V 等。

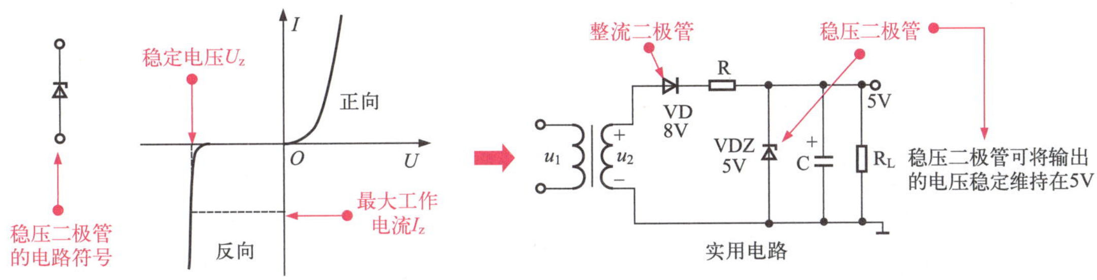

图2-20　二极管的稳压功能

③ 检波二极管的功能　图 2-21 所示为检波二极管构成的超外差收音机检波电路，在该电路中，VD 为检波二极管。第二中放输出的调幅波加到二极管 VD 负极，由于二极管单向导电特性，其负半周调幅波通过二极管，正半周被截止，通过二极管 VD 后输出的调幅波只有负半周。负半周的调幅波再由 RC 滤波器滤除其中的高频成分，电容 C3 阻止其中的直流成分，输出的就是调制在载波上的音频信号，这个过程称为检波。

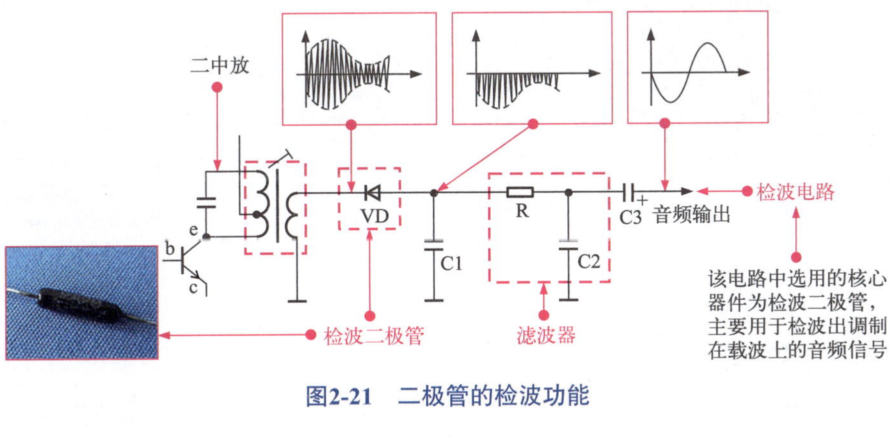

图2-21　二极管的检波功能

（2）二极管的极性识别

二极管的基本特性是单方向导电性。因而二极管的两端是有极性的。为了判别极性，在半导体二极管的表面白色一定代表负极，或用一个黑线隔开，或根据半导体二极管引脚的长短进行划分正、负极，如图 2-22 所示。

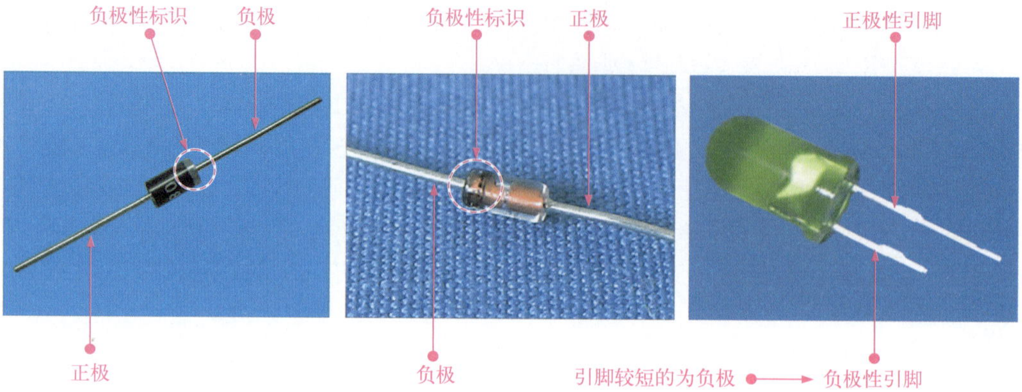

图2-22　半导体二极管极性识别

2.2.2　三极管

三极管也被称半导体三极管（或称晶体三极管），常见的三极管有 NPN 型和 PNP 型两大类，如图 2-23 所示。三极管是放大电路的核心元器件，三极管最主要的功能是对电流进行放大。

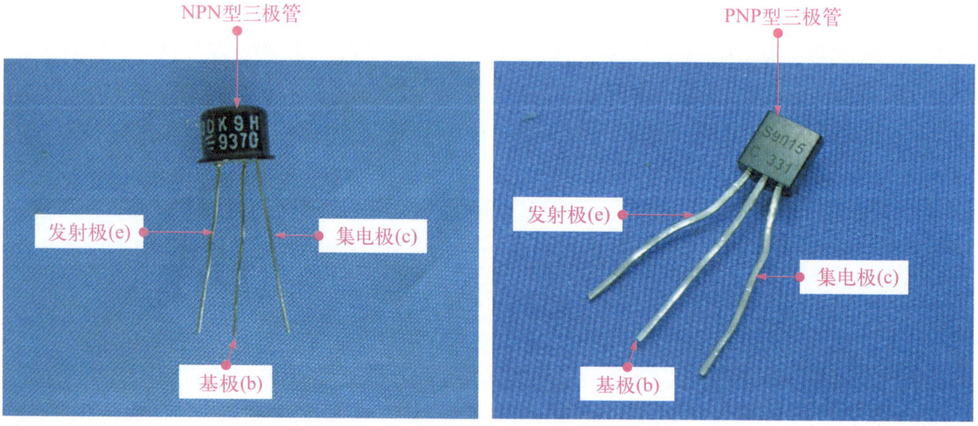

图2-23　常见NPN和PNP型三极管的实物外形

（1）三极管的功能

三极管的应用如图 2-24 所示。这是一个稳压电路，电路中的三极管 VT1（调整管）起电流放大作用。三极管 VT2（误差放大管）起稳压作用。R_{C2} 是 VT2 的集电极负载电阻。误差取样电路输出电压的变化量经 VT2 先放大，然后再送到 VT1 的基极，为 VT1 提供基极电流，VT1 放大后输出。这样只要输出电压有一点微小的变化，就能通过 VT1 的管压降产生比较大的变化，这样在输出电压变化时使 VT1 的内阻发生变化，使输出电压保持稳定。

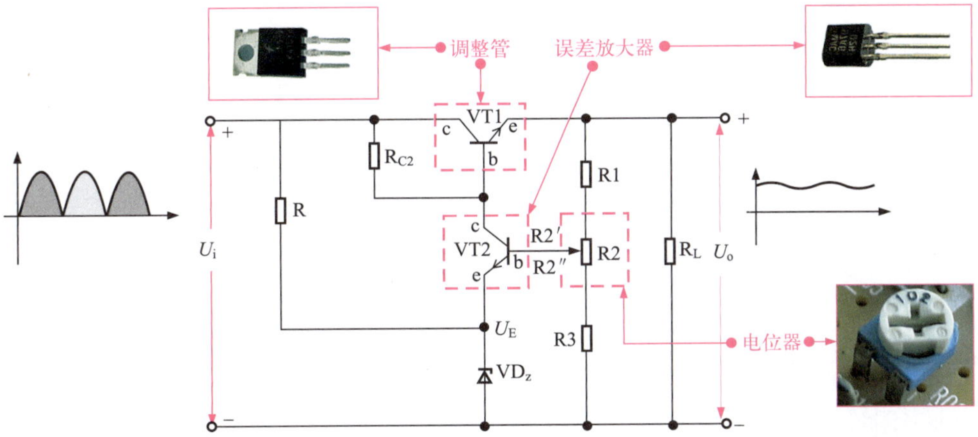

图2-24　三极管在稳压电路中的应用

(2) 三极管的基本特性

三极管最重要的功能就是电流放大作用。图 2-25 所示为三极管的放大作用的原理。三极管的放大作用我们可以理解为一个水闸。由水闸上方流下的水流可以理解为集电极（c）的电流 I_c，由水闸侧面流入的水流我们称为基极（b）电流 I_b。当 I_b 有水流流过，闸门受到冲击便会开启，这样水闸侧面的水流（相当于电流 I_b）与水闸上方的水流（相当于电流 I_c）就汇集到一起流下（相当于发射极 e 的电流 I_e）。可以看到，控制水闸侧面流过的很小的水流流量（相当于电流 I_b），就可以控制水闸上方流下的大水流流量（相当于电流 I_c）。这就相当于三极管的放大作用。如果水闸侧面没有水流流过，就相当于基极电流 I_b 被切断，那么水闸闸门关闭、上方和到下方就都没有水流流过，相当于集电极（c）到发射极（e）的电流也被关断了。

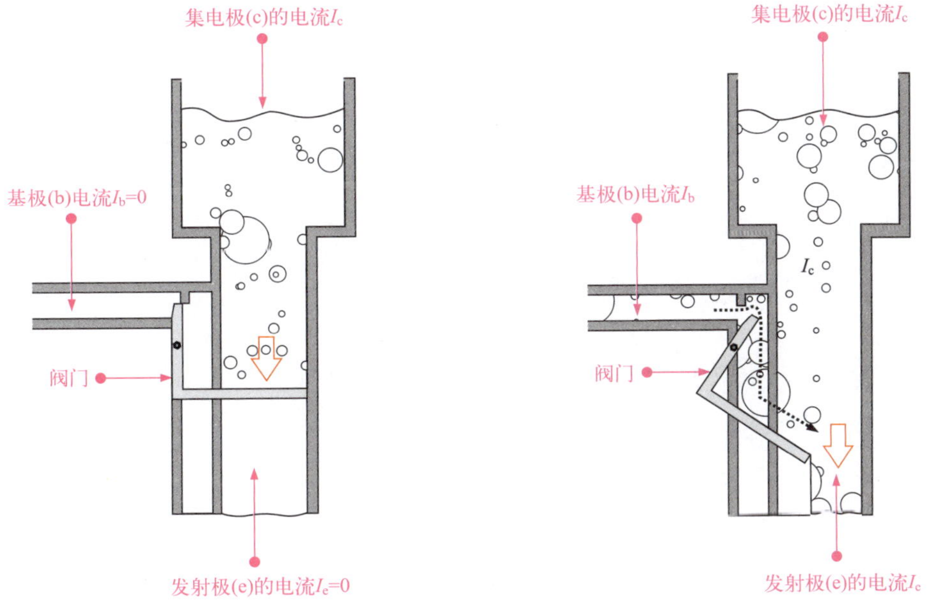

图2-25　三极管的放大原理

NPN 三极管和 PNP 三极管的极性不同，但工作过程相同，如图 2-26 所示。

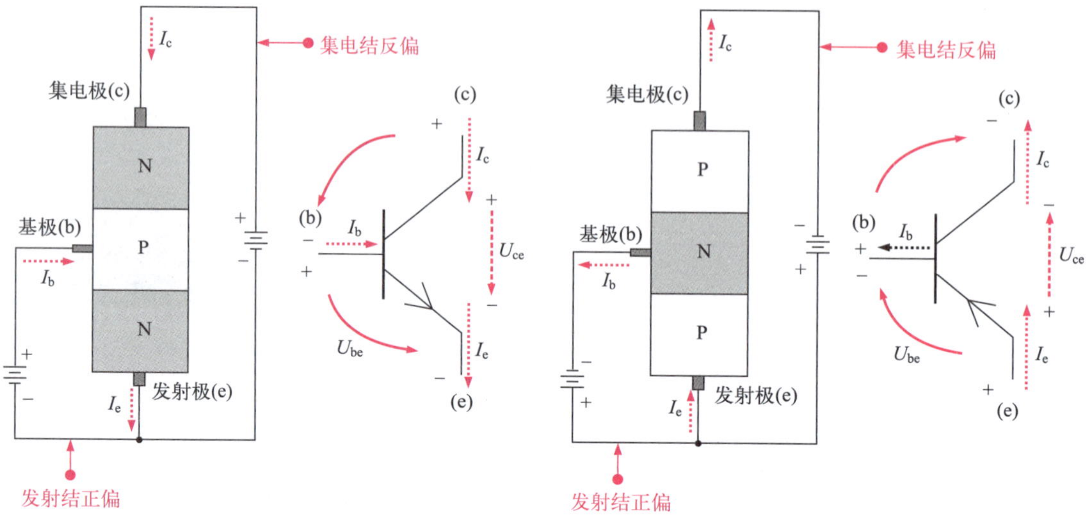

图2-26　三极管正常工作时各极的极性和电流方向

NPN 三极管放大信号的基本条件是保证基极和发射极之间加正向电压（正偏），集电极和发射极之间加正向电压（内部集电极与基极之间的 PN 结成反偏）。基极相对于发射极为正极性电压，基极相对于集电极则为负极性电压。

① 三极管构成的共射极放大电路　图 2-27 所示为共射极放大电路的基本结构，从图中可以看到该类电路是将输入信号加到三极管基极（b）和发射极（e）之间，而输出信号取自三极管的集电极（c）和发射极（e）之间，由此可见发射极（e）为输入信号和输出信号的公共接地端。具有这种特点的单元电路便称为共射极（e）放大电路。

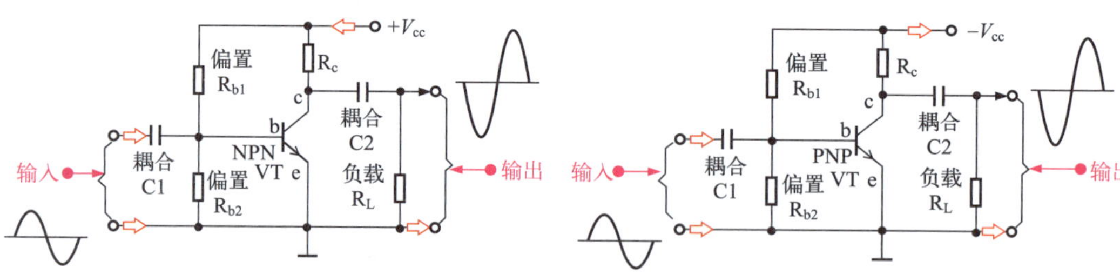

图2-27　共射极放大电路的基本结构

三极管 VT 是这一电路的核心器件，其主要功能是对信号进行放大。电路中偏置电阻 R_{b1} 和 R_{b2} 构成分压电路给三极管基极（b）供电；电阻 R_c 是集电极（c）负载电阻；两个电容 C1、C2 都是起到通交流隔直流作用的耦合电容；电阻 R_L 则是承载输出信号的负载电阻。

该电路中的主信号流程：输入信号首先经电容 C1 耦合到三极管 VT 的基极，经三极管 VT 放大后由其集电极输出，并经电容 C2 输出。

值得注意的是，NPN 型与 PNP 型三极管放大器的最大不同之处在于供电电源的极性：采用 NPN 型三极管的放大器，供电电源是正电源送入三极管的集电极（c）；采用 PNP 型三极管的放大器，供电电源是负电源送入三极管的集电极（c）。

② 三极管构成的共集电极放大电路　组成共集电极放大电路的元器件和共射极放大电路基本相同，不同之处有两点：其一是将集电极电阻 R_c 移到了发射极（用 R_e 表示）；其二是输出信号不再取自集电极（c）而是取自发射极（e）。图 2-28 所示为共集电极放大电路的基本构成。

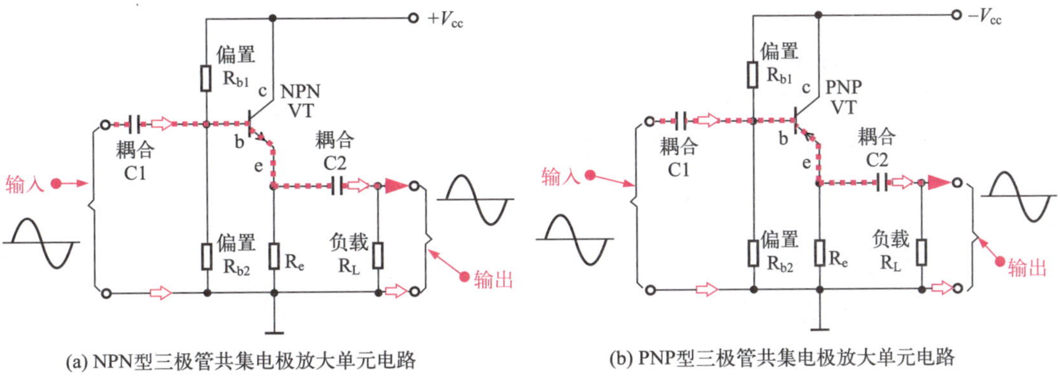

图2-28　共集电极三极管放大器单元电路

该电路中，两个偏置电阻 R_{b1} 和 R_{b2} 构成分压电路给三极管基极（b）供电；R_e 是三极管发射极（e）的负载电阻；两个电容都是起通交流隔直流的作用；电阻 R_L 则是负载电阻。

输入信号首先经电容C1耦合到三极管VT的基极，经三极管VT放大后由其发射极输出，并经耦合电容 C2 输出。

与共射极三极管放大电路一样，NPN 型与 PNP 型三极管放大器的最大不同之处也是供电电源的不同。

值得注意的是，由于三极管放大器单元电路的供电电源的内阻很小，对于交流信号来说电源的正负极间相当于短路。交流接地端等效于电源，也就是说三极管集电极（c）接电源，对交流信号来说，相当于接地。输入信号是加载到三极管基极（b）和发射极（e）之间，也就相当于加到三极管基极（b）和集电极（c）之间，输出信号取自三极管的发射极（e），也就相当于取自三极管发射极（e）和集电极（c）之间，因此集电极（c）为输入信号和输出信号的公共端，故称为共集电极放大电路。这种放大器又称射极输出器或射极跟随器。

③ 三极管构成的共基极放大电路　共基极放大电路的结构特点是将输入信号加载到三极管发射极（e）和基极（b）之间，而输出信号取自三极管的集电极（c）和基极（b）之间，由此可见基极（b）为输入信号和输出信号的公共端，因而该电路称为共基极（b）三极管放大电路。图 2-29 所示为共基极放大电路的基本结构。

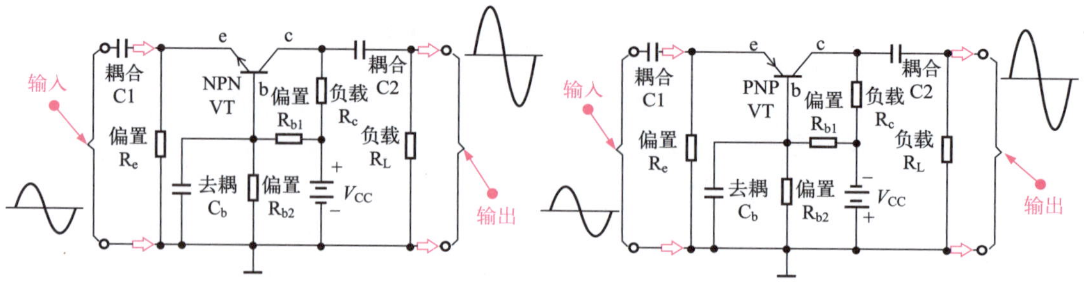

(a) NPN型三极管共基极放大器单元电路　　(b) PNP型三极管共基极放大器单元电路

图2-29　共基极三极管放大器单元电路

该电路主要是由三极管 VT、电阻器 R_{b1}、R_{b2}、R_c、R_L 和耦合电容 C1、C2 组成的。电路中的四个电阻都是为了建立静态工作点而设置的，其中 R_c 还兼具集电极（c）的负载电阻；电阻 R_L 是负载端的电阻；两个电容 C1 和 C2 都是起到通交流隔直流作用的耦合电容；去耦电容 C_b 是为了使基极（b）的交流直接接地，起到去耦合的作用，即起消除交流负反馈的作用。

共基极放大电路的特点是具有较大的电压和功率放大倍数，但电流放大倍数近似于 1（无电流放大能力）、输入阻抗小（几十欧）、输出阻抗大（几百千欧），常用于高频放大及振荡电路等。

三极管只要满足一定条件就可使其导通或截止，起到开关的作用，如图 2-30 所示为 NPN 型三极管导通和截止条件。

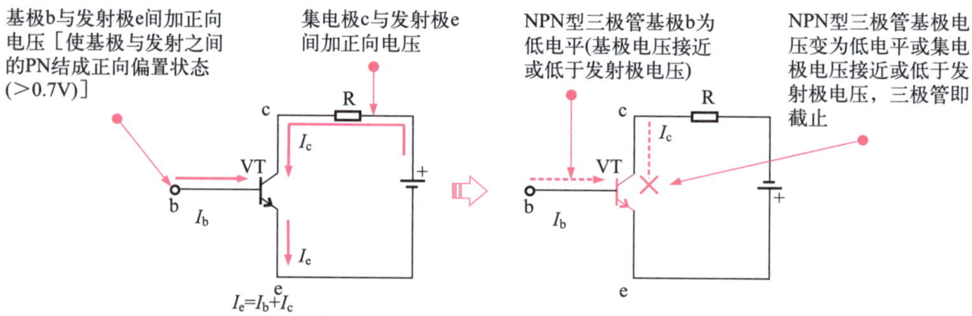

(a) NPN型三极管导通　　(b) NPN型三极管截止

图2-30　NPN型三极管导通和截止条件

图 2-31 所示为 PNP 型三极管导通和截止条件。

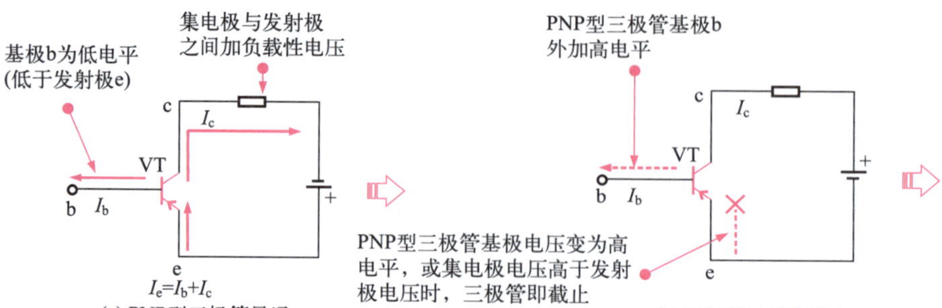

(a) PNP型三极管导通　　(b) PNP型三极管截止

图2-31　PNP型三极管导通和截止条件

2.2.3 场效应管

场效应管（field-effect transistor）也是一种具有 PN 结结构的半导体器件，简称 FET，它与三极管的不同之处在于它是电压控制器件，通过改变栅极的电压，可以控制漏极和源极之间的电流。场效应管具有输入阻抗高、噪声小、热稳定性好、便于集成等特点，但容易被击穿。场效应管按其结构不同分为两大类，即绝缘栅型场效应管和结型场效应管。绝缘栅型场效应管由金属、氧化物和半导体材料制成，简称 MOS 管。MOS 管按其工作状态可分为增强型和耗尽型两种，每种类型按其导电沟道不同又分为 N 沟道和 P 沟道两种。结型场效应管按其导电沟道不同也分为 N 沟道和 P 沟道两种。图 2-32 所示为结型场效应管和绝缘栅型场效应管的实物外形。

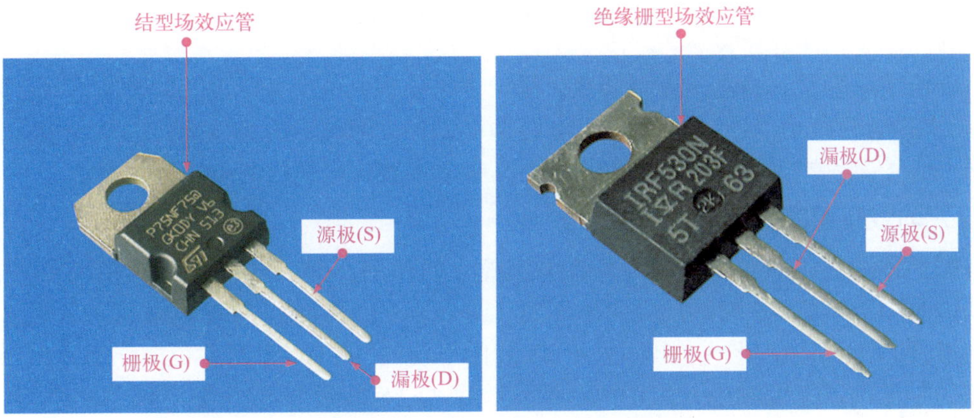

图2-32　结型场效应管和绝缘栅型场效应管的实物外形

（1）场效应管的功能

场效应管通常用来制作低噪声高增益放大器，图 2-33 所示为场效应管电压放大的原理示意图。它与普通三极管的不同之处在于它是电压控制器件，而三极管是电流控制器件。

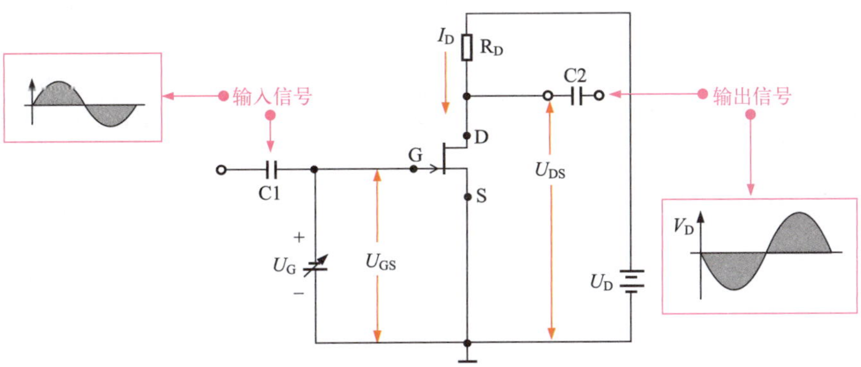

图2-33　场效应管电压放大的原理示意图

场效应管的功能与三极管相似，可用来制作信号放大器、振荡器和调制器等。由场效应管组成的放大器基本结构有 3 种，即共源极（S）放大器、共栅极（G）放大器和共漏极（D）放大器，如图 2-34 所示。

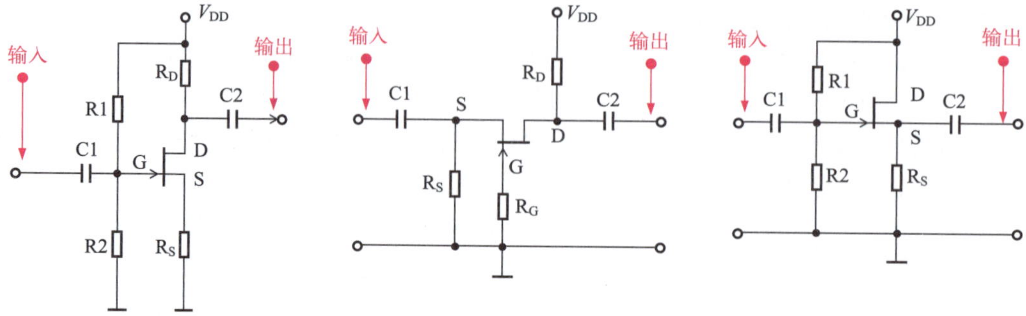

图2-34　由场效应管构成的放大器

由于场效应管是一种电压控制器件，栅极不需要控制电流，因此只需要有一个控制电压（例如天线感应的微小信号），整个放大电路即可工作。因此，由场效应管构成的放大电路常应用于小信号高频放大器中，例如收音机的高频放大器、电视机的高频放大器等。

（2）场效应管的基本特性

根据上述功能可知，场效应管具有电压放大的作用，图 2-35 所示为结型场效应管的工作原理说明图。当 G、S 间不加反向电压时（即 $U_{GS}=0$），PN 结（图中阴影部分）的宽度窄，导电沟道宽，沟道电阻小，I_D 电流大（DS 间的电流）；当 G、S 间加负电压时，PN 结的宽度增加，导电沟道宽度减小，沟道电阻增大；当 G、S 间负向电压进一步增加时，PN 结宽度进一步加宽，两边 PN 结合拢（称夹断），没有导电沟道，沟道电阻很大，电流 I_D 为 0。通常把导电沟道刚被夹断的 U_{GS} 值称为夹断电压，用 U_P 表示。可见结型场效应管在某种意义上是一个用电压控制的可变电阻。

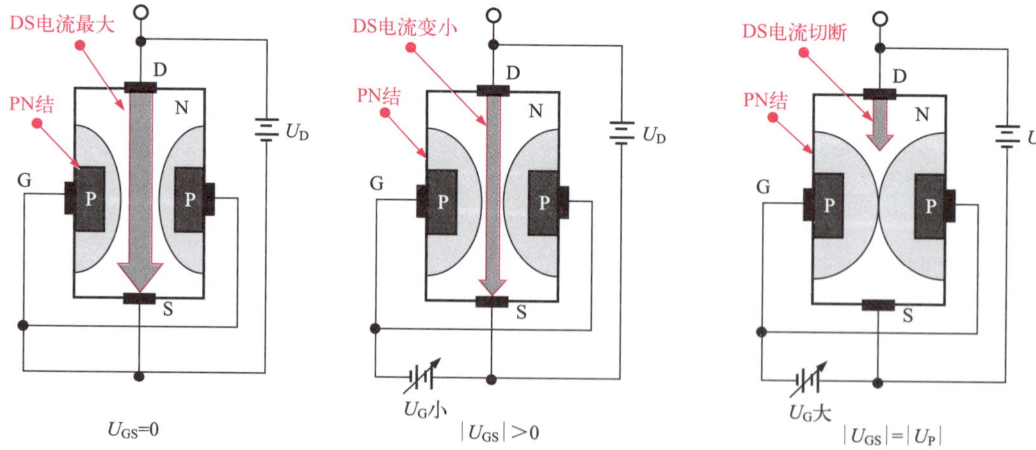

图2-35　场效应管的工作原理

场效应管的主要特性有两个，即转移特性和输出特性。

① 场效应管的转移特性曲线　栅极电压（U_{GS}）对漏极电流（I_D）的控制作用称为转移特性，反映这两者之间关系的曲线称为转移特性曲线，图 2-36 所示为 N 沟道结型场效应管的转移特性曲线。当栅极电压 U_{GS} 取不同的电压值时，漏极电流 I_D 将随之改变。当 I_D=0 时，U_{GS} 的值为场效应管的夹断电压 U_P；当 U_{GS}=0 时，I_D 的值为场效应管的饱和漏极电流 I_{DSS}。

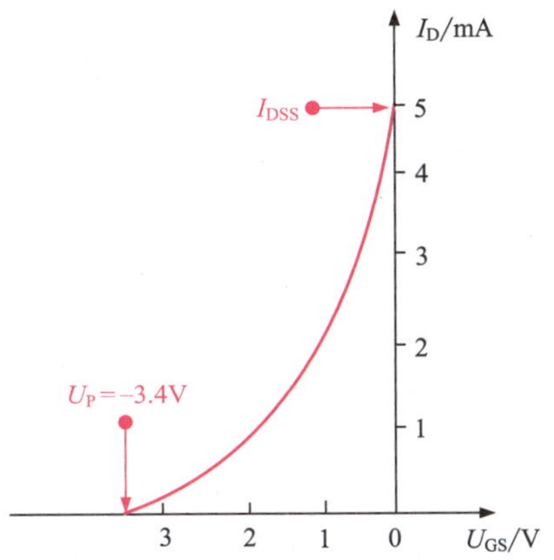

图2-36　N沟道结型场效应管的转移特性

② 场效应管的输出特性曲线　在 U_{GS} 一定时，反映 I_D 与 U_{DS} 之间关系的曲线为输出特性曲线，也称为漏极特性曲线。图 2-37 所示为 N 沟道结型场效应管的输出特性曲线。由图可见，它分为 3 个区：饱和区、击穿区和非饱和区。起放大作用时，应工作在饱和区（这一点与前面讲的普通三极管叫法不同）。但要注意，此处的“饱和区”对应普通三极管的“放大区”。

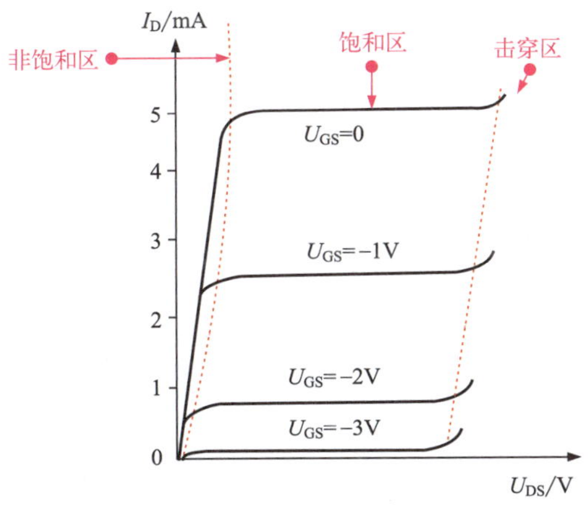

图2-37　N沟道结型场效应管的输出特性

2.2.4　晶闸管

晶闸管又称可控硅，也是一种半导体器件，它的主要功能是可以实现可控整流和可控开关，常用于电磁炉电路中的供电电路或保护电路，图 2-38 所示为常见晶闸管的实物外形。

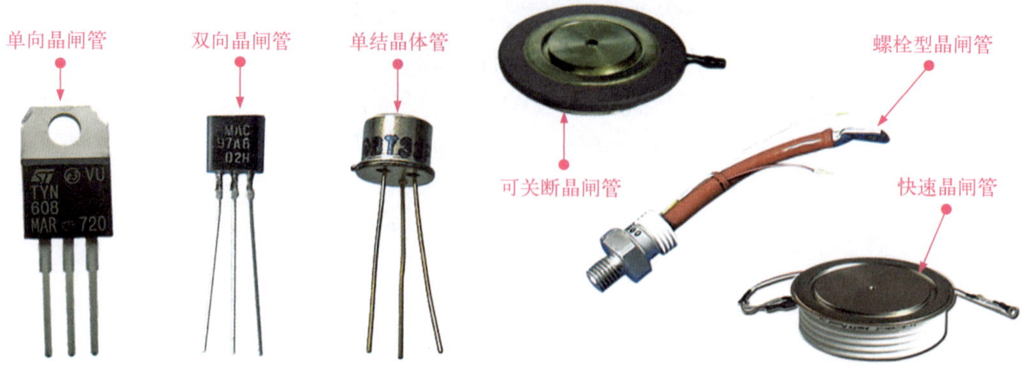

图2-38　常见晶闸管的实物外形

晶闸管有很多种，通常可分为单结晶体管、单向晶闸管、双向晶闸管、可关断晶闸管、快速晶闸管。在电磁炉电路中使用较多的为单向晶闸管和双向晶闸管。

晶闸管可以被当作可控开关使用，其主要特点就是，在一定的电压条件下，只要有一触发脉冲就可导通，触发脉冲消失，晶闸管仍然能维持导通状态，可以微小的功率控制较大的功率，因此常用于电机驱动控制电路中，以及在电源中作为过载保护器件等。

（1）晶闸管的功能

为晶闸管输入较小的功率或电流便可对较大的功率或电流进行控制，因此在电子电路中晶闸管常作为可控整流和可控开关器件使用。图 2-39 所示为典型报警电路。晶闸管在该电路中作为可控开关使用，当有物体被移动到光电检测器中时，发光二极管的光被物体遮挡，光敏晶体管无光照射则截止。D1 的正端电压上升，正向导通，三极管 VT1 基极得电导通。VT1 导通的瞬间为晶闸管的触发端（G）提供触发电压，于是晶闸管导通，报警灯得电而发光。

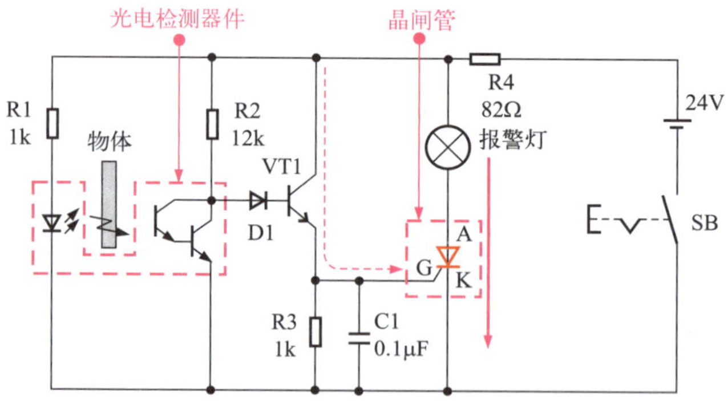

图2-39　典型报警电路

（2）晶闸管的基本特性

下面将分别对单向晶闸管和双向晶闸管的基本特性进行讲解。

① 单向晶闸管的基本特性　单向晶闸管导通后只允许一个方向的电流流过，它相当于一个可控的整流二极管，当同时满足阳极（A）与阴极（K）之间加有正向电压，控制极

（G）收到正向触发信号（高电平）才可导通。单向晶闸管导通后，即使触发信号消失，仍可维持导通状态。只有当触发信号消失，并且阳极与阴极之间的正向电压也消失或反向时，晶闸管才可截止。图 2-40 所示为单向晶闸管的基本特性。

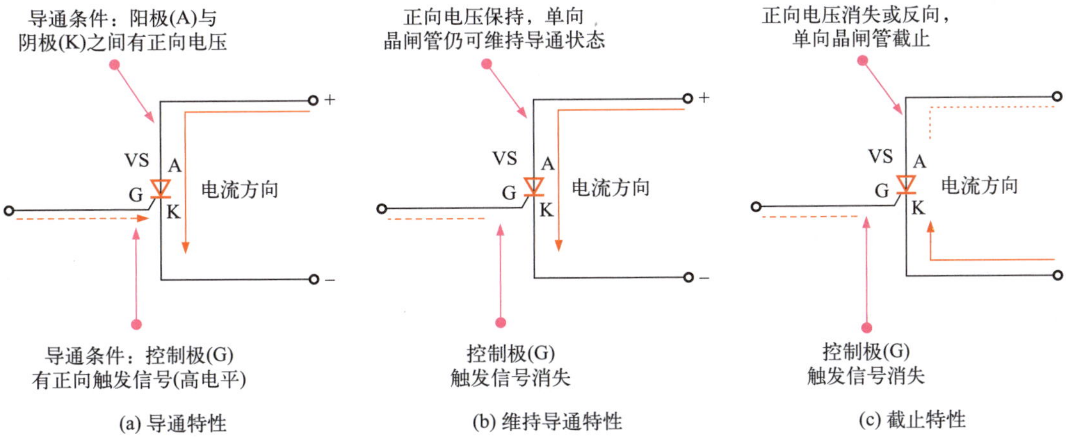

图2-40　单向晶闸管的基本特性

需要注意的是，在交流电路中 220V 电压经桥式整流电路整流后加到晶闸管的阳极（A）上，单向晶闸管工作在脉动直流电压的状态下，当电压为零时晶体管便不能维持导通状态，必须有持续的触发信号才能维持其导通状态，如图 2-41 所示。

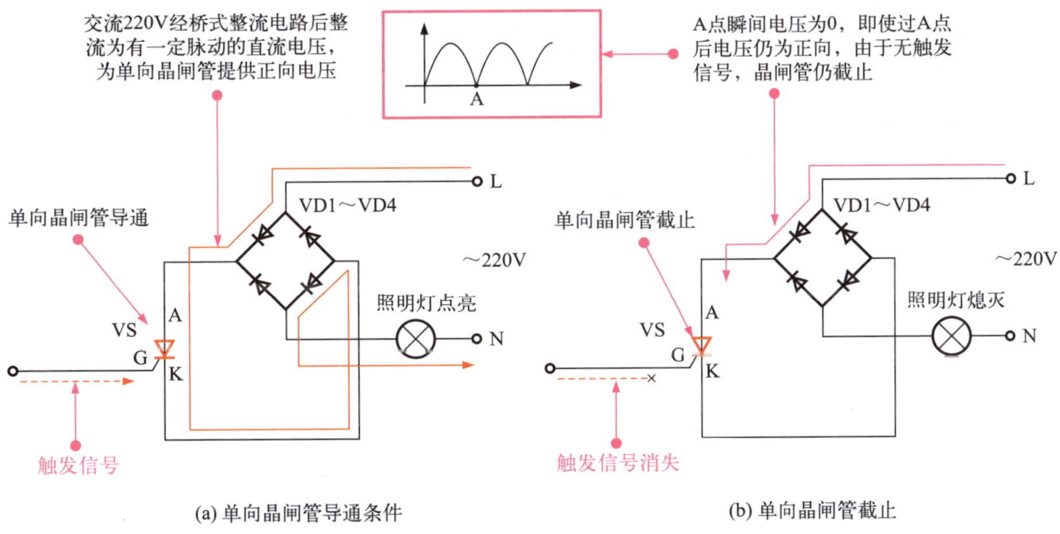

图2-41　工作在脉动直流电压下的单向晶闸管

单向晶闸管可以等效地看成一个 PNP 型三极管和一个 NPN 型三极管的交错结构。如图 2-42 所示为单向晶闸管的等效电路。当给单向晶闸管阳极（A）加正向电压时，三极管 VT1 和 VT2 都承受正向电压，VT2 发射集正偏，VT1 集电集反偏。如果这时在控制极（G）加上较小的正向控制电压 U_g（触发信号），则有控制电流 I_g 送入 VT1 的基极。经过放大，

VT1 的集电极便有 $I_{c1}=\beta_1 I_g$ 的电流流进。此电流送入 VT2 基极，经 VT2 放大，VT2 的集电极便有 $I_{c2}=\beta_1\beta_2 I_g$ 的电流流过。而该电流又送入 VT1 的基极，如此反复，两个三极管很快便导通。导通后，VT1 的基极始终有比 I_g 大得多的电流流过，因而即使触发信号消失，单向晶闸管仍能保持导通状态。

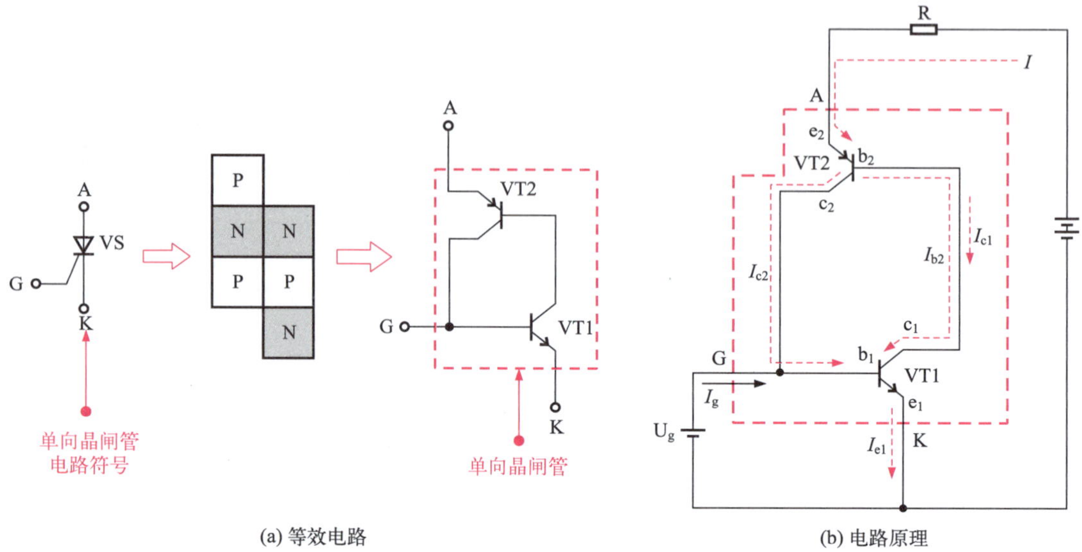

图2-42　单向晶闸管的等效电路

② 双向晶闸管的基本特性　双向晶闸管可以等效为 2 个单向晶闸管反向并联，使其具有双向导通的特性，允许两个方向有电流流过，其典型应用如图 2-43 所示的电机调速电路。VS 双向晶闸管串接在电机供电电路中，VS 被触发即导通，可为电机供电，调整触发信号的相位即可控制 VS 的导通周期，从而实现调速。双向晶闸管的基本特性如图 2-44 所示。双向晶闸管第一电极 T1 与第二电极 T2 间，无论所加电压极性是正向还是反向，只要控制极 G 和第一电极 T1 间加有正、负极性不同的触发电压，就可触发晶闸管导通，并且失去触发电压，也能继续保持导通状态。当第一电极 T1、第二电极 T2 电流减小至小于维持电流或 T1、T2 间的电压极性改变且没有触发电压时，双向晶闸管才会截止，此时只有重新送入触发电压方可导通。

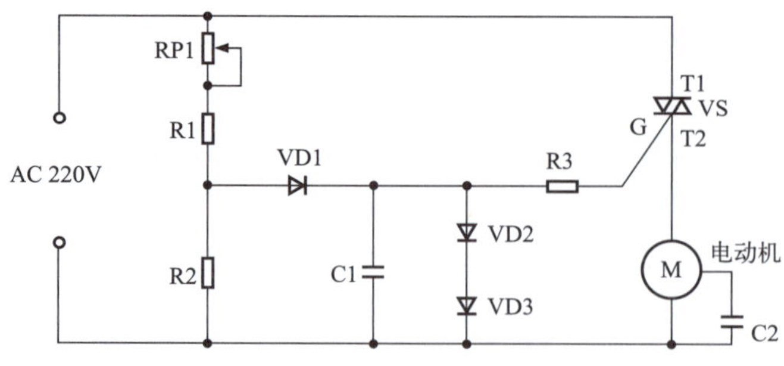

图2-43　双向晶闸管控制的电动机调速电路

双向晶闸管在结构上相当于两个单向晶闸管反极性并联，因此它具有两个方向都导通、关断的特性，也就是具有两个方向对称的伏安特性，其特性曲线如图 2-45 所示。

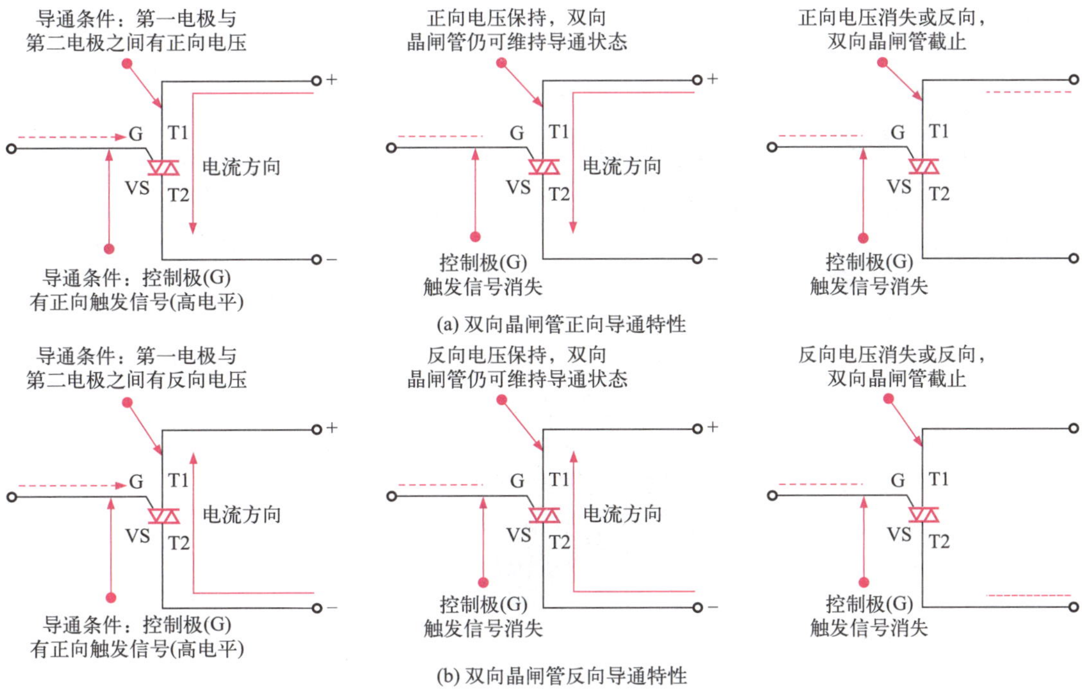

图2-44　双向晶闸管的基本特性

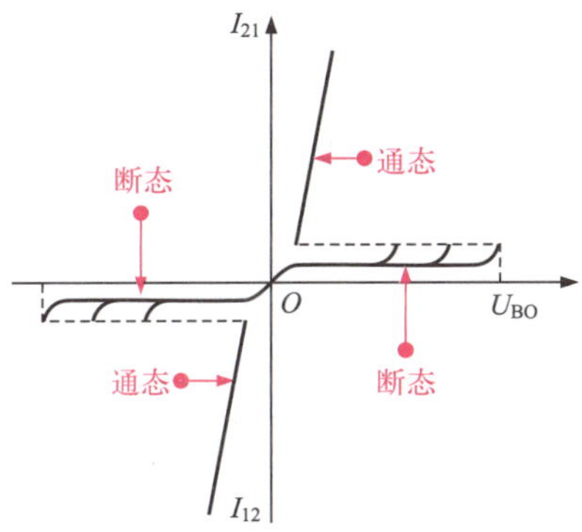

图2-45　双向晶闸管特性曲线

2.3 常用集成电路

在电磁炉电路的控制电路中，除常用的二极管、三极管、晶闸管、场效应晶体管等半导体器件外，还采用一些集成电路。

集成电路英文为 integrated circuits，缩写为 IC，它是将一个单元电路或多个单元电路的主要元件或全部元件都集成在一个单晶硅片上，并封装在特制的外壳中的，具备一定功能的完整电路，如图 2-46 所示。集成电路的种类繁多，分类方式也多种多样，其中，根据外形和封装形式的不同，主要可分为金属壳封装（CAN）集成电路、单列直插式封装（SIP）集成电路、双列直插式封装（DIP）集成电路、扁平封装（PFP、QFP）集成电路、矩形针脚插入型（PGA）集成电路、球栅阵列封装（BGA）集成电路、无引线塑料封装（PLCC）集成电路、超小型芯片级封装（CSP）集成电路、多芯片模块封装（MCM）集成电路。

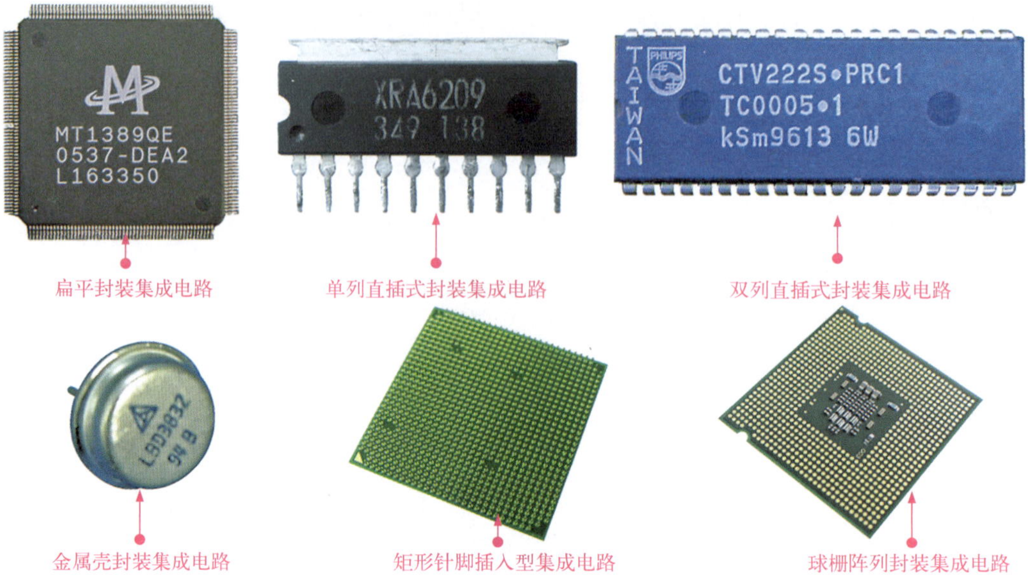

图2-46　小家电中常用集成电路的实物外形

相关资料

图 2-47 所示为几种单列直插式封装集成电路的引脚起始端和引脚分布示意图。

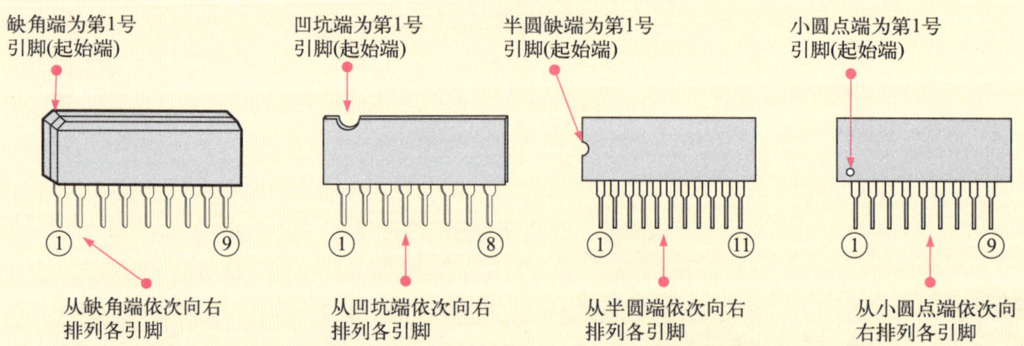

图2-47　几种单列直插式封装集成电路的引脚起始端和引脚分布示意图

集成电路是将多种元器件集成于一体，具有体积小、重量轻、性能好、功耗小、电路稳定等特点，不仅大大提高了性能，降低了成本，而且更进一步扩展了功能，使整个电路得到了大大的简化。集成电路的功能多种多样，且具体功能根据其内部结构的不同而不同。在实际应用中，集成电路往往起着控制、放大、转换（D/A 转换、A/D 转换）、信号处理以及振荡等功能。在电路中，集成电路在控制电路、驱动放大电路、信号变换电路、开关电源中的应用非常广泛。

图 2-48 所示为九阳（JYC-22F）电磁炉的微处理器控制电路，其主要是由微处理器 TMP87PH46N、蜂鸣器 BUZ1 以及外围元器件等构成的。这种电磁炉的自动控制功能也比较强。

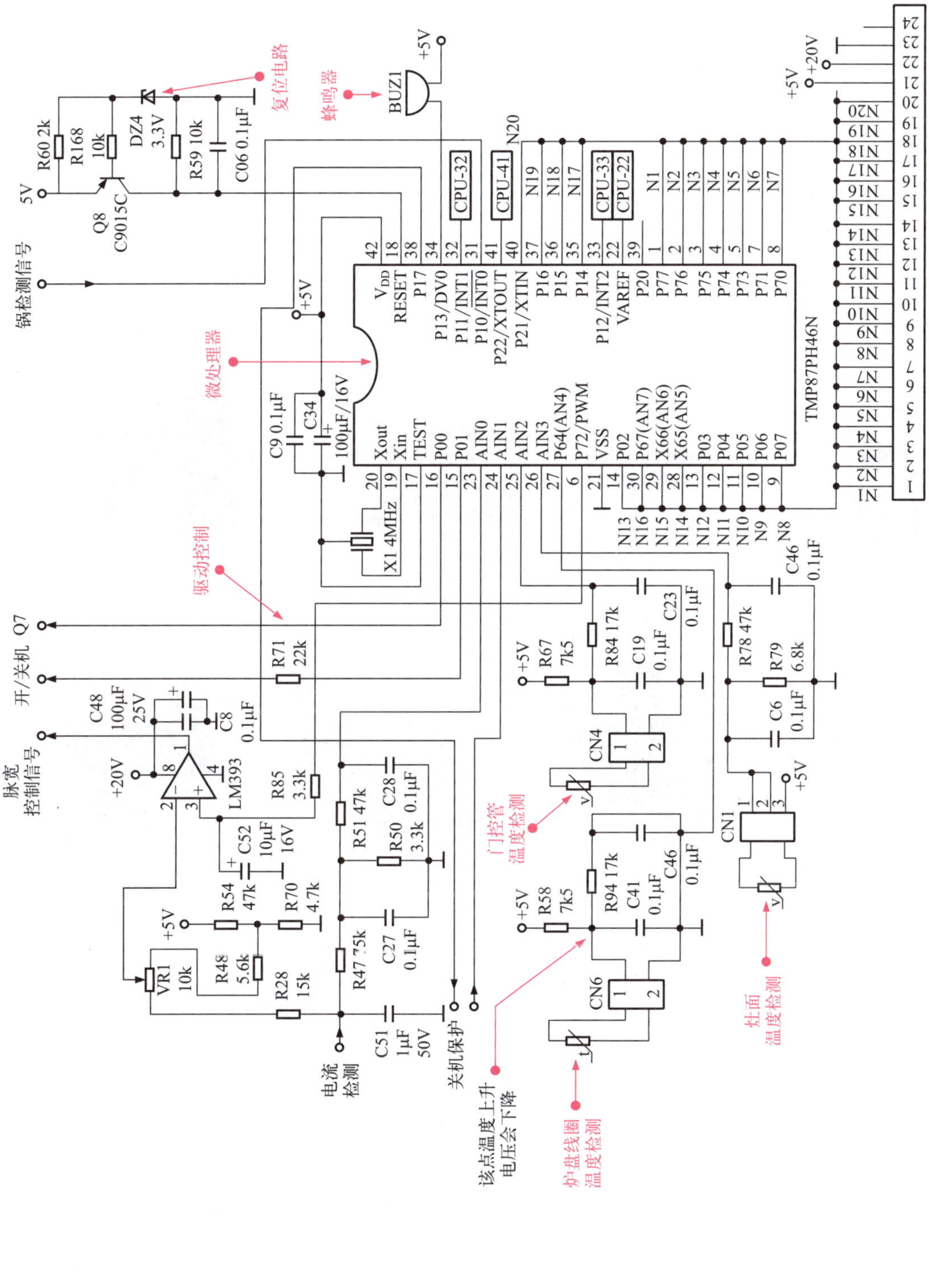

图2-48　九阳（JYC-22F）电磁炉的微处理器控制电路

2.4 常用电器部件

电磁炉电路中，用于实现控制的常用电器部件有开关按键、变压器以及电动机等，在对这些部件进行检修前，应先对这些电器部件的功能及工作特点有一定的认识。

2.4.1 开关按键

开关按键一般是指用来控制电磁炉电路的工作状态或对多个电路进行切换的部件，该部件可以在开和关两种状态下相互转换，也可将多组多位开关制成一体，从而实现同步切换。开关按键在几乎所有的电磁炉电路中都有应用，是电磁炉电路中实现控制的基础部件，图 2-49 所示为常见开关部件的实物外形。

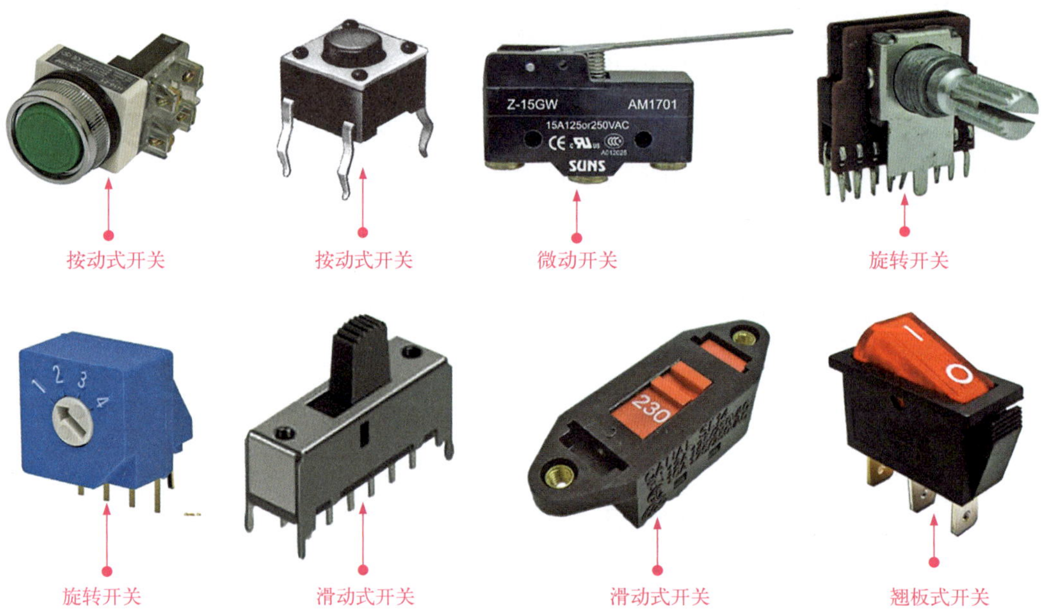

图2-49　常见开关部件的实物外形

开关部件的种类多种多样，按照其结构的不同，通常可分为按动式开关、旋转开关、滑动式开关、翘板式开关、薄膜开关、钮子开关等；按照用途还可分为波段开关、录放开关、电源开关、预选开关、限位开关、控制开关、转换开关、隔离开关等。

相关资料

开关部件的种类较多，其电路符号的表现形式也有所不同，常见的开关部件的基本符号见表 2-1。开关部件的主要特性就是具有接通和断开电路的功能，利用这种功能可实现对各种电子产品及电气设备的控制。

表 2-1 常见的开关部件的基本符号

名称	图形符号	名称	图形符号
常开开关（自动复位）	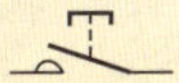	常开开关（手动复位）	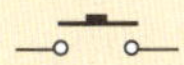
常闭开关（自动复位）	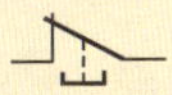	常闭开关（手动复位）	
复合开关（自动复位）	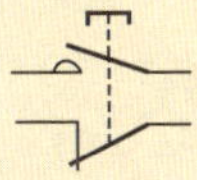	复合开关（手动复位）	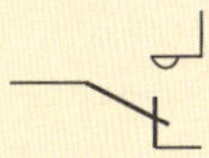
电源开关（手动复位）			

2.4.2 变压器

变压器几乎应用于所有的电子产品中，它是利用电磁感应原理传递电能或传输信号的一种器件，其主要特点是只能传输交流电，并可同时实现电压变换、电流变换、阻抗变换、高低压电气隔离等功能，图 2-50 所示为常见变压器的实物外形。

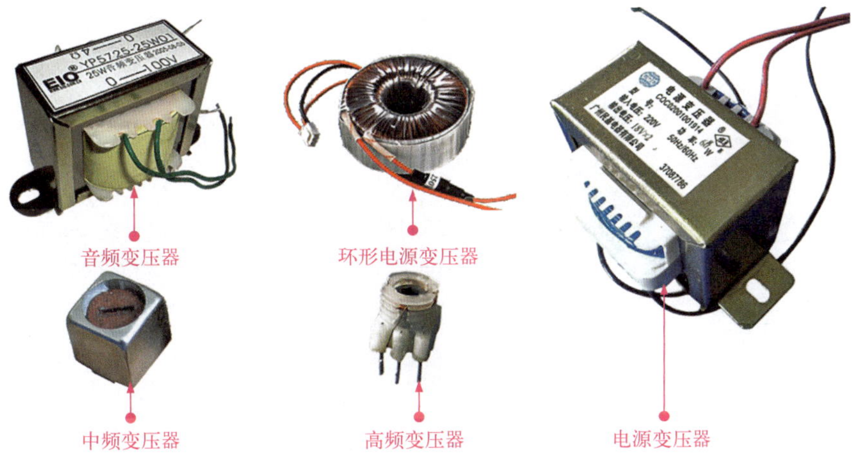

图2-50 常见变压器的实物外形

在小家电的电路中，变压器主要的作用是提升或降低交流信号或电压、变换阻抗等。图 2-51 所示是典型电源电路板上的开关变压器。

目前，我国所使用的电子产品都使用交流 220V 的电压，当电子产品插上市电插头，开始工作时，交流 220V 电压首先经电源线送入电源电路板。变压器就是电源电路中重要的变压器件，它可以将送入的交流 220V 电压转换成交流低压，然后经整流、滤波变成直流，为电路板提供所需的工作电压。

图 2-52 所示为典型电源变压器在电源电路中的应用。从图中可以看到，交流 220V 输入，经变压器降压，变成交流低压。交流低压再经桥式整流堆整流、电容滤波后变成直流输出给负载。

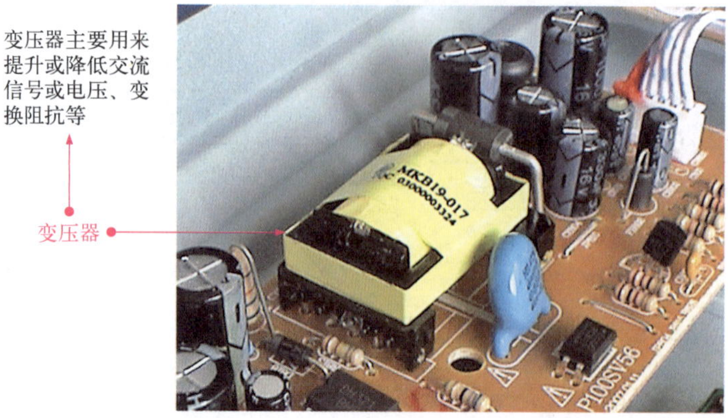

图2-51　典型电源电路板上的开关变压器

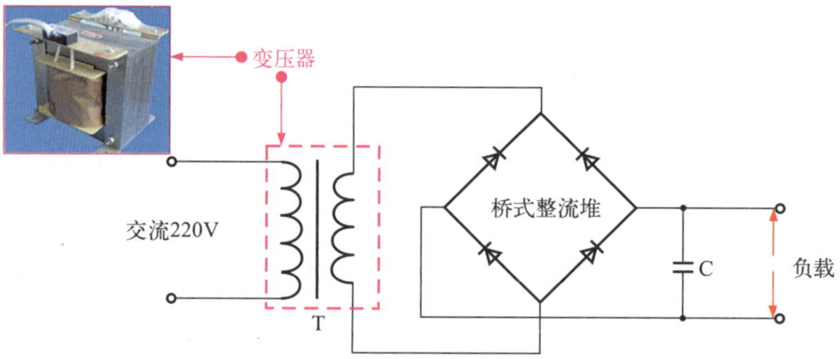

图2-52　典型电源变压器在电源电路中的应用

特别提示

将变压器的初级线圈和次级线圈看成是两个电感线圈，当交流 220V 电压加到输入端时，在初级线圈中就会有交流电流，在初级线圈上就产生出交变的磁场。根据电磁感应原理，次级线圈会感应出交流电压，该过程就是变压器的变压过程，如图 2-53 所示。

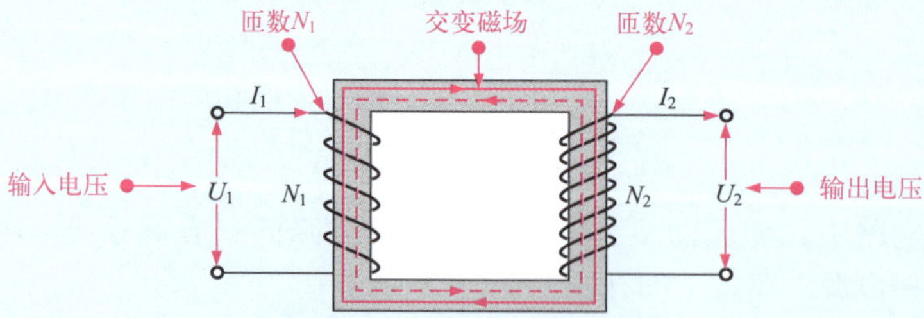

图2-53　变压器的变压过程

变压器的输出电压和线圈的匝数有关。一般输出电压与输入电压之比等于次级线圈的匝数 N_2 与初级线圈的匝数 N_1 之比，即：$U_1/U_2=N_1/N_2$。

变压器的输出电流与输出电压成反比（$I_2/I_1=U_1/U_2$），通常降压变压器输出的电压降低，但输出的电流会增强，而升压变压器输出电压升高，输出电流会减小。

2.4.3 电动机

电动机是一种利用电磁感应原理将电能转换为机械能的部件，有直流电动机和交流电动机两种。图 2-54 所示为电磁炉电路中电动机的控制示意图。

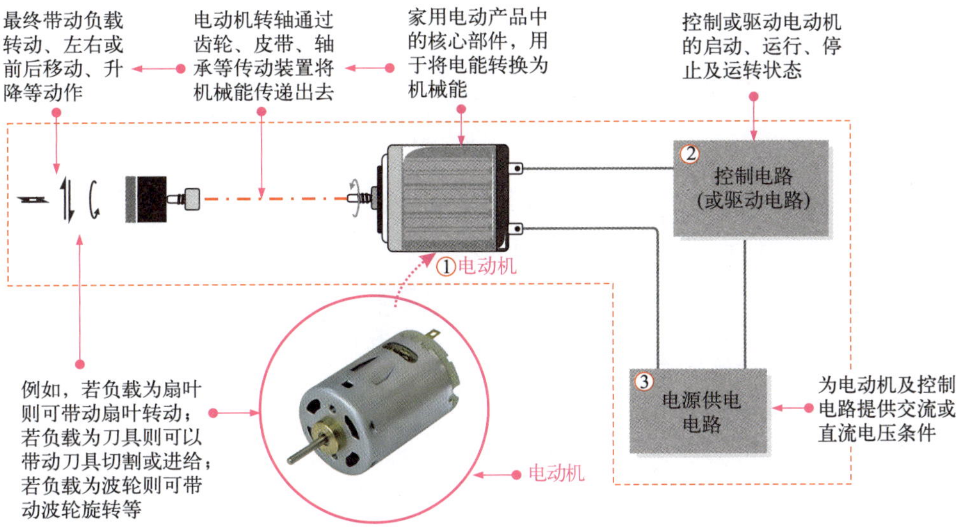

图2-54　典型电动机的控制示意图

第 3 章
电磁炉的常用检修工具和仪表

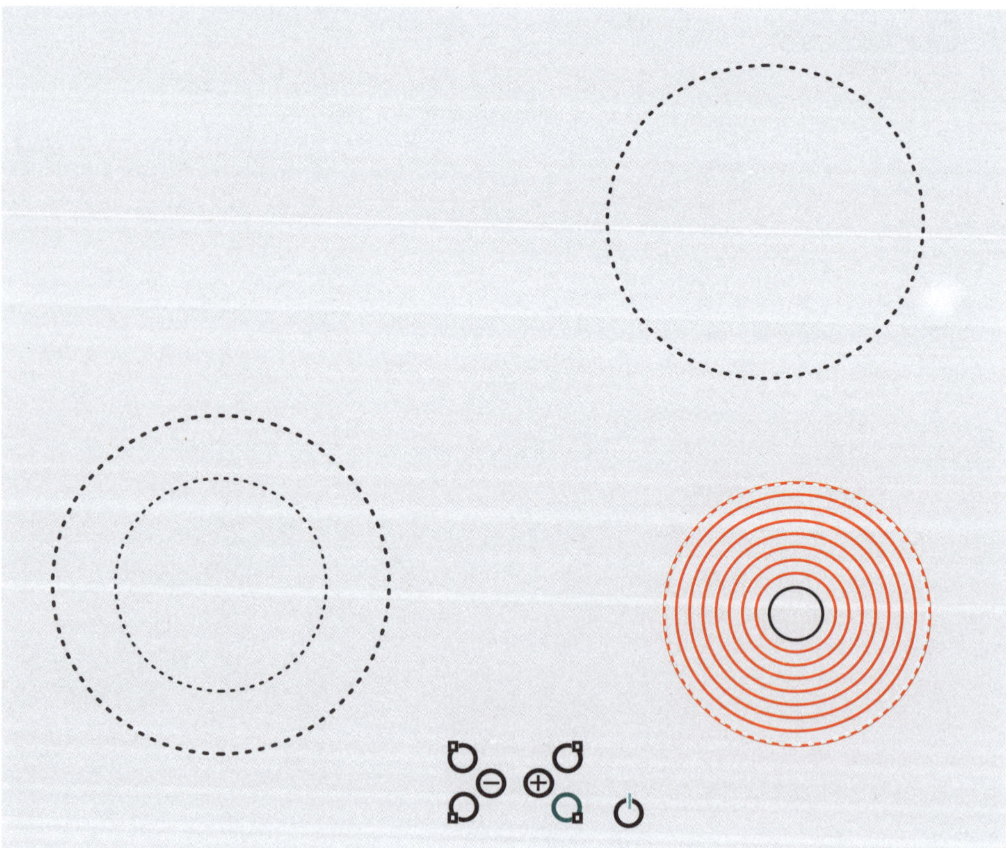

3.1 电路检修工具

3.1.1 常用拆装工具

（1）螺丝刀的功能与应用

图 3-1 为常用的螺丝刀实物外形。常见的螺丝刀分为一字螺丝刀和十字螺丝刀。

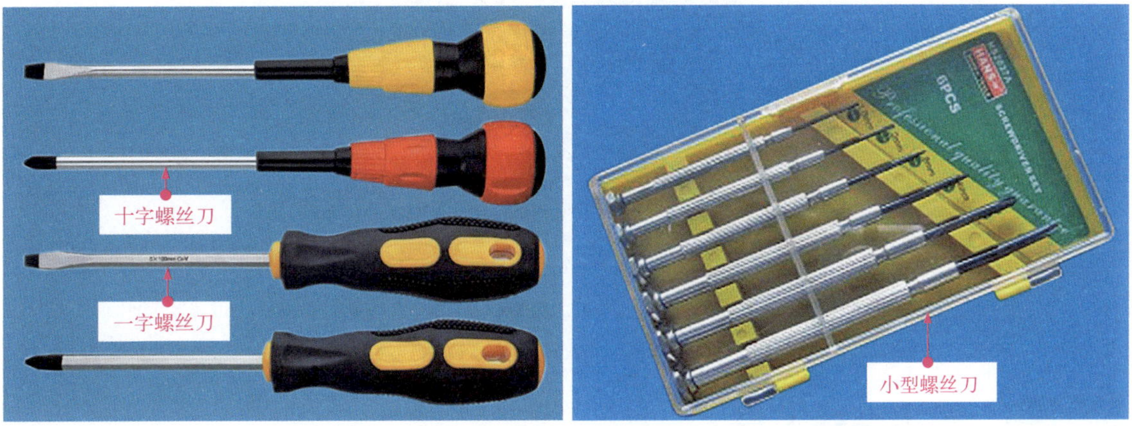

图3-1　常用的螺丝刀实物外形

在拆装过程中，需根据固定螺钉的规格选择相应的螺丝刀。图 3-2 所示为螺丝刀在电磁炉拆卸过程中的应用。

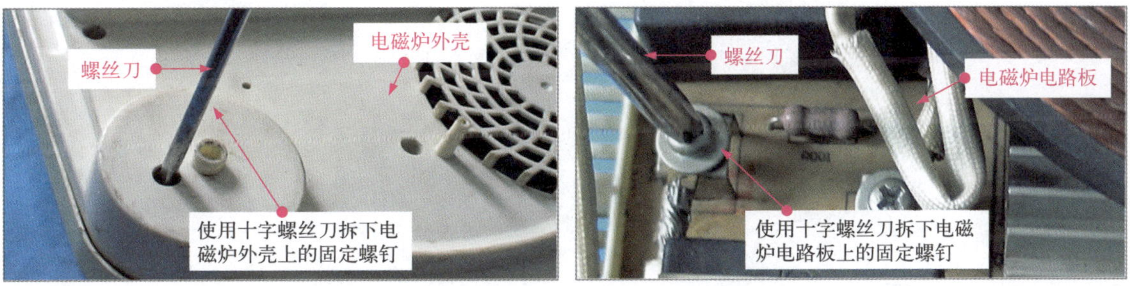

图3-2　螺丝刀在拆装过程中的应用

（2）钳子的功能与应用

常用的钳子实物外形如图 3-3 所示。常见的钳子分为偏口钳和尖嘴钳。

图 3-4 所示为钳子在实际拆装过程中的应用。偏口钳主要用来夹断导线或损坏的元器件引脚。尖嘴钳主要用来夹持主电路板上拆卸下来的元器件或辅助拆卸强度较大的零部件。

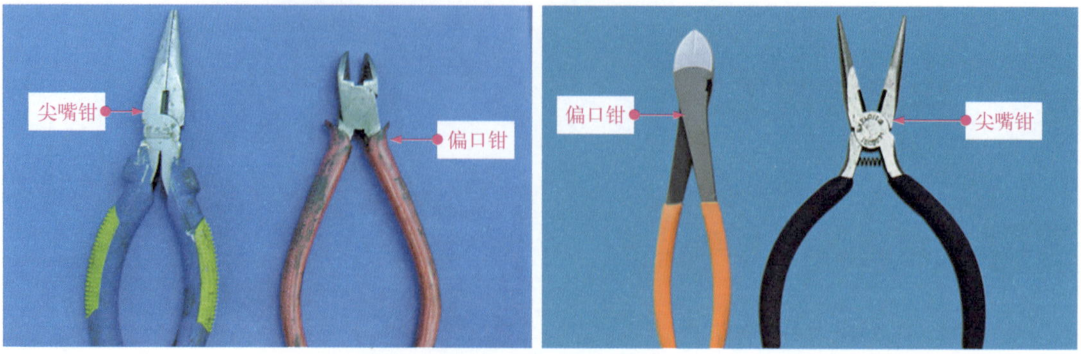

图3-3　常用的钳子实物外形

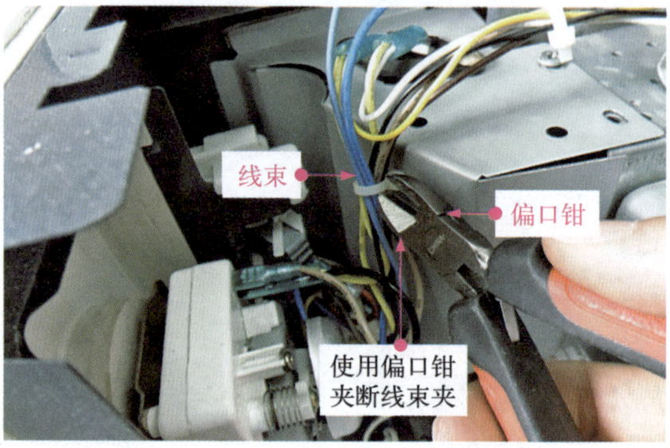

图3-4　钳子在拆装过程中的应用

3.1.2　常用焊接工具

（1）电烙铁及焊接辅料的功能与应用

图 3-5 所示为电烙铁、吸锡器及焊接辅料的实物外形。

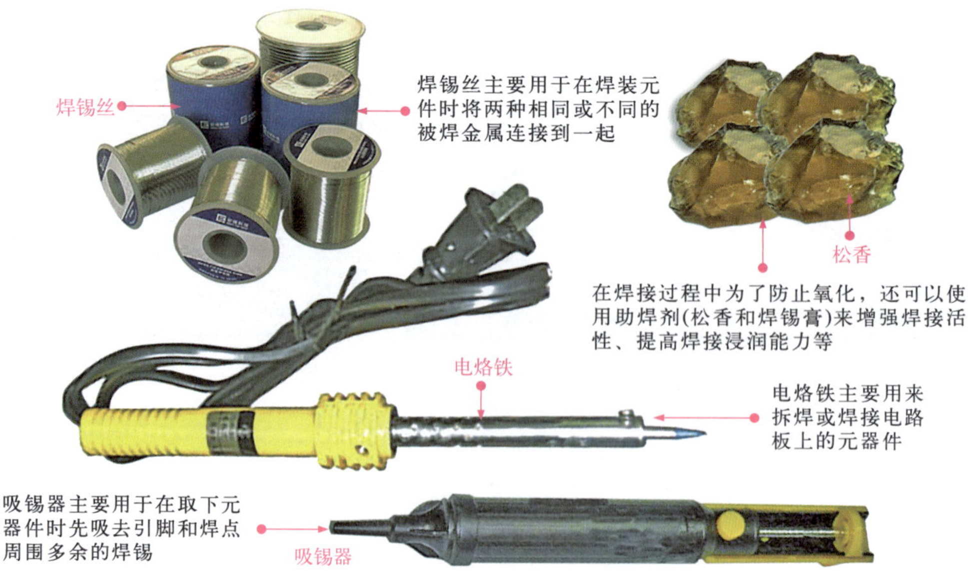

图3-5　电烙铁、吸锡器及焊接辅料的实物外形

电烙铁、吸锡器及焊接辅料主要用于焊接或代换电路中的分立式元器件。图 3-6 为电烙铁及辅助工具在焊接中的实际应用。

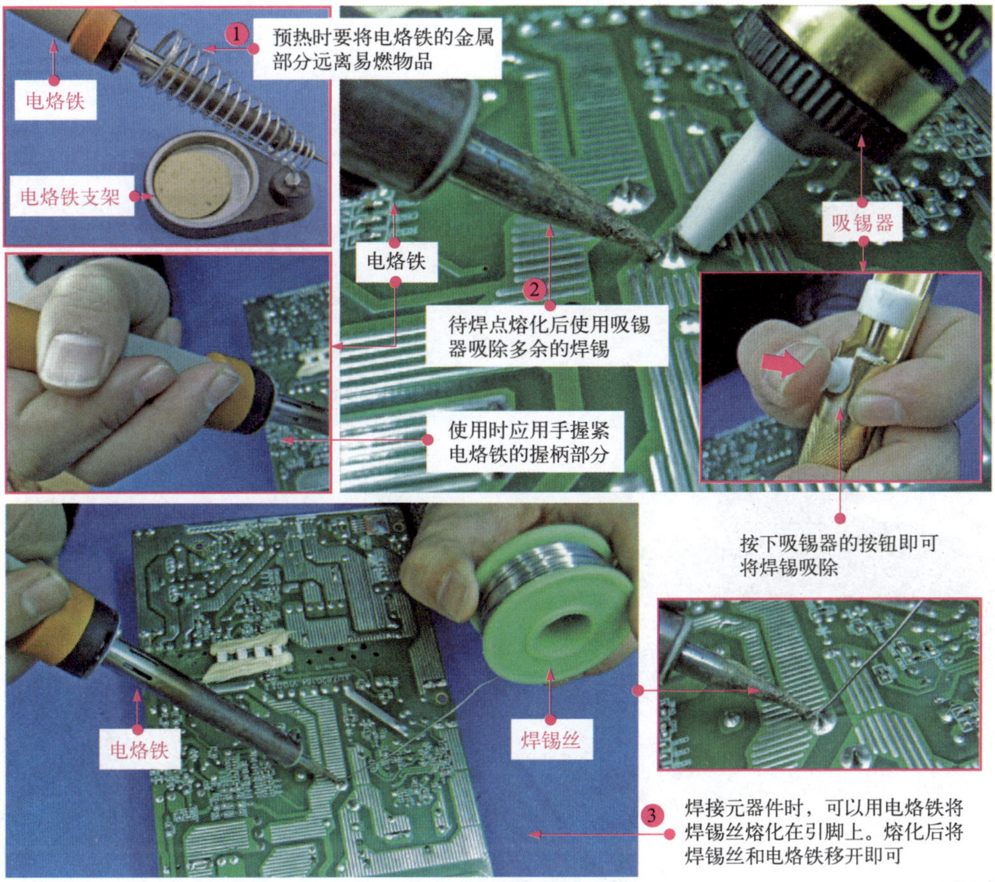

图3-6　电烙铁及辅助工具在焊接中的实际应用

（2）热风焊机的功能与应用

热风焊机是专门用来拆焊、焊接贴片元件和贴片集成电路的焊接工具，它主要由主机和风枪等部分构成，热风焊机配有不同形状的喷嘴，在进行元件的拆卸时根据焊接部位的大小选择适合的喷嘴即可，如图 3-7 所示。

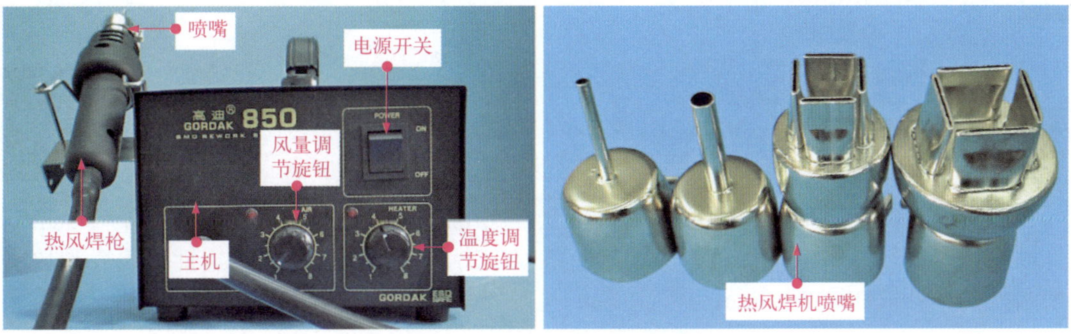

图3-7　热风焊机的实物外形

在使用热风焊机时，首先要进行喷嘴的选择、安装及通电等使用前的准备，然后才能使用热风焊机进行拆卸，如图 3-8 所示为拆卸四面贴片式集成电路的操作应用。

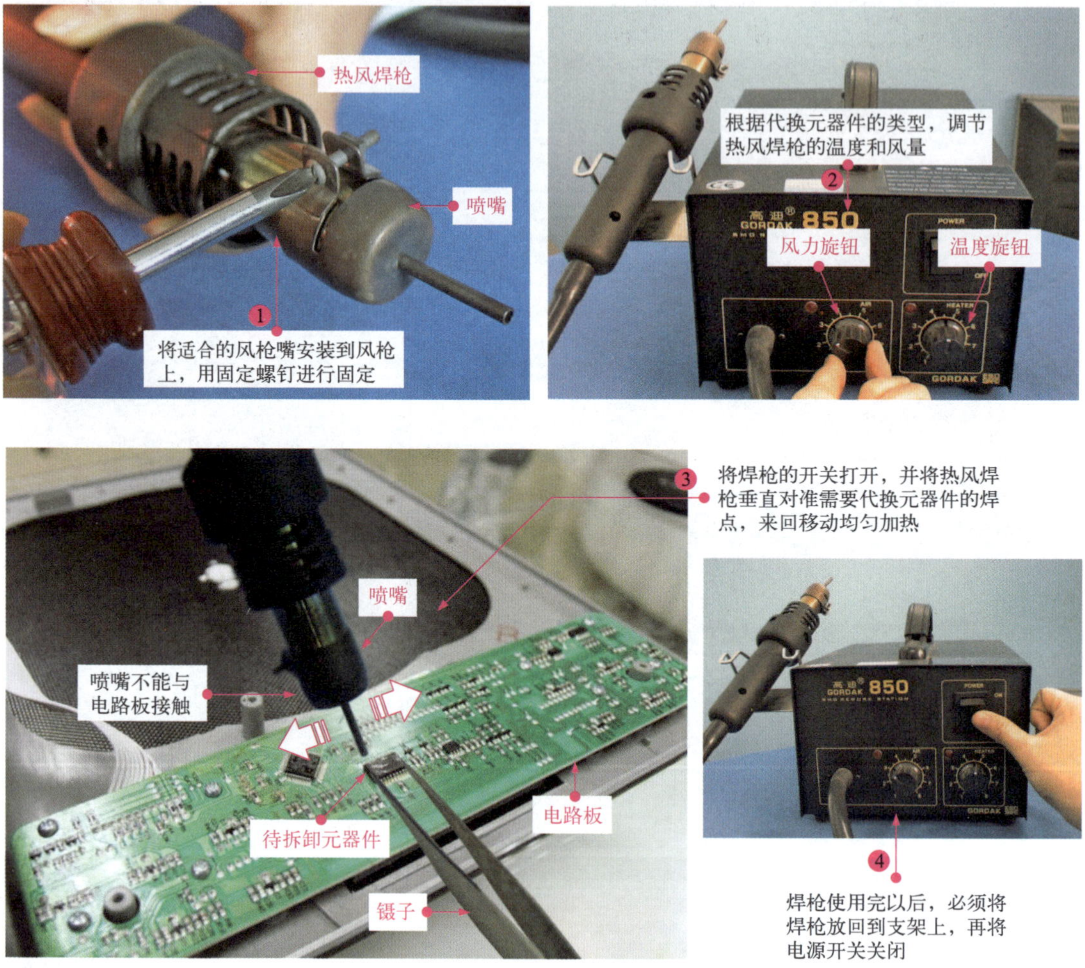

图3-8　热风焊机的实际应用

3.2 电路检测仪表

3.2.1 万用表

万用表是检测电路的主要工具，主要用于检测电路是否存在短路或断路故障，电路中元器件性能是否良好，供电条件是否满足等。维修中常用的万用表主要有指针万用表和数字万用表两种，其外形如图 3-9 所示。

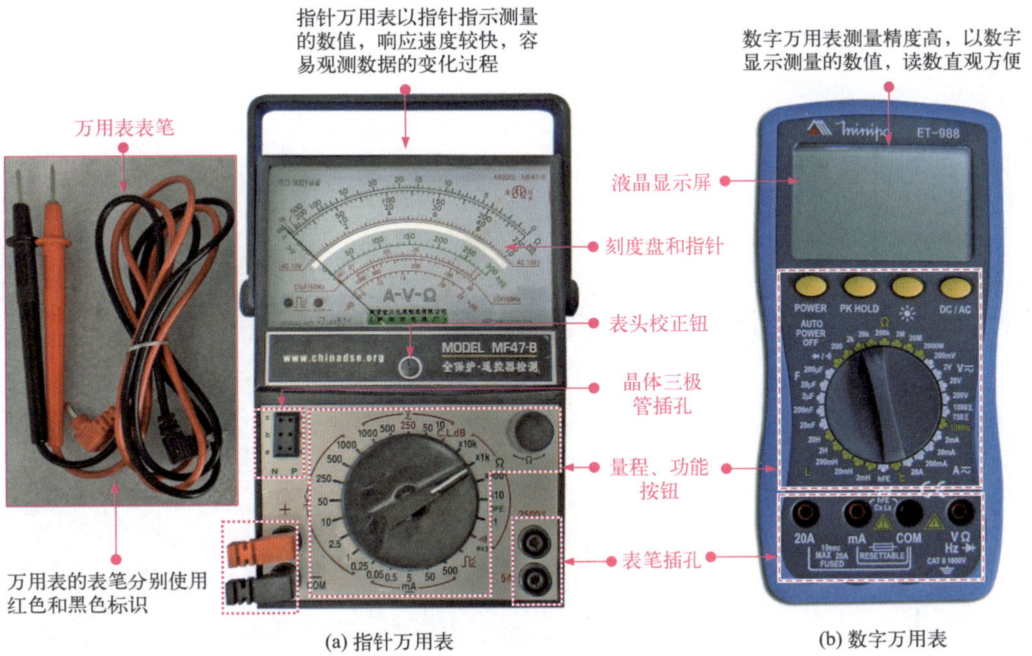

图3-9　万用表的实物外形

万用表的功能有很多，可以实现对电阻、电压、电流等的测量。对于一些功能强大的万用表还设有一些其他扩展功能，如可对温度、频率、晶体管放大倍数等参量进行测量。

（1）使用万用表测电阻

电阻值测量是万用表的测量功能之一。通过万用表对元器件电阻值的测量，即可判断元器件的性能是否良好。如图 3-10 所示为指针万用表检测电阻值的方法。

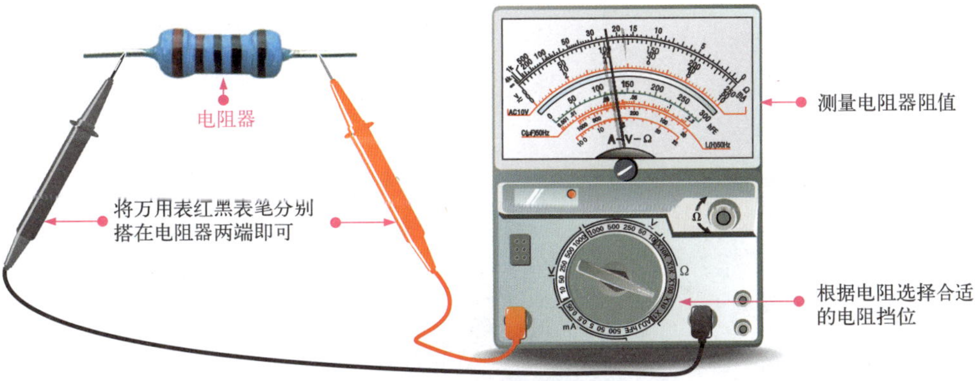

图3-10　指针万用表检测电阻值的方法

在电磁炉维修过程中，当怀疑某个电子元件异常时，可借助万用表对怀疑电子元件自身性能参数进行检测来判断电子元件的好坏，如检测电阻器、电压比较器、变压器的电阻值，电容器的电容量，电感器、炉盘线圈的电感量等，根据所测结果判断出电子元件的好坏，从而排除故障。这也是电磁炉检修中最常用的一种检测方法。

图 3-11 是使用万用表对电磁炉中电子元件的阻值检测应用。

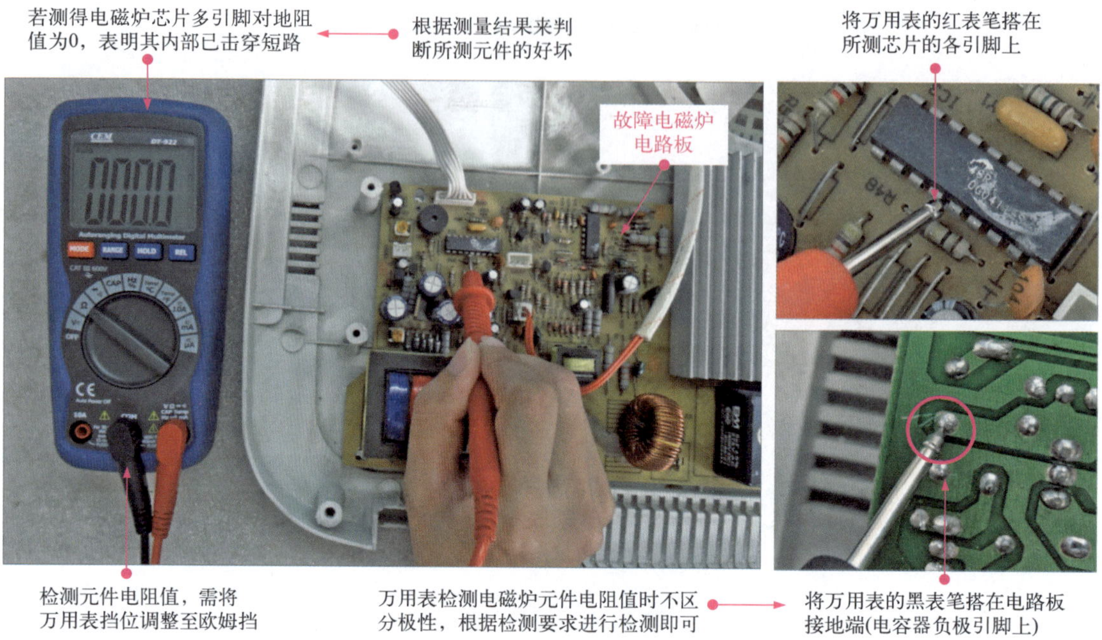

图3-11　万用表测电阻法在电磁炉检修中的应用

（2）使用万用表测电容

使用数字万用表测量电容时，可借助附加测试器进行检测。将附加测试器插入数字万用表的表笔插孔中，再将电容器插入附加测试器的电容量检测插孔中进行检测，数字万用表液晶显示屏上即可显示出相应的数值。数字万用表测量电容的示意如图 3-12 所示。

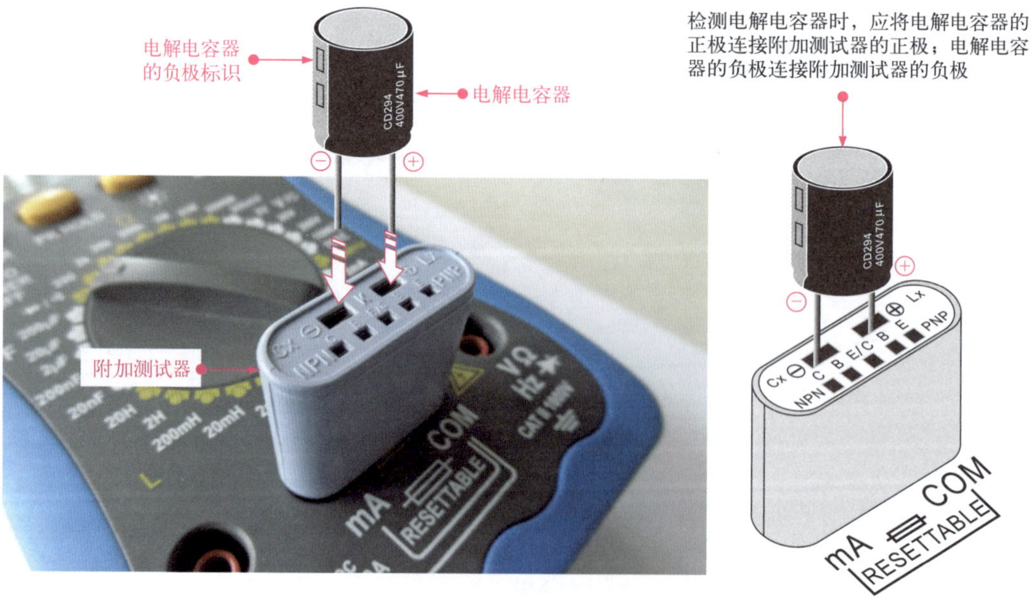

图3-12　数字万用表测量电容的示意图

使用万用表检测电磁炉中电子元件的电容量，多用于对电容器好坏的判断中。需要选用具有电容量测量功能的万用表进行，即选择万用表的电容检测挡位，对怀疑损坏的电容器进行检测，若实测电容量与电容器标称电容量偏差较大，则多为所测元件异常，由此即可快速判断出电容器的好坏。

图 3-13 是使用万用表检测电磁炉中电容器电容量的应用。

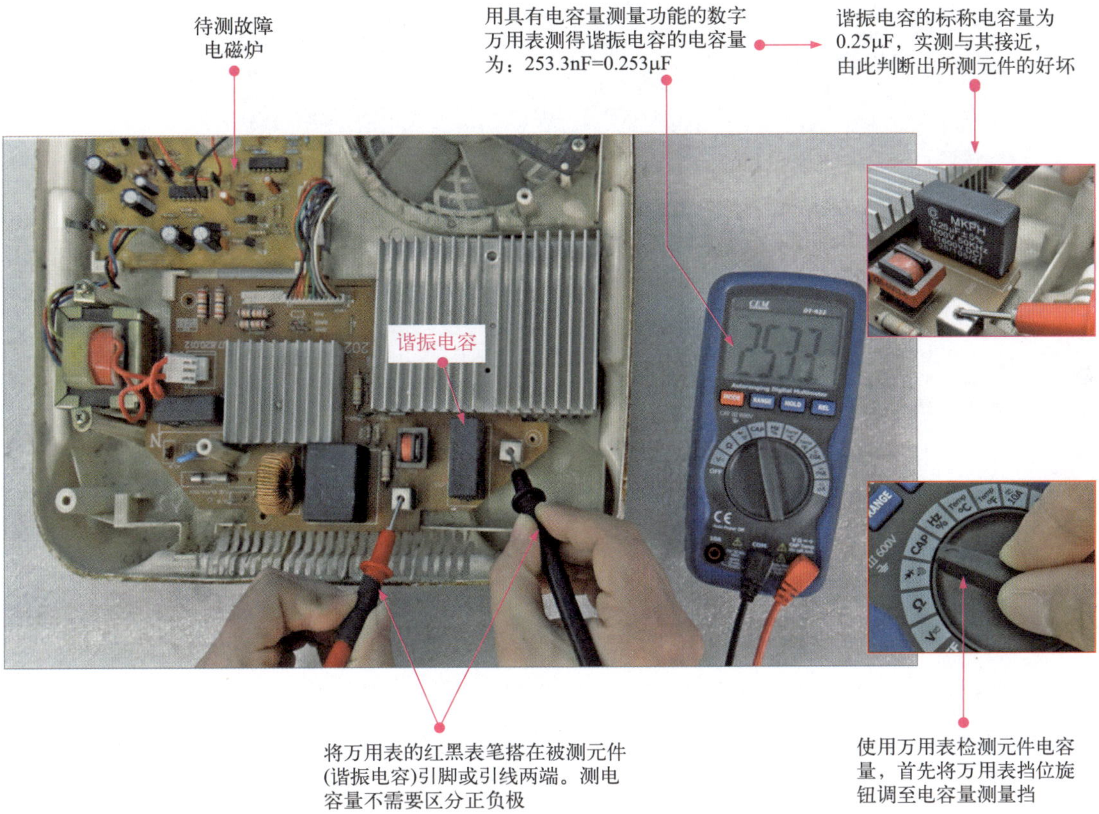

图3-13　万用表测电容量法在电磁炉检修中的应用

（3）使用万用表测电感

使用万用表检测电磁炉中电子元件的电感，一般用于对电感类器件好坏的判断。需要选用具有电感测量功能的万用表进行，即选择万用表的电感检测挡位，对怀疑损坏的电感器件（如电感器、炉盘线圈）进行检测，若实测电感与正常电感偏差较大，则多为所测元件异常，由此即可快速判断出电感类器件的好坏。

使用万用表检测电磁炉中炉盘线圈电感的操作方法如图 3-14 所示。

特别提示

除此之外，在对电磁炉电路进行检测时，还常使用万用表的电压、电流等测量功能，检测电路关键点的电压或电流情况，从而进一步确定准确的故障点。

图3-14　万用表测电感法在电磁炉检修中的应用

3.2.2 示波器

示波器是一种用来展示和观测信号波形及相关参数的电子仪器，它可以观测和直接测量信号波形的形状、幅度和周期，因此，一切可以转化为电信号的电学参量或物理量都可转换成等效的信号波形来观测。如电流、电功率、阻抗、温度、位移、压力、磁场等参量的波形，以及它们随时间变化的过程都可用示波器来观测。如图 3-15 所示，示波器主要可以分为模拟示波器和数字示波器两种。

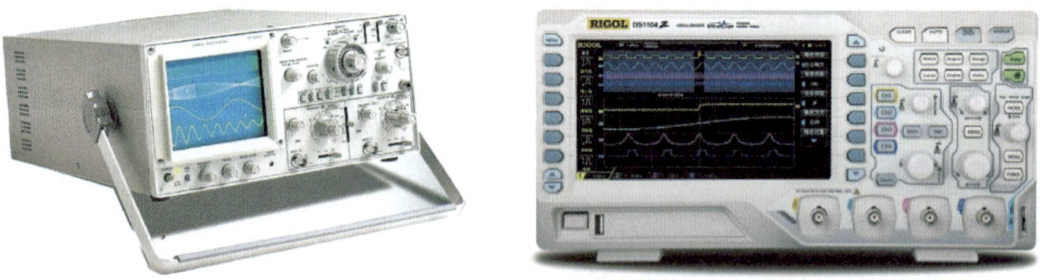

(a) 模拟示波器　　(b) 数字示波器

图3-15　模拟示波器和数字示波器

示波器常用于电子电路的生产调试和维修领域，一般可通过观察示波器显示的信号波形，来判断电路性能是否正常。

图 3-16 所示为示波器在检测电磁炉电路中的应用。正常情况下将示波器的探头靠近

IGBT，便可以感应到脉冲信号波形，若无法感应到脉冲信号，则说明前级电路中的元器件或 IGBT 已经损坏。

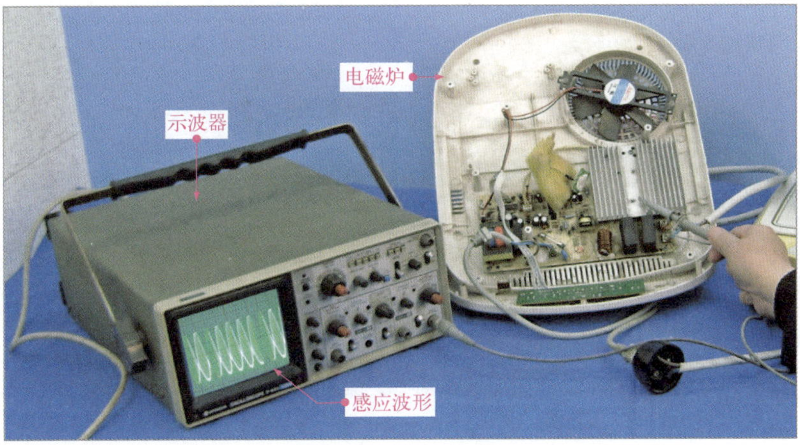

图3-16　示波器在检测电磁炉中的应用

3.2.3　信号发生器

信号发生器是一种可以产生不同频率、不同幅度及规格波形信号的仪器，它也称为信号源。信号发生器在电子产品的生产、调试以及维修中广泛应用，它可以使电子电器在特定的信号下呈现出其性能的好坏。

从输出波形类型来分，信号发生器可分为正弦信号发生器、函数（波形）信号发生器、脉冲信号发生器和随机信号发生器四种，如图 3-17 所示。

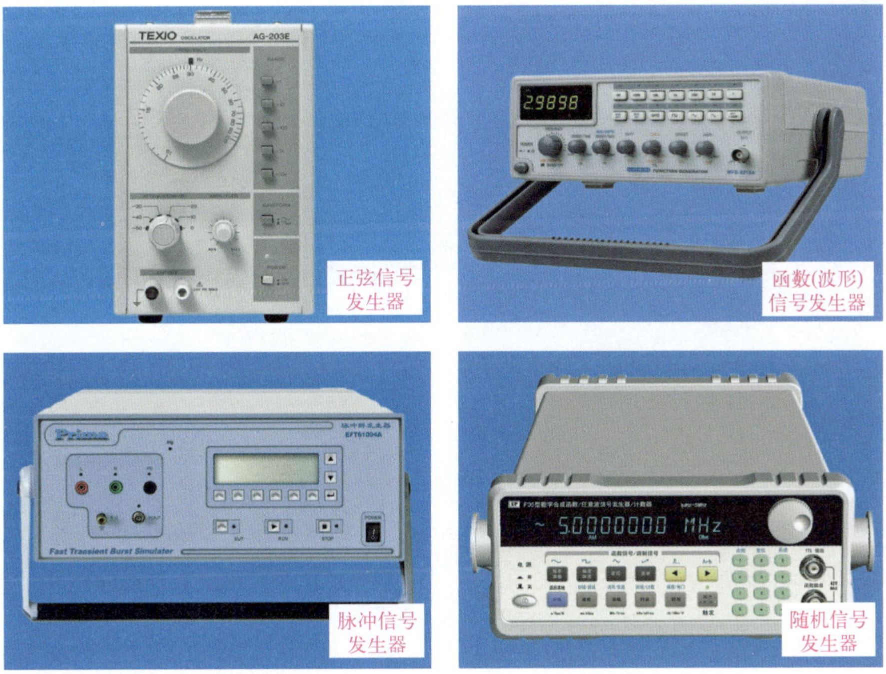

图3-17　输出波形类型不同的信号发生器

根据信号发生器的应用功能不同，通常可分为实验用信号发生器、调幅/调频广播信号发生器和电视信号发生器，如图3-18所示。

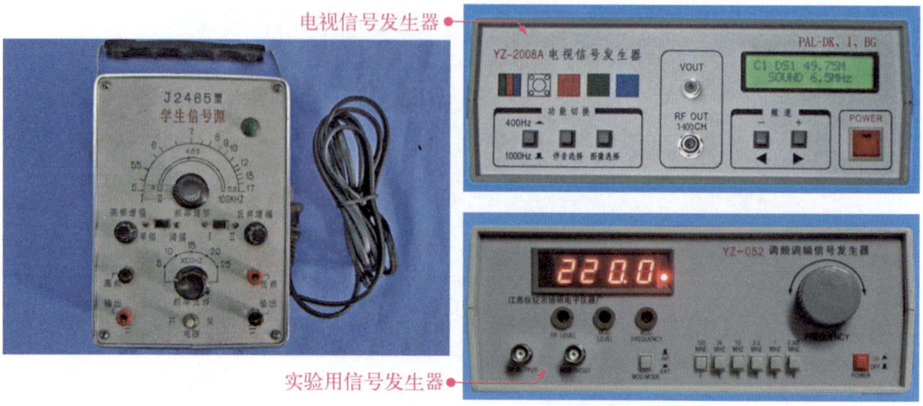

图3-18　功能不同的信号发生器

将信号发生器作为信号源直接连入被测电路的输入端，即可为被测电路提供标准的测试信号。这种方式非常简便，而且输入的测试信号可根据需要进行选择、设定或调整，是电路检测中常用的信号提供方法。

检测电子电路时，在通电的前提下，通常需要为其提供一定的信号，然后再使用相关的检测仪表进行实际的测量，根据结果判断该电路的性能是否正常。

检测前，应先了解该电子电路需要进行检测的项目，然后根据信号类型选择正确的信号源，最后再将其接入电子电路中为其注入一定的信号，通过相关检测设备对电路进行检测，如图3-19所示。

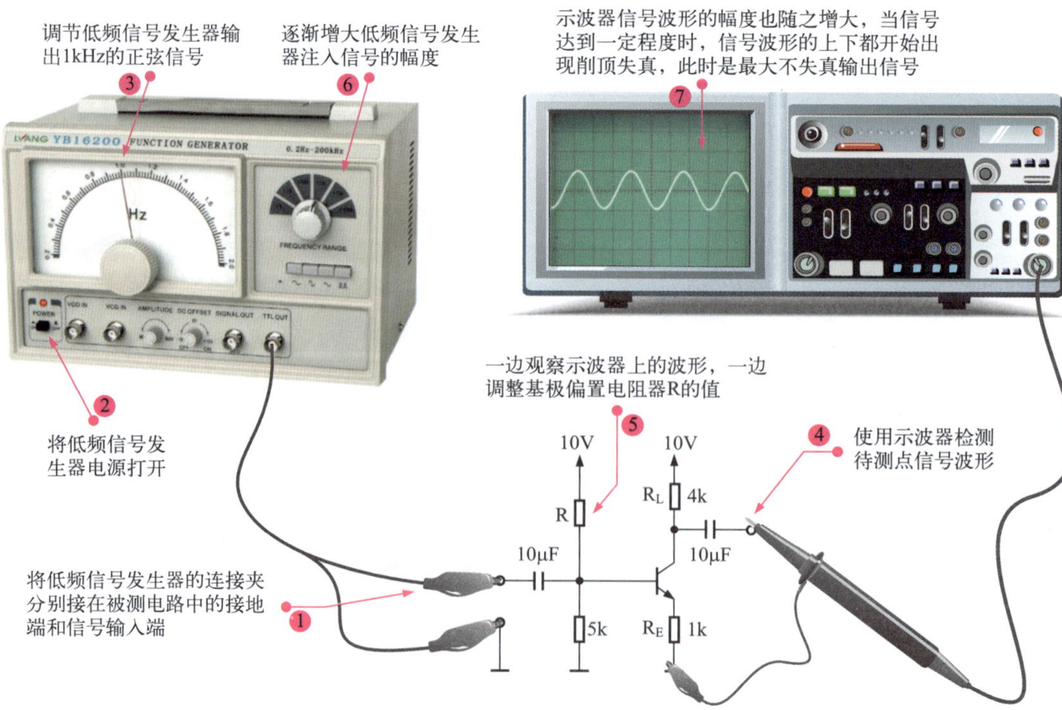

图3-19　为测试电路提供正弦信号的方法

相关资料

在使用信号发生器检测电路时，作为检测人员，应熟悉信号发生器送入不同波形的外形，例如电路中常见的波形有正弦波、方波、三角波、锯齿波（升斜波和降斜波）、尖峰波等，如图 3-20 所示。

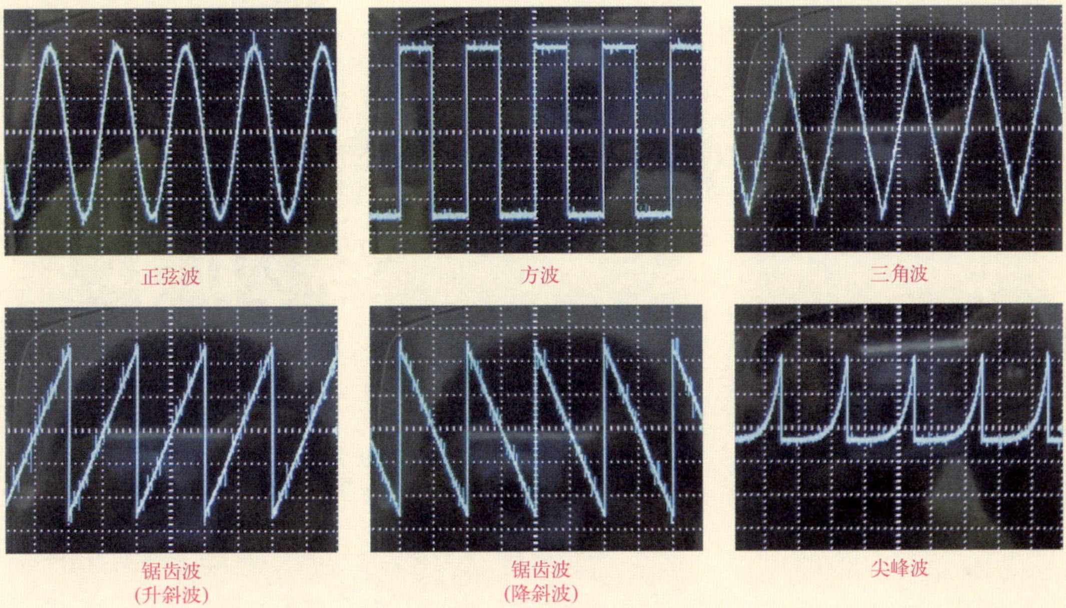

图3-20　信号发生器产生的信号波形

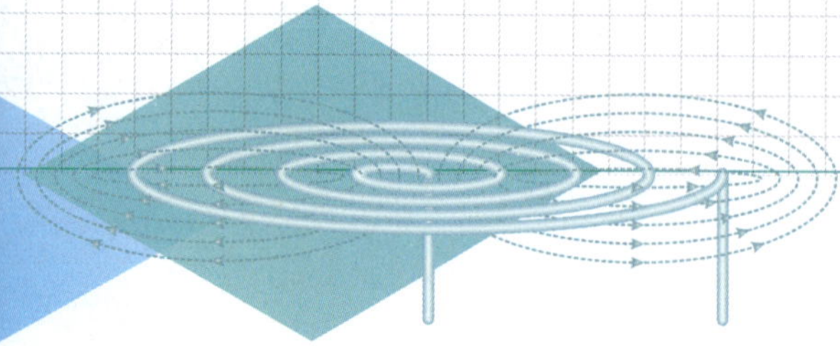

第 4 章
电磁炉电源供电电路的结构原理

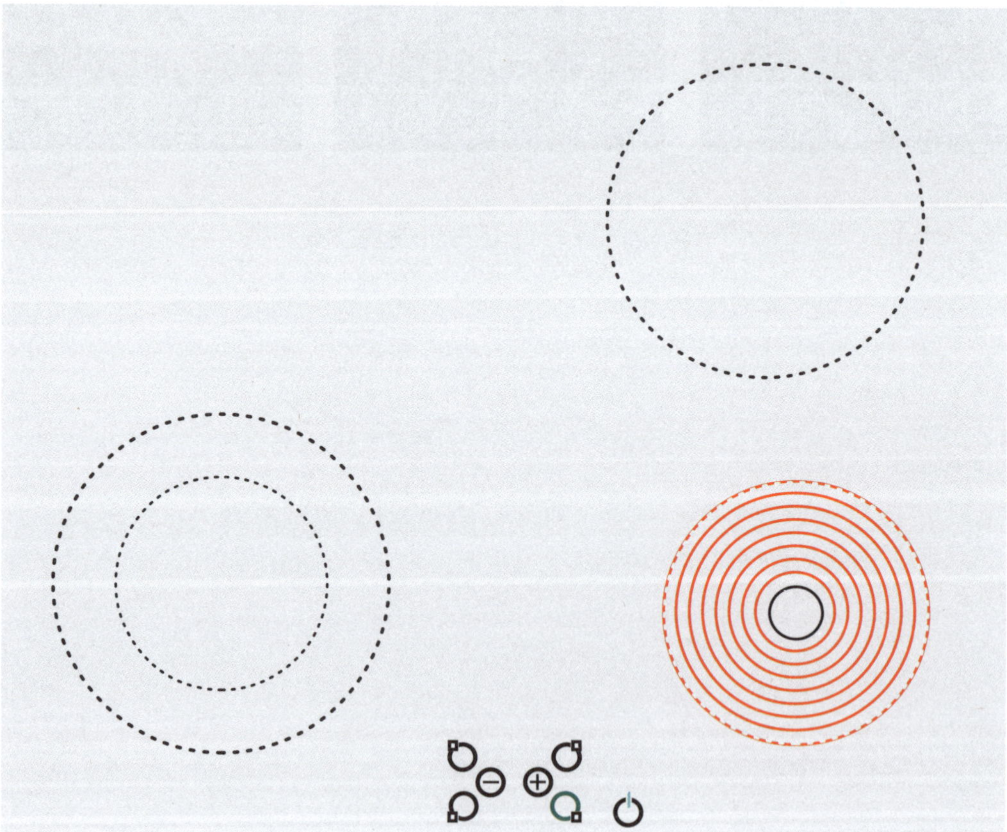

4.1 电磁炉电源供电电路的结构

4.1.1 电磁炉电源供电电路的特点

电磁炉中的电源供电电路通常固定在电磁炉底座边缘，位于主电路板的一侧。为方便供电引线的接入，打开电磁炉的外壳后，即可以在主电路板中找到电源供电电路，如图 4-1 所示。该电路是电磁炉中最为重要的供电电路。

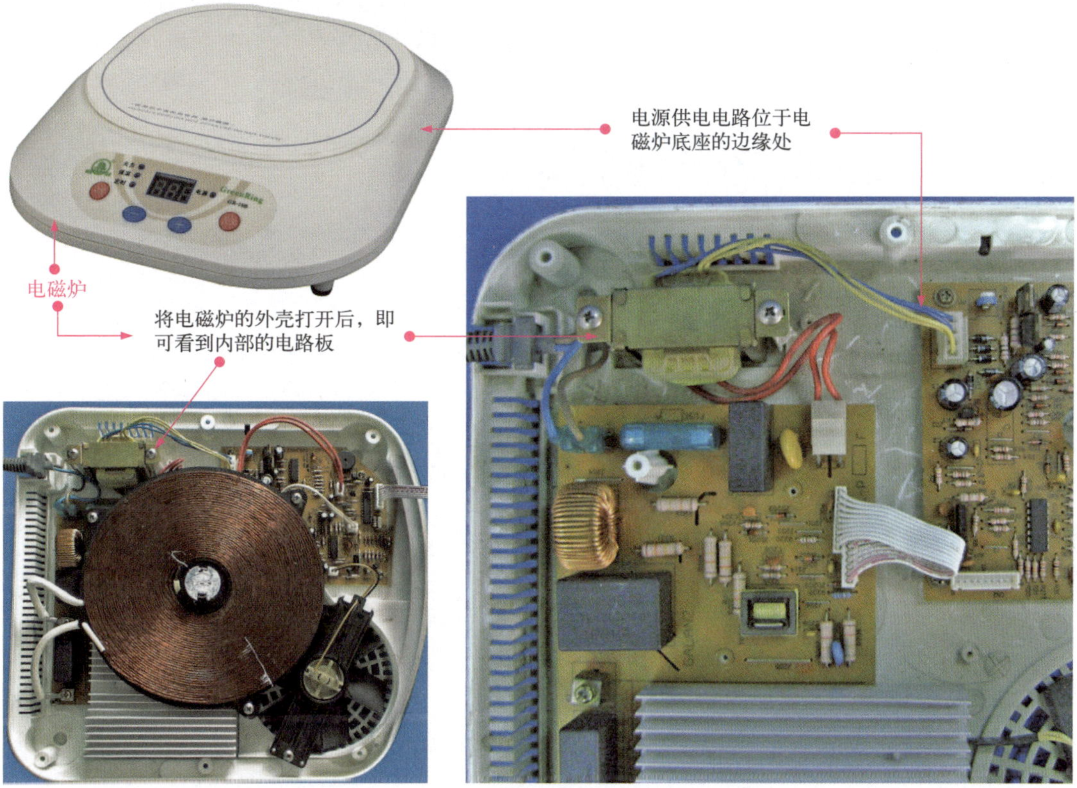

图4-1　电磁炉中电源供电电路的安装位置

学习电磁炉电源供电电路的检修技能，首先要对电源供电电路的结构组成和电路特点有一定的了解。对于初学者而言，要能够根据电源供电电路的结构特点在电路板中准确地找到电源供电电路。这是开始学习检修电源供电电路的第一步。

相关资料

有些电磁炉将电源供电电路与主控电路设置在一个电路板中，如图 4-2 所示，这类电磁炉中的电源供电电路通常位于电路板的一侧，可以通过主要的功能部件找到该电路部分。

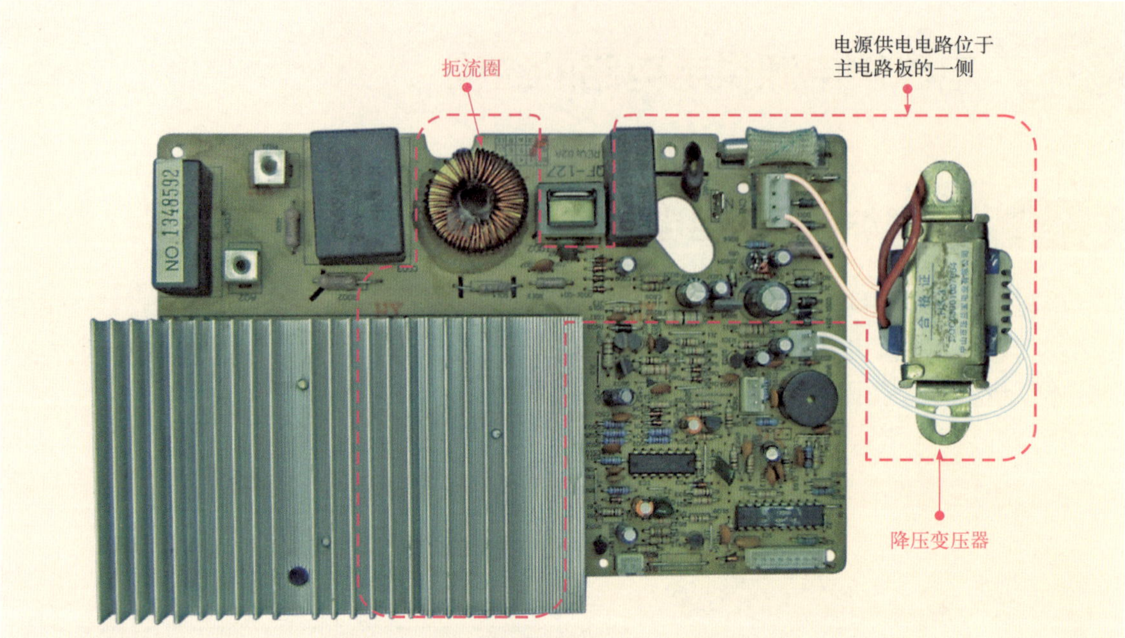

图4-2　不同类型电磁炉中的电源供电电路

在电磁炉的电源供电电路中，各元器件之间按一定的电路关系构成具有电压变换作用的电路，从而实现了整机供电的功能，如图 4-3 所示。

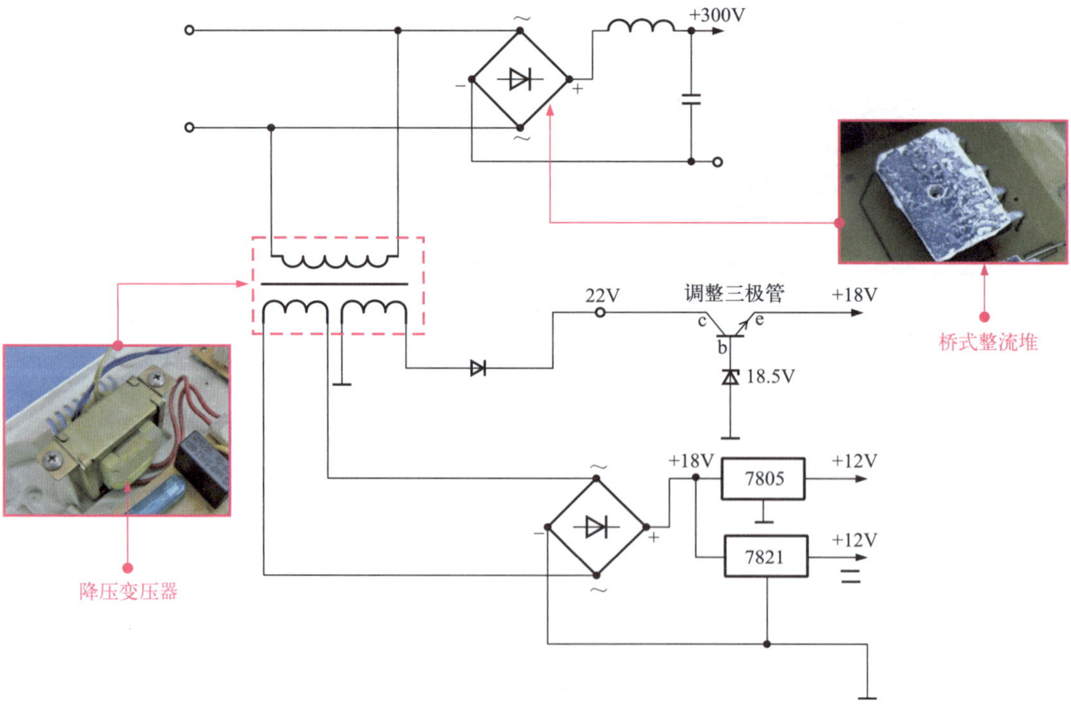

图4-3　电磁炉中电源供电电路的电路特点

通过图 4-3 可知，在电源供电电路中，交流 220V 为整机提供电能，桥式整流堆将 220V 交流电压变成 300V 直流电压，为功率输出电路进行供电；降压变压器与整流、滤波部分将交流 220V 进行降压后，再进行整流、滤波和稳压后输出直流低压，该电压分别为主控电路及操作显示电路等进行供电。

4.1.2 电磁炉电源供电电路的组成

电源供电电路主要是为电磁炉内的各单元电路或功能元器件提供所需要的各种电压，该电路将交流 220V 电压经处理后，分别输出两路电压：一路经整流变为 +300V 直流电压为炉盘线圈供电；另一路经变压器降压和稳压电路输出 +5V、+12V、+18V 直流低压为控制电路供电。图 4-4 所示为电磁炉中电源供电电路的外形结构。

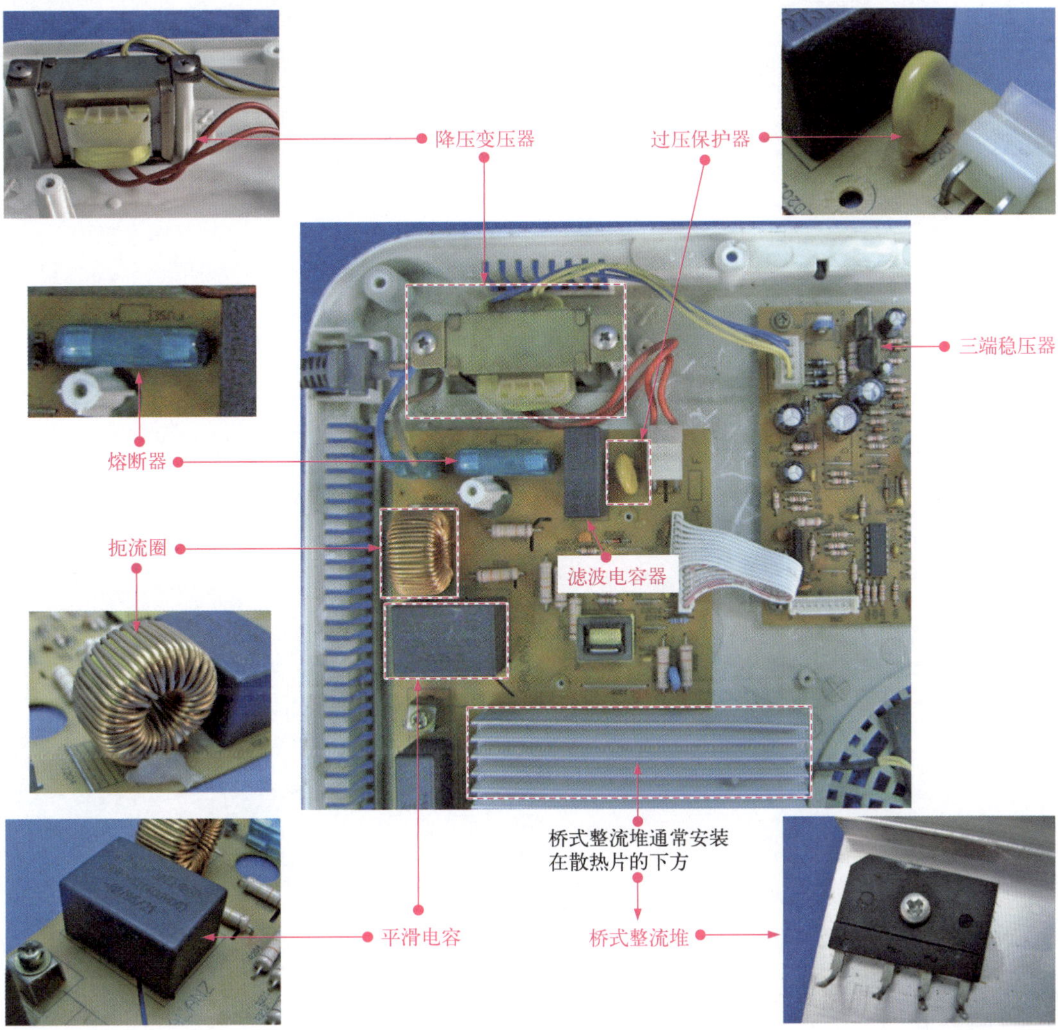

图4-4　电源供电电路的外形结构

由图可知，电磁炉中的电源供电电路主要是由熔断器、过压保护器、滤波电容、降压变压器、桥式整流堆、扼流圈、三端稳压器、稳压二极管、平滑电容等构成的。

（1）熔断器

熔断器又称为保险丝，是电磁炉的第一道防线。当电磁炉的电路发生过载故障时，电流增加，而过大的电流有可能损坏电路中的某些重要器件，甚至可能烧毁电路。此时，熔断器便起到了断电保护作用。熔断器会在电流升高到一定的强度时自身熔断，切断电源电路，从而起到保护作用，图 4-5 所示为熔断器的实物外形。

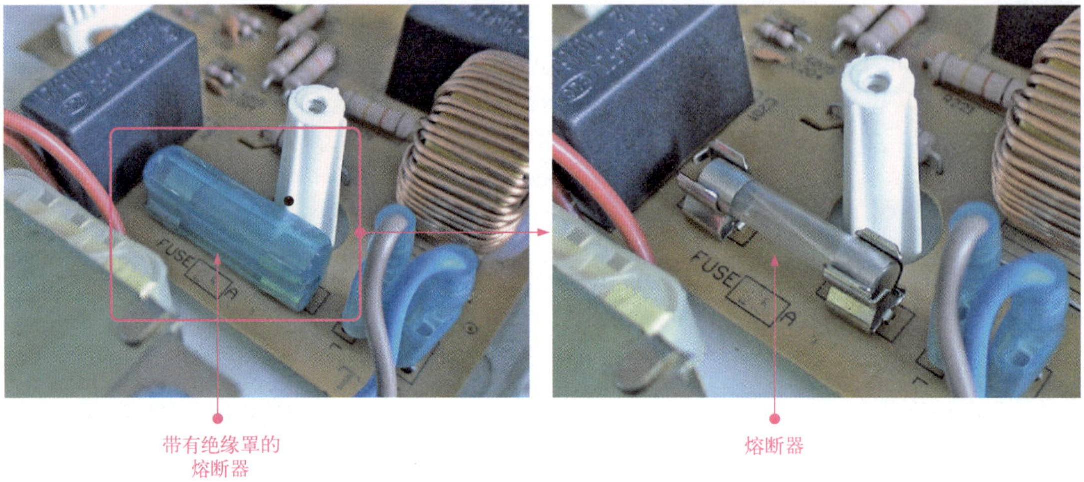

图4-5　熔断器的实物外形

（2）过压保护器

电磁炉中的过压保护器实际为压敏电阻，主要用于防止市电电网中冲击性高压输入电磁炉内部，起到过压保护的目的。图 4-6 所示为电磁炉中过压保护器的实物外形。

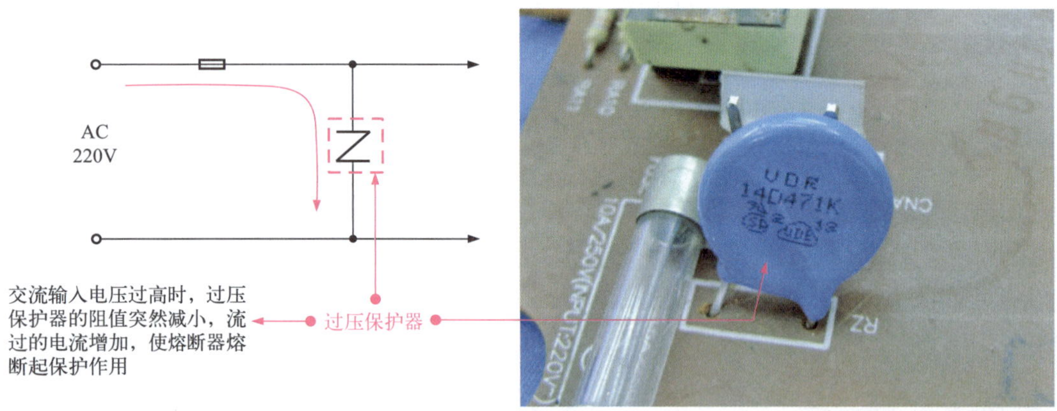

图4-6　过压保护器的实物外形

特别提示

当电磁炉外加的电压较低时，流过过压保护器的电流极小，过压保护器呈高阻值状态；而当外加电压达到或者超过过压保护器的电压时，流过过压保护器的电流会陡增，过压保护器的阻值将大大降低，此时就会使熔断器迅速熔断，起到保护电磁炉的作用。

（3）滤波电容

滤波电容在电磁炉中主要是用来滤除市电中的高频干扰，同时抵制电磁炉工作时对市电的电磁辐射污染，除此之外，还可以防止电路中的其他电路对电源供电电路的干扰。图 4-7 所示为电磁炉中滤波电容的实物外形。

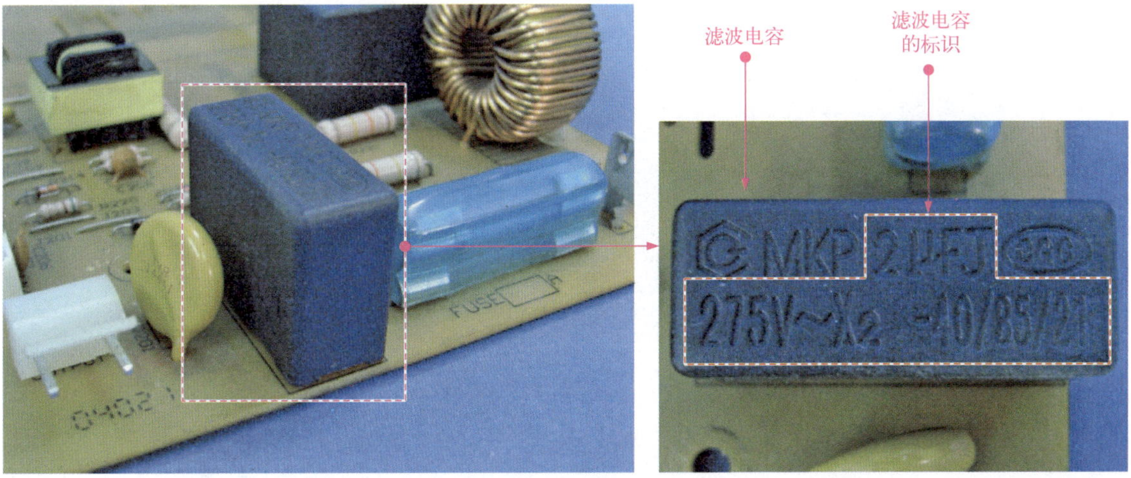

图4-7　滤波电容的实物外形

由图 4-7 可知，该电磁炉中滤波电容的参数标识为“2μFJ　275V ～ X2”，其中“2μFJ”表示电容量为“2μF±5%”；“275V ～”表示其额定电压为交流 275V。

（4）降压变压器

电磁炉的降压变压器是将 220V 交流电转换为低电压交流电的器件，图 4-8 所示为降压变压器的实物外形。由图可知，降压变压器的输入电压为 220V；蓝色线输出电压为 16V；黄色线输出电压为 22V。

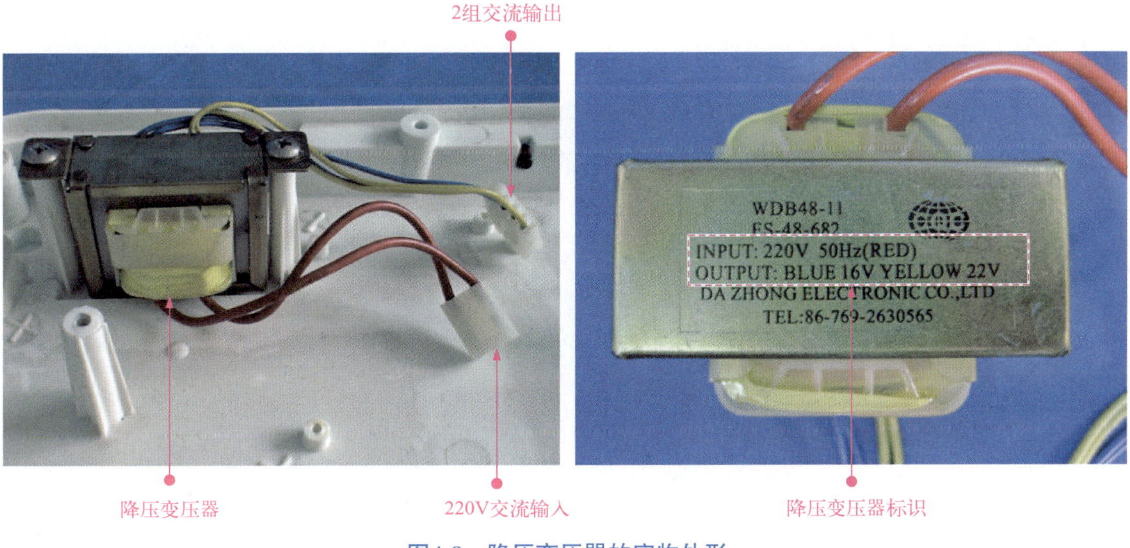

图4-8　降压变压器的实物外形

相关资料

降压变压器通常具有一个初级绕组，用以接 220V 电压。其二次绕组可以为单绕组，输出一路交流低压；也可以设置多个绕组，以便输出多路交流低压，如图 4-9 所示。

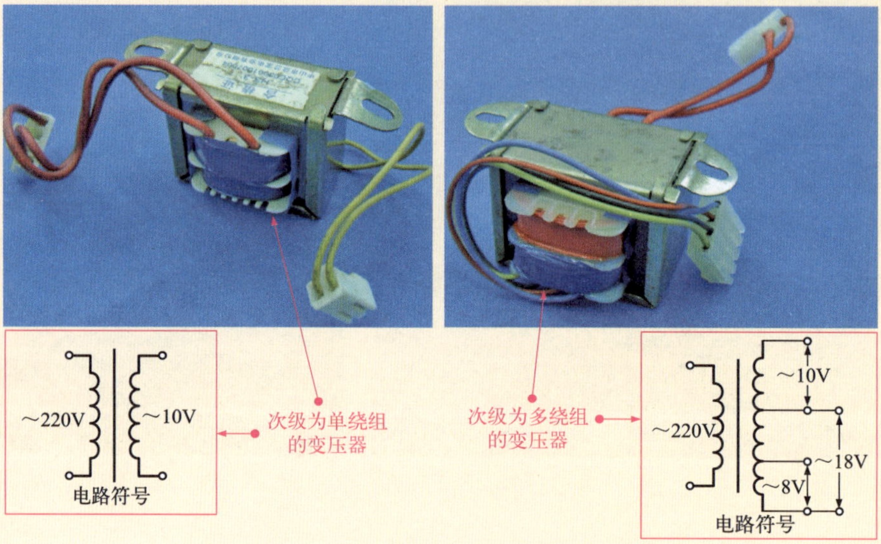

图4-9　二次绕组不同的降压变压器

(5) 桥式整流堆

桥式整流堆主要是将交流 220V 电压整流为直流 +300V 电压输出，它内部由四个整流二极管桥接构成，外部具有四个引脚，其中两个引脚输入交流电压，另两个引脚输出直流电压，从其外壳的标识很容易识别出来。

图 4-10 所示为电磁炉中桥式整流堆的实物外形，通常情况下，电磁炉中的桥式整流堆通常安装在散热片下方。

图4-10　电磁炉中桥式整流堆的实物外形

特别提示

在电源供电电路中，除了可以使用桥式整流堆进行整流外，还可以将四个整流二极管按一定的顺序安装在电路板中构成桥式整流电路，完成交流→直流的转变，如图 4-11 所示。

图4-11　电源供电电路中的桥式整流电路

(6) 扼流圈

电磁炉中的扼流圈又称为电感线圈，主要起着扼流、滤波等作用。如图 4-12 所示，电磁炉中常用扼流圈的电感量有 420mH、470mH 和 580mH 等几种。如果扼流圈损坏，一般可用大参数的扼流圈代换小参数的扼流圈，而不使用小参数的扼流圈代换大参数的扼流圈。

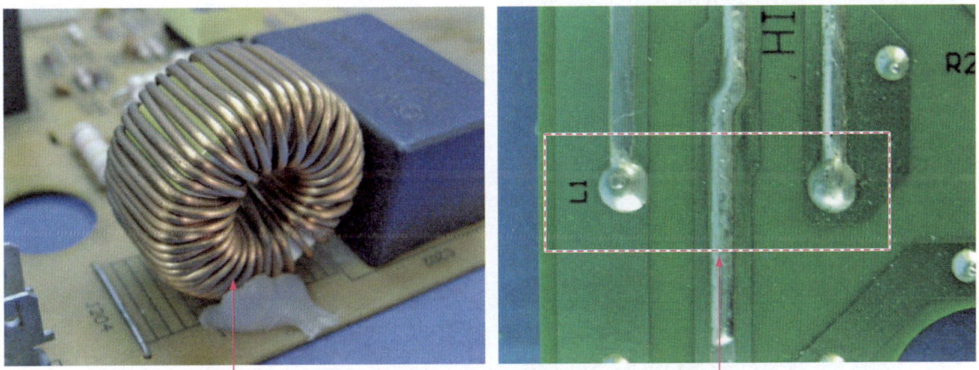

图4-12　电磁炉中扼流圈的实物外形

(7) 三端稳压器

三端稳压器是一种具有三个引脚的直流稳压集成电路，不同型号的三端稳压器稳压值不同。典型三端稳压器的外形如图 4-13 所示。

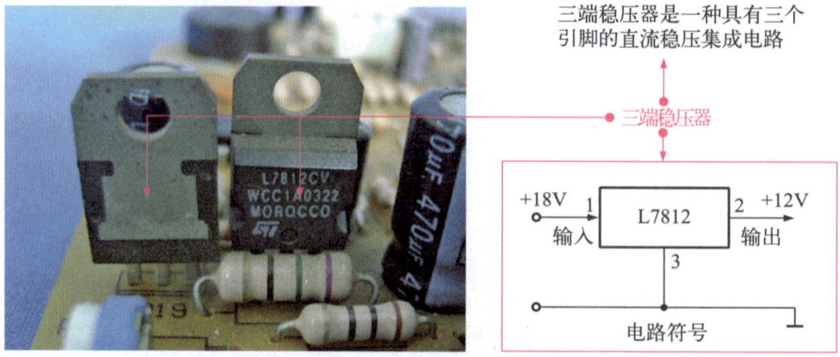

图4-13　电磁炉中三端稳压器的实物外形

（8）稳压二极管

稳压二极管是工作在反向击穿状态下的晶体二极管，它的 PN 结反向击穿时电压基本上不随电流变化，利用这一特点达到稳压的目的。不同型号的稳压二极管其稳压值也不同。图 4-14 所示为电磁炉中 18.5V 稳压二极管的实物外形以及背部引脚。

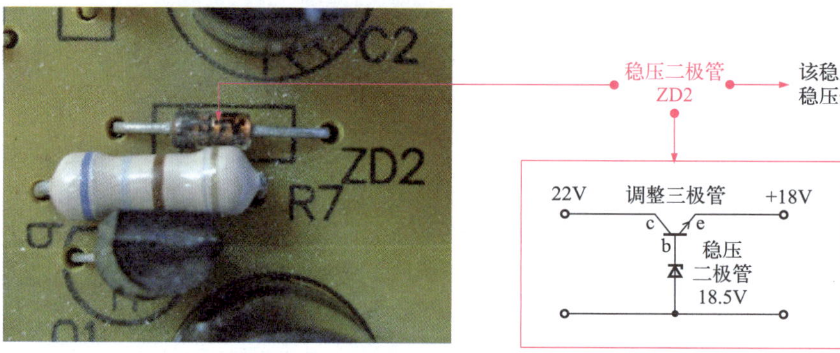

图4-14　电磁炉中18.5V稳压二极管的实物外形

（9）平滑电容

平滑电容属于大容量电容，主要将直流脉动电压变成平稳的直流电压。图 4-15 所示为电磁炉中平滑电容的实物外形。

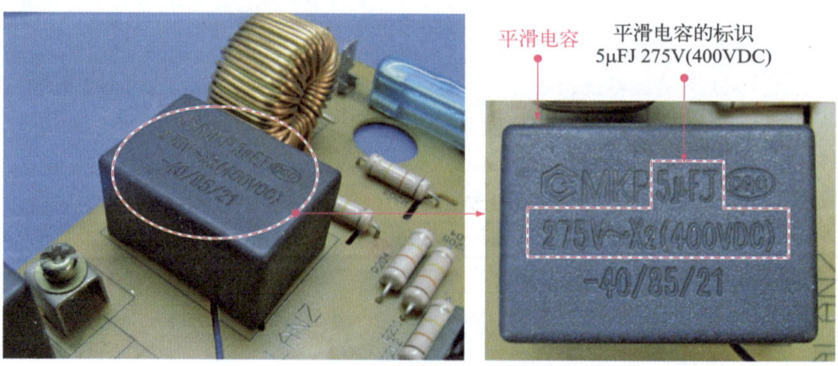

图4-15　电磁炉中平滑电容的实物外形

相关资料

一般电磁炉采用的平滑电容的容量为 5μF±5% 或 3.3μF±5%。从图 4-15 中可以看到该电容的标识为“5μFJ 275V ~ X2（400VDC）”。其中，“5μFJ”表示电容量为 5μF±5%，“275V ~ X2（400VDC）”表示电容的额定电压为交流 275V，直流 400V。

4.2 电磁炉电源供电电路的原理

电源供电电路是电磁炉正常工作时的电压供给电路，该电路是通过电压值的变化来完成对整机的供电。

虽然电磁炉的种类多样，但组成电源供电电路的功能部件和工作原理基本类似。为了更加深入地搞清电源供电电路的工作原理，我们根据电路中各主要部件的功能特点，按照供电电压为主线，对电源供电电路进行分析。

4.2.1 电磁炉电源供电电路的基本信号流程

当电磁炉启动后，交流 220V 市电经桥式整流堆整流为 +300V 的直流电压，然后经扼流圈和平滑电容进行平滑滤波后，使其变得稳定，以便送入功率输出电路中，如图 4-16 所示。

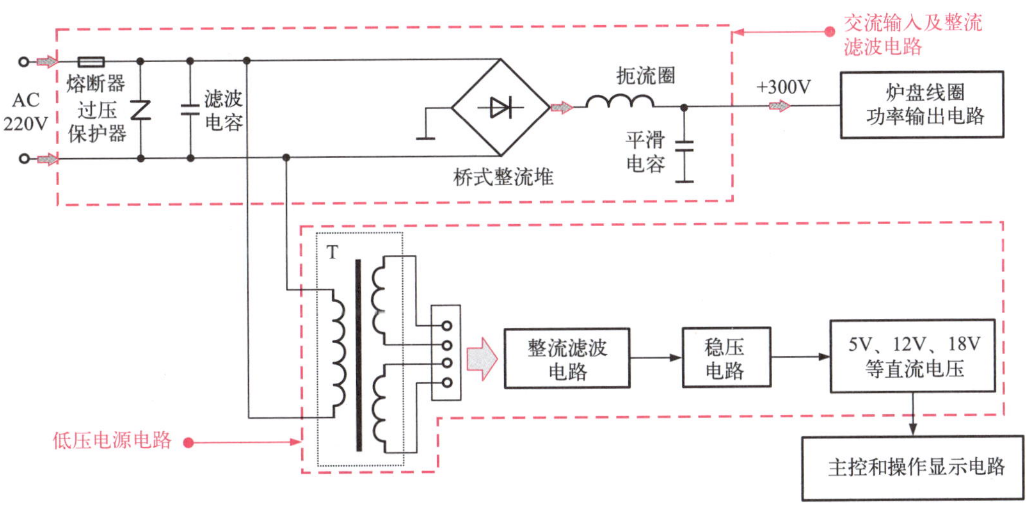

图4-16　典型电磁炉电源电路的信号流程

由于电磁炉中的主控和操作显示电路等工作时都需要低压、小电流，所以在电磁炉中都设有一个低压电源电路，交流 220V 经降压变压器，然后进入整流滤波电路，经整流和滤波后送入稳压电路，然后输出直流 5V、12V、18V 等直流电压，为主控电路和操作显示电路进行供电。

4.2.2 电磁炉电源供电电路的电路分析

为了更加清晰地了解电磁炉电源供电电路的工作流程，下面我们以几种不同电磁炉中的电源供电电路为例，分析该类电路的工作过程。

4.2.2.1 格兰仕电磁炉电源供电电路的电路分析

图 4-17 所示为格兰仕 C16A 型电磁炉的电源供电电路。由于该电磁炉中的电源供电电路每部分实现的功能不同，因此将该电源供电电路分为几个电路进行分析。

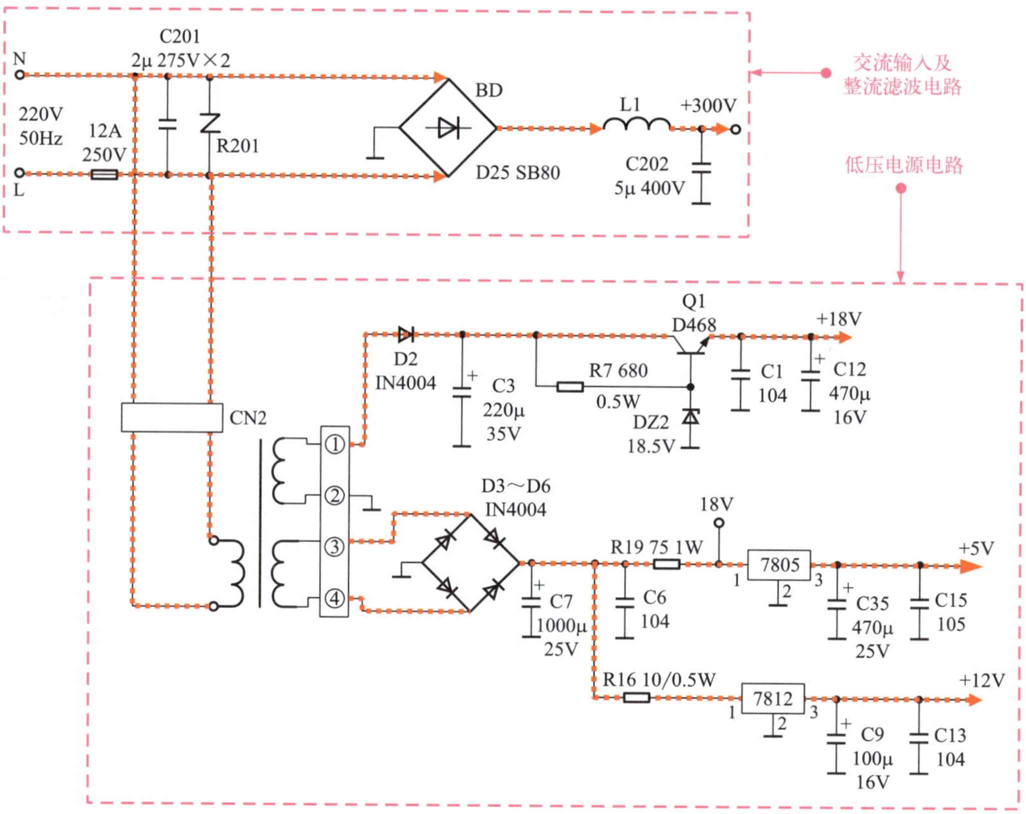

图4-17 格兰仕C16A型电磁炉电源供电电路

由图可知，格兰仕 C16A 型电磁炉的电源供电电路可分为两部分，即交流输入及整流滤波电路和低压电源电路。

(1) 交流输入及整流滤波电路

电磁炉开机后，交流 220V 电压经熔断器、滤波电容器 C201 以及压敏电阻 R201 等元器件，滤除市电的高频干扰后，送往整流滤波电路中，如图 4-18 所示。

由图 4-18 可知，经滤波后的交流 220V 电压，再经过桥式整流堆 DB 整流后输出 +300V 的直流电压，再由扼流圈 L1、电容器 C202 构成的低通滤波器进行平滑滤波，并阻止功率输出电路产生的高频谐波。

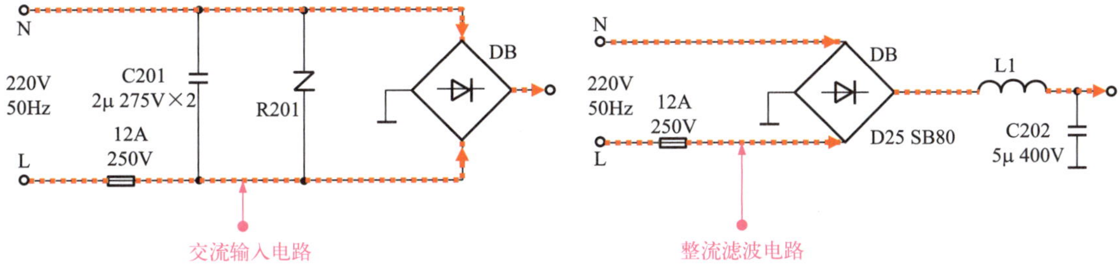

图4-18　交流输入及整流滤波电路的分析

相关资料

不同型号的电磁炉的市电输入电路也有所区别，图 4-19 中的电容器 C1、C2 和互感滤波器 T 构成滤波电路，用来滤除市电中的高频干扰，防止强脉冲冲击炉内电路，同时抑制电磁炉工作时对市电的电磁辐射污染。而有一些电磁炉的市电输入电路中则只是采用一个谐波吸收电容 C 进行滤波。

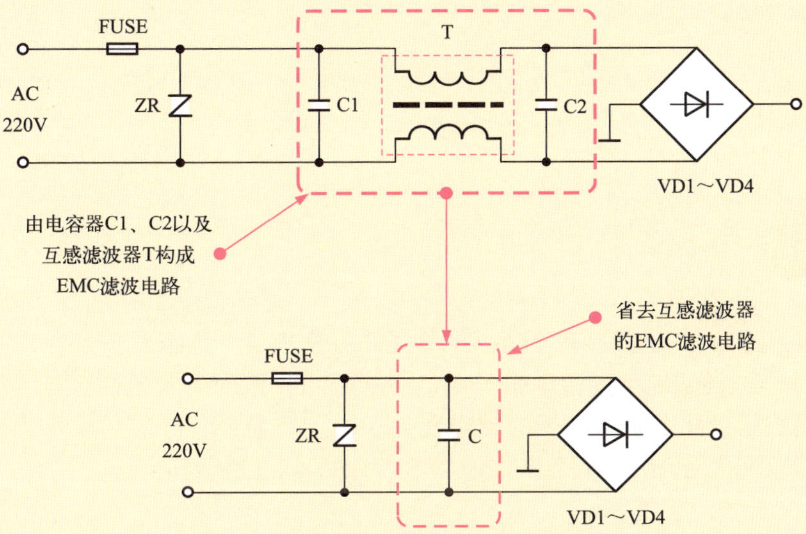

图4-19　不同型号电磁炉中的交流输入电路

（2）低压电源电路

图 4-20 所示为格兰仕电磁炉电源供电电路中的低压电源电路。

① 交流 220V 电压，加到降压变压器的初级绕组，其次级有两个绕组 A、B。A 绕组经连接插件 CN1 的①脚输出，经整流滤波电路（D2、C3）整流滤波后，再经稳压电路（Q1、ZD2）稳压后，输出 +18V 直流电压为其他电路供电。

② 降压变压器的次级绕组 B 经连接插件的③脚和④脚输出交流低压电压，经桥式整流电路（D3 ～ D6）整流滤波后分为两路：一路经电阻器 R19 和三端稳压器 7805 输出 +5V 直流电压；另一路经电阻器 R16 和三端稳压器 7812 输出 +12V 直流电压。

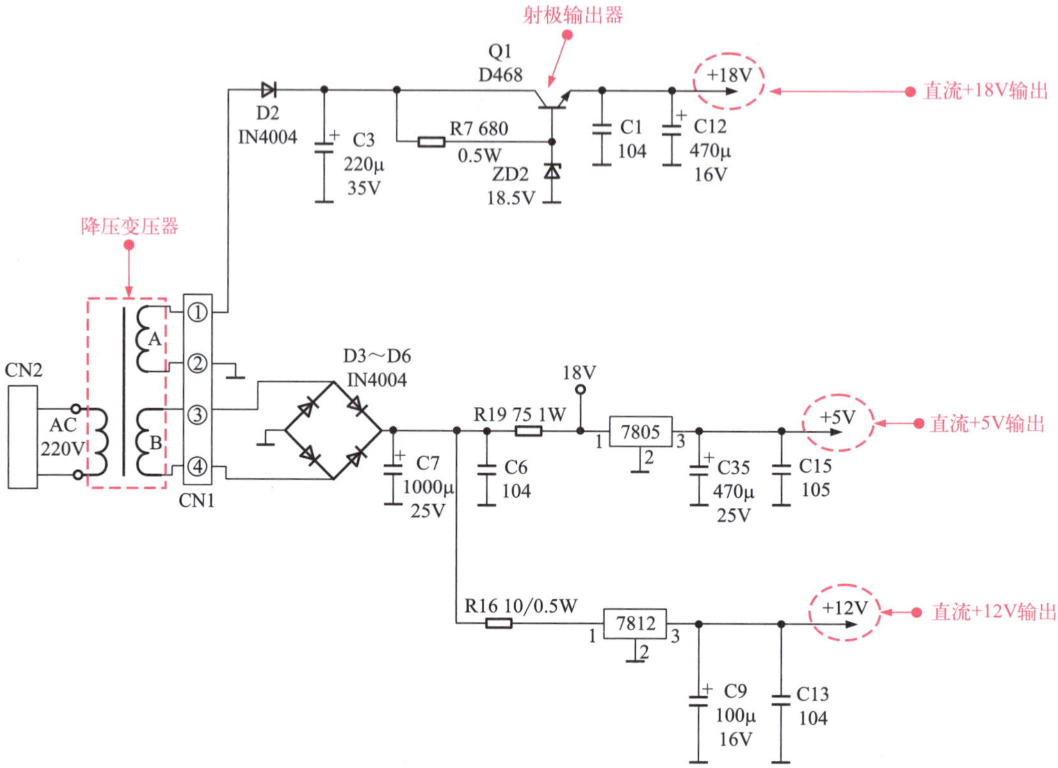

图4-20　电磁炉中低压电源电路

相关资料

射极输出器 Q1 的基极接有 18.5V 的稳压二极管 ZD2。稳压二极管 ZD2 主要用来控制射极输出器 Q1 基极的电压稳定在 18.5V，从而使 Q1 发射极输出的电压 $U_{OUT}=U_b-U_{be}$。由于晶体管的基极和发射极之间的结电压为一恒定值（0.5 ~ 0.7V），即 U_{OUT}=18.5V-0.5V=18V，因而输出电压可稳定在 18V 左右，如图 4-21 所示。

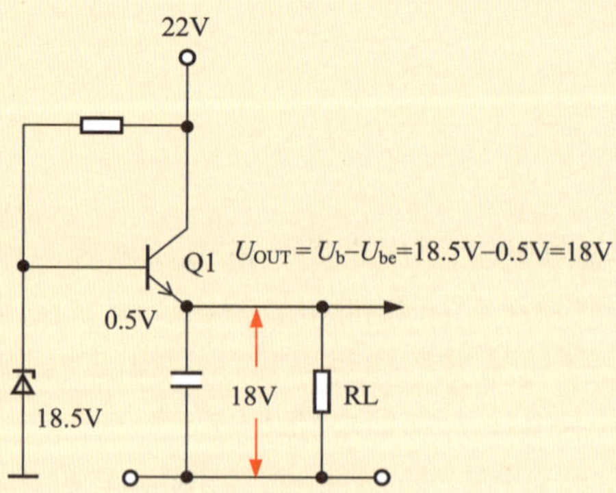

图4-21　由射极输出器构成的稳压电路

4.2.2.2　美的电磁炉中低压电源电路的电路分析

有些电磁炉的低压电源电路采用了开关电源电路，这种电路同样可以将交流 220V 转化为适用于电磁炉其他电路所需的 5V、12V、18V 等直流低压。图 4-22 所示为典型美的电磁炉中低压电源电路的电路图。

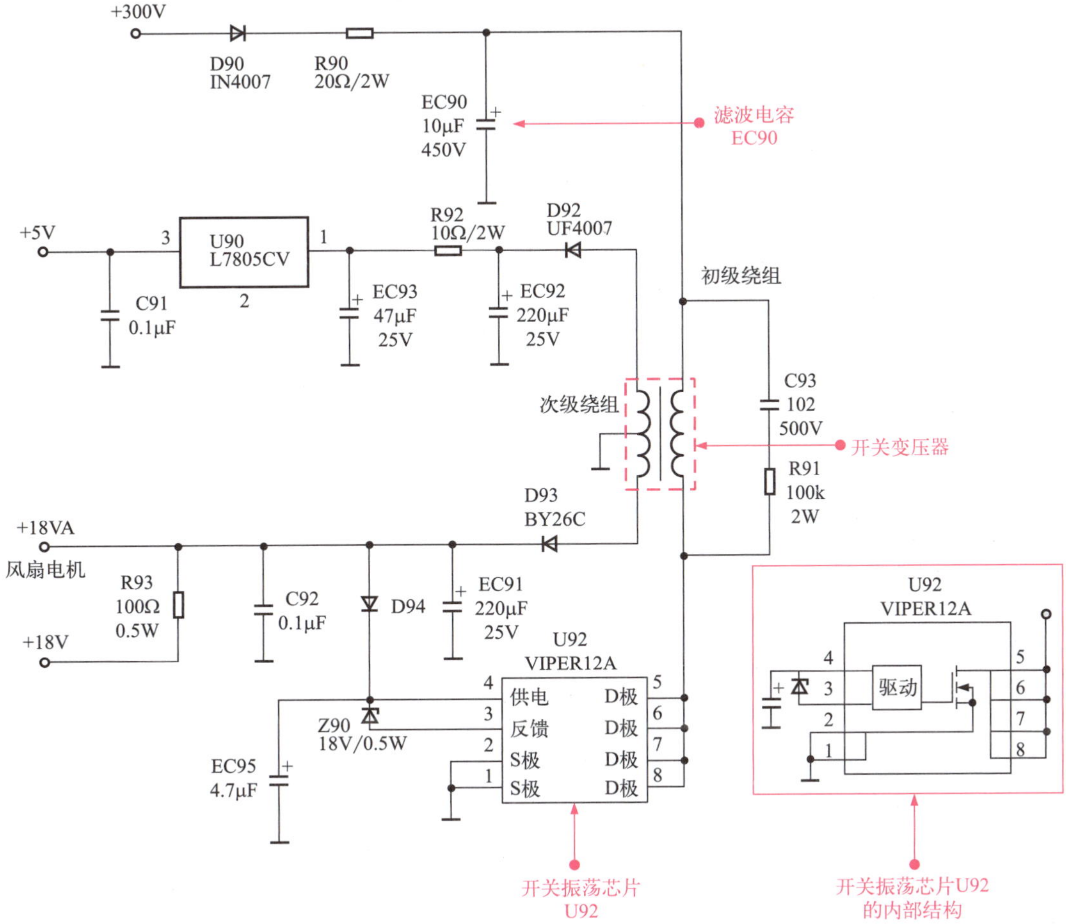

图4-22　典型美的电磁炉中低压电源电路图

由图 4-22 可知，该电路主要采用 VIPER12A 型开关振荡控制芯片。当电磁炉通电开机后，+300V 直流电压经滤波电容 EC90 滤波后，再经开关变压器的初级绕组加到开关振荡控制芯片 U92 的 5 脚～ 8 脚上。该芯片内部设有开关场效应晶体管和驱动电路，开关电路起振后，开关变压器次级输出开关脉冲，经整流滤波和稳压后输出 +5V、+18V 直流电压，开关变压器次级输出经 D94 为 U92 提供正反馈电压（14.5V）维持开关电路的振荡状态。

相关资料

不同型号的电磁炉所使用的开关振荡控制芯片也有所不同。图 4-23 所示为美的 MC-EP192 型电磁炉的开关电源电路，该电路中采用的开关振荡控制芯片的型号为 FSDZ00。

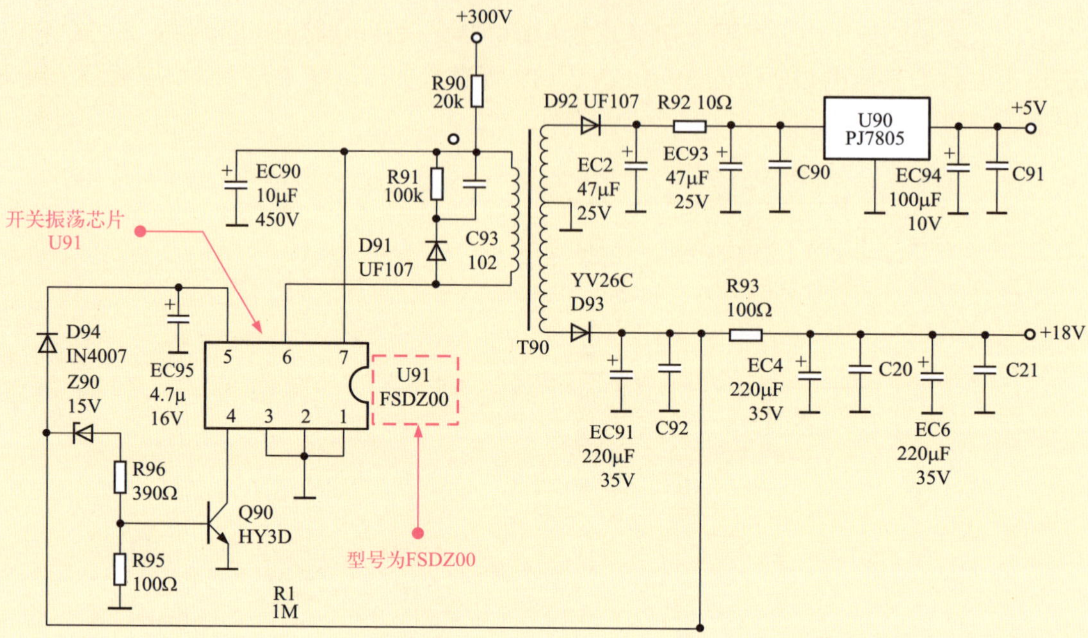

图4-23　美的MC-EP192型电磁炉的开关电源电路

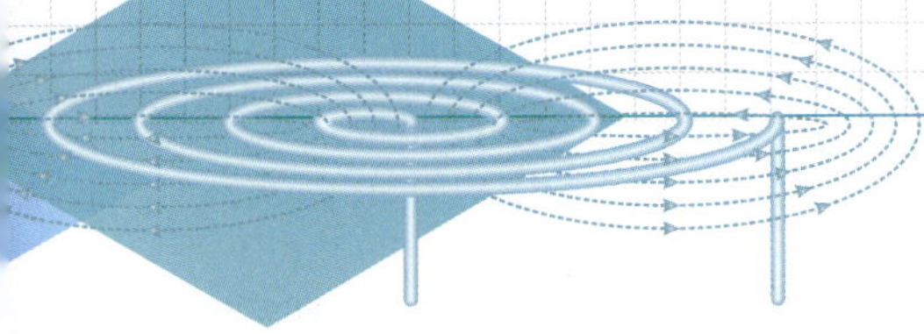

第5章 电磁炉功率输出电路的结构原理

5.1 电磁炉功率输出电路的结构

5.1.1 电磁炉功率输出电路的特点

电磁炉中的功率输出电路位于电磁炉内部电路板中，通常与电源供电电路安装在同一块电路板中，如图 5-1 所示，它是电磁炉中十分关键的功能电路。

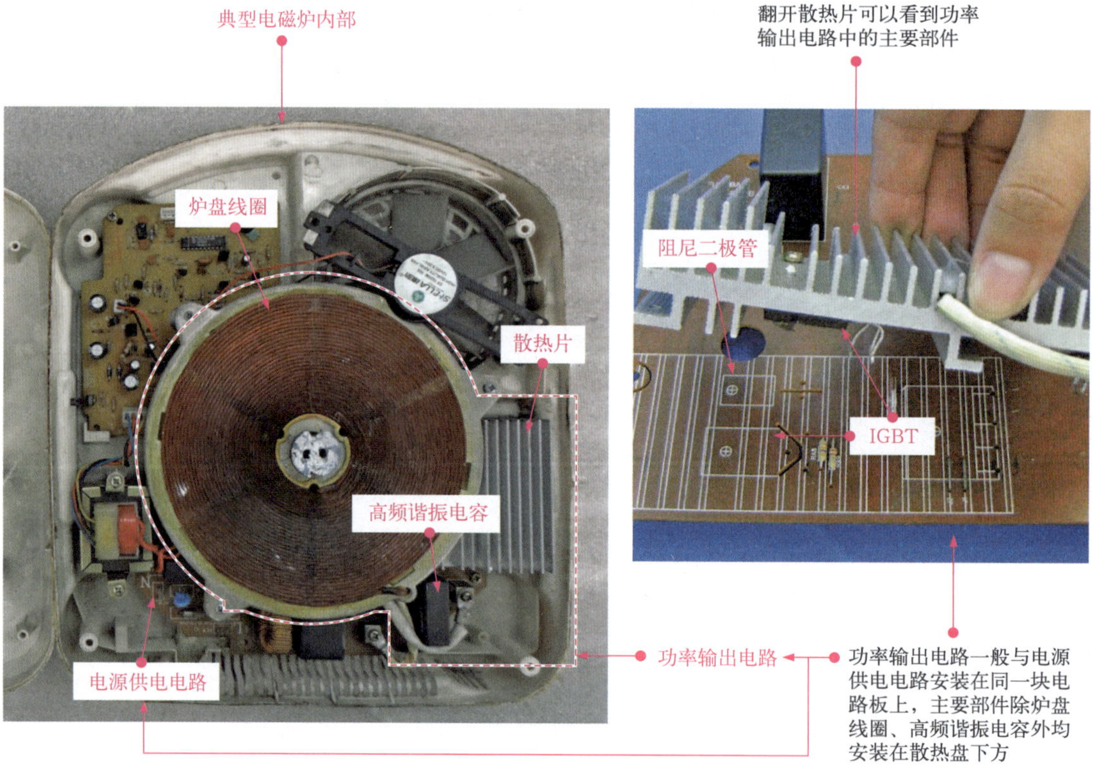

图5-1　电磁炉功率输出电路的安装位置

电磁炉的功率输出电路是用于驱动炉盘线圈、辐射电磁能的功能电路，也是一种将直流 300V 电压变成高频振荡的逆变单元电路，是电磁炉的主回路。

在电磁炉的功率输出电路中，几个典型的功能部件通过一定的电路关系构成具有一定功能的电路单元，从而最终实现整机功率的输出功能。

图 5-2 所示为电磁炉功率输出电路的电路特点。

从图 5-2 可以看到，该电路中，炉盘线圈（L）与高频谐振电容器（C）并联构成 LC 谐振电路；IGBT 与阻尼二极管并联后，接在 LC 谐振电路上，在主控电路作用下，这些功能部件通过这种电路关系实现高频振荡，从而将电能转化为电磁能，最终转化为热能，实现炊具对食物的加热功能。

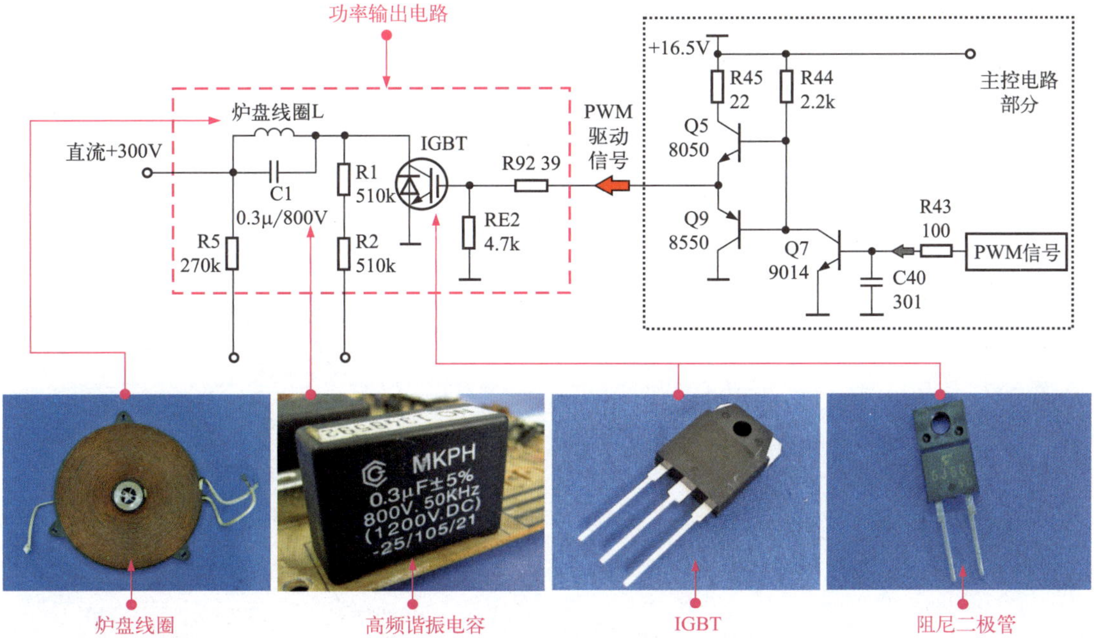

图5-2　电磁炉功率输出电路的电路特点

特别提示

电磁炉功率输出电路中，IGBT 的工作频率与 LC 谐振电路的固有谐振频率应保持同步。若两者的固有谐振频率不一致，将导致整个功率输出电路无法正常工作，严重时还会烧毁 IGBT。

相关资料

LC 并联谐振电路是指将电感器和电容器并联后形成的，且为谐振状态的电路，如图 5-3 所示，在并联谐振电路中，如果线圈中的电流与电容中的电流相等，则电路就达到了并联谐振状态。

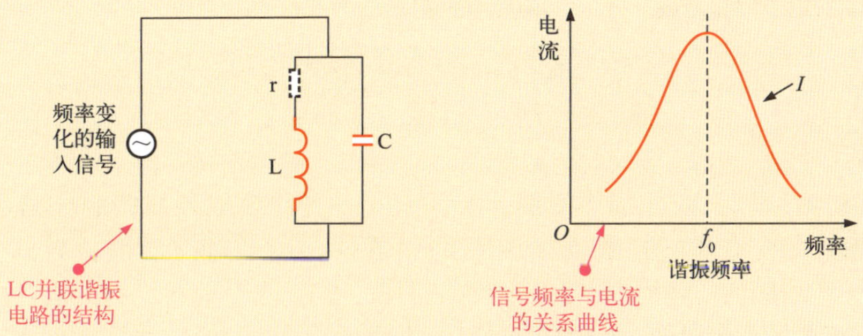

图5-3　LC并联谐振电路的结构及电流和频率的关系曲线

5.1.2 电磁炉功率输出电路的组成

功率输出电路常与电源供电电路安装在同一电路板中，如图 5-4 所示。可以看到，电磁炉的功率输出电路主要由炉盘线圈、高频谐振电容、IGBT（门控管）以及阻尼二极管等组成。

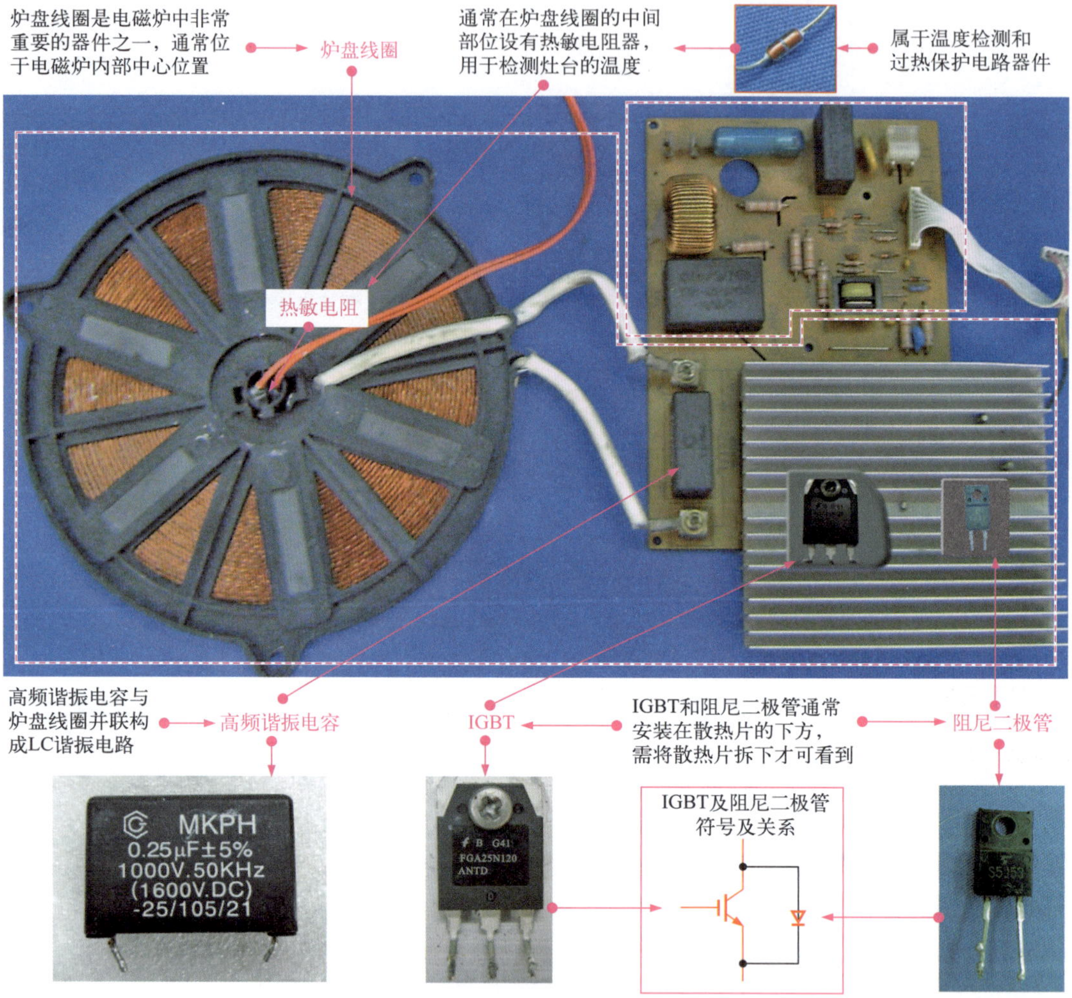

图5-4　电磁炉功率输出电路的结构组成

（1）炉盘线圈

电磁炉的炉盘线圈又叫作加热线圈，实际上是一种将多股导线绕制成圆盘状的电感线圈，它是将高频交变电流转换成交变磁场的元器件，用于对铁磁性材料锅具进行加热。图 5-5 所示为炉盘线圈的实物外形，其外形特征明显，辨认十分简单，打开电磁炉即可看到。

炉盘线圈通常是由多股漆包线（近 20 股，直径约为 0.31mm）拧合后盘绕而成，在炉盘线圈的背部（底部）粘有 4 ～ 6 个铁氧体扁磁棒，其作用是减小磁场对下面的辐射，以免在工作时，加热线圈产生的磁场影响下方电路。

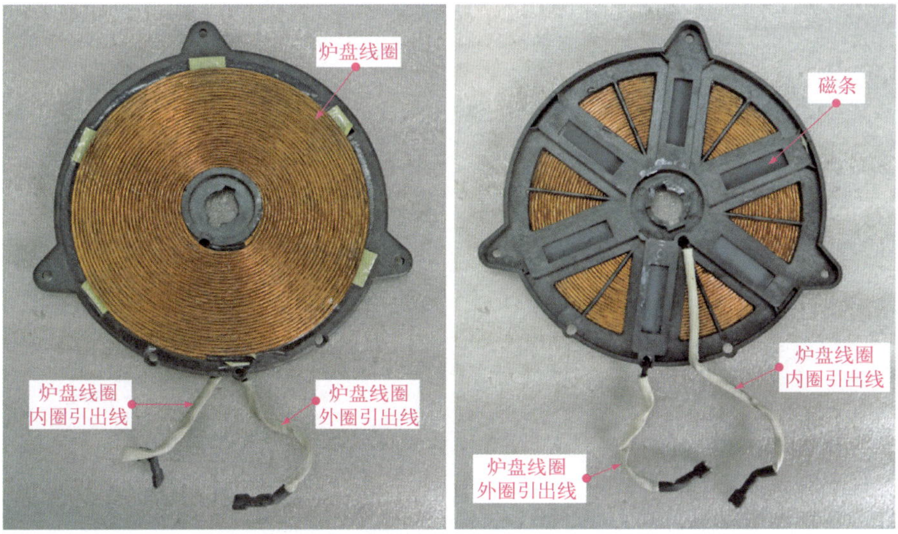

图5-5　炉盘线圈

特别提示

炉盘线圈自身并不是热源，而是高频谐振回路中的一个电感，其作用是与谐振电容振荡，产生高频交变磁场。交变磁场在锅底产生涡流，从而使锅底发热，进而加热锅中的食物。热源实质是灶具。

另外，不同品牌和型号的电磁炉中，炉盘线圈的外形基本相同，不过其线圈圈数、线圈绕制方向和线圈盘大小、厚度、疏密程度会有所区别，这也是电磁炉额定功率不同的重要标志。市场上常用的炉盘线圈有 28 圈、32 圈、33 圈、36 圈和 102 圈，电感有 137μH、140μH、175μH、210μH 等。

图 5-6 所示为不同品牌电磁炉中的炉盘线圈外形对比。

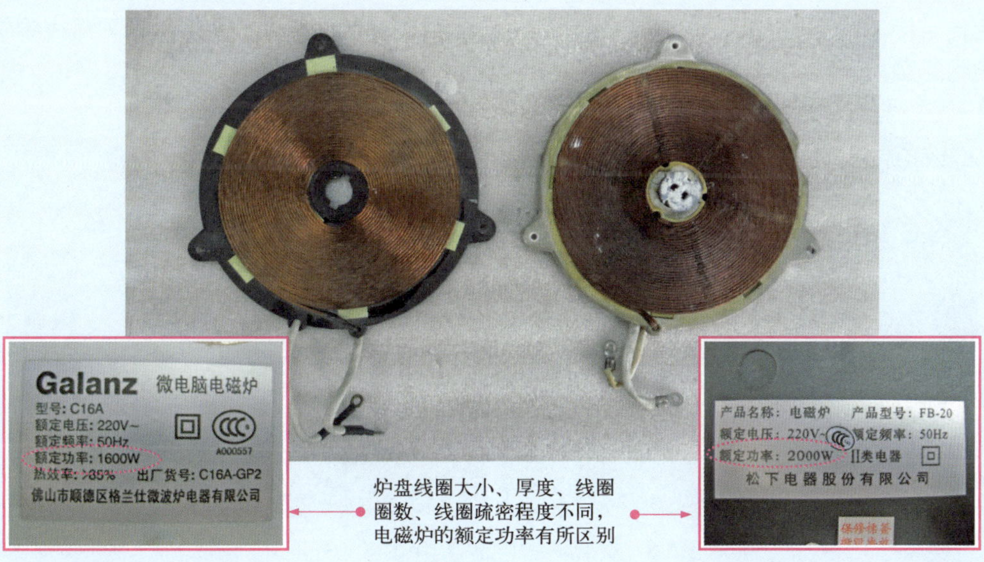

图5-6　不同品牌电磁炉中的炉盘线圈

目前，常见的电磁炉炉盘线圈与外部元件的连接方法主要有两种，如图 5-7 所示。

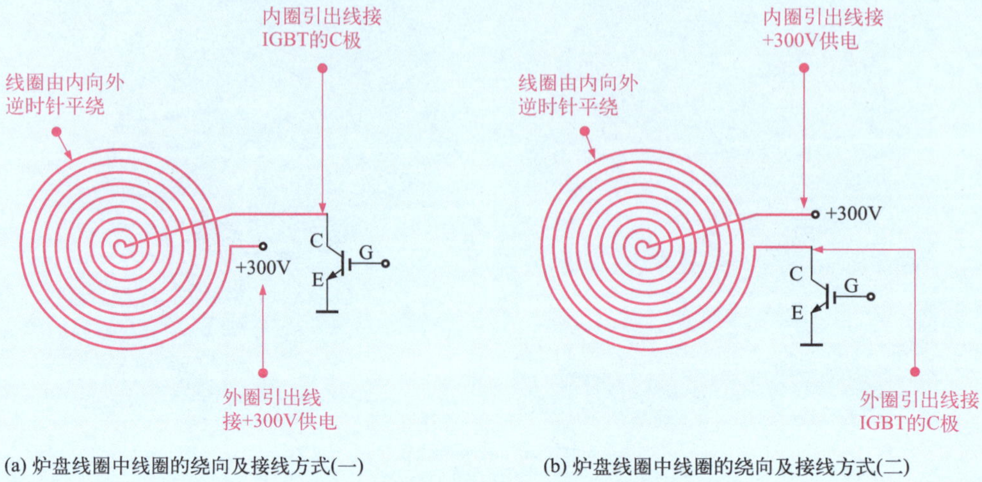

图5-7　常见电磁炉炉盘线圈的两种接法

多数机型炉盘线圈引出头接法要求不严，个别机型炉盘线圈引出头接法要求严格，如接反会有不检锅或电流大故障，甚至损坏 IGBT 管。因此若需要对炉盘线圈进行代换操作，最好做标记按原接法，避免引起不必要的麻烦。

相关资料

在炉盘线圈的中心部位都设有热敏电阻，主要用以检测锅具的温度，并将温度信号变为电信号传送到主控电路中，使电磁炉随时对温度进行监测。图 5-8 所示为炉盘线圈中热敏电阻的实物外形。

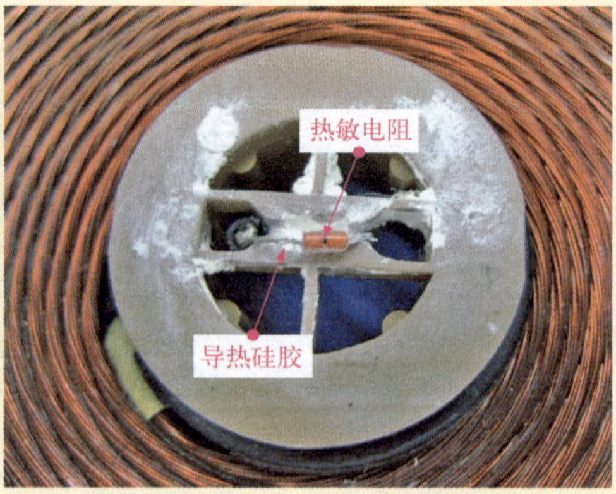

图5-8　炉盘线圈中热敏电阻的实物外形

（2）高频谐振电容

与炉盘线圈并联的电容器，被称为高频谐振电容。如图 5-9 所示，高频谐振电容与炉盘线圈并联组成 LC 谐振电路。常用的高频谐振电容规格主要有：0.27μF±5% 或 0.3μF±5%。

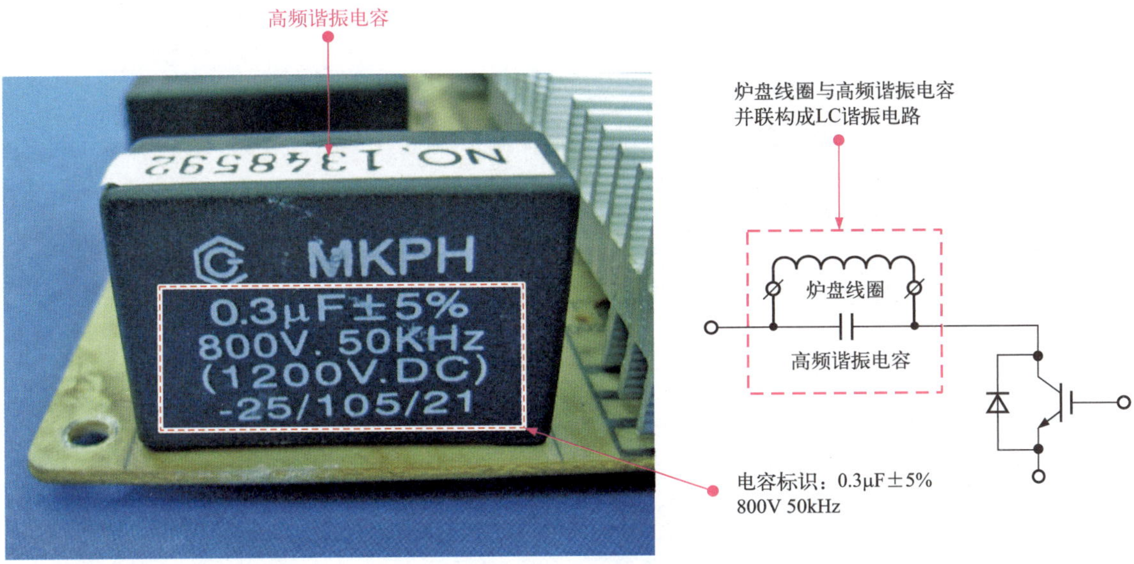

图5-9　高频谐振电容

相关资料

从图 5-9 中可以读出该电容的标识为“0.3μF±5%　800V 50kHz（1200V DC）”，其中，“0.3μF±5%”表示电容量为 0.3μF±5%，“800V 50kHz”表示工作条件为 50kHz 800V 交流电，“1200 VDC”表示额定直流电压为 1200V。

（3）IGBT（门控管）

IGBT 又称门控管（绝缘栅双极晶体管），是一种高压、高速的大功率半导体器件，是整个电磁炉中最关键的器件之一。

IGBT 外形与大功率晶体管相同，一般安装在电磁炉散热片下方，取下散热片即可看到。IGBT 具有电流密度大、导通电阻小、开关速度快等优点，是一种极佳的高速高压大功率器件。图 5-10 所示为电磁炉功率输出电路中常用的 IGBT 外形。

IGBT 的功能是控制炉盘线圈的电流，即在高频脉冲信号的驱动下使流过炉盘线圈的电流形成高速开关电流，并使炉盘线圈与并联电容形成高压谐振，其幅度高达上千伏，所以在 IGBT 上面都安装有大型散热片以利于散热。

（4）阻尼二极管

阻尼二极管是一种典型的晶体二极管，在电路中主要是为了保护 IGBT 在高反压的情况下不被击穿，一般也安装在散热片上靠近 IGBT 的位置。图 5-11 所示为典型电磁炉中的阻尼二极管。

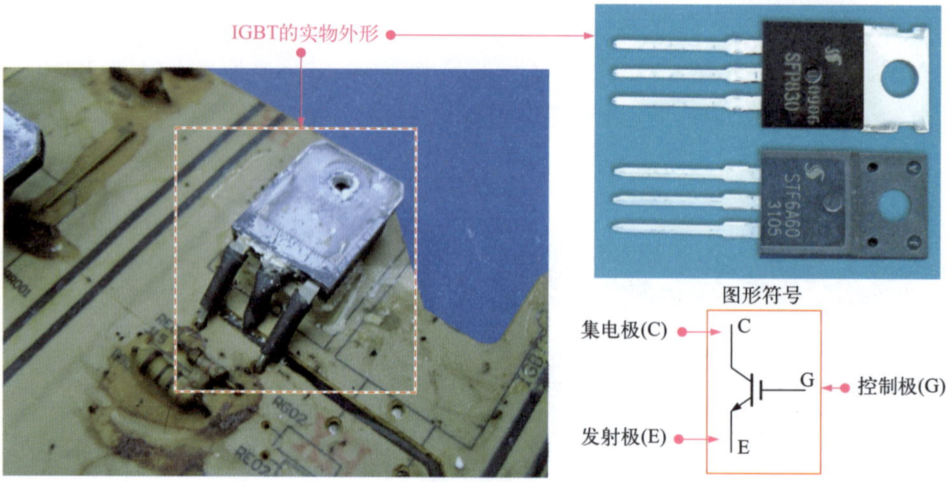

图5-10　IGBT的实物外形

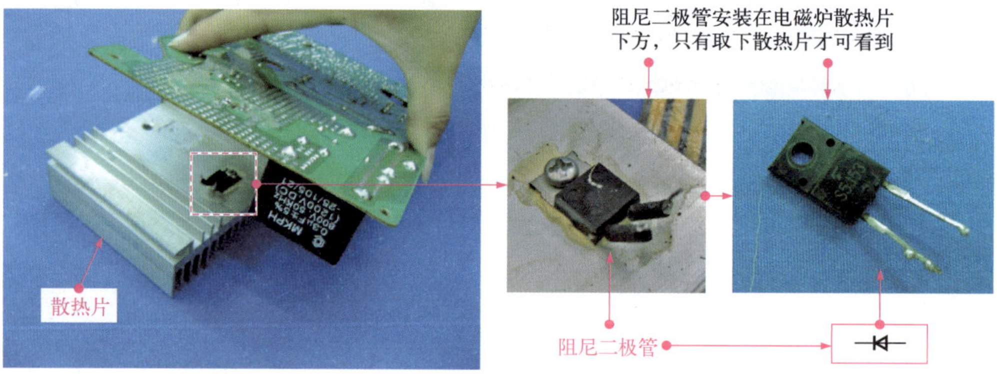

图5-11　典型电磁炉中的阻尼二极管

特别提示

阻尼二极管一般并联在 IGBT 的集电极和发射极之间，用于吸收反峰脉冲。通常，负载为电感性元件的电路中，如 IGBT 的集电极负载为炉盘线圈、电感器、电动机绕组、变压器绕组等结构，当 IGBT 从导通到截止的瞬间会产生反峰脉冲，这种情况都需要并联阻尼二极管进行保护，如图 5-12 所示。

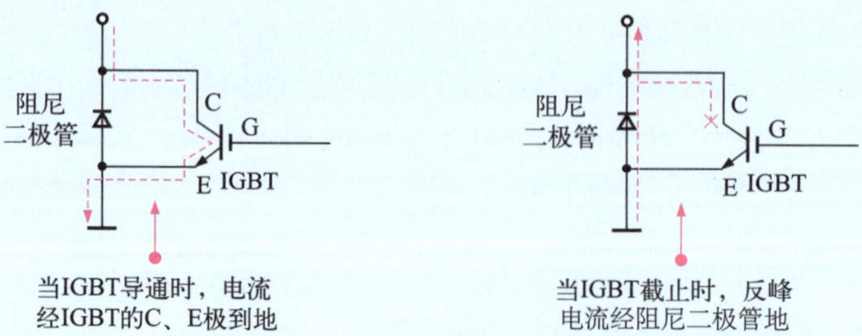

图5-12　阻尼二极管的功能

可以看到，正常时，IGBT 导通，集电极（C）电流经管子后由发射极（E）到地；当 IGBT 在控制信号作用下突然截止时，产生的反峰脉冲通过阻尼二极管到地，可有效防止 IGBT 被集电极（C）电流击穿损坏。

相关资料

有些电磁炉的功率输出电路中将阻尼二极管与 IGBT 集成在一起进行安装，其功能基本相同。区分电磁炉是否将阻尼二极管集成在 IGBT 中时，只有在散热片下方的实际元器件才能看出，如图 5-13 所示。

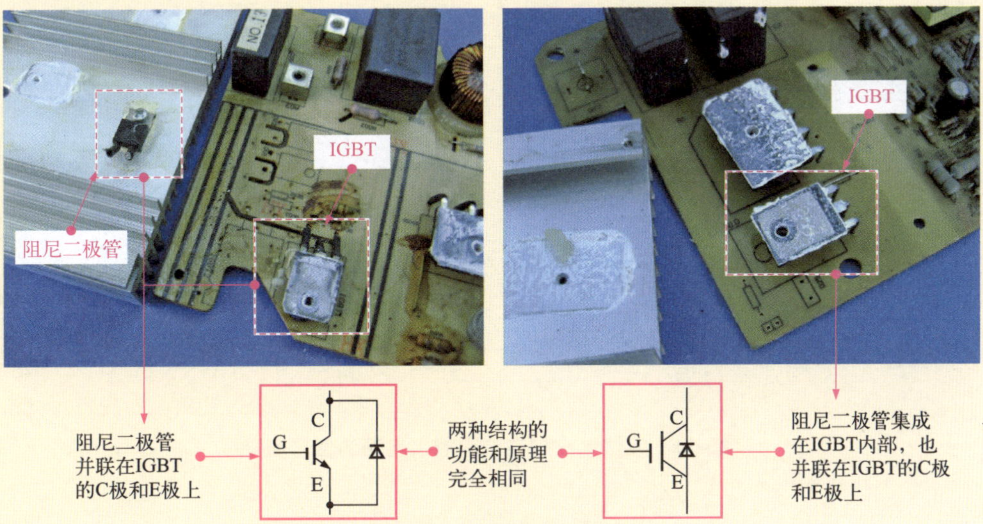

图5-13　电磁炉中的IGBT

5.2 电磁炉功率输出电路的原理

5.2.1 电磁炉功率输出电路的基本信号流程

功率输出电路是电磁炉中非常重要的电路之一，它是利用 IGBT 输出的脉冲信号驱动炉盘线圈与谐振电容器构成的 LC 谐振电路进行高频谐振，从而辐射电磁炉能，加热灶具。

图 5-14 所示为电磁炉功率输出电路的信号流程，脉冲驱动电路送来的驱动信号经 IGBT 放大后，送入高频谐振电容器和炉盘线圈构成的 LC 谐振电路中。

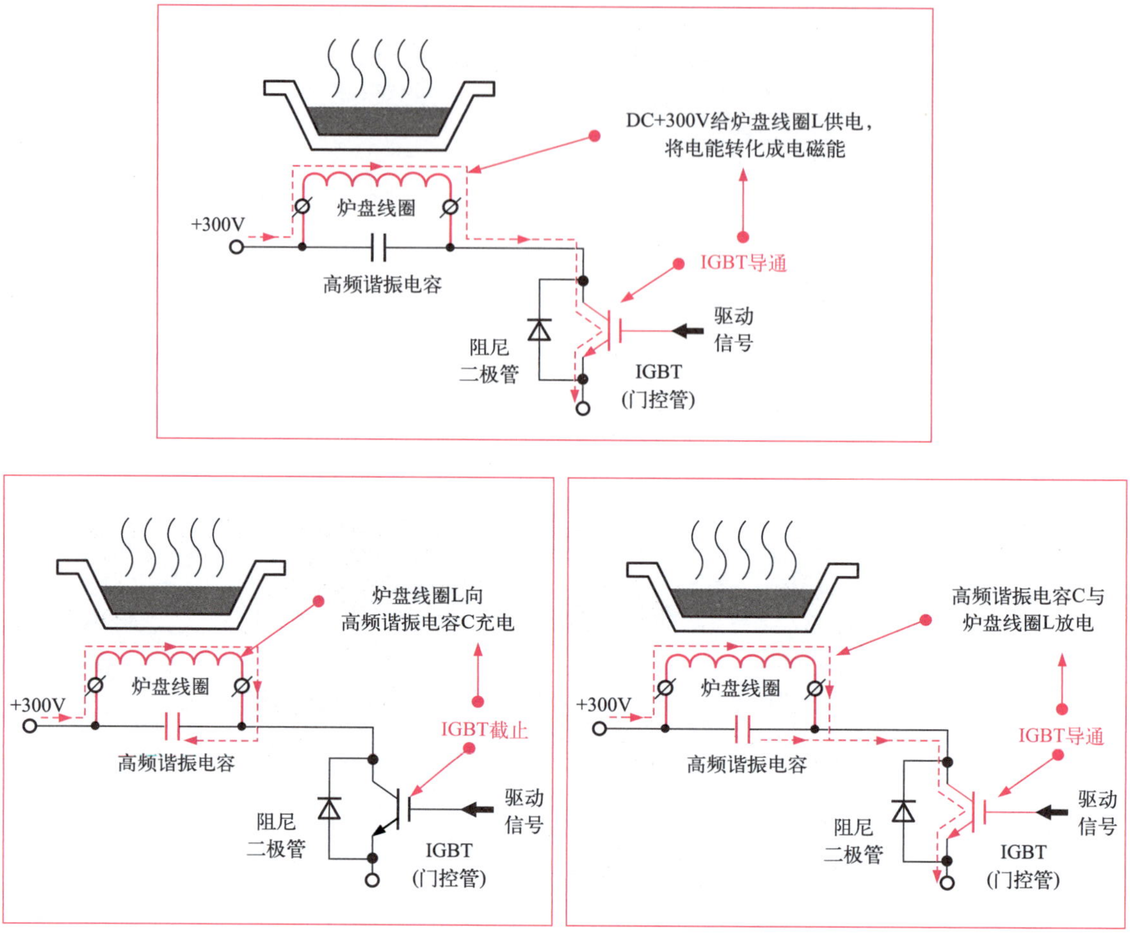

图5-14　典型电磁炉中功率输出电路的信号流程

由脉冲驱动电路送来的 PWM 信号控制 IGBT 导通时，经电源供电电压整流滤波后送入的 DC +300V 电压为炉盘线圈进行供电，电能转换为电磁能并存储在炉盘线圈中。当 IGBT 受 PWM 信号控制从导通变为截止时，炉盘线圈向高频谐振电容器进行充电；当 IGBT 受 PWM 信号再次导通时，高频谐振电容器进行放电。随着 IGBT 关断和导通，使 LC 谐振电路不断地进行充放电工作，形成强烈的高频谐振，炉盘线圈在交变电流的作用下，释放出高频电磁能。当高频电磁场通过铁质炊具时，在锅底产生强大的涡流，涡流会产生很高的热能，从而达到加热食物的目的。

特别提示

铁质炊具属于功率输出电路的组成部分。在电磁炉功率输出电路工作后，根据电磁感应的原理，炉盘线圈中的电流变化会产生变化的磁力线，从而向周围空间辐射，在磁场范围内如有铁磁性的物质，就会在其中产生高频涡流，如图 5-15 所示，锅具内的涡流会将电能转化为热能，从而实现加热、炊饭功能。

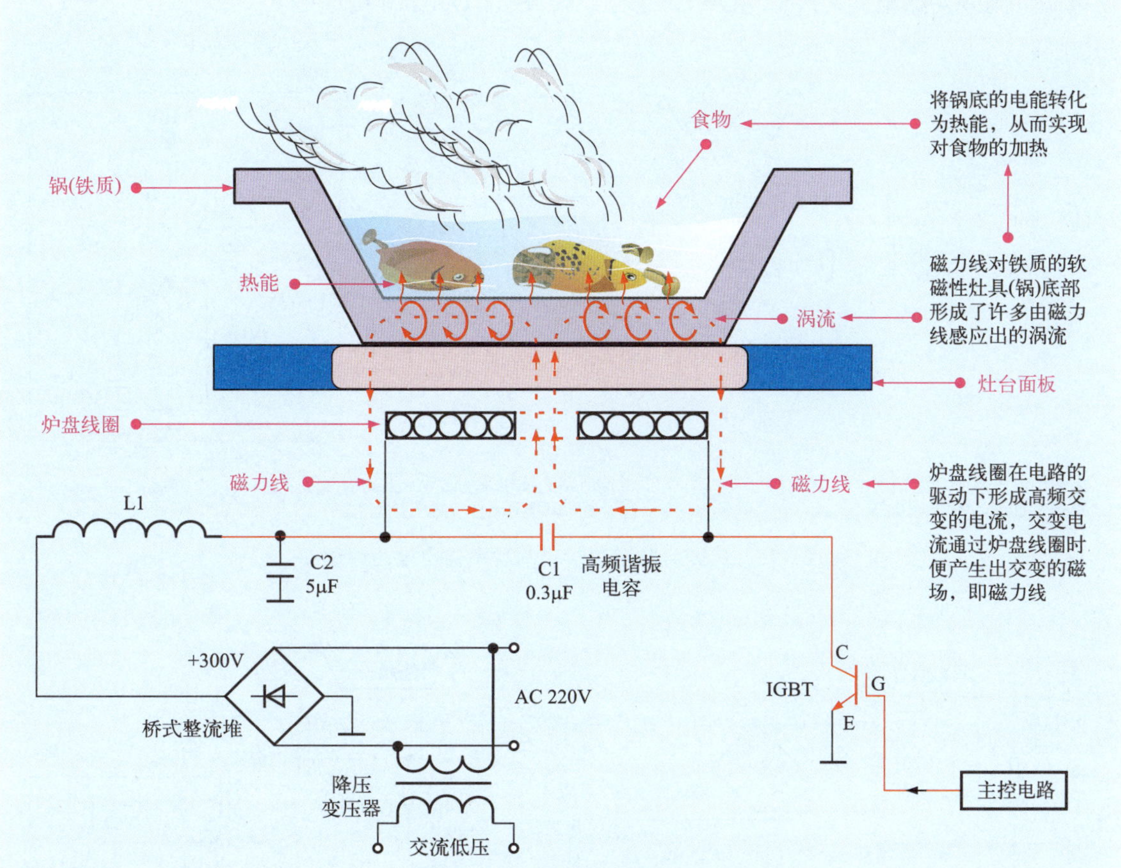

图5-15　电磁炉的加热原理

当线圈中的电流随时间变化时，由于电磁感应，这个线圈附近的任何导体中都会产生感应电流。这样的感应电流，看起来就像水中的旋涡，所以我们把它叫作涡电流，简称涡流。在电磁炉工作的过程中，灶具置于随时间变化的磁场中，灶具内将产生感应电流。这种电流在灶具内自成闭合回路，产生涡流，此时涡流使炊具产生大量的热量。

5.2.2　电磁炉功率输出电路的电路分析

（1）奔腾电磁炉功率输出电路的电路分析

图 5-16 所示为典型奔腾电磁炉中的功率输出电路原理图。由图可知，该电路主要是由炉盘线圈、高频谐振电容 C3、IGBT、阻尼二极管 VD 等构成的。

PWM 驱动电路送来的驱动信号经 IGBT（门控管）放大后，送入高频谐振电容 C3 和炉盘线圈构成的 LC 谐振电路。

驱动信号经 IGBT（门控管）放大后，使 LC 谐振电路形成一定频率的谐振电流，电能转化成磁能，磁能再转换成热能进行炊饭。

（2）格兰仕电磁炉功率输出电路的电路分析

图 5-17 为典型格兰仕电磁炉中的功率输出电路原理图。由图可知，该电路主要是由炉

盘线圈、高频谐振电容 C203、IGBT 以及阻尼二极管 D201 等构成的。

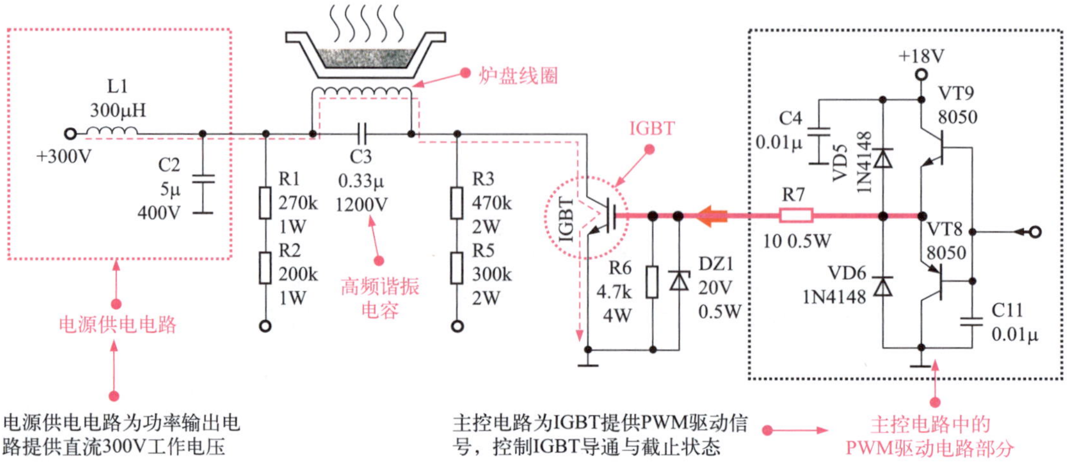

图5-16 典型奔腾电磁炉中的功率输出电路原理图

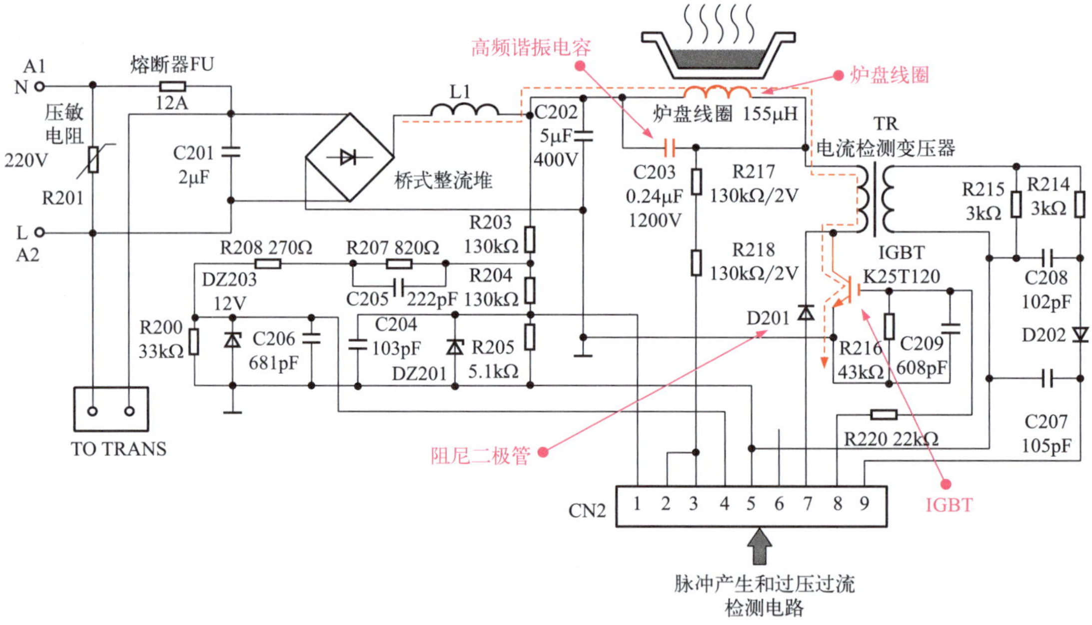

图5-17 典型格兰仕电磁炉中的功率输出电路原理图

交流 220V 市电经熔断器 FU、滤波电容 C201 加到桥式整流堆上，整流后的直流电压经扼流圈 L1 和平滑滤波电容 C202 为炉盘线圈供电，炉盘线圈与 C203 构成并联谐振电路。炉盘线圈的另一端经电流检测变压器与门控管的集电极相连。工作时门控管（IGBT）输出的脉冲加到炉盘线圈上，使炉盘线圈进入振荡状态，从而使线圈辐射出磁力线（磁能）。铁质灶具在磁力线的作用下形成涡流而产生热量。

工作时振荡电流流过电流检测变压器的初级绕组，其次级会感应出交流信号，该信号经限流和整流滤波电路形成直流电压，作为炉盘线圈电流的取样信号送到微处理器中进行监测，一旦有过流情况，微处理器立即采取限流或停机措施进行自我保护。

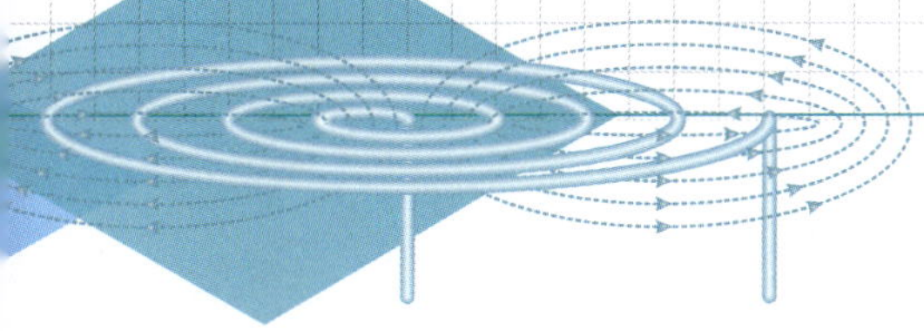

第6章 电磁炉主控电路的结构原理

6.1 电磁炉主控电路的结构

6.1.1 电磁炉主控电路的特点

电磁炉中的主控电路是整机的控制核心，通常位于炉盘线圈下部，电路的一部分受到炉盘线圈遮挡，通过螺钉固定在电磁炉底座上，如图 6-1 所示。该电路是电磁炉实现智能化控制的关键电路。

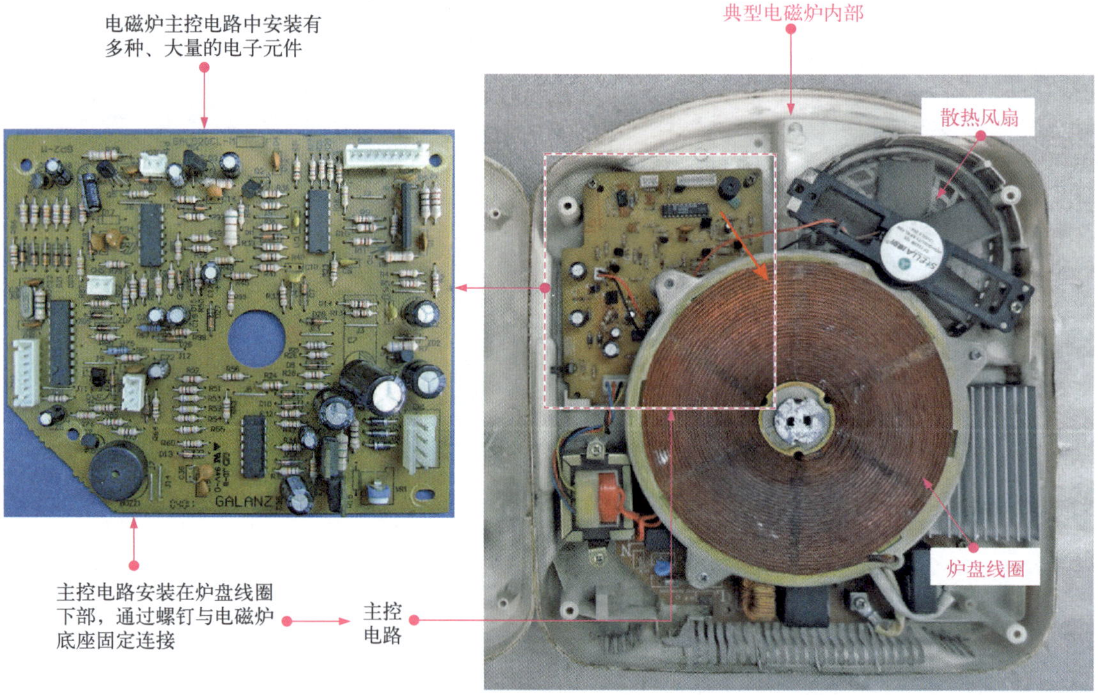

图6-1　电磁炉主控电路的安装位置

不同品牌、不同型号的电磁炉中，主控电路的安装位置基本相同，但具体到结构细节并不完全相同，有些是一块独立的电路板（见图 6-1），有些则与电源供电及功率输出电路安装在同一块电路板中。图 6-2 所示为不同品牌、不同型号电磁炉中主控电路的结构特征。

电磁炉主控电路是由具有各种不同功能的电子元件组成，但这些电子元件并不是独立存在的，它们通过一定关系构成具有不同功能的单元电路，实现电路功能，如浪涌保护电路、IGBT 过压保护电路、锅质检测电路、电流检测电路、温度检测电路、电压检测电路、同步振荡电路、PWM 调制电路、PWM 驱动电路、微处理器控制电路、风扇驱动电路、报警驱动电路等。

可以说，电磁炉中的主控电路是电磁炉的脉冲信号（PWM）产生电路以及过压、过流、过热和锅质检测和控制电路的集合体，实际上也是电磁炉中各种信号的处理电路。

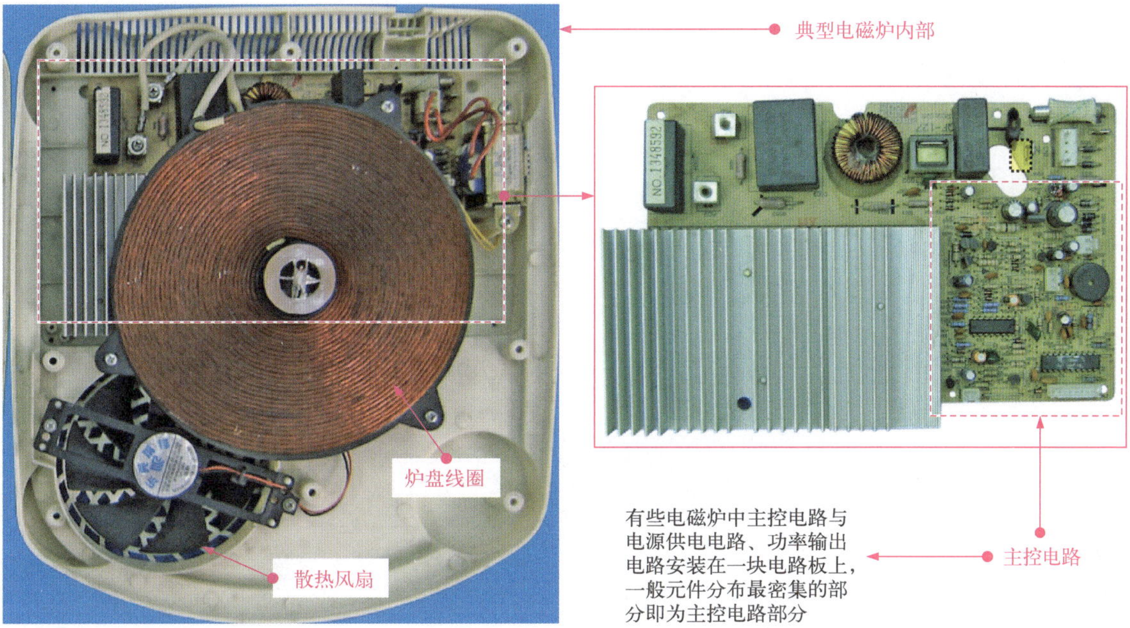

图6-2　不同品牌、不同型号电磁炉中的主控电路

图 6-3 所示为典型电磁炉的主控电路部分。

可以看到，该电路具有电路功能强大、元件分布密集和元件共用的特点，即不同的单元电路可能共用同一个功能部件，特别是电压比较器 LM339，同一个集成电路，内部不同的运算放大器与外围元件构成不同的功能电路，这一特点在其他电路中不明显，在了解和分析电磁炉主控电路原理和工作过程时，通过该电路特点较容易理解。

6.1.2　电磁炉主控电路的组成

电磁炉中的主控电路是电磁炉的自动控制电路，它在工作时接收人工指令和检测信号（如锅质检测、电流、电压、温度等），并将这些信号识别处理后输出相应控制信号，控制加热和工作状态显示。

图 6-4 所示为典型电磁炉中的主控电路部分。从该电路看出，电磁炉的主控电路主要是由一个个元件和部件构成的，包括微处理器（CPU）、晶体、电压比较器（LM339）、运算放大器（LM324）、PWM 信号驱动芯片（TA8316）、蜂鸣器、电流检测变压器、温度检测传感器、散热风扇等。

（1）微处理器（CPU）

微处理器是电磁炉主控电路中的核心器件，又称 CPU，内部集成有运算器、控制器、存储器和输入输出接口电路等，主要用来对人工指令信号、检测信号进行识别处理，并转换为相应的控制信号，实现对电磁炉整机功能的控制，同时还将电磁炉的工作状态信息传递给操作显示电路，进行显示。

图 6-5 所示为典型电磁炉主控电路中的微处理器（HMS87C1202A）外形及引脚功能。

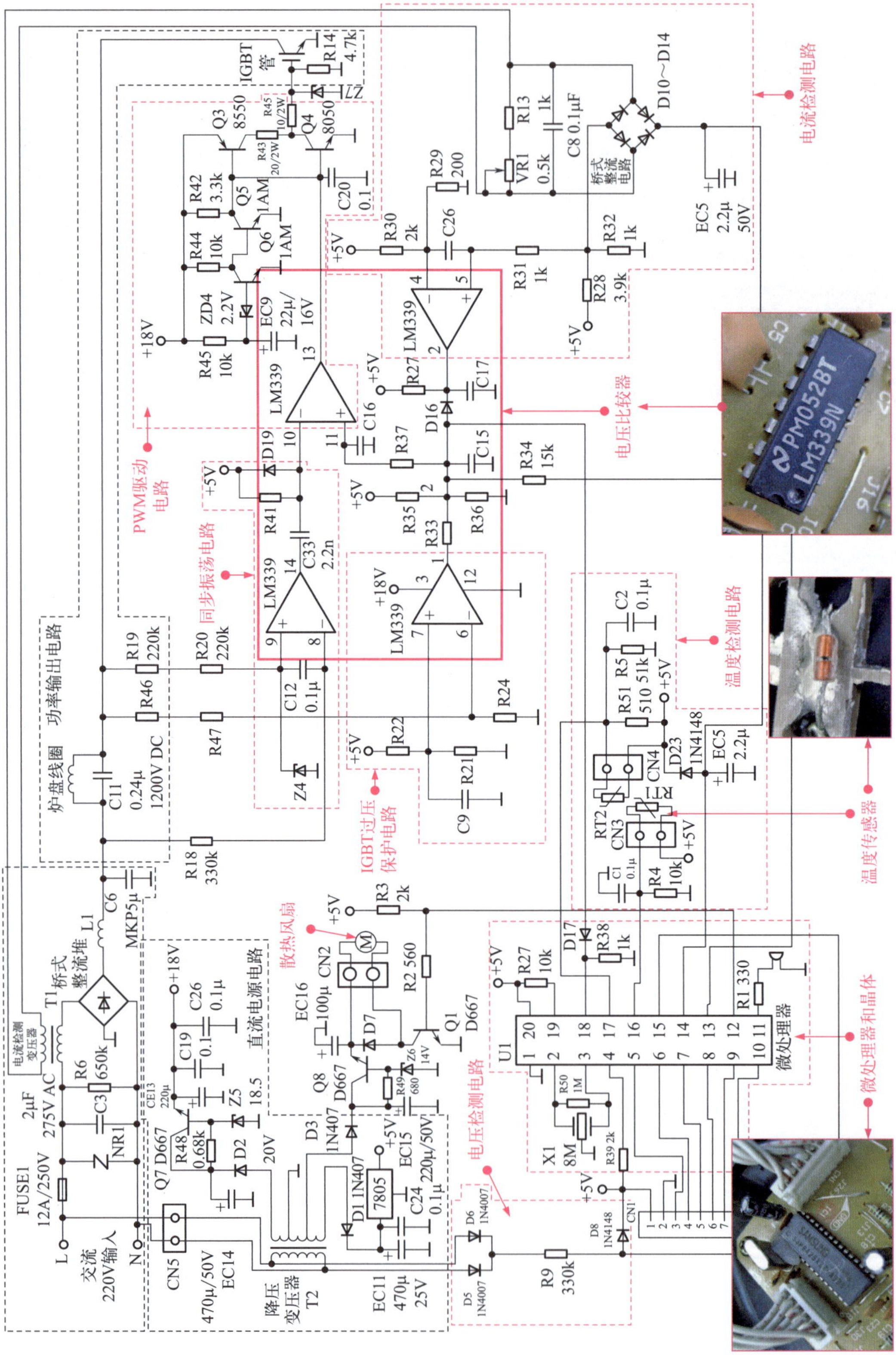

图6-3 典型电磁炉的主控电路部分

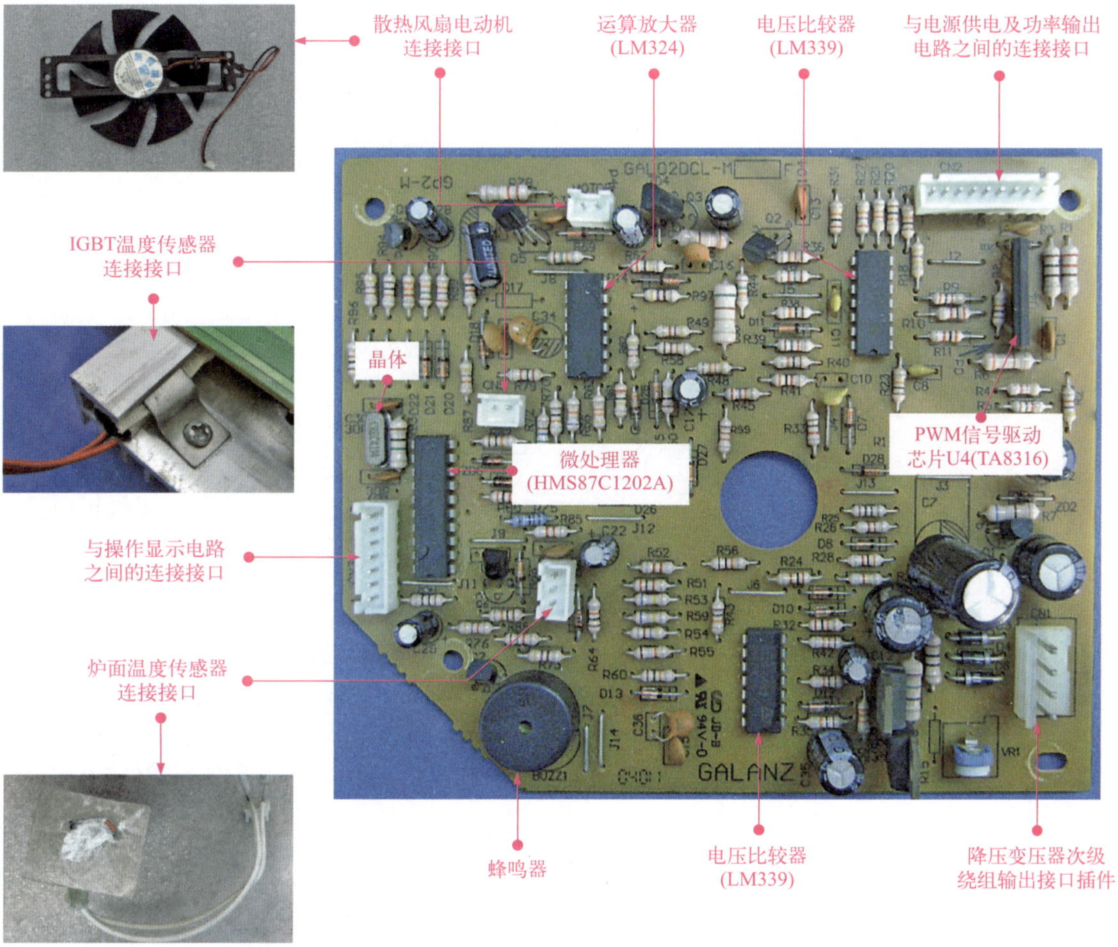

图6-4　典型电磁炉中的主控电路部分（格兰仕C16A型电磁炉）

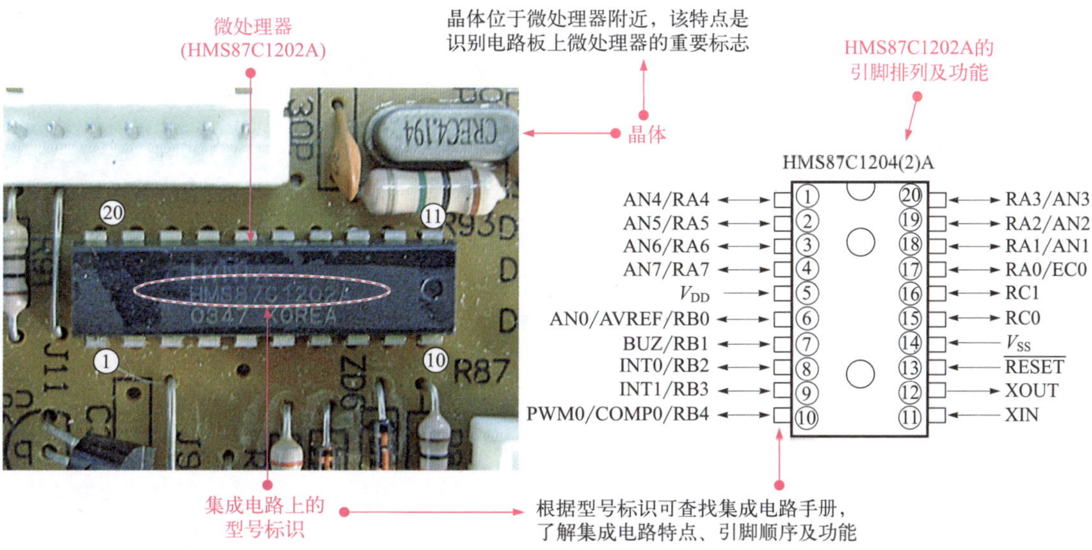

图6-5　微处理器（HMS87C1202A）外形及引脚功能

特别提示

微处理器的表面通常会标注该集成电路的型号，根据该参数标识便可进一步查询到集成电路内部结构框图和引脚功能。知晓每个引脚的具体功能，是弄清其与外围元件或电路关系的必要条件，对搞清整个电路的信号流程也十分重要。

例如，当前电磁炉微处理器的型号标识为 HMS87C1202A，它是一种具有 20 只引脚的集成电路，其内部结构如图 6-6 所示。

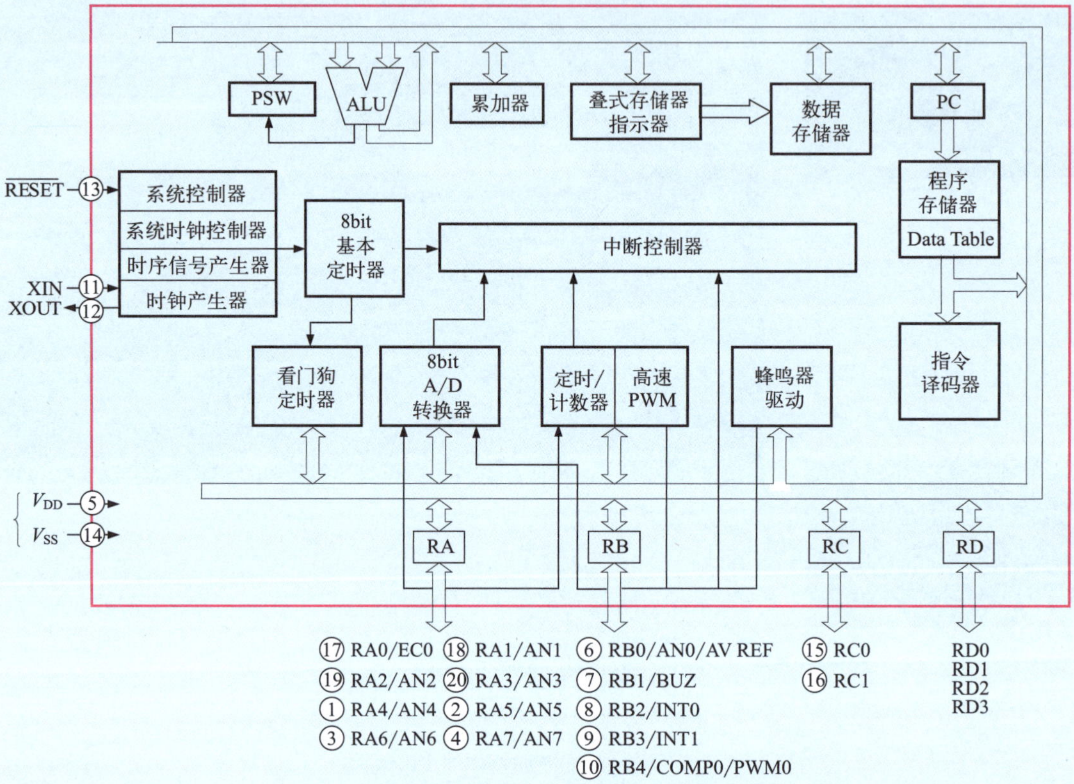

图6-6　微处理器（HMS87C1202A）的内部结构框图

相关资料

电磁炉主控电路中的微处理器大都为多引脚双列直插式集成电路，且多为黑色矩形块元件，在其附近安装有晶体或陶瓷谐振器，在主控电路板上较容易识别。从内部电路结构上说它具有运算器和控制器，而且还具有存储器、时钟振荡器和输入输出接口电路，图 6-7 为其功能简图。

在存储器中存有工作程序，工作时它可以按照程序自动运行。从功能上说它具有分析和判断的功能，因而它具有智能功能，这是区别于其他集成电路的重要方面。在工作时它可以键控指令（人工指令），根据指令调动内部程序，然后进行自动控制，例如，根据人工指令自动控制电磁炉进入煮、炒、火锅等模式，并自动进行温度检测、电流检测、电压检测等，实现过热、过流或过压保护等功能。

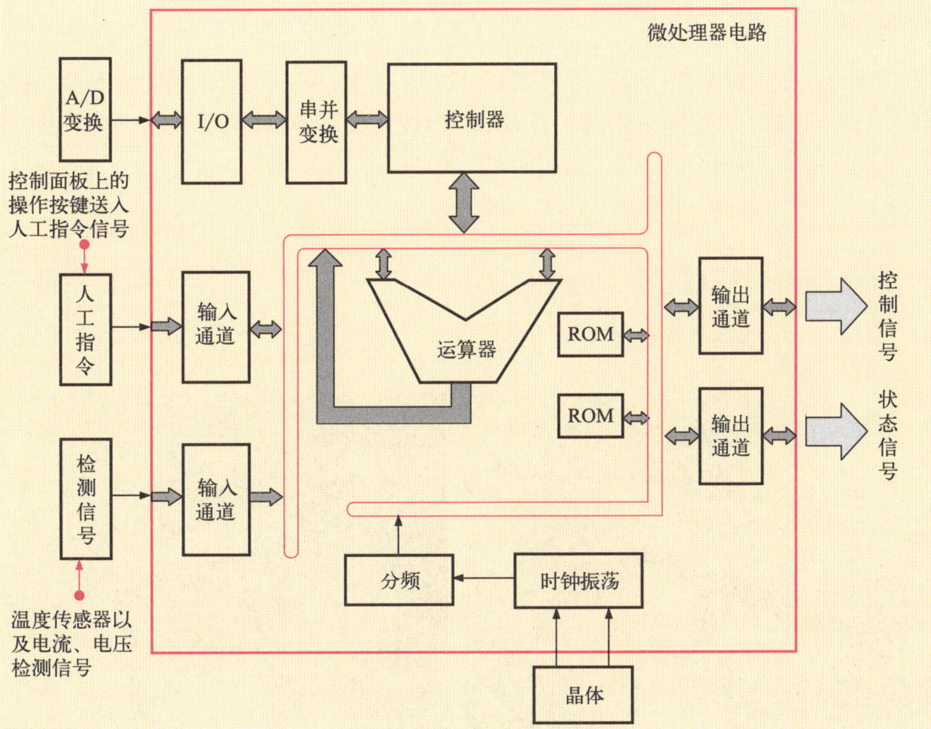

图6-7　电磁炉中微处理器的功能简图

（2）晶体

电磁炉主控电路中的晶体通常位于微处理器附近（这也是识别微处理器的重要标志），主要用来和微处理器内部的振荡电路构成时钟振荡器产生时钟信号，为微处理器提供工作条件，使整机控制、数据处理等过程保持相对同步的状态。

图 6-8 为典型电磁炉主控电路中的晶体实物。

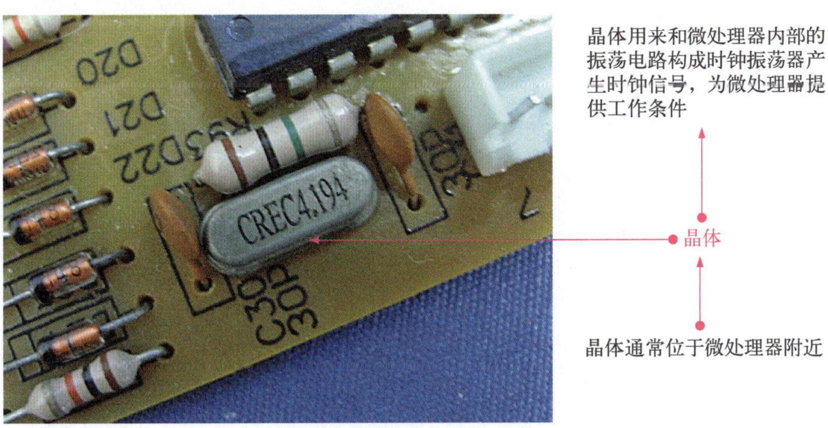

图6-8　典型电磁炉主控电路中的晶体实物

相关资料

不同电磁炉主控电路中的晶体外形各有不同，如图 6-9 所示。其中，金属外壳封装的晶体称为石英晶体，具有两只引脚，外接谐振电容器；陶瓷外壳封装的晶体称为陶瓷谐振器，具有三只引脚，一只引脚接地，另外两只引脚分别连接谐振电容器。

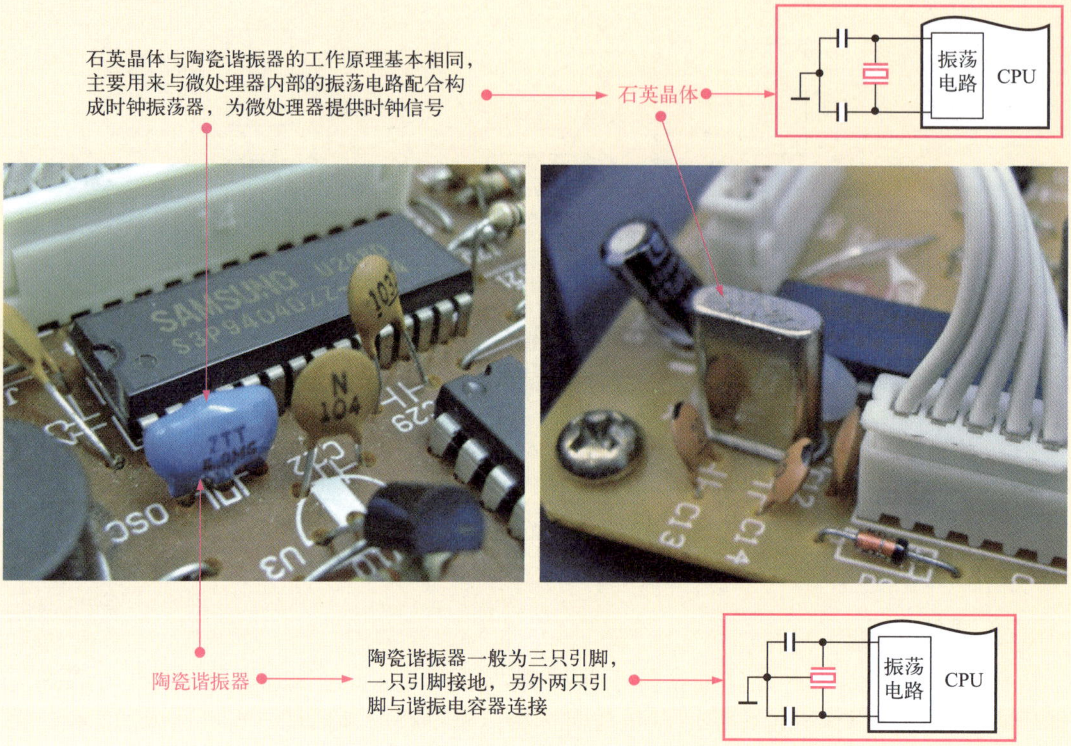

图6-9　不同电磁炉主控电路中的晶体

相比较来说，这两种元件的外形、材质虽不同，但其功能和原理是相同的。只是石英晶体的精度和稳定性更好一些。图 6-10 为典型石英晶体与陶瓷谐振器的实物外形。

图6-10　典型石英晶体与陶瓷谐振器的实物外形

（3）电压比较器（LM339）

电压比较器是电磁炉中的关键元件之一，在电磁炉中采用较多的电压比较器为 LM339，如图 6-11 所示，其内部集成了四个独立的电压比较器，每个电压比较器都可以独立构成单元电路。

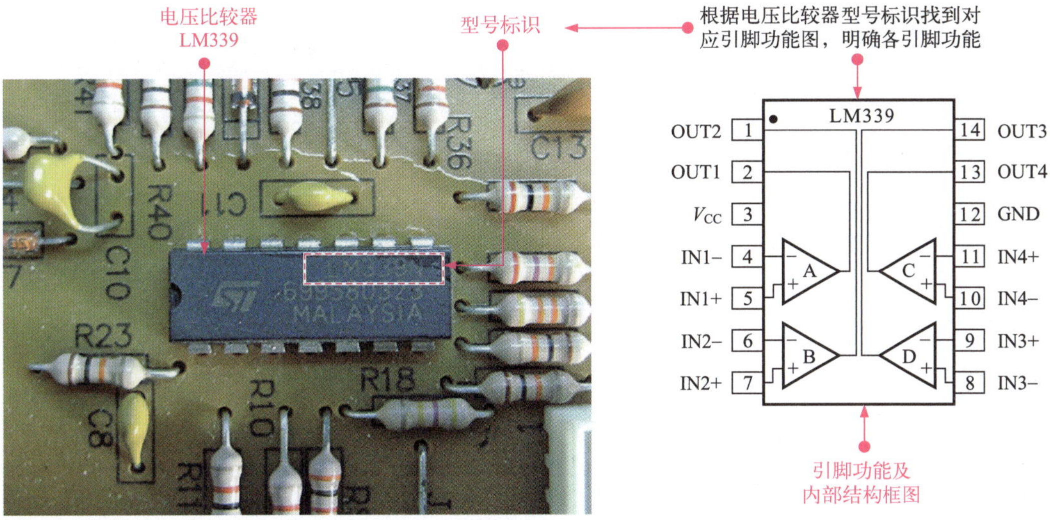

图6-11　电压比较器LM339实物外形及引脚功能

在电路中，电压比较器（LM339）内部四个独立的电压比较器都可以单独使用，如可与外围元件构成电磁炉的同步振荡器、电流或电压检测电路，以及传感器接口电路等。

特别提示

电压比较器是通过两个输入端电压值（或信号）的比较结果决定输出端状态的一种放大器件。

当电压比较器的同相输入端电压高于反相输入端电压时，输出高电平；当反相输入端电压高于同相输入端电压时，输出低电平，如图6-12所示。电磁炉中的许多检测信号比较、判断以及产生都是由该芯片完成的。

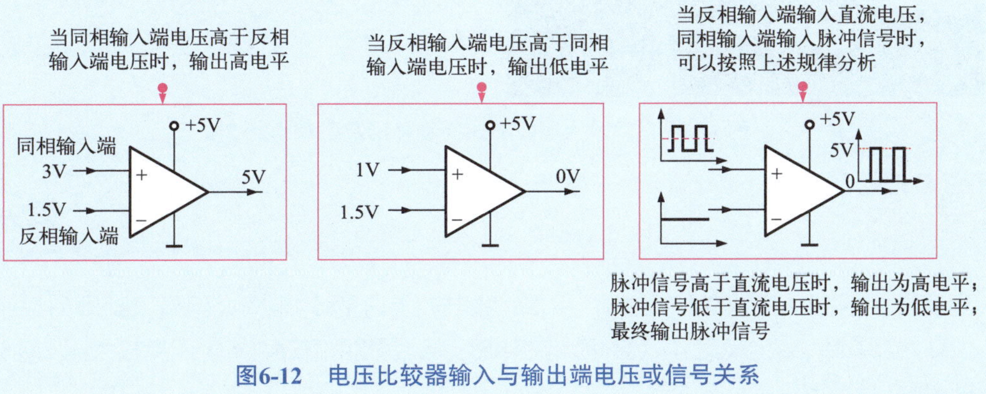

图6-12　电压比较器输入与输出端电压或信号关系

相关资料

电压比较器LM339各引脚功能见表6-1。

表6-1 电压比较器LM339各引脚功能

引脚号	名称	功能	引脚号	名称	功能
①	OUT2	输出2	⑧	IN3−	反相输入3
②	OUT1	输出1	⑨	IN3+	同相输入3
③	V_{CC}	电源	⑩	IN4−	反相输入4
④	IN1−	反相输入1	⑪	IN4+	同相输入4
⑤	IN1+	同相输入1	⑫	GND	接地
⑥	IN2−	反相输入2	⑬	OUT4	输出4
⑦	IN2+	同相输入2	⑭	OUT3	输出3

（4）运算放大器（LM324）

图6-13所示为运算放大器LM324的实物外形及引脚功能，LM324芯片在电磁炉中常作为温度检测和电压检测电路，它的工作电压为3～32V，每个芯片内部有4个运算放大器，4个运算放大器可独立使用。

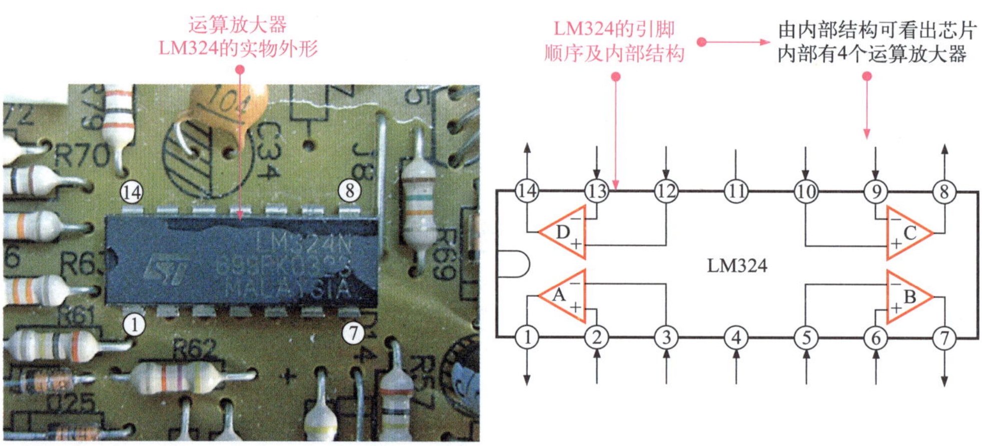

图6-13 运算放大器LM324实物外形及引脚功能

相关资料

运算放大器LM324的内部结构和引脚功能与LM339均相同，但是引脚排列顺序不同，引脚性能参数也有一定差异（外接元件电流、电阻可能存在差异），运算放大器LM324各引脚功能见表6-2。

表 6-2　运算放大器 LM324 各引脚功能

引脚号	名称	功能	引脚号	名称	功能
①	OUT1	输出1	⑧	OUT3	输出3
②	Inputs1−	反相输入1	⑨	Inputs3−	反相输入3
③	Inputs1+	同相输入1	⑩	Inputs3+	同相输入3
④	V_{CC}	正电源	⑪	GND	接地
⑤	Inputs2+	同相输入2	⑫	Inputs4+	同相输入4
⑥	Inputs2−	反相输入2	⑬	Inputs4−	反相输入4
⑦	OUT2	输出2	⑭	OUT4	输出4

运算放大器 LM324 内部为四个运算放大器，这四个运算放大器可以和外围元件构成电流、电压检测电路或电压比较器、谐振器等；LM339 内部为四个电压比较器，是专用于进行电压比较放大的器件，与 LM324 不能互换。

(5) PWM 信号驱动芯片（TA8316）

图 6-14 所示为 PWM 信号驱动芯片 TA8316 的实物外形及引脚功能。该芯片可将 PWM 信号（脉宽调制信号）进行功率放大，然后送到 IGBT 的控制极，为 IGBT 提供驱动信号。

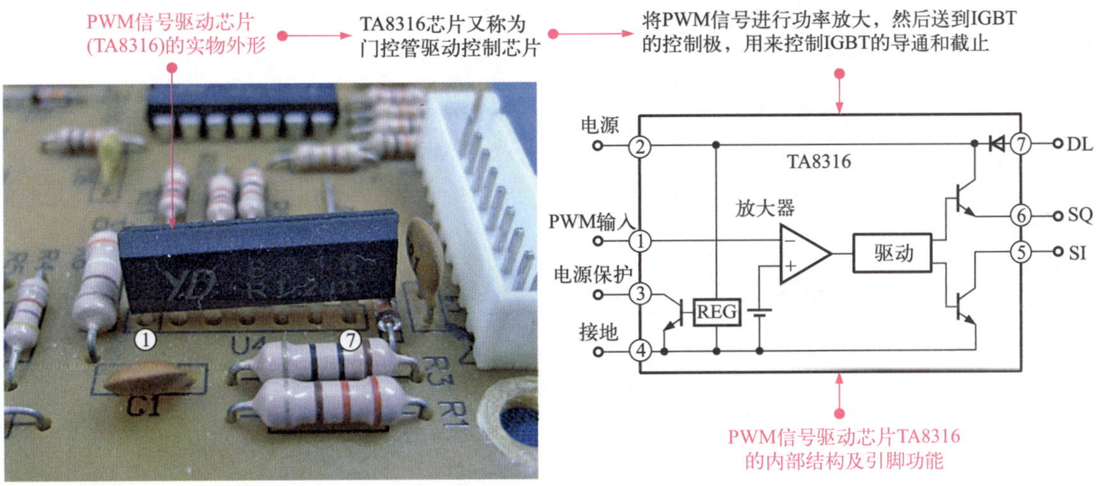

图6-14　PWM信号驱动芯片TA8316实物外形及引脚功能

相关资料

有些电磁炉采用互补输出晶体管（NPN、PNP 管）构成 PWM 驱动电路。不同电磁炉主控电路中的 PWM 驱动电路结构有所不同，有些采用集成电路形式，如图 6-14 所示，有些采用分立元件构成，如图 6-15 所示。

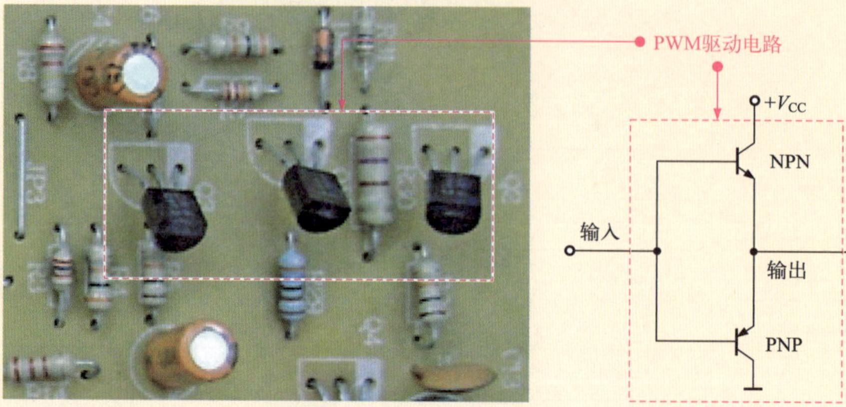

图6-15　采用分立元件构成的PWM驱动电路

（6）蜂鸣器

蜂鸣器是一种电声器件，主要是在微处理器的控制下发出“嘀嘀”声，对电磁炉的状态进行提醒或进行故障警示。

图 6-16 所示为典型电磁炉主控电路中的蜂鸣器实物。

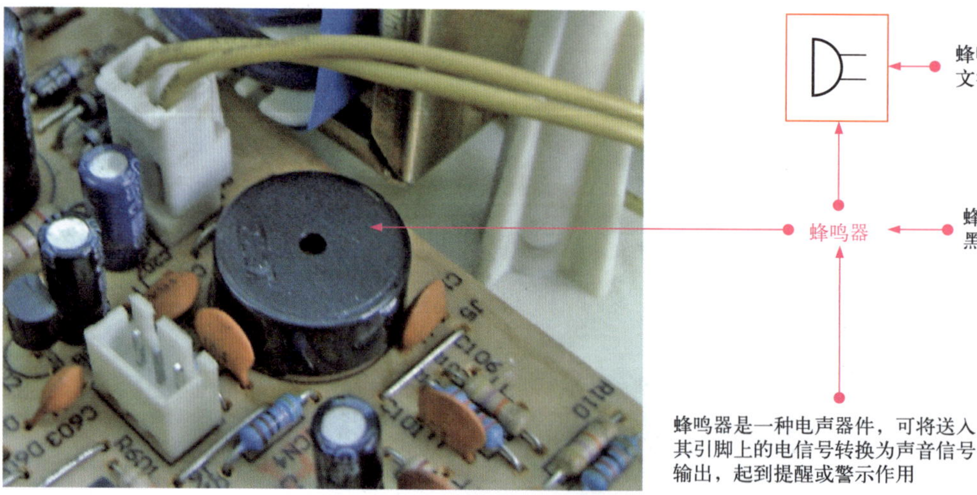

图6-16　典型电磁炉主控电路中的蜂鸣器实物

（7）电流检测变压器

电流检测变压器与外围电路构成电磁炉的电流检测电路，用来判别电磁炉是否有过载的情况，即电流是否超过正常值，如有过载情况，立即实施保护，防止损坏电磁炉内的元件。

电流检测变压器一般安装在电源供电电路中，检测信号通过电路板之间的插件传输。图 6-17 所示为典型电磁炉中电流检测变压器的实物外形。

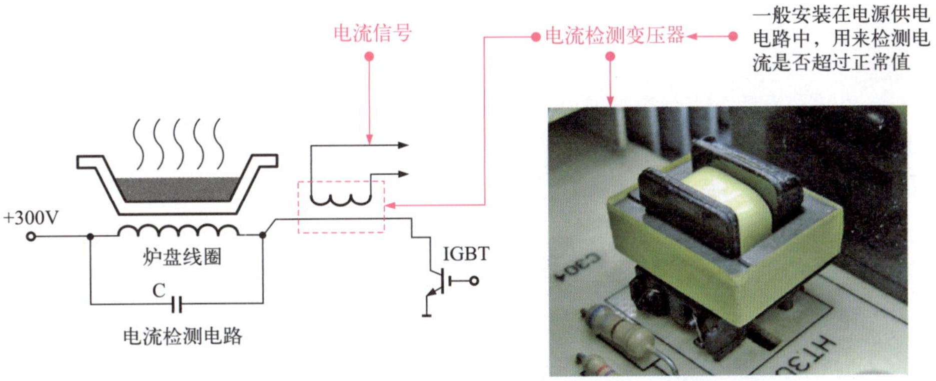

图6-17　典型电磁炉中电流检测变压器的实物外形

特别提示

在电磁炉电路中，AC 220V 进入电磁炉后有一分支电路，沿该分支电路可以查找到电流检测变压器，该元件及外围元件构成电流检测电路。若无法查找到电流检测变压器，则说明该电磁炉无电流检测电路。

（8）温度检测传感器

电磁炉中的温度检测传感器主要包括炉面温度检测传感器和 IGBT 温度检测传感器两种，这两种传感器均采用热敏电阻器实现温度感测，如图 6-18 所示。

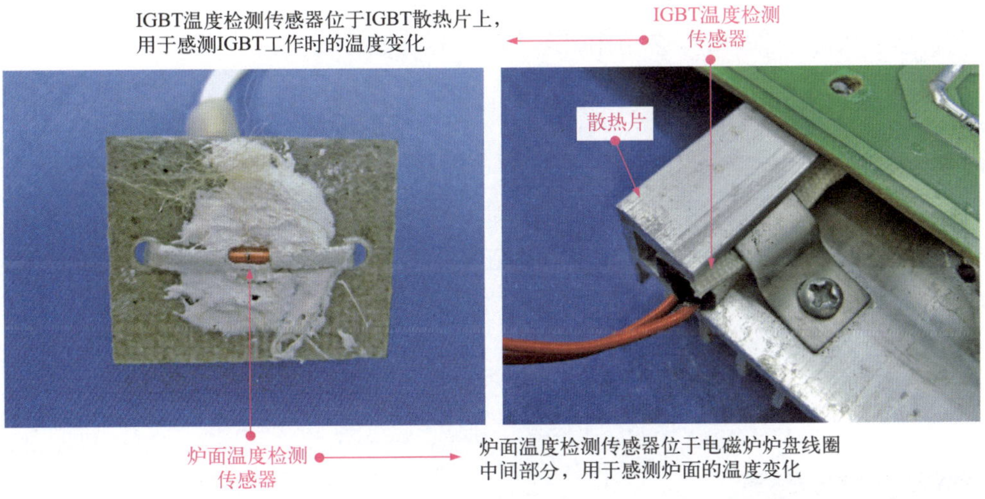

图6-18　电磁炉中的温度检测传感器

炉面温度检测传感器位于电磁炉炉盘线圈中间部分，用于感测炉面的温度变化；IGBT 温度检测传感器位于 IGBT 散热片的底部，用于感测 IGBT 工作时的温度变化。这两个传感器可将感测的温度变化转换为电信号，通过接插件送入微处理器中，微处理器根据温度信息对电磁炉进行控制。

相关资料

温度检测传感器实质上是一种热敏电阻器，它是利用热敏电阻器的电阻值随温度变化而变化的特性，来测量温度及与温度有关的参数，并将参数变化量转换为电信号送入控制部分，实现自动控制。

图 6-19 所示为温度检测传感器的工作原理示意图。

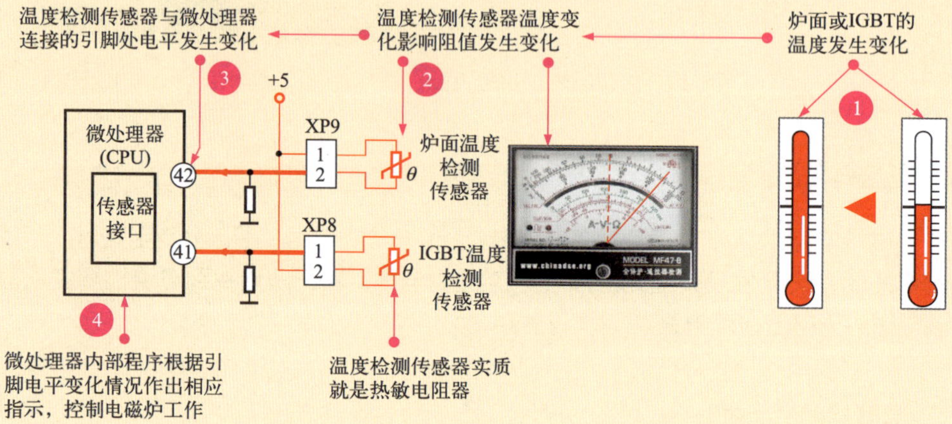

图6-19　温度检测传感器的工作原理示意图

另外，温度检测传感器根据其感应特性不同可分为 PTC 传感器和 NTC 传感器两大类。其中，NTC 传感器为负温度系数传感器，即传感器阻值随温度的升高而减小；PTC 传感器为正温度系数传感器，即传感器阻值随温度的升高而增大。

特别提示

需要注意的是，有些电磁炉中，IGBT 的温度检测器件并不是热敏电阻式温度检测传感器，而是一种机械式温控器。该类温控器在正常温度状态下触点接通，当温度超过其极限温度时，内部机械部件变形，使触点断开起到过热保护作用，如图 6-20 所示。

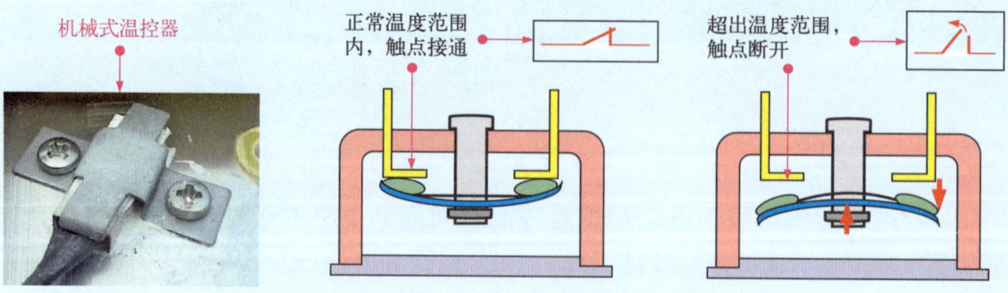

图6-20　机械式温控器外形及功能示意图

（9）散热风扇

电磁炉的能耗比较高，电子电路等器件不能过热，因而需要良好的散热条件，所以在电磁炉的机壳内都设有散热风扇。

散热风扇外形特征比较明显，很容易从电磁炉中识别出来，图 6-21 所示为典型电磁炉中的散热风扇部分。

图6-21　典型电磁炉中的散热风扇部分

散热风扇由微处理器进行控制，开机后风扇立即旋转，当加热停止后微处理器控制风扇再延迟工作一段时间，以便将机壳内的热量散掉。

6.2 电磁炉主控电路的原理

6.2.1 电磁炉主控电路的基本信号流程

主控电路是电磁炉中主要电路之一，它是以微处理器为核心的控制电路，是电磁炉实现整机协同工作的控制中心。

图 6-22 所示为电磁炉主控电路的基本信号流程框图。电磁炉的主控电路是以微处理器为控制核心的功能电路。当主控电路中的微处理器满足工作条件时，则可根据操作显示电路送入的人工指令信号或检测信号输出相应的控制信号，用以控制相关的功能部件动作，进而实现电磁炉加热食物的功能。

不同电磁炉的主控电路虽结构各异，但其基本信号处理过程大致相同。为了更加深入了解主控电路的工作过程，我们根据电路主要部件的功能特点，将主控电路划分成微处理器控制电路、同步振荡电路、PWM 调制和驱动电路、风扇驱动电路、报警驱动电路、浪涌保护电路、IGBT 过压保护电路、锅质检测电路、电流检测电路、电压检测电路、温度检测电路等几部分。

（1）微处理器控制电路

电磁炉的各主要电路均是由微处理器控制电路进行控制的，电磁炉的控制电路是以微处理器为核心组成的自动检测和控制电路，该电路主要由微处理器、晶振电路、复位电路、直流供电部分等构成，如图 6-23 所示。

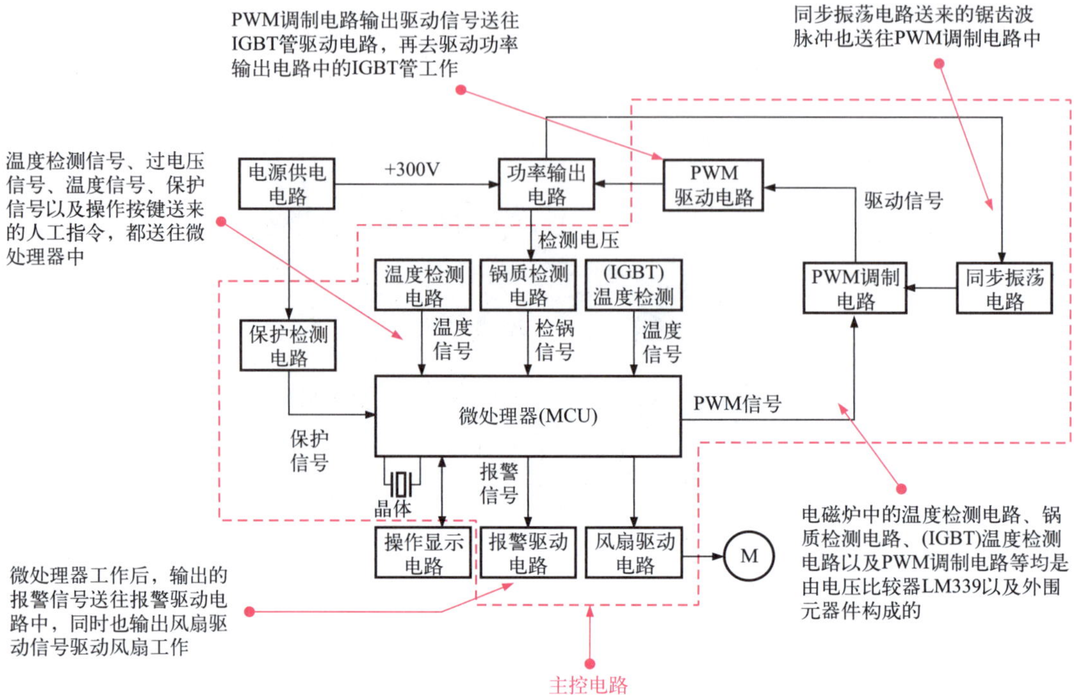

图6-22　电磁炉主控电路的基本信号流程框图

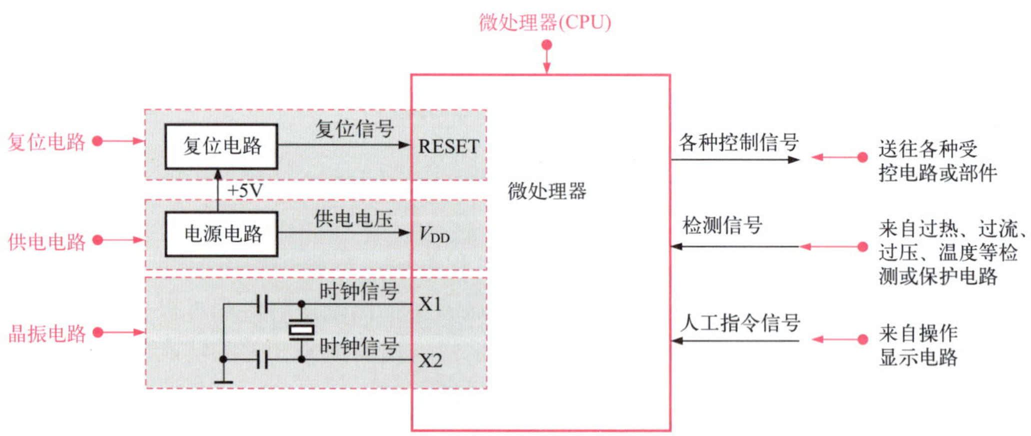

图6-23　微处理器控制电路的基本流程

微处理器控制电路正常工作时，需要满足供电、时钟和复位三大基本条件。其中：

① 供电电路是将低压直流电压，送入微处理器芯片的电源引脚端 V_{DD}，为微处理器芯片提供工作电压；

② 晶振电路是晶体与微处理器芯片中的振荡电路构成的，用于为微处理器提供基准时钟信号，也是微处理器进入工作状态所需基本条件之一；

③ 复位电路则用于在开机瞬间为微处理器提供复位信号，使微处理器复位进入准备工作状态。

(2) 同步振荡电路

电磁炉同步振荡电路是产生脉冲信号的重要电路，在电磁炉中用于保持 PWM 驱动信号和 LC 谐振电路的同步，使其能够稳定工作，如图 6-24 所示。该电路主要由电压比较器和一些外围辅助元器件构成。

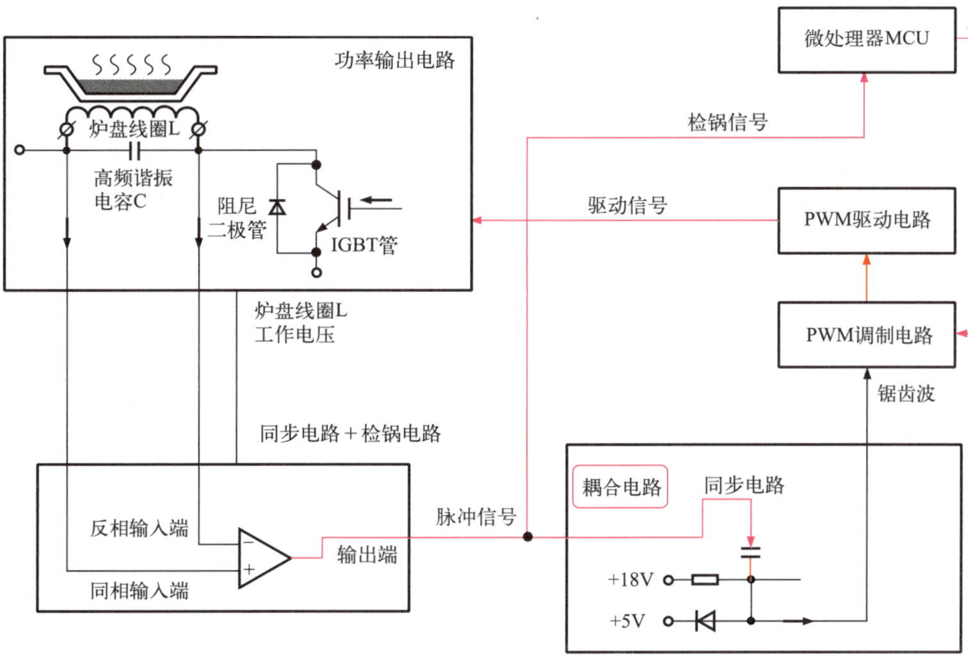

图6-24 同步振荡电路的基本流程

电磁炉刚开始工作时，微处理器输出启动脉冲，经 PWM 驱动电路送给电磁炉功率输出电路，作为起振信号，使功率输出电路中的 LC 谐振电路进行工作，并由炉盘线圈 L 的两端将振荡电压输送给同步电路的电压比较器中，再由电压比较器形成同步振荡信号（锯齿波）送给 PWM 调制电路，同时，同步振荡电路初始输出的振荡信号作为检锅信号送给微处理器，微处理器根据单位时间内的脉冲数判别锅具是否符合要求。

(3) PWM 调制电路

电磁炉的 PWM 调制电路也可称为脉宽调制信号产生电路，主要用于调节电磁炉火力的大小，如图 6-25 所示。该电路主要由电压比较器和一些外围辅助元器件构成。

PWM 调制电路中电压比较器输入端分别接收同步振荡电路送来的锯齿波和 PWM 脉冲信号，经 RC 滤波后的直流电压，经电压比较器处理后，由输出端输出不同脉冲宽度的波形信号，送入 PWM 驱动电路进行放大驱动。

(4) PWM 驱动电路

电磁炉的 PWM 驱动电路用于放大 PWM 信号，并将放大后的信号送到 IGBT 的控制极。该电路主要由门控管驱动放大器和一些其他辅助元器件构成。

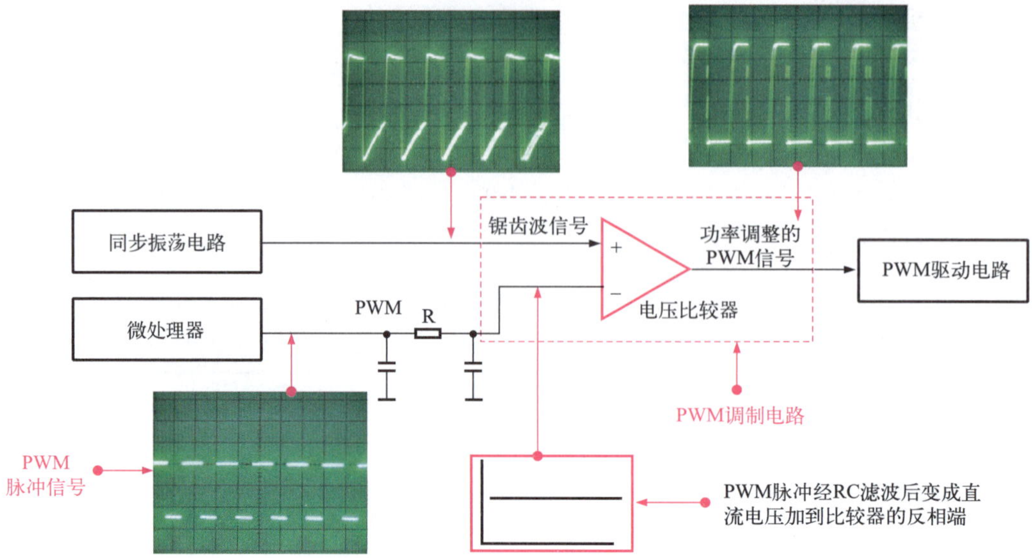

图6-25　PWM调制电路的基本流程

电磁炉中的PWM驱动电路有两种结构形式：一种是采用晶体管构成的互补推挽式放大器；另一种则是采用集成电路芯片构成的功率放大器。

采用互补推挽式放大器的PWM驱动电路是由一个NPN晶体管和一个PNP晶体管构成的，该放大器的偏压设置在晶体管的截止点上，如图6-26所示。当PWM电路送来的信号工作在正半周时，NPN晶体管处于导通状态，PNP晶体管处于截止状态，输出高电平；在负半周时，NPN晶体管处于截止状态，PNP晶体管处于导通状态，输出低电平。

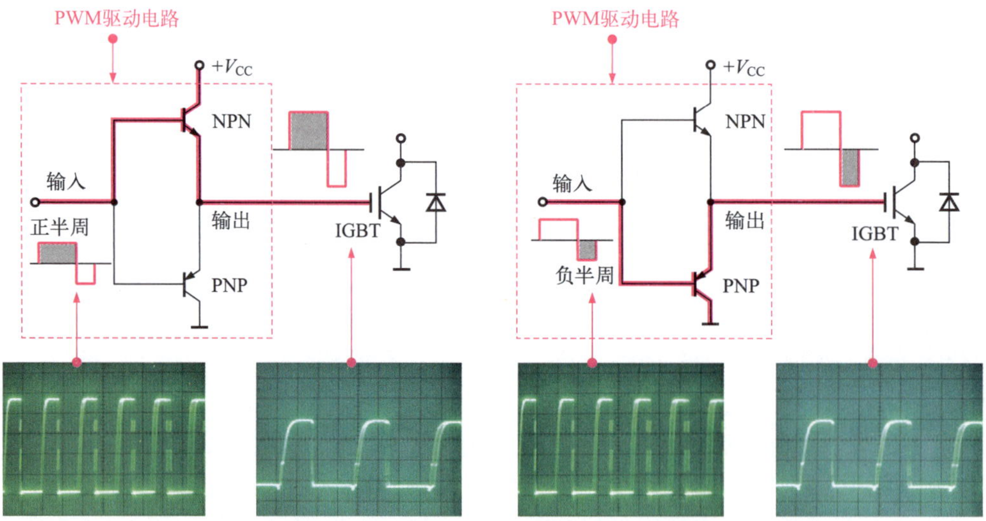

图6-26　采用互补推挽式放大器的PWM驱动电路的基本流程

采用集成电路芯片构成的PWM驱动电路是将门控管驱动放大器制作在了集成电路内部。以典型PWM驱动集成电路芯片TA8316S为例对其工作流程进行介绍，如图6-27所示。

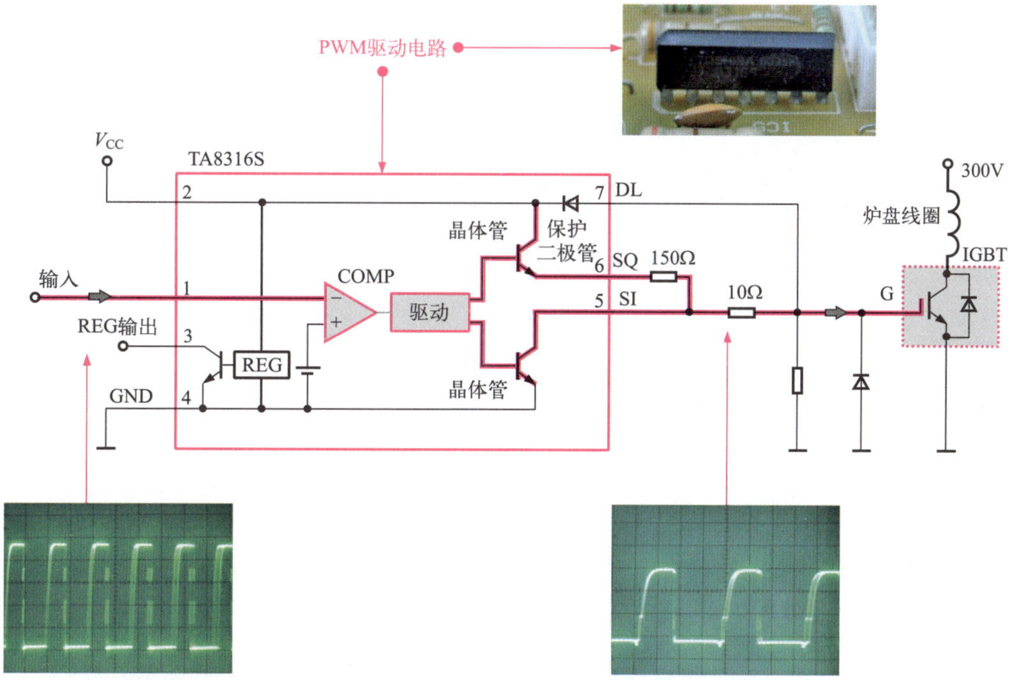

图6-27　采用集成电路芯片的PWM驱动电路的基本流程

（5）风扇驱动电路

电磁炉的风扇驱动电路是由微处理器进行驱动控制的，当电磁炉开机后，微处理器对其输送驱动信号，散热风扇开始转动，当加热停止后微处理器使风扇再延迟工作一段时间，将机壳内的热量散掉，再停转，图 6-28 为其基本信号流程。

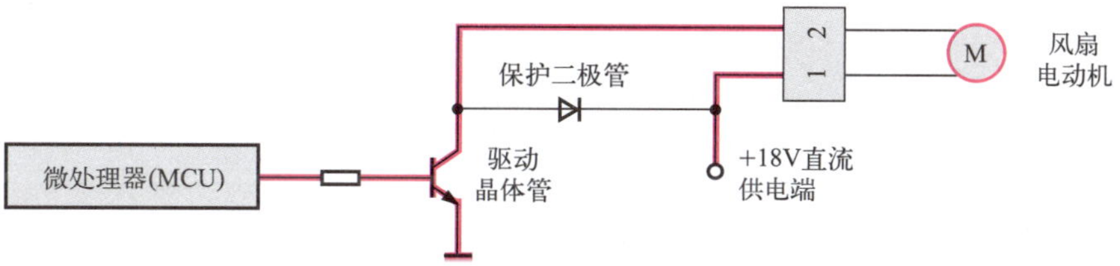

图6-28　风扇驱动电路的基本信号流程

当电磁炉通电开机后，+18V 直流供电端为风扇电机提供所需的工作电压，同时微处理器输出驱动信号，使驱动晶体管饱和导通，从而使风扇电机有电流流过而运转。该电路中的二极管为保护二极管，用于吸收风扇电机线圈产生的反电动势，保护驱动晶体管不受损坏。当保护二极管损坏时，很容易引起驱动晶体管的损坏。

（6）报警驱动电路

电磁炉的报警驱动电路也可称为蜂鸣器驱动电路，当电磁炉在启动、停机、开机或处于保护状态时，为了提示用户进而驱动蜂鸣器发出声响，图 6-29 为其基本信号流程。

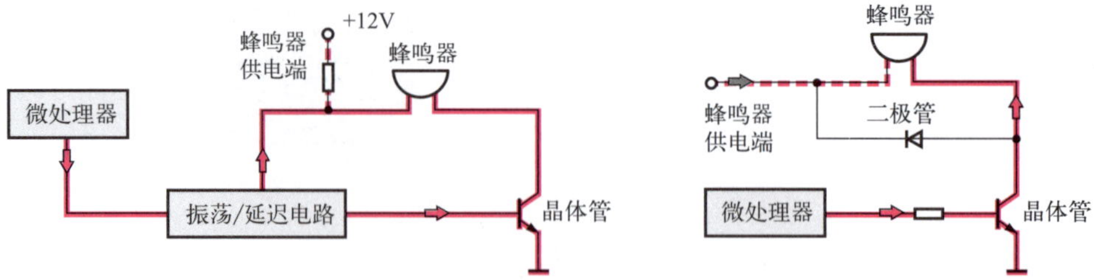

(a) 采用振荡/延迟电路的蜂鸣器驱动电路　　(b) 微处理器直接控制的蜂鸣器驱动电路

图6-29　报警驱动电路的基本信号流程

报警驱动电路是通过微处理器进行驱动控制的，蜂鸣器供电端接 +18V 或 +12V 直流电压，当微处理器输出驱动信号后，该信号经晶体管进行放大，放大后，去驱动蜂鸣器，使之发出声响。该电路中的二极管用于吸收反向脉冲，以保护晶体管不受损坏。

（7）浪涌保护电路

电磁炉的浪涌保护电路用于防止交流电源供电电压中出现冲击性电压波动而损坏电磁炉，使电磁炉进入保护状态。实际上是为了保护电磁炉中的 IGBT 不受损坏而设置了该电路。

电磁炉中浪涌保护电路基本信号流程如图 6-30 所示。

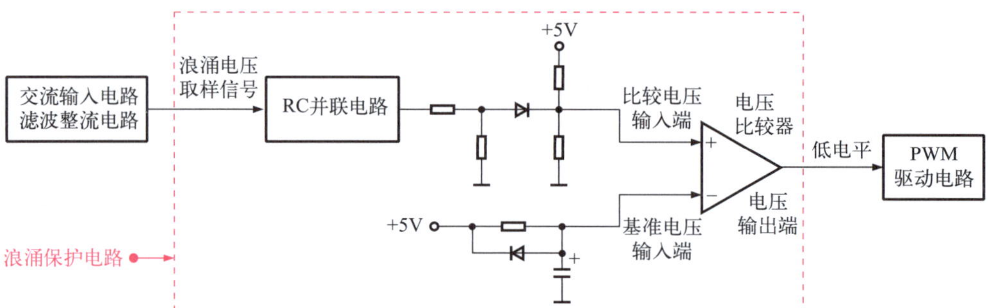

图6-30　浪涌保护电路的基本信号流程

浪涌保护电路是当 220V 电压出现冲击性高压时，对电磁炉实施保护的电路，具体工作流程为：交流 220V 经交流输入电路和滤波整流电路输出浪涌电压取样信号，浪涌电压取样信号经 RC 并联电路后，将电压取样信号输送给电压比较器的比较电压输入端；电压比较器的基准电压输入端由电阻分压电路确定，在电磁炉正常工作时，电压比较器的比较电压低于基准电压时，其电压输出端输出低电平，使 PWM 驱动电路输出正常的驱动信号；当输入的电压出现冲击性高压时，电压比较器比较电压高于基准电压，其电压输出端输出高电平，切断给 IGBT 输送的驱动信号，使 IGBT 停止工作，防止 IGBT 不受损坏。

（8）IGBT 过压保护电路

电磁炉的 IGBT 过压保护电路是在过压的情况对 IGBT 实施保护的电路，在电磁炉中，IGBT 工作在高电压、大电流的条件下，需要进行实时监测和保护，使之安全工作，当 IGBT 集电极（C）电压过高时，IGBT 过压保护电路就会启动，使 PWM 驱动电路的输出关闭。

电磁炉中 IGBT 过压保护电路的基本信号流程如图 6-31 所示。

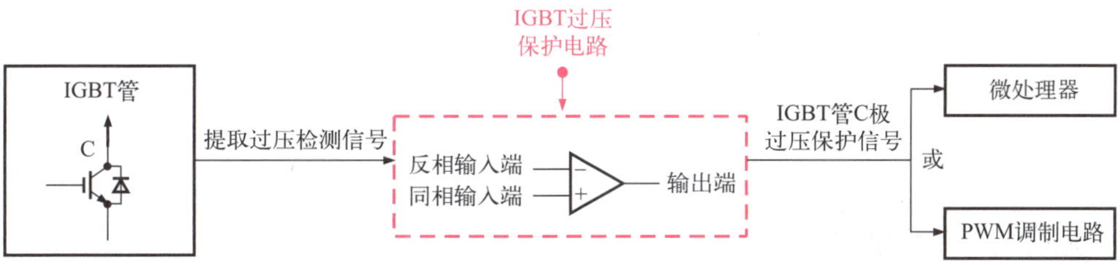

图6-31　IGBT过压保护电路的基本信号流程

功率输出电路中的 IGBT 集电极将过压检测信号传送给电磁炉 IGBT 过压保护电路中的电压比较器后，该过压检测信号与电压比较器中的基准电压进行比较，经电压比较器处理后，由电压比较器转换成控制信号输送给微处理器 MCU 或 PWM 调制电路，当出现过压情况时，实施保护。

（9）锅质检测电路

电磁炉的锅质检测电路是用于检测电磁炉工作过程中使用的锅具是否符合电磁炉要求的电路，图 6-32 为其基本信号流程。该电路主要由炉盘线圈、电压比较器和一些其他辅助元器件构成。

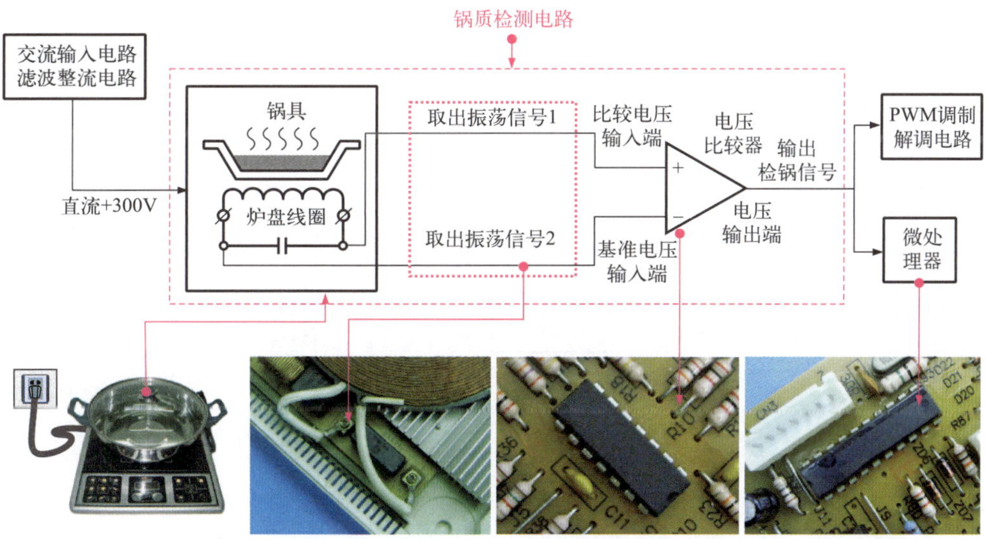

图6-32　锅质检测电路的基本信号流程

接通电源后，交流 220V 进入电磁炉，经交流输入电路和桥式整流电路输出直流 +300V 送到炉盘线圈中。由于锅具为软磁性材料制成，当放上锅具后，锅具受到磁化的作用，会对炉盘线圈的振荡频率产生一定的影响，从炉盘线圈两端取出该振荡信号送入电压比较器中，经比较器形成振荡脉冲送到微处理器中，微处理器根据单位时间内的脉冲数判别锅具是否符合要求，如不符合要求则输出振荡鸣声。

（10）电流检测电路

电磁炉的电流检测电路用于判别电磁炉是否有过载的情况，即电流是否超过正常值，如有过载情况，电流检测电路会将检测到的信号传送给微处理器，此时，微处理器会发出停机指令，立即实施保护，防止损坏电磁炉内的元器件。如图 6-33 所示为其基本信号流程。

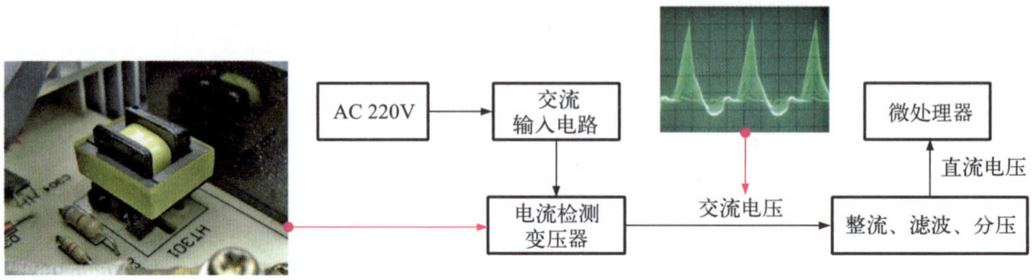

图6-33　电流检测电路的基本信号流程

接通电源，交流 220V 经交流输入电路后，电流流过电流检测变压器的初级绕组后为炉盘线圈供电，再由电流检测变压器的次级线圈感应出交流电压，该交流电压经整流、滤波、分压后变成直流电压送往微处理器的电流检测端，微处理器根据此数据来判别电磁炉整机的工作电流大小。

相关资料

不同品牌、型号的电磁炉的电流检测电路的结构形式各不相同，图 6-34 所示为两种常见的电磁炉电流检测电路的简易连接。

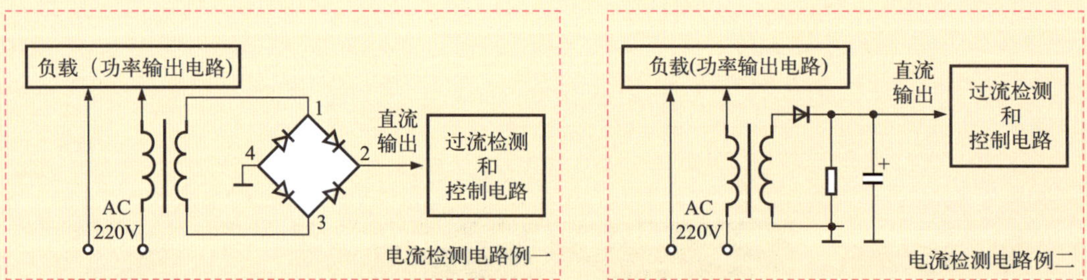

图6-34　两种常见的电磁炉电流检测电路的简易连接

（11）电压检测电路

电磁炉的电压检测电路是对输入的市电电压进行检测的。当输入的市电电压过高或过低时，电压检测电路会将检测到的电压信号传送给微处理器，此时，微处理器会发出停机指令，来防止电磁炉在欠压或过压状态下产生的大电流损坏电磁炉上的元器件。

图 6-35 所示为电磁炉电压检测电路的基本信号流程。

图6-35　电磁炉电压检测电路的基本信号流程

接通电源后，交流 220V 进入电磁炉，经整流后，将交流电压变成直流电压送入检测电路（分压电阻、滤波电容），经检测电路分压后作为取样电压信号送入微处理器中，在微处理器的内部经转换和识别，与微处理器内部的设定值相比较。若送入的取样电压检测信号高于或低于微处理器内部的设定值，微处理器会发出停机指令，同时，蜂鸣器电路会发出报警提示声或在操作显示面板中显示故障代码。

相关资料

有些电磁炉中，采用电压比较器对取样电压进行比较，如图 6-36 所示，即将取样电压信号送入电压比较器中，与电压比较器的基准电压相比较，当送入的取样电压检测信号高于或低于基准电压时，电压比较器的输出端会输出相应的电压信号送给微处理器，由微处理器判别并发出停机指令。

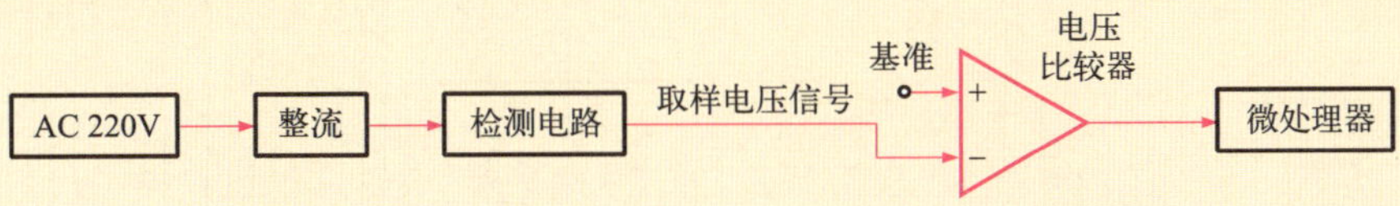

图6-36　电压比较器构成的电压检测电路的基本信号流程

(12) 温度检测电路

电磁炉中的温度检测电路主要包括电磁炉的炉面温度检测电路和 IGBT 温度检测电路，主要用于检测电磁炉工作时的炉面温度和 IGBT 温度，若温度过高则由微处理器输出过热保护信号而停机，起到过热保护功能，图 6-37 为其基本信号流程。

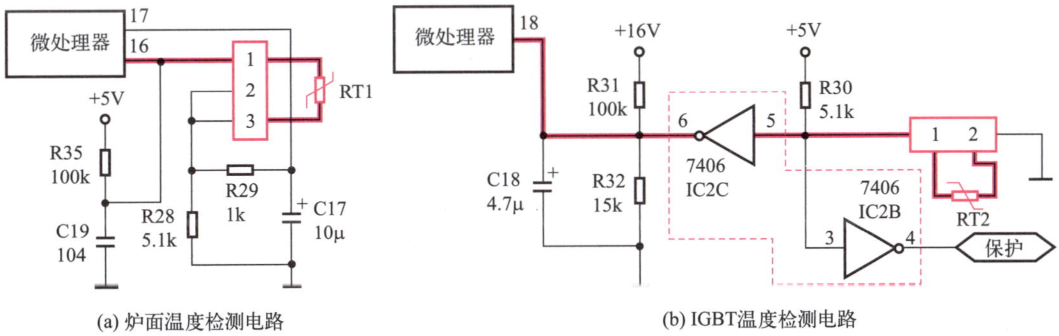

图6-37　温度检测电路的基本信号流程

6.2.2　电磁炉主控电路的电路分析

6.2.2.1　美的电磁炉主控电路的电路分析

图 6-38 为典型美的电磁炉的主控电路原理图，该电路主要是由蜂鸣器驱动电路、温度检测电路、电流检测电路、直流电源供电电路、同步振荡电路、PWM 驱动放大器、操作显示电路接口、微处理器（MCU）控制电路等构成的。

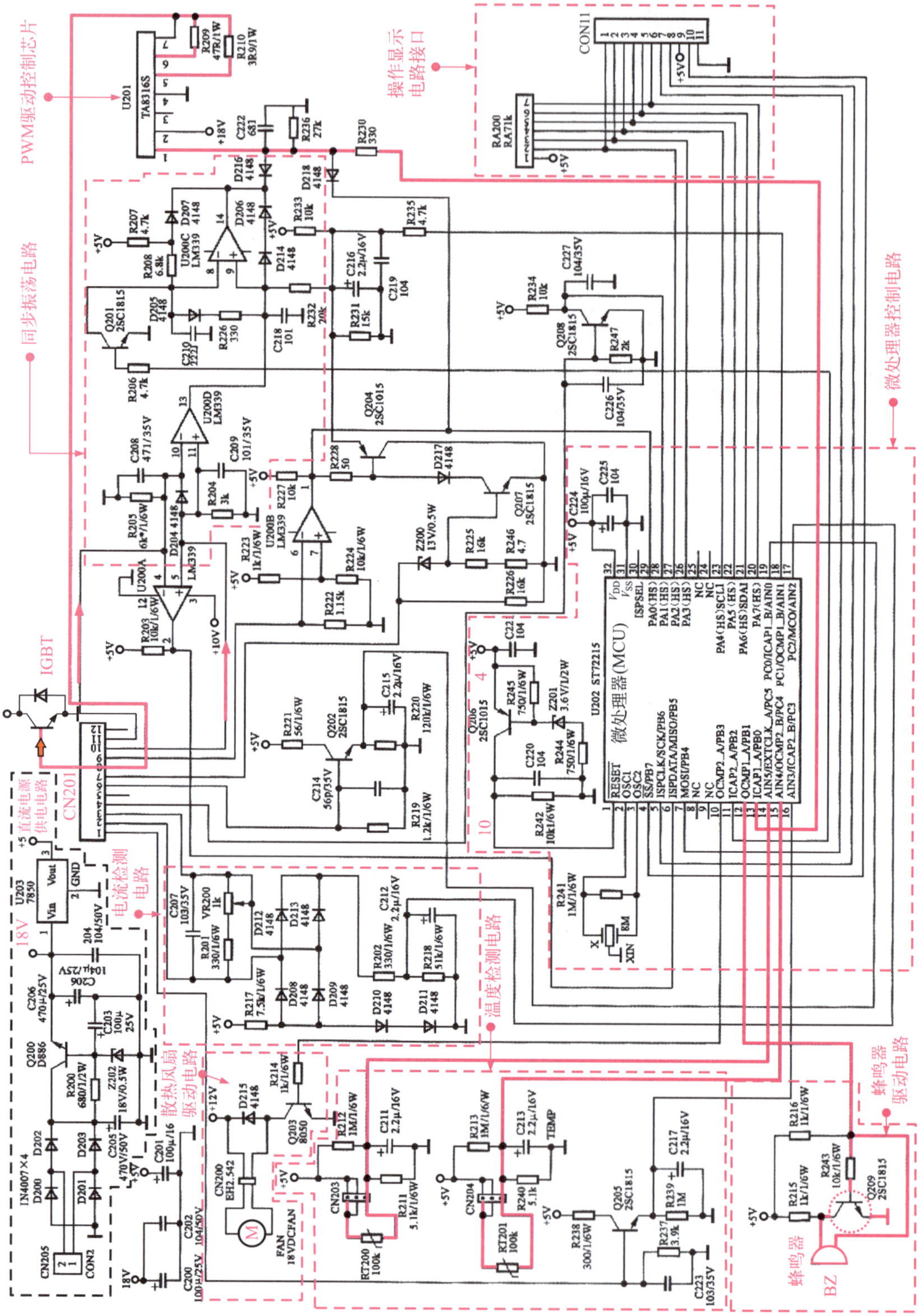

图6-38 典型美的电磁炉的主控电路原理图

（1）微处理器控制电路

微处理器（ST72215）的 ㉜ 脚为 +5V 电压供电端，②脚和③脚外接 8 M 晶体，用来产生时钟振荡信号；⑬ 脚输出 PWM 控制信号，送往 PWM 驱动电路。

（2）PWM 驱动电路

该电磁炉的 PWM 驱动电路主要由 U201（TA8316S）及外围元件构成。

U201（TA8316S）的②脚为电源供电端，①脚为 PWM 调制信号输入端，PWM 调制信号经 TA8316S 放大后，将放大的信号由⑤脚和⑥脚输出，输出信号经插件 CN201 输出，送至功率输出电路中。TA8316S 的⑦脚为钳位端。

（3）同步振荡电路

炉盘线圈两端的信号经插件 CN201 加到电压比较器 LM339 的⑩脚和 ⑪ 脚，经比较器由 ⑬ 脚输出同步振荡信号，再经电压比较器 U200C，由 ⑭ 脚输出，与微处理器送来的 PWM 信号进行合成，再送到 TA8316S 的①脚，进行放大。

（4）报警驱动和散热风扇驱动电路

微处理器的 ⑫ 脚输出蜂鸣器驱动脉冲信号，经电阻器 R243 后送到驱动晶体管 Q209 的基极，经晶体管放大后，驱动蜂鸣器 BZ 发出声响。当电磁炉在开始工作、停机、开机或保护状态时，为了提示用户而驱动蜂鸣器发出声响。

微处理器的 ⑩ 脚输出散热风扇驱动信号，经电阻器 R214 后送到晶体管 Q203 的基极，触发晶体管 Q203 导通后，+12V 开始为散热风扇电动机供电，散热风扇启动运转。

（5）电流检测电路

电流检测变压器次级输出信号经 CN201 的②脚和③脚加到桥式整流电路的输入端，桥式整流电路输出的直流电压经 RC 滤波后送到微处理器的电流检测端 ⑰ 脚，如果该脚的直流电压超过设定值，则表明功率输出电路过载，微处理器则输出保护信号。

（6）温度检测电路

电磁炉的温度检测电路主要包括电磁炉的炉面温度检测电路和 IGBT 温度检测电路，主要用于检测炉盘线圈工作时的温度和 IGBT 工作时的温度，它们主要由炉面温度检测传感器 RT200（位于炉盘线圈上）和 IGBT 温度检测传感器 RT201（位于散热片下方）及连接插件和相关电路构成。

当电磁炉炉面温度升高时，炉面温度检测传感器 RT200 的阻值减小，则 RT200 与 R211 组成的分压电路中间分压点的电压升高，从而使送给微处理器 ⑭ 脚的电压升高，微处理器将接收到的温度检测信号进行识别，若温度过高，立即发出停机指令，进行保护。

当电磁炉 IGBT 温度升高时，IGBT 温度检测传感器 RT201 阻值变小，则 RT201 与 R240 组成的分压电路中间分压点的电压升高，从而使送给微处理器 ⑮ 脚的电压升高，微处理器将接收到的温度检测信号进行识别，若温度过高，立即发出停机指令，进行 IGBT 保护。

6.2.2.2 格兰仕电磁炉主控电路的电路分析

图 6-39 为典型格兰仕电磁炉的主控电路原理图。可以看到，该电路主要是由温度检测电路、同步振荡电路、电流检测电路、IGBT 过压保护电路等构成的。

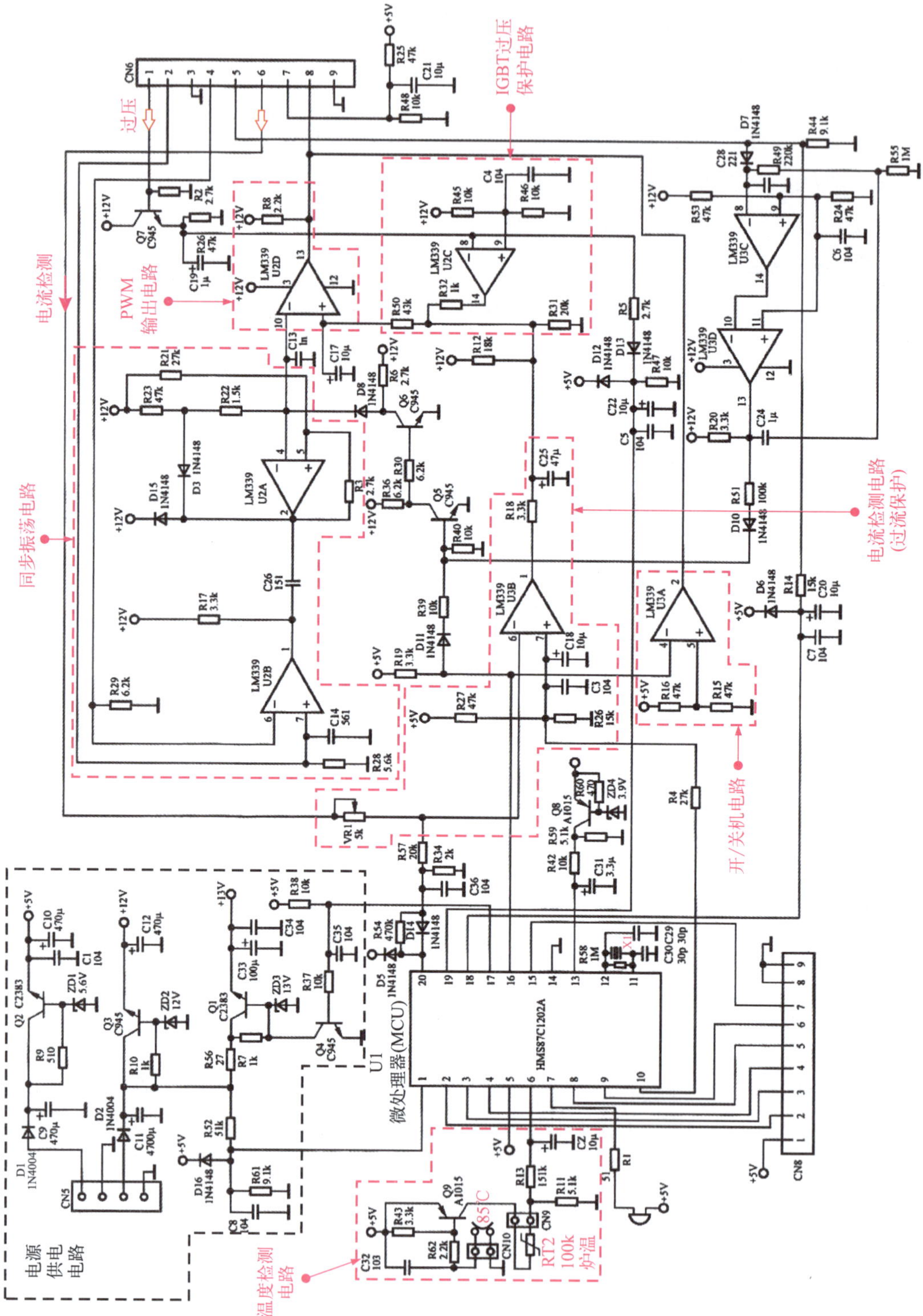

图6-39 典型格兰仕电磁炉的主控电路原理图

这是典型格兰仕电磁炉检测与控制电路，微处理器 U1 接收由操作显示电路经插件 CN8 传输的控制信号后，便对电磁炉的其他电路进行控制，电磁炉开始工作。

电磁炉工作后，由电流检测变压器检测电源供电端的电流，并经 VR1、R57、R34、D14 等元器件对电流检测信号处理后，为微处理器 U1 提供过流检测信号，由微处理器判断电源电路是否有过流情况。

该电磁炉的温度检测电路由 RT2 及其外围元器件构成，用于检测电磁炉的炉面温度。当温度变化时，RT2 的阻值也随之变化，从而将温度检测信号转换为电压信号，送入微处理器 U1 中。

温控器安装在 IGBT 的散热片上，正常温度（＜85℃）时，温控器开关闭合，使 Q9 基极为低电平，因而导通，+5V 电压经 Q9 为温度传感器 RT2 提供偏压，RT2 将温度信号转换成电压信号送到微处理器。如果 IGBT 散热片温度超过 85℃，则温控器断开，Q9 截止，温度传感器输出电压为 0V，微处理器则实施保护。其结构如图 6-40 所示。

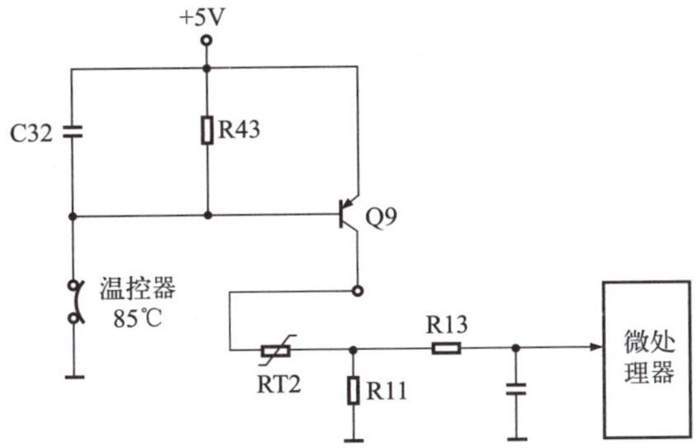

图6-40　温度检测电路

该电磁炉的同步振荡电路及锅质检测电路，均是由 U2（LM339）及其外围元器件构成的。电磁炉进行加热工作时，由电阻 R28、R29、R21 ～ R23 将炉盘线圈两端取出的一个信号送到 LM339 的⑥脚、⑦脚、④脚和⑤脚中，经过 LM339 内部比较后，分别由①脚、②输出同步振荡信号和检锅信号。

PWM 驱动电路由 LM339、R8 等构成。该电路接收由同步振荡电路提供的 PWM 调制信号，驱动 IGBT 工作。

IGBT 过压保护电路则用于检测 IGBT 集电极（C）的电压是否过高，由 LM339、R32、C4 等进行检测。当电压值过高时，由 LM339 的⑧脚为微处理器 U1 送入电压信号，由微处理器 U1 对 IGBT 进行过压保护控制。

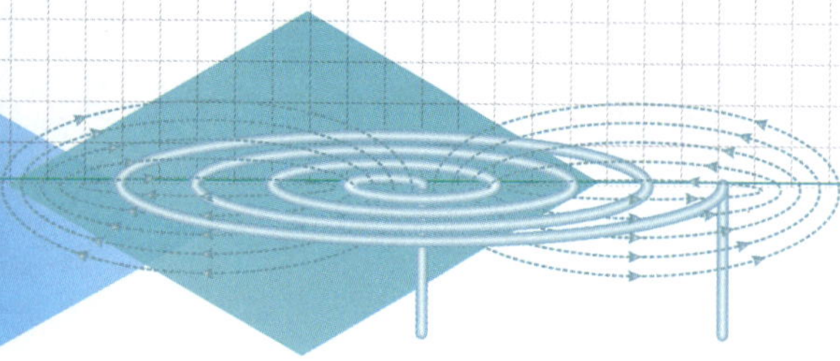

第 7 章
电磁炉操作显示电路的结构原理

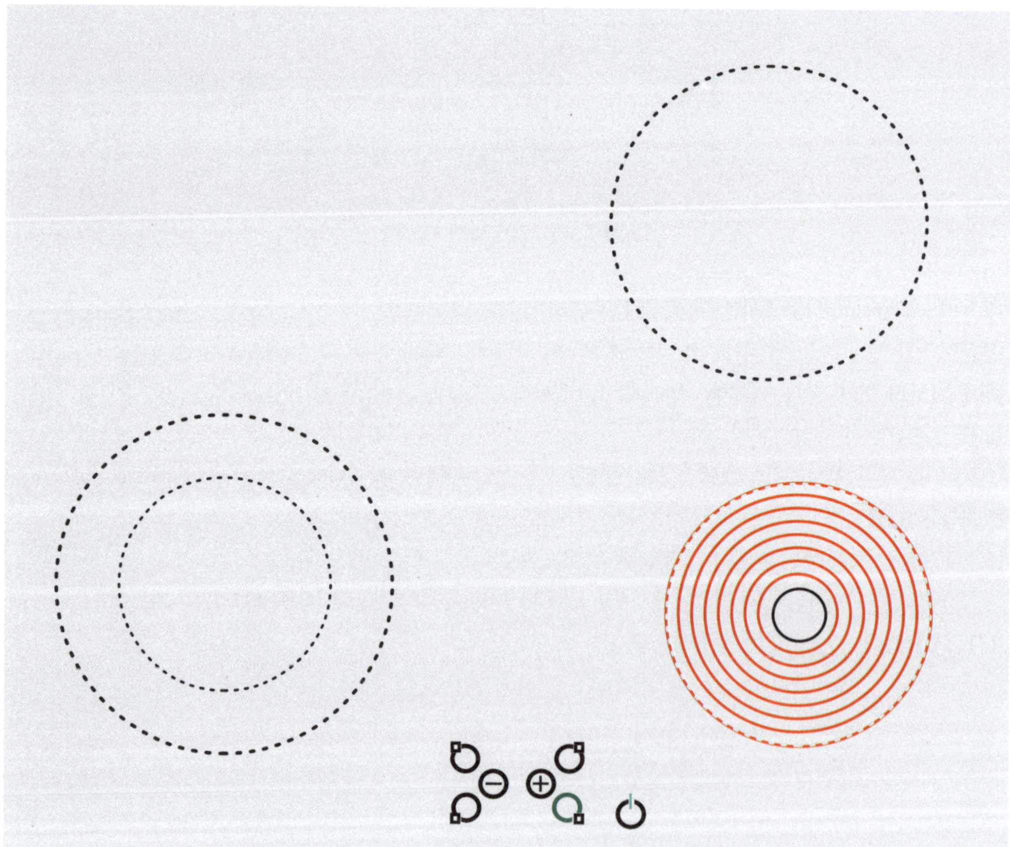

7.1 电磁炉操作显示电路的结构

7.1.1 电磁炉操作显示电路的特点

电磁炉中的操作显示电路通常位于电磁炉的上盖中，一般单独设置在一个独立的电路板上，打开电磁炉的外壳后，即可以在操作面板下方找到操作显示电路，如图 7-1 所示，它是电磁炉中非常重要的功能电路。

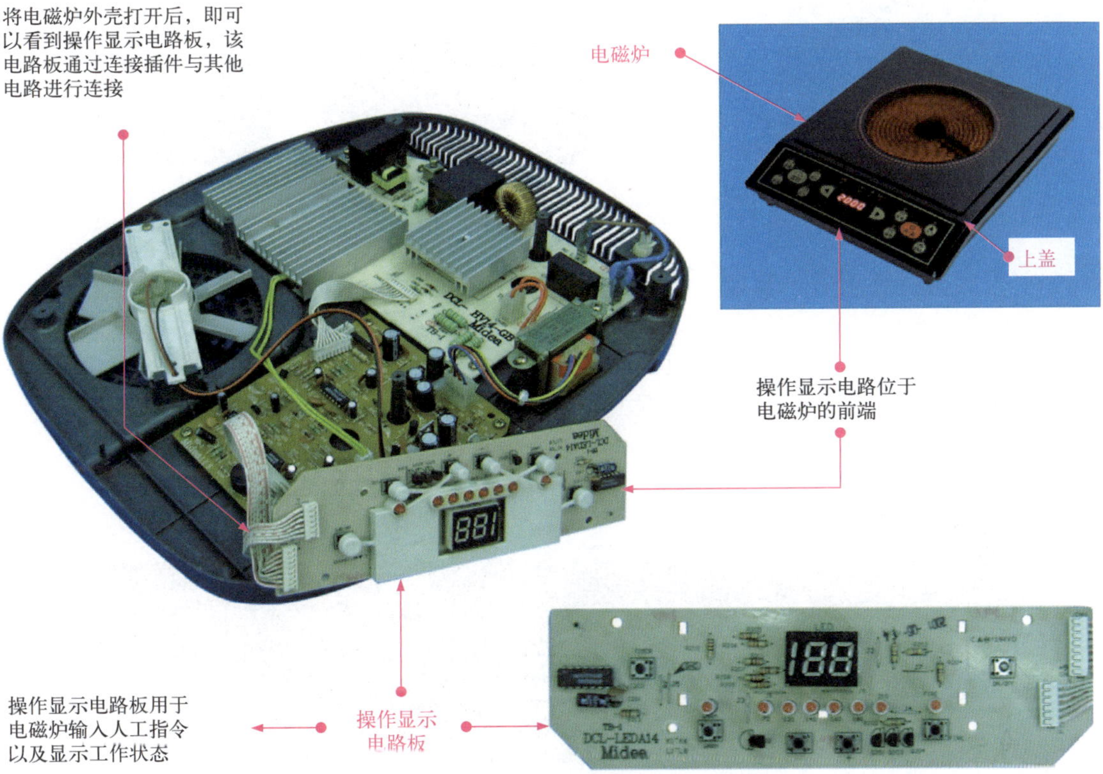

图7-1　电磁炉中操作显示电路的安装位置

图 7-2 所示为电磁炉操作显示电路的电路特点。在电磁炉的操作显示电路中，各功能部件按一定的电路关系构成具有输入人工指令和显示功能的单元电路，从而完成人机交互。

由图 7-2 可知，操作显示电路中，操作按键与电路中的移位寄存器相连，处理由人工送入的操作指令；移位寄存器通过数据连接线与主控电路、数码管相连，在主控电路的控制下，将电磁炉工作状态信号通过数据连接线输送给操作显示电路的驱动晶体管。通过移位寄存器输出信号和驱动晶体管基极信号的逻辑关系，使相应的发光二极管和数码管有规律地导通，以便显示相应的字符。

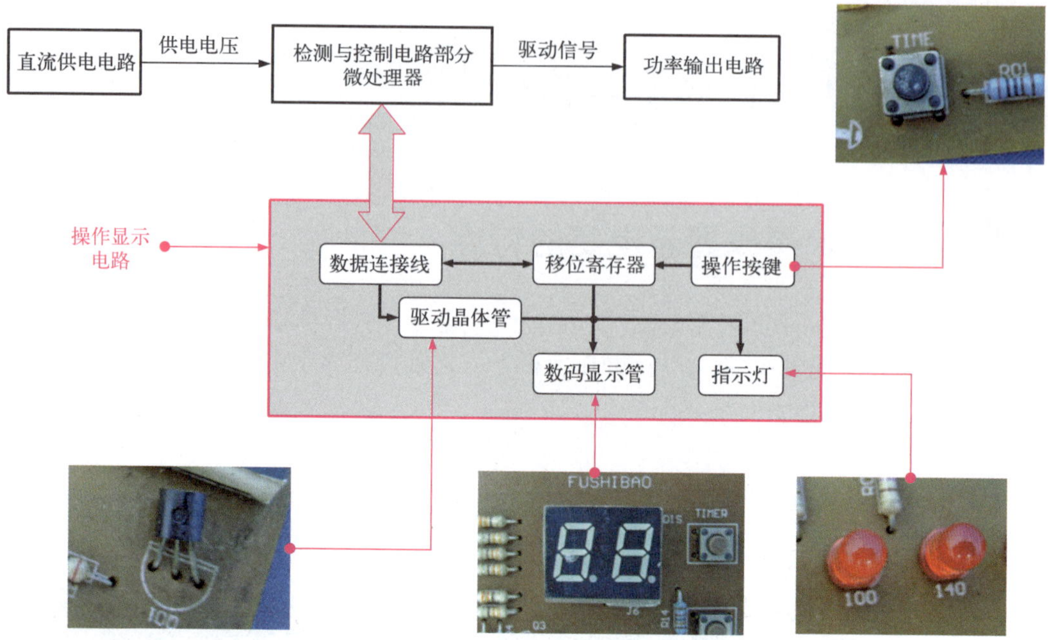

图7-2　电磁炉操作显示电路的电路特点

7.1.2　电磁炉操作显示电路的组成

操作显示电路是电磁炉实现人机交互的电路，它将输入的人工指令信号送入主控电路中进行相应的处理，然后由主控电路根据人工指令输出相应的信号，并将电磁炉当前的工作状态及数据信息等显示数据送入操作显示电路中进行显示。

图 7-3 所示为典型电磁炉中操作显示电路的外形结构。

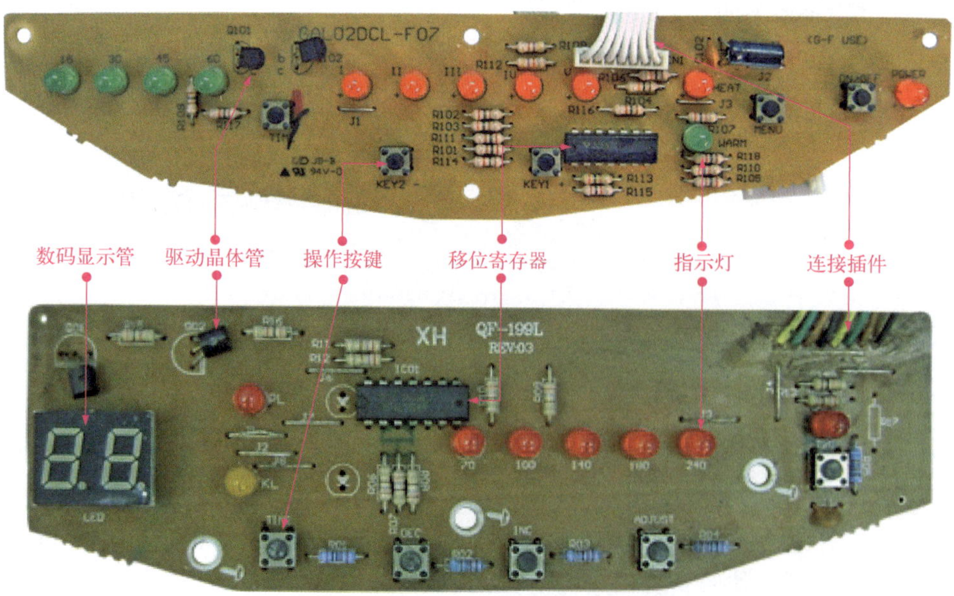

图7-3　典型电磁炉中操作显示电路的外形结构

由图 7-3 可知，电磁炉中的操作显示电路主要是由操作按键、指示灯、移位寄存器、数码显示管以及连接插件等构成的。

相关资料

不同品牌、不同型号的电磁炉，其操作显示电路的组成器件也不相同，图 7-4 所示为不同品牌型号电磁炉的操作显示电路，该操作显示电路主要是由操作按键、指示灯、连接插件以及数码显示管等元器件组成的。

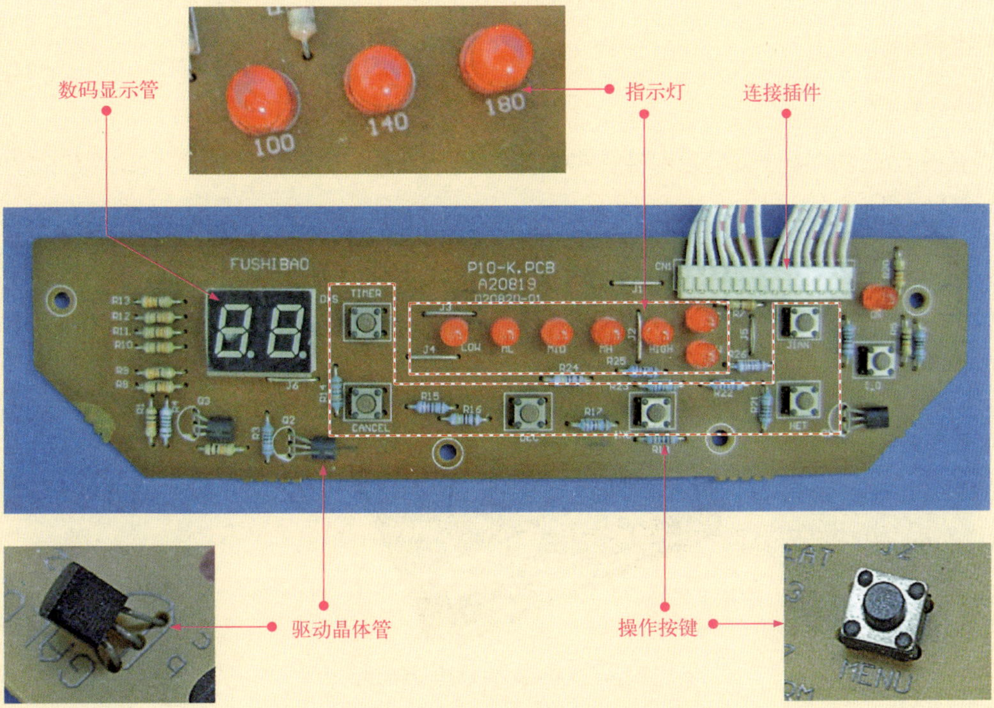

图7-4　电磁炉操作显示电路实物图

特别提示

通过上文可知，在电磁炉的操作显示电路中，有些操作显示电路设置有移位寄存器，有些操作显示电路中没有设置移位寄存器。其中在带有移位寄存器的操作显示电路中，移位寄存器作为控制和显示信号的转换电路，工作时由微处理器向移位寄存器输出控制信号，再由移位寄存器对数码管、指示灯等进行控制；而不带有移位寄存器的电路，则是由微处理器直接对数码管、指示灯等进行控制。

（1）操作按键

电磁炉的操作按键一般采用四个引脚的微动开关，该操作按键中四个引脚共有两个连接点，当按下操作按键的开关后，该连接点接通，实现了指令的输入，如图 7-5 所示。

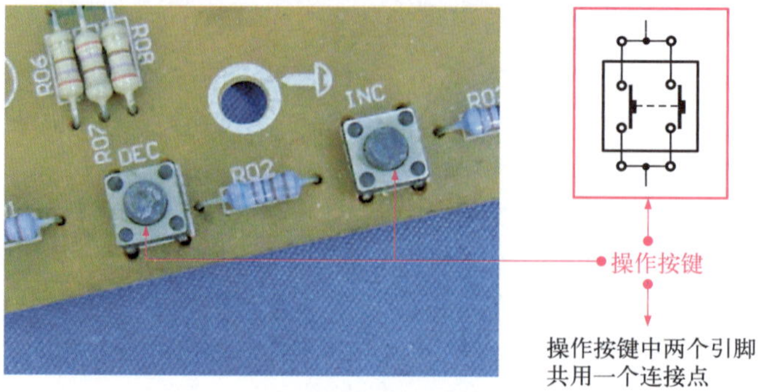

图7-5　电磁炉中操作按键的实物外形

相关资料

有些电磁炉的操作按键采用轻触式按键，只要轻轻按动按键，便可以实现相应的功能，其实物外形如图 7-6 所示。

图7-6　轻触式按键的实物外形

（2）指示灯

电磁炉的指示灯即操作显示电路板上的发光二极管，用来显示电磁炉的工作状态，电磁炉在不同的工作状态下，会有不同的指示灯点亮。图 7-7 所示为电磁炉中指示灯的实物外形。

图7-7　电磁炉中指示灯的实物外形

（3）移位寄存器

移位寄存器也称为译码 / 编码器，它是主控和操作显示信号的转换电路，用于将微处理器输出的数字显示信号译码为具体的指示灯信号或数码管笔画信号，控制指示灯和数码显示管、显示屏的工作。图 7-8 所示为移位寄存器及其引脚功能图。

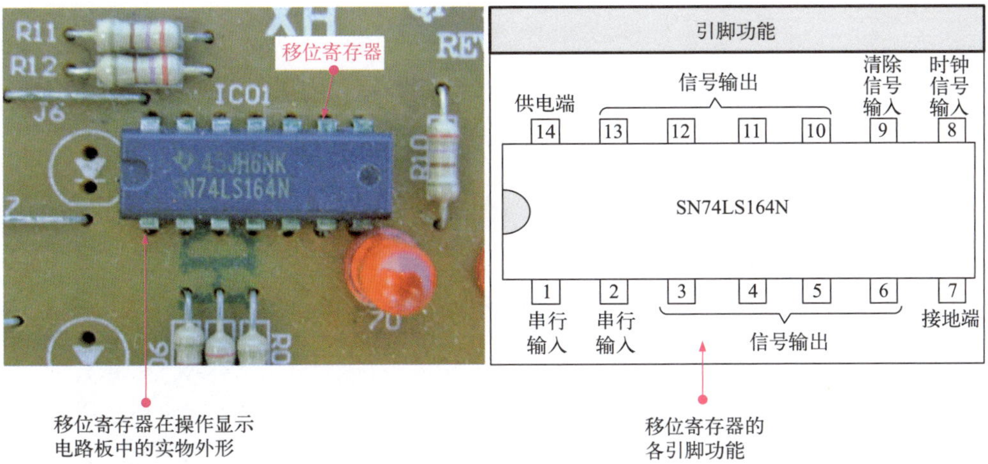

图7-8　电磁炉中移位寄存器的实物外形

（4）数码显示管

电磁炉中的数码显示管主要用来显示电磁炉的工作时间或功率大小，又可称为 LED 数码管，其内部的基本发光单元为发光二极管。图 7-9 所示为典型电磁炉中常用数码显示管的实物外形及引脚图。

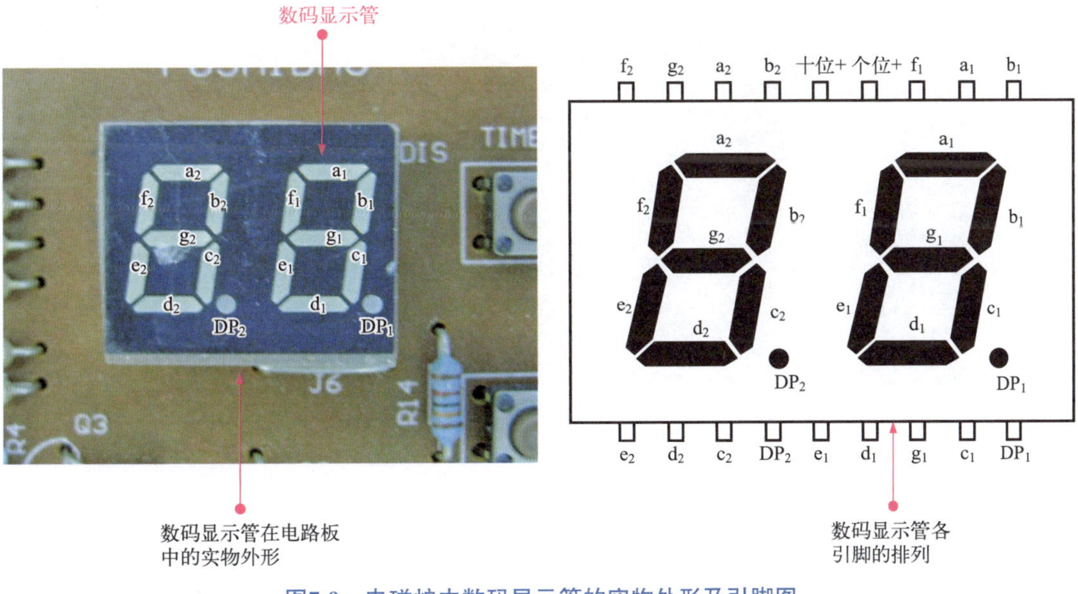

图7-9　电磁炉中数码显示管的实物外形及引脚图

相关资料

LED数码管按照其字符笔画段数的不同可以分为七段数码管和八段数码管两种，段是指数码管字符的笔画（a ~ g），八段数码管比七段数码管多一个发光二极管单元（多一个小数点显示）。

在有些新型电磁炉上，还设置有液晶显示屏（LCD），用来显示时间、工作模式等相关的信息，如图7-10所示。

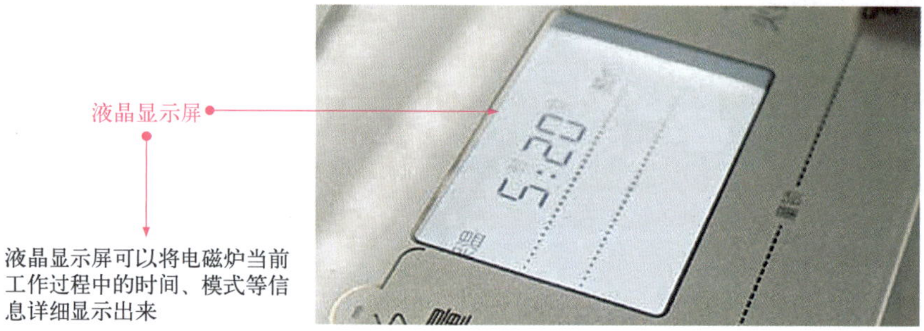

图7-10　带有液晶显示屏的电磁炉

（5）驱动晶体管

驱动晶体管是数码显示管的驱动器件，主要是为数码显示管提供驱动信号。图7-11所示为其实物外形及在电路板中与其他部件的关系示意图。

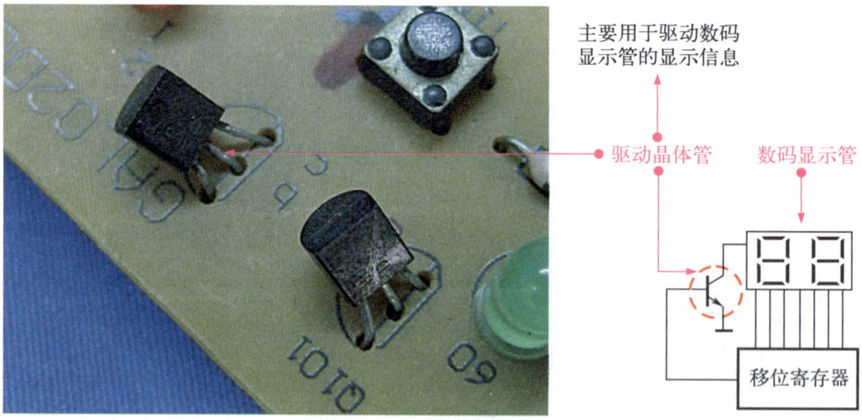

图7-11　操作显示电路中驱动晶体管的实物外形

（6）连接插件

连接插件是设置在操作显示电路板上的一种接口，通过该接口及相应的数据线即可将操作显示电路与主电路板连接，并进行数据或信号的传送。图7-12所示为连接插件的实物外形。

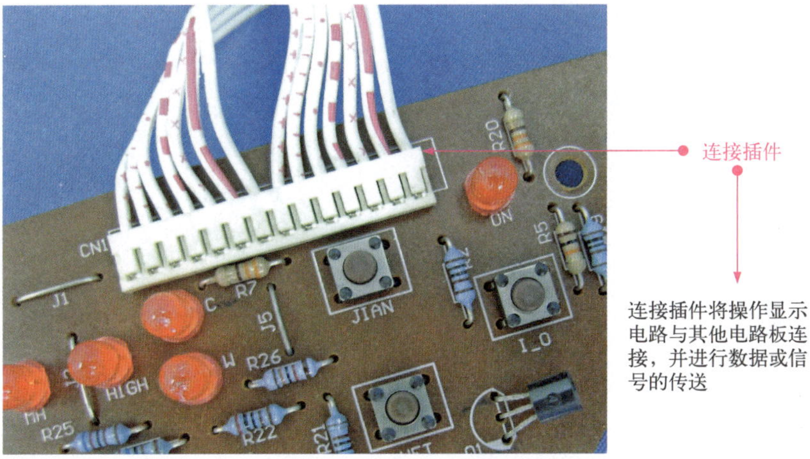

图7-12　连接插件的实物外形

相关资料

有些电磁炉的操作显示电路中将连接插件直接焊接在操作显示电路板上，如图 7-13 所示。该类连接插件不可以采用直接插拔的方式进行安装。

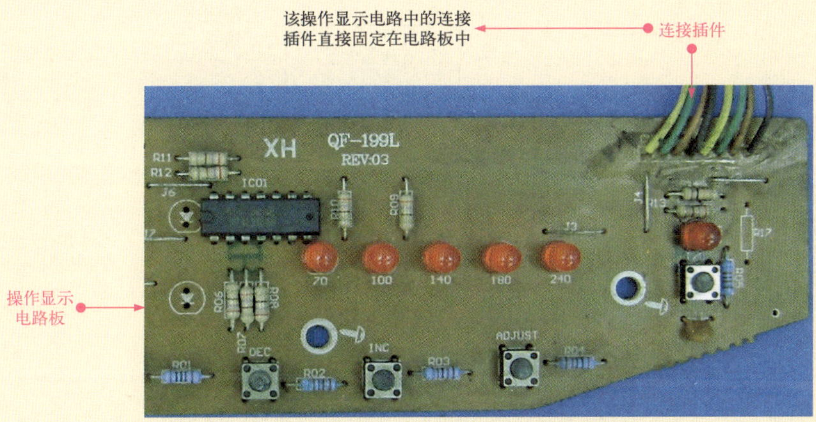

图7-13　焊接在电路板中的连接插件

7.2 电磁炉操作显示电路的原理

7.2.1 电磁炉操作显示电路的基本信号流程

操作显示电路是电磁炉中人机交互的重要电路，它是通过操作按键送入相应的人工指令，并由显示部件显示当前电磁炉的工作状态，从而完成人与电磁炉之间的信息传递。

当电磁炉启动后，用户按动操作按键即可向电路中输入人工指令信号，该信号经处理后送入控制电路，由控制电路识别送来的人工指令含义，并进行相应动作。同时，控制电路又将设备当前的工作转换和数据信息送回到操作显示电路中，经操作显示控制芯片（移位寄存器）后去驱动电路中的显示器件进行显示，如图 7-14 所示。

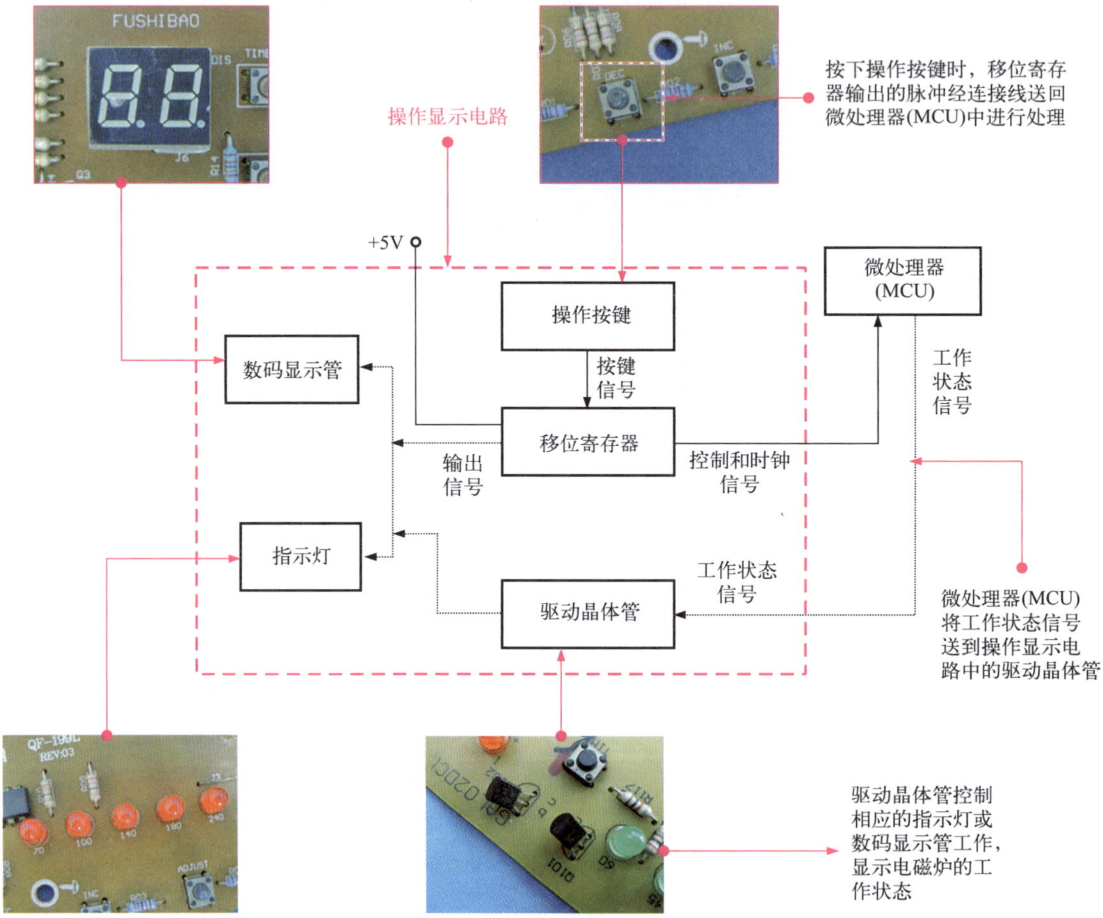

图7-14　操作显示电路的信号流程

7.2.2 电磁炉操作显示电路的电路分析

（1）美的电磁炉操作显示电路的电路分析

图 7-15 为典型美的微电脑电磁炉操作显示电路。通过电磁炉的微动开关 P20 ～ P25 并经 CNN2 接口给控制电路板上的微处理器输入相应的人工指令，该人工指令信号输入到微处理器中进行指令信号的识别和处理，然后根据内部程序，输出相应的控制指令使电磁炉的各单元电路进入工作状态，并将对应的显示信号通过接口 CNN1 输入到显示电路部分，通过 P02 ～ P05 送入驱动晶体管中，并由驱动晶体管驱动数码显示管或指示灯对当前电磁炉的工作状态进行显示。

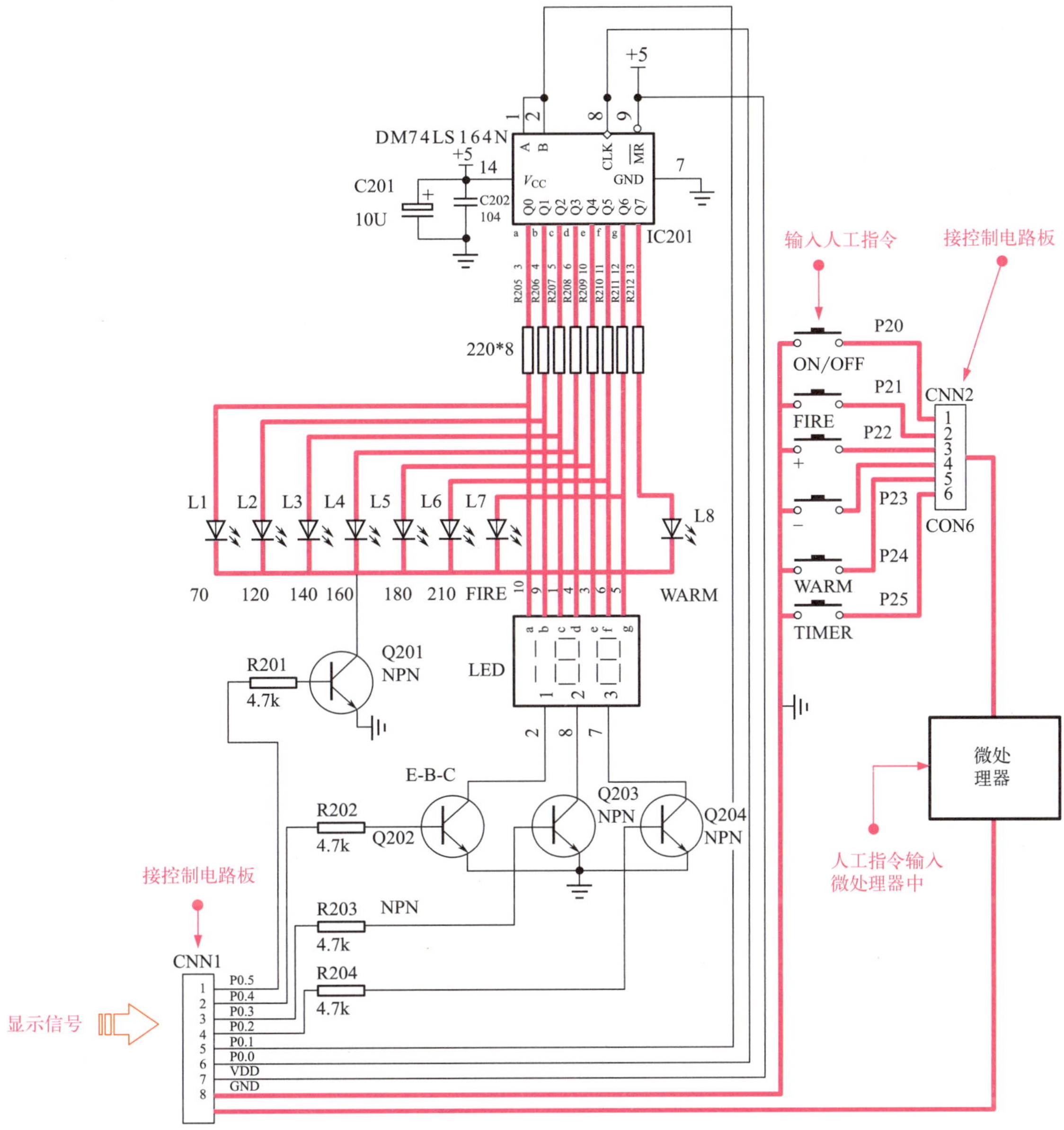

图7-15　典型美的电磁炉操作显示电路

（2）格兰仕电磁炉操作显示电路的电路分析

图 7-16 是典型格兰仕电磁炉的操作显示电路。

操作显示电路是为电磁炉输入人工指令的电路，同时显示电磁炉的工作状态。电路的主要元器件是 IC1（74HC164）。IC1 是一个 8 位数据移位寄存器，它将微处理器送来的一路串行数据信号变成 8 路并行数据信号输出，其中①脚和②脚为串行数据信号输入端，接收来自微处理器的数据信号，⑧脚为时钟信号输入端，接收来自微处理器的时钟信号，⑨脚为清零信号输入端，开机时 +5V 电源传输至此端，对芯片进行清零复位。IC1 在数据信号和时钟信号的作用下，由 Q0 ～ Q7 端输出不同时序的脉冲信号，如图 7-17 所示。

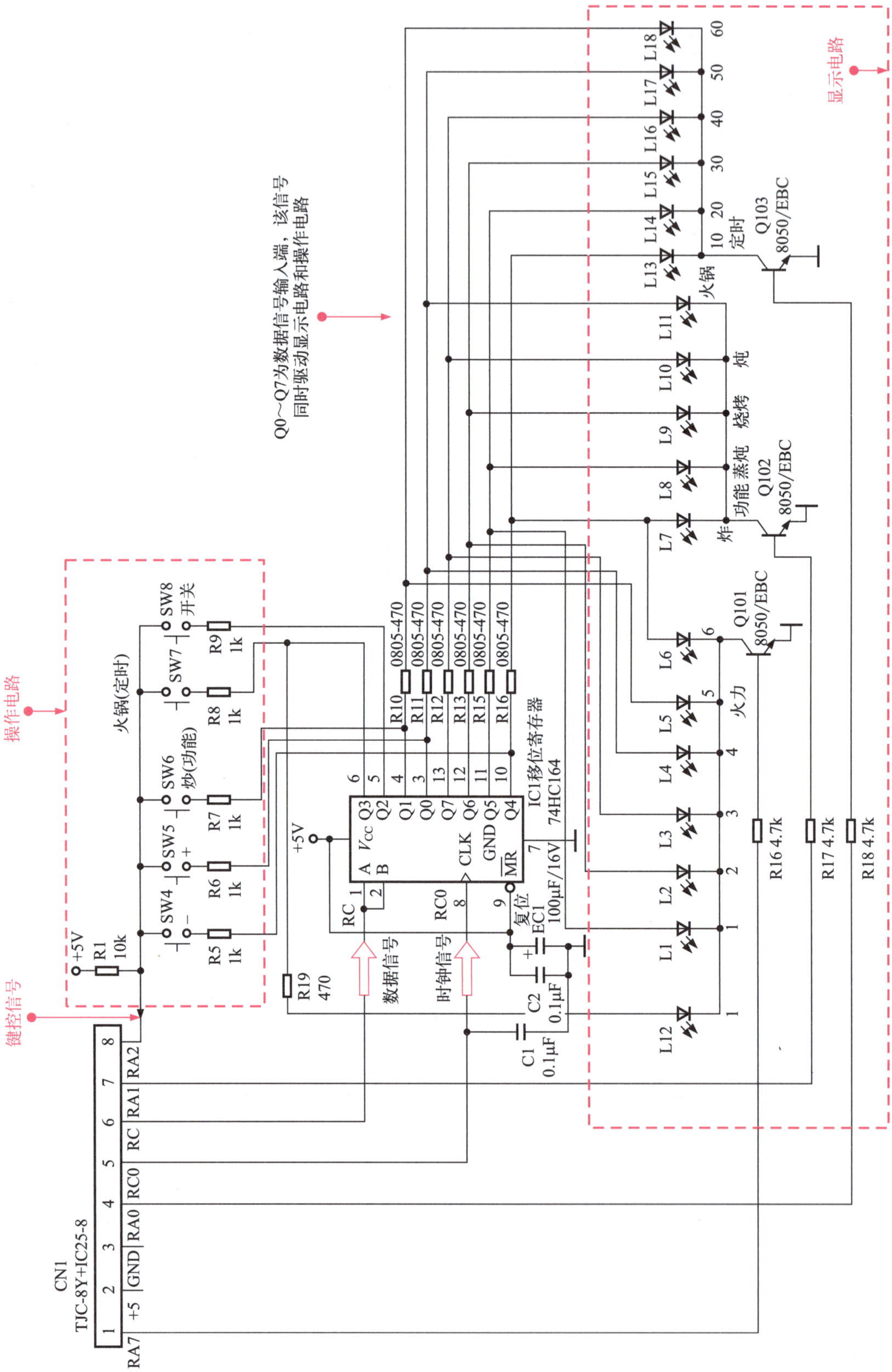

图7-16 典型格兰仕电磁炉的操作显示电路

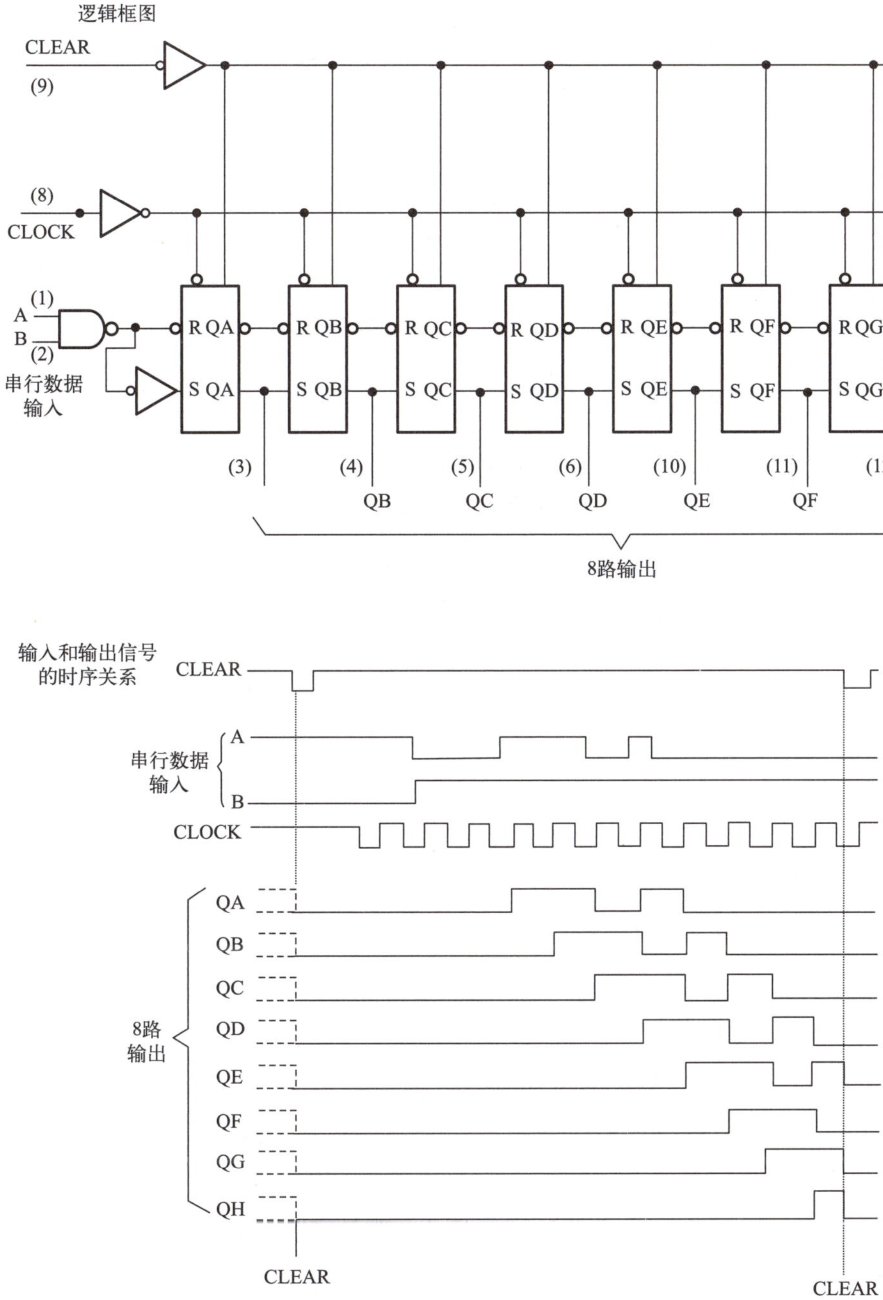

图7-17　由Q0～Q7端输出不同时序的脉冲信号

发光二极管驱动电路的结构如图 7-18 所示。移位寄存器的数据输出端加到发光二极管 L1 ～ L6 的正极性端，负极性端接到晶体管 Q101 的集电极。由图可见，当晶体管 Q101 基极有正极性脉冲，相应发光二极管也有正极性脉冲时，该发光二极管便会发光。多个发光二极管的正极性端的脉冲信号的时序是不同的。它与 Q101 基极的控制脉冲相对应时，相应的发光二极管便会发光。18 个发光二极管分成 3 组，由 Q101 ～ Q103 三个晶体管和移位寄存器配合进行显示控制。

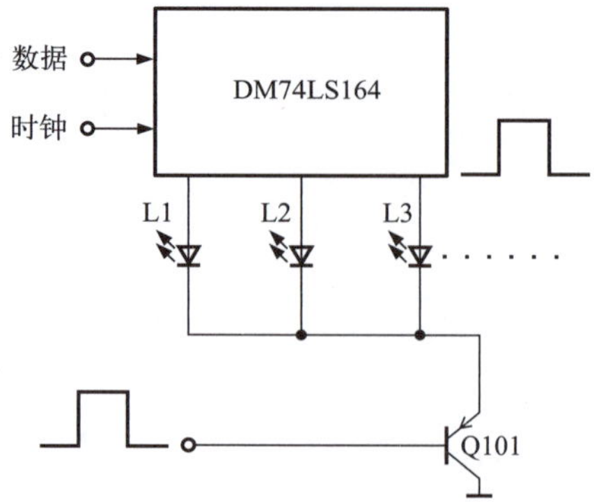

图7-18　发光二极管驱动电路

其中 IC1 的 Q4、Q0、Q1、Q2、Q3 端外接按键开关是安装在电磁炉面板上的人工指令键。当操作任一开关时，便有相应的时序脉冲经 CN1 的⑧脚送给微处理器，为微处理器输入人工指令。如图 7-19 所示，微处理器接收到指令后在进行动作的同时，通过 CN1 的①脚、④脚、⑦脚输出控制信号，分别控制 Q101、Q102、Q103，它与 IC1 输出的信号相配合使相应的发光二极管发光，显示工作状态。

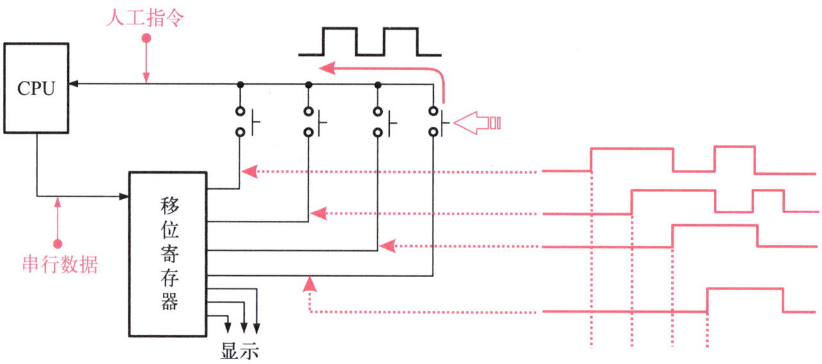

图7-19　人工指令输入电路

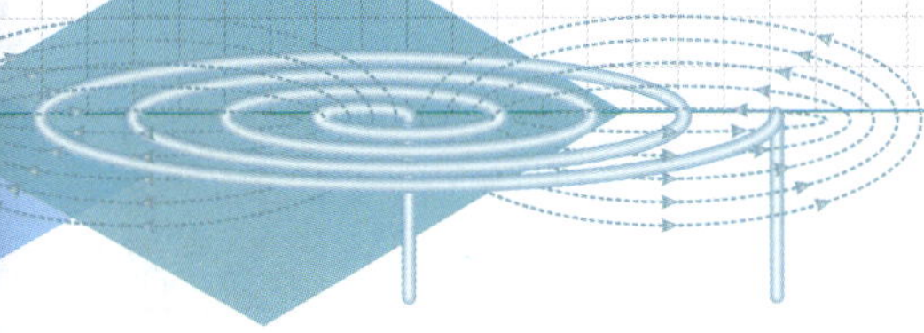

第 8 章
电磁炉检修环境的搭建与元器件检测技能训练

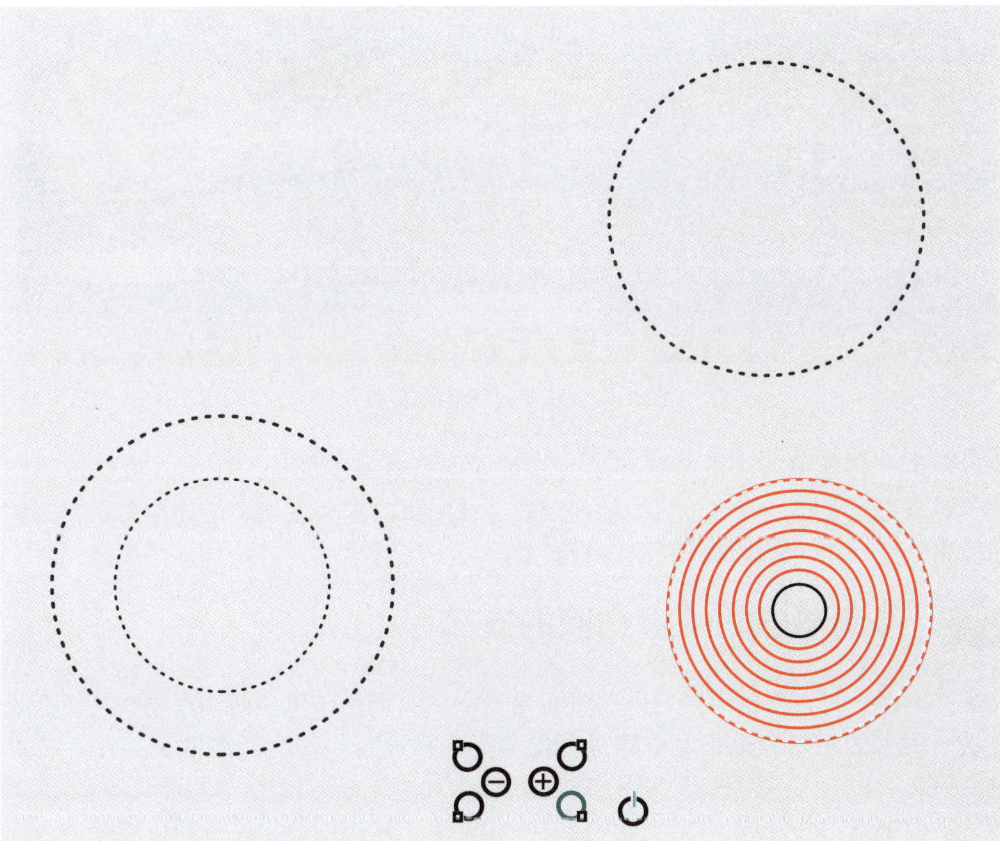

8.1 电磁炉维修环境的搭建

电磁炉维修高手无论面对何种故障样机，都不会贸然实施检修操作，而是先将准备好的各种检修辅助设备和仪表安装连接到位，然后再将待测样机置于精心准备的测试环境中，根据初步分析进行检修操作，将故障解决。

图 8-1 所示为电磁炉的基本检修环境。其中包括待测电磁炉（简称待测机），炉盘线圈支架，检修工具、仪器、仪表等。这些设备、工具功能各异，用法不同，常常在检修中配合使用。

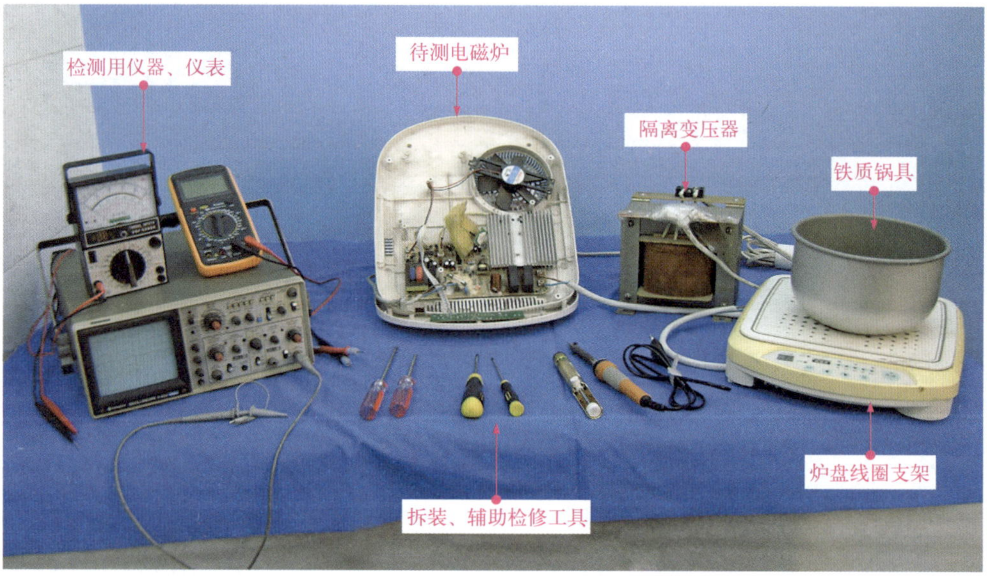

图8-1　电磁炉的基本检修环境

可以看到，搭建电磁炉的维修环境，除了要准备好基本的拆装工具、检修仪器和仪表外，还需要重点建立起待测机炉盘线圈的支撑、待测机与隔离变压器的连接关系，以满足待测机的检测条件，并确保维修人员的人身安全。

8.1.1 待测电磁炉炉盘线圈的支撑

在维修电磁炉时，常常需要对电路进行带电测试，而由于电磁炉内部结构（炉盘线圈位于电路板上方）的特点，很难对电路进行检测操作；而若将炉盘线圈取下，在不放置锅具时，电磁炉又无法进入工作状态，无法进行检测。

将另一台电磁炉外壳作为待测机炉盘线圈的支架，其作用就是使待测机能够进入工作状态，满足其工作时需要铁质锅具配合的条件，有效帮助检修人员轻松安全地对待测机进行检测。因此，在对电磁炉进行检修之前，将待测机的炉盘线圈进行支撑是十分关键的环节。

图 8-2 所示为待测机炉盘线圈的支撑方法。

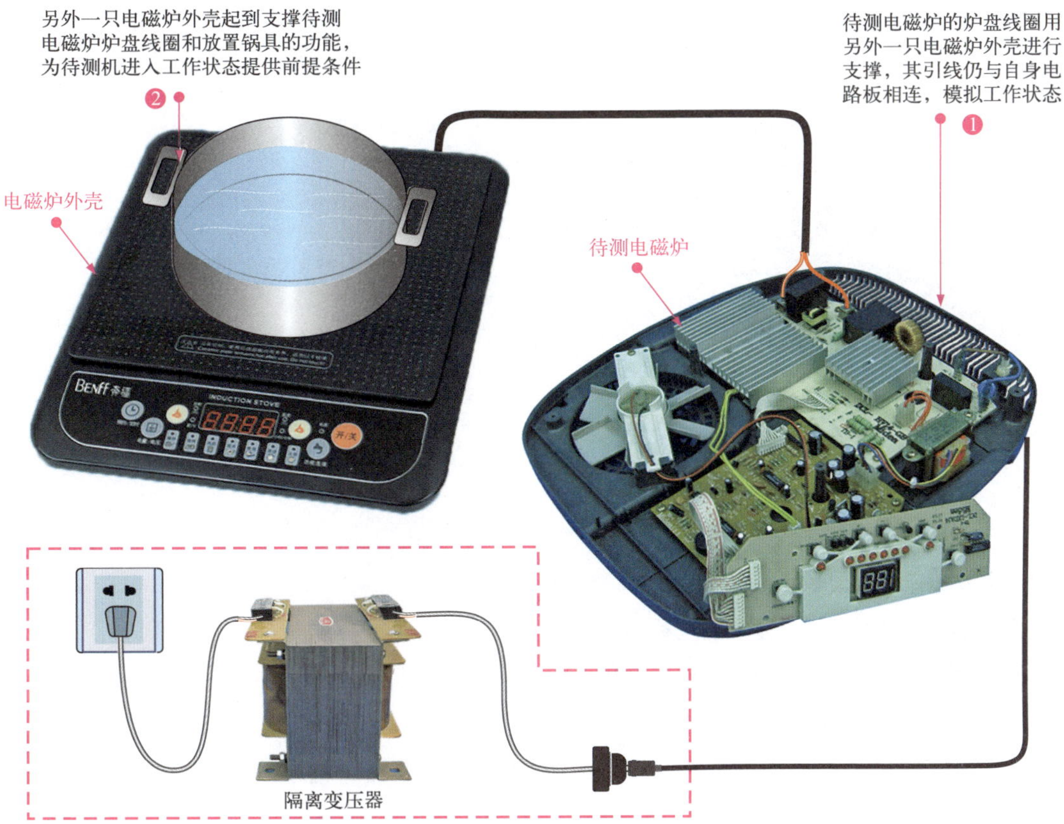

图8-2　电磁炉待测机与辅助机的连接示意图

将待测机炉盘线圈进行支撑，是指将待测机中的炉盘线圈安装到另外一台电磁炉外壳中（或其他平整支架也可），通过电磁炉外壳支撑起炉盘线圈，并借助电磁炉的灶台面板放置铁质锅具，但炉盘线圈的引线仍与原待测机连接，模拟待测机工作环境，为检修电路做好准备。

（1）拆卸待测机中的炉盘线圈

进行连接前，应先使用拆卸工具将故障机中的炉盘线圈拆下。待测机中炉盘线圈的拆卸如图 8-3 所示。

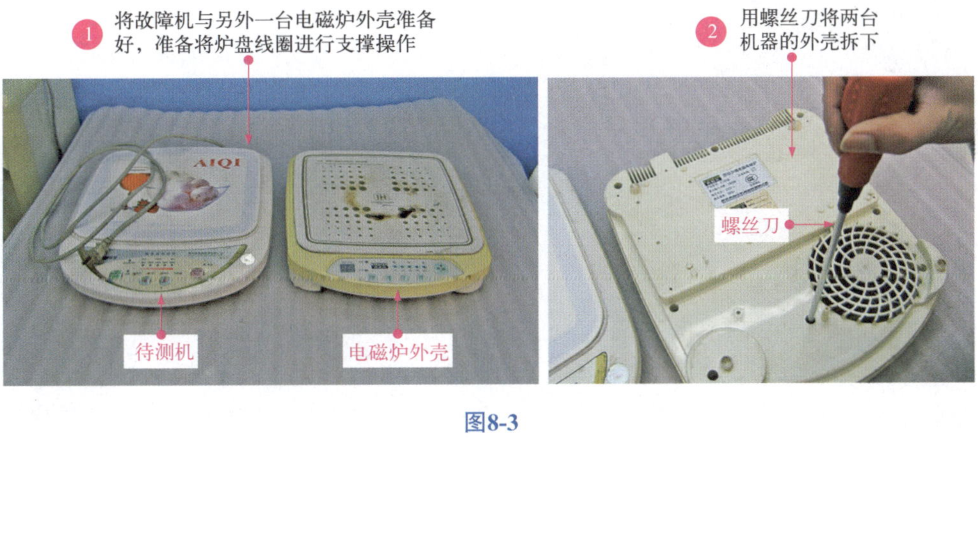

图8-3

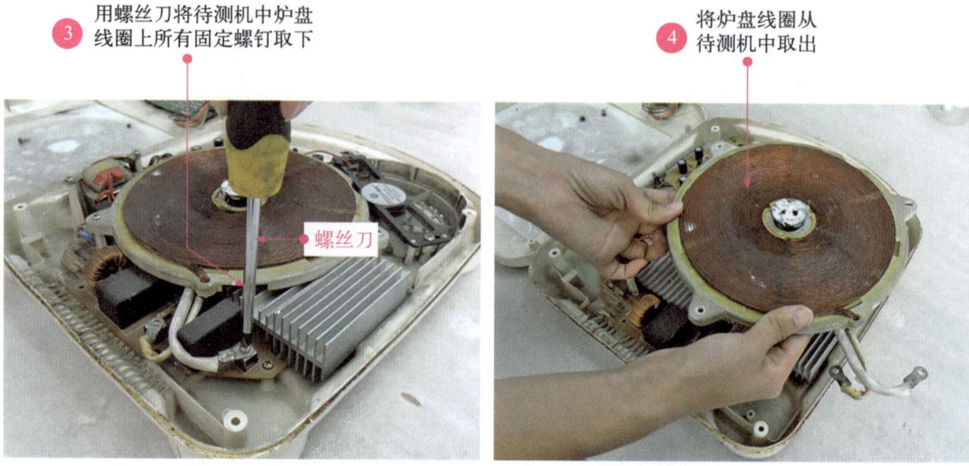

图8-3　待测机中炉盘线圈的拆卸

(2) 炉盘线圈引线的延长处理

将炉盘线圈拆下后，用一根较粗导线将其延长，以满足其引线连接在待测机，炉盘线圈安装在准备好的电磁炉外壳中。对拆卸的炉盘线圈进行延长处理操作如图 8-4 所示。

(3) 安装炉盘线圈

将待测机的炉盘线圈引线进行延长后，将其安装到准备好的电磁炉外壳中，借助外壳支撑炉盘线圈。

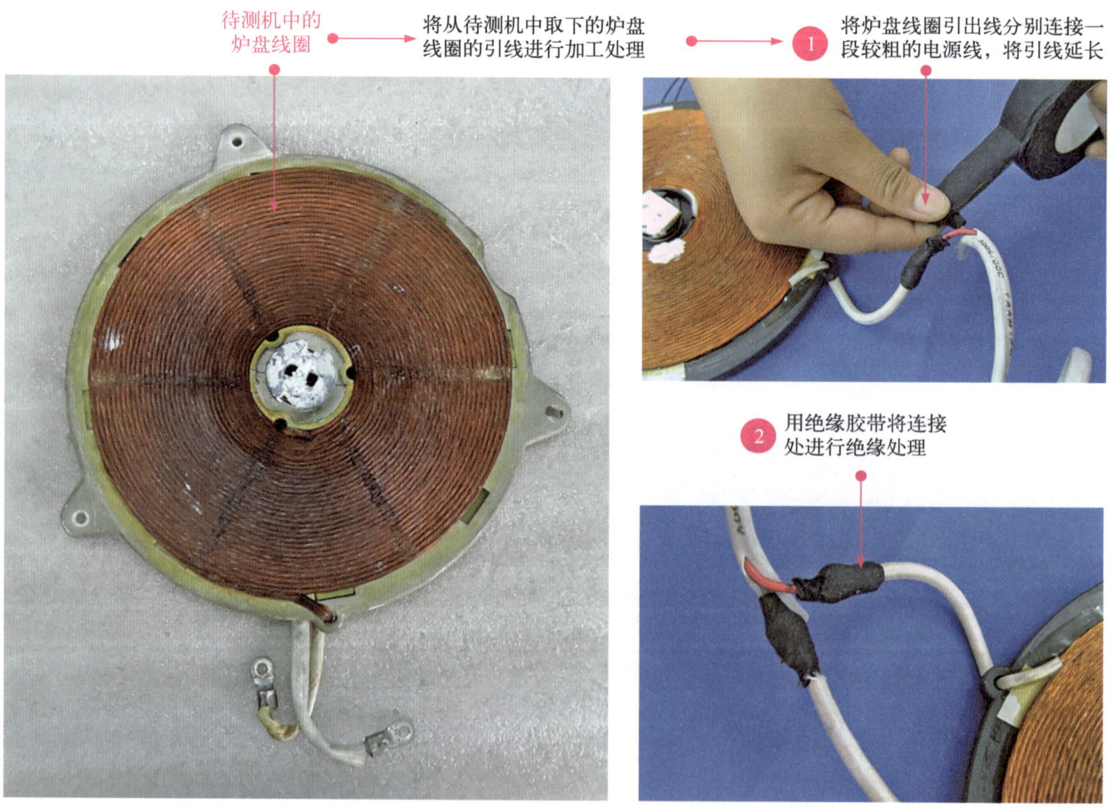

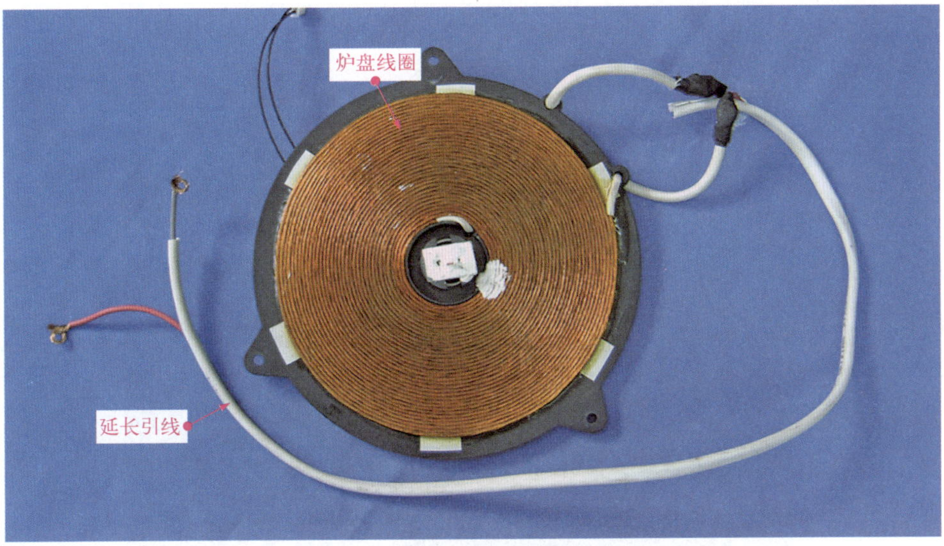

图8-4　延长炉盘线圈的引线

将处理好的炉盘线圈安装到电磁炉外壳中，如图 8-5 所示。

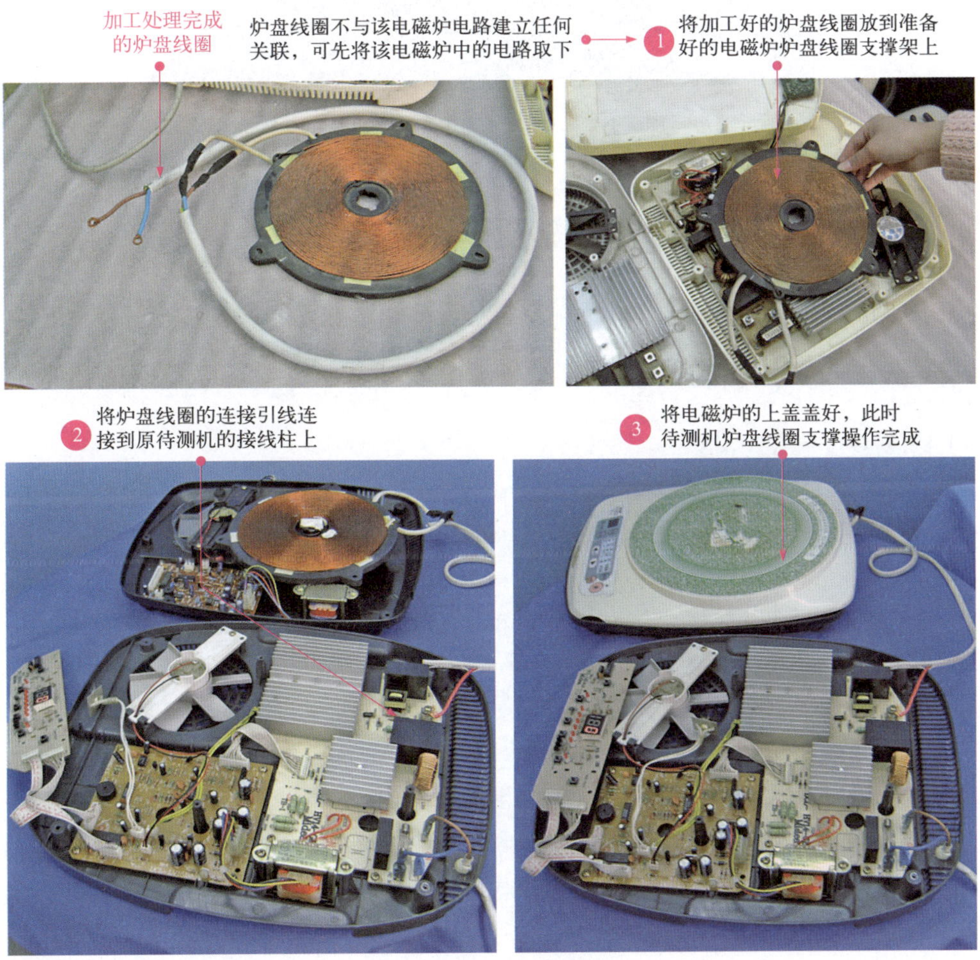

图8-5　炉盘线圈的安装

通过上述操作，待测机炉盘线圈支撑好后，将铁质锅具放到灶台面板上，完成模拟环境准备工作，如图 8-6 所示。

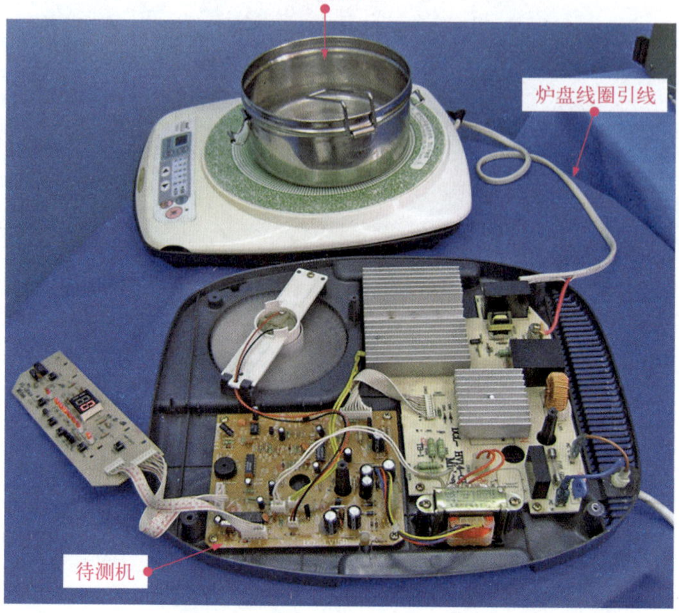

图8-6　待测机与辅助机连接完成

8.1.2　待测电磁炉与隔离变压器的连接

由于电磁炉的电路结构特点，功率输出部分及供电电路之间未安装变压器，因此不能实现电气隔离。为确保维修人员操作安全，需要将待测机与市电之间串接隔离变压器，以实现电气隔离。

(1) 隔离变压器的功能

由于电磁炉的输入电源直接与 220V/50 Hz 的交流电相连，因此在检修交流供电电压过程中对人身安全有一定的威胁。特别是电路中的地线也会带市电高压，连接示波器会使示波器外壳带电。

为了防止触电，可以在电磁炉和 220V 市电之间连接隔离变压器。隔离变压器是 1 ∶ 1 的交流变压器，初级与次级电路不相连，只通过交流磁场使次级输出 220V 电压，这样便与交流火线隔离开了，单手触及电源地一端不会与大地形成回路，从而保证了人身安全，图 8-7 所示为隔离变压器的隔离原理及实物外形。

(2) 隔离变压器输入与输出端引线的连接和检查

为了方便与电磁炉和市电连接，需要在隔离变压器的两个绕组端安装连接引线。在隔离变压器的输入端（即输入绕组）连接带有市电插头的连接引线；在隔离变压器的输出端（即输出绕组）连接带有插座的连接引线。

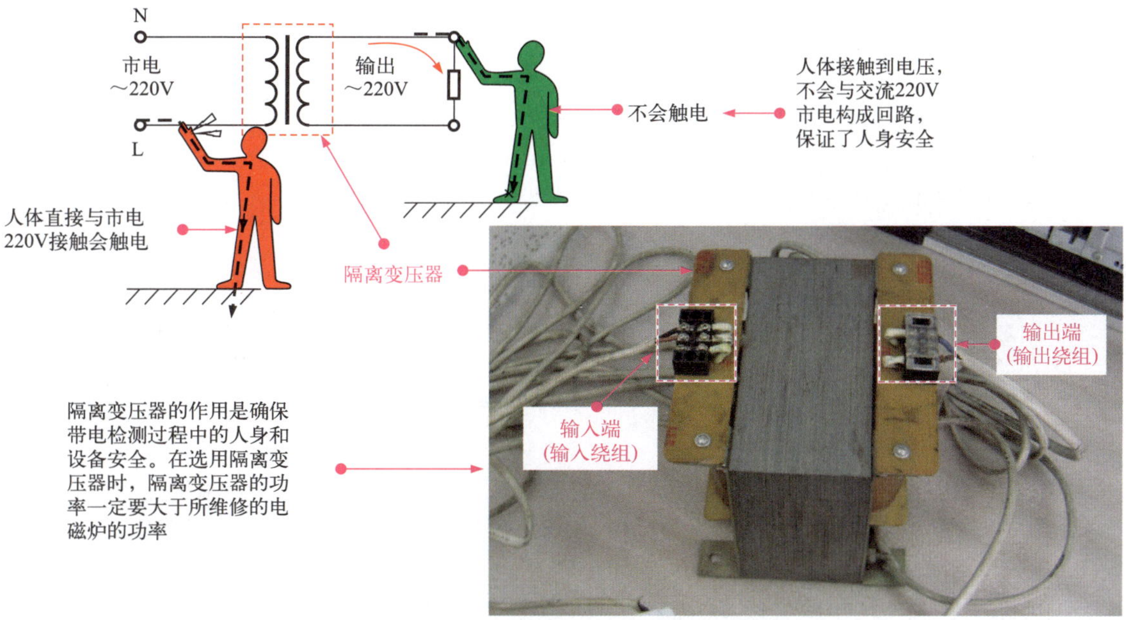

图8-7　隔离变压器的隔离原理及实物外形

隔离变压器两绕阻端的接线操作如图 8-8 所示。

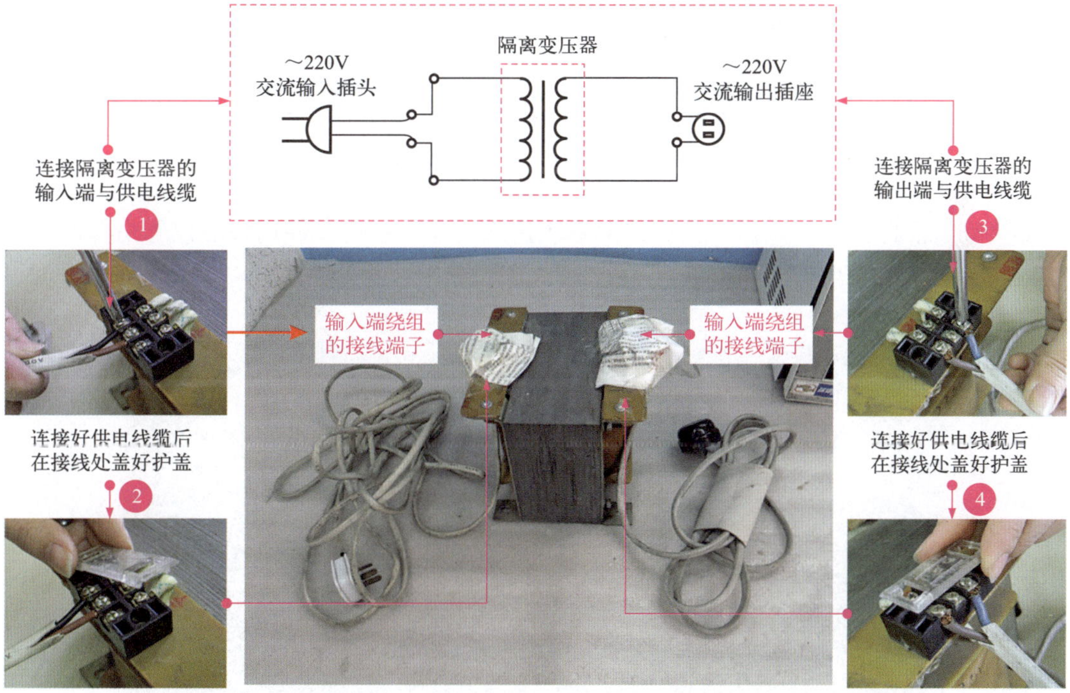

图8-8　隔离变压器两绕阻端的接线操作

接线完成后，需要检查隔离变压器输入端和输出端的线缆连接是否牢固、良好，护盖是否盖好，确保连接正确。

（3）连接隔离变压器

安装好隔离变压器的引线后，就可以将隔离变压器与电磁炉进行连接操作了。即隔离变压器的交流输入插头与市电 220V 插座或接线板连接；隔离变压器交流输出插座与电磁炉电源线连接。

将隔离变压器串接入市电和电磁炉之间，如图 8-9 所示。

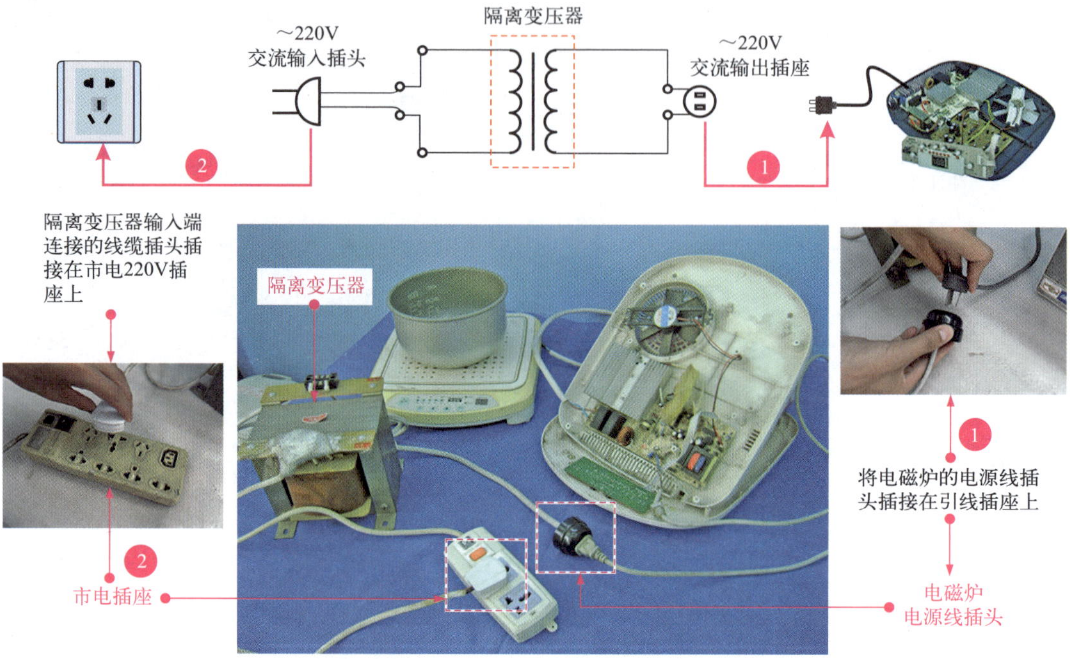

图8-9　隔离变压器分别与市电、电磁炉的连接

连接完成后即可通电开机，当待测电磁炉进入工作状态后，使用检测仪器对待测电磁炉进行检测，根据检测结果排除故障，如图 8-10 所示。

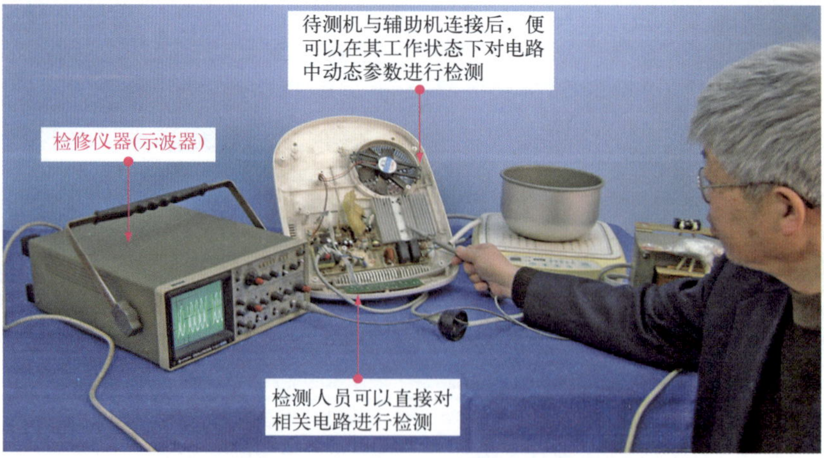

图8-10　电磁炉检修环境搭建完成

特别提示

如果不使用隔离变压器，维修人员在检修的过程中可以使用万用表，但应注意万用表表笔及连接线不要有破损情况。测量高压部位时，不要用手触摸。若不慎触碰到电路板的交流部分，就会造成触电，危及人身和设备安全。而使用隔离变压器进行隔离，就可以有效减少触电事故，如使用示波器检测带市电高压的电路，则必须使用隔离变压器，如图 8-11 所示。

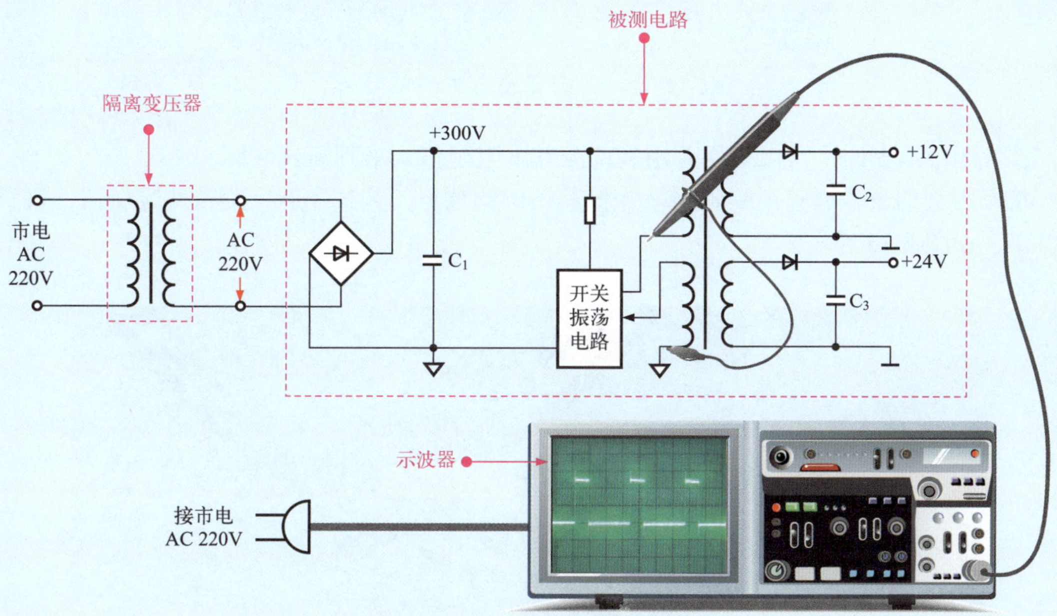

图8-11　隔离变压器的安全保护原理

8.2 元器件检测技能训练

8.2.1 普通电阻器的检测

通常，对于普通电阻器的检测，可通过万用表对待测电阻器的阻值进行测量，将测量结果与待测电阻器的标称阻值进行比对，即可判别电阻器的性能。

图 8-12 所示为待测的普通电阻器的实物外形。根据电阻器上的色环标注或直接标注，便能读取该电阻器的阻值。可以看到，该电阻器是采用色环标注法。色环从左向右依次为“红”“黄”“棕”“金”。根据相关知识可以读出该电阻器的阻值为 240Ω，允许偏差为±5%。

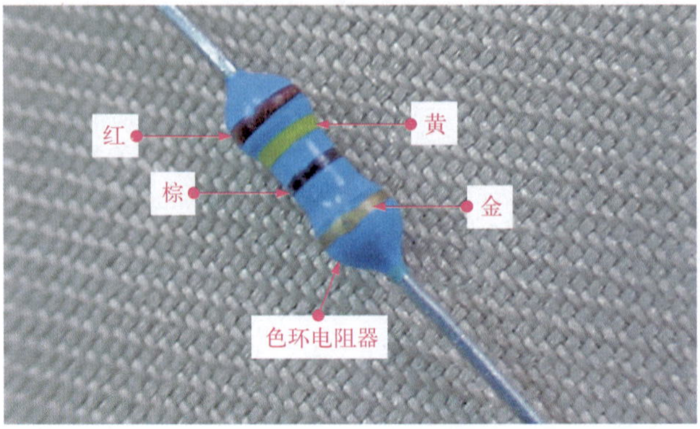

图8-12　待测的普通电阻器的实物外形

在检测电阻器时，可以采用万用表检测其电阻阻值，来判断其好坏。

将万用表的量程调整至欧姆挡，并将其挡位调整至“×10”后，旋转调零旋钮，进行调零校正，如图 8-13 所示。

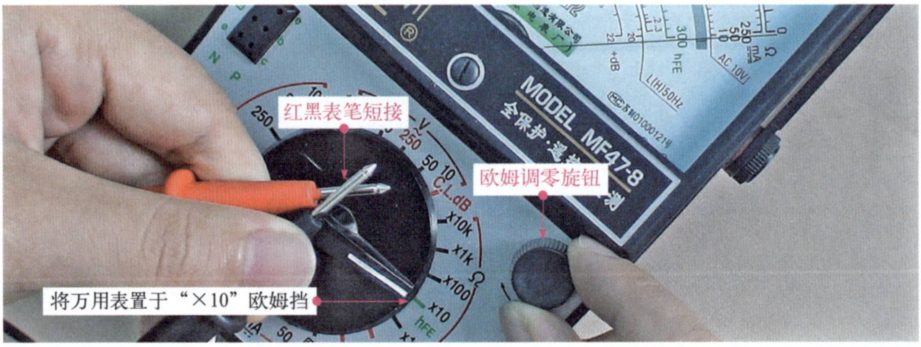

图8-13　万用表的零欧姆校正

将万用表的红、黑表笔分别搭在待测电阻器的两引脚上，观察万用表的读数，如图 8-14 所示。若测得的阻值与标称值相符或相近，则表明该电阻器正常，若测得的阻值与标称值相差过多，则该电阻器可能已损坏。

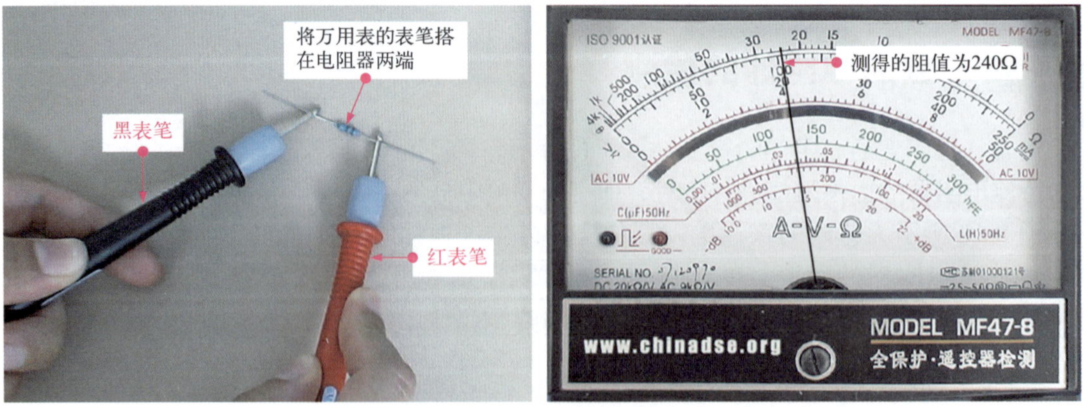

图8-14　普通电阻器的检测方法

特别提示

无论是使用指针万用表还是数字万用表，在设置量程时，要选择尽量与测量值相近的量程以保证测量值准确。如果设置的量程范围与待测值之间相差过大，则不容易测出准确值。这在测量时要特别注意。

8.2.2 可变电阻器的检测

对于可变电阻器的检测，可使用万用表对待测可变电阻器的阻值进行检测。在检测过程中，调整可变电阻器的阻值，正常情况下应该能够检测出阻值的变化，否则说明可变电阻器性能异常。

图 8-15 所示为待测可变电阻器的实物外形。

图8-15　待测可变电阻器的实物外形

将万用表的量程调至“2k”电阻挡，将万用表红、黑表笔分别搭在可变电阻器的两定片引脚上，并调整旋钮，如图 8-16 所示。

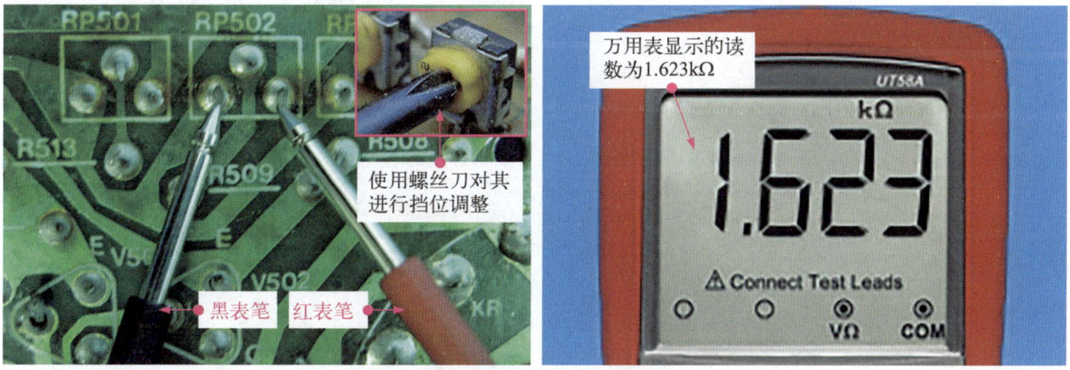

图8-16　检测可变电阻器的最大阻值

万用表的量程不变，将万用表的红、黑表笔分别搭在可变电阻器的动片和定片引脚上，并调整旋钮，如图 8-17 所示。

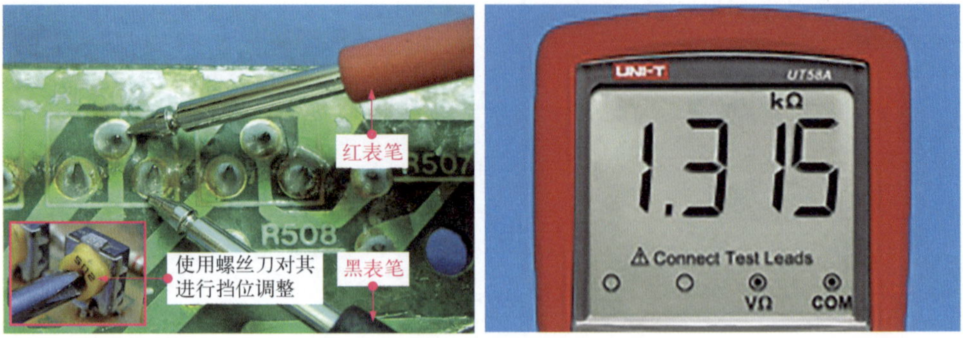

图8-17　可变电阻器的检测方法

正常情况下，测得可变电阻器的定片与定片之间的阻值最大，测动片与定片之间阻值时，其阻值不固定，若检测动片与定片之间阻值时，调整旋钮，阻值没有变化，说明该可变电阻器已损坏。

8.2.3　敏感电阻器的检测

光敏电阻器、热敏电阻器、湿敏电阻器都属于敏感电阻器，该类电阻器的阻值会随环境变化而发生变化。例如，光敏电阻器的阻值会随光照强弱的变化而变化；热敏电阻器的阻值会随环境温度的影响而变化；湿敏电阻器的阻值则会随环境湿度的影响而变化。因此，对此类电阻器的检测可在阻值测量过程中人为改变环境参数，若待测敏感电阻器的阻值随之变化则说明性能正常。

在电磁炉中，常使用热敏电阻器作为感温元件。图 8-18 为典型热敏电阻器的检测案例。

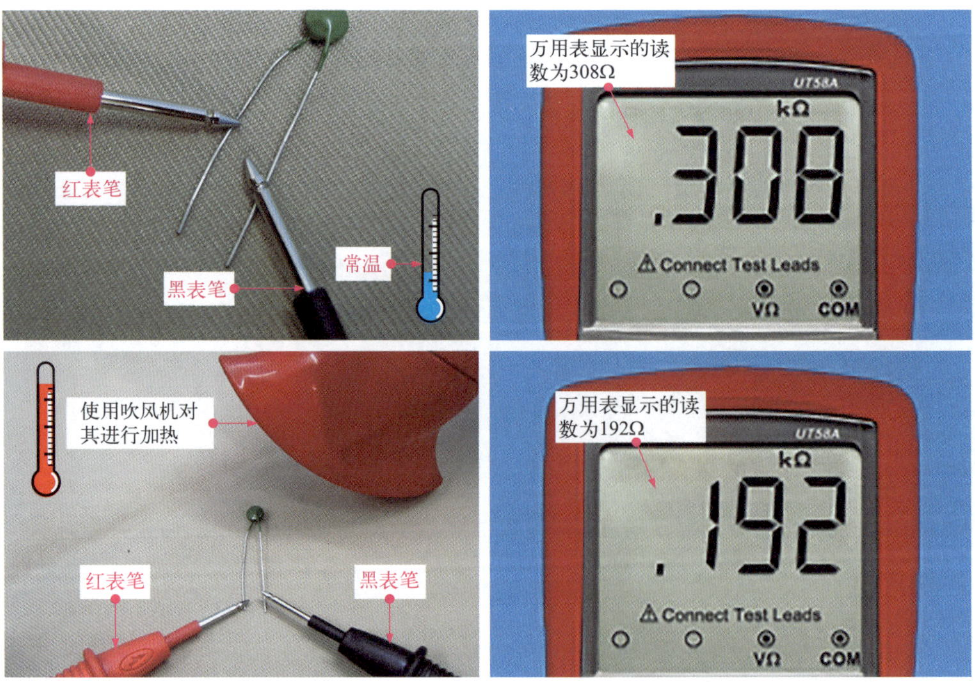

图8-18　热敏电阻器的检测操作

检测时根据热敏电阻器的特性改变环境温度观察阻值的变化，即可完成对热敏电阻器性能的检测。

特别提示

根据热敏电阻器随温度升高，阻值变化趋势的不同，可分为正温度系数热敏电阻器和负温度系数热敏电阻器两种：热敏电阻器的阻值随温度的升高而增大，称为正温度系数热敏电阻器（PTC）；阻值随温度的升高而降低，称为负温度系数热敏电阻器（NTC）。

8.2.4 固定电容器的检测

固定电容器是指电容器制成后，其电容量不能发生改变的电容器。图 8-19 所示为待测固定电容器的实物外形，观察该电容器标识，根据标识可以读出该电容器的标称容量值为 220nF，即 0.22μF。

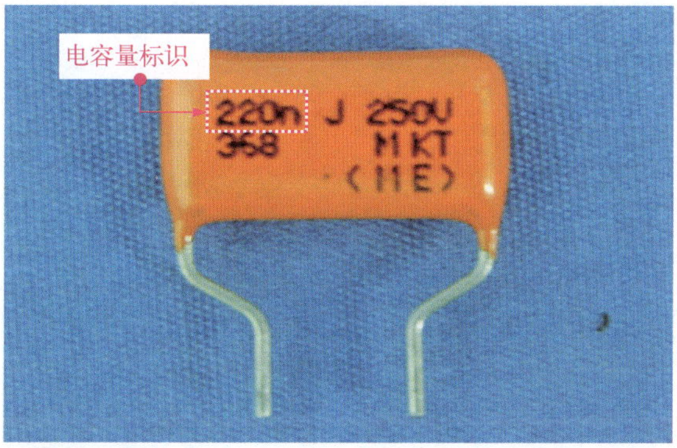

图8-19　待测固定电容器的实物外形

使用万用表对其进行检测，一般选择带有电容量测量功能的数字万用表进行。首先将万用表的电源开关打开，将万用表调至电容挡，根据电容器上标识的电容值，应当将万用表的量程调至“2μF”，如图 8-20 所示。

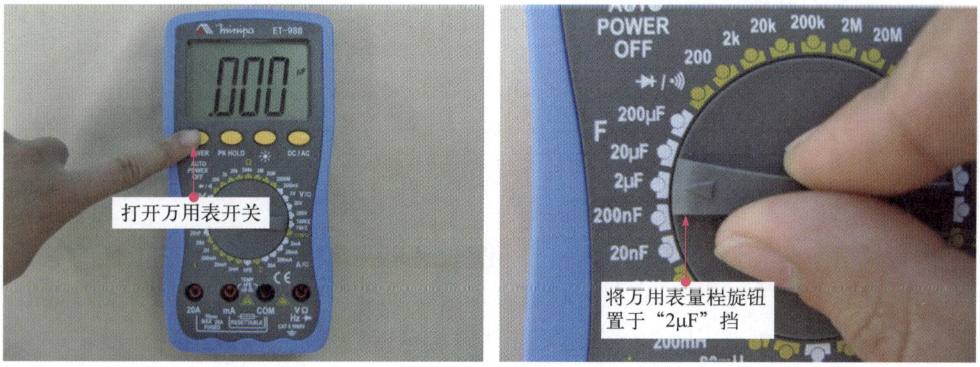

图8-20　打开万用表开关，并调整量程

然后，将附加测试插座插入万用表的表笔插口中，如图 8-21 所示。

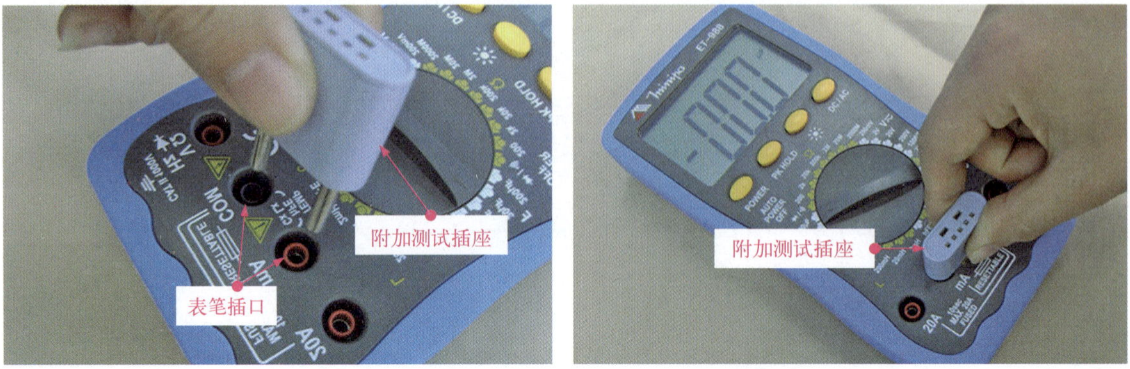

图8-21　将附加测试插座插入万用表的表笔插口中

将待测电容器的引脚插入测试插座的“Cx”电容输入插孔中，观测万用表显示的电容读数，测得其电容量为0.231μF，如图8-22所示。根据 $1\mu F=10^3nF=10^6pF$，即 $0.231\mu F=231nF$，与电容器标称容量值基本相符。

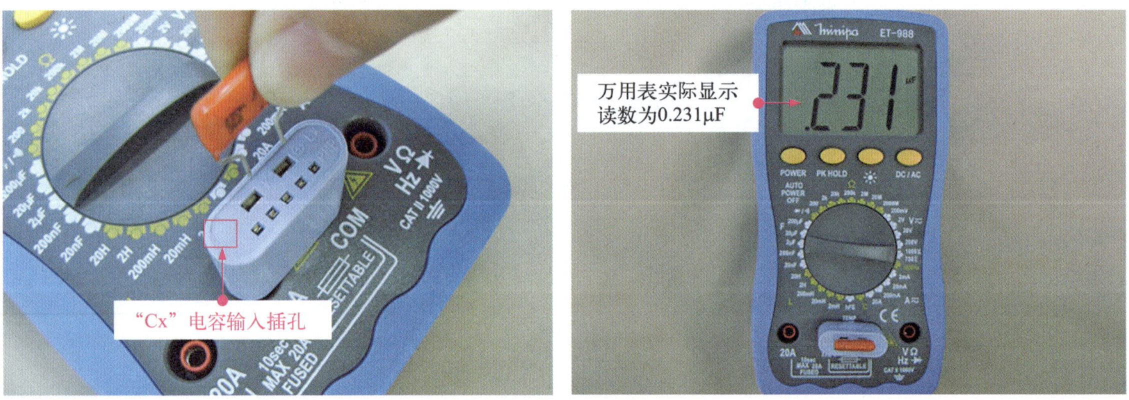

图8-22　对固定电容器进行检测

8.2.5 电解电容器的检测

电解电容器属于有极性电容器，从电解电容器的外观上即可判断。一般在电解电容器的一侧标记为“-”，则表示这一侧的引脚极性为负，而另一侧引脚则为正极。电解电容器的检测是使用模拟万用表对其漏电电阻值的检测来判断电解电容性能的好坏。图 8-23 所示为待测电解电容器的实物外形。

对于大容量电解电容器，在工作中可能会有很多电荷，如短路会产生很强的电流，为防止损坏万用表或引发电击事故，应先用电阻对其放电，然后再进行检测。对大容量电解电容器放电，可选用阻值较小的电阻，将电阻的引脚与电容器的引脚相连即可。图 8-24 所示为电解电容器的放电过程。

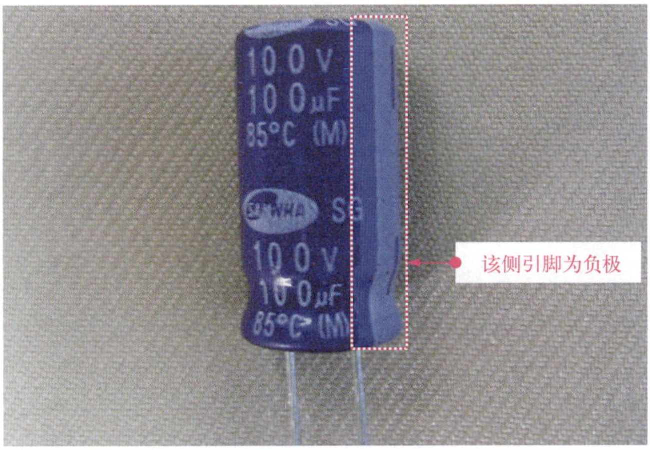

图8-23　待测电解电容器的实物外形

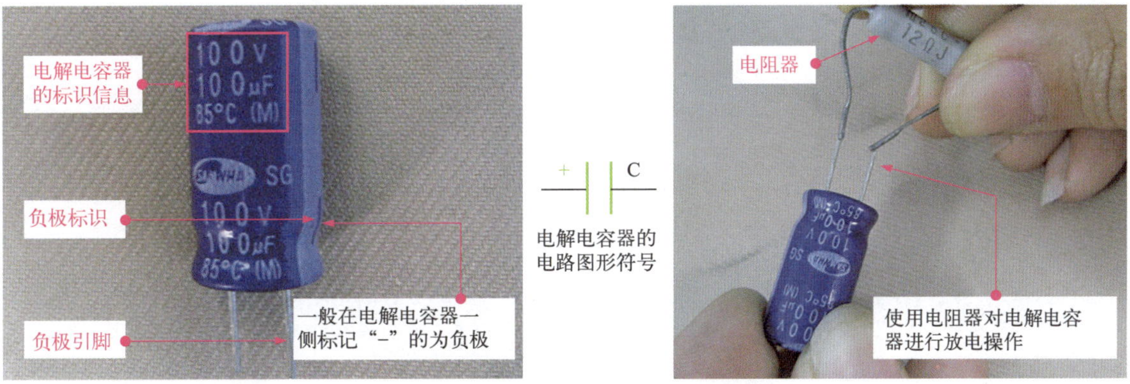

图8-24　电解电容器的放电过程

放电完成后，同样使用数字万用表检测电解电容器的电容量，即可判别电解电容器性能的好坏。具体检测案例如图 8-25 所示。

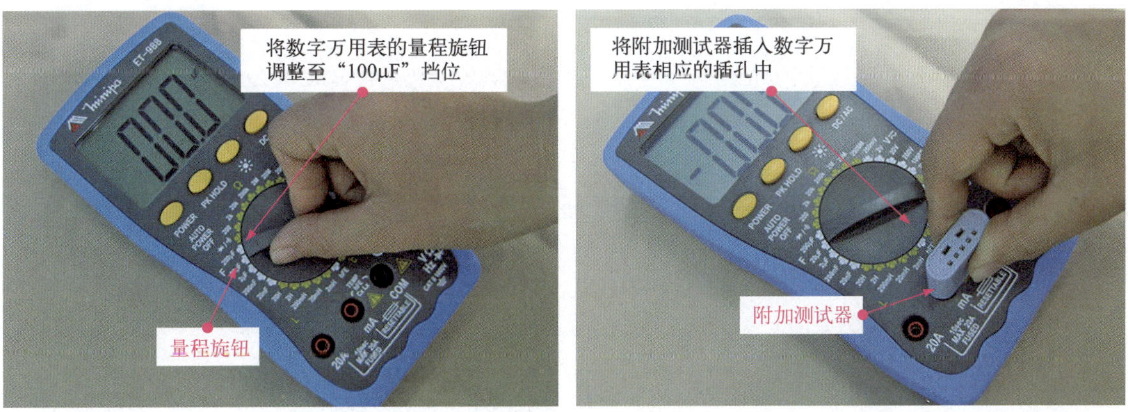

图8-25

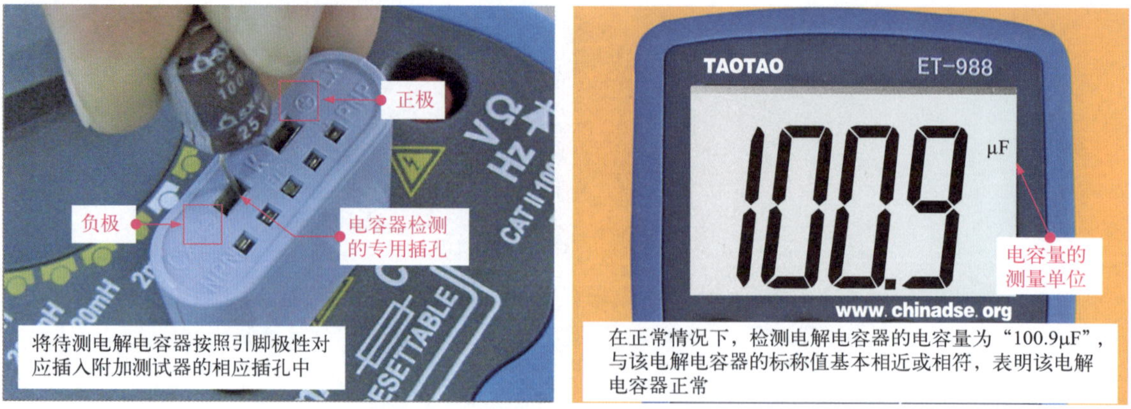

图8-25　电解电容器电容量的检测案例

相关资料

除可以使用数字万用表检测电容量外，也可使用指针万用表检测电解电容器充放电的性能。

检测案例如图 8-26 所示，当待测电解电容器放电完成后，先将指针万用表量程调整在“×10k”欧姆挡，并进行欧姆调零。然后将万用表红表笔接至电解电容器的负极引脚，黑表笔接至电解电容器的正极引脚，观测其指针摆动幅度。

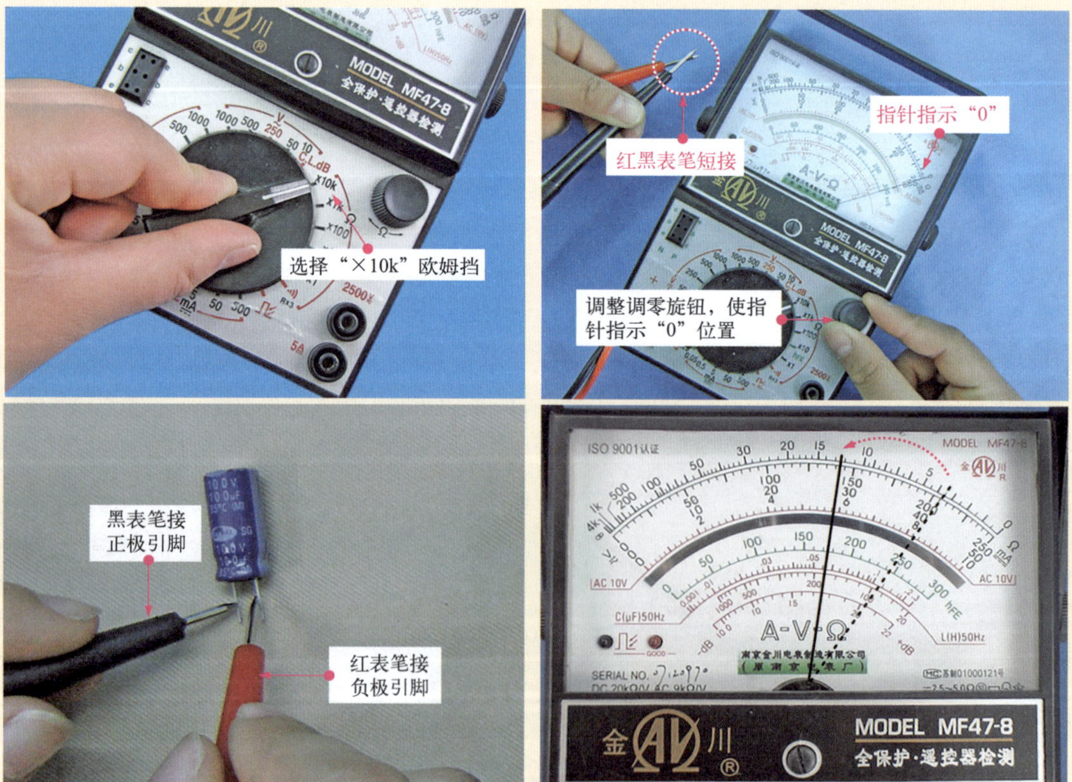

图8-26　万用表指针向左逐渐摆回至某一固定位置

特别提示

在刚接通的瞬间，万用表的指针会向右（电阻小的方向）摆动一个较大的角度。当表针摆动到最大角度后，接着又会逐渐向左摆回，直至表针停在一个固定位置，这说明该电解电容有明显的充放电过程。所测得的阻值即为该电解电容器的正向漏电阻，该阻值在正常情况下应比较大。

若表笔接触到电解电容器引脚后，表针摆动到一个角度后随即向回稍微摆动一点，即并未摆回到较大的阻值处，此时可以说明该电解电容器漏电严重，如图 8-27 所示。

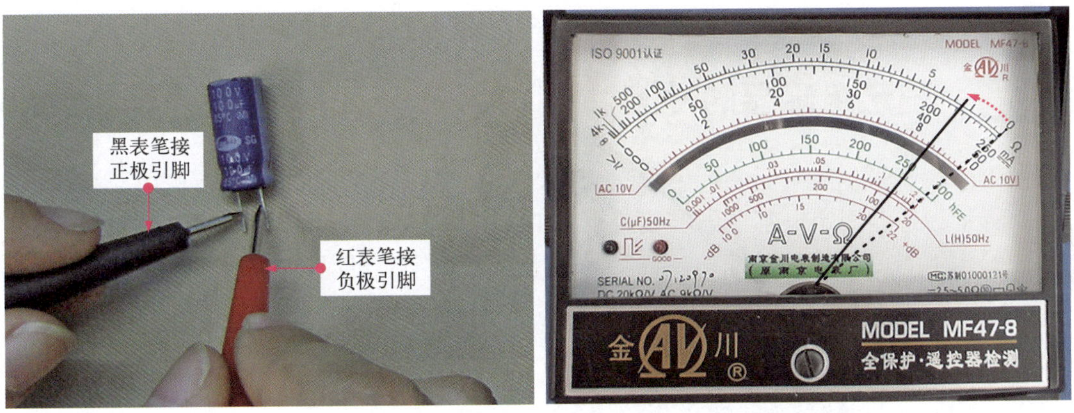

图8-27　万用表指针达到的最大摆动幅度与最终停止时的角度

若表笔接触到电解电容引脚后表针即向右摆动，并无回摆现象，指针就指示一个很小的阻值或阻值趋近于 0，这说明当前所测电解电容器已被击穿短路（损坏），如图 8-28 所示。

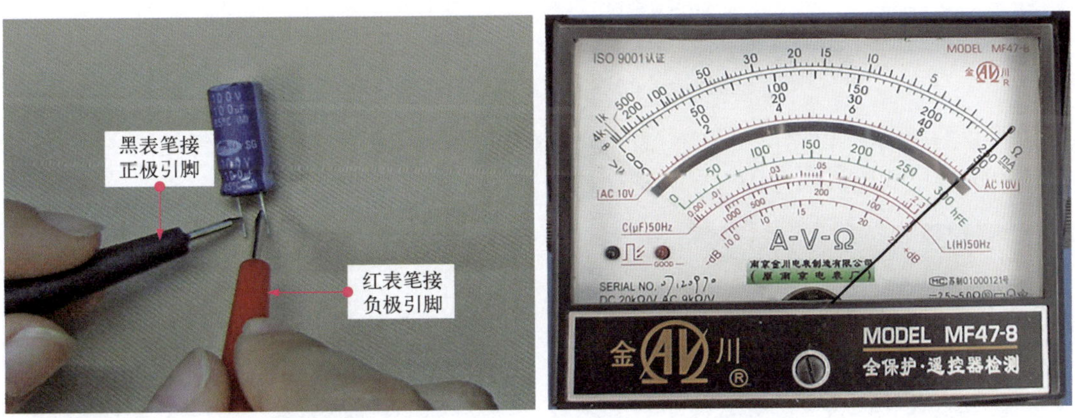

图8-28　万用表指针向右摆动，其值趋近于0

若表笔接触到电解电容器引脚后，表针并未摆动，仍指示阻值很大或趋于无穷大，则说明该电解电容器中的电解质已干涸，失去电容量（损坏），如图 8-29 所示。

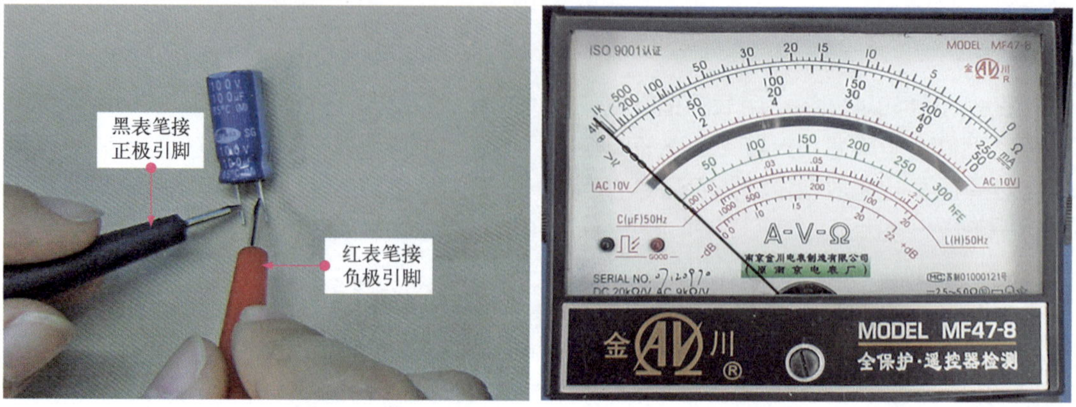

图8-29　万用表指针无摆动，其值趋近于无穷大

8.2.6 固定电感器的检测

对固定电感器的检测，可使用数字万用表的电感测量功能直接检测待测电感器的电感。图 8-30 所示为待测固定电感器的实物外形，观察该电感器色环，采用四环标注法，颜色从左至右分别为“棕”“黑”“棕”“银”，根据色环颜色定义可以读出该四环电感器的标称阻值为“100μH”，允许偏差值为 ±1%。

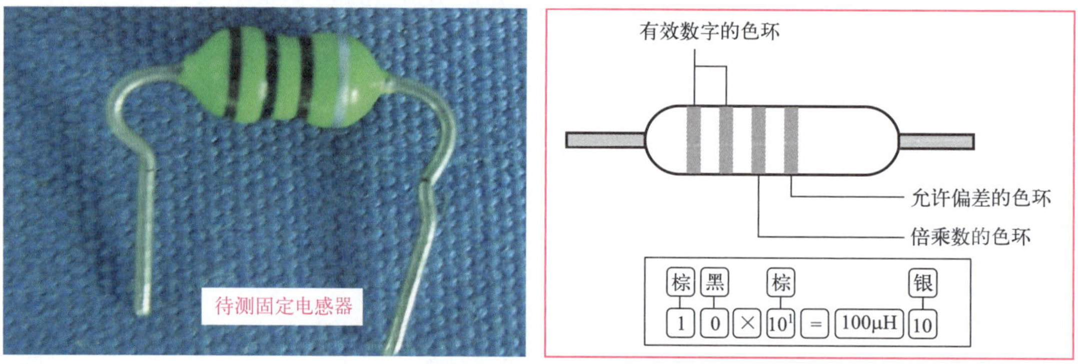

图8-30　待测固定电感器的实物外形

按图 8-31 所示，根据待测电感器的电感量标称值，将万用表挡位旋钮调至“2mH”挡，然后将附加测试插座插入万用表的表笔插口中。

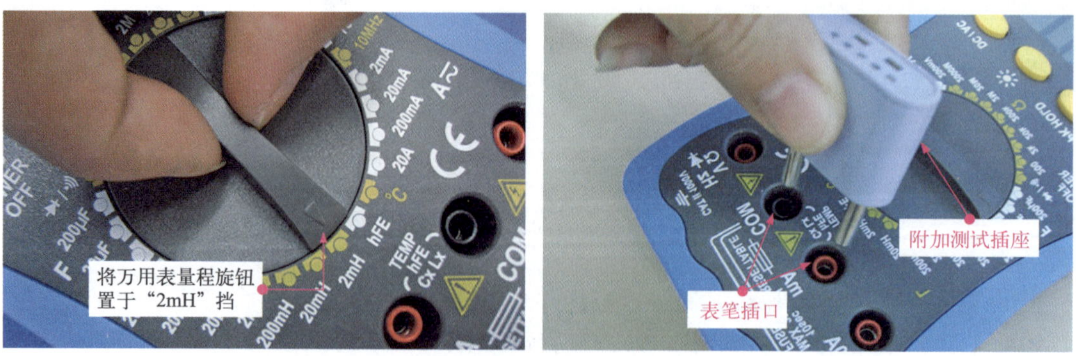

图8-31　调整量程万用表量程，并将附加测试器插座插入万用表的表笔插座中

将待测四环电感器插入附加测试插座“Lx”电感输入插孔中，对其进行检测。观测万用表显示的电感器读数，测得其电感为 0.114mH，如图 8-32 所示。根据计算 1mH =1×10^3μH，即 0.114mH×10^3 = 114μH，与该电感器的标称值基本相符。

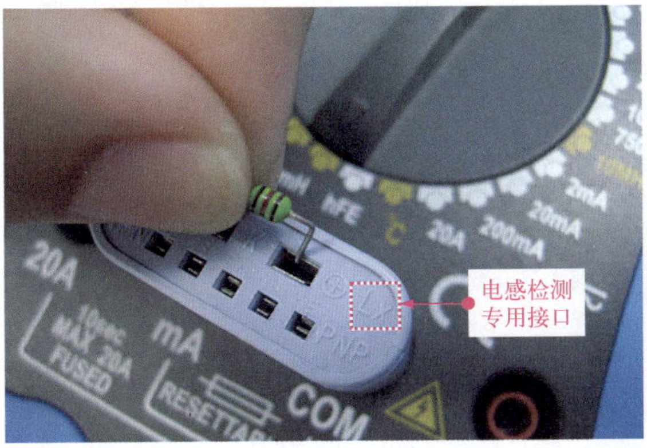

图8-32　对固定电感器进行检测

8.2.7　普通二极管的检测

对于普通二极管的检测可利用二极管的单向导电性，分别检测其正、反向阻值。

首先如图 8-33 所示，根据二极管标识区分待测二极管引脚的正负极。之后，将指针万用表量程调整至“×1k”欧姆挡，并进行零欧姆调整。

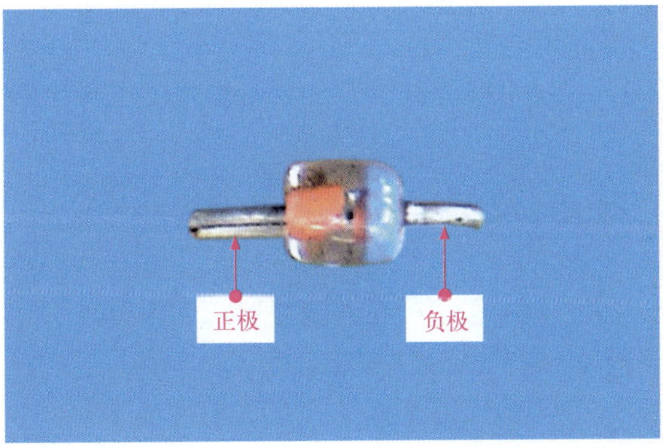

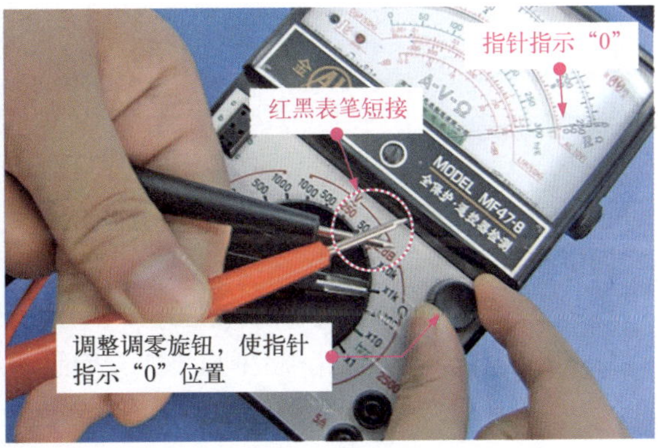

图8-33　区分待测二极管引脚的正负极，并对万用表进行零欧姆调整

将万用表的红表笔搭在二极管负极引脚上，黑表笔搭在二极管正极引脚上，测得二极管的正向阻值并记为 R_1，其电阻值约为 5kΩ，如图 8-34 所示。

调换表笔，将黑表笔搭在二极管负极引脚上，红表笔搭在二极管正极引脚上，此时，测得二极管的反向阻值并记为 R_2，其电阻值约为无穷大，如图 8-35 所示。

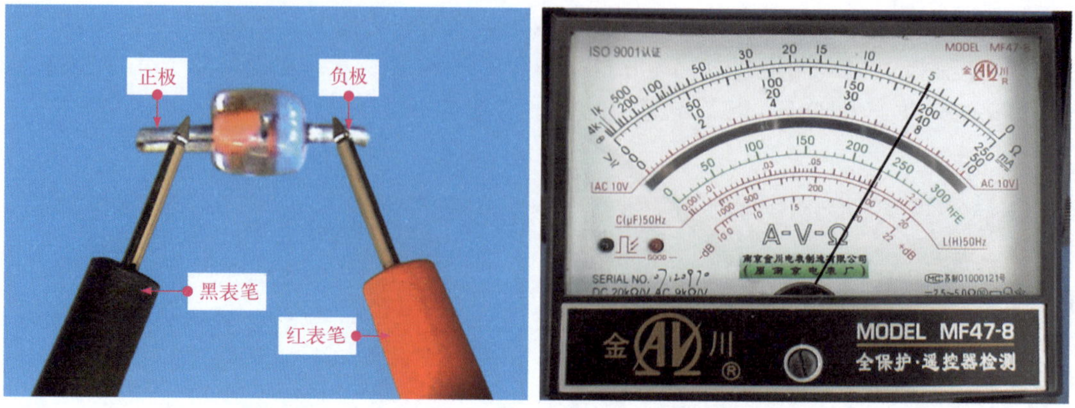

图8-34　检测二极管的正向阻值

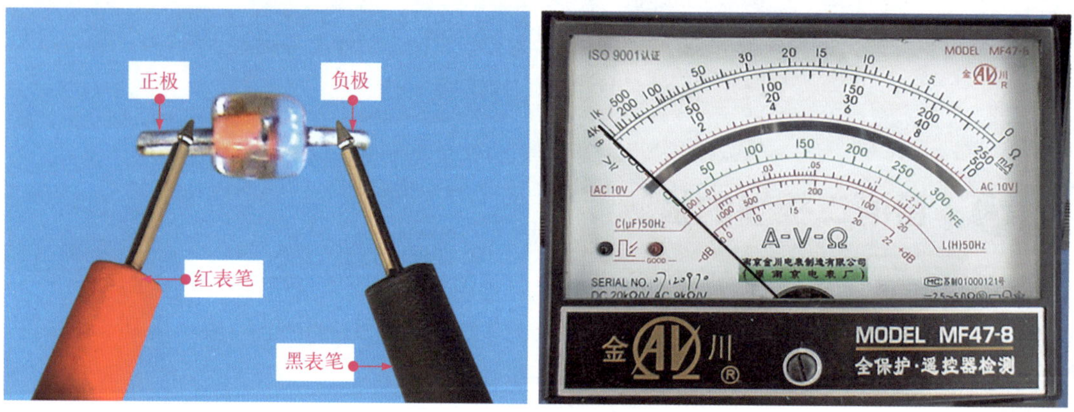

图8-35　检测二极管的反向阻值

特别提示

在对二极管进行检测时，可通过其正向导通，反向截止的特性进行判断：

① 若正向阻值 R_1 有一固定电阻值，而反向阻值 R_2 趋于无穷大，即可判定二极管良好；

② 若正向阻值 R_1 和反向阻值 R_2 均趋于无穷大，则二极管存在断路故障；

③ 若正向阻值 R_1 和反向阻值 R_2 电阻值均很小，则二极管已被击穿短路；

④ 若正向阻值 R_1 和反向阻值 R_2 电阻值相近，则说明二极管失去单向导电性或单向导电性不良。

8.2.8 发光二极管的检测

图 8-36 所示为待测发光二极管的实物外形，在对发光二极管进行检测时，通常需要先辨认发光二极管的正极和负极，引脚长的为正极，引脚短的为负极。

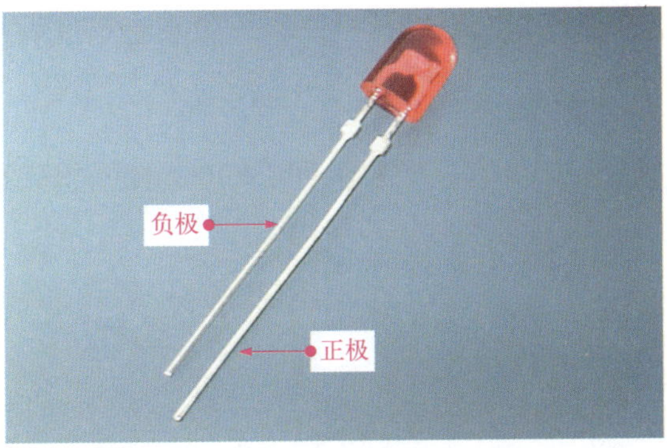

图8-36　待测发光二极管的实物外形

检测时，首先将万用表量程旋至欧姆挡，量程调整为“×1k”欧姆挡。之后，再将万用表两表笔短接，调整调零旋钮使指针指示为 0，如图 8-37 所示。

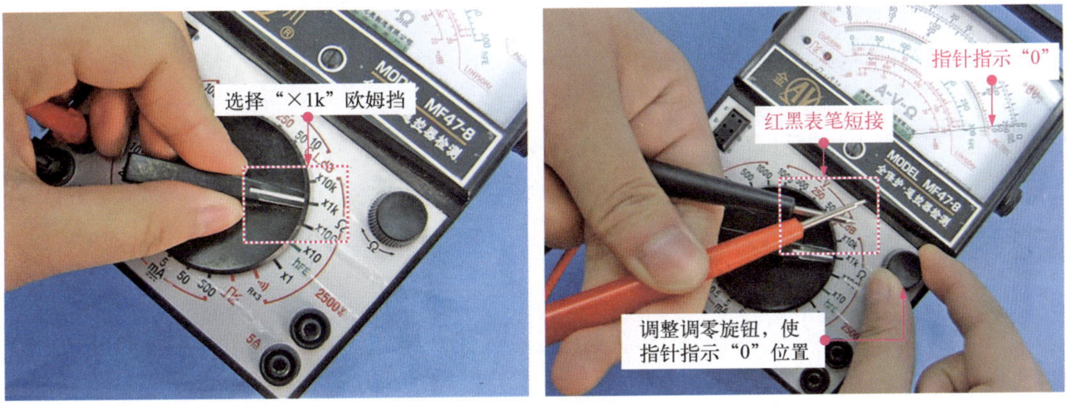

图8-37　将万用表进行欧姆调零

将万用表黑表笔搭在发光二极管正极引脚，红表笔搭在发光二极管负极引脚，检测时二极管会发光。观测万用表显示的读数，将所测得的正向阻值记为 R_1，其电阻值通常为 20kΩ，如图 8-38 所示。

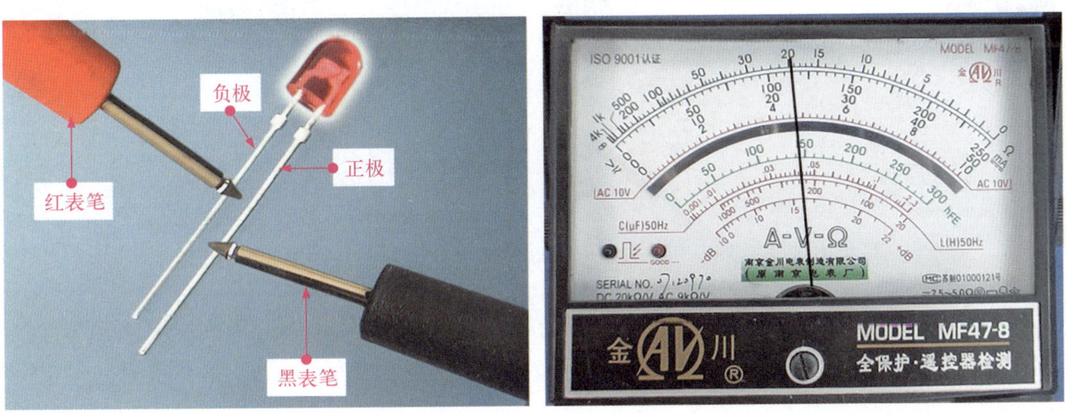

图8-38　检测发光二极管的正向阻值

调换表笔，将黑表笔搭在发光二极管负极引脚，红表笔搭在发光二极管正极引脚。观测万用表显示的读数，将所测得的反向阻值记为 R_2，通常为无穷大，如图 8-39 所示。

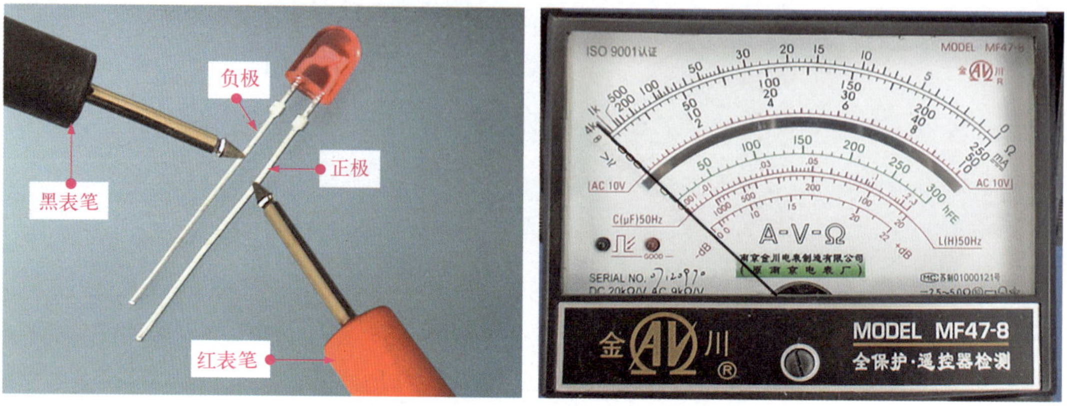

图8-39　检测发光二极管的反向阻值

- 若正向阻值 R_1 有一固定电阻值（20kΩ），而反向阻值 R_2 趋于无穷大，即可判定发光二极管良好；
- 若正向阻值 R_1 和反向阻值 R_2 都趋于无穷大，则二极管存在断路故障；
- 若 R_1 和 R_2 数值都很小或趋于 0，可以断定该二极管已被击穿。

8.2.9　三极管的检测

三极管具有对电流放大的作用，其放大倍数我们一般可通过万用表的三极管放大倍数检测插孔进行检测。如图 8-40 所示分别为模拟万用表和数字万用表三极管放大倍数检测插孔的外形。

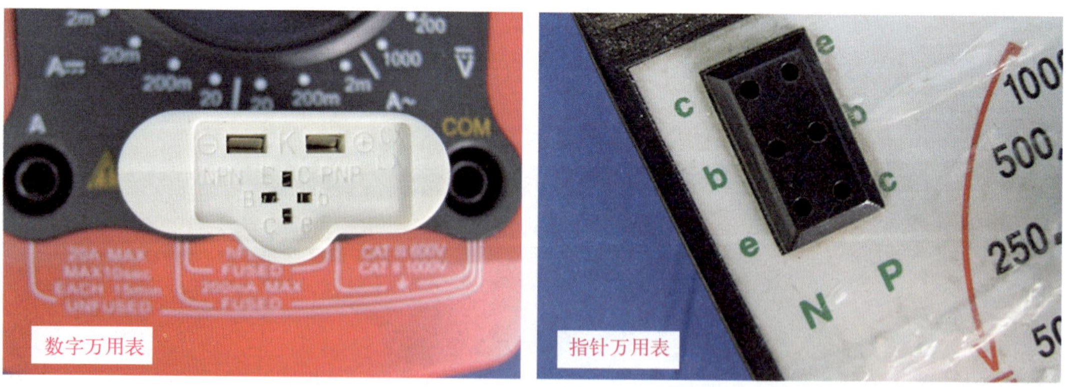

图8-40　模拟万用表和数字万用表三极管放大倍数检测插孔的外形

使用数字万用表进行测量时，首先打开万用表的电源开关，将万用表的量程调整至专用于检测三极管放大倍数的“h_{FE}”挡，将万用表附加的测试插座插入表笔的插孔中，如图 8-41 所示。

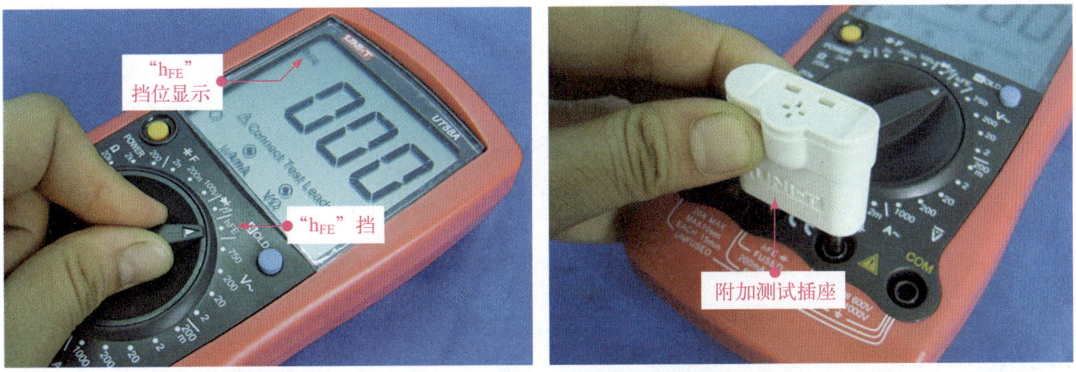

图8-41　调整万用表量程，并将附加的测试插座插入表笔的插孔中

待测的 NPN 型三极管插入“NPN”输入插孔，插入时应注意引脚的插入方向。观察万用表显示的放大倍数，得到三极管的放大倍数为 354 倍，如图 8-42 所示。

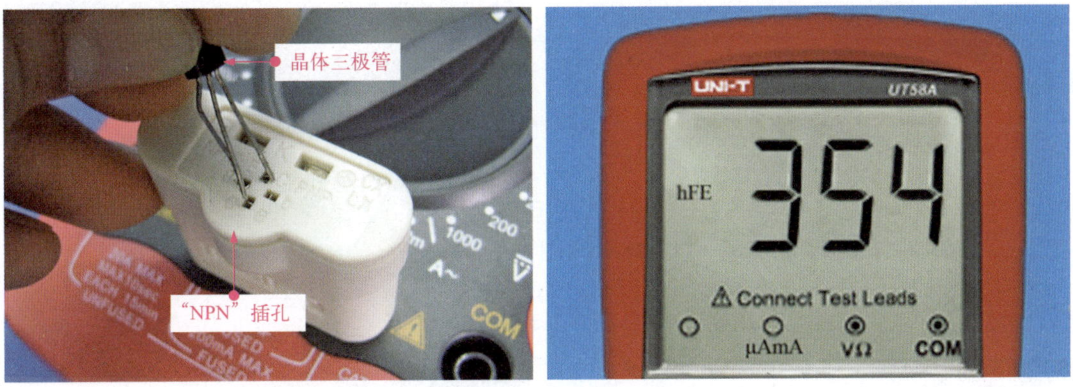

图8-42　检测三极管的放大倍数

8.2.10　场效应晶体管的检测

图 8-43 所示为待测场效应晶体管的实物外形。

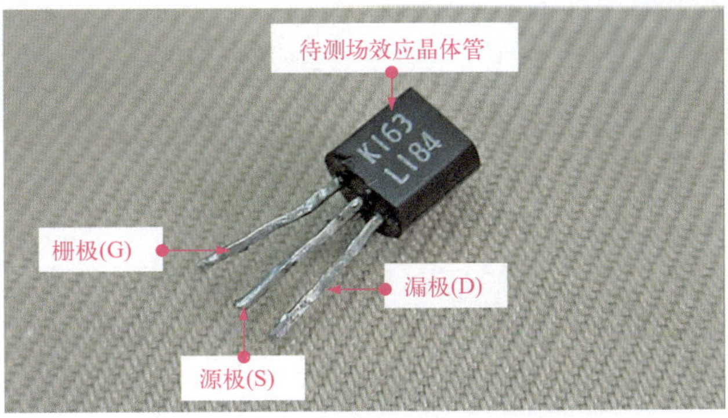

图8-43　待测场效应晶体管的实物外形

首先，将万用表旋至欧姆挡，量程调整为“×10”欧姆挡，将万用表两表笔短接，调整调零旋钮使指针指示为0。

然后，按图8-44所示，将万用表的黑表笔搭在场效应晶体管的栅极引脚上，红表笔搭在场效应晶体管的源极引脚上。观测万用表显示读数，将测得的电阻值记为R_1，其电阻值为170Ω。

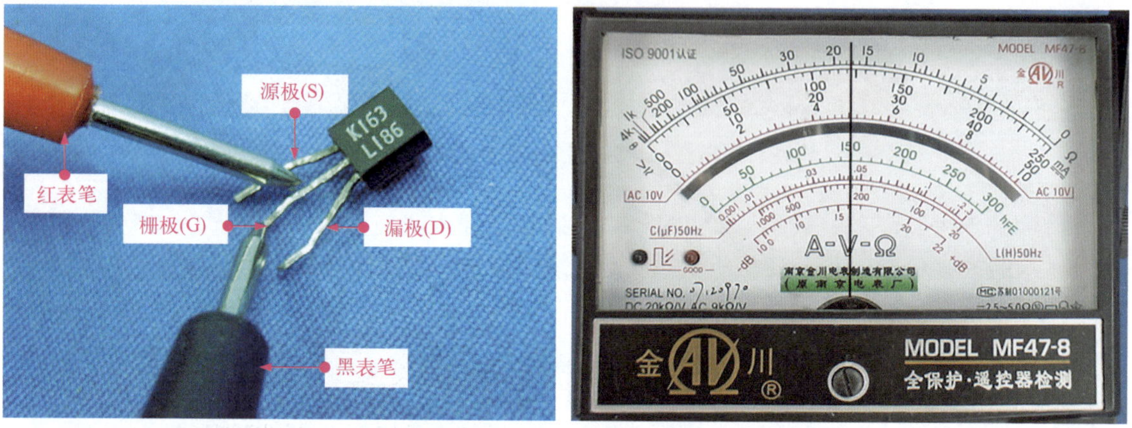

图8-44　检测场效应晶体管的源极与栅极之间的电阻值

将万用表的黑表笔搭在场效应晶体管的栅极引脚上，红表笔搭在场效应晶体管的漏极引脚上。观测万用表显示读数，将测得的电阻值记为R_2，其电阻值为170Ω，如图8-45所示。

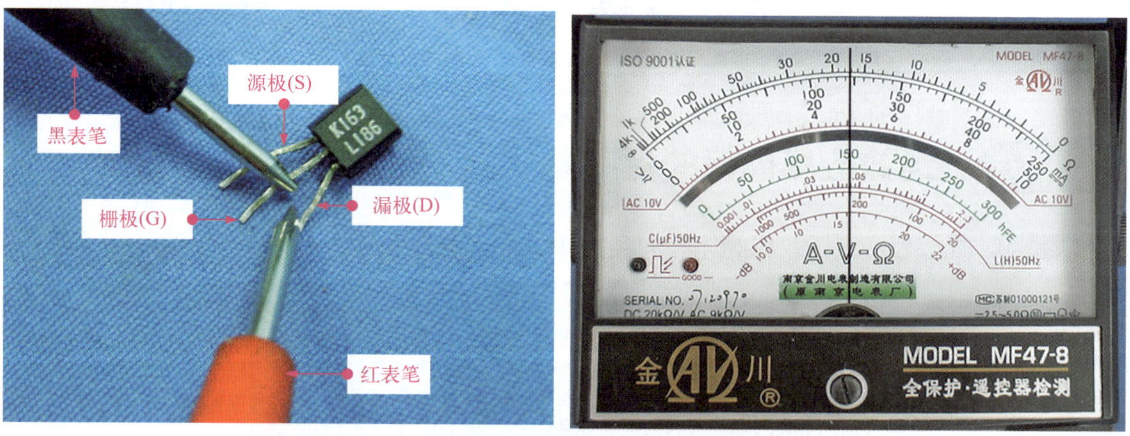

图8-45　检测场效应晶体管的漏极与栅极之间的电阻值

将万用表旋至欧姆挡，量程调整为“×1k”挡，再进行欧姆调零。将万用表的黑表笔搭在场效应晶体管的漏极引脚上，红表笔搭在场效应晶体管的源极引脚上。将测得的电阻值记为R_3，其电阻值为5kΩ，如图8-46所示。

保持表笔不动，使用一只螺丝刀或手指接触场效应晶体管的栅极引脚。在接触的瞬间可以看到，万用表的指针会产生一个较大的变化（向左或向右均可），如图8-47所示。

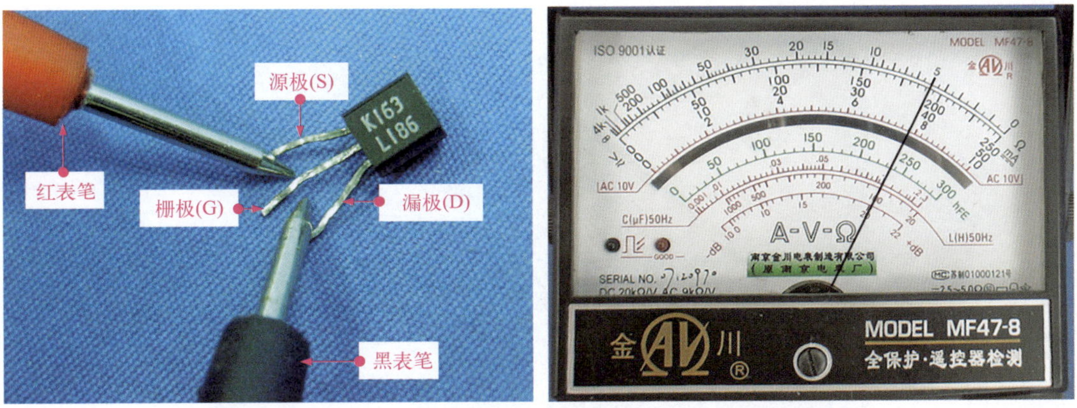

图8-46　检测场效应晶体管的漏极与源极之间的电阻值

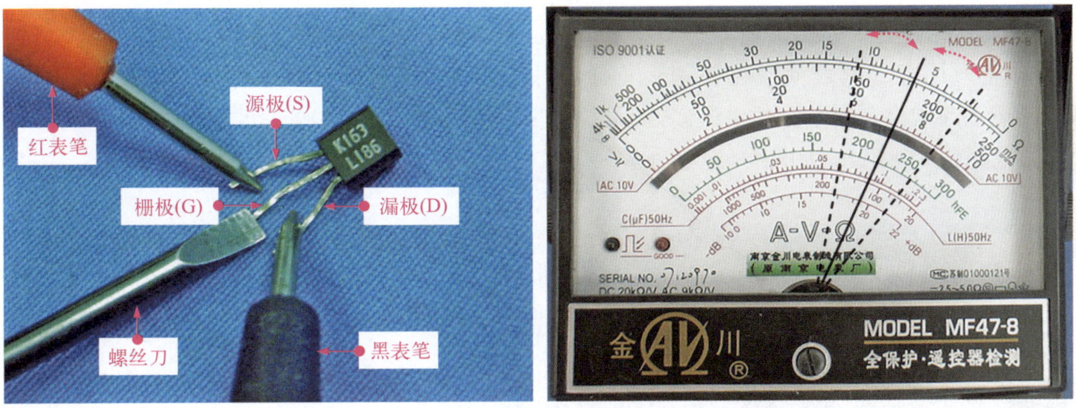

图8-47　用一只螺丝刀接触场效应晶体管的栅极引脚

● 若测得 R_1 和 R_2 均有一个固定值，反向阻值均为无穷大，则说明该场效应晶体管良好。

● 若测得 R_1 和 R_2 为零或无穷大，则说明该场效应晶体管已损坏。

● 若测得的漏极（D）与源极（S）之间的正反向阻值均有一个固定值，则说明该场效应晶体管良好。

● 若测得的漏极（D）与源极（S）之间的正反向阻值为零或无穷大，则说明该场效应晶体管已损坏。

● 当红表笔搭在场效应晶体管的漏极，黑表笔搭在源极，螺丝刀搭在栅极时，万用表指针摆动幅度越大，说明场效应晶体管的放大能力越好，反之，则表明场效应晶体管放大能力越差。若螺丝刀接触栅极时，万用表指针无摆动，则表明场效应晶体管已失去放大能力。

8.2.11　单向晶闸管的检测

单向晶闸管（SCR）是由 P-N-P-N 4 层 3 个 PN 结组成的。在检测单向晶闸管时，通常需要先辨认晶闸管各引脚的极性，图 8-48 所示为待测单向晶闸管的实物外形。

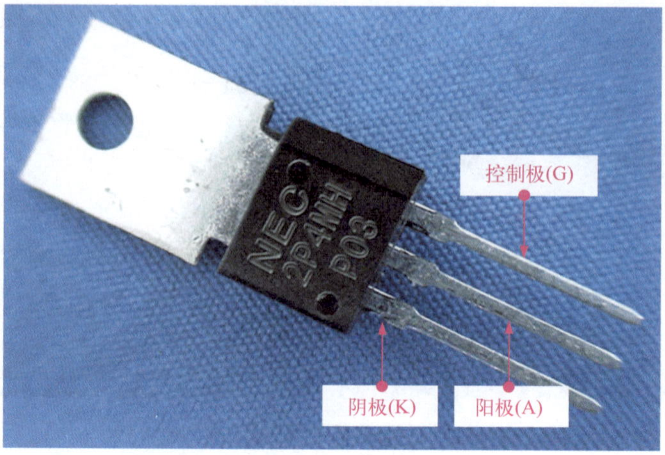

图8-48　待测单向晶闸管的实物外形

将万用表旋至欧姆挡，量程调整为“×1k”欧姆挡并进行欧姆调零。

① 将万用表的黑表笔搭在控制极（G）引脚，红表笔搭在晶闸管的阴极（K）引脚，检测晶闸管控制极与阴极之间的正向阻值。观测万用表显示的读数，将所测得的电阻值记为 R_1，其电阻值为 8kΩ，如图 8-49 所示。

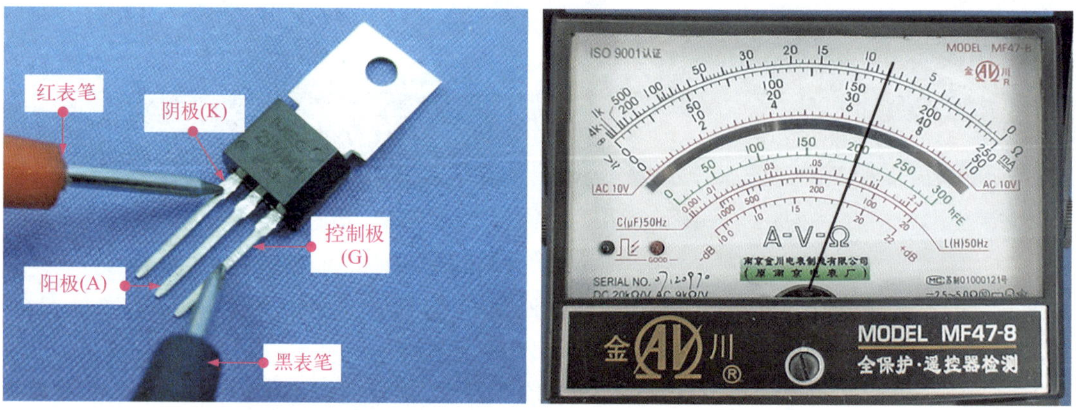

图8-49　检测晶闸管控制极与阴极之间的正向阻值

调换表笔，将万用表的红表笔搭在晶闸管的控制极引脚上，黑表笔搭在阴极引脚上，检测晶闸管控制极与阴极之间的反向阻，测得电阻值记为 R_2，其电阻值趋于无穷大。

② 将万用表的黑表笔搭在晶闸管的控制极引脚上，红表笔搭在阳极引脚上，检测晶闸管控制极与阳极之间的正向阻值。观测万用表显示的读数，将所测得的电阻值记为 R_3，其电阻值趋于无穷大，如图 8-50 所示。

调换表笔，检测晶闸管控制极与阳极之间的反向阻值，测得电阻值记为 R_4，其电阻值趋于无穷大。

③ 将万用表的黑表笔搭在晶闸管的阳极引脚上，红表笔搭在阴极引脚上，检测晶闸管阳极与阴极之间的正向阻值。将所测得的电阻值记为 R_5，其电阻值趋于无穷大，如图 8-51 所示。

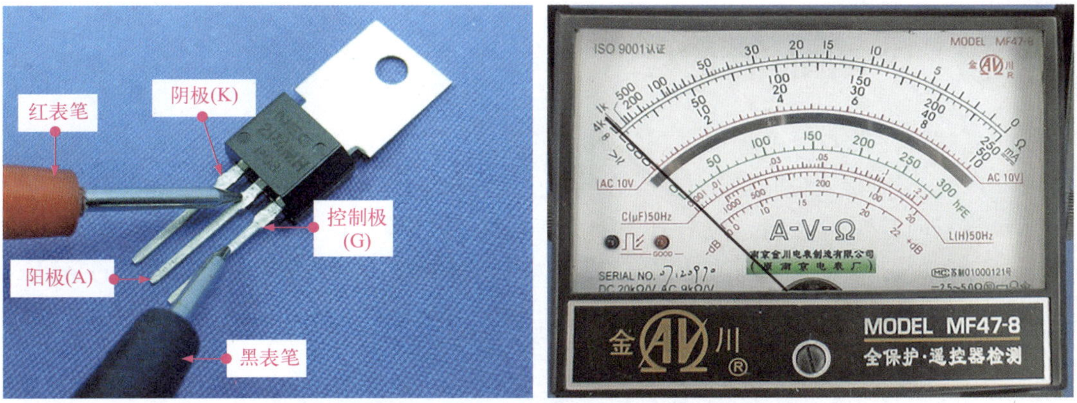

图8-50　检测晶闸管控制极与阳极之间的正向阻值

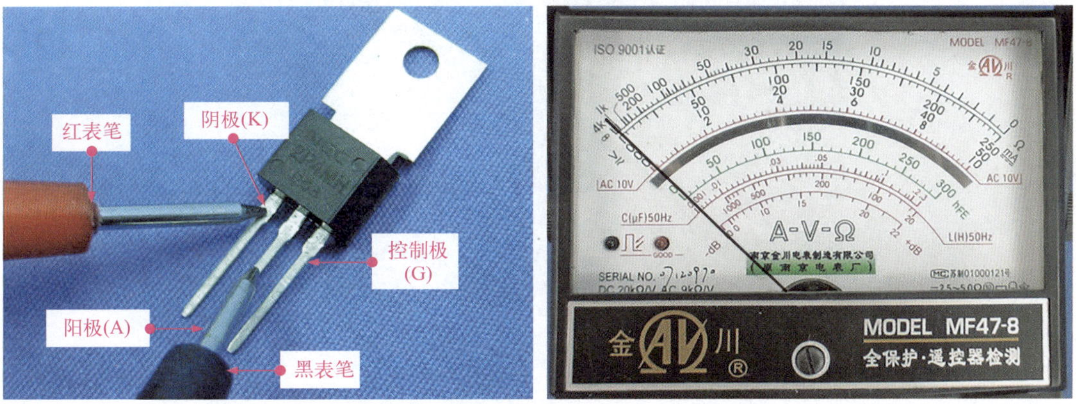

图8-51　检测晶闸管阳极与阴极之间的正向阻值

调换表笔，检测晶闸管阳极与阴极之间的反向阻值，测得的电阻值记为 R_6，其电阻值趋于无穷大。

特别提示

判断单向晶闸管的好坏：

正常情况下，单向晶闸管的控制极（G）与阴极（K）之间的正向阻值有一定的值，约为几千欧，反向阻值为无穷大，其余引脚间的正反向阻值均趋于无穷大。

- 若 R_1、R_2 均趋于无穷大，则说明单向晶闸管的控制极（G）与阴极（K）之间存在开路现象；
- 若 R_1、R_2 均趋于 0，则说明单向晶闸管的控制极（G）与阴极（K）之间存在短路现象；
- 若 R_1、R_2 值相等或接近，则说明单向晶闸管的控制极（G）与阴极（K）之间的 PN 结已失去控制功能；
- 若 R_3、R_4 的电阻值较小，则说明单向晶闸管的控制极（G）与阳极（A）之间的 PN 结有变质的情况，不能使用。
- 若 R_5、R_6 值不为无穷大，则说明单向晶闸管存在故障。

8.2.12 双向晶闸管的检测

双向晶闸管又称双向可控硅，属于 N-P-N-P-N 5 层半导体器件，有第一电极（T1）、第二电极（T2）、控制极（G）3 个电极，在结构上相当于两个单向晶闸管反极性并联。

在检测双向晶闸管之前，应对其各引脚进行区分，图 8-52 所示为待测双向晶闸管的实物外形，在 3 个引脚中最左侧的是第一电极（T1），中间的是控制极（G），右侧的是第二电极（T2）。

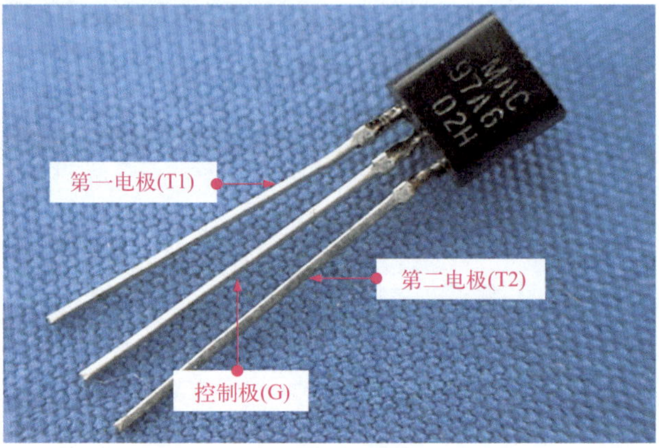

图8-52　待测双向晶闸管的实物外形

将万用表旋至欧姆挡，量程调整为“×1k”欧姆挡，并进行欧姆调零。

① 将万用表的红表笔搭在晶闸管的控制极引脚上，黑表笔搭在阴极引脚上，检测晶闸管控制极与第一电极之间的正向阻值。观测万用表显示的读数，其阻值为 1kΩ，如图 8-53 所示。

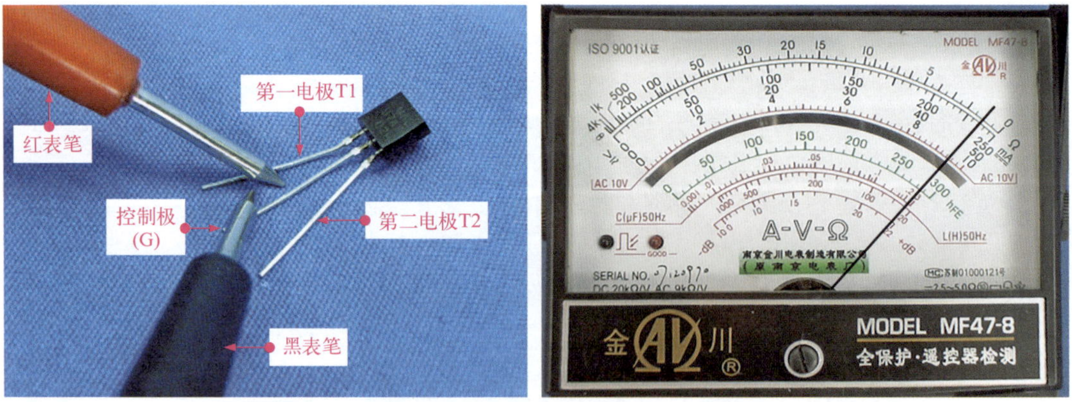

图8-53　检测晶闸管控制极与第一电极之间的正向阻值

调换表笔，将万用表的红表笔搭在晶闸管的阴极引脚上，黑表笔搭在控制极引脚上，检测晶闸管控制极与第一电极之间的反向阻值，测得阻值也为 1kΩ。

② 将万用表的红表笔搭在晶闸管的第一电极引脚上，黑表笔搭在第二电极引脚上，检测晶闸管第一电极与第二电极之间的正向阻值。观测万用表显示的读数，其电阻值为无穷大，如图 8-54 所示。

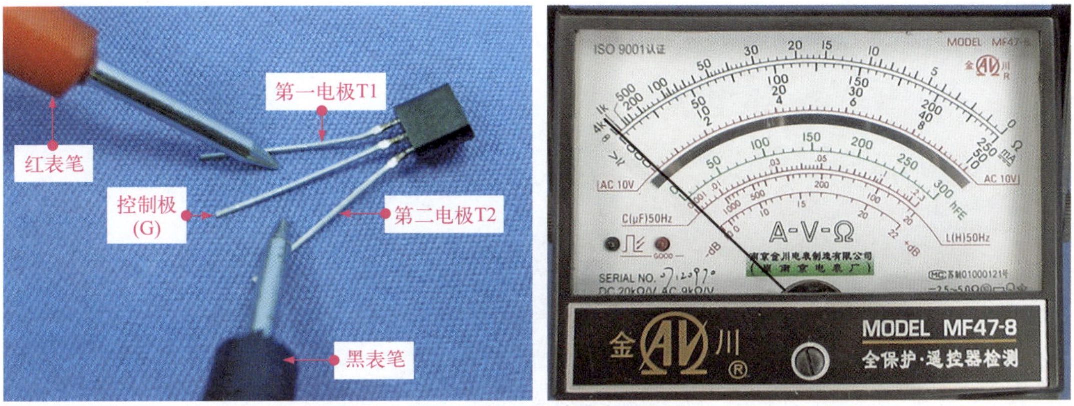

图8-54　检测晶闸管第一电极与第二电极之间的正向阻值

调换表笔，检测晶闸管第一电极与第二电极之间的反向阻值，测得阻值趋于无穷大。

③ 将万用表的红表笔搭在晶闸管的第二电极引脚上，黑表笔搭在控制极引脚上，检测晶闸管控制极与第二电极之间的正向阻值。观测万用表显示的读数，其电阻值趋于无穷大，如图 8-55 所示。

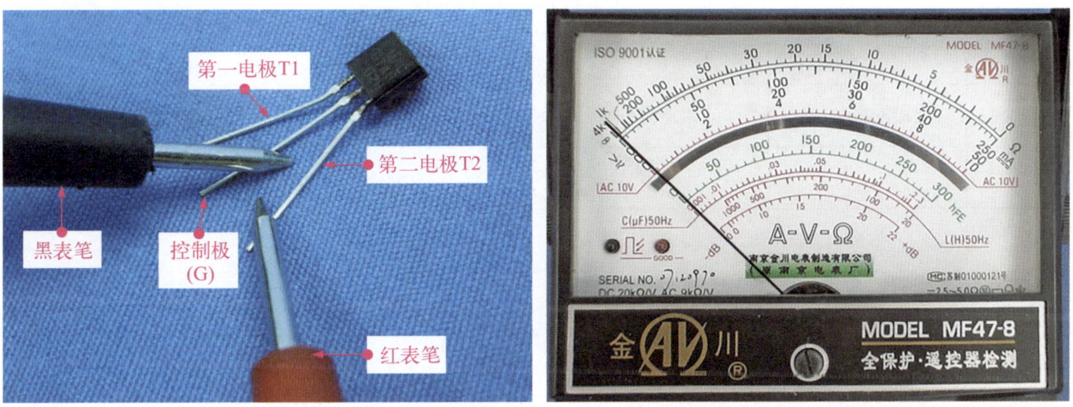

图8-55　检测晶闸管控制极与第二电极之间的正向阻值

调换表笔，检测晶闸管控制极与第二电极之间的反向阻值，其电阻值也趋于无穷大。

特别提示

一般情况下，双向晶闸管控制极与第一电极之间正反向均有一定的阻值，且两个阻值较接近；控制极与第二电极之间正反向阻值均趋于无穷大；第一电极和第二电极之间的正反向阻值也趋于无穷大。若实测数值与上述规律偏差过大则多为双向晶闸管性能不良。

8.2.13 集成电路的检测

（1）集成电路的开路检测

图 8-56 所示为待测开关振荡集成电路的实物外形，表 8-1 所示为该集成电路的引脚功能。

图8-56 待测开关振荡集成电路的实物外形

表 8-1 开关振荡集成电路 KA3842 的引脚功能

引脚序号	英文缩写	集成电路引脚功能	电阻/kΩ		直流电压/V
			红表笔接地	黑表笔接地	
①	ERROR OUT	误差信号输出	15	8.9	2.1
②	IN−	反相信号输入	10.5	8.4	2.5
③	NF	反馈信号输入	1.9	1.9	0.1
④	OSC	振荡信号	11.9	8.9	2.4
⑤	GND	接地	0	0	0
⑥	DRIVER OUT	激励信号输出	14.4	8.4	0.7
⑦	V_{CC}	电源+14V	∞	5.4	14.5
⑧	VREF	基准电压	3.9	3.9	5

检测时，选择反应灵敏的指针万用表。将万用表的量程调整至“×1k”挡，并进行零欧姆校正，如图 8-57 所示。

这里以②脚为例，将万用表的黑表笔搭在⑤脚，红表笔搭在②脚，观测万用表显示的读数，如图 8-58 所示。

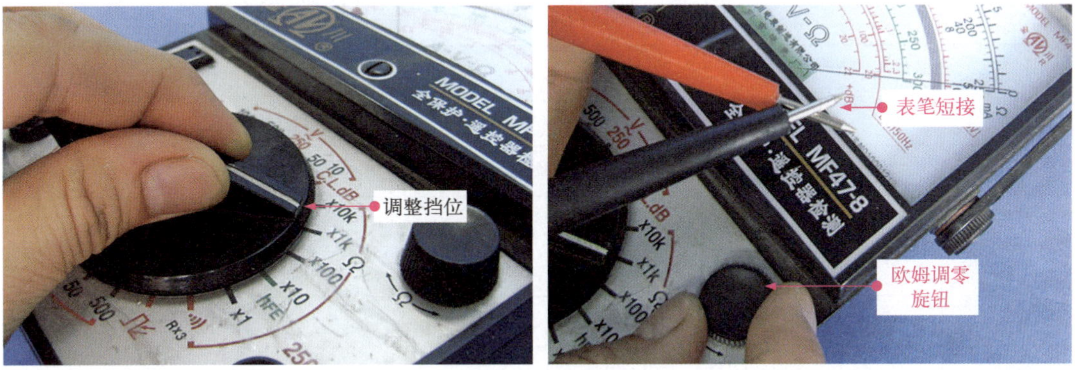

图8-57　万用表量程调整并进行零欧姆校正

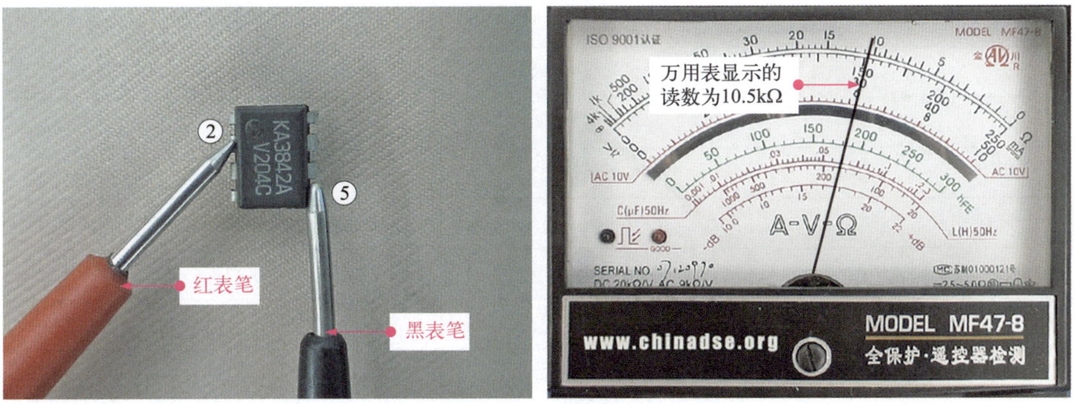

图8-58　检测KA3842的①脚正向阻值

经检测，该万用表显示的读数为 10.5kΩ，与标准值相同，用相同的方法对该集成电路的其他引脚进行检测，若发现某一引脚与标准值相差较大，说明该集成电路损坏，若相同，说明该集成电路正常。

（2）集成电路的在路检测

图 8-59 所示为待测运算放大器的实物外形，表 8-2 所列为该集成电路的引脚功能。应在正常工作状态下进行电压测量。

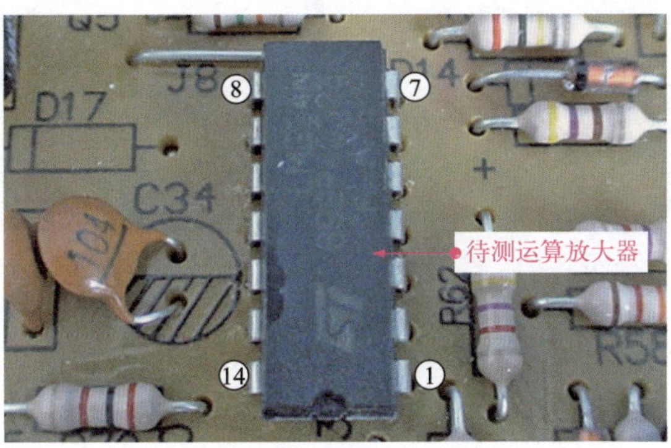

图8-59　待测运算放大器的实物外形

表 8-2　LM324 型运算放大器的引脚功能

引脚序号	英文缩写	集成电路引脚功能	电阻/kΩ		直流电压/V
			正笔接地	负笔接地	
①	AMP OUT1	放大信号（1）输出	0.38	0.38	1.8
②	IN1−	反相信号（1）输入	6.3	7.6	2.2
③	IN1+	同相信号（1）输入	4.4	4.5	2.1
④	V_{CC}	电源+5V	0.31	0.22	5
⑤	IN2+	同相信号（2）输入	4.7	4.7	2.1
⑥	IN2−	反相信号（2）输入	6.3	7.6	2.1
⑦	AMP OUT2	放大信号（2）输出	0.38	0.38	1.8
⑧	AMP OUT3	放大信号（3）输出	6.7	23	0
⑨	IN3−	反相信号（3）输入	7.6	∞	0.5
⑩	IN3+	同相信号（3）输入	7.6	∞	0.5
⑪	GND	接地	0	0	0
⑫	IN4+	同相信号（4）输入	7.2	17.4	4.6
⑬	IN4−	反相信号（4）输入	4.4	4.6	2.1
⑭	AMP OUT4	放大信号（4）输出	6.3	6.8	4.2

根据表 8-2 可知该集成电路在工作时各个引脚的供电电压，这里以④脚为例，检测其供电电压，如图 8-60 所示。

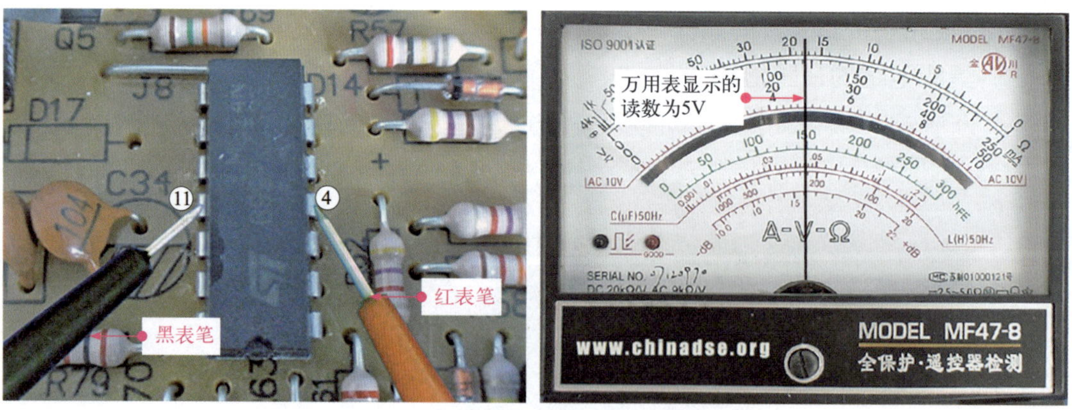

图8-60　检测运算放大器的+5V供电电压

经检测，该集成电路的④脚供电电压为 +5V，与标准值相同，说明该集成电路供电正常，若检测到其他引脚的电压与标准电压值相差较大，则说明该集成电路已损坏。

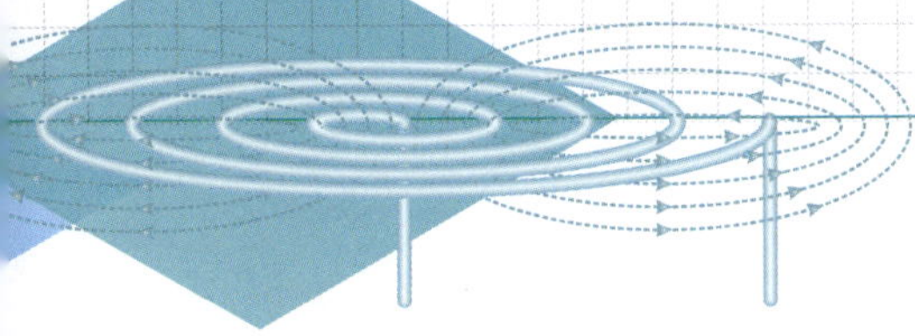

第 9 章
电磁炉电源供电电路的检修

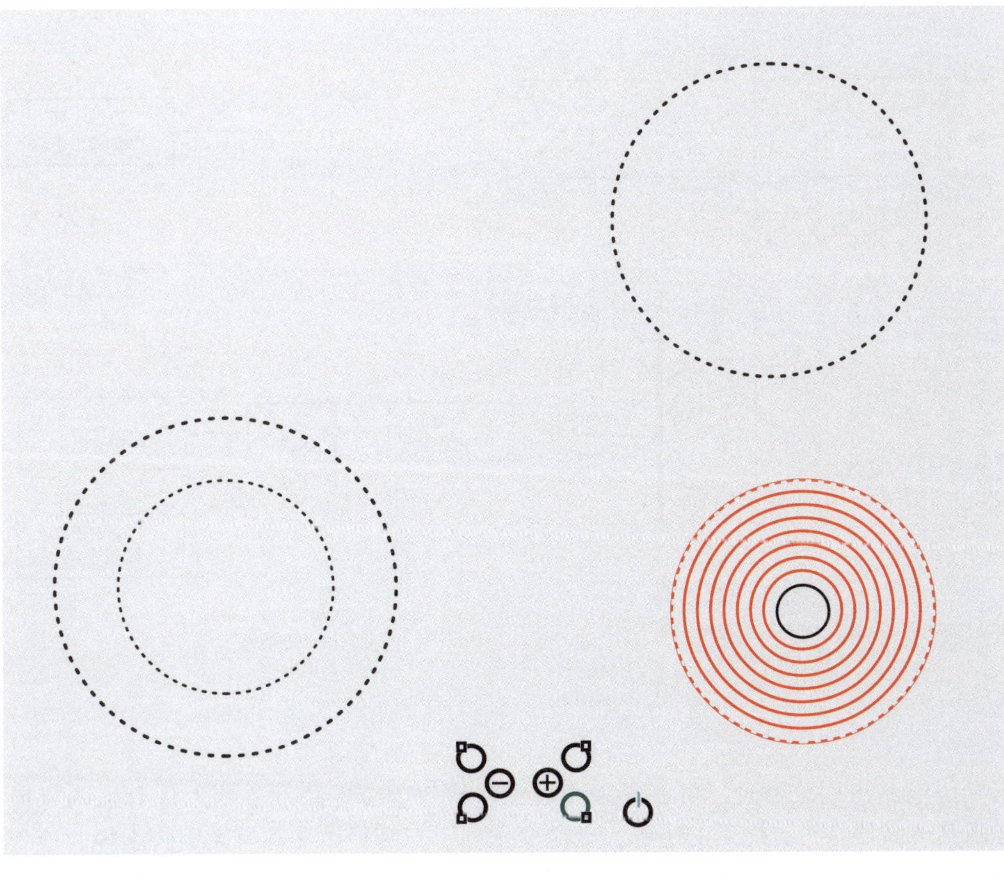

9.1 电磁炉电源供电电路的检修方案

电磁炉中的电源供电电路若出现异常将导致电磁炉整机不工作，学习该电路的检修方法，首先要了解该电路的基本检修流程，即在整理出检修方案的基础上，针对电路或各功能部件进行检修操作。

9.1.1 电磁炉电源供电电路的检修流程

在各种电磁炉中，电源供电电路几乎可以为任何电路或部件提供工作条件。当电源电路出现故障时，常会引起电磁炉无法正常工作。因此对电源电路进行检修时，可依据具体的故障表现分析出产生故障的原因；并根据电源电路的供电关系，按电源电路的信号流程，对可能产生故障的相关部件逐一进行排查，具体检修方案如图 9-1 所示。

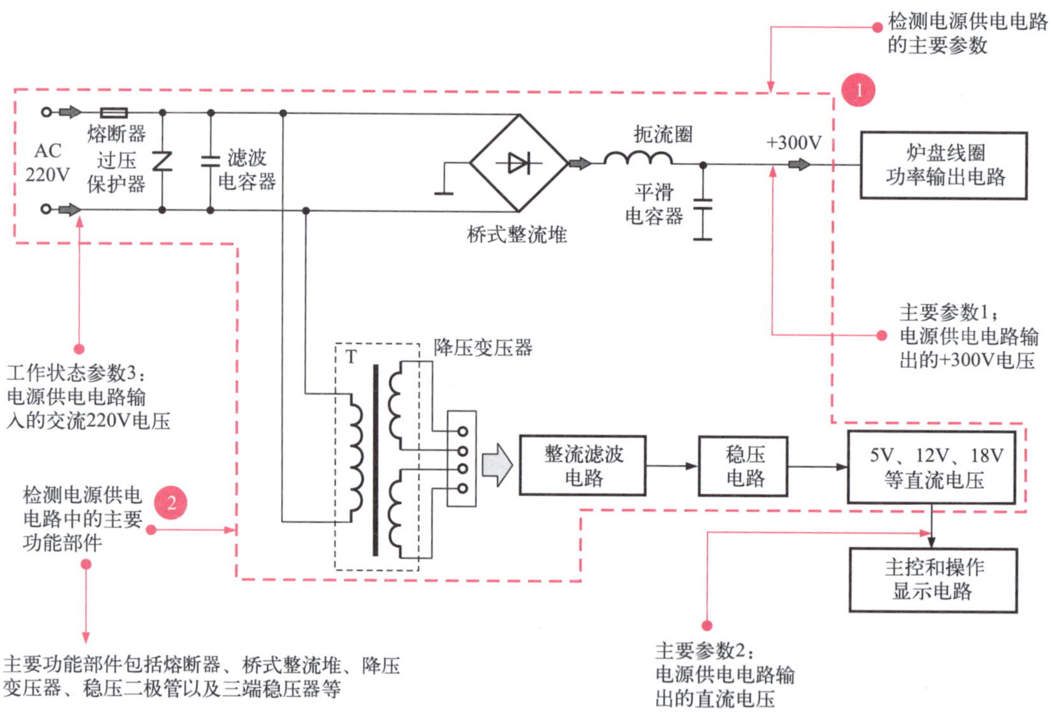

图9-1 典型电磁炉电源供电电路的检修方案

当电源电路出现故障时，可首先采用观察法检查电源电路的主要元件有无明显损坏迹象，如观察熔断器是否有烧焦的迹象，电源变压器、三端稳压器等有无引脚虚焊、连焊等不良的现象。如果出现上述情况则应立即更换损坏的元器件或重新焊接虚焊引脚。若从表面无法观测到故障部件，可按上图中的检修方案对可能损坏的部件进行检修。

9.1.2 电磁炉电源供电电路的关键检测点

电源供电电路是否正常，主要是判断该电路的各路输出电压是否正常，若输出电压均不正常，则需要判断输入电压是否正常。

若输入电压正常，而无电压输出，则可能是电源供电电路本身有损坏。

(1) +300V 电压的检测方法

+300V 电压是功率输出电路的工作条件，也是电源供电电路输出的直流高压，若该电压正常，则表明电源供电电路的交流输入及整流滤波电路正常；若无该电压，则表明交流输入及整流滤波电路没有工作或该电路中有损坏的元器件。

检测 +300V 电压值时，可以通过检测 +300V 的滤波电容来检测该电压是否正常，同时还可以判断 +300V 滤波电容的性能是否正常。

+300V 电压的检测方法如图 9-2 所示。

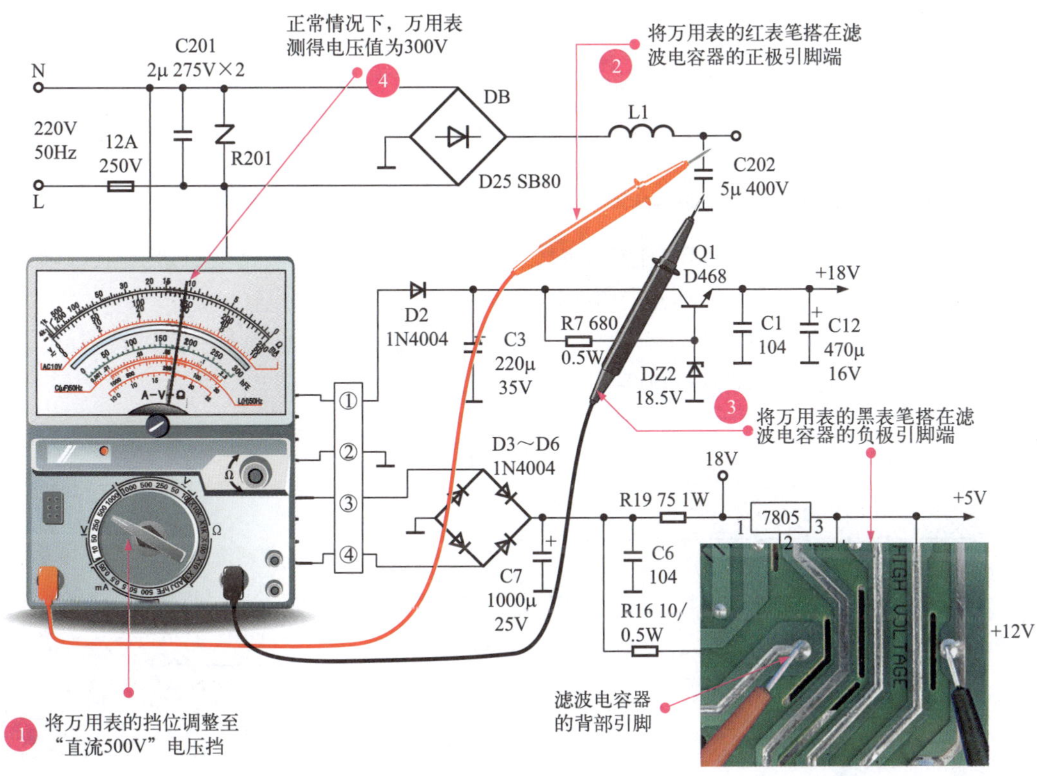

图9-2　+300V电压的检测方法

(2) 直流低压的检测方法

电磁炉电源供电电路无 +300V 电压输出时，还需要对电源供电电路输出的直流低压部分进一步检测。若输出的直流低压正常，则表明低压电源电路可以正常工作；若输出的直流低压不正常，则表明电源供电电路可能没有进入工作状态。

直流低压的检测方法如图 9-3 所示。

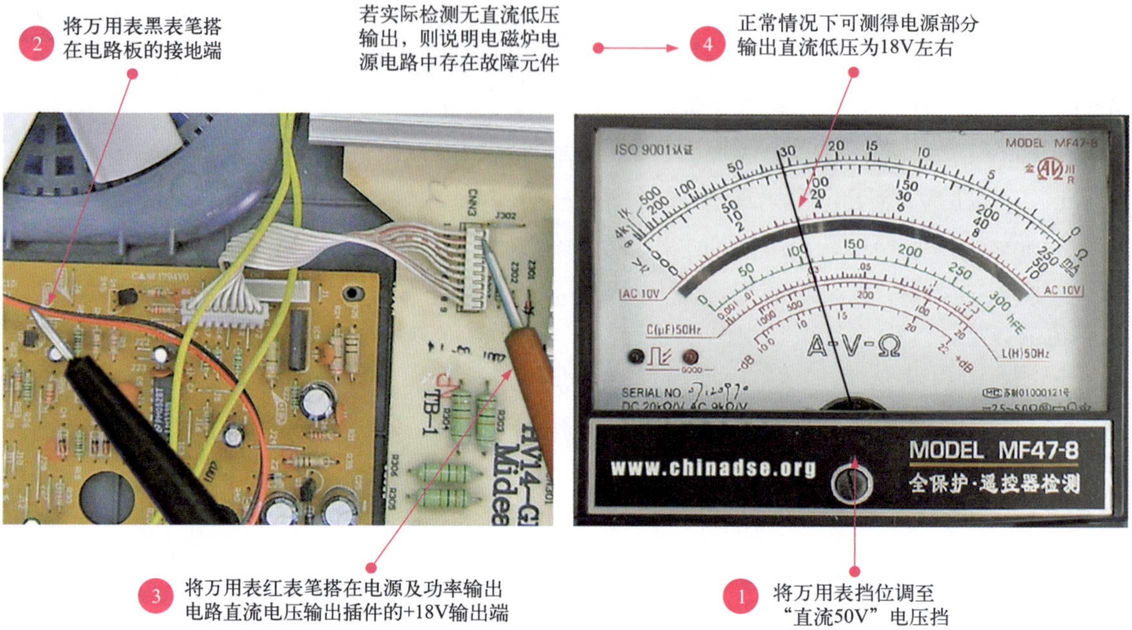

图9-3　直流低压的检测方法

(3) 220V 输入电压的检测方法

若检测电源供电电路无任何电压输出时，首先怀疑电源供电电路没有进入工作状态，此时，应重点对交流 220V 输入电压进行检测。

正常情况下，电源供电电路应有交流 220V 的供电电压，可通过万用表进行检测。

220V 输入电压的检测方法如图 9-4 所示。

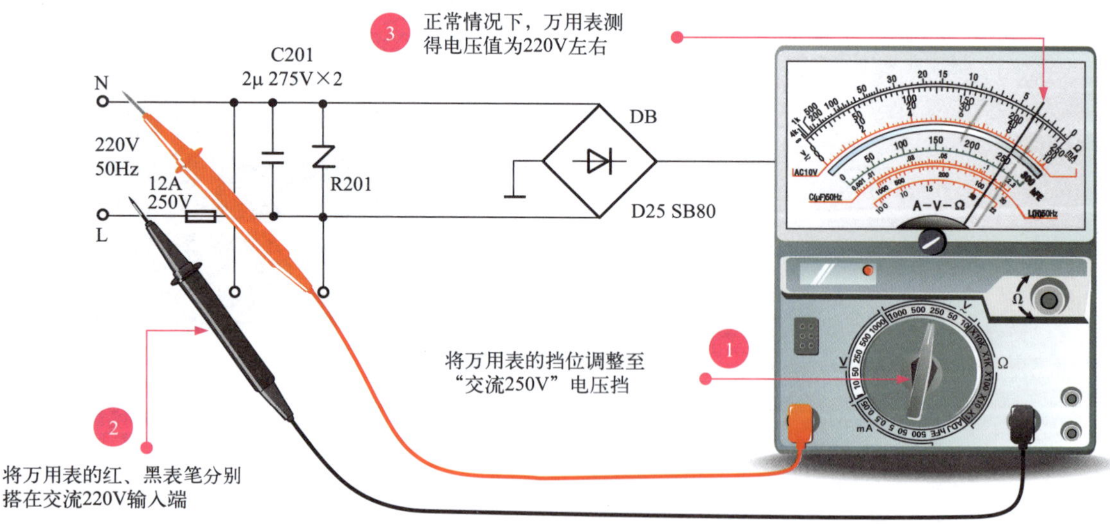

图9-4　220V输入电压的检测方法

9.2 电磁炉电源供电电路的检修方法

若在上述检测中电路参数异常，或电磁炉因损坏无法进行通电测试时，应针对电路中的主要组成部件进行检测，如熔断器、桥式整流堆、扼流圈、平滑电容器、降压变压器、稳压二极管以及三端稳压器等，通过排查各个组成部件的好坏，找到故障点排除故障。

9.2.1 熔断器的检修方法

电磁炉的电源供电电路出现故障时，应先查看熔断器是否损坏。熔断器的检测方法有两种：一是观察法，即用眼睛直接观察，看熔断器是否有烧断、烧焦迹象；二是检测法，即用万用表对熔断器进行检测，观察其电阻值，判断熔断器是否损坏。

熔断器就是一个保险丝，若测得熔断器两端的电阻值趋于零，则说明熔断器正常，若测得熔断器两端电阻值为无穷大，则说明熔断器已损坏。

熔断器的检修方法如图 9-5 所示。

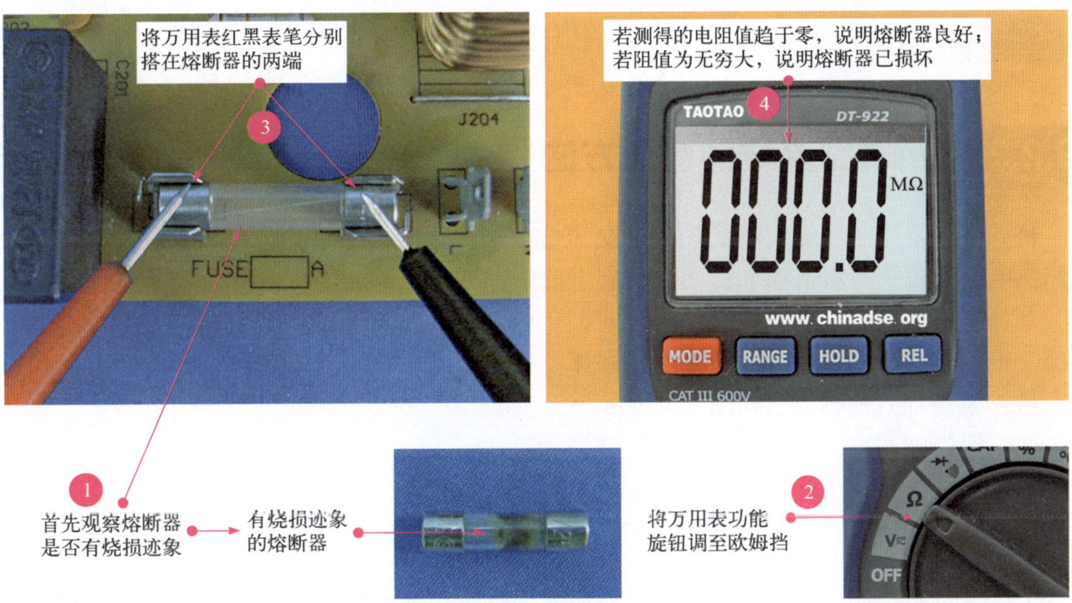

图9-5　熔断器的检修方法

特别提示

在电磁炉的电源供电电路中，除熔断器外，过压保护器也是保护器件，若电磁炉出现故障时，确保熔断器正常的情况下，还需要检测过压保护器，如图 9-6 所示。

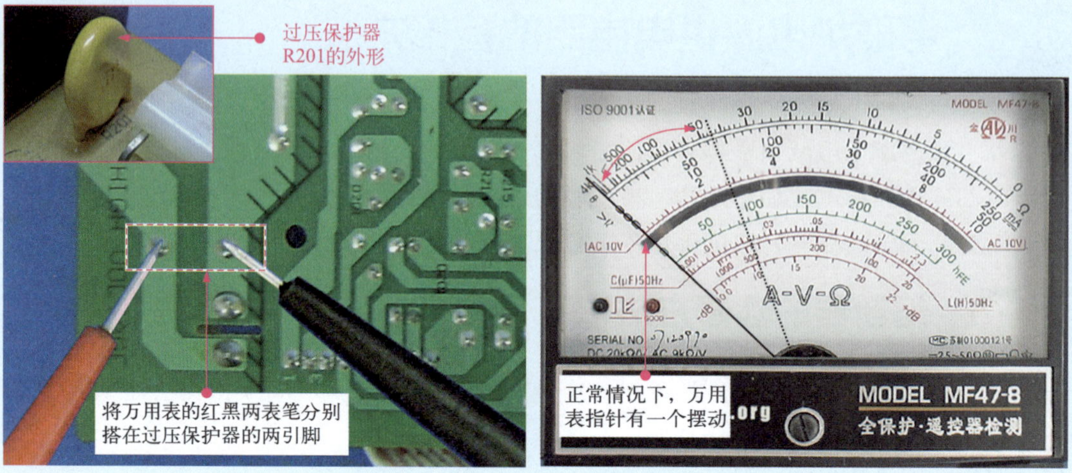

图9-6　过压保护器的检修方法

正常情况下，过压保护器两引脚间阻值的这种变化是由于其外部有并联电容器。为了能够对过压保护器进行更准确的检测，还可以将其从电路板上取下来，进行开路检测。在开路状态下，过压保护器的正、反向阻值都很大，如果阻值较小则说明该过压保护器本身已经损坏。

9.2.2 桥式整流堆的检测方法

桥式整流堆用于将输入电磁炉中的交流 220V 电压整流成 +300V 直流电压，为功率输出电路供电。若桥式整流堆损坏，则会引起电磁炉不开机、不加热、开机无反应等故障。

当怀疑电磁炉中的桥式整流堆异常时，可借助万用表检测桥式整流堆的输入、输出端电压值，根据检测结果判断桥式整流堆的好坏。

桥式整流堆的检测方法如图 9-7 所示。

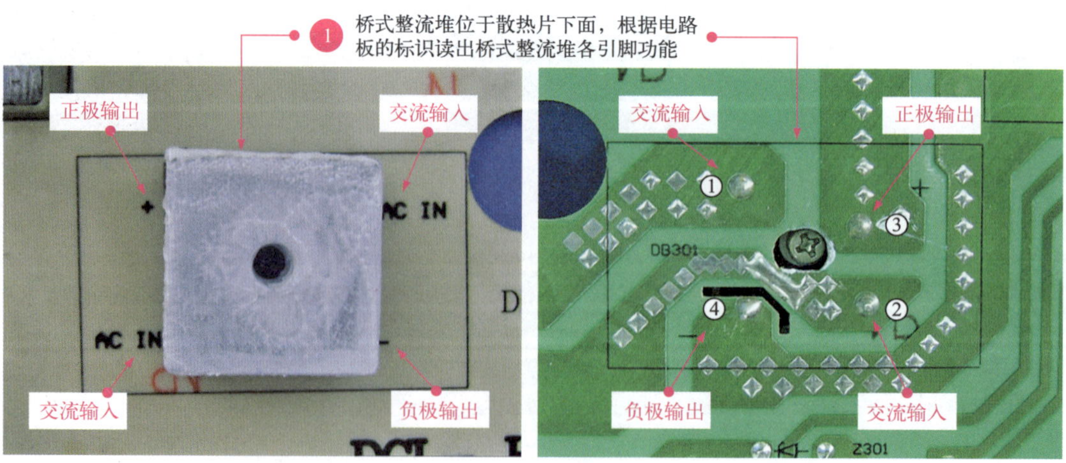

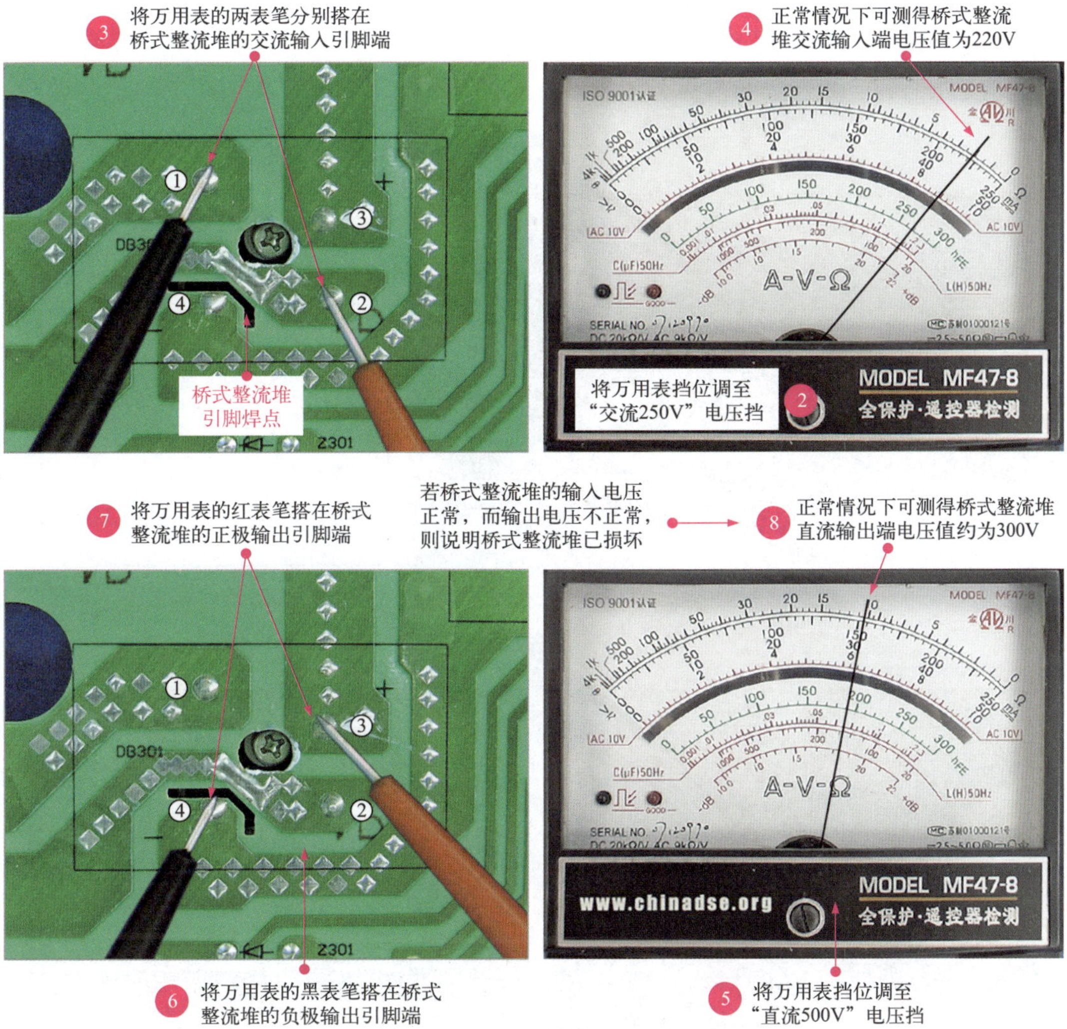

图9-7　桥式整流堆的检测方法

相关资料

检测桥式整流堆时，除了使用电压检测法对桥式整流堆进行检测外，还可使用电阻检测法判断桥式整流堆的好坏。电阻检测法是指对桥式整流堆的交流输入端和直流输出端的阻值进行检测。

检测后与正常桥式整流堆引脚间的阻值进行对比，若实测结果偏差较大，可怀疑桥式整流堆损坏，可将其从电路板中拆下后再次测量，以明确桥式整流堆是否存在故障。

9.2.3 降压变压器的检测方法

降压变压器是电磁炉中的电压变换元件，主要用于将交流 220V 电源进行降压，若降压变压器故障，将导致电磁炉不工作或加热不良等现象。

若怀疑电源变压器异常，可在通电的状态下，使用万用表检测其输入侧和输出侧的电压值以判断其好坏。

降压变压器的检测方法如图 9-8 所示。

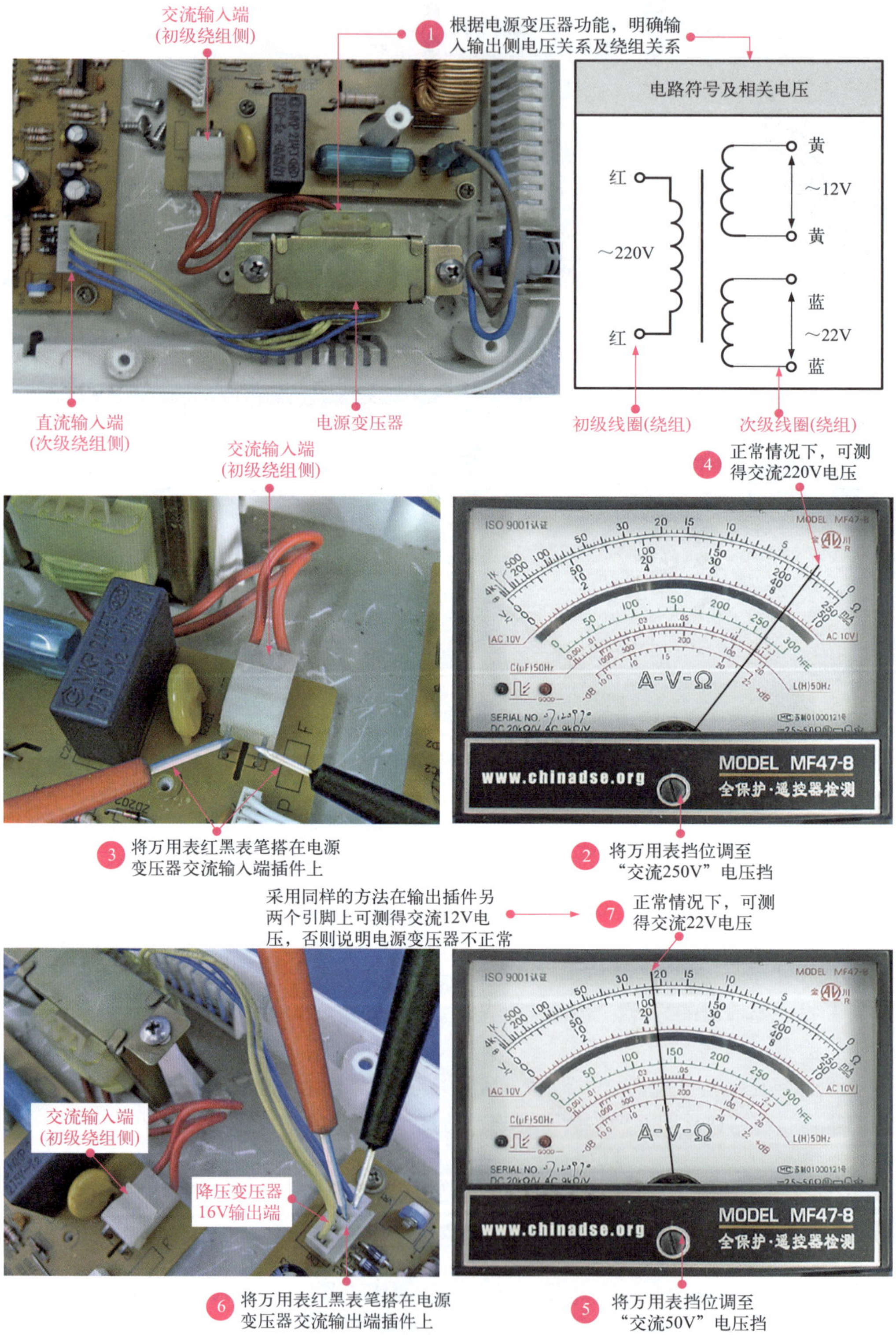

图9-8 降压变压器的检测方法

特别提示

若怀疑降压变压器异常，也可在断电的状态下，使用万用表检测其初级绕组之间、次级绕组之间以及初级绕组和次级绕组之间的电阻值来判断其好坏。

正常情况下，其初级绕组、次级绕组应均有一定阻值，初级绕组和次级绕组之间阻值应为无穷大，否则说明电源变压器损坏。

9.2.4 稳压二极管的检测方法

稳压二极管是电源供电电路中的稳压器件，主要是将电压值稳定在一定的数值中，若稳压二极管出现故障，将会导致电磁炉输出的低压直流不正常，造成主控电路或操作显示电路不能正常工作。

若怀疑稳压二极管异常，可在断电状态下，使用万用表检测稳压二极管的正反向阻值是否正常。

稳压二极管的检修方法如图 9-9 所示。

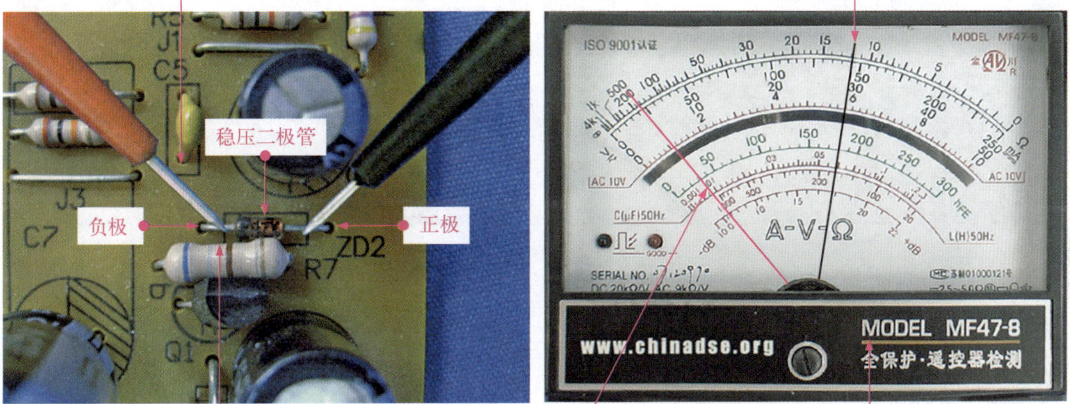

图9-9　稳压二极管的检修方法

9.2.5 三端稳压器的检测方法

在电源供电电路中三端稳压器与稳压二极管的功能类似，都是用于稳压。若三端稳压器出现故障，则电源供电电路无直流低压输出。

若怀疑三端稳压器异常，可以在通电状态下，使用万用表检测三端稳压器的输入、输出电压是否正常，若输入的电压正常，而输出电压不正常，则表明三端稳压器本身损坏。

三端稳压器的检修方法如图 9-10 所示。

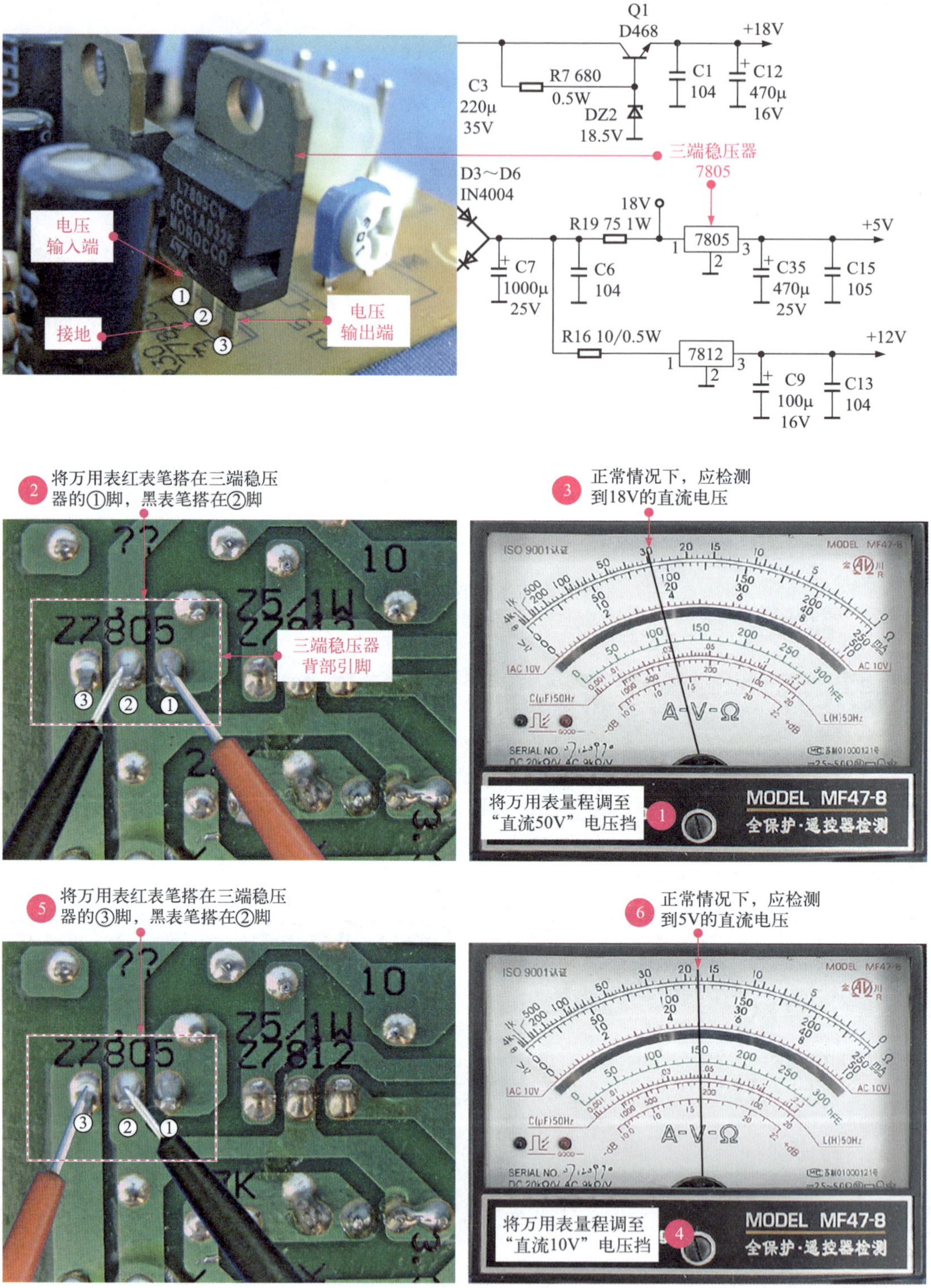

图9-10　三端稳压器的检修方法

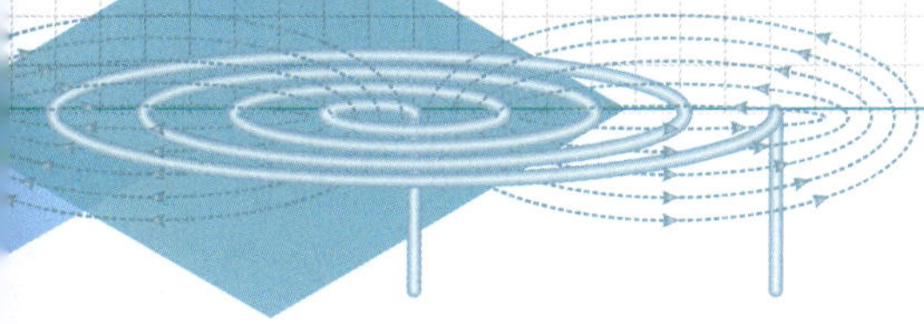

第 10 章 电磁炉功率输出电路的检修

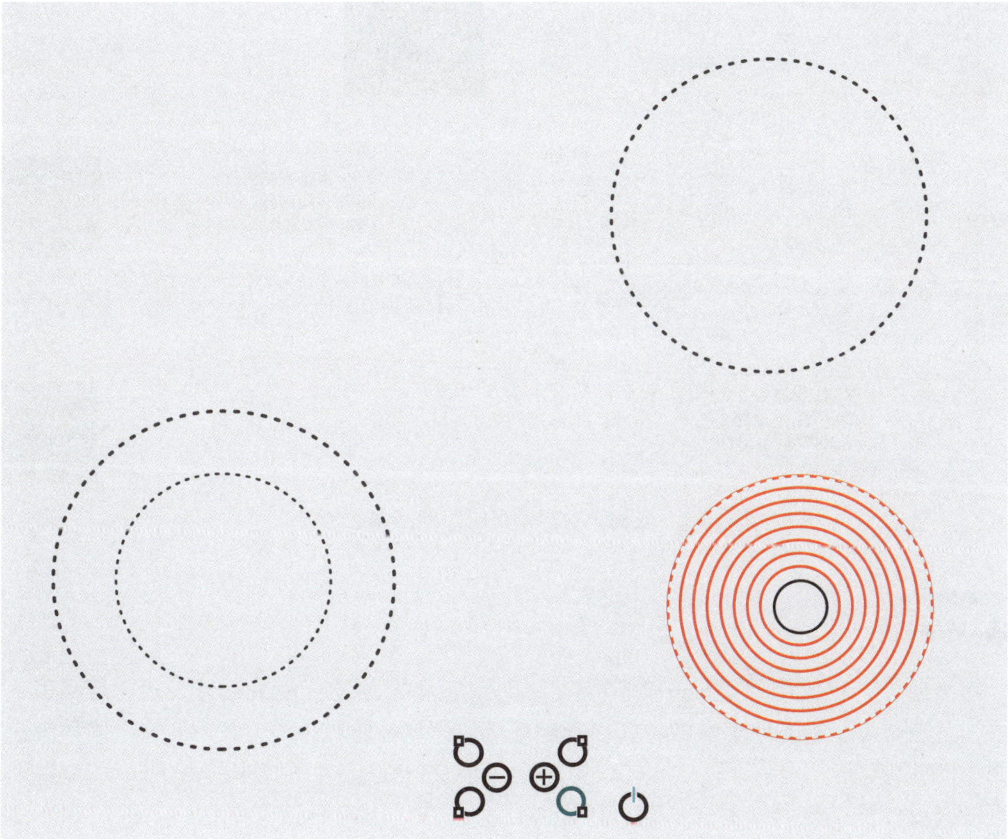

10.1 电磁炉功率输出电路的检修方案

电磁炉的功率输出电路作为电磁炉主要功能的体现单元，若出现异常情况将导致电磁炉工作异常。

10.1.1 电磁炉功率输出电路的检修流程

在电磁炉中，功率输出电路是实现电磁炉加热食物的关键电路。当功率输出电路出现故障时，常会引起电磁炉通电跳闸、不加热、烧熔断器、无法开机等现象，因此对功率输出电路进行检修时，可依据具体的故障表现分析出产生故障的原因；并根据功率输出电路的控制关系，按功率输出电路的信号流程，分析产生故障的原因，整理出基本的检修方案。根据检修方案对电路进行检测和排查，最终排除故障。

图 10-1 所示为电磁炉功率输出电路的基本检修方案。

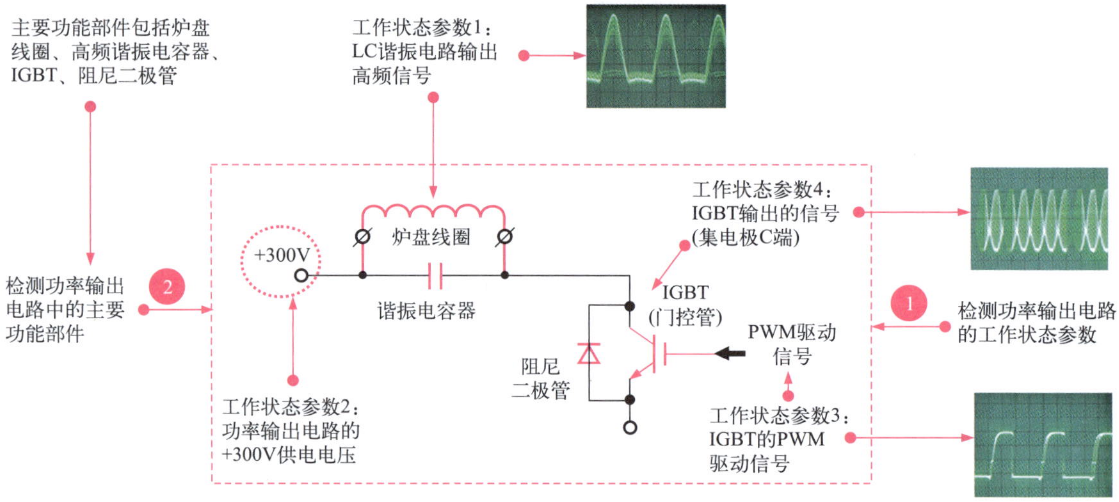

图10-1　电磁炉功率输出电路的基本检修方案

特别提示

综上所述，检修电磁炉的功率输出电路时，总体思路为：借助检修仪表（万用表、示波器）首先对电路中的动态参数，如供电电压值、PWM 驱动信号、IGBT 输出信号等进行检测（即检测电路），当所测参数异常时，说明相关的电路部件可能未进入工作状态或损坏，即可根据具体测试结果，首先排查外围电路部分；在外围电路正常前提下，即可对所测电路范围内的主要部件进行检测，如炉盘线圈、高频谐振电容器、IGBT、阻尼二极管（即检测部件），找出损坏元件，修复或替换后排除故障。

10.1.2 电磁炉功率输出电路的关键检测点

功率输出电路正常工作需要基本的供电条件和驱动信号条件，只有这些条件均满足的前提下才能够工作，否则即使电路本身正常，也无法实现电路功能。

对电磁炉功率输出电路主要参数进行检测，包括检测 LC 谐振电路产生高频信号、电路的 300V 供电电压、主控电路送给 IGBT 的 PWM 驱动信号以及 IGBT 正常工作后输出的信号等。

(1) LC 谐振电路产生高频信号的检测方法

LC 谐振电路产生高频信号是使电磁炉能够正常工作的关键信号，若该信号正常，则功率输出电路工作正常；若无该信号，则说明功率输出电路工作失常，可能为电路未进入工作状态或电路损坏，可进一步检测其电路中其他信号判断电路状态。

一般检测 LC 谐振电路是否正常工作，可采用示波器感应法进行检测。

典型电磁炉功率输出电路中 LC 谐振信号的检测方法如图 10-2 所示。

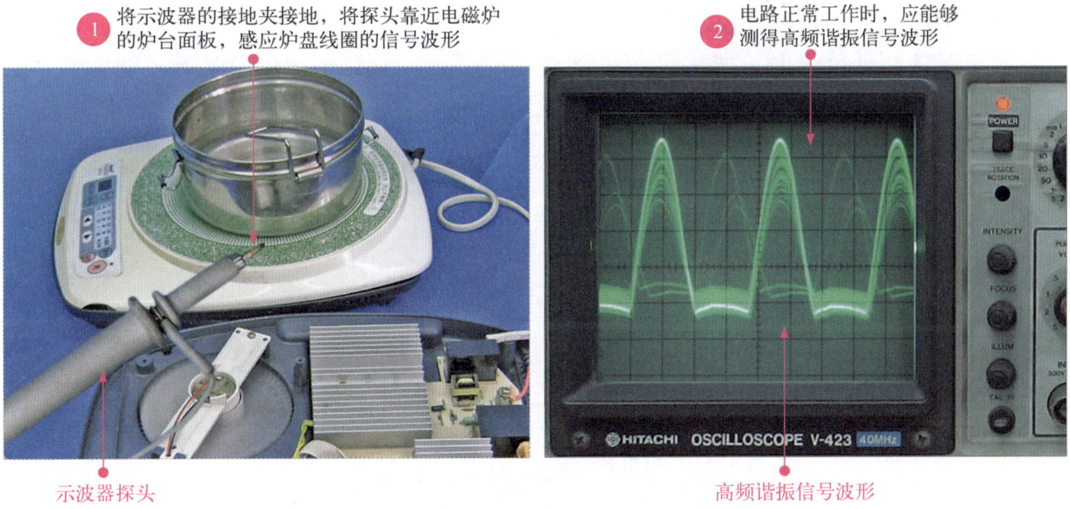

图10-2　LC谐振信号的检测方法

接通电磁炉电源，使用示波器探头靠近台面感应炉盘线圈处的信号，正常情况下应检测到高频信号波形。若检测不到高频信号波形时，说明 LC 谐振电路以及相关的元件可能发生损坏，应当对炉盘线圈和高频谐振电容器分别进行检测。

(2) 炉盘线圈 +300V 供电电压的检测方法

若检测 LC 谐振电路无高频信号输出时，首先怀疑功率输出电路未进入工作状态，此时，应重点对该电路的工作条件进行检测，这里我们首先检测炉盘线圈的 +300V 供电电压。

功率输出电路出现故障时，应先对该电路中的供电电压进行检测。正常情况下，功率输出电路应有 +300V 的供电电压，可借助万用表进行检测。

典型电磁炉功率输出电路中炉盘线圈 +300V 供电电压的检测方法如图 10-3 所示。

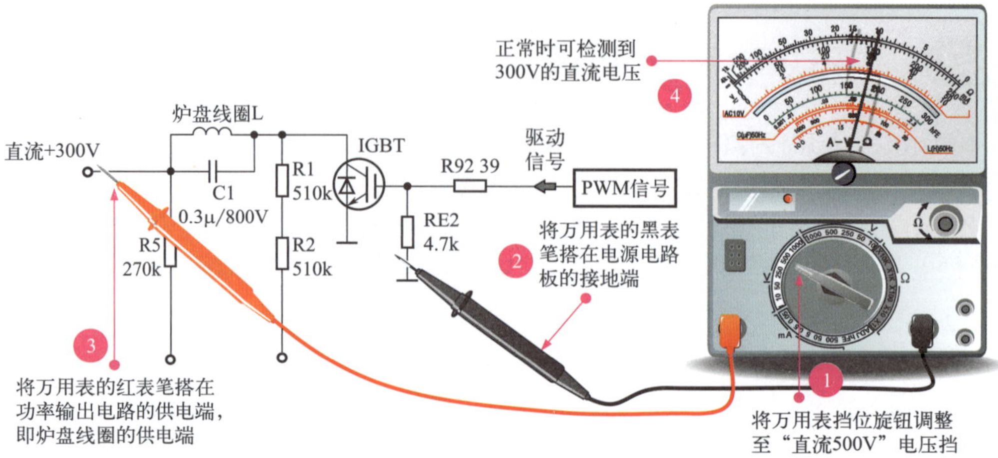

图10-3　炉盘线圈+300V供电电压的检测方法

（3）PWM驱动信号的检测方法

电磁炉功率输出电路正常工作需要主控电路为IGBT提供PWM驱动信号，该信号也是使功率输出电路进入工作状态的必要条件。

检测PWM驱动信号时，可借助示波器检测前级主控电路输出的PWM驱动信号，也可在IGBT的G极进行检测，若该信号正常，说明主控电路部分工作正常；若无PWM驱动信号，应对主控电路部分进行检测。

典型电磁炉功率输出电路中IGBT的G极上PWM驱动信号的检测方法如图10-4所示。

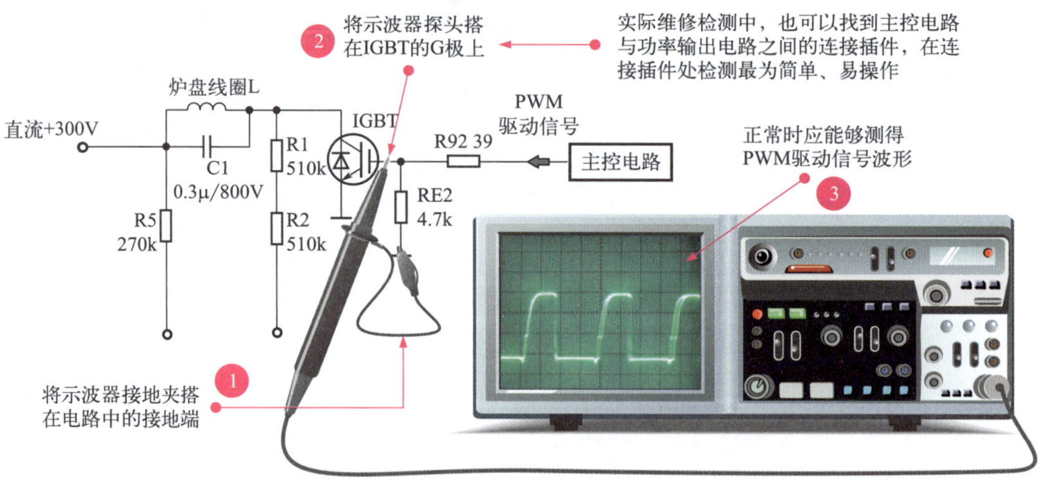

图10-4　IGBT的G极上PWM驱动信号的检测方法

特别提示

由于电磁炉电路与交流火线没有电气隔离，检测电磁炉信号波形时应使用隔离变压器隔离后，再连接电磁炉电路。

（4）IGBT 输出信号的检测方法

若功率输出电路中 PWM 驱动信号、供电电压均正常的情况下，故障依然存在，则需要对 IGBT 输出的信号波形进行检测。

对功率输出电路中 IGBT 输出的信号波形进行检测时，由于 IGBT 输出信号的幅度比较高，而且与交流火线有隔离，不能用示波器直接检测，通常采用非接触式的感应法。使用示波器探头靠近散热片感应 IGBT 处的信号波形，正常情况下应当检测到 IGBT 感应信号。

典型电磁炉功率输出电路中 IGBT 输出信号的检测方法如图 10-5 所示。

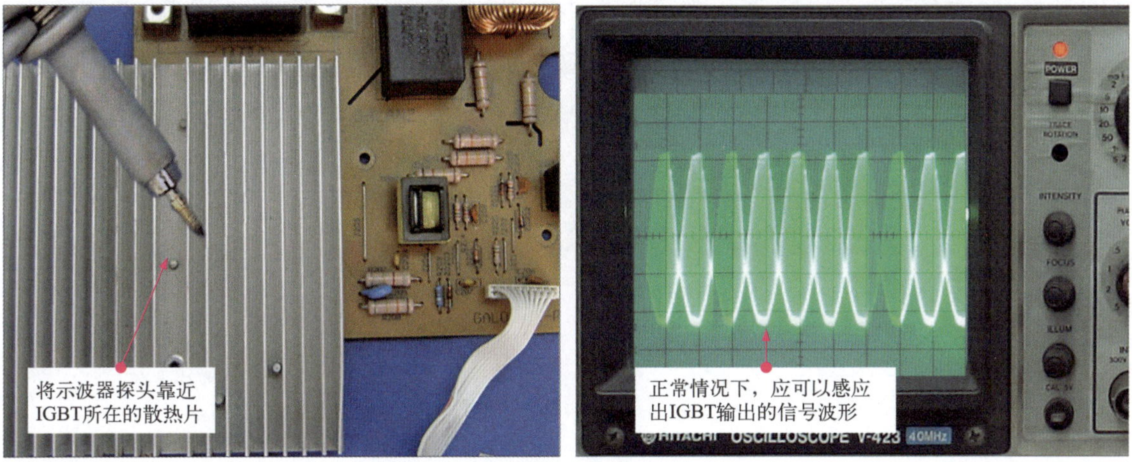

图10-5　IGBT输出信号的检测方法

10.2 电磁炉功率输出电路的检修方法

若在上述检测中，电路中参数异常或无任何动态参数输出，或电磁炉因损坏严重无法进行通电测试时，应针对电路中的主要组成部件进行检测，如炉盘线圈、高频谐振电容器、IGBT、阻尼二极管等，通过排查各个组成部件的好坏，找到故障点，排除故障。

10.2.1 炉盘线圈的检测方法

炉盘线圈是电磁炉中的电热部件，是该类产品中实现电能转换成热能的关键器件。若炉盘线圈损坏，将直接导致电磁炉无法加热。

怀疑炉盘线圈异常时，可借助万用表测炉盘线圈阻值，判断炉盘线圈是否损坏。

用万用表检测典型电磁炉中炉盘线圈的操作方法如图 10-6 所示。

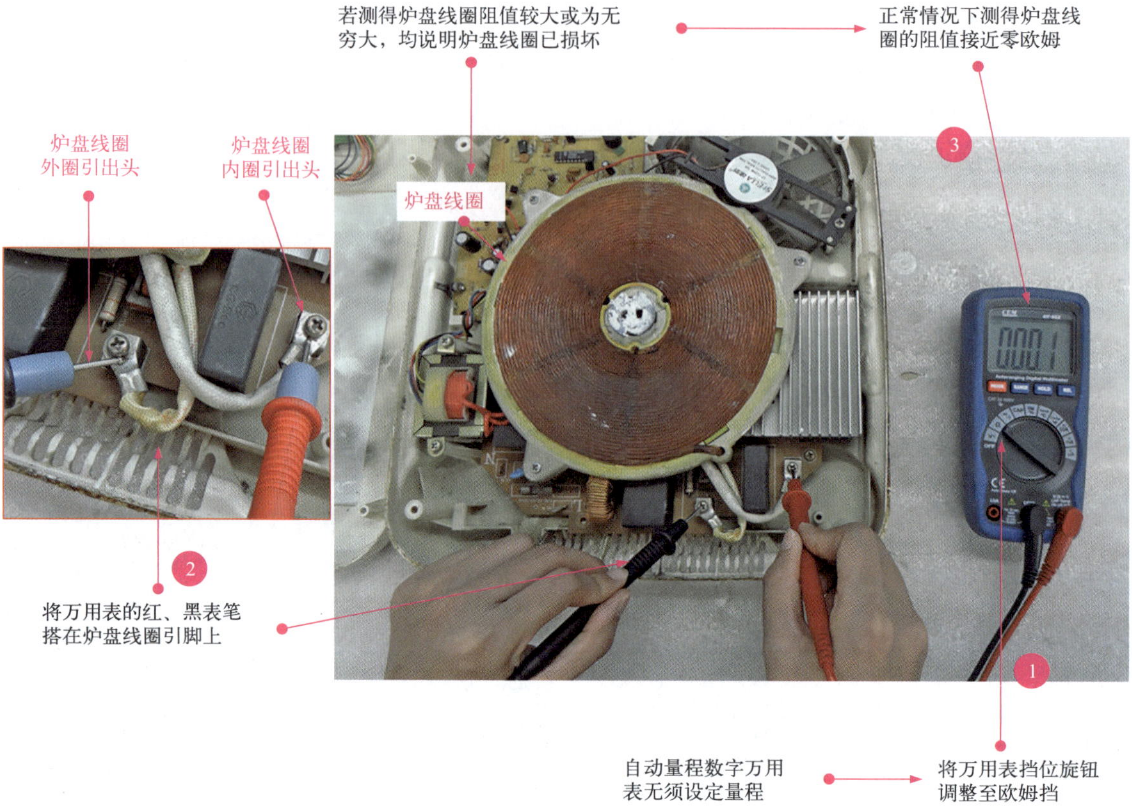

图10-6　炉盘线圈的检测方法

特别提示

在维修实践中，炉盘线圈损坏的概率很小，但需要注意的是炉盘线圈背部的磁条部分可能受外界因素影响出现裂痕或损坏，若磁条存在漏电短路情况，将无法修复，只能将其连同炉盘线圈整体更换。

根据维修经验，若更换炉盘线圈，最好将炉盘线圈配套的谐振电容一起更换，以保证炉盘线圈和谐振电容构成的 LC 谐振电路的谐振频率不变。

相关资料

检查电磁炉炉盘线圈时，除可用万用表检测线圈阻值的方法外，也可借助数字万用表电感测量挡位测量炉盘线圈的电感来判断其好坏，如图 10-7 所示。目前，电磁炉炉盘线圈的电感主要有 137μH、140μH、175μH、210μH 等几种规格。

图10-7　炉盘线圈电感的检测方法

10.2.2　高频谐振电容的检测方法

高频谐振电容与炉盘线圈构成 LC 谐振电路，若谐振电容损坏，电磁炉无法形成振荡回路，因此当谐振电容损坏时，电磁炉将出现加热功率低、不加热、击穿 IGBT 等故障。

怀疑高频谐振电容器异常时，一般可用数字万用表的电容量测量挡检测其电容量，将实测电容量值与标称值相比较来判断高频谐振电容器的好坏。

典型电磁炉中高频谐振电容的检测方法如图 10-8 所示。

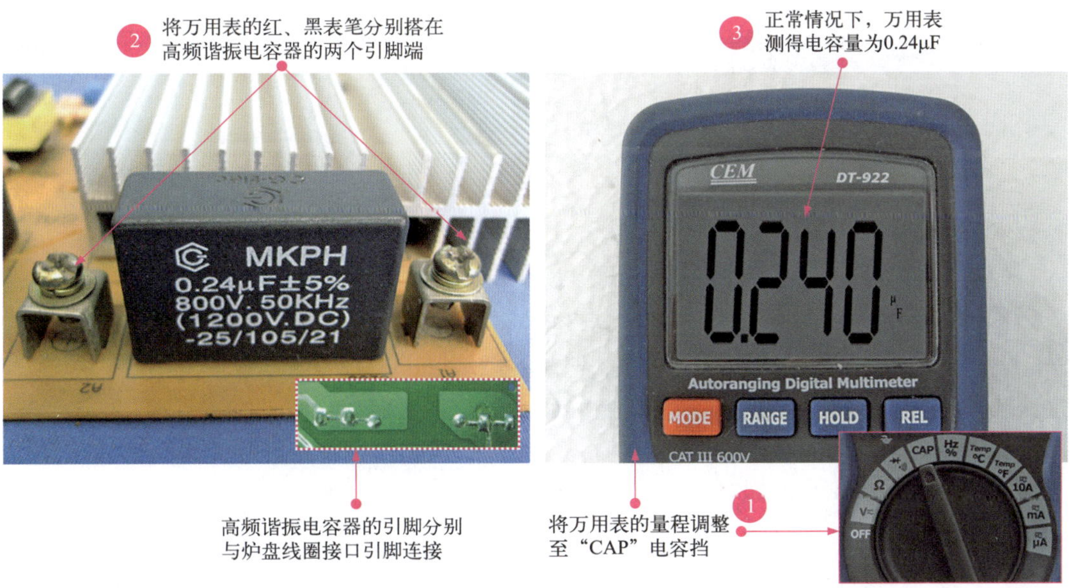

图10-8　高频谐振电容器的检测方法

10.2.3 IGBT 的检测方法

IGBT 用于控制炉盘线圈的电流，即在高频脉冲信号的驱动下使流过炉盘线圈的电流形成高速开关电流，并使炉盘线圈与并联电容形成高压谐振。也正是由于其工作环境特性，IGBT 是电磁炉中损坏率最高的元件之一。若 IGBT 损坏，电磁炉将出现开机跳闸、烧保险、无法开机或不加热等故障。

若怀疑 IGBT 异常，可借助万用表进行检测，即通过检测 IGBT 各引脚间的正反向阻值，来判断 IGBT 的好坏。

典型电磁炉中 IGBT 的检测方法如图 10-9 所示。

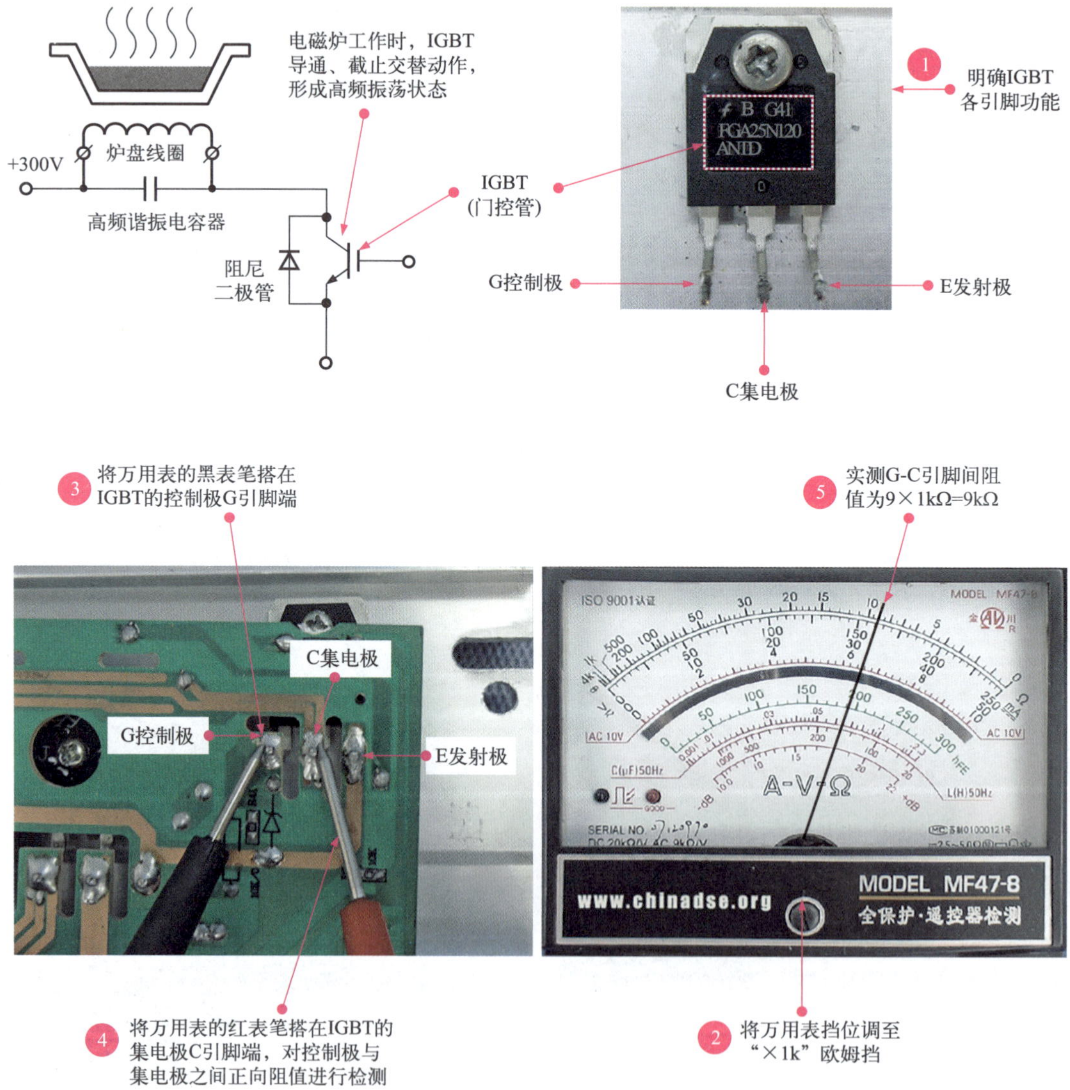

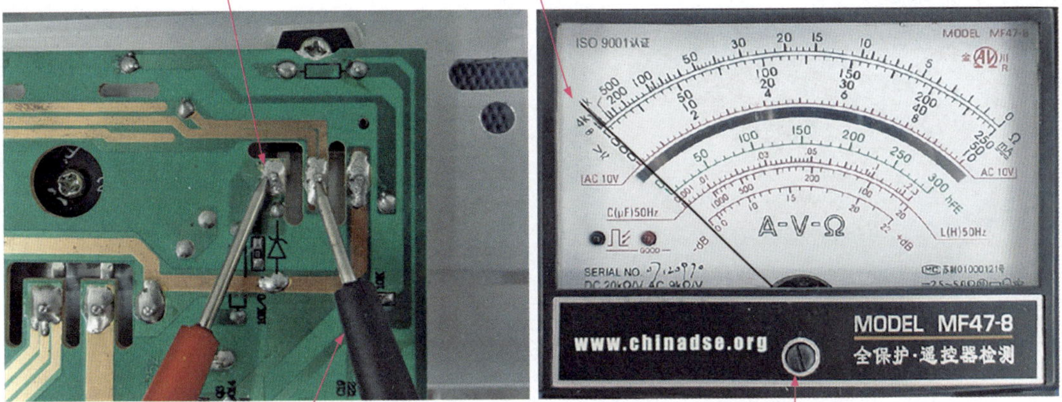

图10-9　IGBT的检测方法

特别提示

正常情况下，在检测 IGBT 时，控制极与集电极之间正向阻值为 9kΩ 左右，反向阻值为无穷大；控制极与发射极之间正向阻值为 3kΩ、反向阻值为 5kΩ 左右，若实际检测时发现检测值与正常值有很大差异，则说明该 IGBT 损坏。

另外，有些 IGBT 内部集成有阻尼二极管，因此检测集电极与发射极之间的阻值受内部阻尼二极管的影响，发射极与集电极之间二极管的正向阻值为 3kΩ，反向阻值为无穷大。而单独 IGBT 集电极与发射极之间的正反向阻值均为无穷大。

10.2.4　阻尼二极管的检测方法

在设有独立的阻尼二极管的功率输出电路中，若阻尼二极管损坏，极易引起 IGBT 击穿损坏，因此，在该电路的检测过程中，对阻尼二极管进行检测也是十分重要的。

典型电磁炉中阻尼二极管的检测方法如图 10-10 所示。

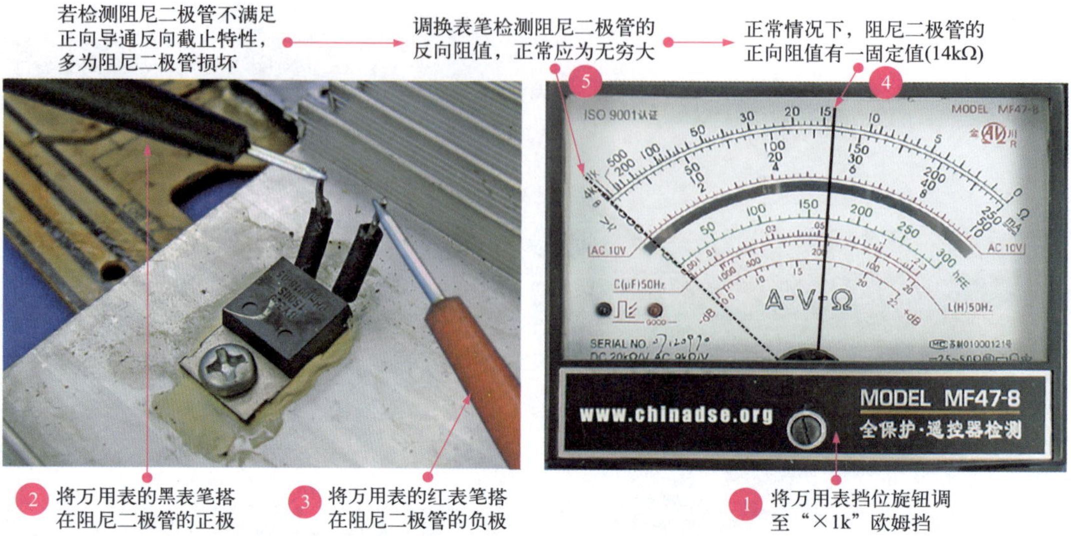

图10-10　阻尼二极管的检测方法

特别提示

阻尼二极管是保护IGBT（门控管）在高反压情况下不被击穿损坏的保护元器件，阻尼二极管损坏后，IGBT（门控管）很容易损坏。如发现阻尼二极管损坏，必须及时更换。且当发现IGBT损坏后，在排除故障时，还应检测阻尼二极管是否损坏，若损坏需要同时更换，否则即使更换IGBT，也很容易再次损坏，引发故障。

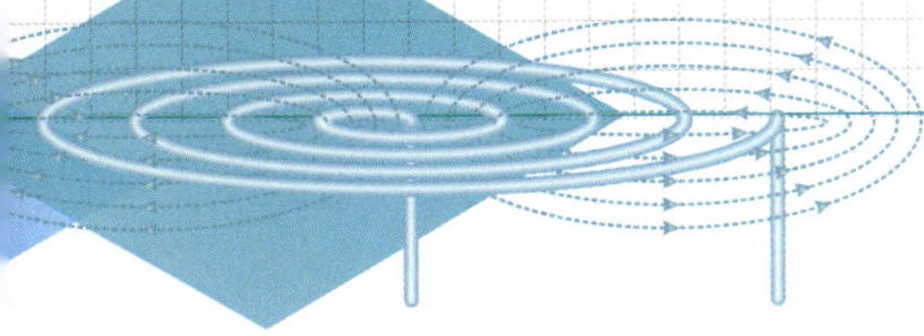

第 11 章
电磁炉主控电路的检修

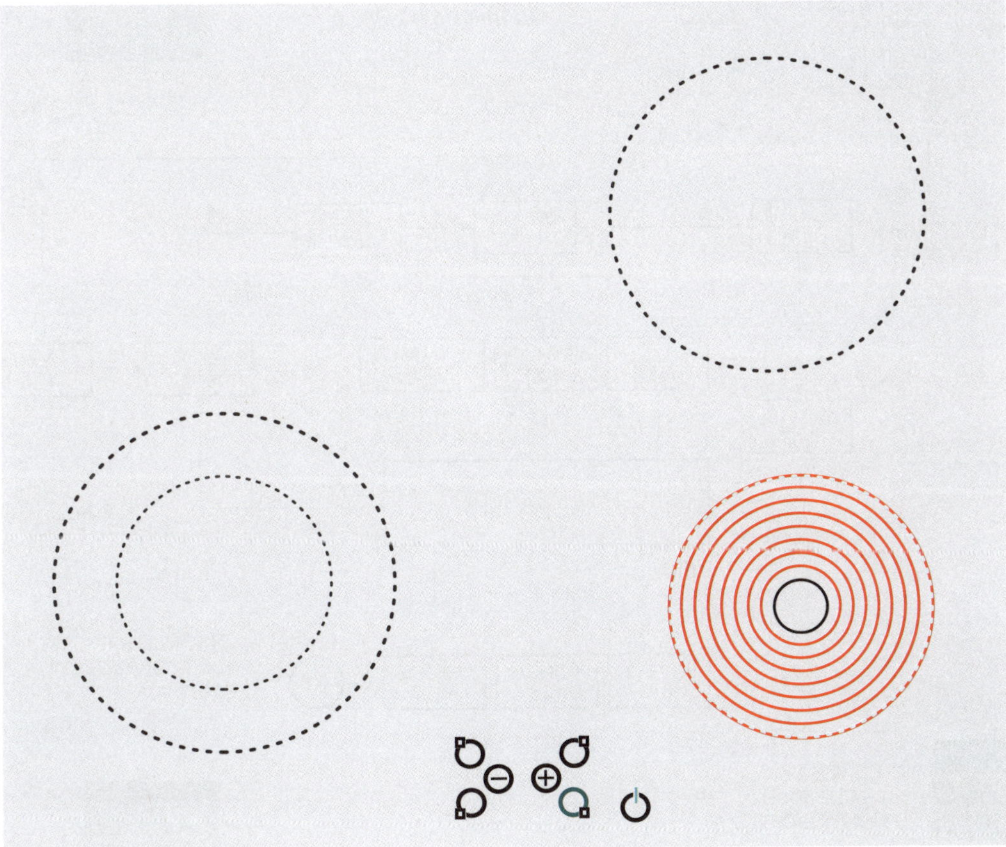

11.1 电磁炉主控电路的检修方案

电磁炉的主控电路作为电磁炉的控制核心，若出现异常情况将导致电磁炉控制功能失常。

11.1.1 电磁炉主控电路的检修流程

在电磁炉中，主控电路是实现电磁炉整机功能自动控制的关键电路。当主控电路出现故障时，常会引起电磁炉不开机、不加热、无锅不报警等故障，因此对主控电路进行检修时，可依据具体的故障表现分析出产生故障的原因，并根据主控电路的控制关系，按主控电路的信号流程，分析产生故障的原因，整理出基本的检修方案，根据检修方案对电路进行检测和排查，最终排除故障。

图 11-1 所示为电磁炉主控电路的基本检修方案。

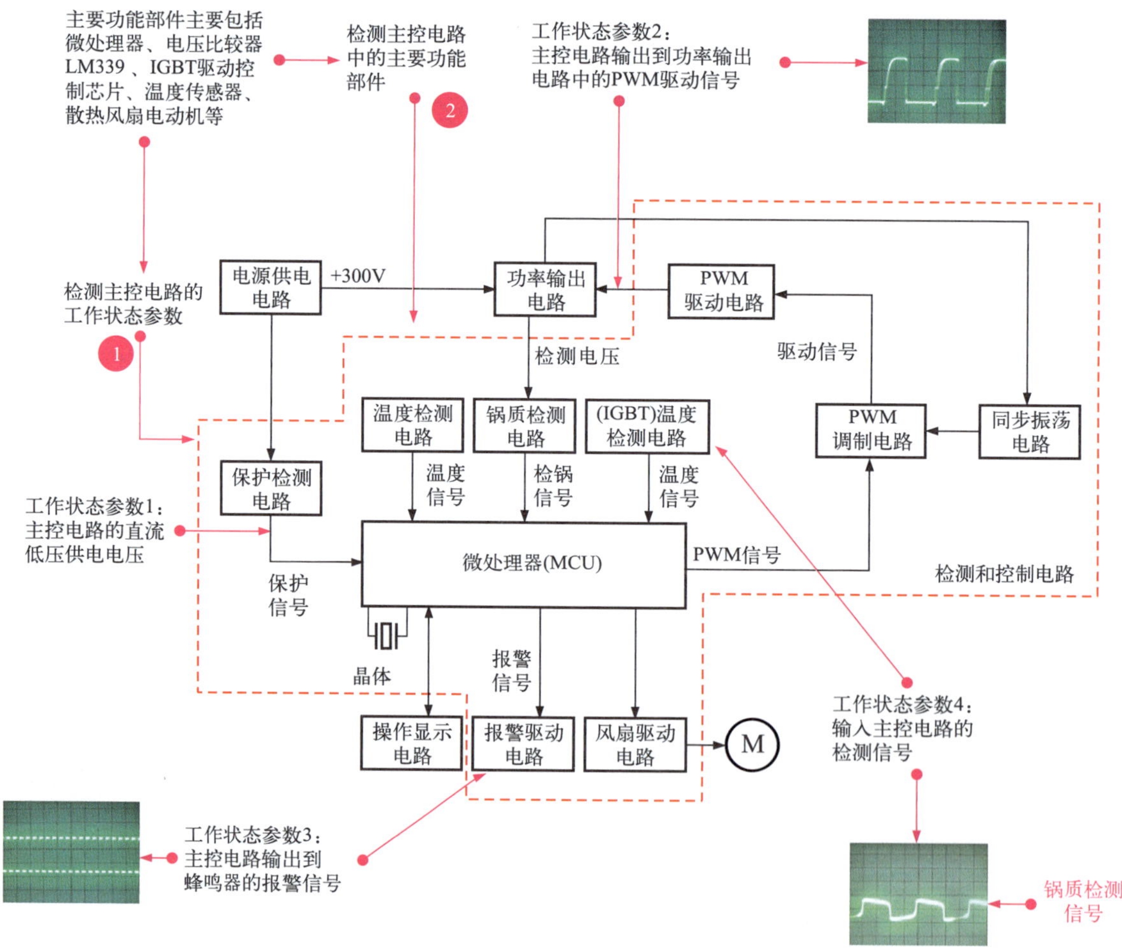

图11-1　电磁炉主控电路的基本检修方案

特别提示

综上所述，检修电磁炉的主控电路时，总体思路为：借助检修仪表（万用表、示波器）首先对电路中的动态参数，如电路中关键部位电压值、微处理器输出的控制信号、PWM 驱动信号等进行调整，当所测参数异常时，说明相关的电路部件可能未进入工作状态或损坏，即可根据具体测试结果，先排查关联电路部分；在外围电路正常前提下，即可对所测电路范围内的主要部件进行检测，如微处理器、电压比较器 LM339、温度传感器、散热风扇电动机等，找出损坏元件，修复和替换后排除故障。

11.1.2 电磁炉主控电路的关键检测点

主控电路正常工作需要基本的工作条件，只有在这些条件均满足的前提下才能够工作，否则即使电路本身正常，也无法实现电路功能。

对电磁炉主控电路主要参数进行检测，包括检测主控电路中各种驱动信号（即主控电路中的主要控制信号）、电路供电电压等。

(1) 主控电路中各种驱动信号的检测方法

在电磁炉主控电路中，微处理器输出的驱动信号贯穿电磁炉整个电路，主控电路对整机的控制功能都是通过这些信号实现的，因此，判断主控电路是否正常，可首先检测电路中这些控制信号是否正常，如微处理器输入功率输出电路中的 PWM 驱动信号、散热风扇驱动信号、蜂鸣器驱动信号、锅质检测信号、温度检测信号等。

下面以主控电路输入功率输出电路中的 PWM 驱动信号为例介绍检测方法。

检测主控电路输出的 PWM 驱动信号，一般可采用示波器检测法，即将示波器探头搭在主控电路的 PWM 信号输出端引脚上，正常情况下，应能够检测到相应的信号波形。

典型电磁炉中主控电路输出的 PWM 驱动信号的检测方法如图 11-2 所示。

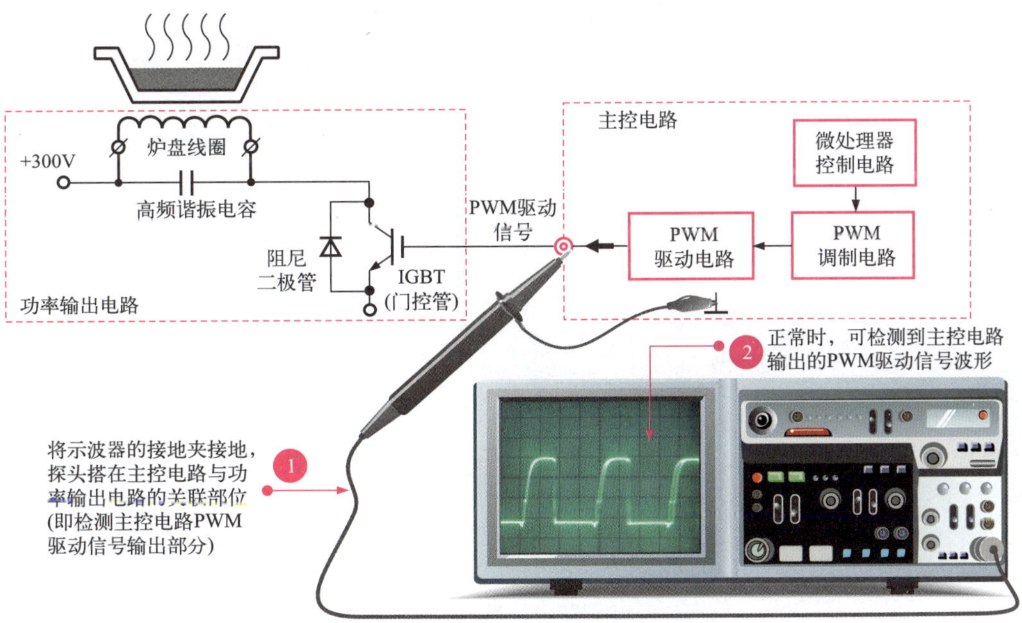

图11-2　典型电磁炉中主控电路输出的PWM驱动信号的检测方法

相关资料

在电磁炉主控电路中，采用同样的方法在微处理器相关引脚上、主控电路中其他功能电路输出端也可测得各种控制或驱动信号，如 PWM 控制信号、蜂鸣器驱动信号，也可测得送入的检测信号，如锅质检测信号等波形，如图 11-3 所示。

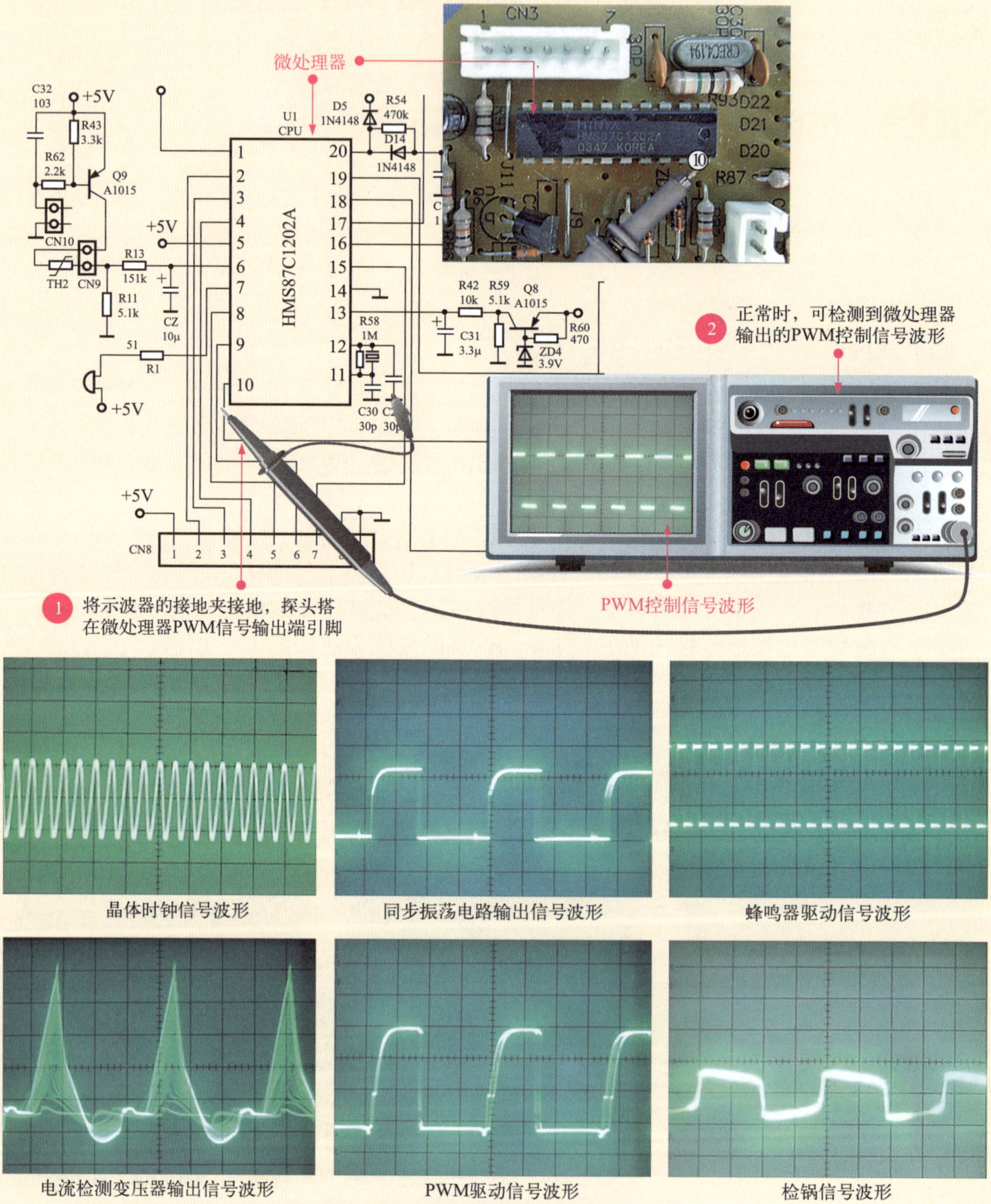

图11-3　电磁炉主控电路中的其他信号

（2）主控电路中关键部位电压值的检测方法

若主控电路无驱动信号输出时，首先怀疑主控电路未进入工作状态，此时，应重点对该电路的工作条件进行检测，这里我们首先检测主控电路直流供电电压。

正常情况下，电磁炉中的电源供电电路为主控电路提供 5V、16V、18V 直流电压，可用万用表在主控电路供电插件处进行检测，若电压正常，说明主控电路的基本供电条件正常；若无电压，则应检测电源供电电路部分。

典型电磁炉主控电路中直流供电电压的检测方法如图 11-4 所示。

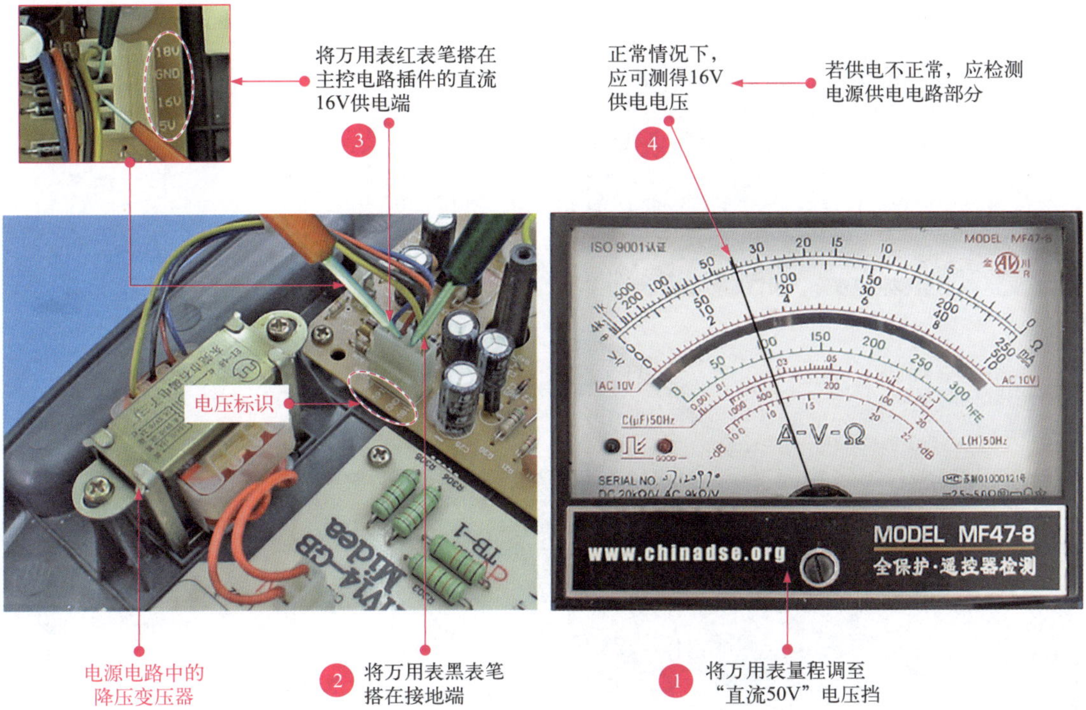

图11-4　典型电磁炉主控电路中直流供电电压的检测方法

11.2 电磁炉主控电路的检修方法

若在上述检测中，电路中参数异常或无任何动态参数输出，或电磁炉因损坏严重无法进行通电测试时，应针对电路中的主要组成部件进行检测，如微处理器、电压比较器 LM339、PWM 信号驱动芯片、温度传感器、散热风扇电动机等，通过排查各个组成部件的好坏，找到故障点，排除故障。

11.2.1 微处理器的检测方法

微处理器在主控电路中乃至电磁炉整机中，都是非常重要的器件。微处理器损坏将直接导致电磁炉不开机、控制失常等故障。

一般怀疑微处理器异常时，可使用万用表对其基本工作条件进行检测，即检测供电电压、复位电压和时钟信号，若在满足三大工作条件的前提下，微处理器不工作，则多为微处理器本身损坏。

典型电磁炉主控电路中微处理器的检测方法如图 11-5 所示。

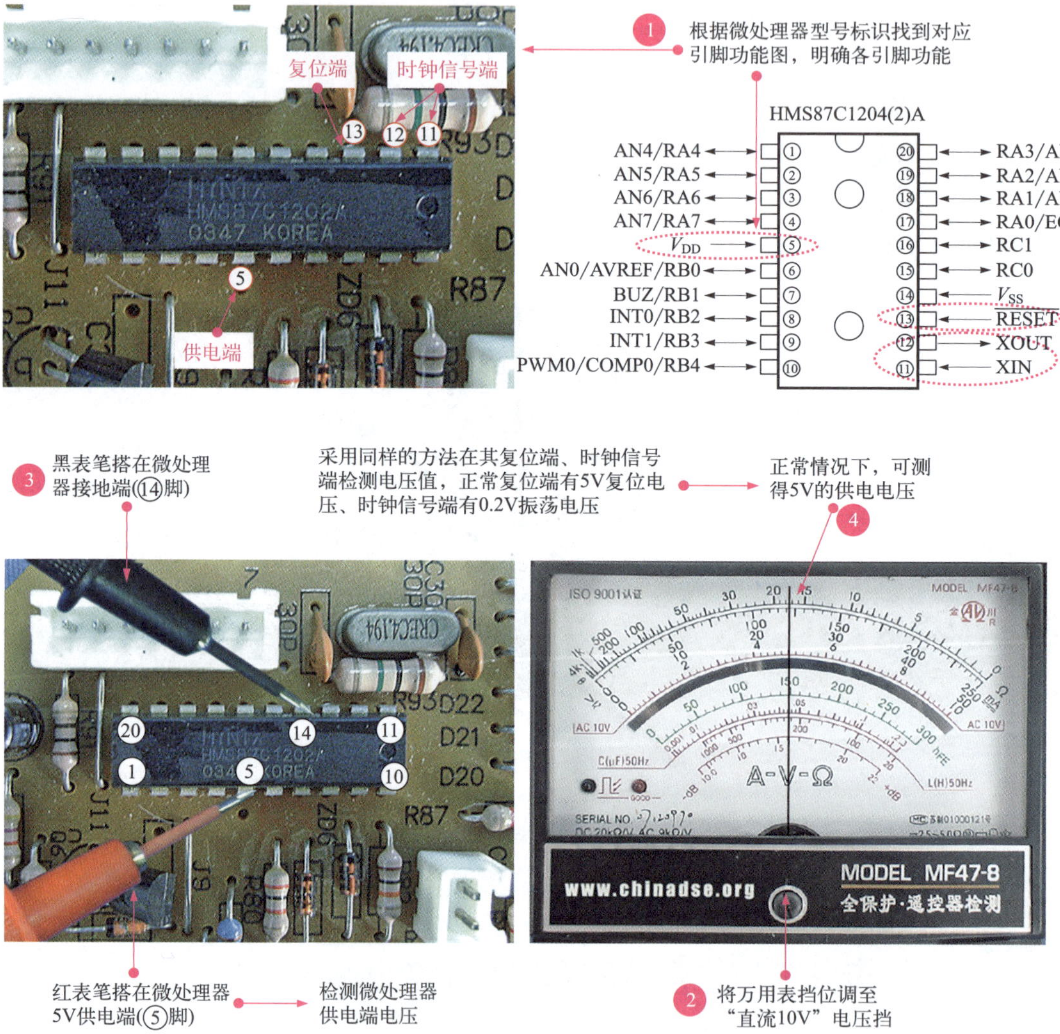

图11-5　典型电磁炉主控电路中微处理器的检测方法

11.2.2 电压比较器 LM339 的检测方法

电压比较器 LM339 可应用在电磁炉中的浪涌保护电路、PWM 调制电路、锅质检测电路等电路中，所以在确保供电、微处理器输出的信号均正常的情况下，还应对电压比较器 LM339 的输出信号进行检测。若该元件异常将引起电磁炉不加热或加热异常等故障。

当怀疑电压比较器异常时，通常可在断电条件下用万用表检测各引脚对地阻值的方法判断好坏。

典型电磁炉中电压比较器 LM339 的检测方法如图 11-6 所示。

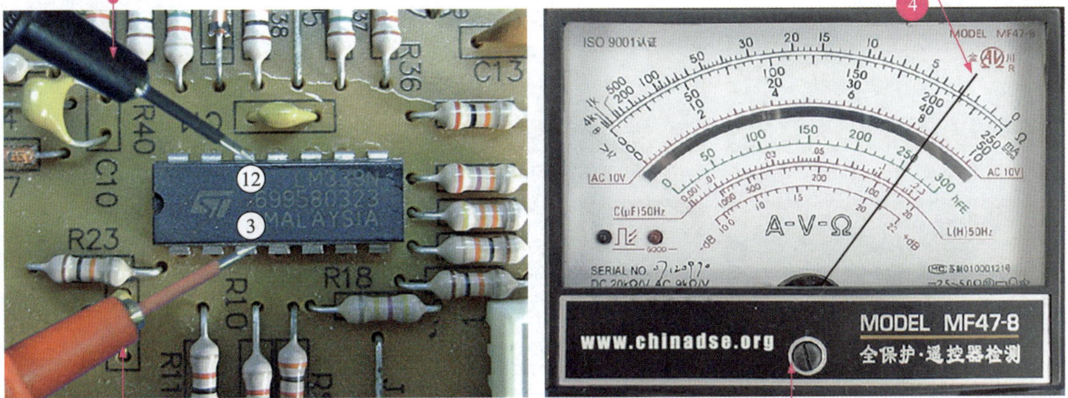

图11-6　典型电磁炉中电压比较器LM339的检测方法

将实测结果与正常值相比较，若偏差较大，则多为电压比较器内部损坏。一般情况下，若电压比较器引脚对地阻值未出现多组数值为零或为无穷大的情况，基本属于正常。

相关资料

通过检测，典型电压比较器的各引脚对地阻值见表 11-1。

表 11-1　典型电压比较器 LM339 的各引脚对地阻值

引脚	对地阻值/kΩ	引脚	对地阻值/kΩ	引脚	对地阻值/kΩ	引脚	对地阻值/kΩ
①	7.4	⑤	7.4	⑨	4.5	⑬	5.2
②	3	⑥	1.7	⑩	8.5	⑭	5.4
③	2.9	⑦	4.5	⑪	7.4		
④	5.5	⑧	9.4	⑫	0		

特别提示

除用万用表检测电压比较器 LM339 对地阻值的方法外，也可在通电状态下，用示波器检测电压比较器输入或输出端引脚的检测信号或驱动信号波形来判断其好坏。电压比较器应用于不同电路中，输出端引脚输出信号波形也不同。正常情况下，若电压比较器供电电压正常，输入信号正常，而无输出则多为电压比较器本身损坏。

图 11-7 所示为典型电磁炉中电压比较器 LM339 主要引脚处的实测波形。

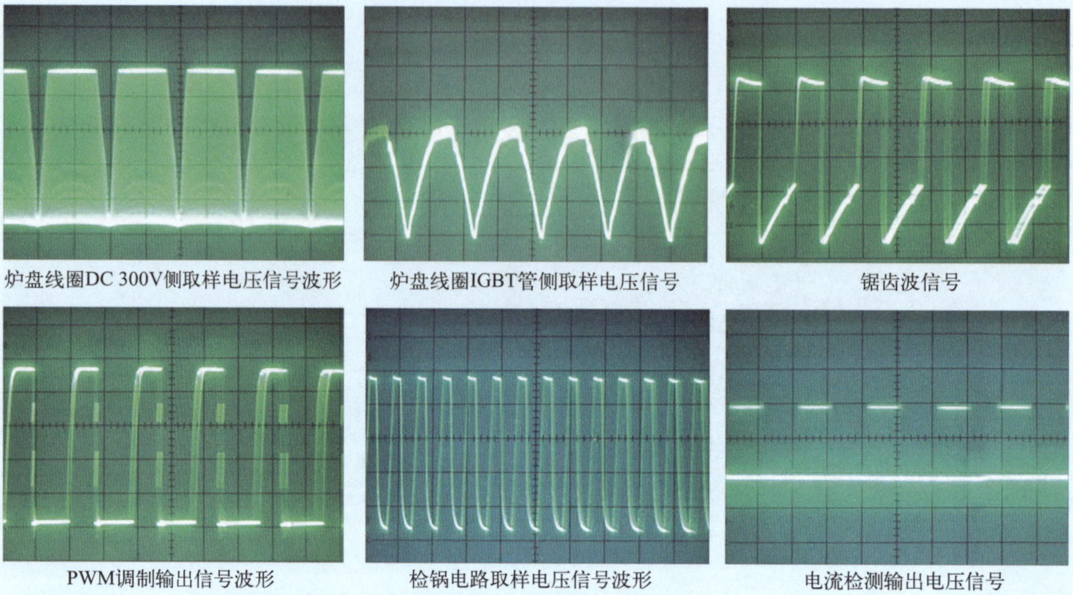

图11-7 典型电磁炉中电压比较器LM339主要引脚处的实测波形

11.2.3 PWM 信号驱动芯片的检测方法

PWM 信号驱动芯片是 IGBT 截止和接通状态的驱动控制电路，若该芯片异常将导致 IGBT 不工作，进而引起电磁炉开机不加热。

对 PWM 信号驱动芯片进行检测，一般可在通电状态下检测其供电电压和输入、输出端驱动信号，若供电正常，输入信号也正常，而无驱动信号输出，则说明芯片已损坏。

典型电磁炉中 PWM 信号驱动芯片的检测方法如图 11-8 所示。

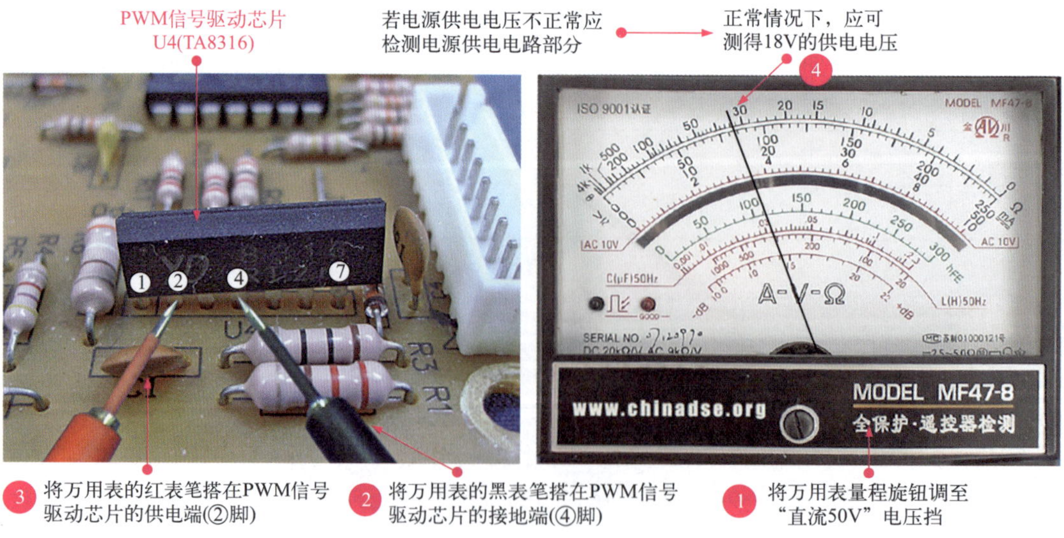

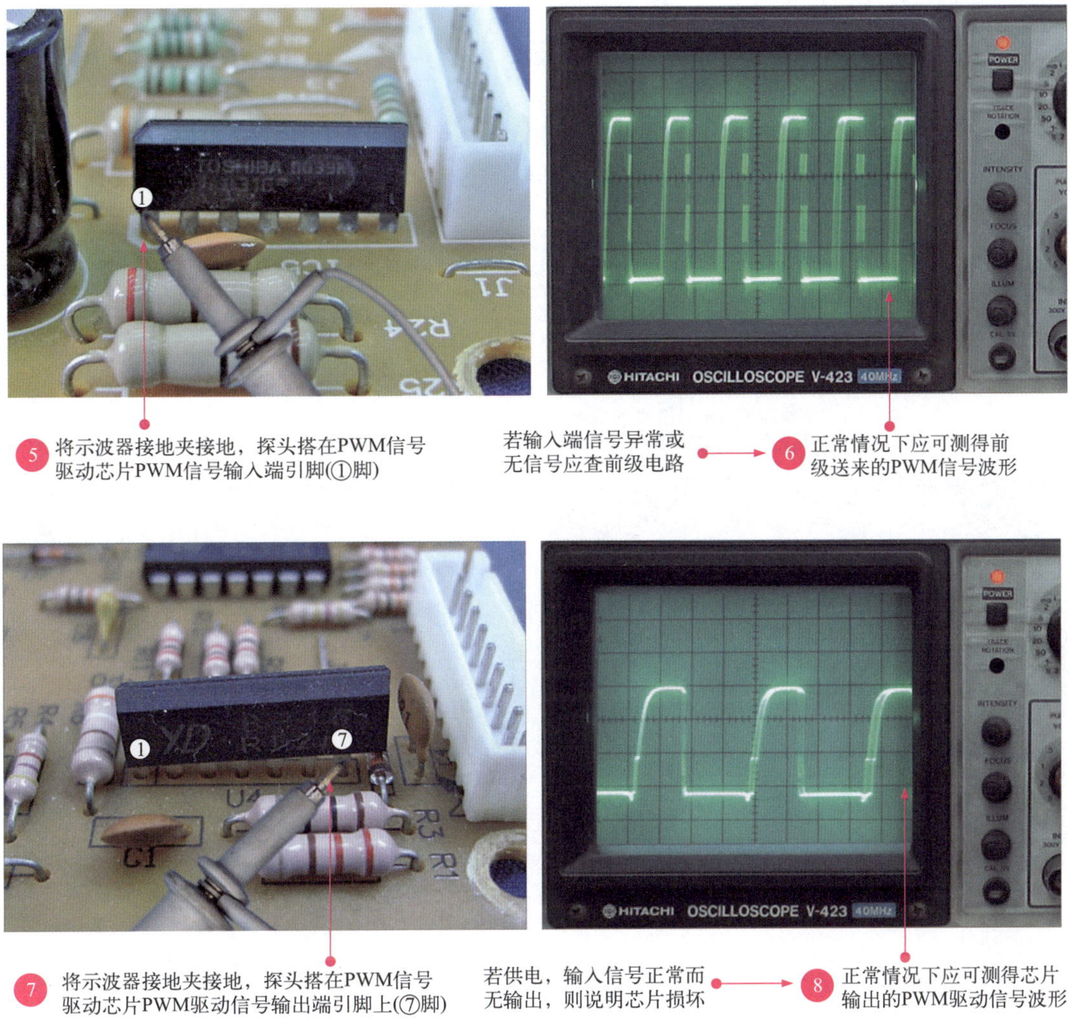

图11-8　典型电磁炉中PWM信号驱动芯片的检测方法

相关资料

此外，也可采用检测 PWM 信号驱动芯片 TA8316 各引脚正向和反向对地阻值的方法来判断好坏，正常情况下 TA8316 各引脚的对地阻值见表 11-2。

表 11-2　PWM 信号驱动芯片 U4（TA8316）各引脚的对地阻值

引脚号	正向阻值/kΩ	反向阻值/kΩ	引脚号	正向阻值/kΩ	反向阻值/kΩ
①	2.5	2.5	⑤	6.5	32
②	5.5	27	⑥	6.5	32
③	6	28	⑦	6.5	32
④	0	0			

11.2.4 温度传感器的检测方法

在电磁炉中温度传感器实际就是热敏电阻器，该器件具有随温度变化自身阻值也变化的特点，是温度检测电路中的关键元件，若该元件异常可能导致电磁炉无法实现过热保护功能。

对温度传感器进行检测，一般可在改变温度条件下检测其阻值变化情况来判断其好坏，下面以炉面温度传感器为例进行介绍。

典型电磁炉中炉面温度传感器的检测方法如图 11-9 所示。

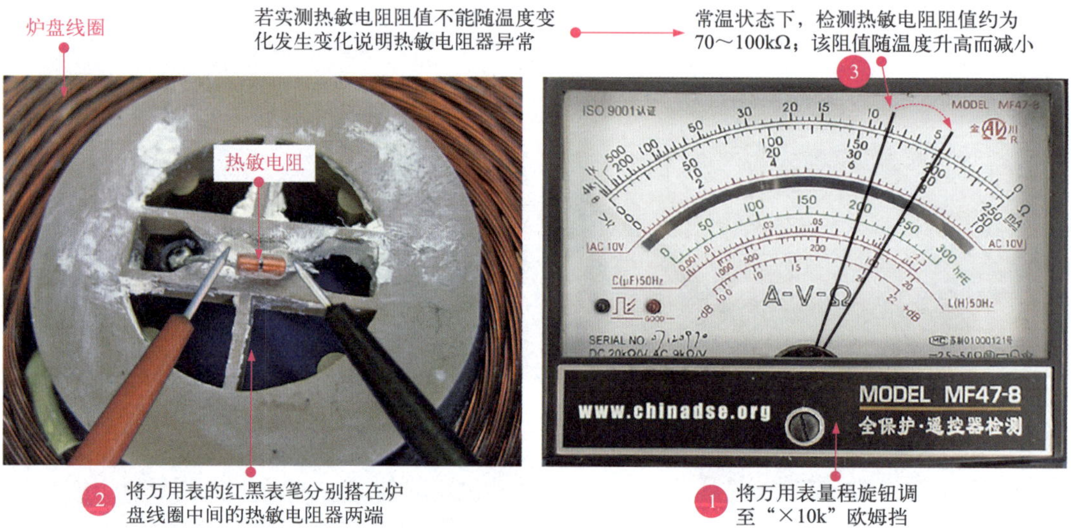

图11-9　典型电磁炉中炉面温度传感器的检测方法

相关资料

IGBT 温度传感器也采用上述方法检测，正常情况下，应能够在温度变化时检测到阻值变化。

若电路中采用 IGBT 温控器进行温度检测，则应满足常温状态下，用万用表检测温控器触点引线间阻值为零（触点接通）；高温状态下，用万用表检测温控器触点引线间阻值为无穷大（触点闭合）。

11.2.5 散热风扇电动机

散热风扇电动机主要用于带动风扇扇叶转动，将电磁炉中的热量散发出去。若散热风扇电动机损坏，常会使电磁炉出现保护停机的故障。

当电磁炉散热风扇通电不转，怀疑风扇电动机异常时，可借助万用表检测散热风扇电动机的阻值，来判断散热风扇电动机是否正常。

典型电磁炉中散热风扇电动机的检测方法如图 11-10 所示。

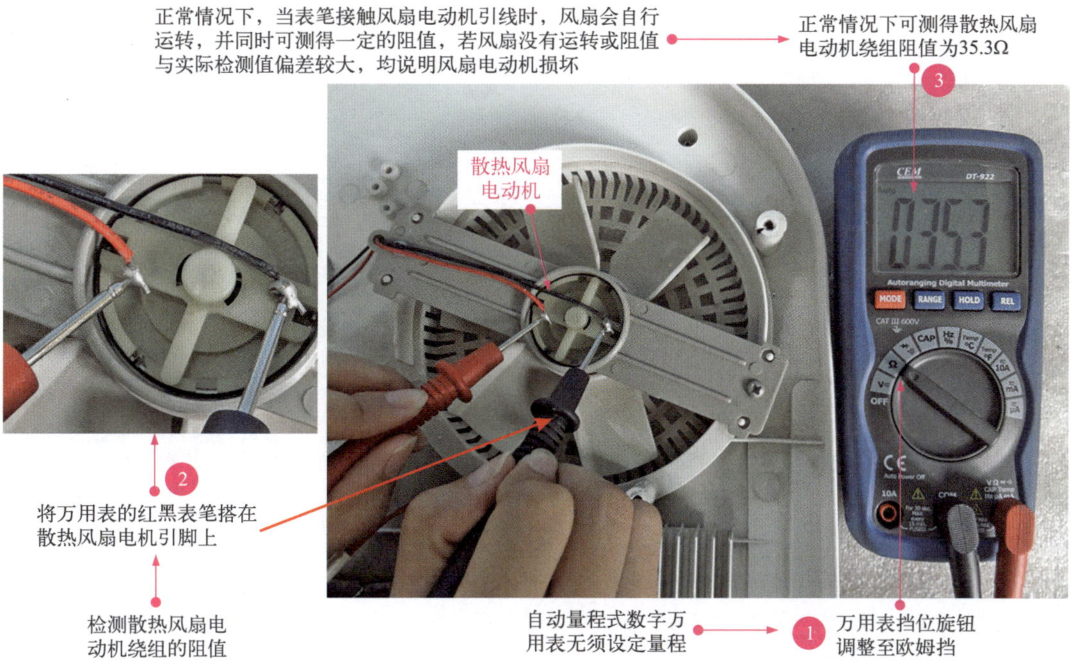

图11-10　典型电磁炉中散热风扇电动机的检测方法

第 12 章 电磁炉操作显示电路的检修

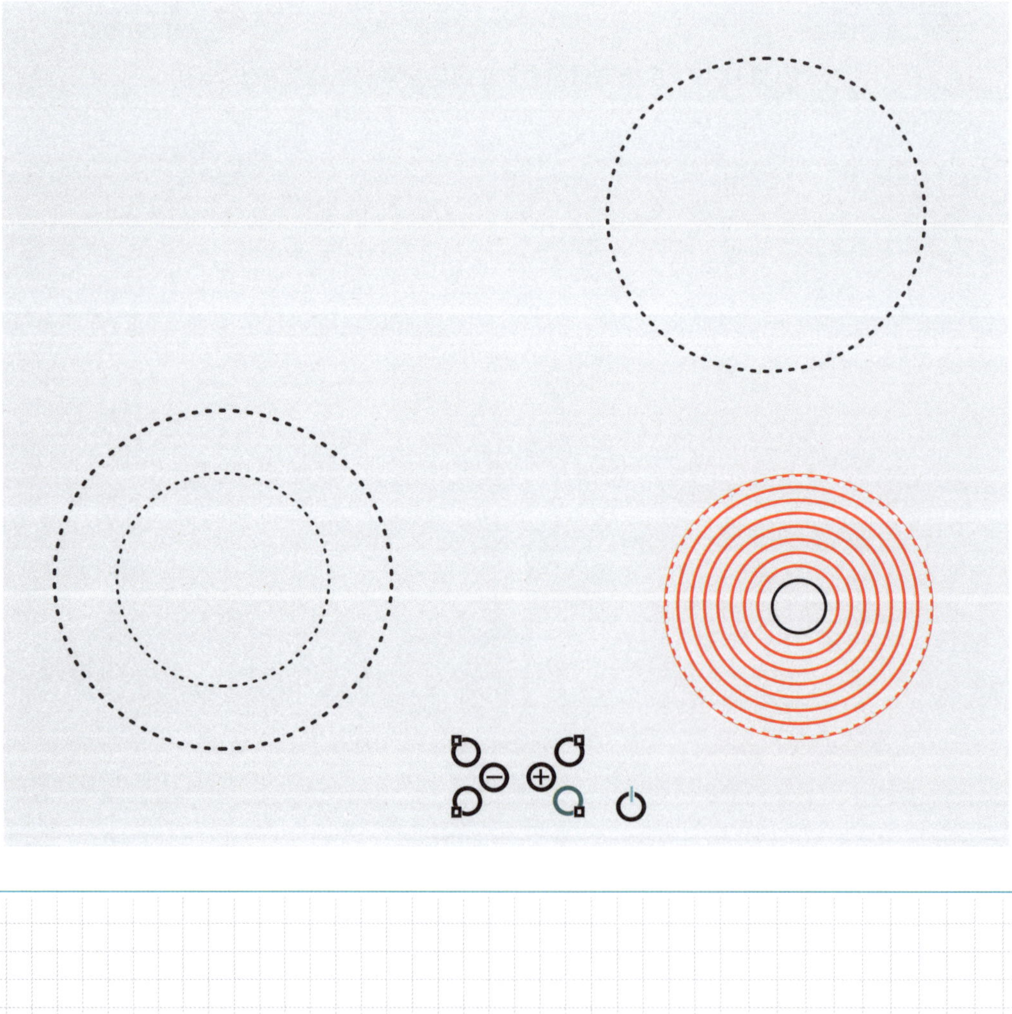

12.1 电磁炉操作显示电路的检修方案

电磁炉中的操作显示电路若出现异常将导致电磁炉整机工作异常。

12.1.1 电磁炉操作显示电路的检修流程

电磁炉的操作显示电路板出现故障后，常常会引起电磁炉操作功能失灵，或显示部分不工作。遇到这种情况，首先应查看电路板元器件是否明显损坏、按键是否失灵等，然后按照基本的检修流程进行检测即可。图 12-1 所示为电磁炉操作显示电路的检修方案。

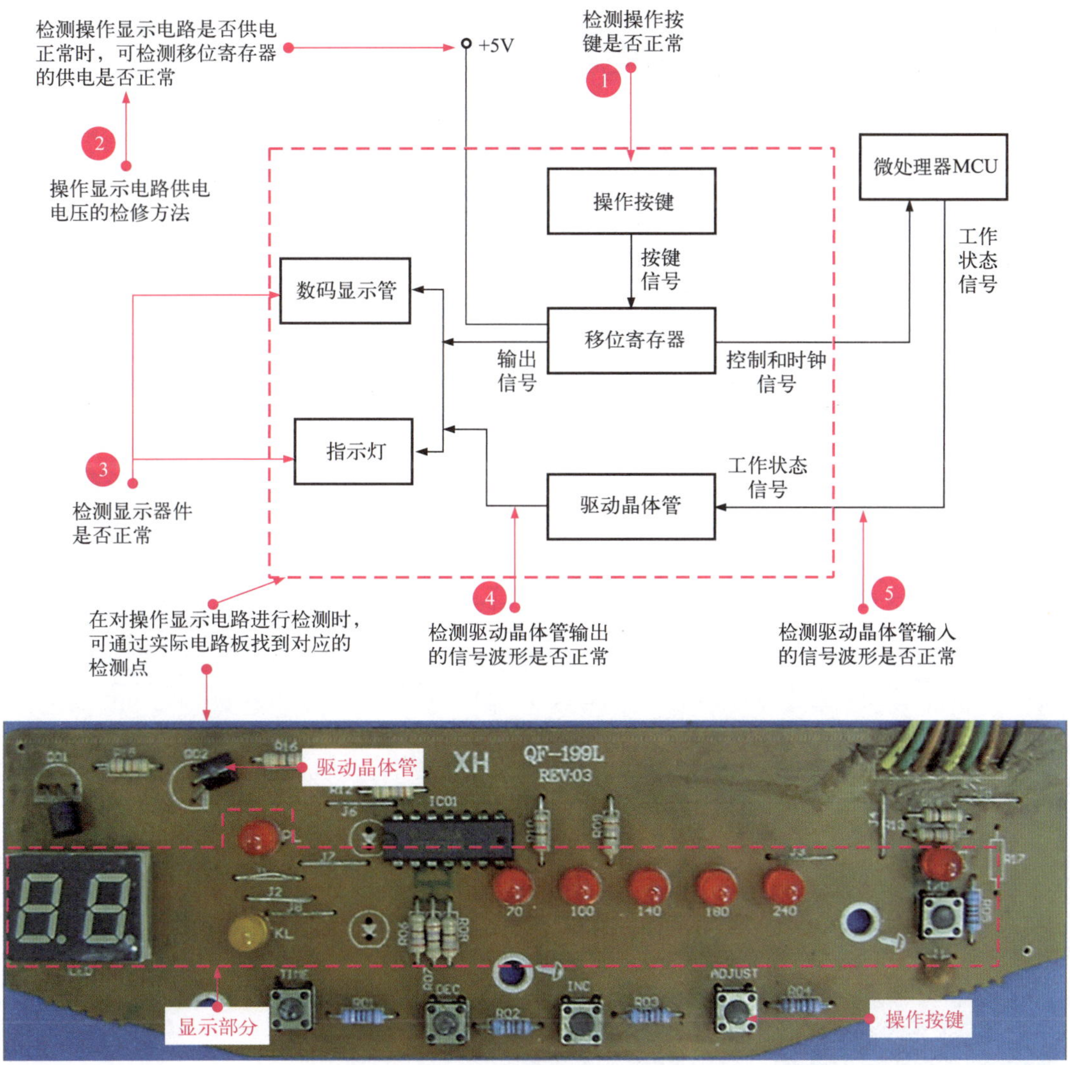

图12-1　操作显示电路的检修方案

特别提示

检修电磁炉的操作显示电路时，除对电路板上的主要组成部件进行检测外，也可以根据电路中的信号流程和出现故障的概率依次进行故障排查：

- 检查元器件是否损坏，若发现元器件损坏，对损坏的元器件进行更换；若元件没有损坏，则检测插件是否松动。
- 若插件有松动现象，则重新连接即可，若插件没有松动；则检测电源供电电路送来的供电电压是否正常。
- 若供电电路不正常，则检查电源供电电路或微处理器电路；若供电电压正常，检查操作显示接口电路的信号是否正常。
- 若操作显示接口电路信号不正常，检查操作显示接口电路，若信号正常，则检查操作显示电路中其他部件是否有故障。

12.1.2 电磁炉操作显示电路的关键检测点

操作显示电路正常工作需要一定的工作电压，若供电电压不正常，整个操作显示电路将不能正常工作，从而引起电磁炉按键无反应，指示灯、数码显示管无显示等故障，检测时可在操作显示面板的插件或移位寄存器的供电端检测有无该供电电压，可在移位寄存器的供电端检测供电电压。

供电电压的检修方法如图 12-2 所示。

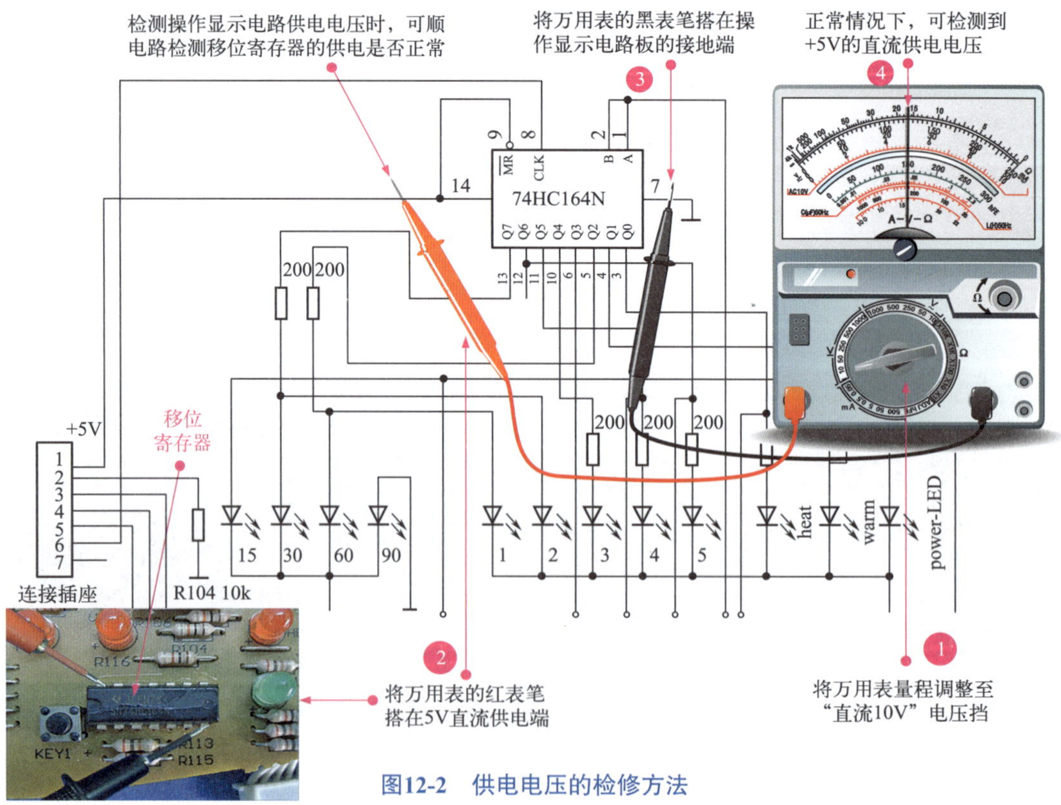

图12-2 供电电压的检修方法

12.2 电磁炉操作显示电路的检修方法

若电磁炉的操作显示电路出现故障时，经常会造成电磁炉按键失灵、显示异常、不开机等现象，对该电路进行检修时，可依据操作显示电路的信号流程对可能产生故障的部位进行逐级排查。

12.2.1 操作按键的检修方法

操作按键损坏经常会引起电磁炉控制失灵的故障。检修时，可使用万用表检测操作按键的通断情况，以判断操作按键是否损坏。

操作按键的检修方法如图 12-3 所示。

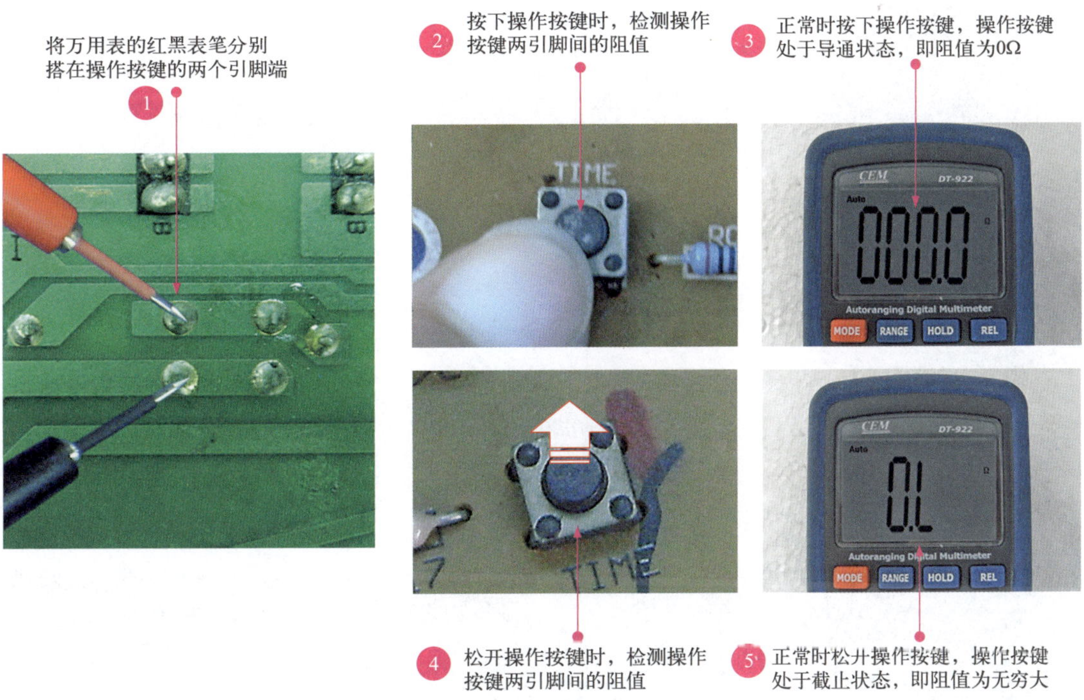

图12-3　操作按键的检修方法

12.2.2 显示器件的检修方法

电磁炉的显示器件主要包括指示灯（发光二极管）和数码显示管，当显示器件损坏时，经常会引起电磁炉显示异常的故障，如指示灯不亮，数码显示管显示不全等，检修时，应遵循由易到难的顺序，先判断指示灯是否损坏，然后再对数码显示管进行检测。

指示灯的检修方法如图 12-4 所示。

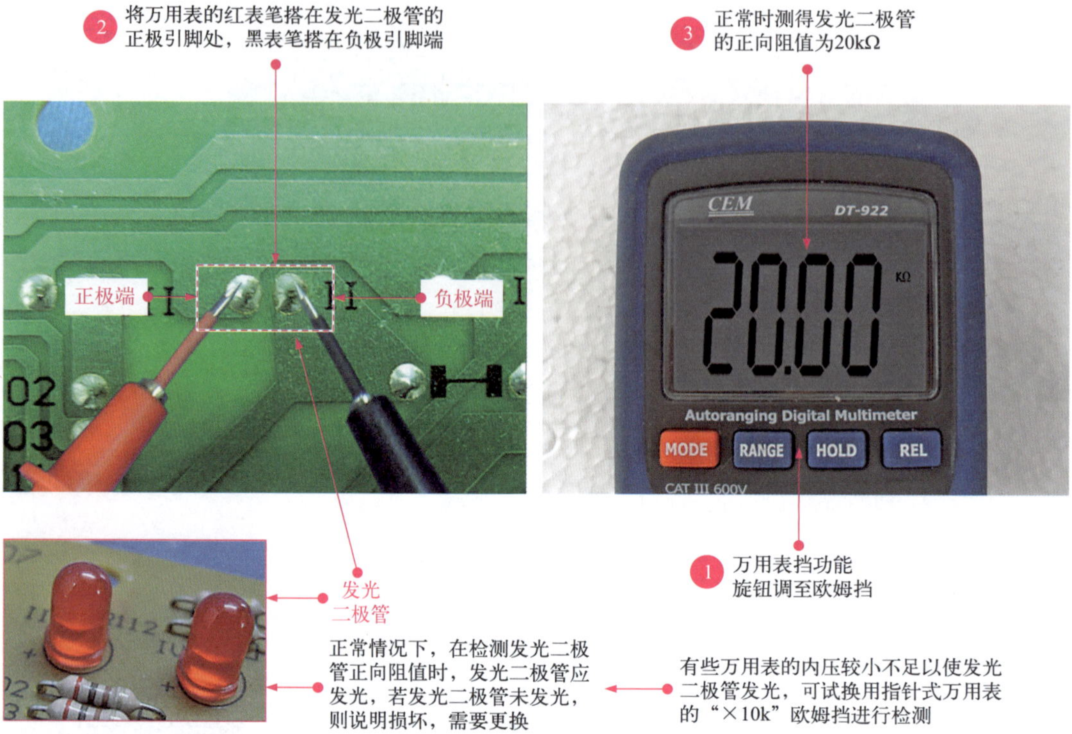

图12-4　指示灯的检修方法

数码显示管的检修方法如图 12-5 所示。

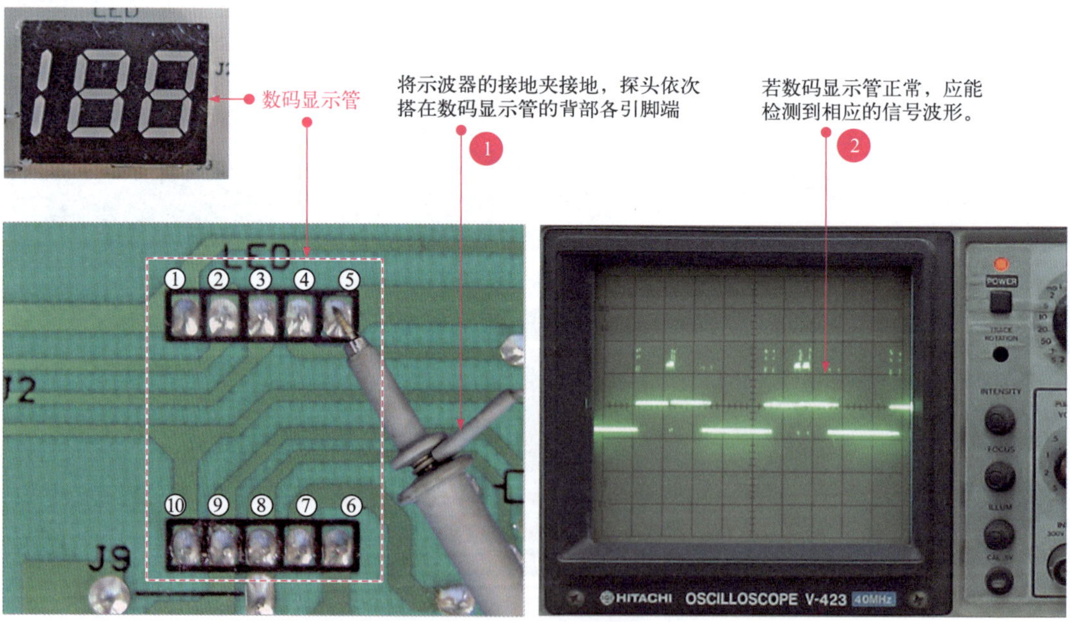

图12-5　数码显示管的检修方法

相关资料

当使用示波器检测数码显示管各引脚的波形是否正常时，可参考图 12-6 实际检测后的各引脚波形。

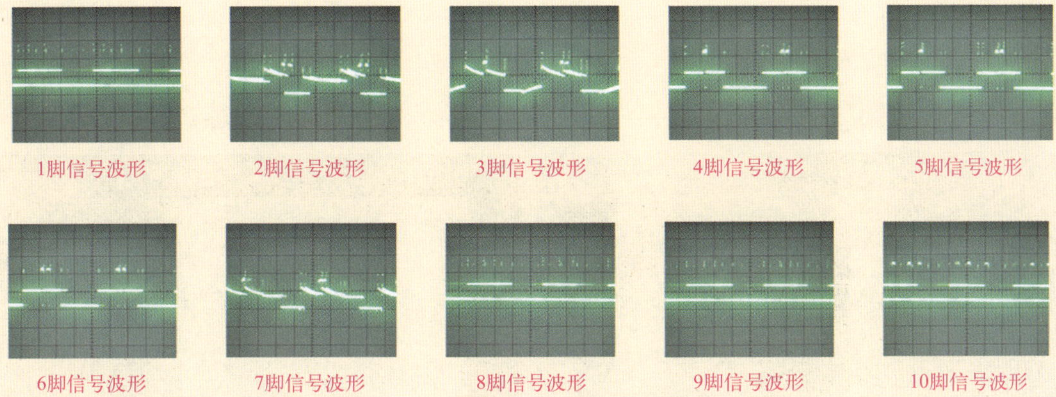

图12-6　数码显示管各引脚的信号波形

12.2.3 驱动晶体管输出信号的检修方法

若操作显示电路的操作按键、供电电压、发光二极管均正常的情况下，操作显示电路还存在故障，则需要对驱动晶体管的输出信号进行检测。

驱动晶体管输出信号的检修方法如图 12-7 所示。

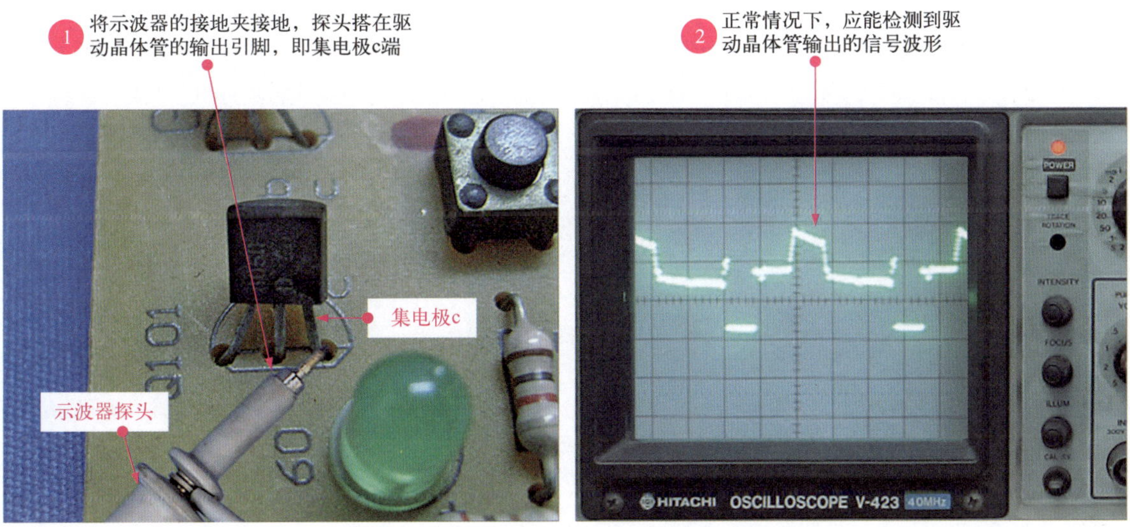

图12-7　驱动晶体管输出信号的检修方法

12.2.4 驱动晶体管输入信号的检修方法

操作显示电路中驱动晶体管无输出信号波形，则会造成显示异常的故障，若无输出信号波形，则应对前级电路中信号进行检测，即检测微处理器（MCU）输入驱动晶体管的信号波形是否正常。

驱动晶体管输入信号的检修方法如图 12-8 所示。

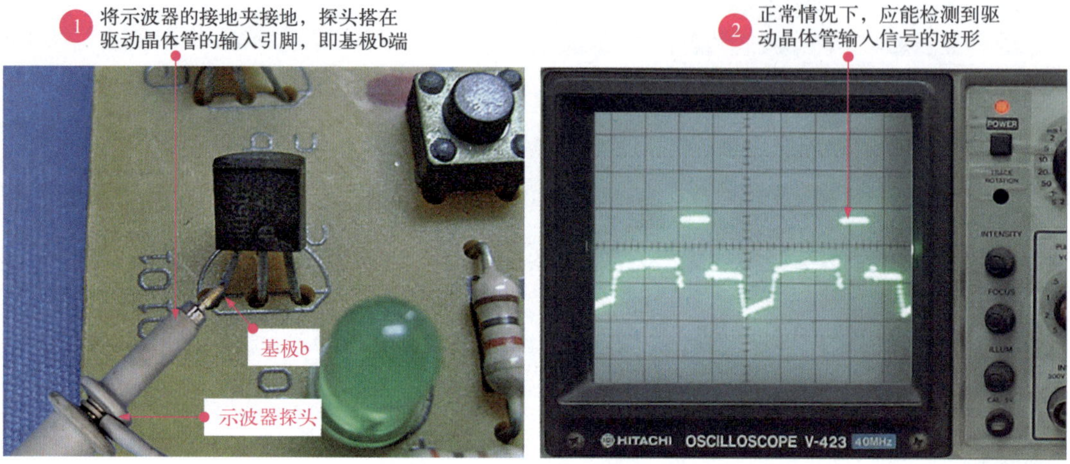

图12-8 驱动晶体管输入信号的检修方法

第 13 章
美的电磁炉故障检修案例

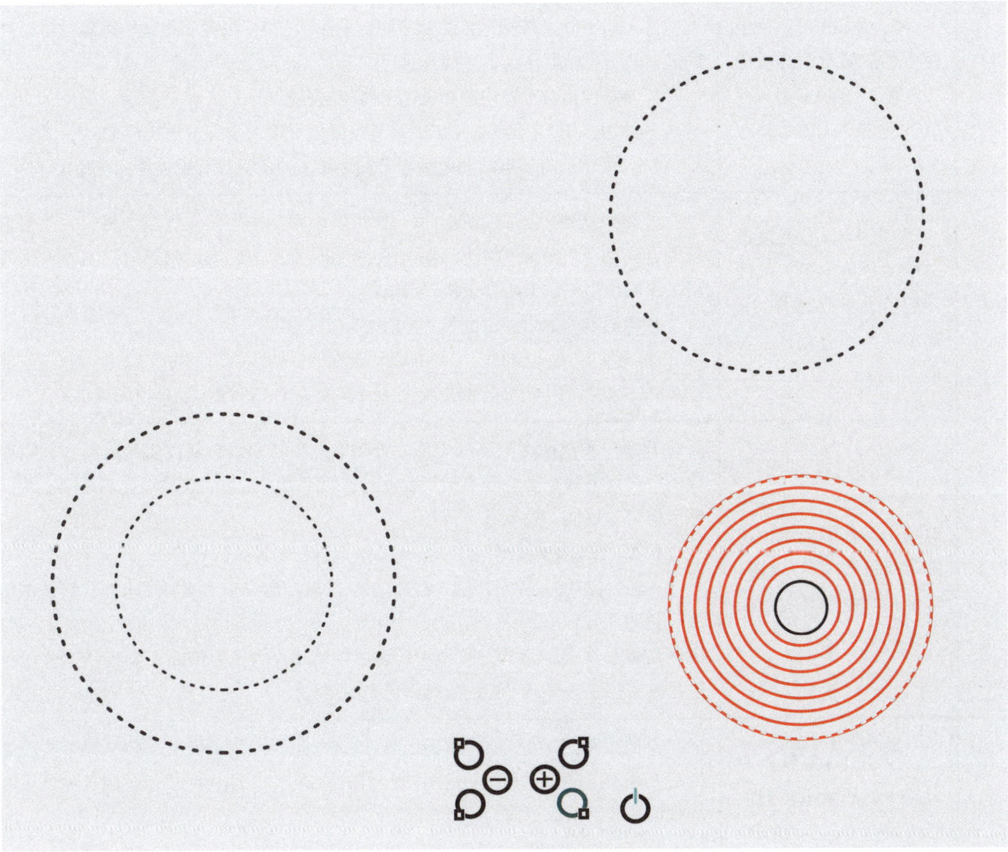

13.1 美的电磁炉故障代码与故障检修

美的电磁炉（PSY 系列、SF 系列）故障代码与故障检修见表 13-1。

表 13-1　美的电磁炉（PSY 系列、SF 系列）故障代码与故障检修

故障代码	故障分析	故障检修
E01	表示锅具温度检测电路中的热敏电阻器故障（断路），故障范围定位在锅具检测电路及主控IC	1.开路检测热敏电阻器的阻值。该热敏电阻器采用负温度系数材料，其阻值随温度的升高而下降。若检测不到热敏电阻器的阻值，则说明热敏电阻器断路，用同规格热敏电阻器更换，故障排除 2.检测温度检测电路中的相关电阻器和电容器 3.检测主控IC（在路检测主控IC的锅具温度信号输入引脚端电压，若该电压不为零，说明前级温度检测电路正常，则为主控IC故障，用同规格IC更换即可。若锅具温度信号输入电压为0V，则继续检测主控IC工作电压引脚端，应有5V工作电压。若工作电压正常，怀疑主控IC故障，更换为同规格IC）
E02	表示锅具温度检测电路中的热敏电阻器故障（短路），多为锅具检测电路及主控IC存在故障	1.开路检测热敏电阻器的阻值。该热敏电阻器采用负温度系数材料，其阻值随温度的升高而下降。若检测该热敏电阻器的阻值为0，则说明热敏电阻器内部短路，用同规格热敏电阻器更换，故障排除 2.检测温度检测电路中的相关电阻器和电容器 3. 检测主控IC（检测主控IC的锅具温度信号输入引脚端电压应为5V，若实测电压不是5V，说明前级温度检测电路正常，怀疑主控IC故障，更换为同规格IC）
E03	表示锅具温度检测电路中的热敏电阻器故障（阻值发生改变），多为锅具检测电路及主控IC存在故障	1.开路检测热敏电阻器的阻值。该热敏电阻器采用负温度系数材料，其阻值随温度的升高而下降。若检测该热敏电阻器的阻值很小，则说明热敏电阻器内部发生质变，用同规格热敏电阻器更换，故障排除 2.检测温度检测电路中的相关电阻器和电容器 3. 检测主控IC（检测主控IC的锅具温度信号输入引脚端电压应为5V，若实测电压不是5V，说明前级温度检测电路正常，怀疑主控IC故障，更换为同规格IC）
E04	表示IGBT温度检测电路中的热敏电阻器故障（断路），多为IGBT温度检测电路及主控IC存在故障	1.开路检测热敏电阻器的阻值。该热敏电阻器采用负温度系数材料，其阻值随温度的升高而下降。若检测不到热敏电阻器的阻值，则说明热敏电阻器断路，用同规格热敏电阻器更换，故障排除 2.检测IGBT温度检测电路中的相关电阻器和电容器 3. 检测主控IC（在路检测主控IC的IGBT温度信号输入引脚端电压，若该电压不为零，说明前级温度检测电路正常，则为主控IC故障，用同规格IC更换即可。若IGBT温度信号输入电压为0V，则继续检测主控IC工作电压引脚端，应有5V工作电压。若工作电压正常，怀疑主控IC故障，更换同规格IC）
E05	表示IGBT温度检测电路中的热敏电阻器故障（短路），多为IGBT温度检测电路及主控IC存在故障	1.开路检测热敏电阻器的阻值。该热敏电阻器采用负温度系数材料，其阻值随温度的升高而下降。若检测该热敏电阻器的阻值为0，则说明热敏电阻器内部短路，用同规格热敏电阻器更换，故障排除 2.检测IGBT温度检测电路中的相关电阻器和电容器 3. 检测主控IC（检测主控IC的IGBT温度信号输入引脚端电压应为5V，若实测电压不是5V，说明前级温度检测电路正常，怀疑主控IC故障，更换为同规格IC）

续表

故障代码	故障分析	故障检修
E06	表示IGBT温度检测电路中的热敏电阻器故障（阻值发生改变），多为IGBT检测及主控IC存在故障	1.开路检测热敏电阻器的阻值。该热敏电阻器采用负温度系数材料，其阻值随温度的升高而下降。若检测该热敏电阻器的阻值很小，则说明热敏电阻器内部发生质变，用同规格热敏电阻器更换，故障排除 2.检测IGBT温度检测电路中的相关电阻器和电容器 3.检测主控IC（检测主控IC的IGBT温度信号输入引脚端电压应为5V，若实测电压不是5V，说明前级温度检测电路正常，怀疑主控IC故障，更换同规格IC）
E07	表示电压检测电路故障（电源低压保护），多为电压检测电路及主控IC存在故障	1.检测交流220V输入电压（若输入电压低于150V，也会出现低压保护） 2.检测电压检测电路中的相关整流二极管、电阻器、电容器和三极管 3.上电测量电压检测电路（测量电压检测电路中三极管发射极电压，若电压过低或为零，则多为供电电路故障，排除供电异常，故障排除；若该三极管发射极引脚电压正常，怀疑主控IC故障，更换同规格IC）
E08	表示电压检测电路故障（电源高压保护），多为电压检测电路及主控IC存在故障	1.检测交流220V输入电压（若输入电压高于250V，也会出现高压保护） 2.检测电压检测电路中的相关整流二极管、电阻器、电容器和三极管 3.上电测量电压检测电路（测量电压检测电路中三极管发射极电压是否过高。若该引脚电压正常，怀疑主控IC故障，更换为同规格IC）

13.2 美的电磁炉常用 IC 检测数据

(1) LM339 工作电压及在路电阻检测数据

表 13-2 为 LM339 工作电压及在路电阻检测数据。

表 13-2　LM339 工作电压及在路电阻检测数据

引脚号	引脚在路电阻		工作电压/V	引脚号	引脚在路电阻		工作电压/V
	红表笔接地	黑表笔接地			红表笔接地	黑表笔接地	
①	7.10kΩ	6.85kΩ	1.43	⑧	815.98kΩ	15.35kΩ	1.06
②	12.9kΩ	12.68kΩ	4.98	⑨	926.6kΩ	24.7kΩ	0.91
③	0.66 MΩ	无穷大	18.32	⑩	106.07kΩ	6.12kΩ	2.28
④	6.07kΩ	6.12kΩ	2.31	⑪	114.68kΩ	4.64kΩ	2.83
⑤	4.65kΩ	4.64kΩ	2.85	⑫	120kΩ	0kΩ	0
⑥	1.99kΩ	1.99kΩ	0.30	⑬	1326.7kΩ	25kΩ	0.91
⑦	5.88kΩ	5.86kΩ	4.21	⑭	14113.7kΩ	0.347MΩ	0.55

（2）ST72215 工作电压及在路电阻检测数据

表 13-3 为 ST72215 工作电压及在路电阻检测数据。

表 13-3 ST72215 工作电压及在路电阻检测数据

引脚号	引脚在路电阻		工作电压 /V	引脚号	引脚在路电阻		工作电压 /V
	红表笔接地	黑表笔接地			红表笔接地	黑表笔接地	
①	9.77kΩ	9.77kΩ	4.98	⑰	49.6Ω	无穷大	0.46
②	无穷大	无穷大	1.03	⑱	11.7Ω	11.22kΩ	0.32
③	无穷大	无穷大	0.63	⑲	117.8Ω	118.7kΩ	0.05
④	12.74MΩ	无穷大	1.63	⑳	4.1Ω	14.09kΩ	0.98
⑤	11.84MΩ	无穷大	4.96	㉑	4.1Ω	14.10kΩ	0.88
⑥	12.96kΩ	10.69kΩ	4.97	㉒	4.1Ω	24.09kΩ	0.98
⑦	11.93MΩ	无穷大	4.13	㉓	4.1Ω	14.10kΩ	0.88
⑧	无穷大	无穷大	0.19	㉔	无穷大	无穷大	0.06
⑨	无穷大	无穷大	0.20	㉕	无穷大	无穷大	0.14
⑩	12.10MΩ	17.16kΩ	4.32	㉖	4.1Ω	14.18kΩ	0.94
⑪	6.56kΩ	6.56kΩ	0.03	㉗	4.1Ω	14.19kΩ	0.96
⑫	4.12kΩ	4.02kΩ	064～1.68	㉘	12.99Ω	13.17kΩ	4.04
⑬	14.82kΩ	13.94kΩ	0.04	㉙	12.39Ω	13.15kΩ	4.96
⑭	8.89kΩ	8.88kΩ	0.56	㉚	0Ω	0kΩ	0
⑮	4.80kΩ	4.80kΩ	0.29	㉛	0Ω	0kΩ	0
⑯	0.95MΩ	0.98MΩ	3.30	㉜	3.12Ω	3.19kΩ	4.97

13.3 电磁炉常见故障检修流程

（1）电磁炉开机烧保险丝的故障检修

图 13-1 为电磁炉开机烧保险丝的故障检修流程。

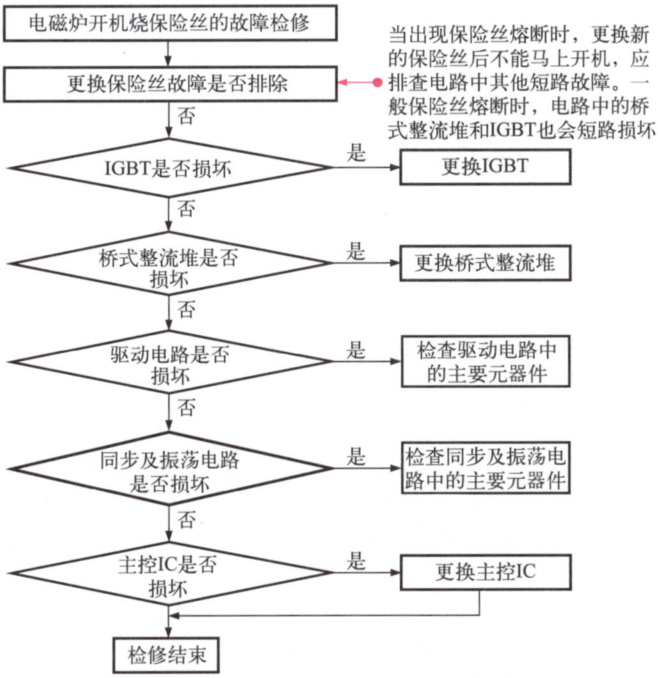

图13-1　电磁炉开机烧保险丝的故障检修流程

（2）电磁炉不加热的故障检修

图 13-2 为电磁炉不加热的故障检修流程。

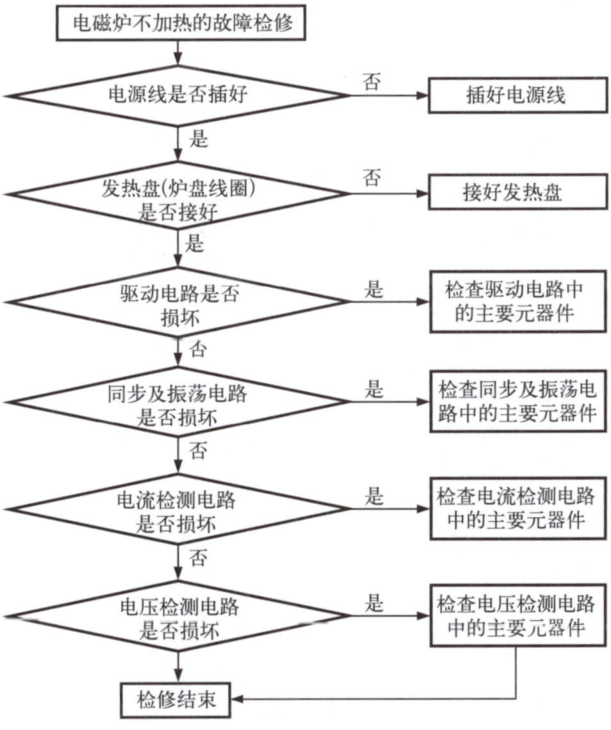

图13-2　电磁炉不加热的故障检修流程

（3）电磁炉风扇不工作的故障检修

图 13-3 为电磁炉风扇不工作的故障检修流程。

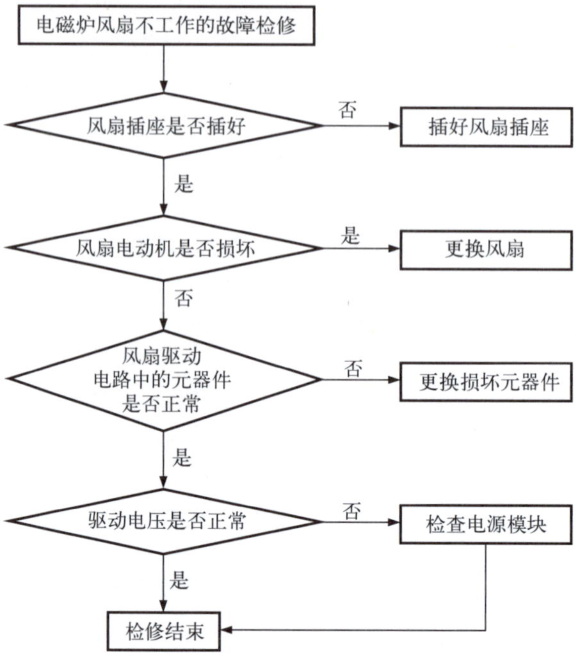

图13-3　电磁炉风扇不工作的故障检修流程

（4）电磁炉检不到锅的故障检修

图 13-4 为电磁炉检不到锅的故障检修流程。

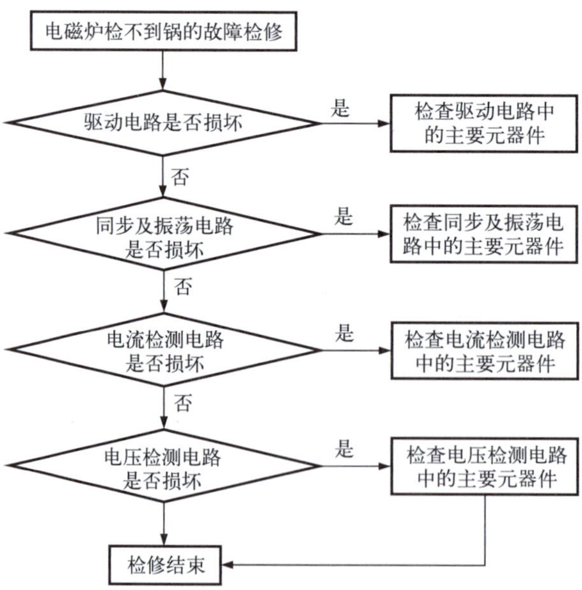

图13-4　电磁炉检不到锅的故障检修流程

（5）电磁炉通电无显示的故障检修

图 13-5 为电磁炉通电无显示的故障检修流程。

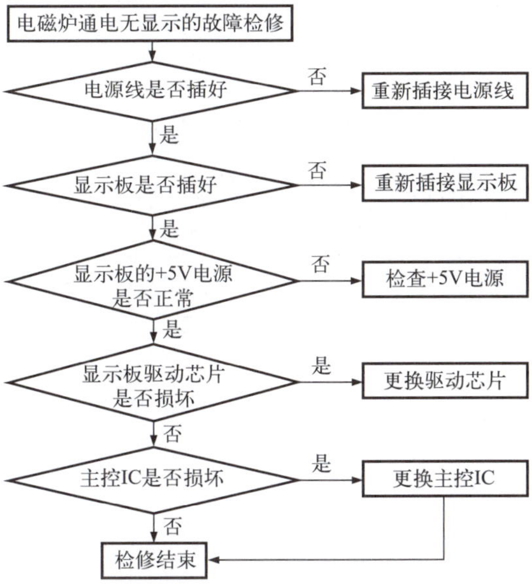

图13-5　电磁炉通电无显示的故障检修流程

（6）电磁炉操控按键无反应的故障检修

图 13-6 为电磁炉操控按键无反应的故障检修流程。

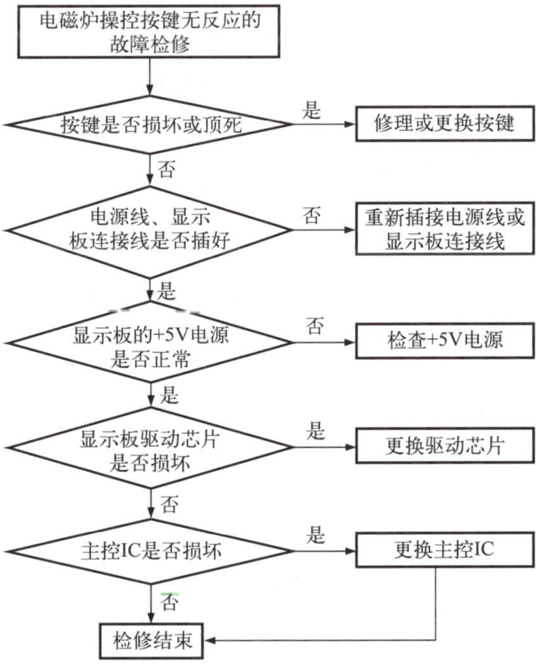

图13-6　电磁炉操控按键无反应的故障检修流程

13.4 美的 C19 电磁炉开机显示“E01”故障代码的检修案例

故障表现：

美的电磁炉 C19-SH1983 电磁炉通电开机，显示“E01”故障代码

故障分析：

故障代码显示，故障为锅具温度传感器断路。应重点对锅具温度检测电路、热敏电阻器及主控 IC 进行检测。

故障检修：

首先，对锅具温度传感器进行开路检测。该温度传感器为热敏电阻器，常温下检测其阻值。实测结果为 85kΩ，如图 13-7 所示，初步判定属正常范围。

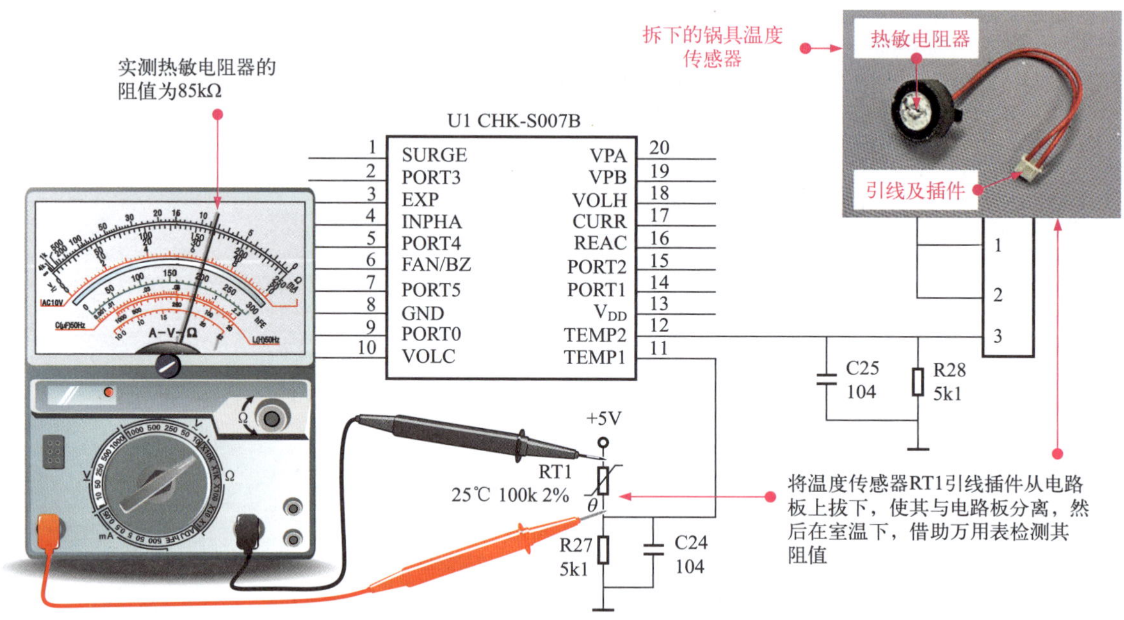

图13-7 锅具温度传感器的检测

接下来，重新插上传感器，通电测试主控芯片 U1 的 ⑫ 脚电压。正常状态下该引脚应有一定电压值，测试方法如图 13-8 所示。

实测主控芯片 U1 的 ⑫ 脚电压为 0V，电压存在异常。重点对周边电阻及电容进行检测，特别是滤波电容。如图 13-9 所示，将滤波电容 C25（104）拆焊后，重新检测主控芯片 U1 的 ⑫ 脚电压，当前实测结果恢复到 0.3V。

上述检测表明滤波电容 C25（104）可能存在漏电情况，从而导致瞬间短路，造成锅具检测电路取样电压异常。

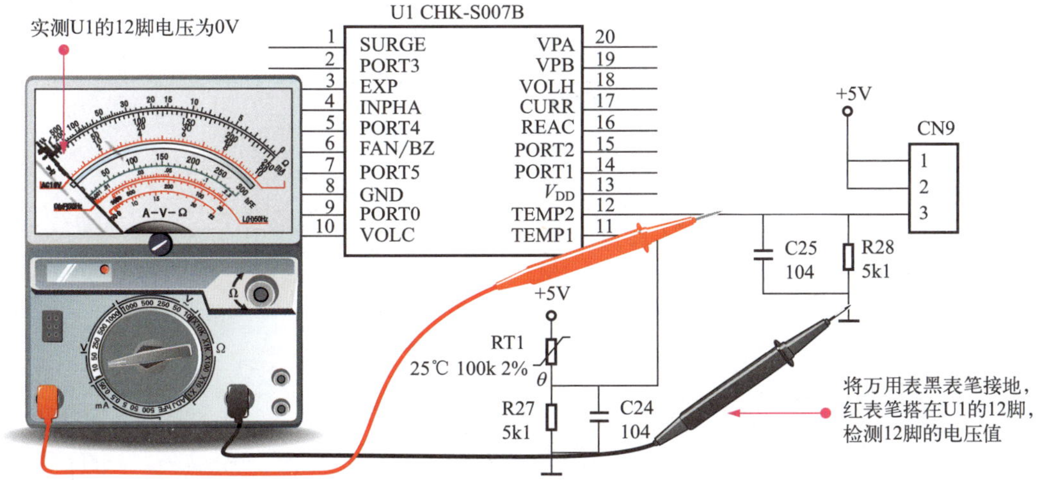

图13-8　主控芯片U1的12脚电压的检测方法

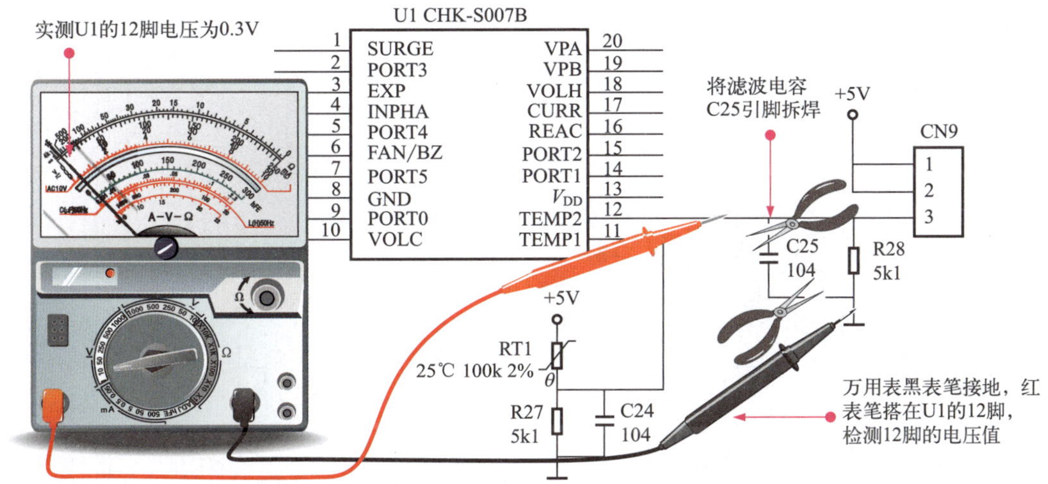

图13-9　拆焊滤波电容C25后，重新测量U1的12脚电压值

更换为同规格滤波电容 C25 后，故障排除。

13.5 美的电磁炉通电无反应的故障检修案例

故障表现：

美的 MC-PF16JA 型电磁炉通电开机后，电磁炉整机无反应，风扇不转、指示灯也无显示，不能进行加热。

故障分析：

造成电磁炉整机无任何反应的故障通常是由电磁炉供电部分异常引起的。检修时，排除电源线、电路板中易损部件的故障后，应重点对电磁炉的直流电源电路部分进行检测，来排除故障。图 13-10 所示为美的 MC-PF16JA 型电磁炉的电路原理图，根据该原理图对其进行分析检测。

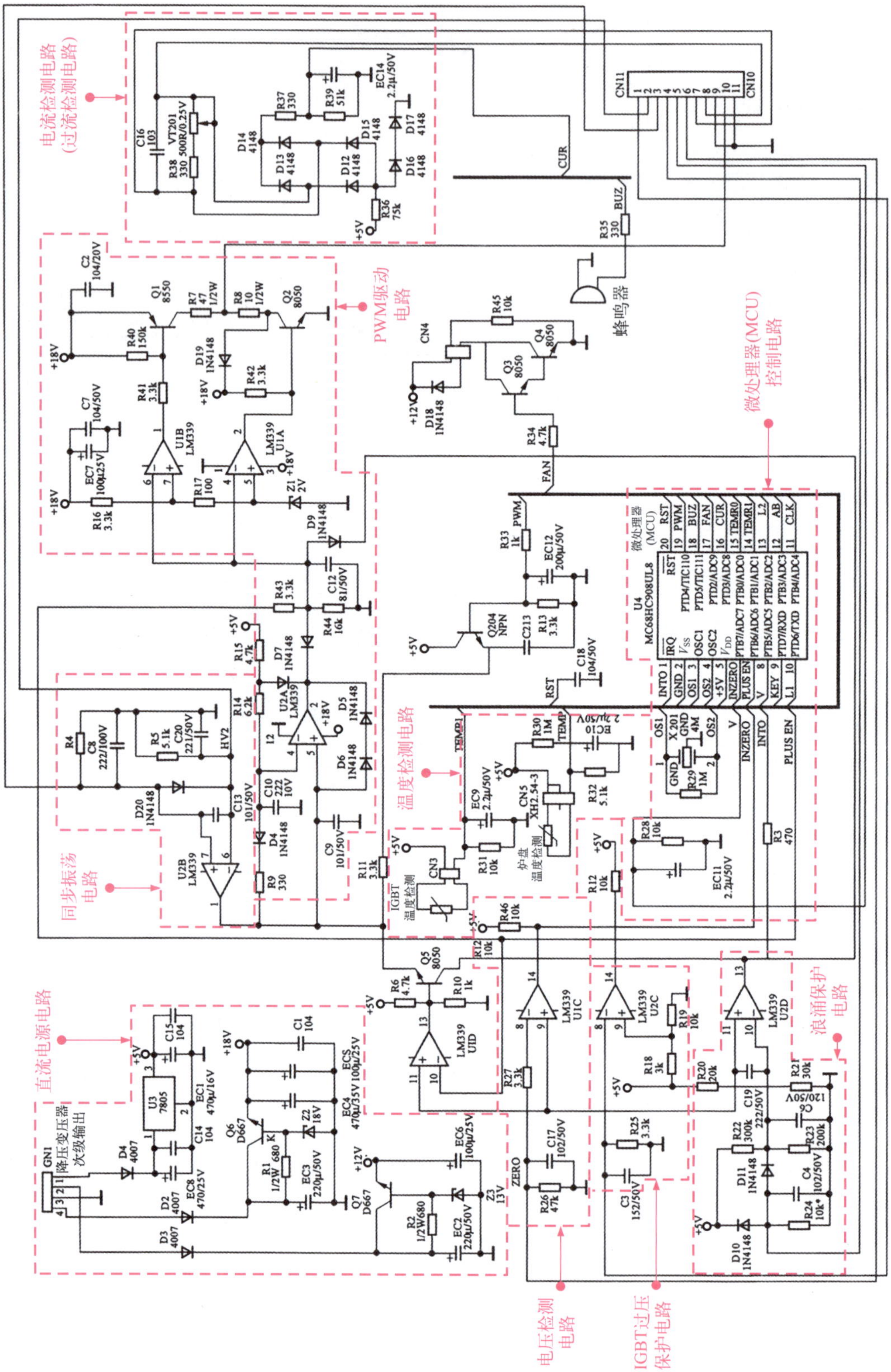

图13-10 美的MC-PF16JA型电磁炉的电路原理图

该电磁炉的基本供电过程为：电磁炉通电后，由降压变压器的次级输出交流低压，该电压经整流二极管 D2 ～ D4 整流、滤波电容器滤波后，送入三端稳压器 U3，稳压二极管 Z2、Z3 中进行稳压，最终输出直流低压，为电磁炉的其他单元电路或功能部件进行供电。

通过上述电路分析可知，该电磁炉开机无反应，首先应检查直流电源电路输出的电压是否正常，若该电压正常，则表明供电部分正常。若输出的电压不正常，则应顺电路对前级电路中的电压、重要元器件进行检查。

故障检修：

根据以上分析，我们首先检查直流电源电路输出的直流低压是否正常。

直流低压的检测方法如图 13-11。

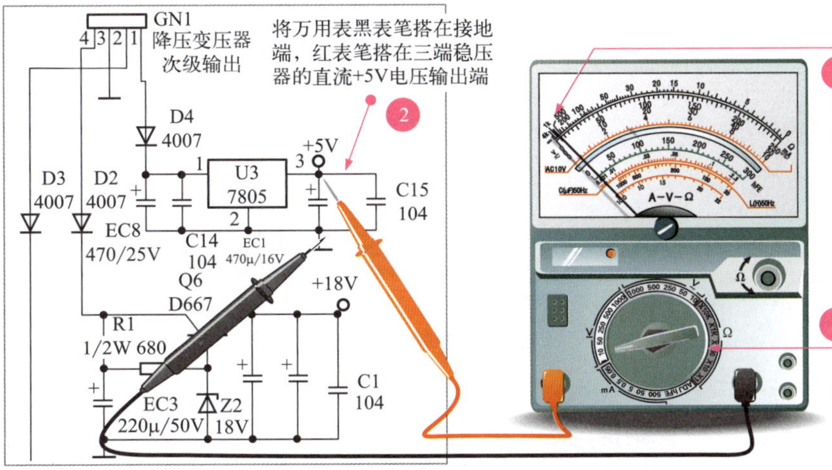

图13-11　直流供电电压的检测方法

将该电磁炉通电后，检查三端稳压器（U3）输出的直流低压，经检测没有电压值输出。此时，需要对三端稳压器前级的供电电压进行检测。

输入电压的检测方法如图 13-12。

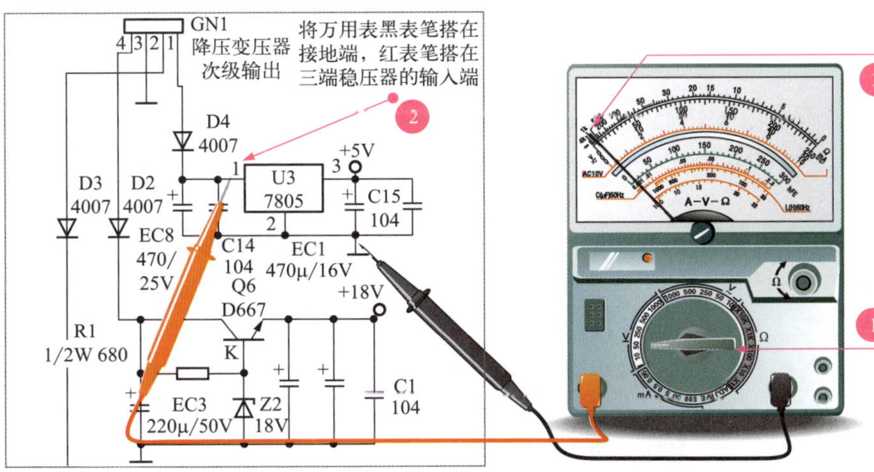

图13-12　输入电压的检测方法

经检测发现三端稳压器（U3）输入的电压值为 0V，此时，应根据供电电路对前级电路中的重要元器件进行检测。

将电磁炉断电，检测整流二极管（D4）的性能是否良好。

图 13-13 所示为整流二极管的检测方法。

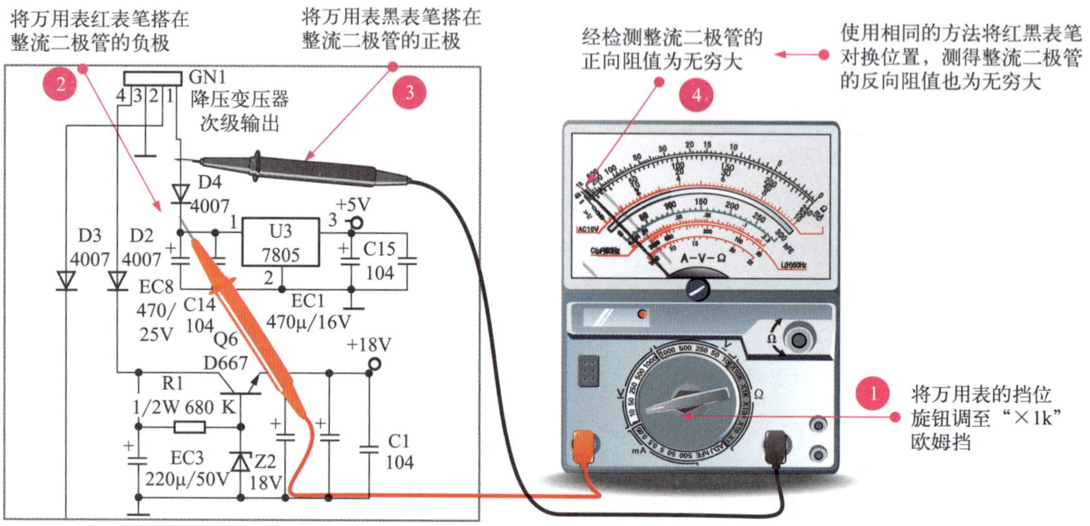

图13-13　整流二极管的检测方法

经检测，整流二极管的正反向阻值均为无穷大，表明该器件损坏，以同型号的整流二极管进行更换后，电磁炉重新开机，故障排除。

13.6 美的 MC-SY195J 型电磁炉不开机故障的检修案例

故障表现：

美的 MC-SY195J 型电磁炉，通电后按下电源开关，该电磁炉指示灯不亮，电磁炉通电进行加热操作时，电磁炉不加热、风扇不运转。

故障分析：

电磁炉出现不开机的故障时，通常是由供电部分或控制部分失常造成的，检测时，应先对供电部分进行判断，然后再对控制部分进行检测。图 13-14 所示为美的 MC-SY195J 型电磁炉电路原理图。

电磁炉整机工作时，需要直流电源电路输出直流低压为其提供工作条件；同时控制电路正常的供电、复位信号等。

该电磁炉整机不工作时，应先对直流电源电路输出的直流低压进行检测，排除供电的故障后，再重点对控制电路中的关键部件进行检查。

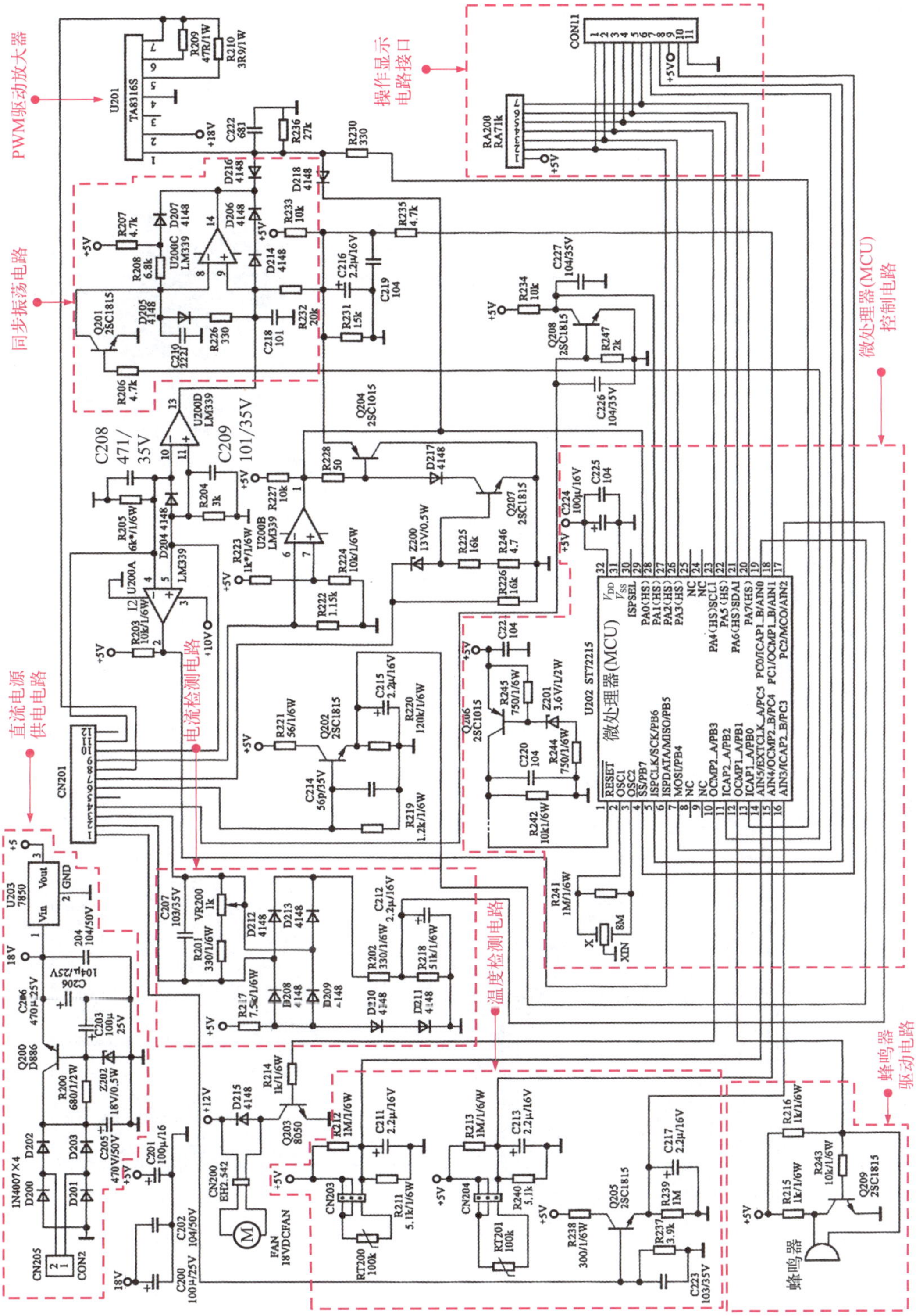

图13-14　美的MC-SY195J型电磁炉电路原理图

故障检修：

根据以上的故障分析，首先对直流电源电路输出的 +5V 直流低压进行检测。直流低压的检测方法如图 13-15 所示。

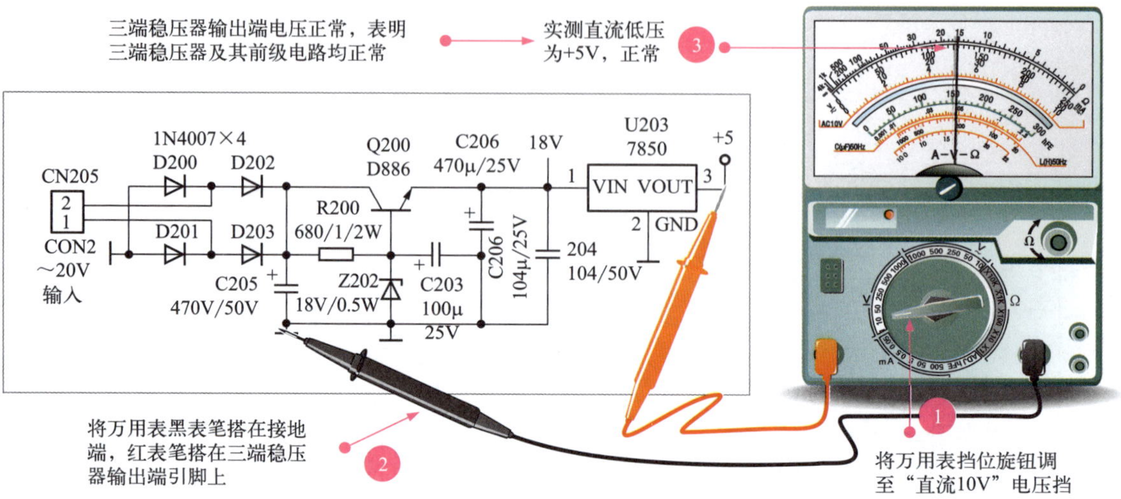

图13-15　直流低压的检测方法

经检测直流电源电路输出的 +5V 电压正常，此时，需要对控制电路中微处理器的复位电压进行检测。

微处理器复位电压的检测方法如图 13-16 所示。

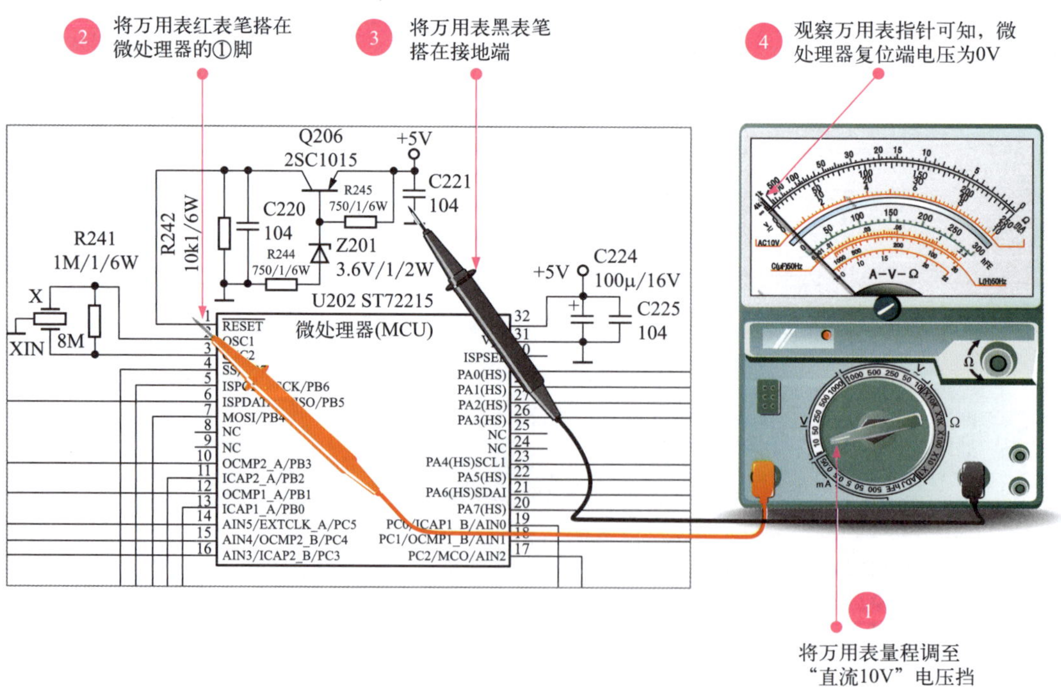

图13-16　微处理器复位电压的检测方法

检测微处理器①脚的复位电压为 0V，表明复位电路工作失常，接下来则需要对复位电路中主要的元器件（如晶体三极管 Q206）进行检测。

晶体三极管的检测方法如图 13-17 所示。

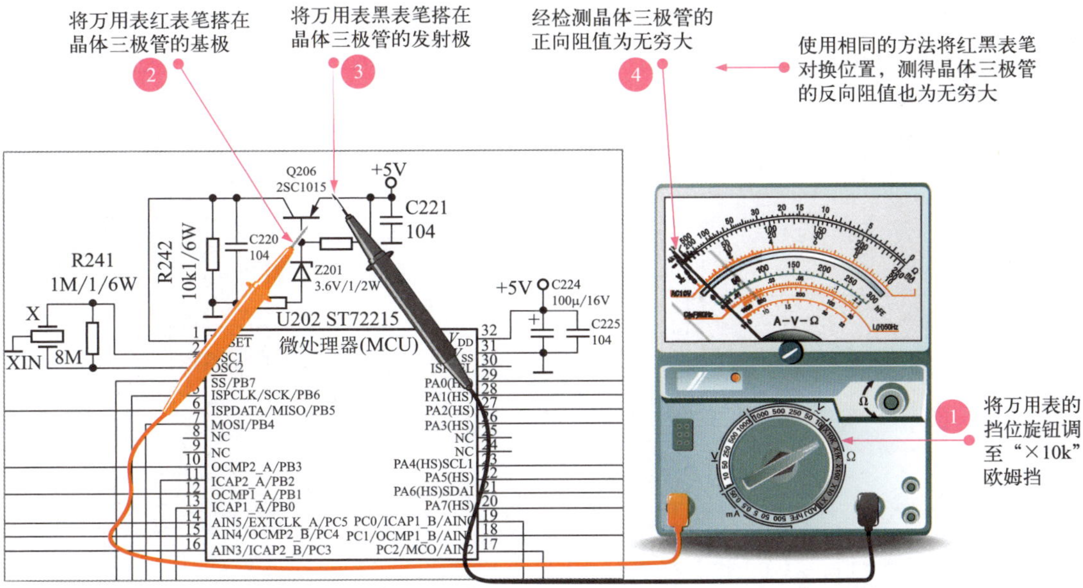

图13-17　晶体三极管的检测方法

经检测，晶体三极管 Q206 的正反向阻值均为无穷大，表明该器件可能损坏，以同型号的晶体三极管进行更换后，再次试机操作，故障排除。

13.7 美的 PF101E 型电磁炉通电无反应的检修案例

故障表现：

美的 PF101E 型电磁炉通电开机后，操作显示屏无显示，按键无反应，电磁炉不能加热工作。

故障分析：

电磁炉通电开机后，操作显示屏无显示，按键无反应，电磁炉不能加热工作，此种情况常称为电磁炉的“三无”故障，检修时，可先对电磁炉的熔断器、直流稳压电路部分进行检测，图 13-18 所示为美的 PF101E 型电磁炉的电路原理图。

由图 13-18 可知，交流 220V 电压经熔断器进入开关电源电路，经开关电源电路降压、整流、滤波、稳压后输出低压直流，为其他单元电路进行供电。

故障检修：

根据故障分析，首先应在断电情况下对熔断器进行检查。

熔断器的检修方法如图 13-19 所示。

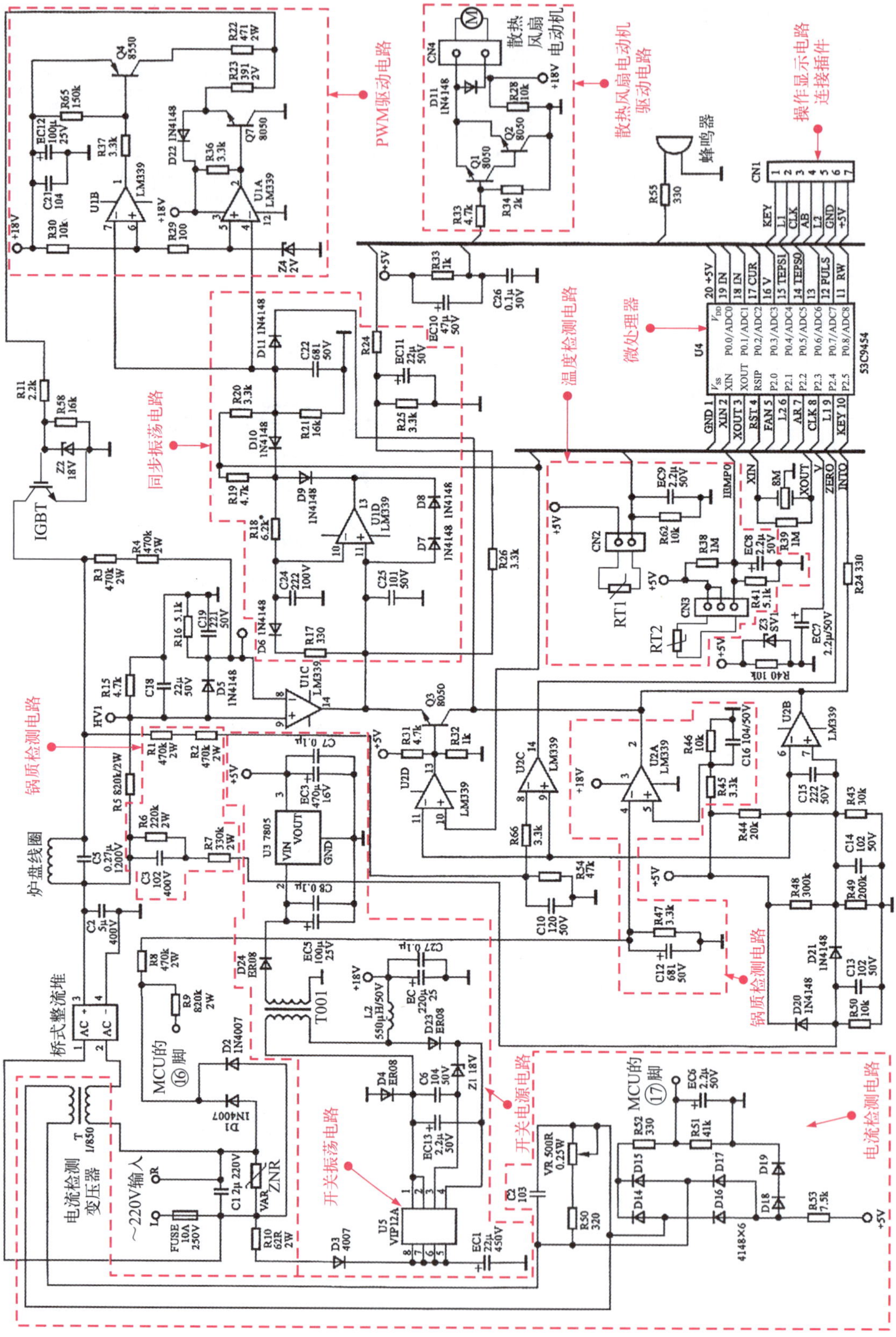

图13-18 美的PF101E型电磁炉的电路原理图

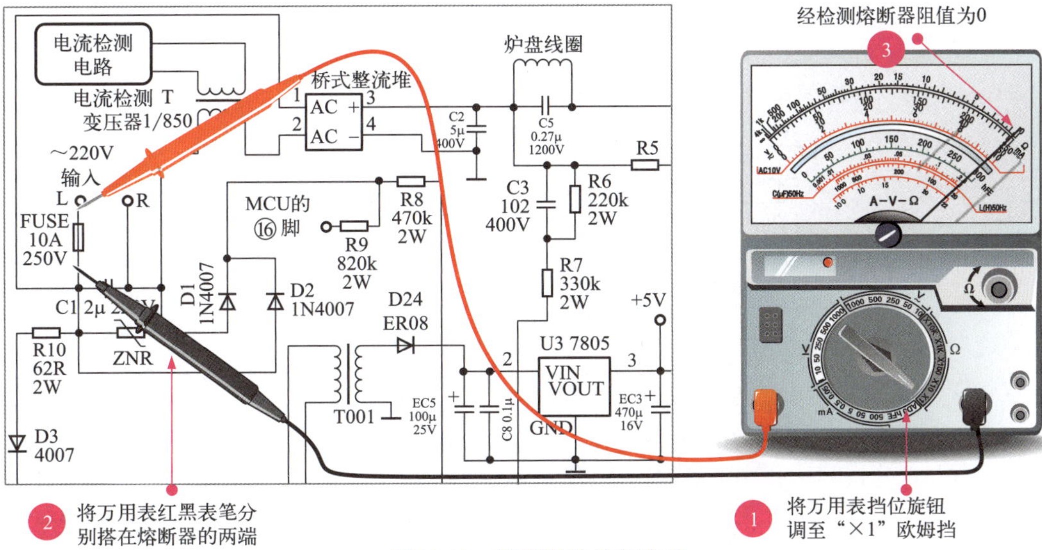

图13-19　熔断器的检修方法

经检测，熔断器的阻值正常，接下来，将电磁炉通电，检测开关电源电路中三端稳压器输入、输出的电压是否正常。

三端稳压器的检测方法如图 13-20 所示。

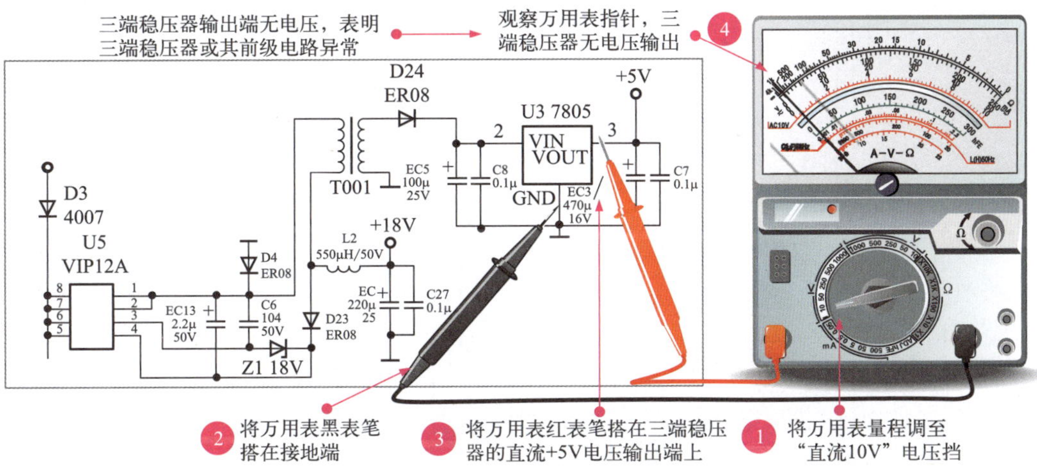

图13-20　三端稳压器的检测方法

经检测，三端稳压器的输入电压正常，但无输出电压，因此，判断该三端稳压器损坏，更换三端稳压器后，开机试运行，故障排除。

13.8　美的 SH208/SH2115 型电磁炉散热风扇不运转故障的检修案例

故障表现：

美的 SH208/SH2115E 型电磁炉通电开机后，能工作一段时间，但加热一段时间后，便停机不工作。停机后，再次开机又可以工作一段时间。拆开外壳后检查，发现散热风扇不运转。

故障分析：

电磁炉散热风扇不工作通常是由散热风扇本身损坏、驱动电路损坏或供电电路出现故障所导致的。图 13-21 所示为美的 SH208/SH2115 型电磁炉的电路原理图。

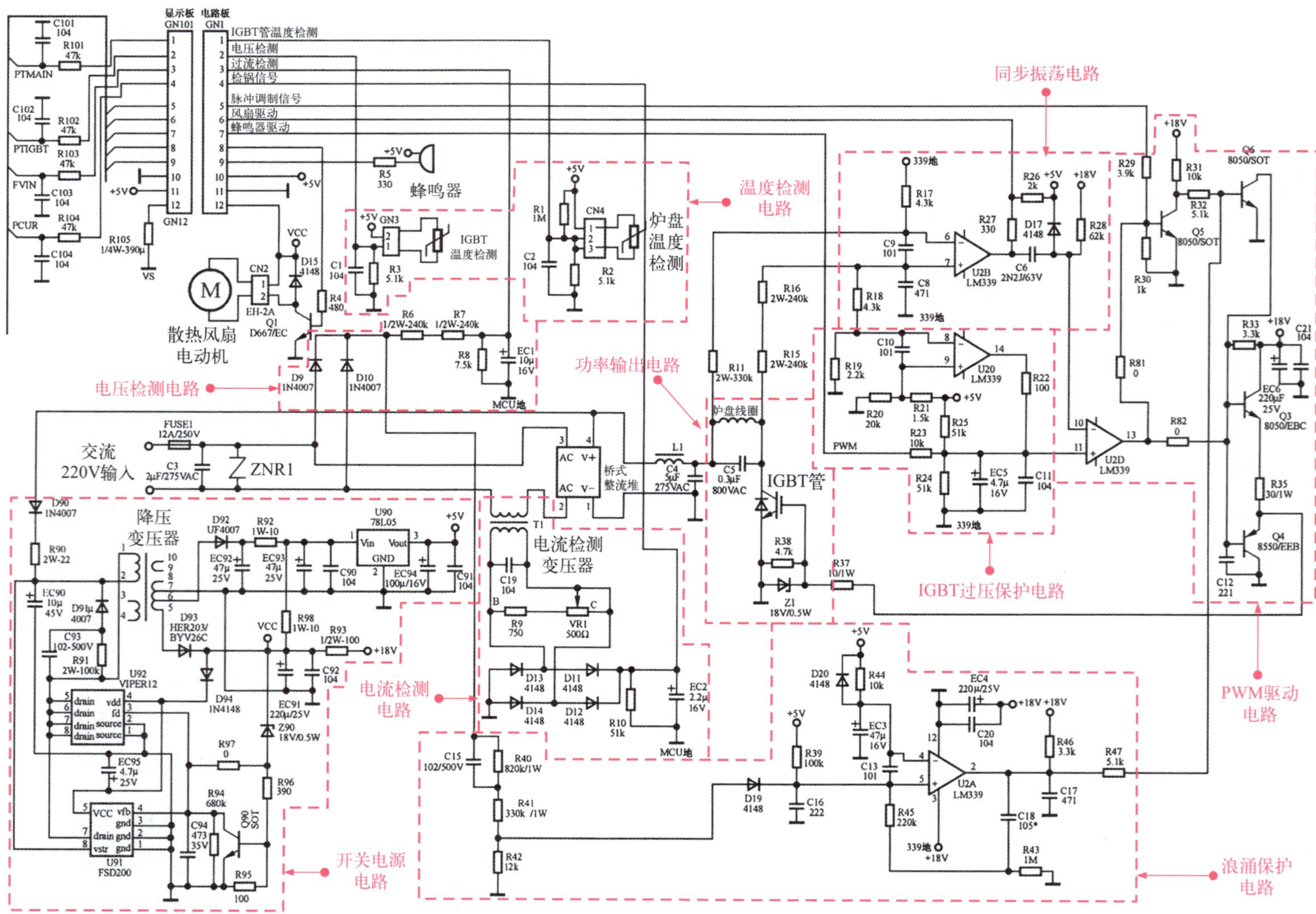

图13-21　美的SH208/SH2115型电磁炉的电路原理图

由图 13-21 可知，风扇电动机的供电是通过连接插件 CN2 实现的，同时风扇电动机的驱动信号是由连接插件 CN1 的⑧脚送入，经电阻器 R4、晶体三极管 Q1 送入风扇电动机。

故障检修：

根据上述分析，首先检查风扇电动机本身是否正常。

风扇电动机的检测方法如图 13-22 所示。

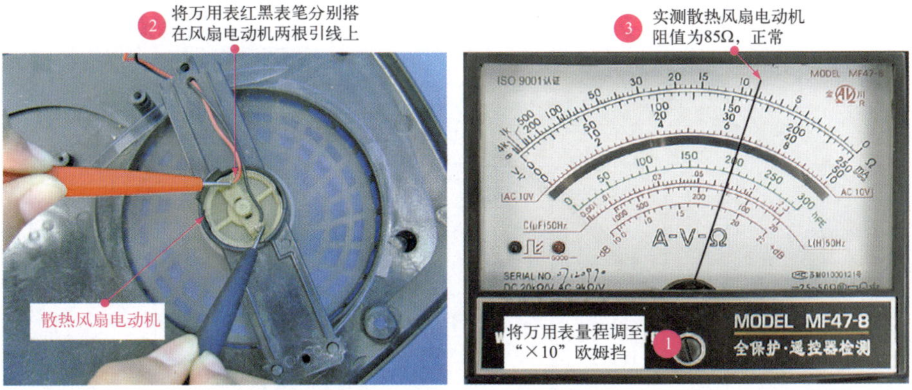

图13-22 风扇电动机的检测方法

经实际检测，当表笔接触风扇电动机引线时，风扇电动机会自行运转，并同时可以测得一定的阻值，约为 85Ω，因此，可判断风扇电动机正常。接下来，则需要对风扇电动机驱动电路中的关键元器件进行检查，如晶体三极管。

晶体三极管的检测方法如图 13-23 所示。

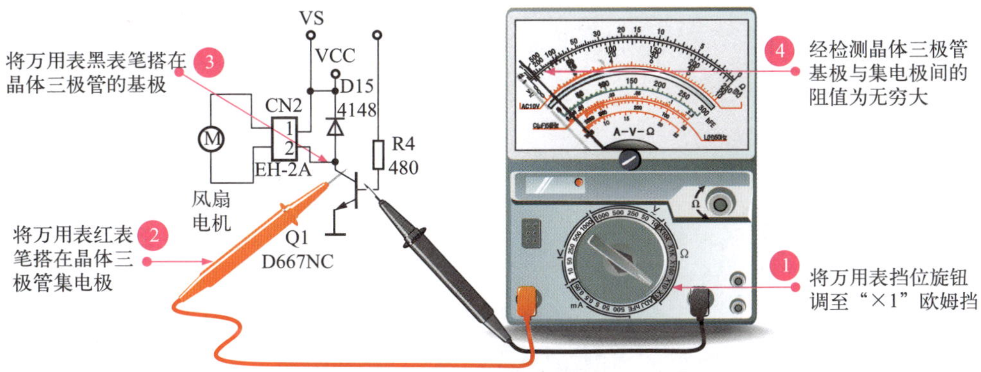

图13-23 晶体三极管的检测方法

检测晶体三极管 Q1 引脚间的阻值时，万用表指针的读数为无穷大，表明晶体三极管击穿断路，更换晶体三极管 Q1 后，开机试运行，故障排除。

13.9 美的 MC-PSF18A 型电磁炉通电不开机故障的检修案例

故障表现：

美的 MC-PSF18A 型电磁炉通电后操作设置及开机键无反应，不能进入正常工作状态。

故障分析：

电磁炉出现通电不开机的故障后，应重点检查供电、控制这两部分是否正常，图 13-24 所示为美的 MC-PSF18A 型电磁炉的电路原理图。

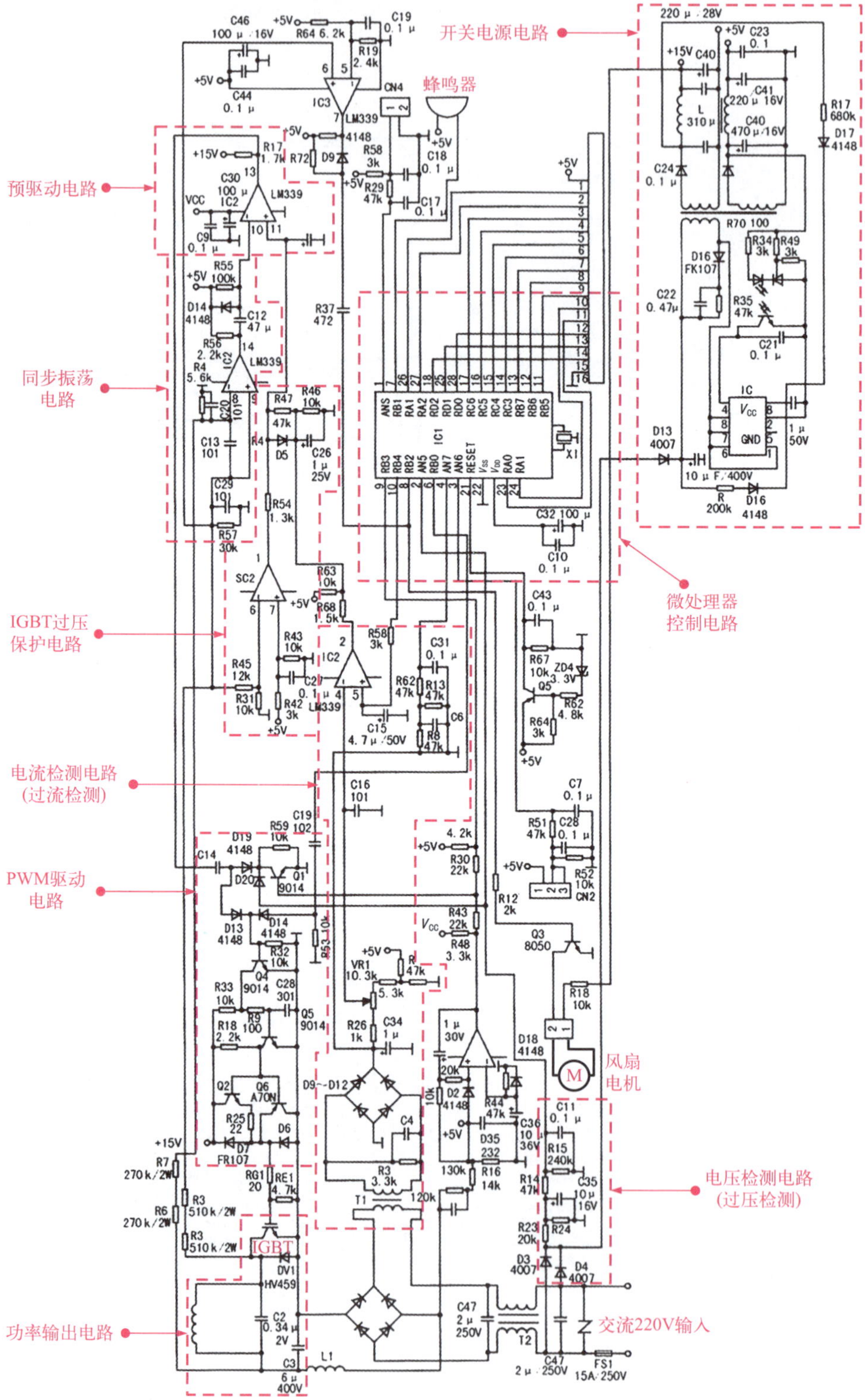

图13-24　美的MC-PSF18A型电磁炉的电路原理图

由图 13-24 可知，开关电源电路输出 +5V、+15V 电压，为其他功能电路进行供电；微处理器控制电路正常工作时，需要满足微处理器的复位电压以及供电电压等条件。

根据以上分析，在对该类故障进行检修时，可首先检测开关电源电路输出的电压是否正常；若电压均正常，表明开关电源电路可以正常工作，应对微处理器的工作条件进行排查。

故障检修：

根据上述分析，首先检查风扇电动机本身是否正常。

开关电源电路输出电压的检测方法如图 13-25。

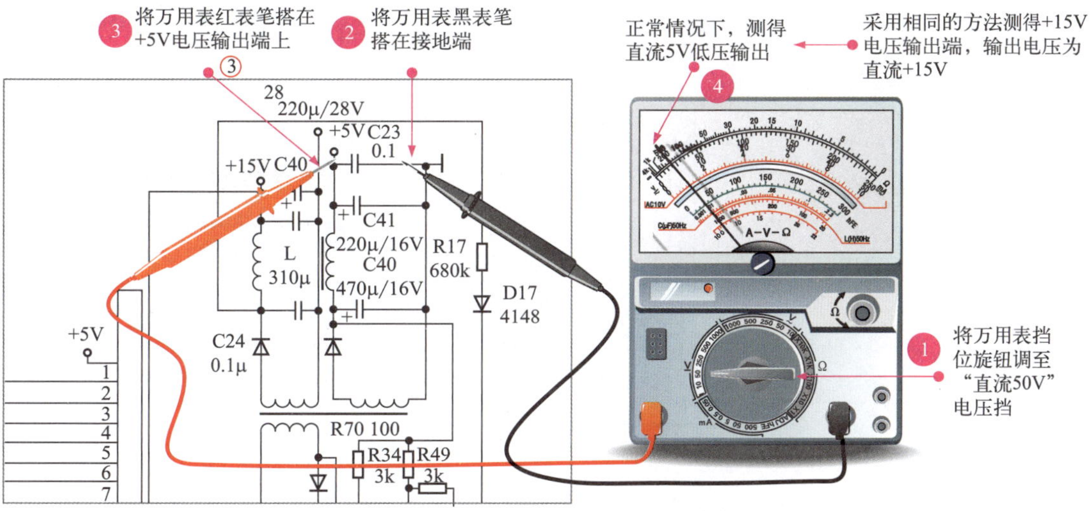

图13-25　开关电源电路输出电压的检测方法

经检测，开关电源电路输出的 +5V、+15V 电压均正常，此时，应进一步对控制电路中微处理器的工作条件进行检测，即检测微处理器的复位电压是否正常。

复位电压的检测方法如图 13-26 所示。

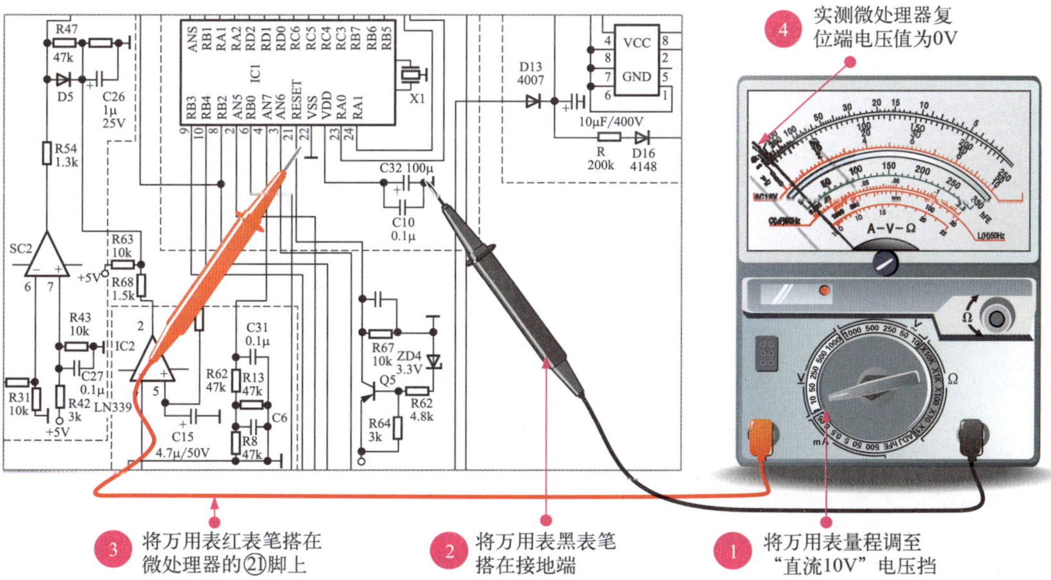

图13-26　复位电压的检测方法

经检测，微处理器㉑脚的复位电压为0V，微处理器不能正常进入工作状态，应进一步顺电路对复位电路中的主要元器件进行检测。

晶体三极管发射极电压的检测方法如图13-27所示。

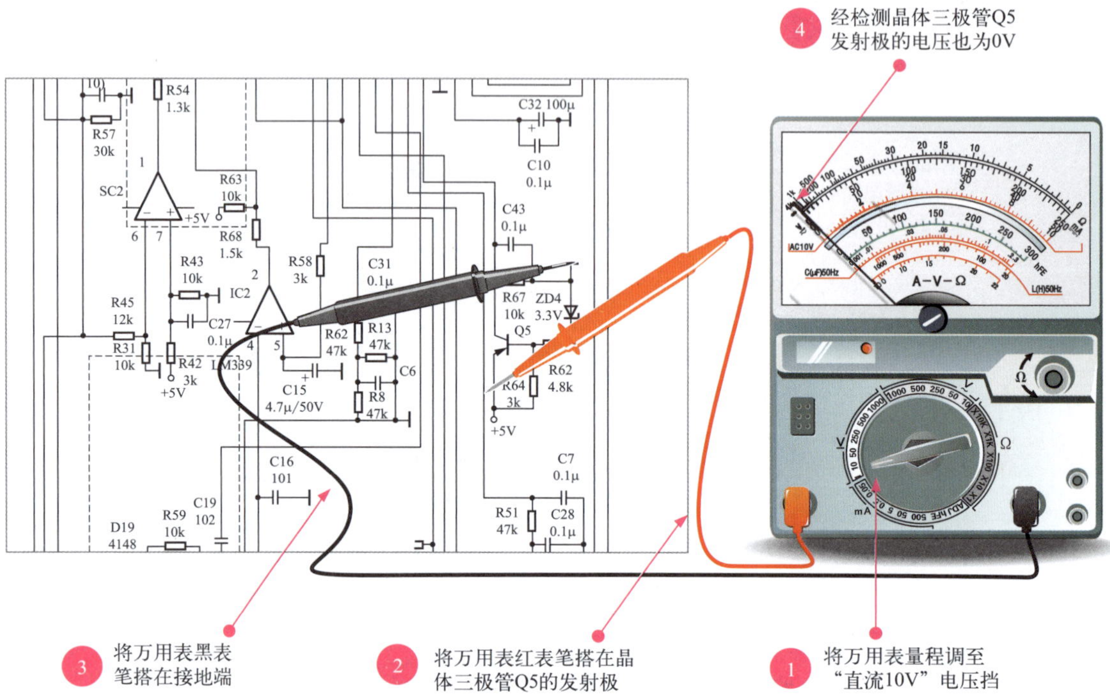

图13-27　晶体三极管发射极电压的检测方法

经检测，复位电路中晶体三极管Q5发射极的电压也为0V，怀疑是电路板上的印制线出现了断路的情况，通过检查晶体三极管Q5到开关电源电路之间的印制线，发现有断路故障，焊接好后，开机试运行，故障排除。

13.10 美的MC-SY195J型电磁炉显示“E02”故障代码的检修案例

故障表现：

美的MC-SY195J型电磁炉按下电源开关，加热工作一段时间后停机，显示屏显示“E02”，将电磁炉再次通电按下电源开关开机时，电磁炉电源指示灯不亮，按下操作按键无任何反应。

故障分析：

美的MC-SY195J型电磁炉加热停机后显示代码“E02”，通过查找该电磁炉故障代码的含义，可知该类故障是温度检测电路出现异常所导致的。

美的 MC-SY195J 型电磁炉的热敏电阻 RT200 为温度检测电路中的主要器件之一，可首先判断该器件是否正常。

若元件正常，则应检测微处理器 ⑭ 脚电压以及外接线路中元器件是否正常。

故障检修：

根据上述分析可知，首先判断热敏电阻器自身的性能是否良好。

热敏电阻器的检测方法如图 13-28 所示。

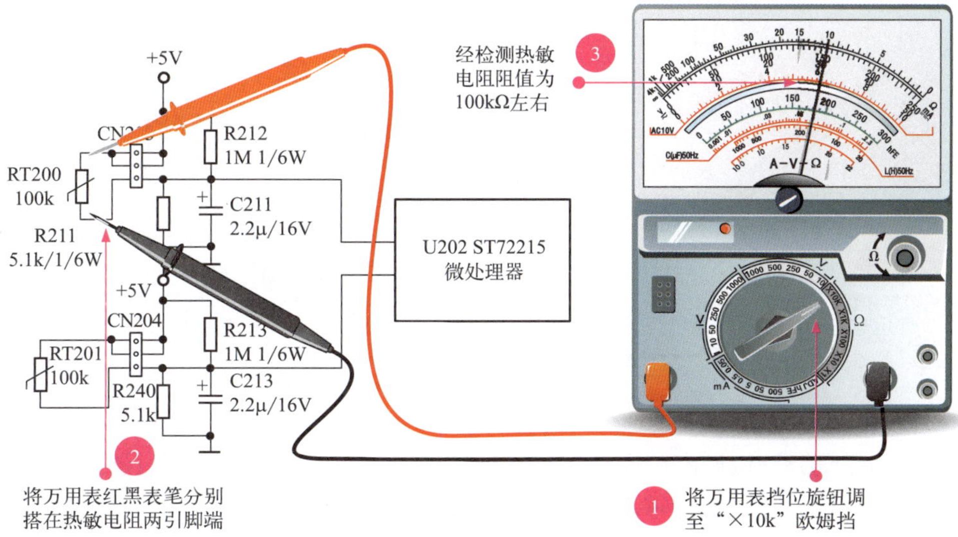

图13-28　热敏电阻器的检测方法

经检测，在常温状态下温度检测电路中热敏电阻 RT200 的阻值为 100kΩ 左右，正常。此时，应进一步对微处理器 ⑭ 脚的电压进行检测。

微处理器 U202 的 ⑭ 脚电压的检测方法如图 13-29 所示。

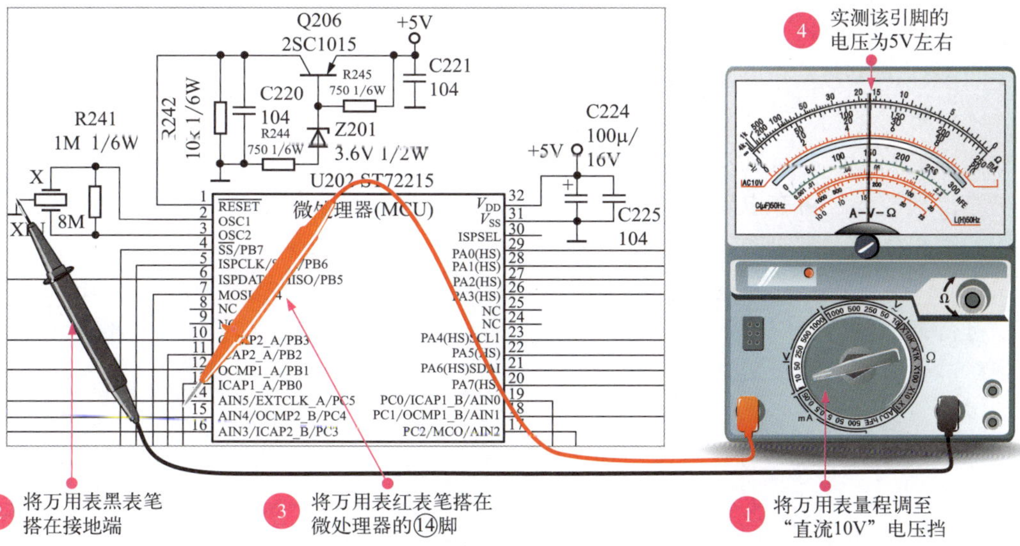

图13-29　微处理器U202的⑭脚电压的检测方法

将电磁炉通电后，检测微处理器（MCU）U202 的 ⑭ 脚电压，经检测得该引脚电压值为 5V 左右，表明微处理器的 ⑭ 脚外接元件中有不良的，应进一步检查。

微处理器外接电阻器的检测方法如图 13-30 所示。

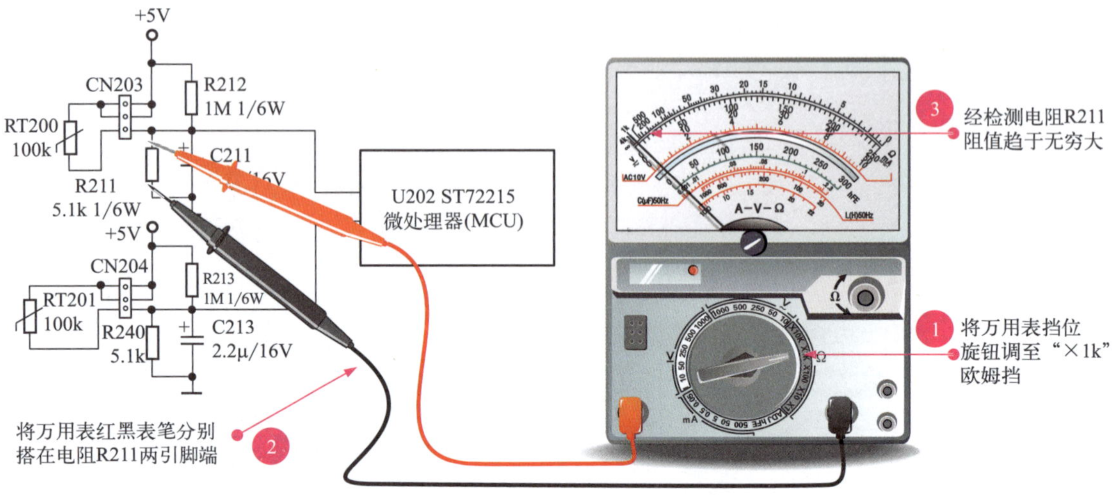

图13-30　微处理器外接电阻器的检测方法

经检测，微处理器外接电阻器 R211 的阻值接近无穷大，表明该电阻器本身损坏，将 R211（5.1kΩ）更换后，电磁炉重新开机，故障代码消失，工作正常。

13.11　美的 MC-PVY22A 型电磁炉显示“E07”故障代码的检修案例

故障表现：

美的 MC-PVY22A 型电磁炉开机后，电磁炉不加热，显示屏显示故障代码“E07”。

故障分析：

根据该美的 MC-PVY22A 型电磁炉的故障代码提示，可知电磁炉的过压保护电路或过零检测电路出现故障，可在电磁炉断电的环境下，重点对该部分电路进行检测。图 13-31 所示为美的 MC-PVY22A 型电磁炉的电路原理图。

由图 13-31 可知，判断过压保护电路是否正常时，可通过检测微处理器（MCU）㉓ 脚的电压进行判断，若电压值正常，则表明过压保护电路可以正常工作；若电压值较低，则应进一步对过压保护电路或该电路中的重要元器件进行检测，以排除故障。

故障检修：

根据上述分析可知，可在电磁炉通电的情况下，检测微处理器（MCU）㉓ 脚处的电压值是否正常。

微处理器（MCU）的 ㉓ 脚电压的检测方法如图 13-32 所示。

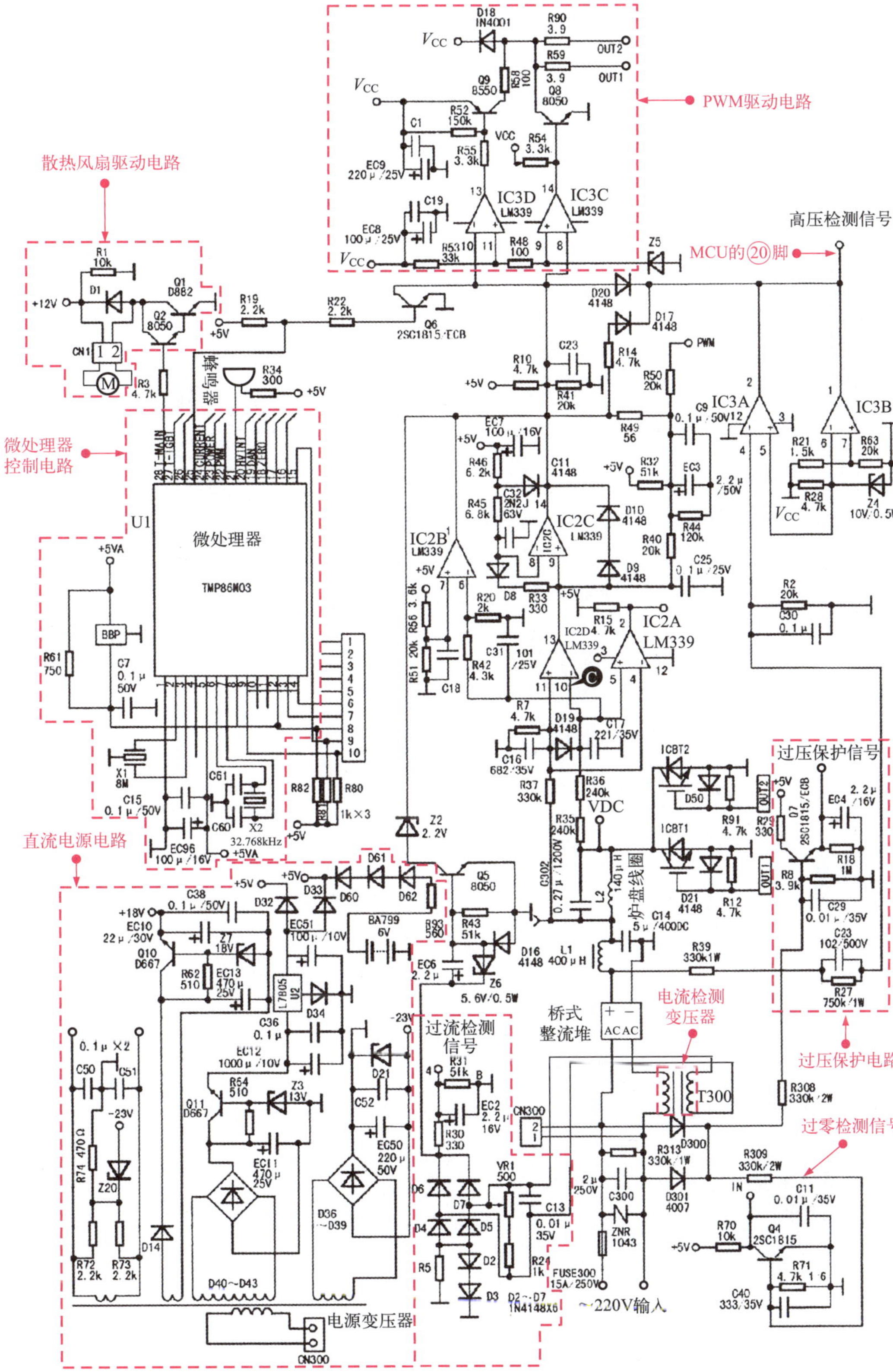

图13-31　美的MC-PVY22A型电磁炉的电路原理图

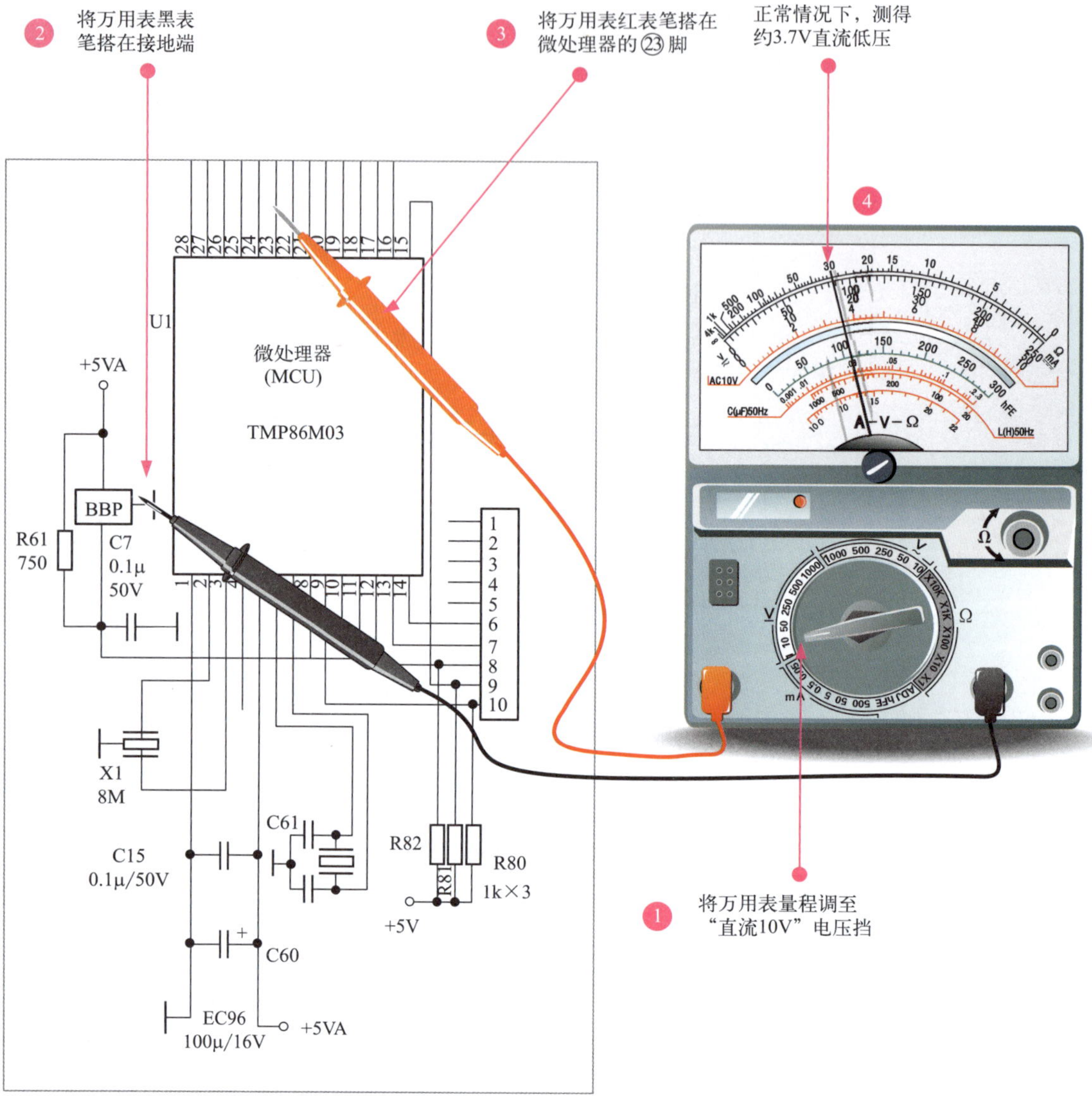

图13-32　微处理器（MCU）的㉓脚电压的检测方法

经检测后，微处理器（MCU）的㉓脚电压值很低，正常情况下应为3.76V，表明过压保护电路与微处理器之间的元器件可能出现故障，此时，对过压保护电路中的电阻器R18进行检测。

电阻器R18的检测方法如图13-33所示。

将电磁炉断电后，检测该电磁炉的过压保护电路中的电阻器R18，经实际检测该电阻器的阻值很小，表明该电阻器可能损坏，以同型号的电阻器更换后，开机试运行，故障排除。

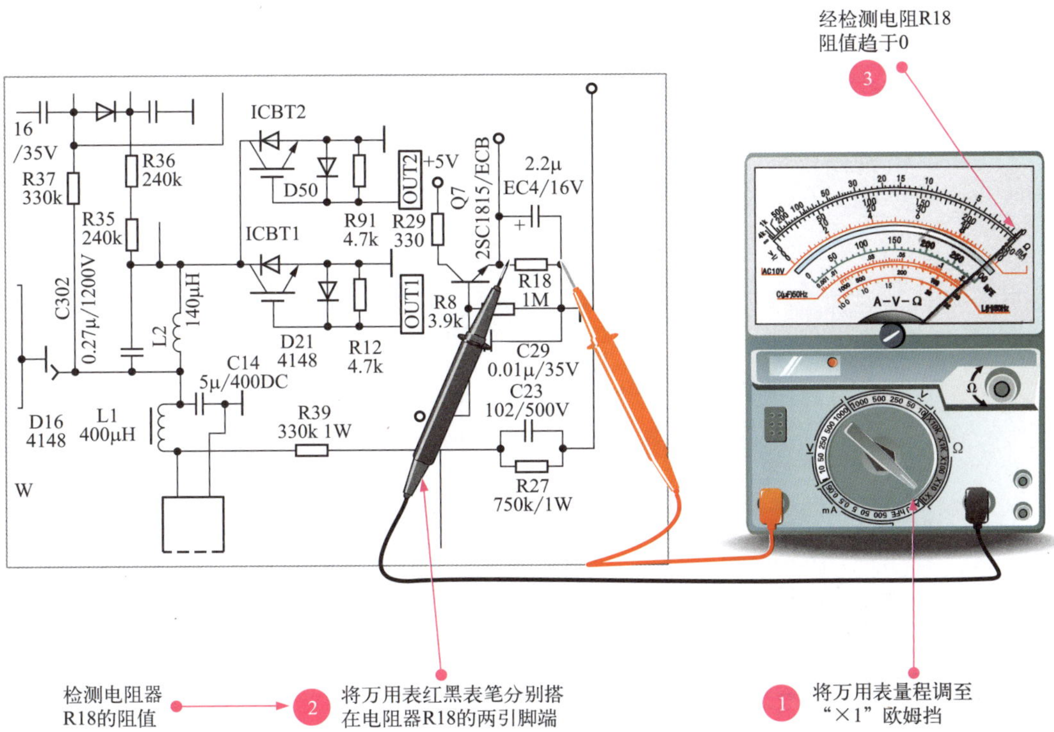

图13-33　电阻器R18的检测方法

13.12 美的MC-PSD/C/D/E型电磁炉显示“E04”故障代码的检修案例

故障表现：

美的 MC-PSD/C/D/E 型电磁炉通电开机后，操作显示面板出现故障代码“E04”，不能进入正常工作状态。

故障分析：

根据美的 MC-PSD/C/D/E 型电磁炉的故障代码含义，可知故障代码“E04”表示温度检测电路出现故障，在对该类故障进行检修时，应重点对温度检测电路进行检测。图 13-34 所示为美的 MC-PSD/C/D/E 型电磁炉的电路原理图。

由图 13-34 可知，温度检测电路中的热敏电阻将温度信号输入微处理器的 ⑭ 脚，正常情况下微处理器的 ⑭ 脚应有一定的电压值，若该电压正常，表明温度检测电路可以正常工作；若该电压不正常，则应对温度检测电路的工作条件进行检测，即供电电压。

若温度检测电路的供电正常，而电磁炉仍有故障，则需要进一步对热敏电阻本身的性能进行检测，若热敏电阻正常，则需要对该电路中的主要元器件进行检测。

故障检修：

根据上述分析可知，首先检测微处理器 ⑭ 脚的电压值是否正常。

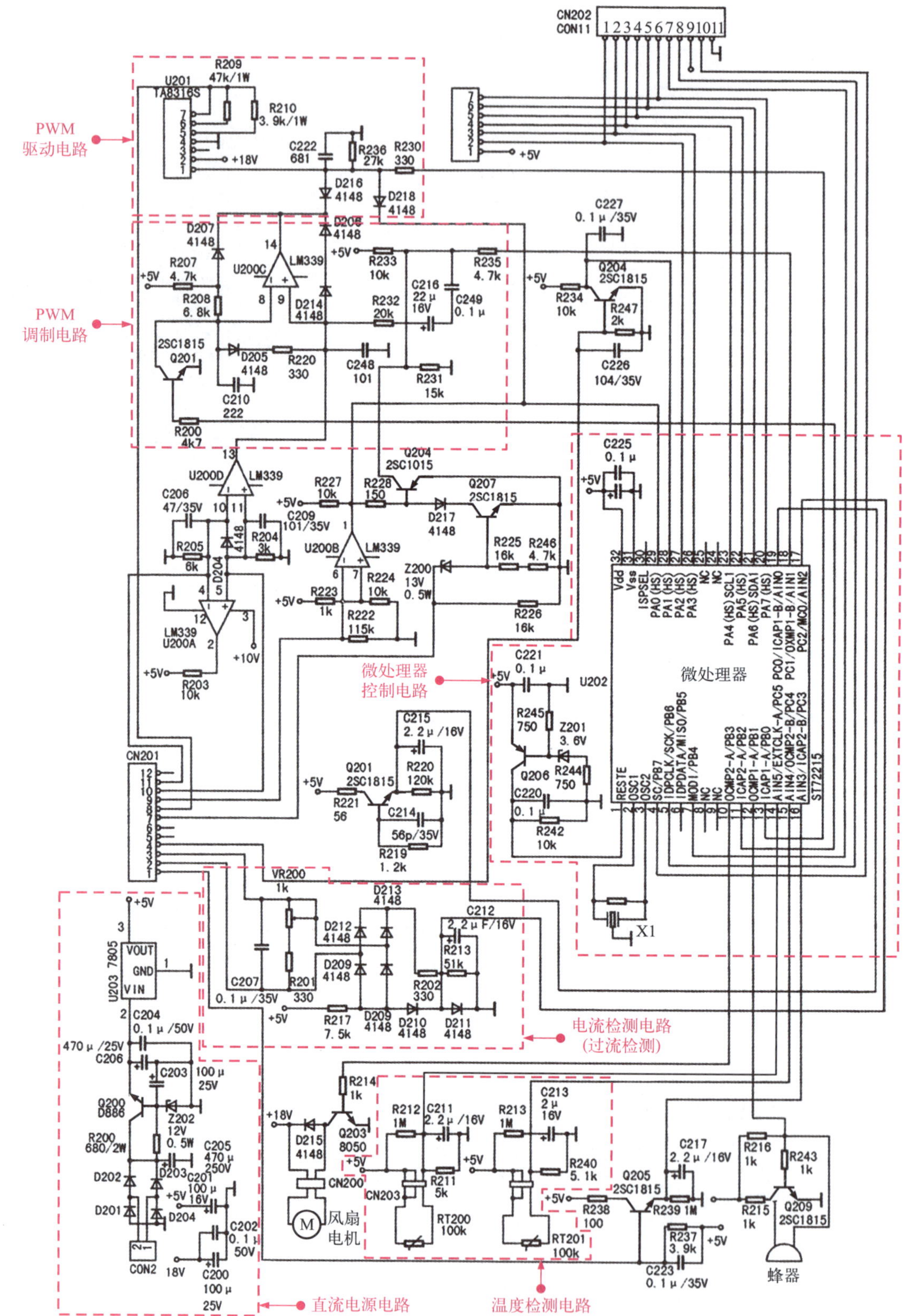

图13-34 美的MC-PSD/C/D/E型电磁炉的电路原理图

微处理器⑭脚的电压值的检测方法如图 13-35 所示。

经检测，微处理器（MCU）的⑭脚电压值不正常，表明温度检测电路中的元器件有故障，接下来，检测温度检测电路的供电电压是否正常。

温度检测电路供电电压的检测方法如图 13-36 所示。

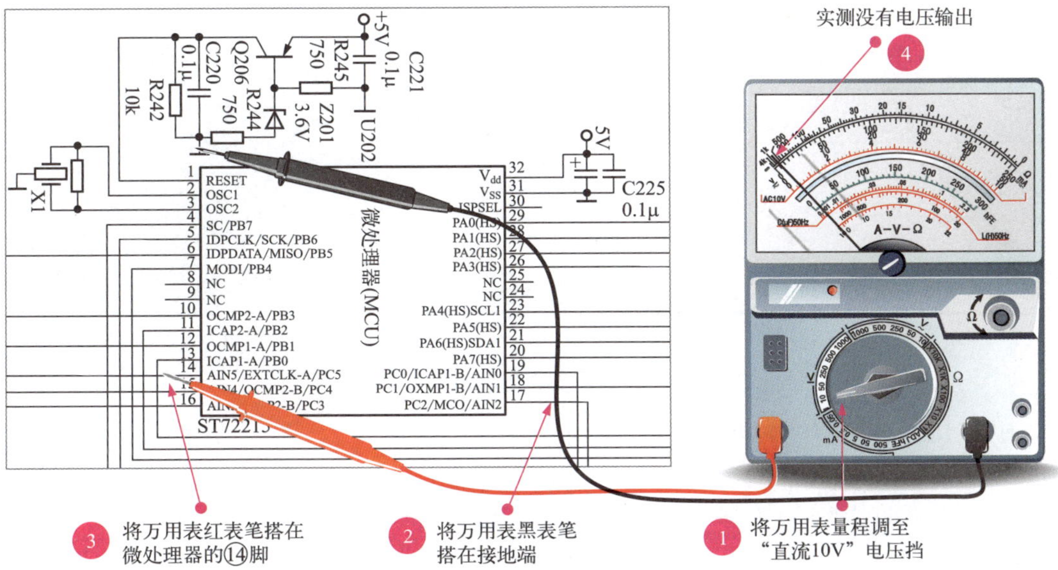

图13-35　微处理器⑭脚的电压值的检测方法

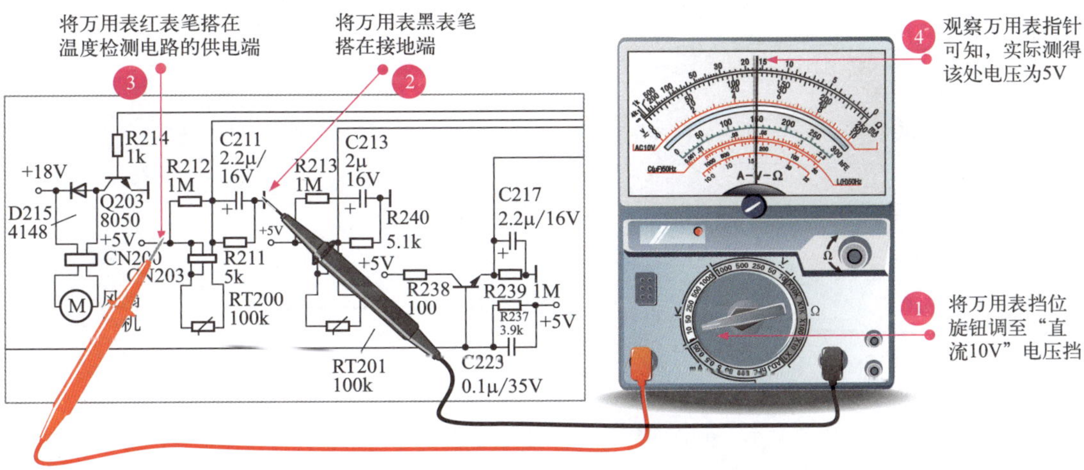

图13-36　温度检测电路供电电压的检测方法

经检测，温度检测电路的供电电压正常。表明故障点应为温度检测电路内的主要元器件。接下来对热敏电阻的性能进行检测。

热敏电阻的检测方法如图 13-37 所示。

将电磁炉的电源断开后，并从电路板中取下热敏电阻 RT200，在常温下检测其阻值为 100kΩ，正常。接下来，再对温度检测电路中的主要元器件进行检测，如电阻器 R212、R211，电容器 C211 等。

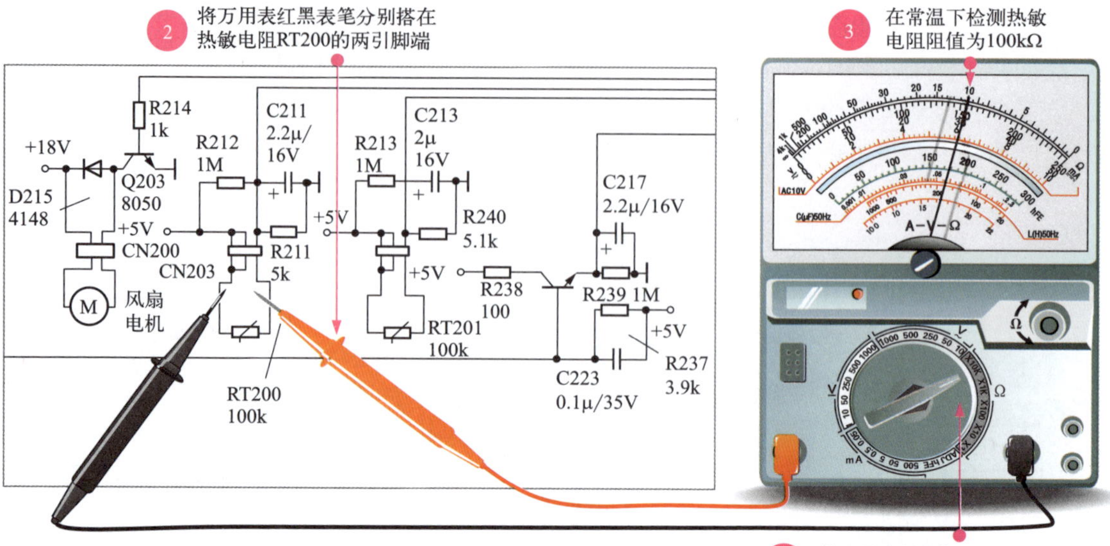

图13-37　热敏电阻的检测方法

电阻器 R211 的检测方法如图 13-38 所示。

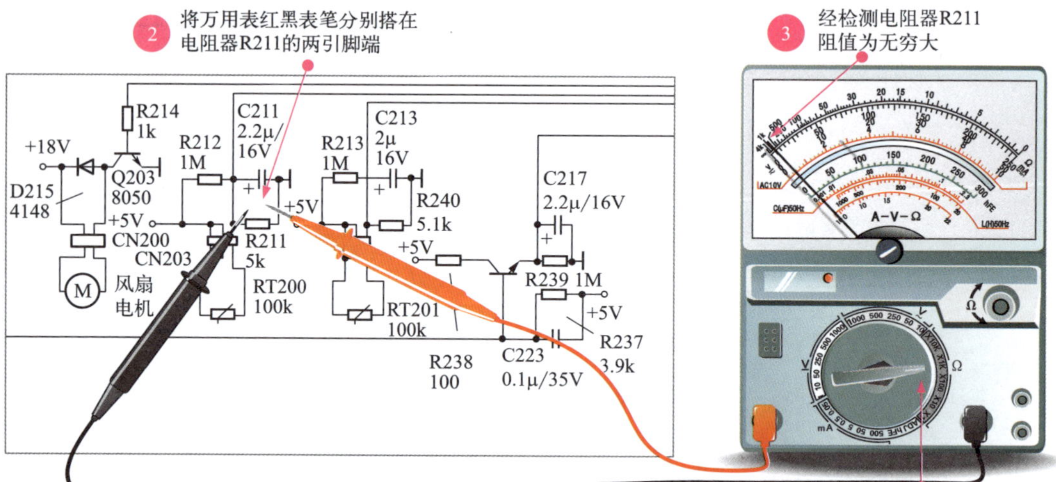

图13-38　电阻器R211的检测方法

经检测，发现电阻器 R211 的阻值为无穷大，表明电阻器 R211 断路，将损坏的电阻器更换后，开机试运行，故障排除。

13.13 美的 MC-EF197 型电磁炉开机不加热故障的检修案例

故障表现：

美的 MC-EF197 型电磁炉通电开机后，按动加热键后，电磁炉不加热，也无报警提示声。

故障分析：

根据故障现象，初步怀疑电磁炉的低压供电异常。图 13-39 所示为美的 MC-EF197 型电磁炉的电路原理图。

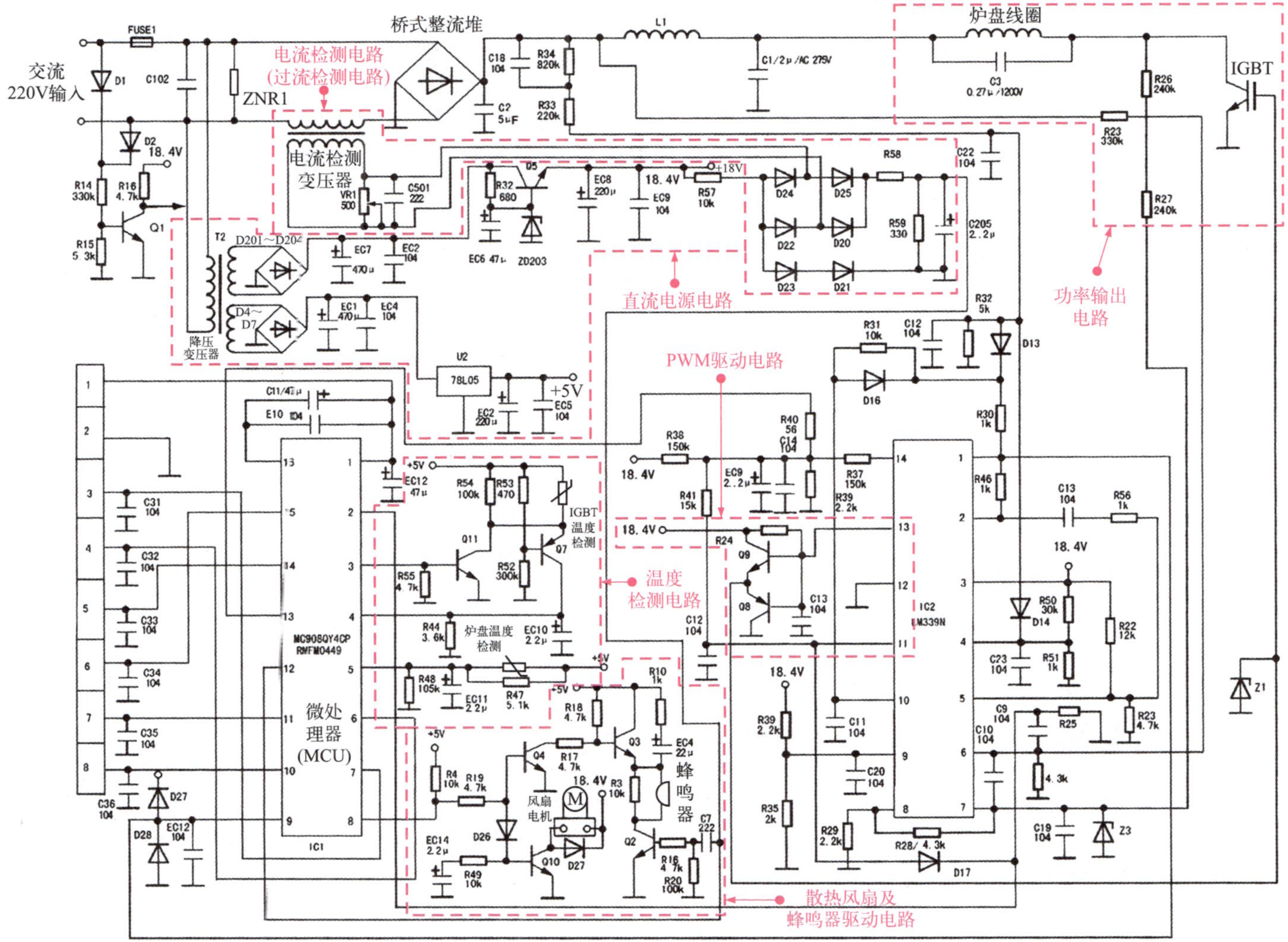

图13-39　美的MC-EF197型电磁炉的电路原理图

由图 13-39 可知，交流 220V 电压输入电磁炉后，分为两路，其中一路经降压变压器降压后，再经桥式整流堆进行整流、滤波电容滤波，将直流低压送至稳压二极管 ZD203、三端稳压器 U2 中，最终输出 +18V、+5V 的直流低压。另一路经桥式整流堆整流、滤波电容滤波后，输出 +300V 电压，为炉盘线圈供电。

根据以上分析可知，该电磁炉开机不加热，应重点检查电源部分输出的电压是否正常。

故障检修：

根据上述分析可知，先使用万用表检测直流电源电路输出的直流低压是否正常。

直流低压的检测方法如图 13-40 所示。

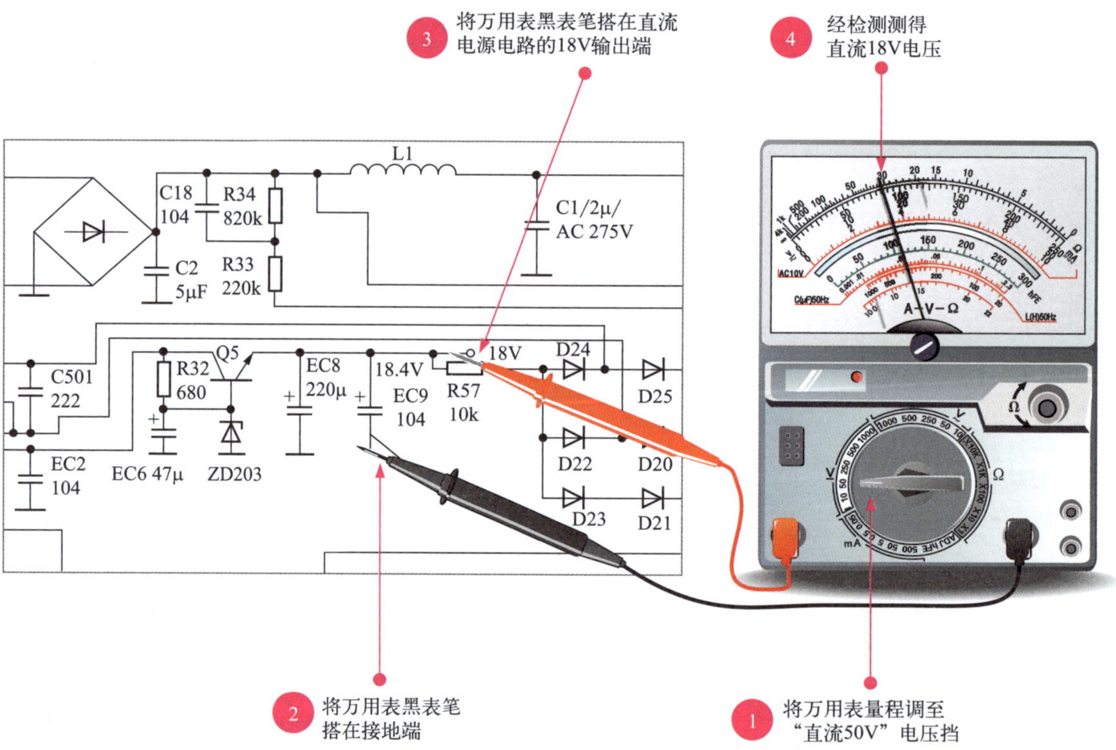

图13-40　直流低压的检测方法

经检测，直流电源电路输出的电压均正常，接下来进一步检测 PWM 产生电路的主要芯片以及功率输出电路中的主要器件，经检测 LM339 的各引脚电压也正常。

接下来，应检测为炉盘线圈供电的桥式整流堆输出的电压是否正常。

桥式整流堆输出电压的检测方法如图 13-41 所示。

经检测桥式整流堆输出的电压偏低（实测约 130V），因此，怀疑桥式整流堆本身损坏。以同型号的桥式整流堆进行更换后，开机试运行，故障排除。

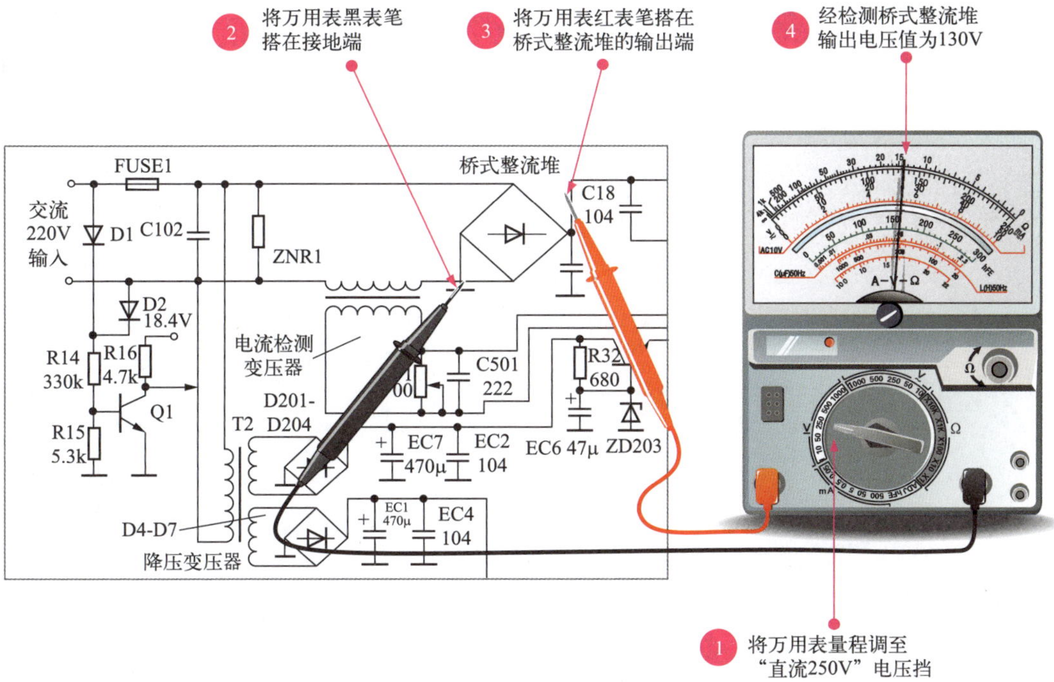

图13-41　桥式整流堆输出电压的检测方法

13.14 美的 PF101E 型电磁炉屡损 IGBT 故障的检修案例

故障表现：

美的 PF101E 型电磁炉开机后不能加热。将电磁炉断电后，打开电磁炉的外壳，对 IGBT 进行检测，发现 IGBT 已损坏，但更换后，再次开机，电磁炉仍不能加热，再次检测，发现 IGBT 再次损坏。

故障分析：

电磁炉出现该类故障时，通常是由 PWM 驱动电路、供电电路、同步振荡电路或过压保护电路出现故障所导致的。美的 PF101E 型电磁炉的电路原理图见图 6-38 所示。

更换损坏的 IGBT 后，则应进一步对该电路中的主要元器件进行检测，排除造成 IGBT 屡损的故障点。

故障检修：

根据上述分析可知，更换完损坏的 IGBT 后，还应对电路中主要元器件的性能进行检测。

电阻器 R11 的检测方法如图 13-42 所示。

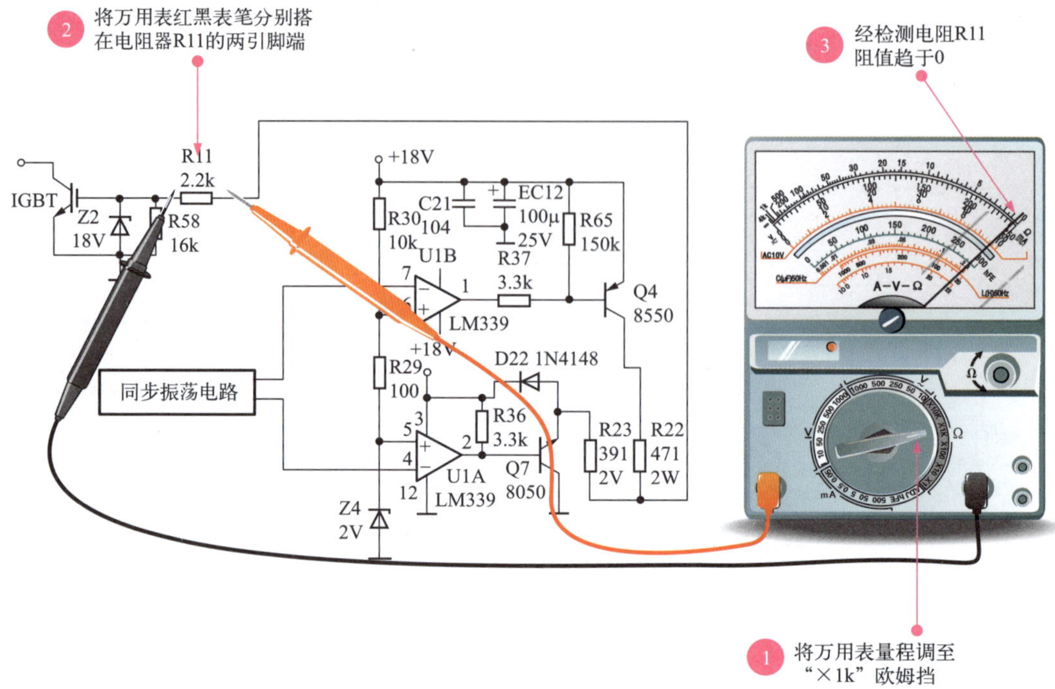

图13-42　电阻器R11的检测方法

经检测，电阻器 R11 阻值为 0，出现短路故障，以同型号电阻器进行更换后，开机试运行，故障排除。

13.15 美的 PD16Y 型电磁炉屡烧毁熔断器和桥式整流堆故障的检修案例

故障表现：

美的 PD16Y 型电磁炉通电开机后，电磁炉无反应。经检查后发现熔断器和桥式整流堆均被击穿损坏，更换后不久又被烧坏。

故障分析：

根据电磁炉的故障表现，怀疑可能是由 IGBT 及其保护元器件、滤波电容、微处理器等损坏所导致的，应重点对该部分电路进行检测。图 13-43 所示为美的 PD16Y 型电磁炉的电路原理图。

检测电磁炉的该类故障时，可先检测 IGBT 是否损坏，若该器件正常，则应对 IGBT 的保护二极管、滤波电容等进行检测。

故障检修：

根据上述分析可知，首先将电磁炉断电后对 IGBT 进行检测，测得 IGBT 无异常，接下来，再对 IGBT 的保护二极管 D14 进行检测。

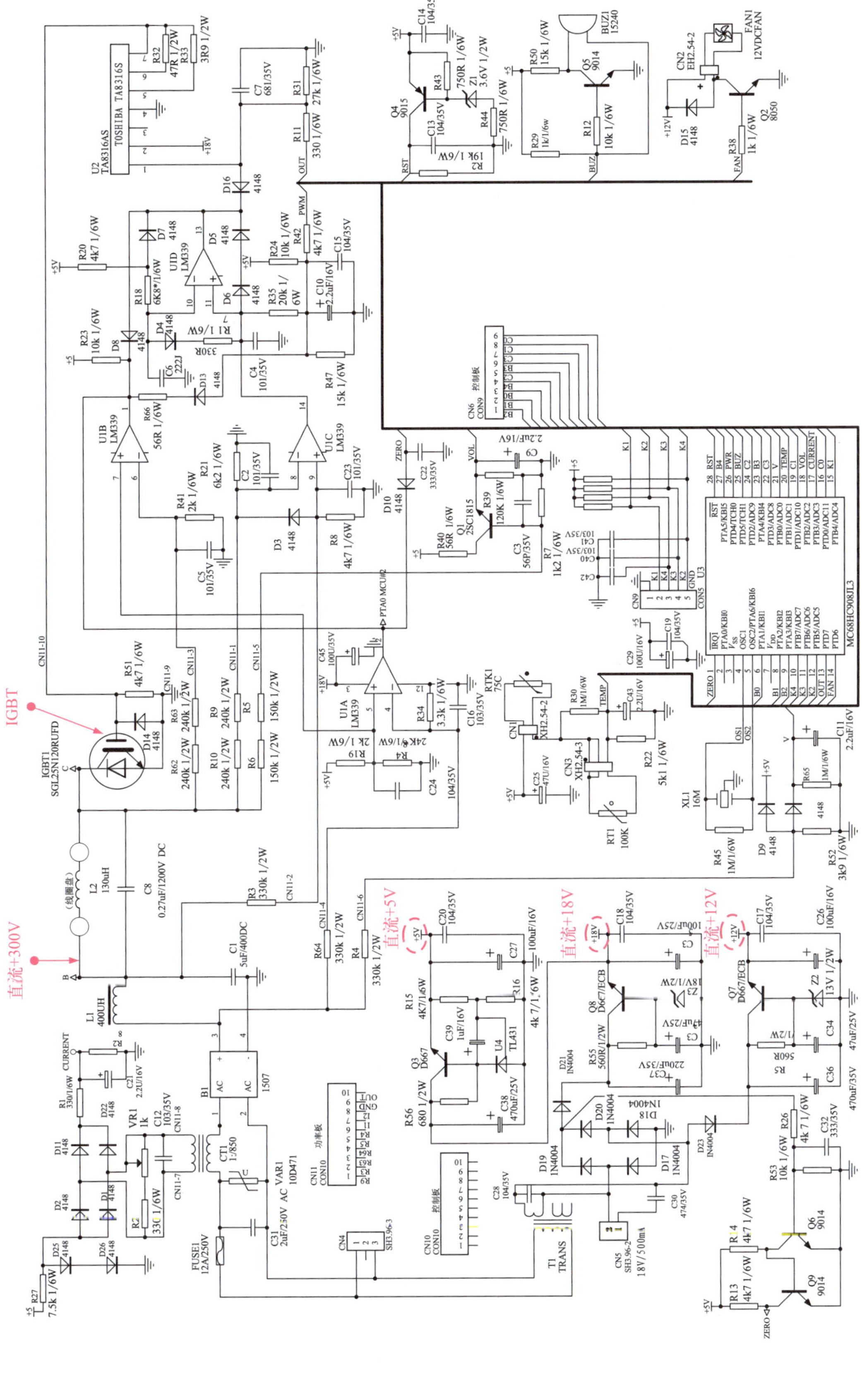

图13-43　美的PD16Y型电磁炉的电路原理图

保护二极管 D14 的检测方法如图 13-44 所示。

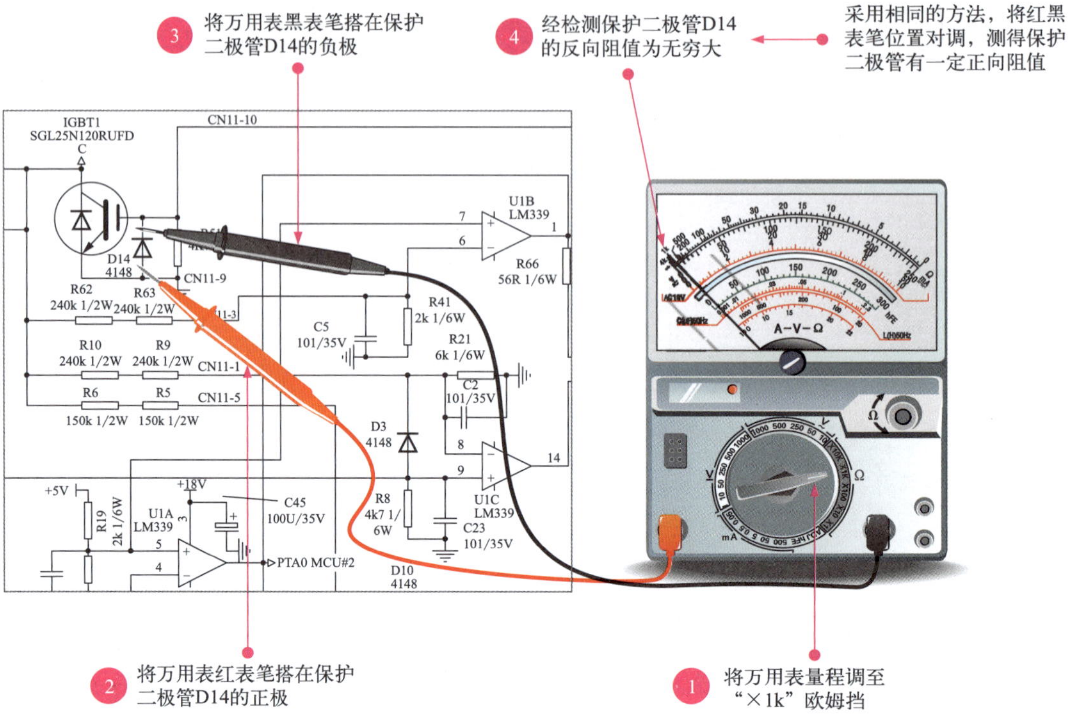

图13-44　保护二极管D14的检测方法

经检测，测得保护二极管 D14 的正反向阻值均正常，此时，将滤波电容 C1 取下后，检测其充放电过程是否正常。

滤波电容 C1 的检测方法如图 13-45 所示。

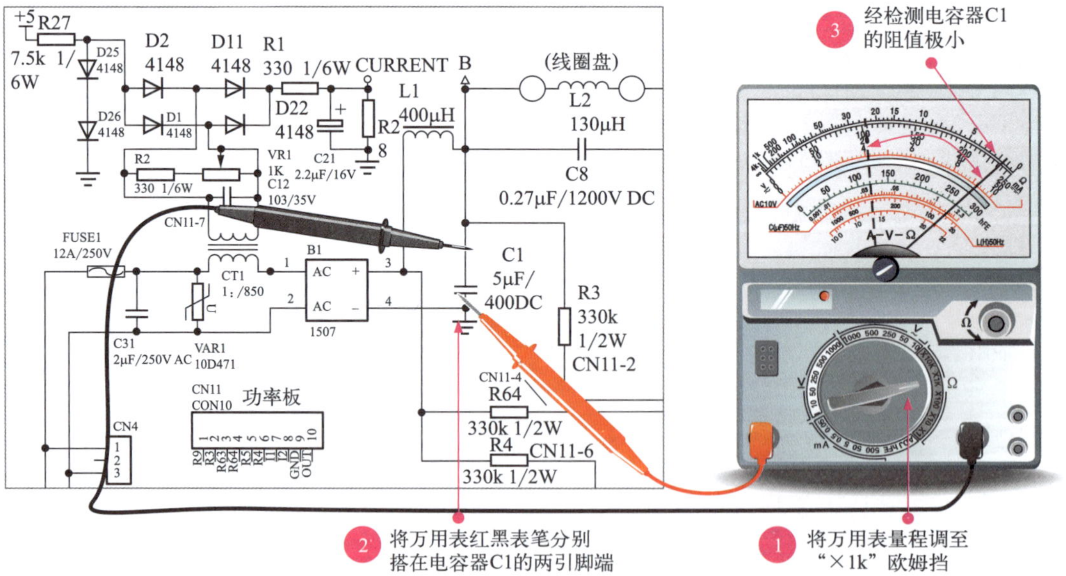

图13-45　滤波电容C1的检测方法

经检测滤波电容 C1 的阻值很小，表明漏电严重，更换后开机试运行，故障排除。

13.16 美的 PD16Y 型电磁炉指示灯指示异常故障的检修案例

故障表现：

美的 PD16Y 型电磁炉通电后，开机正常，加热也无异常，但指示灯指示异常。

故障分析：

根据电磁炉的故障表现判断，可能是由显示电路或微处理器部分出现故障导致的，检测时，可先对显示电路中发光二极管进行检测，若均正常，则需要对电阻进行检测。图 13-46 所示为美的 PD16Y 型电磁炉的显示电路原理图。

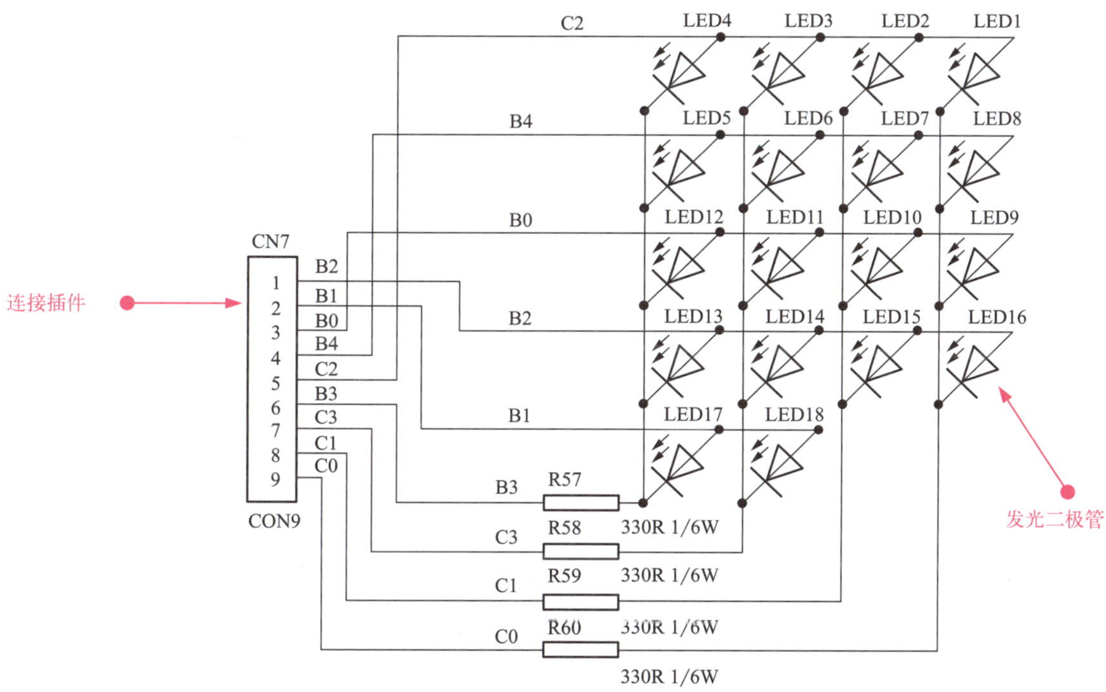

图13-46　美的PD16Y型电磁炉的显示电路原理图

故障检修：

根据上述分析可知，首先对显示电路中的发光二极管 LED1 ～ LED18 进行检测。经检测后，测得发光二极管的正反向阻值均正常。此时，可再对电阻器 R57 ～ R60 进行检测。

电阻器 R57 ～ R60 的检测方法如图 13-47 所示。

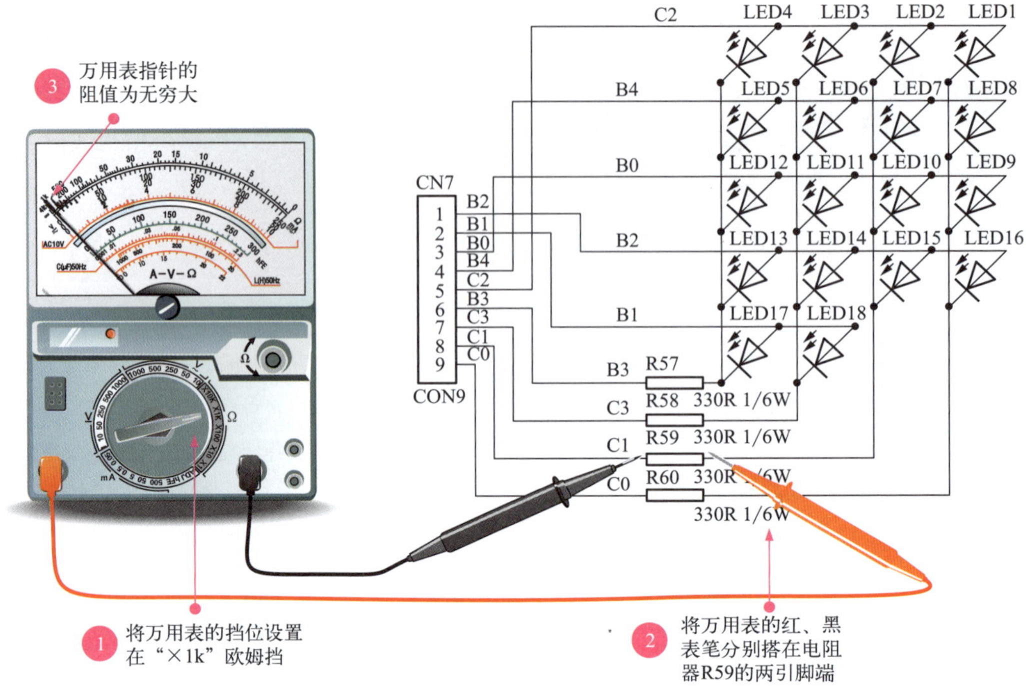

图13-47 电阻器R57 ~ R60的检测方法

经检测，发现电阻 R59 的阻值为无穷大。由此，可以断定电阻 R59 损坏。将其更换后，重新开机对电磁炉进行试机操作，故障排除。

第 14 章
奔腾电磁炉故障检修案例

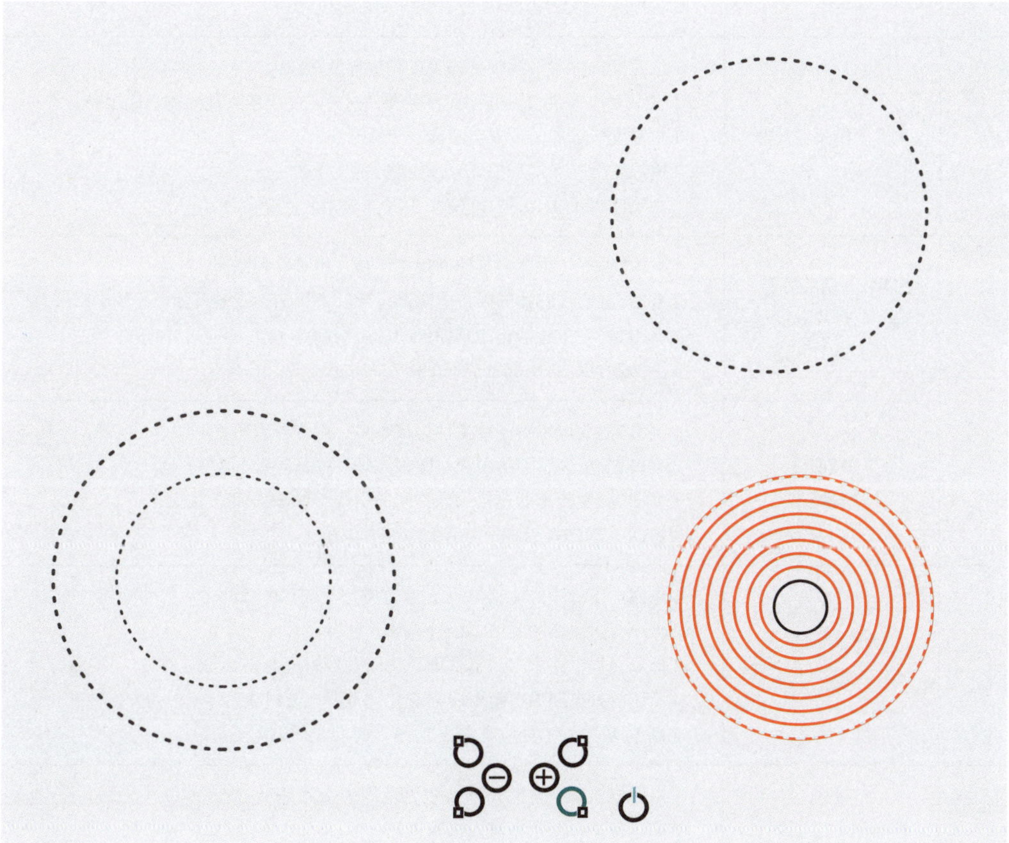

14.1 奔腾电磁炉故障代码与故障检修

奔腾电磁炉故障代码与故障检修见表 14-1。

表 14-1 奔腾电磁炉故障代码与故障检修

故障代码	故障分析	故障检修
E0	按键短路	1.按键存在接触不良而造成短路 2.按键引脚焊锡熔焊造成短路 3.按键引脚过长导致短路 4.按键引脚间存在油污或电路板潮湿
E1	主温度传感器断路	1.主温度传感器插座未插好 2.主温度传感器的限流电阻短路 3.主温度传感器插座引脚虚焊 4.主温度传感器本身短路 5.主插座T-MAIN引脚处应有0.3V左右电压
E2	主温度传感器短路	1.主温度传感器引线脚绝缘胶皮破损导致短路 2.主温度传感器插座引脚有焊锡渣、油污、受潮或其他导体引起短路 3.主温度传感器的限流电阻虚焊导致断路 4.主温度传感器本身损坏导致短路 5.主插座T-MAIN引脚处应有0.3V左右电压
E3	IGBT温度传感器（散热片温度传感器）断路	1. IGBT温度传感器连接插件焊接不良、虚焊导致断路 2. IGBT温度传感器的限流电阻因虚焊、焊锡渣、受潮及油污导致引脚短路 3. IGBT温度传感器连接到插件间的引线断路 4.主插座T-IGBT引脚处应有0.3V左右电压
E4	IGBT温度传感器短路	1. IGBT温度传感器连接插件焊接不良、虚焊导致短路 2. IGBT温度传感器的限流电阻因虚焊、损坏导致开路 3. IGBT温度传感器连接到插件间的引线绝缘破损而产生短路 4.主插座T-IGBT引脚处应有0.3V左右电压
E5	低压（欠压）保护	1.电源电压低于交流160V（正常范围为交流160～260V） 2.低压保护电路中整流二极管损坏 3.低压保护电路中电阻器件因老化而发生阻值变化 4.低压保护电路中电解电容器老化导致漏电流过大 5.测主插座V-AD处应有电压
E6	高压（过压）保护	1.电源电压高于交流260V（正常范围为交流160～260V） 2.高压保护电路中整流二极管损坏 3.高压保护电路中电阻器件因老化而阻值发生变化 4. 测主插座V-AD处应有电压

奔腾 PC19 系列电磁炉故障代码及故障分析见表 14-2。

表 14-2　奔腾 PC19 系列电磁炉故障代码及故障分析

故障代码	故障分析
E0	IGBT温度传感器（散热片温度传感器）断路
E1	上电无锅
E2	IGBT超温或IGBT温度传感器短路
E3	高压（过压）保护
E4	低压（欠压）保护
E5	锅底传感器断路
E6	上电干烧

14.2 奔腾电磁炉常用 IC 检测数据

(1) 奔腾 PC20N 系列电磁炉中 LM339 检测数据

奔腾 PC20N 系列电磁炉中 LM339 检测数据见表 14-3。

表 14-3　奔腾 PC20N 系列电磁炉中 LM339 检测数据

引脚号	接炉盘线圈时引脚对地电压/V	不接炉盘线圈时引脚对地电压/V
①	0.82	0.82
②	5	5.03
③	20.6	0
④	0.09	0.09
⑤	2.14	2.14
⑥	1.35	0
⑦	4.26	4.26
⑧	3.86	3.89
⑨	4.26	0
⑩	5.7	5.69
⑪	0.41	0.41
⑫	0	0
⑬	0.29	0.3
⑭	5.03	0.12

（2）奔腾 PC22N 系列电磁炉中 LM339 检测数据

奔腾 PC22N 系列电磁炉中 LM339 检测数据见表 14-4。

表 14-4　奔腾 PC22N 系列电磁炉中 LM339 检测数据

引脚号	接炉盘线圈时引脚对地电压/V	不接炉盘线圈时引脚对地电压/V
①	18.3	18.4
②	0.06	0.06
③	18.3	18.4
④	5	5
⑤	0.48	0.47
⑥	0.1	0.1
⑦	1.6	1.6
⑧	2.68	2.66
⑨	2.97	0
⑩	0.84	0
⑪	2.42	2.42
⑫	0	0
⑬	1.67	1.67
⑭	5	0.08

（3）奔腾 PC19N-B 系列电磁炉中 LM339 检测数据

奔腾 PC19N-B 系列电磁炉中 LM339 检测数据见表 14-5。

表 14-5　奔腾 PC19N-B 系列电磁炉中 LM339 检测数据

引脚号	接炉盘线圈时引脚对地电压/V	不接炉盘线圈时引脚对地电压/V
①	5	0
②	0	0
③	18	18
④	5.51	5.51
⑤	2.36	2.36
⑥	3.97	3.97
⑦	4.18	0
⑧	交流波	交流波

续表

引脚号	接炉盘线圈时引脚对地电压/V	不接炉盘线圈时引脚对地电压/V
⑨	4.7	4.7
⑩	0.88	0.88
⑪	2.96	2.96
⑫	0	0
⑬	2.31	2.31
⑭	5	5

(4）奔腾 PC19N-E 系列电磁炉中 LM339 检测数据

奔腾 PC19N-E 系列电磁炉中 LM339 检测数据见表 14-6。

表 14-6　奔腾 PC19N-E 系列电磁炉中 LM339 检测数据

引脚号	接炉盘线圈时引脚对地电压/V	不接炉盘线圈时引脚对地电压/V
①	18.7	18.6
②	0.05	0.1
③	18.7	18.7
④	5.07	5.06
⑤	0.47	0.47
⑥	0.09	0.09
⑦	1.58	1.58
⑧	2.69	2.68
⑨	2.99	0
⑩	0.84	0
⑪	2.32	2.32
⑫	0	0
⑬	1.6	1.6
⑭	5.07	0.07

(5）奔腾 PC22N-B 系列电磁炉中主控 IC（HMS87C1404）检测数据

奔腾 PC22N-B 系列电磁炉中主控 IC（HMS87C1404）检测数据见表 14-7。

表 14-7　奔腾 PC22N-B 系列电磁炉中主控 IC（HMS87C1404）检测数据

引脚号	接炉盘线圈时引脚对地电压/V	不接炉盘线圈时引脚对地电压/V
①	0.82	0.82
②	3.15	3.18
③	0.27	0.27
④	0.57	0.55
⑤	5.03	5.03
⑥	1.38	1.41
⑦	0	0
⑧	5.03	0.12
⑨	5.03	5.03
⑩	0	0
⑪	0	0
⑫	0	0
⑬	1.39	1.41
⑭	0.73	0.73
⑮	0.74	0.74
⑯	0.36	0.36
⑰	4.73	4.73
⑱	5.03	5.03
⑲	2.39	2.40
⑳	2.35	2.35
㉑	5.03	5.03
㉒	0	0
㉓	5.03	5.03
㉔	0.73	0.73
㉕	0.74	0.73
㉖	0.72	0.72
㉗	5.03	5.03
㉘	0	0

（6）奔腾 PC22N-A 系列电磁炉中主控 IC（S3F9454）检测数据（P012）

奔腾 PC22N-A 系列电磁炉中主控 IC（S3F9454）检测数据见表 14-8。

表 14-8　奔腾 PC22N-A 系列电磁炉中主控 IC（S3F9454）检测数据

引脚号	接炉盘线圈时引脚对地电压/V	不接炉盘线圈时引脚对地电压/V
①	0	0
②	2.5	2.5
③	2.46	2.46
④	5	0.08
⑤	4.5	4.5
⑥	4.99	4.99
⑦	5	5
⑧	2.5	2.5
⑨	2.5	2.5
⑩	4.2	4.2
⑪	0.07	0.05
⑫	0	0
⑬	1.58	1.58
⑭	4.54	4.55
⑮	2.5	2.48
⑯	4.54	4.54
⑰	0.1	0.1
⑱	0	0
⑲	5	5
⑳	5	5

（7）奔腾 PC19N-B 系列电磁炉中主控 IC（S3F9454）检测数据

奔腾 PC19N-B 系列电磁炉中主控 IC（S3F9454）检测数据见表 14-9。

表 14-9　奔腾 PC19N-B 系列电磁炉中主控 IC（S3F9454）检测数据

引脚号	接炉盘线圈时引脚对地电压/V	不接炉盘线圈时引脚对地电压/V
①	0	0
②	2.46	2.47
③	2.4	2.4
④	4.9	0.8
⑤	0.9	0.9
⑥	2.97	2.97

续表

引脚号	接炉盘线圈时引脚对地电压/V	不接炉盘线圈时引脚对地电压/V
⑦	0.09	0.08
⑧	2.49	2.49
⑨	4.96	4.97
⑩	2.48	2.49
⑪	4.97	4.97
⑫	0	0
⑬	0.77	0.77
⑭	0.5	0.5
⑮	3.2	3.2
⑯	0.27	0.27
⑰	0.17	0.17
⑱	0	0
⑲	4.97	4.97
⑳	4.98	4.98

(8)奔腾 PC19N-E 系列电磁炉中主控 IC(S3F9454)检测数据

奔腾 PC19N-E 系列电磁炉中主控 IC(S3F9454)检测数据见表 14-10。

表 14-10　奔腾 PC19N-E 系列电磁炉中主控 IC(S3F9454)检测数据

引脚号	接炉盘线圈时引脚对地电压/V	不接炉盘线圈时引脚对地电压/V
①	0	0
②	2.5	2.50
③	2.47	2.47
④	5.07	0.07
⑤	4.71	4.71
⑥	3.87	3.87
⑦	2.51	2.51
⑧	2.51	2.51
⑨	5.05	5.05
⑩	5.05	5.05
⑪	0	0
⑫	5.05	5.05
⑬	1.38	1.38

续表

引脚号	接炉盘线圈时引脚对地电压/V	不接炉盘线圈时引脚对地电压/V
⑭	4.51	4.52
⑮	2.54	2.55
⑯	4.51	4.52
⑰	0.12	0.12
⑱	0	0
⑲	5.07	5.07
⑳	5.07	5.07

14.3 奔腾 PC20N 电磁炉通电显示“E5”故障代码的检修案例

故障表现：

奔腾 PC20N 电磁炉通电开机后，显示“E5”故障代码，报警并停止加热。

故障分析：

根据故障代码，表明工作电压过低。

故障检修：

检修时，如图 14-1 所示，首先对工作电压进行测量，正常情况下，工作电压应在 160～260V 之间，当前实测电压为 220V，属正常范围。

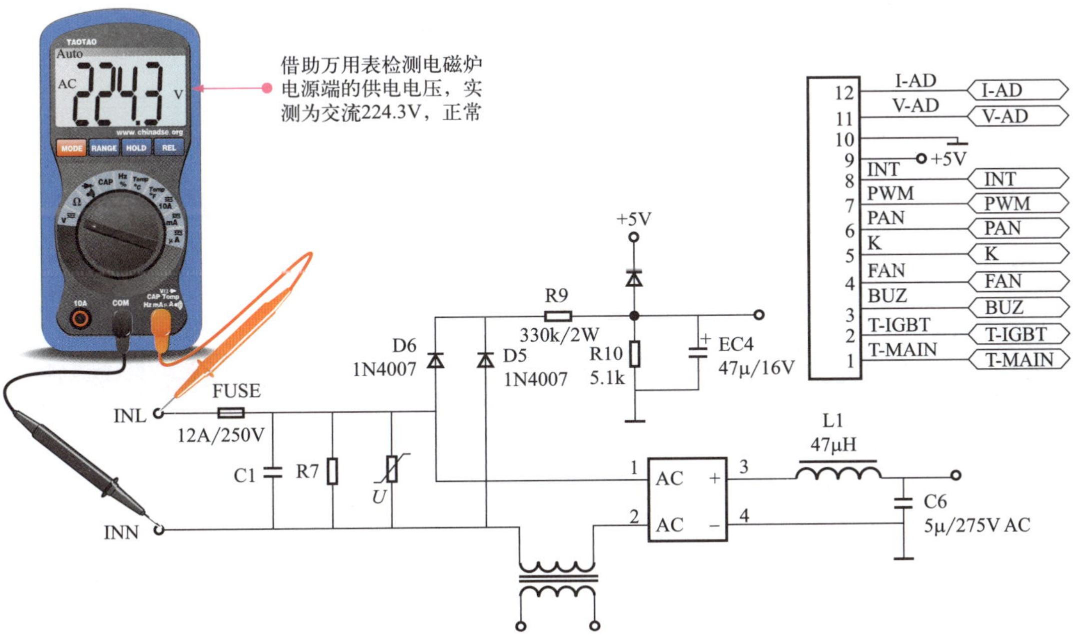

图14-1　故障机工作电压的检测

相关资料

交流电压经 D5、D6 两个整流二极管整流，再经 R9、R10 分压，电解电容 EC4 滤波后，通过 CN4 接口的 V-AD 引脚（⑪脚）送给主控 IC，主控 IC 通过检测此电压信号的变化来检测电磁炉的输入电压，从而自动作出相应的控制。若检测到的电压过高或过低，主控 IC 便会发出保护指令，停止加热，并显示 E5 或 E6 的故障代码。

接下来，依次对二极管 D5、D6 进行检测，检测结果正常。继续检测电阻器 R9、R10，检测结果均正常。

此时，重点怀疑电解电容 EC4 故障。对电解电容 EC4 开路检测，如图 14-2 所示，发现该电解电容已经老化，使用同规格电解电容器替换后，故障排除。

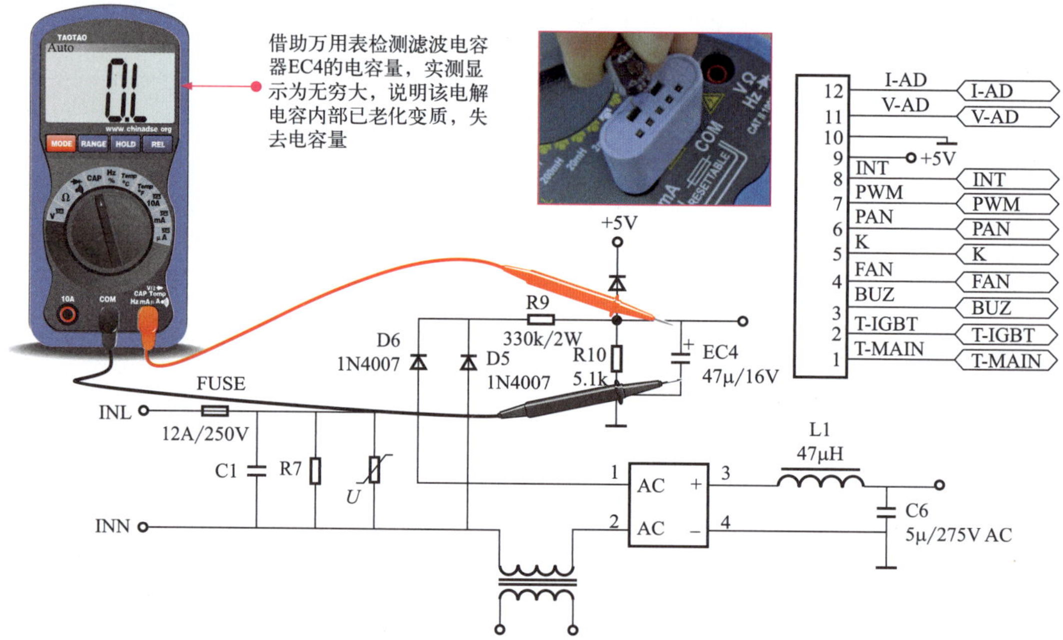

图14-2　电解电容EC4的检测

14.4 奔腾 PC19N 电磁炉加热极慢的故障检修案例

故障表现：

奔腾 PC19N 电磁炉通电开机正常，但加热极慢。

故障分析：

电磁炉能够正常开机，说明电源电路工作正常，出现加热极慢的情况，怀疑电压检测电路或电流检测电路可能存在故障。

故障检修：

图 14-3 为奔腾 PC19N 电磁炉的电路。

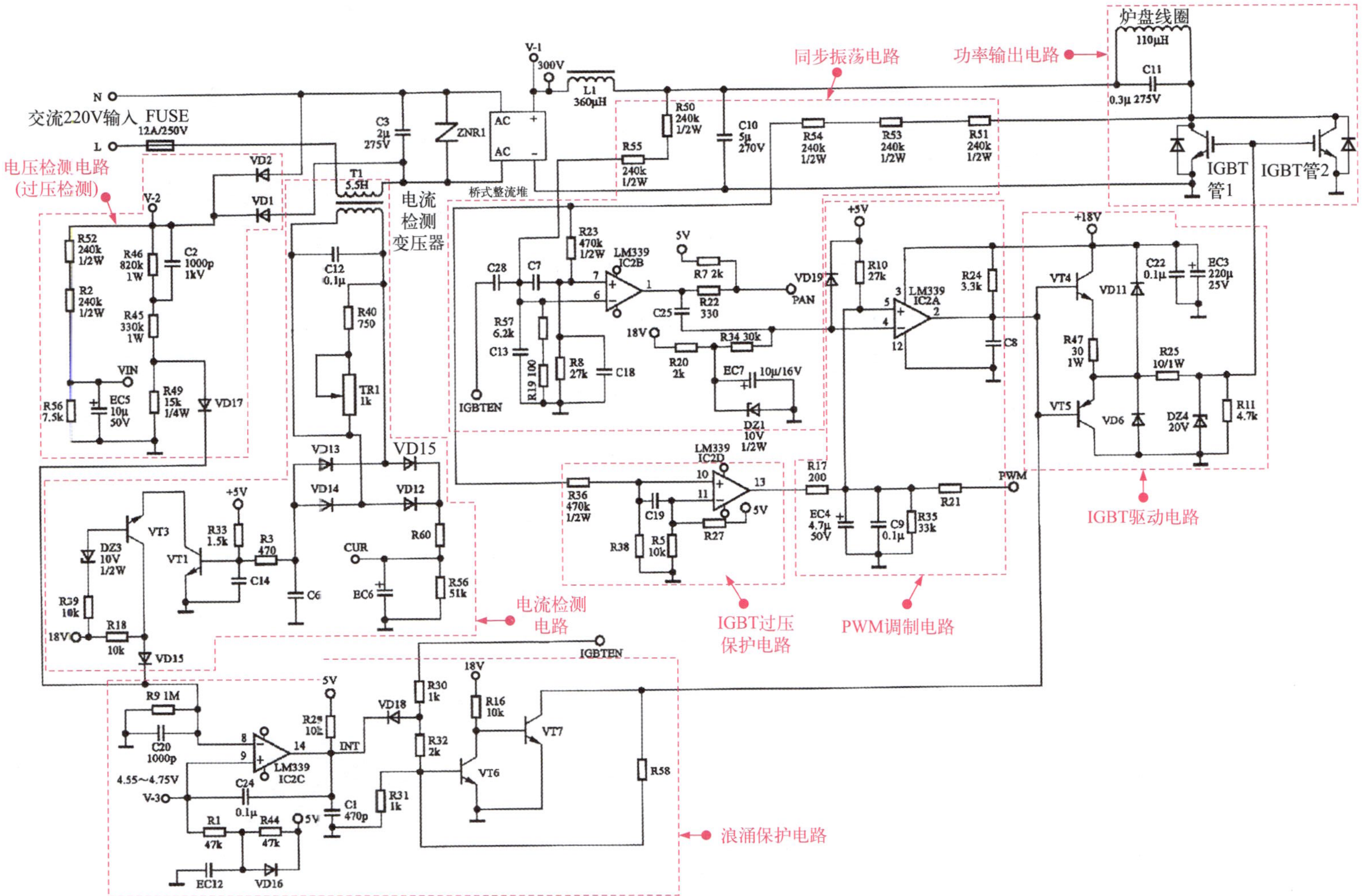

图14-3　奔腾PC19N电磁炉的电路

首先，如图 14-4 所示，对电压检测电路中的电阻 R52、R2 等电阻进行检测。检测后发现性能良好。

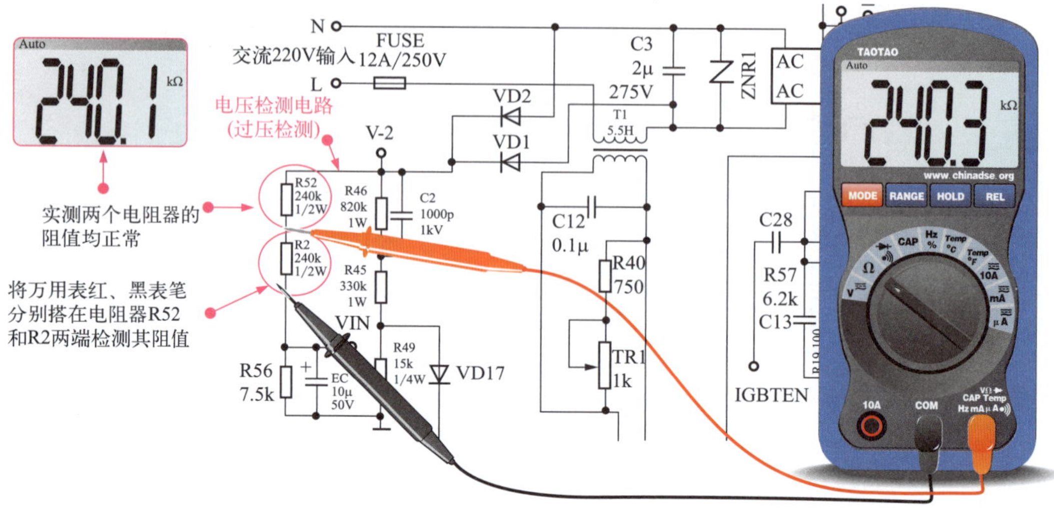

图14-4　电压检测电路中的电阻R52、R2的检测

继续对电流检测电路中的主要元器件进行检测。图 14-5 为奔腾 PC19N 电磁炉电流检测电路的主要检测点。

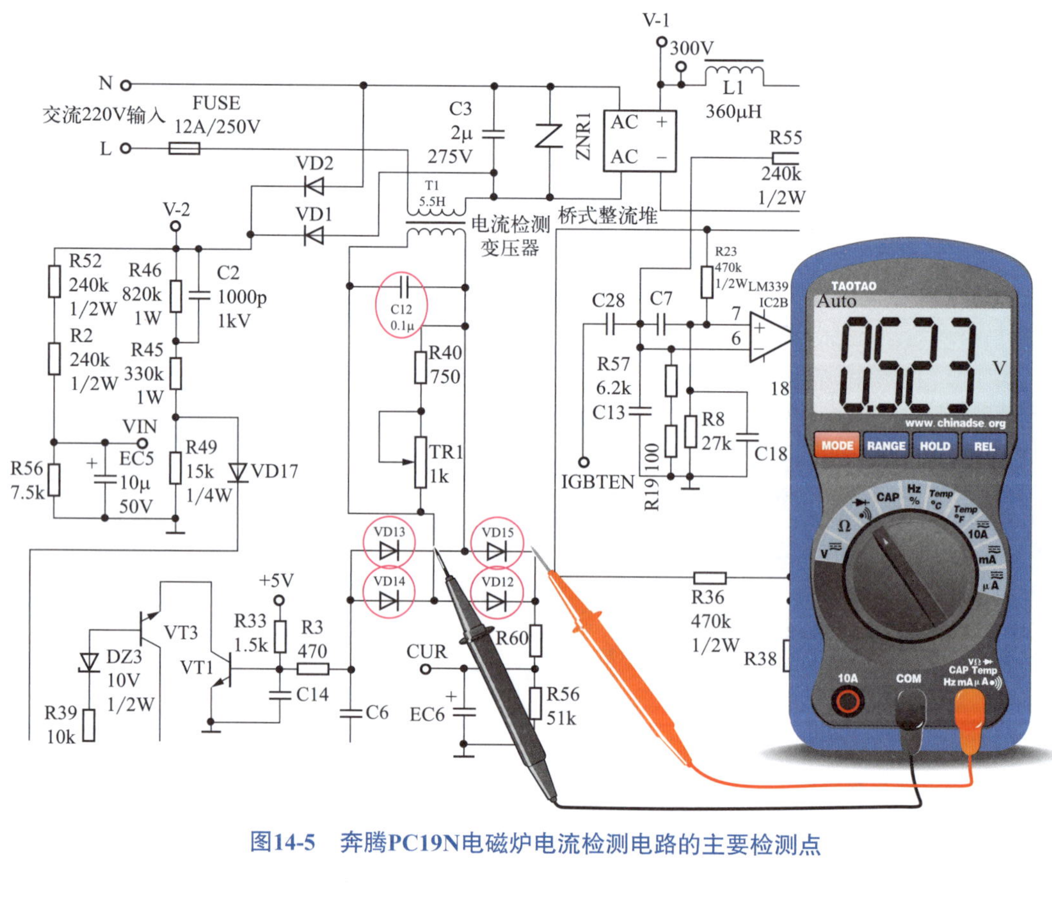

图14-5　奔腾PC19N电磁炉电流检测电路的主要检测点

先对电流检测电路中的二极管 VD12 ～ VD15 进行检测。如果有二极管击穿损坏，会产生电磁炉加热极慢的故障。经检测，二极管 VD12 ～ VD15 性能良好。

继续对电容 C12 进行检测，实测发现电容 C12 有漏电情况。对 C12 进行更换后，重新通电试机，故障排除。

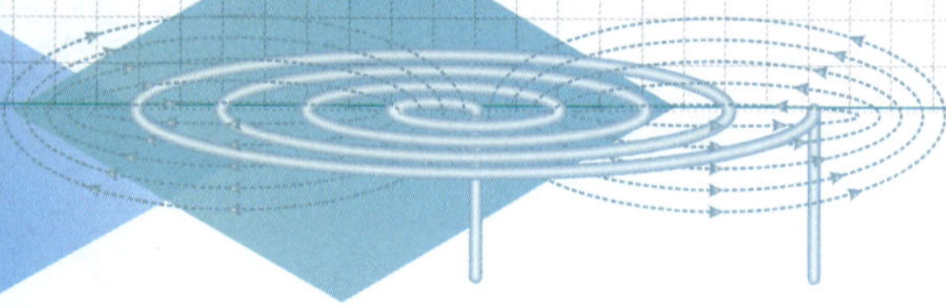

第 15 章
尚朋堂电磁炉故障检修案例

15.1 尚朋堂电磁炉故障代码与故障检修

尚朋堂电磁炉故障代码与故障检修见表 15-1。

表 15-1　尚朋堂电磁炉故障代码与故障检修

故障代码	故障分析	故障检修
E0	无锅	①按键存在接触不良而造成短路； ②按键引脚焊锡熔焊造成短路； ③按键引脚过长导致短路； ④按键引脚间存在油污或电路板潮湿
E1	锅具温度检测电路中温度传感器（热敏电阻器）开路	①锅具温度传感器插座未插好； ②锅具温度传感器的限流电阻短路； ③锅具温度传感器插座引脚虚焊； ④锅具温度传感器本身短路； ⑤主插座T-MAIN引脚处应有0.3V左右电压
E2	锅具温度检测电路中温度传感器（热敏电阻器）短路	①锅具温度传感器引线绝缘胶皮破损导致短路； ②锅具温度传感器插座引脚有焊锡渣、油污、受潮或其他导体引起短路； ③锅具温度传感器的限流电阻虚焊导致断路； ④锅具温度传感器本身损坏导致短路； ⑤主插座T-MAIN引脚处应有0.3V左右电压
E3	IGBT温度检测电路中温度传感器（热敏电阻器）开路	①IGBT温度传感器连接插件焊接不良、虚焊导致断路； ②IGBT温度传感器的限流电阻因虚焊、焊锡渣、受潮及油污导致引脚短路； ③IGBT温度传感器连接到插件间的引线断路； ④主插座T-IGBT引脚处应有0.3V左右电压
E4	IGBT温度检测电路中温度传感器（热敏电阻器）短路	①IGBT温度传感器连接插件焊接不良、虚焊导致短路； ②IGBT温度传感器的限流电阻因虚焊、损坏导致开路； ③IGBT温度传感器连接到插件间的引线绝缘破损而产生短路； ④主插座T-IGBT引脚处应有0.3V左右电压
E5	内部传感器开路（部分型号未明确提及此代码）	①内部传感器连接插件焊接不良，虚焊导致短路 ②内部传感器开路
E6	炉面温度过高或干烧保护	①检查是否空烧时间过长 ②检查散热系统
E7	风扇短路保护	①风扇驱动电路三极管损坏； ②风扇驱动电路限流电阻损坏
E8	CT（电流互感器）开路	电流互感器损坏

15.2 尚朋堂 SR-1606 型电磁炉通电无反应的检修案例

故障表现：

尚朋堂 SR-1606 型电磁炉按下电源开关，电磁炉无任何反应，指示灯不亮，按下按键后，也无提示声，不能进入正常工作状态。

故障分析：

根据该电磁炉的故障现象分析，可能是控制电路或功率输出电路有故障，可首先检测该电磁炉的操作控制电路。图 15-1 所示为尚朋堂 SR-1606 型电磁炉的操作控制电路原理图。

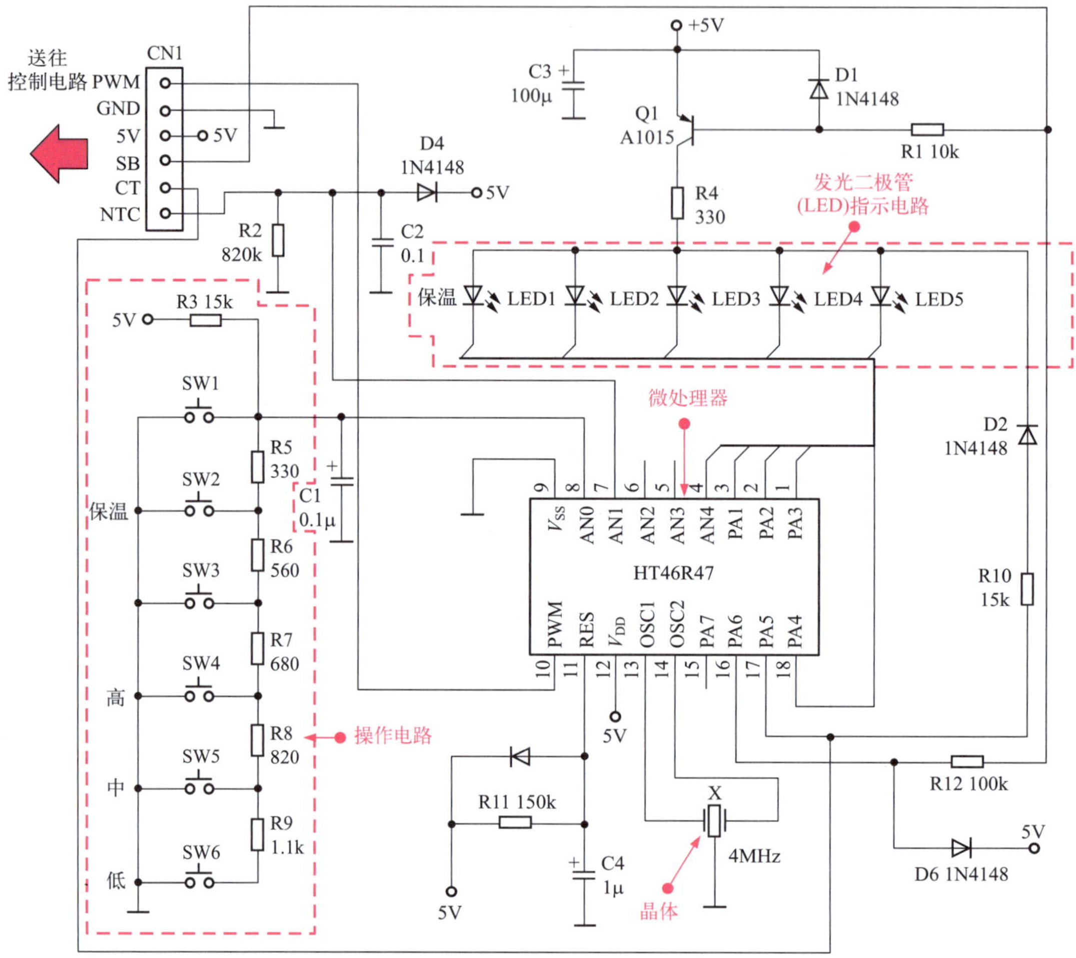

图15-1 尚朋堂SR-1606型电磁炉的操作控制电路原理图

该电路以微处理器 HT46R47 为控制核心，正常工作时其⑩脚输出 PWM 信号。因此对该电路进行检测，可首先检查微处理器 HT46R47 ⑩脚有无输出，若输出正常，则说明该电路工作正常；若无输出，则可能是微处理器 HT46R47 未工作或损坏。

可通过检测微处理器 HT46R47 的外围条件判断其好坏，即当检测其⑩脚无输出时，进一步检测其供电、时钟等基本条件是否正常。若外围条件正常，仍无输出则多为微处理器内部损坏；若外围条件异常，应先排查外围电路故障，保证微处理器各工作条件正常。

故障检修：

根据以上分析，我们首先检查微处理器输出的 PWM 信号是否正常。

将电磁炉设定为开机状态，检测微处理器 HT46R47 ⑩脚输出 PWM 信号的操作方法如图 15-2 所示。

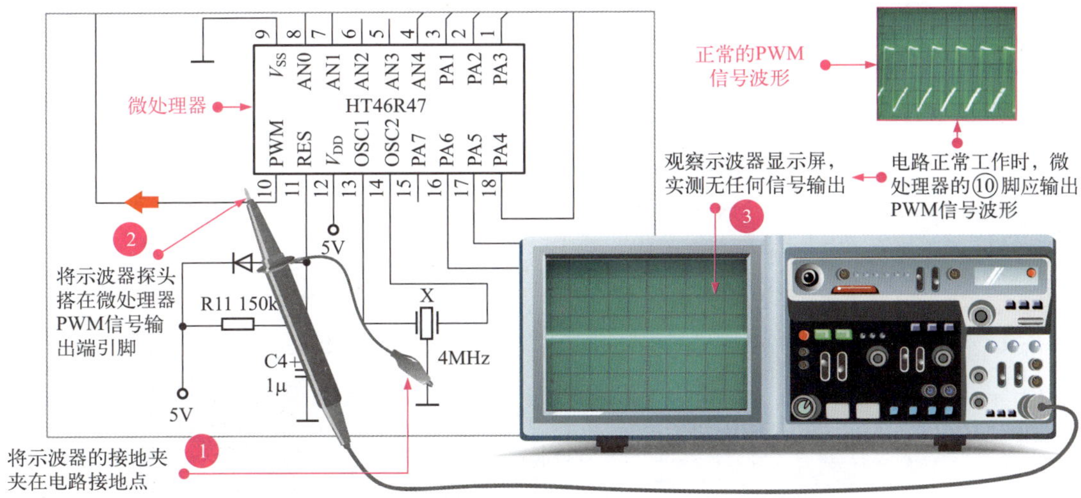

图15-2　微处理器HT46R47⑩脚输出PWM信号的检测方法

经检测后，该芯片的⑩脚无波形信号输出。由此怀疑微处理器 HT46R47 损坏。进一步确认是微处理器本身损坏，还是微处理器工作条件异常使其无法进入工作状态，接下来检测微处理器的基本供电条件，如直流供电电压、时钟信号等。

微处理器 HT46R47 供电和时钟等工作条件的检测方法如图 15-3 所示。

经检测微处理器 HT46R47⑫ 脚的 +5V 供电正常，⑬、⑭ 脚的时钟信号也正常，说明微处理器外围电路均正常。然而，该微处理器在各工作条件均正常的情况下，输出端无任何输出，怀疑微处理器（MCU）HT46R47 已经损坏，更换为同一规格的芯片后，对该电磁炉通电开机试运行，故障排除。

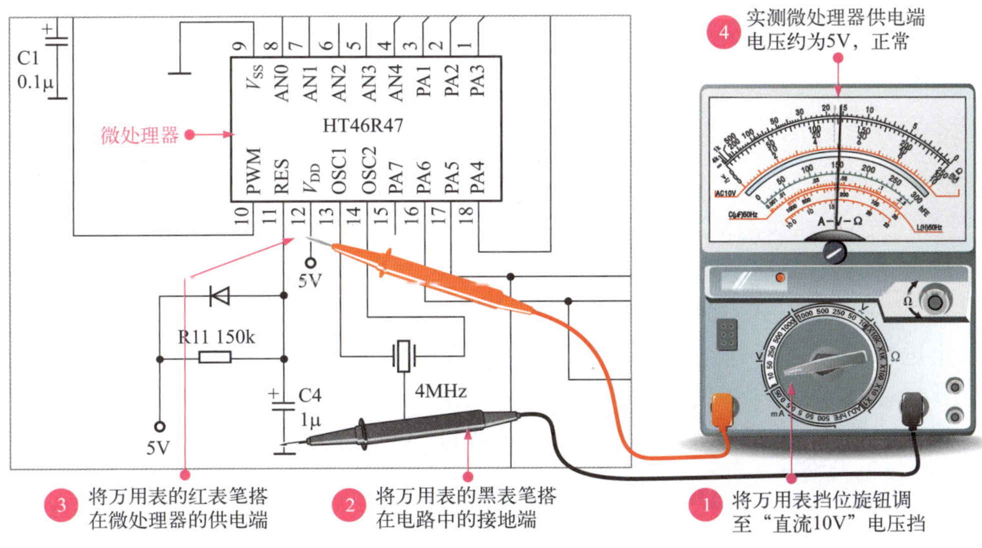

(a) 检测微处理器的供电条件

图15-3

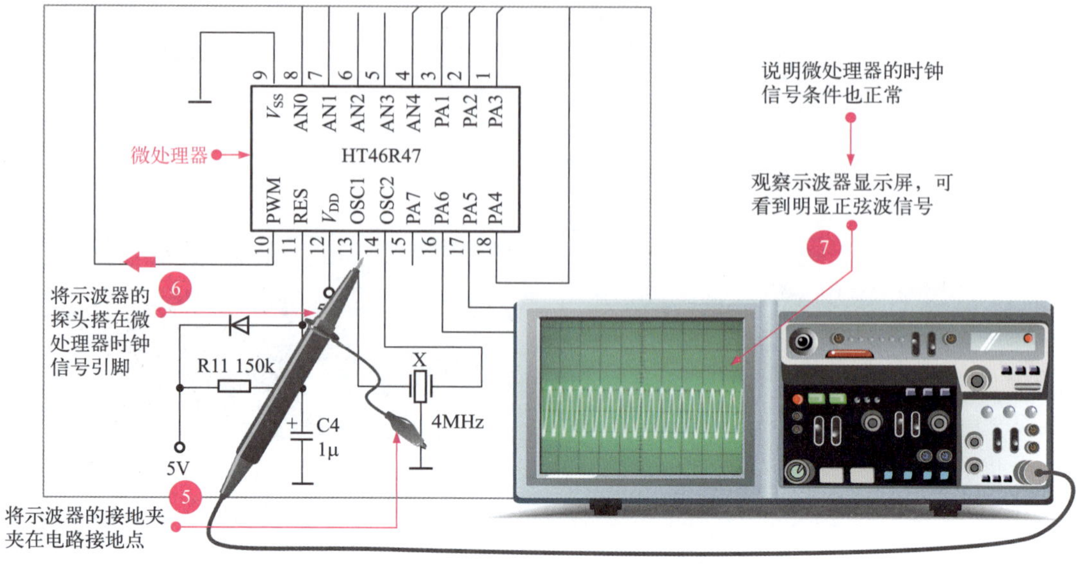

(b) 检测微处理器的时钟信号条件

图15-3　检测微处理器HT46R47的供电电压和时钟信号

15.3 尚朋堂 SR-1607L 型电磁炉开机不加热的检修案例

故障表现：

尚朋堂 SR-1607L 型电磁炉通电按下电源开关后，电磁炉不加热，操作显示面板显示正常。

故障分析：

根据该电磁炉的故障现象分析，操作显示面板显示正常，则说明电磁炉的供电、操作显示和微处理器控制部分基本正常，而在供电、控制电路正常的前提下电磁炉不加热，多为功率输出电路、IGBT 及其驱动电路有故障。

图 15-4 所示为尚朋堂 SR-1607L 型电磁炉的主控电路图。

对该电路进行检测，可首先检测 IGBT 是否工作（检测 IGBT 有无工作信号波形）。若 IGBT 正常工作，则说明其前级的 PWM 驱动电路正常，故障范围便可锁定在功率输出电路中；若 IGBT 处无信号，则多为 IGBT 损坏或其前级的 PWM 驱动电路故障，可重点对 IGBT 和 PWM 驱动电路进行检查。

故障检修：

根据以上分析，我们首先检查 IGBT 是否工作，即有无工作信号波形辐射。

对电磁炉通电，使用示波器检测该电磁炉 IGBT（门控管）的感应信号，如图 15-5 所示。

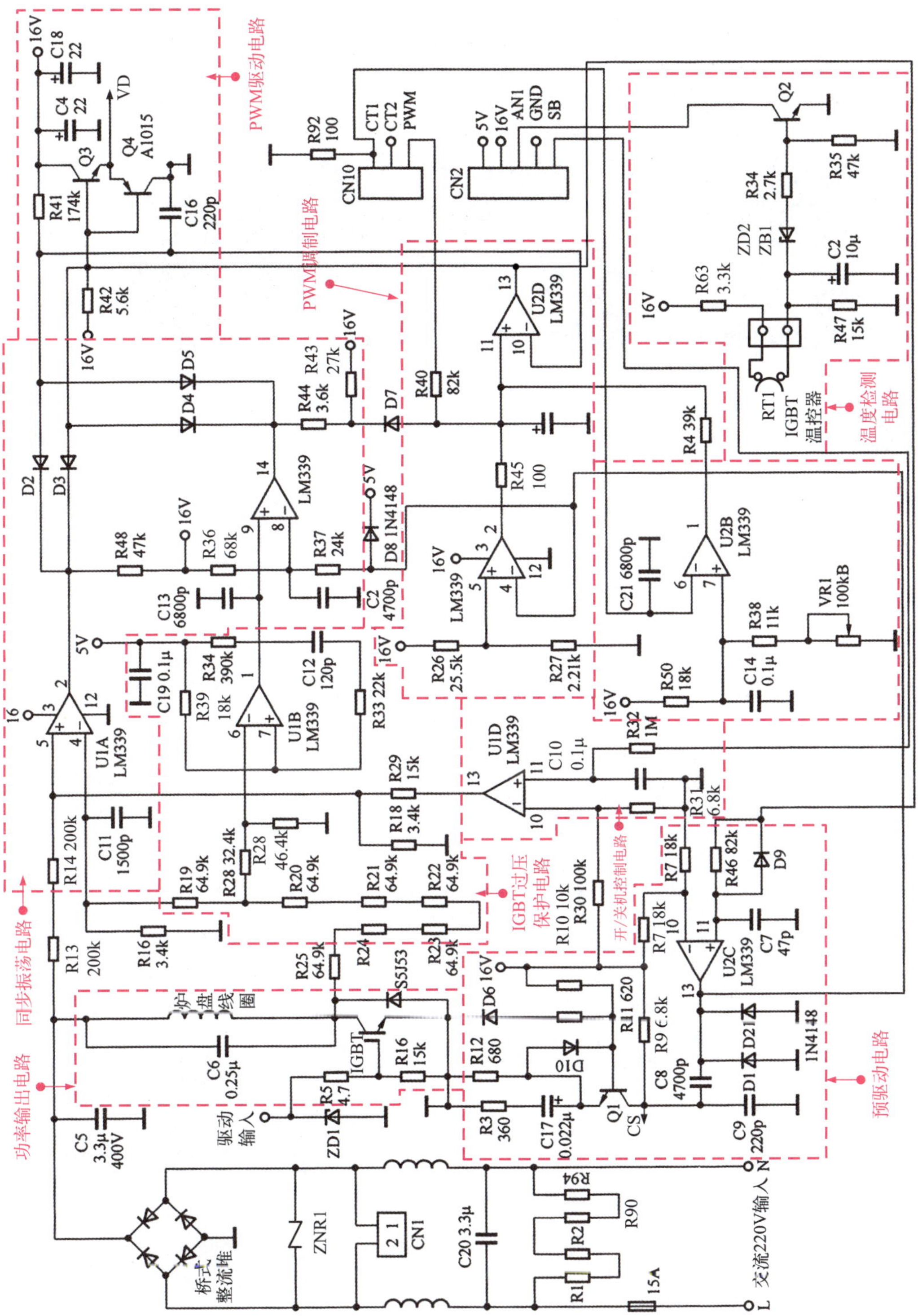

图15-4　尚朋堂SR-1607L型电磁炉的主控电路图

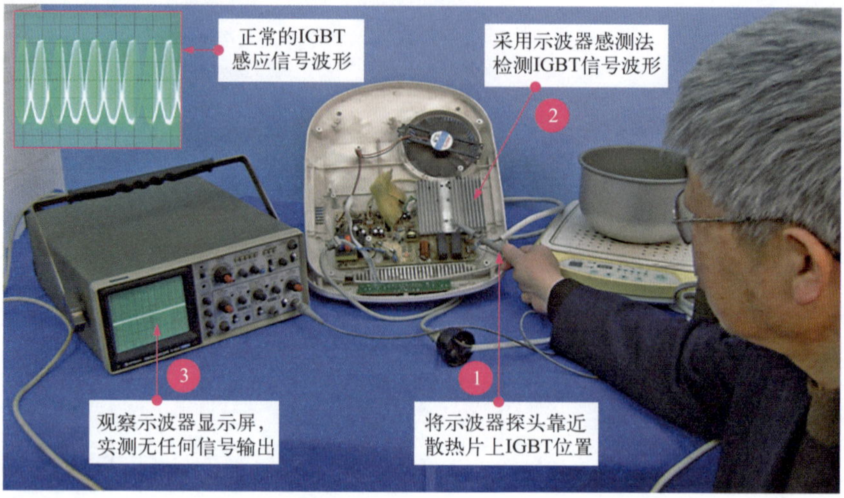

图15-5　检测IGBT（门控管）的感应信号

特别提示

用示波器检测时，要与 IGBT（门控管）有一定的距离，通过感应检测 IGBT 辐射的信号，不要直接接触门控管以免触电。

经检测，发现无感应信号波形。由检测结果可知，该 IGBT 没有工作。此时，怀疑 IGBT 损坏或 IGBT 前级的 PWM 驱动电路无 PWM 信号输出，即无法驱动 IGBT 工作。

根据维修经验，若 IGBT 损坏，开机后电磁炉会在微处理器控制下进入保护状态，操作按键等均不起作用，这与故障表现不相符，由此我们可将故障范围锁定在 PWM 驱动电路中。

这里，我们先使用万用表检测 PWM 驱动电路中的供电条件是否正常。

PWM 驱动电路供电电压的检测方法如图 15-6 所示。

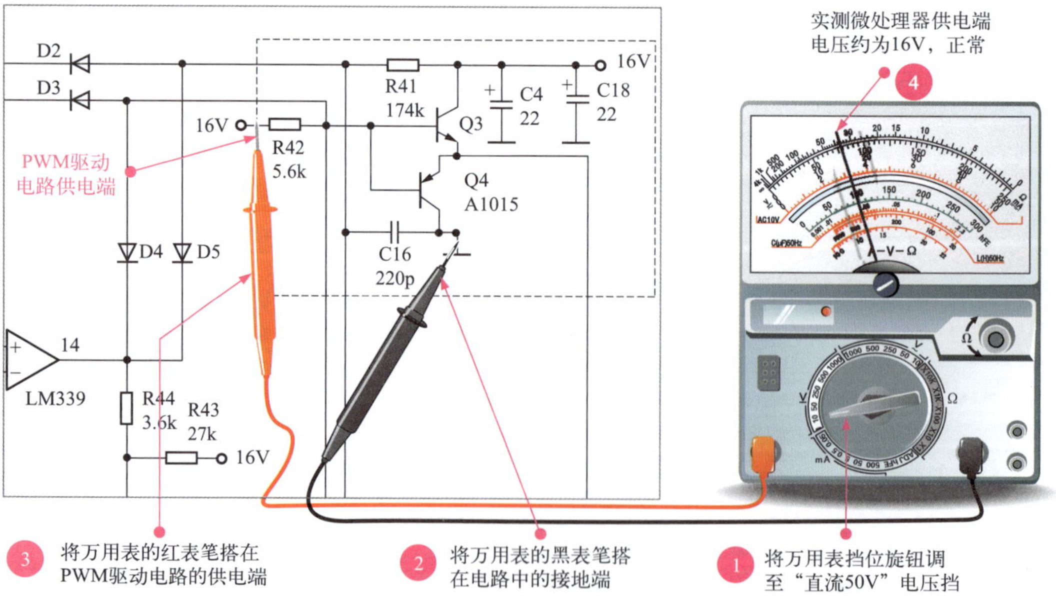

图15-6　PWM驱动电路供电电压的检测方法

经检测该电路的工作电压正常，怀疑电路中有元件损坏，导致电路无 PWM 信号输出。此时，将电磁炉断电后，测量 PWM 驱动电路中的晶体三极管 Q3、Q4 等。

采用万用表测电阻法检测 PWM 驱动电路中晶体三极管 Q3、Q4 的好坏，如图 15-7 所示。

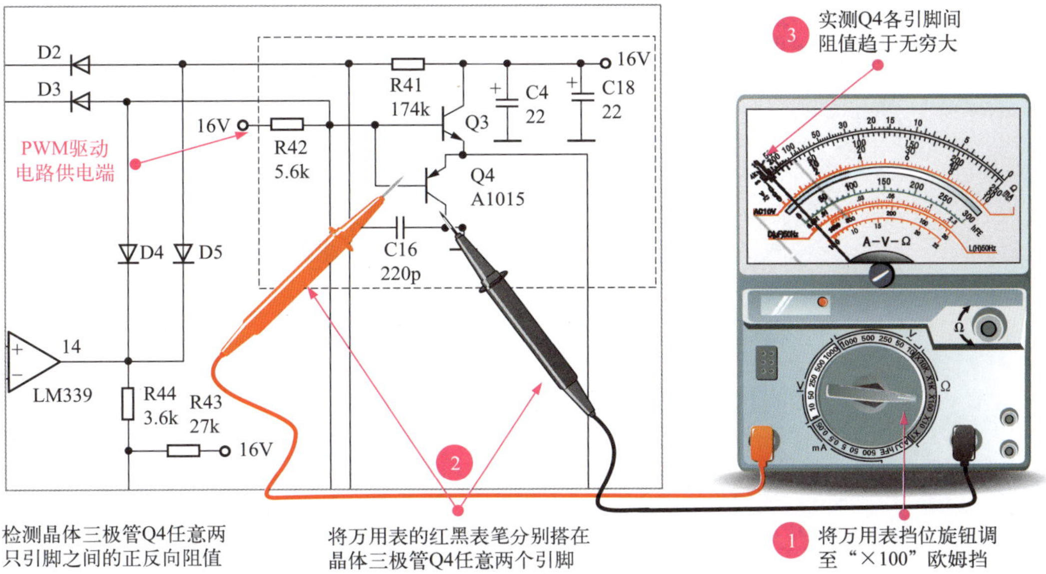

图15-7　晶体三极管Q3、Q4的检测方法

经检测后，发现 Q4 的正反向阻抗均为无穷大，将晶体三极管 Q4 更换后，对该电磁炉重新通电开机，故障排除。

15.4 尚朋堂 SR-1607L 型电磁炉加热停机的检修案例

故障表现：

尚朋堂 SR-1607L 型电磁炉刚开始加热时，电磁炉便自动停机不加热，并伴随有报警提示。更换炊具后，故障依旧。

故障分析：

根据故障表现分析，电磁炉出现自动停机，多是温度检测、电流或电压检测电路有故障。该电磁炉温度检测、电流或电压检测电路参照图 15-4。

对该类故障进行排查，可在断电状态下对电路中的主要组成部件进行检查，找出故障元件，更换后排除故障即可。

故障检修：

根据以上分析，我们首先检查温度检测电路中的主要组成元件是否正常。

将电磁炉断电后，用万用表检测电磁炉的温度检测电路中的 IGBT 温度传感器，如图 15-8 所示。

经检测 IGBT 温度传感器的阻值随环境温度的变化而变化，说明该温度传感器正常。进一步检测该电路中主要元件晶体三极管 Q2 是否正常。

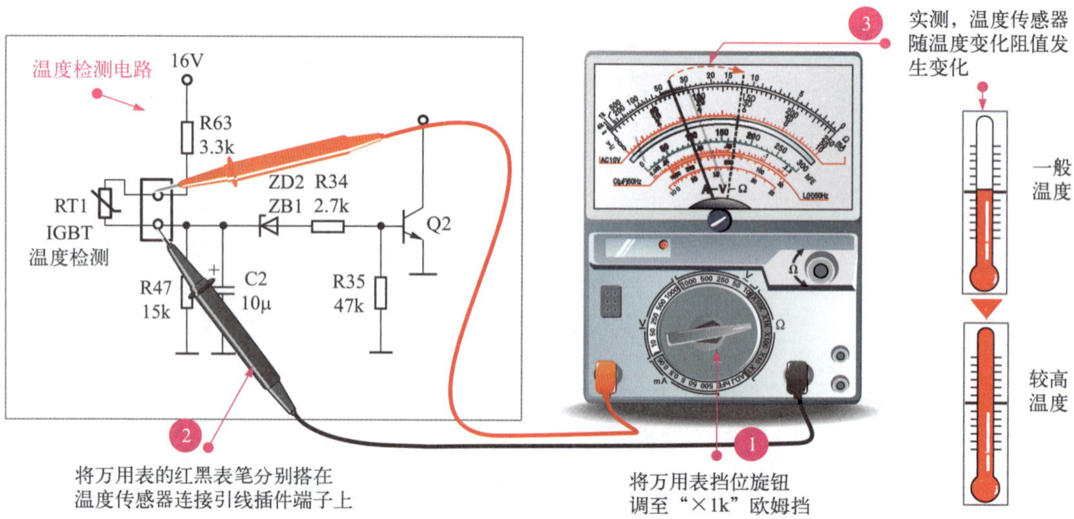

图15-8　IGBT温度传感器的检测方法

温度检测电路中晶体三极管 Q2 的检测方法如图 15-9 所示。

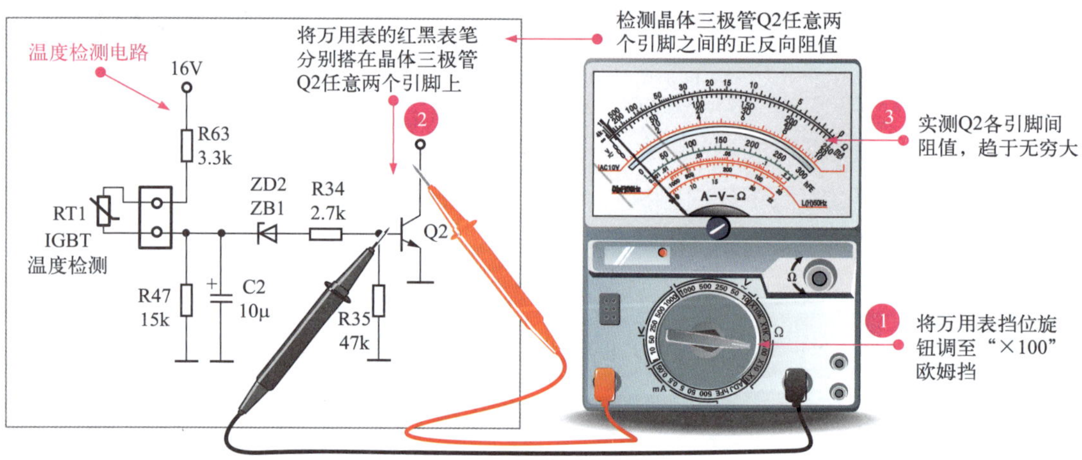

图15-9　电阻器R34、晶体三极管Q2的检测方法

经检测后，发现晶体三极管 Q2 的正反向阻值均为无穷大。说明晶体三极管 Q2 存在断路故障，将晶体三极管 Q2 更换后，重新开机加热，电磁炉故障排除。

15.5 尚朋堂 SR-1604A 型电磁炉烧熔断器的检修案例

故障表现：

尚朋堂 SR-1604A 型电磁炉通电后，电磁炉不工作。电源指示灯不亮，按下任何操作按键，电磁炉均无反应。

故障分析：

根据故障表现分析，电磁炉通电后指示灯不亮、无任何反应，多为电源供电电路未工作、无输出引起的。将电磁炉的外壳打开后，发现该电磁炉的熔断器已经烧坏，这种情况一般是电磁炉中存在短路故障。

根据维修经验，排查短路故障时，应重点检查电源供电电路和其负载电路。图 15-10 所示为尚朋堂 SR-1604A 型电磁炉的电源供电电路及相关负载电路部分。

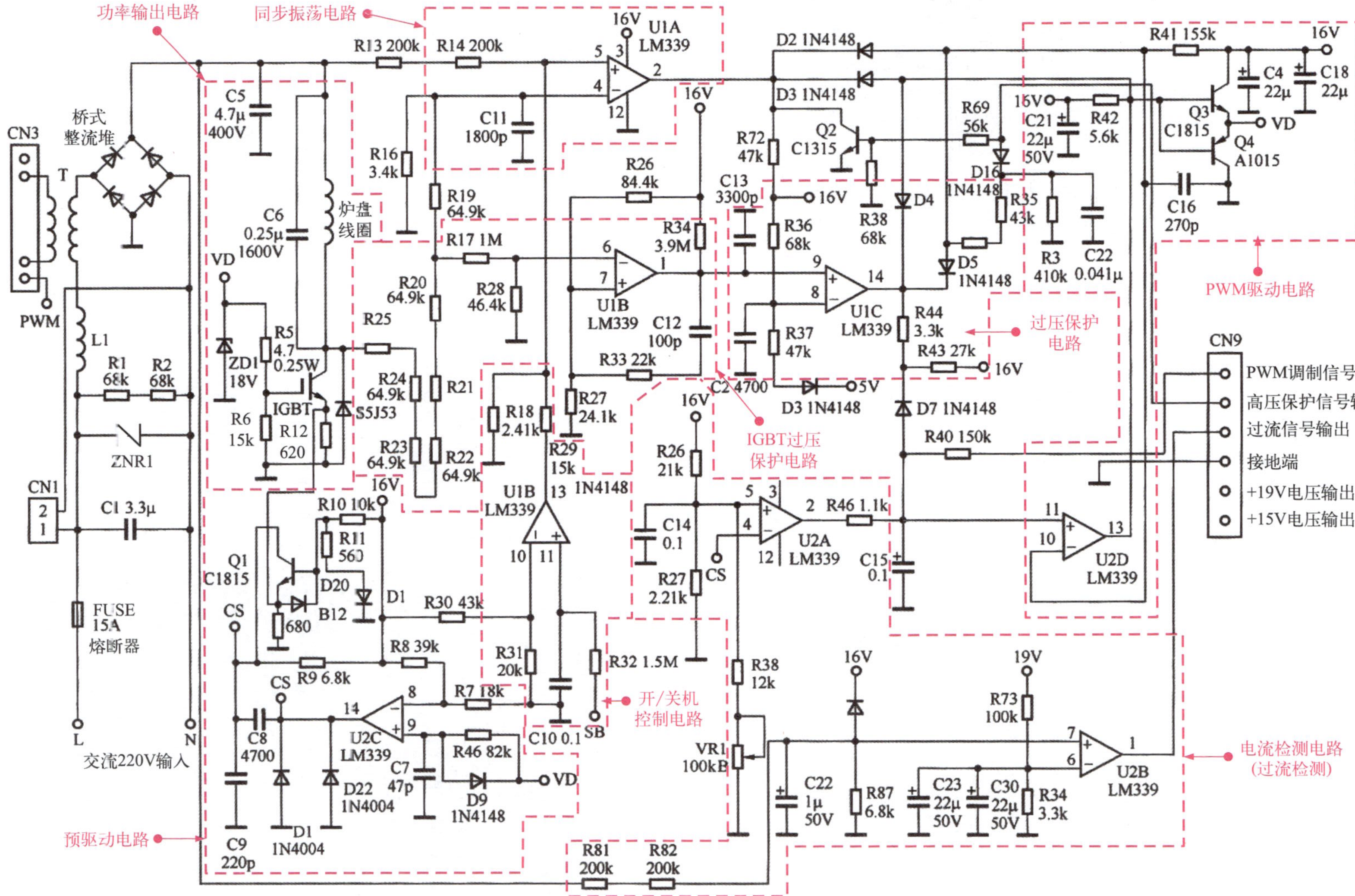

图15-10　尚朋堂SR-1604A型电磁炉的电源供电电路及相关负载电路部分

检修时，将电源供电电路作为检修入手点，重点检查电路中的桥式整流堆、过压保护器等有无严重短路故障；若电源供电电路正常，再对其负载电路进行检查。

故障检修：

根据以上分析，我们首先检查电源供电电路中的桥式整流电路是否正常。

断开电磁炉供电，用万用表测阻值法检测桥式整流电路有无短路故障，如图 15-11 所示。

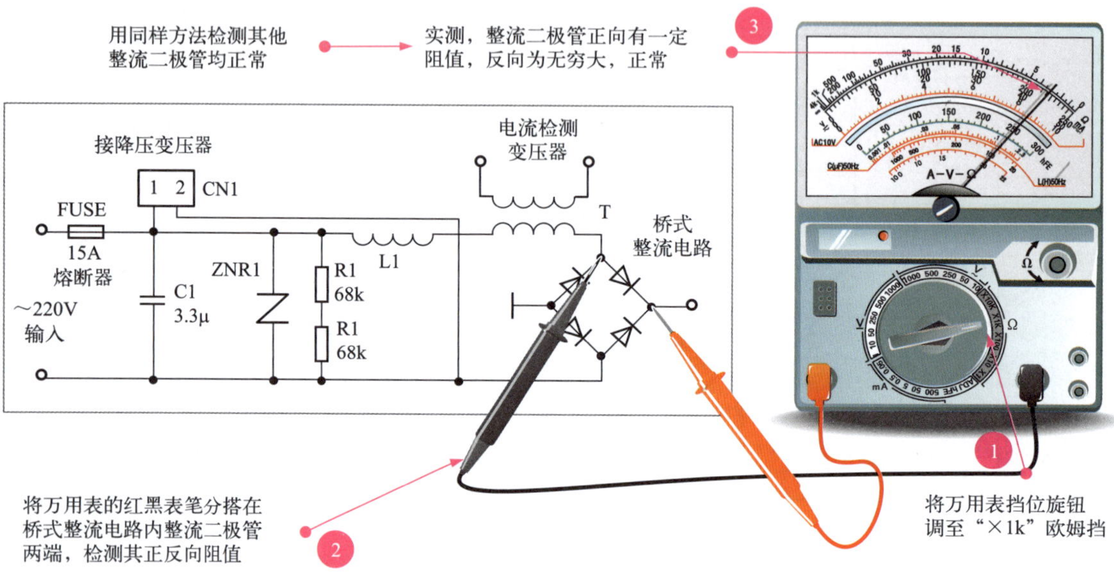

图15-11 用万用表检测桥式整流电路

经检测可知，桥式整流电路正常。根据检修分析，进一步检测电源供电电路中的过压保护器 ZNR1。

过压保护器 ZNR1 的检测方法如图 15-12 所示。

实测过压保护器 ZNR1 的阻值为 0Ω，怀疑该过压保护器已经击穿短路，造成交流 220V 严重对地短路，瞬间电流过大，将熔断器 FUSE 烧毁。用同规格的过压保护器 ZNR1 更换后，对电磁炉重新开机，试机操作，故障排除。

特别提示

在检修短路故障时，若电源供电电路正常，则多为电源负载电路中存在短路故障。可检测电源供电电路电压输出端的对地阻值。

若检测结果有一定阻值，说明该路电压负载基本正常，应对电源供电电路中的相关元件进行检测；若检测阻值为 0Ω，说明该路输出电压的负载器件有短路故障。可根据电路分析找到所测供电电路的负载元件，如供电电路输出的 +16V 电压主要供给电压比较器、温度传感器等，可逐一断开这些负载的供电端，如焊开微处理器的电源引脚、拔下温度传感器接口插件等，每断开一个器件，检测一次 16V 对地阻值，若断开后阻值仍为 0Ω，说明该负载正常；若断开后，阻值恢复正常，则说明该器件存在短路故障。

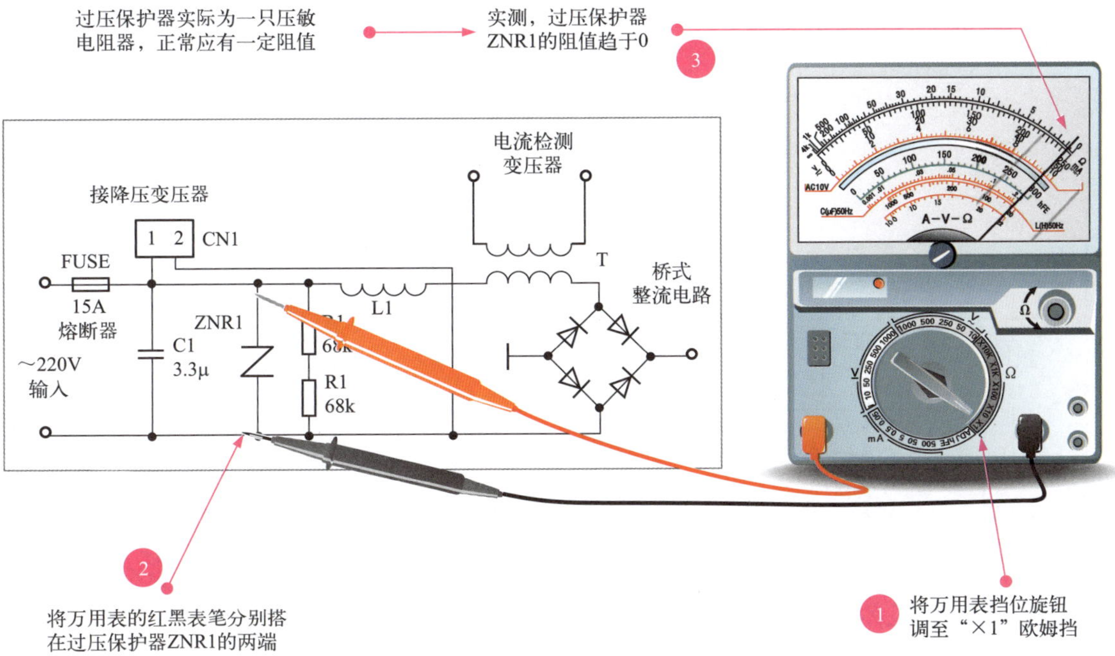

图15-12　过压保护器ZNR1的检测方法

15.6 尚朋堂 SR-1976/1986 型电磁炉能检锅但不加热的故障检修案例

故障表现：

尚朋堂 SR-1976/1986 型电磁炉通电开机后，按下加热按键，电磁炉无任何反应，不能进入正常工作状态。

故障分析：

根据故障表现，可推断该电磁炉进入到保护状态，或功率输出电路出现问题，应重点对功率输出电路和保护电路进行检查。

图 15-13 所示为尚朋堂 SR-1976/1986 型电磁炉的相关电路原理图。

故障检修：

根据以上分析，我们首先检查功率输出电路是否正常。

将电磁炉断电后，检测功率输出电路中的主要元件，如图 15-14 所示。

经检测功率输出电路中的电阻器 R5 阻值、IGBT 也正常。根据故障分析可知，该电磁炉属于进入保护状态，而检测受保护电路无异常，则应对保护电路进行检测，判断是否因保护电路异常，导致电磁炉“假”保护，即检测该电磁炉的 IGBT 过压保护电路。

将电磁炉断电后，检测 IGBT 过压保护电路中的主要元件，图 15-15 所示为该电路中电阻器 R28 的检测方法。

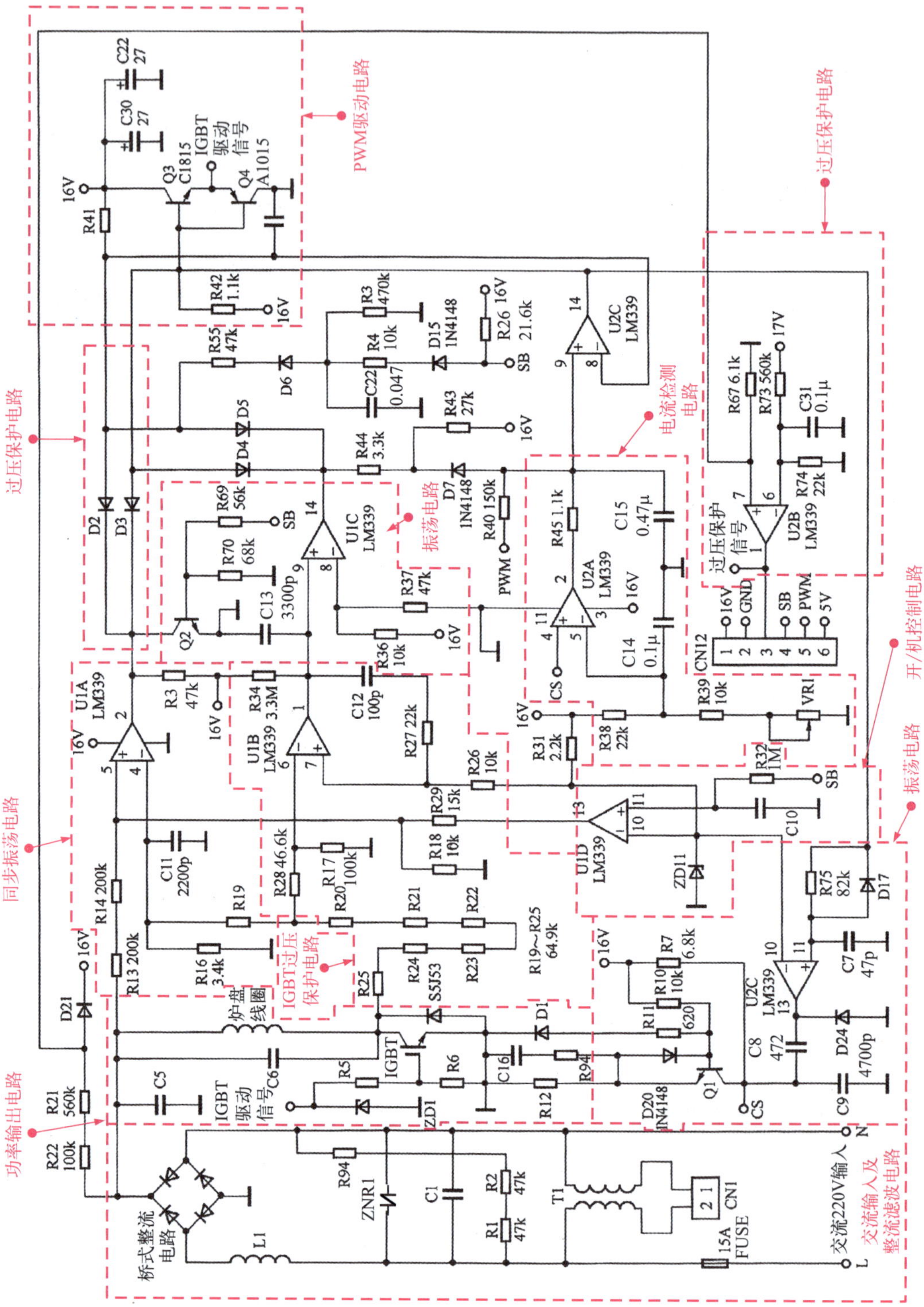

图15-13 尚朋堂SR-1976/1986型电磁炉相关电路原理图

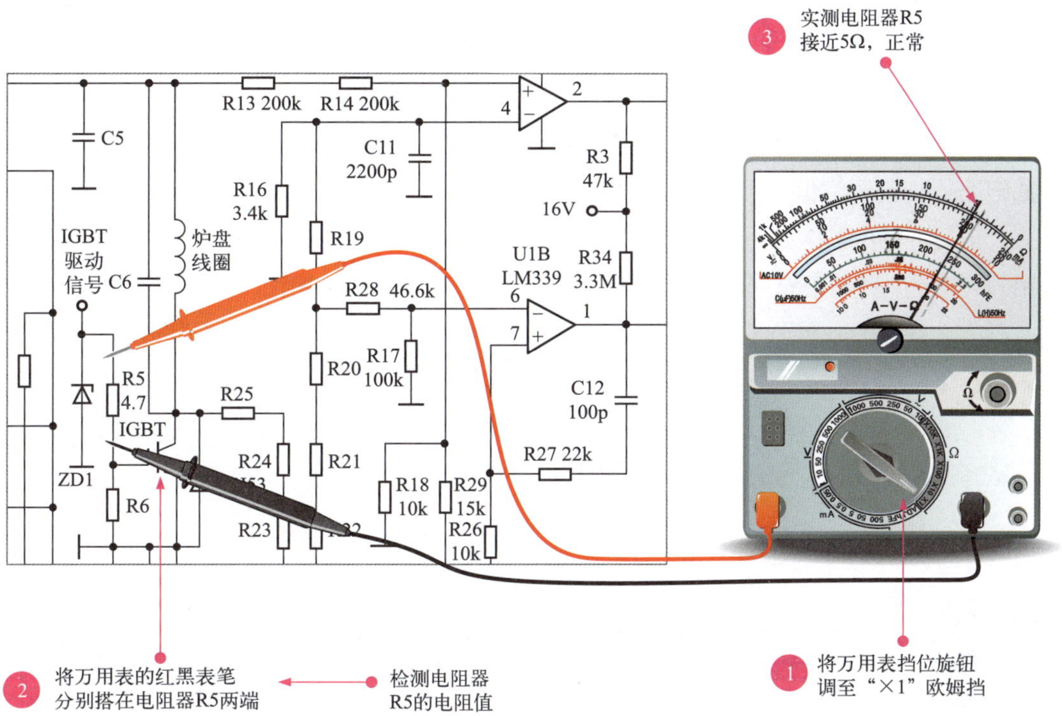

图15-14　检测电阻R5

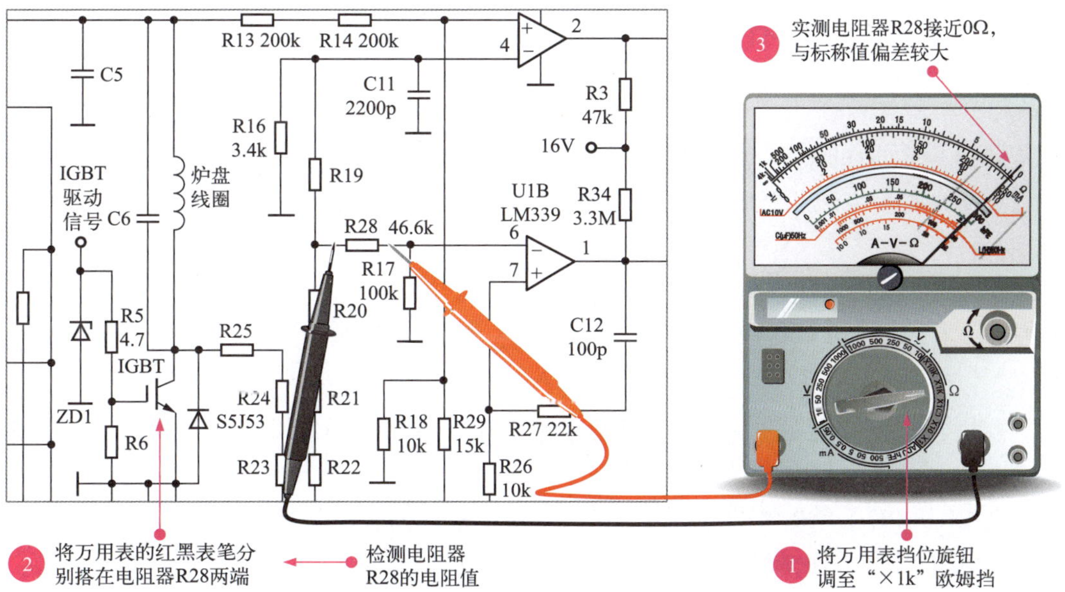

图15-15　用万用表检测IGBT过压保护电路中的主要元件

经检测发现，IGBT 过压保护电路中的电阻器 R28 阻值为 0Ω，正常应为 46.6kΩ，由此说明该电阻器损坏，导致 IGBT 过压保护电路动作，进而出现上述故障，将损坏的电阻 R28 更换后，对电磁炉重新通电试机，故障排除。

特别提示

在电磁炉检修过程中，开机后引起保护的原因主要有三种：第一种是电磁炉中某个电路出现异常情况，其保护电路正常动作进行保护；第二种是保护电路某个元件异常，导致保护电路检测到异常信号，而该信号使保护电路“以为”被保护电路异常而进行的“假”保护；第三种是保护电路中，因某个关键元件损坏导致其一直输出与其正常执行保护动作时相同的信号，即将电磁炉电路锁定在一种保护状态，开机即保护。

在上述案例中，属于第二种情况，即由于 IGBT 过压保护电路中电阻器 R28 损坏阻值变为零，因此该电阻器与 R20 ~ R25 构成的分压电路中，R28 与 R20 之间取样点的电压上升，从而 U1B（LM339）的⑥脚检测到一个高电平信号，信号使 U1B（LM339）“以为”是 IGBT 过压，从而进行保护，进而导致上述故障。

15.7 尚朋堂 SR-1601A 型电磁炉检锅不加热的检修案例

故障表现：

尚朋堂 SR-1601A 型电磁炉开机后，电磁炉指示灯显示正常，风扇运转也正常，但电磁炉无报警提示，不加热。

故障分析：

根据该电磁炉的故障现象，怀疑该电磁炉的保护电路、同步振荡电路等出现故障。图 15-16 所示为尚朋堂 SR-1601A 型电磁炉的保护电路、同步振荡电路及相关电路原理图。

故障检修：

根据以上分析，我们首先检查同步振荡电路部分是否正常，重点检测电路中的各主要组成部件。

用万用表检测该电磁炉同步振荡电路中电阻器 R20 ～ R25 的操作方法，如图 15-17 所示。

经检测发现 R20 ～ R25 的电阻值均正常。接下来检测取样电阻 R13、R14 是否正常。

用万用表检测取样电阻 R13、R14 的操作方法如图 15-18 所示。

经检测取样电阻 R13、R14 也正常，怀疑是芯片 IC1A（LM339）损坏，将其更换后，对电磁炉重新通电试机，故障排除。

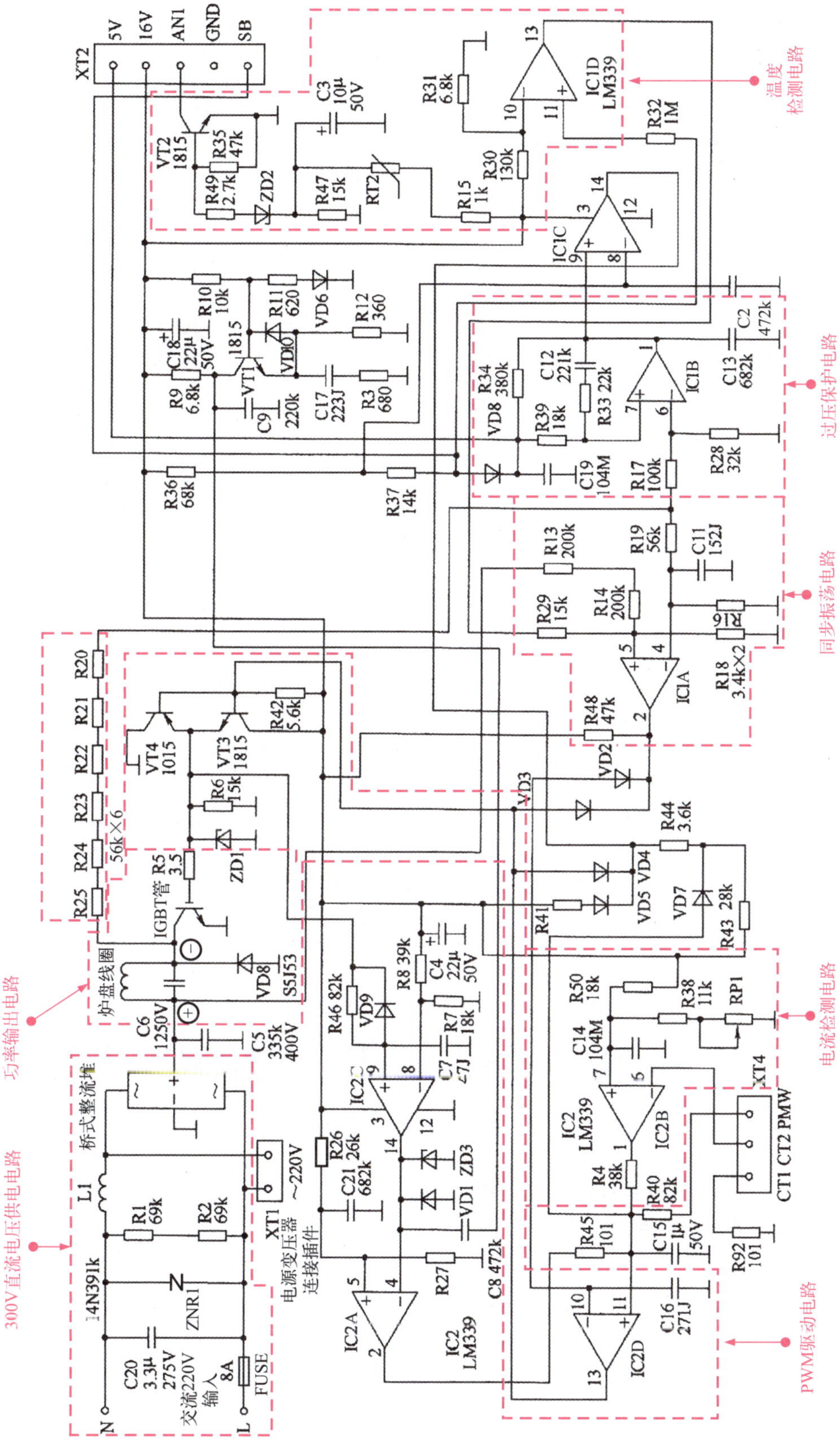

图15-16　尚朋堂SR-1601A型电磁炉的保护电路、同步振荡电路及相关电路原理图

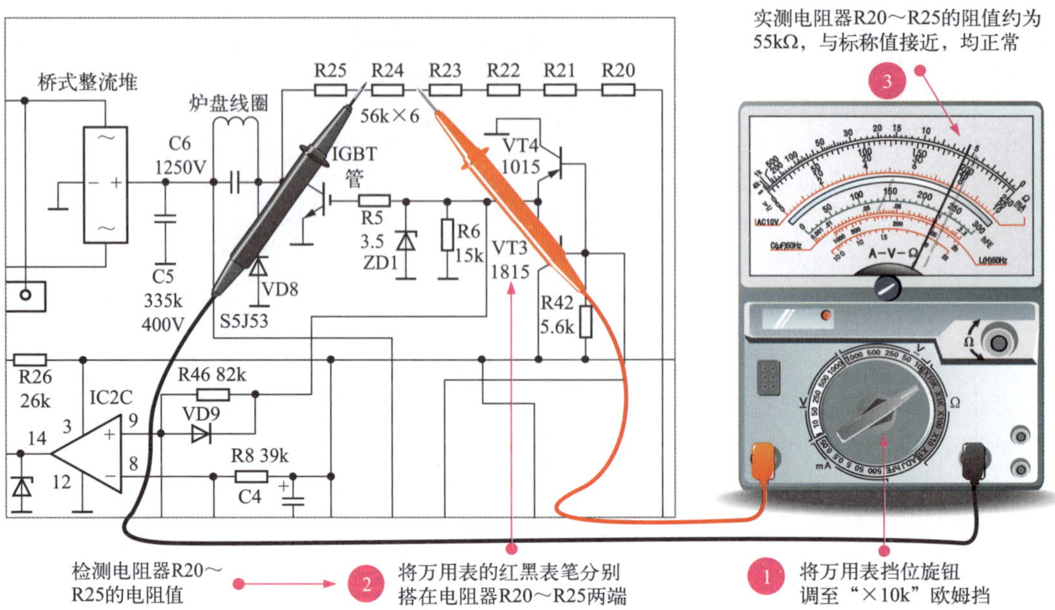

图15-17　同步振荡电路中电阻器R20～R25的检测方法

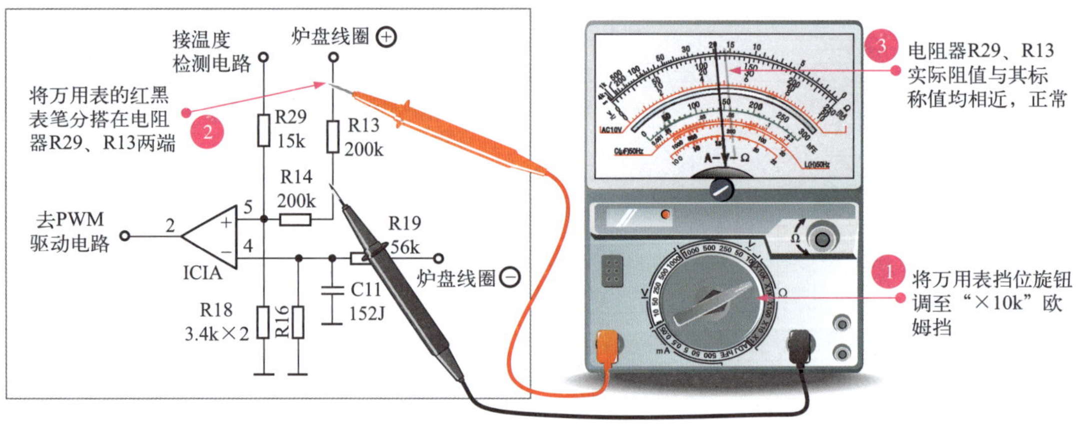

图15-18　取样电阻R13、R14的检测方法

15.8 尚朋堂 SR-1336 型电磁炉开机报警的检修案例

故障表现：

尚朋堂 SR-1336 型电磁炉通电后，电源指示灯亮，当按下开关键时，电磁炉出现报警提示，不加热。重新更换炊具后，电磁炉故障依旧。

故障分析：

该电磁炉的故障现象说明，该电磁炉进入保护状态。该类故障，通常是因电路中的电流检测电路、电压检测电路等检测到所保护电路中异常进而实施的保护动作，或因这些检测或保护电路本身异常导致的开机保护。

不论哪种情况，都需要对尚朋堂 SR-1336 型电磁炉的检测和保护电路有所了解，图 15-19 所示为尚朋堂 SR-1336 型电磁炉的电流检测和电压检测电路及相关电路部分原理图。

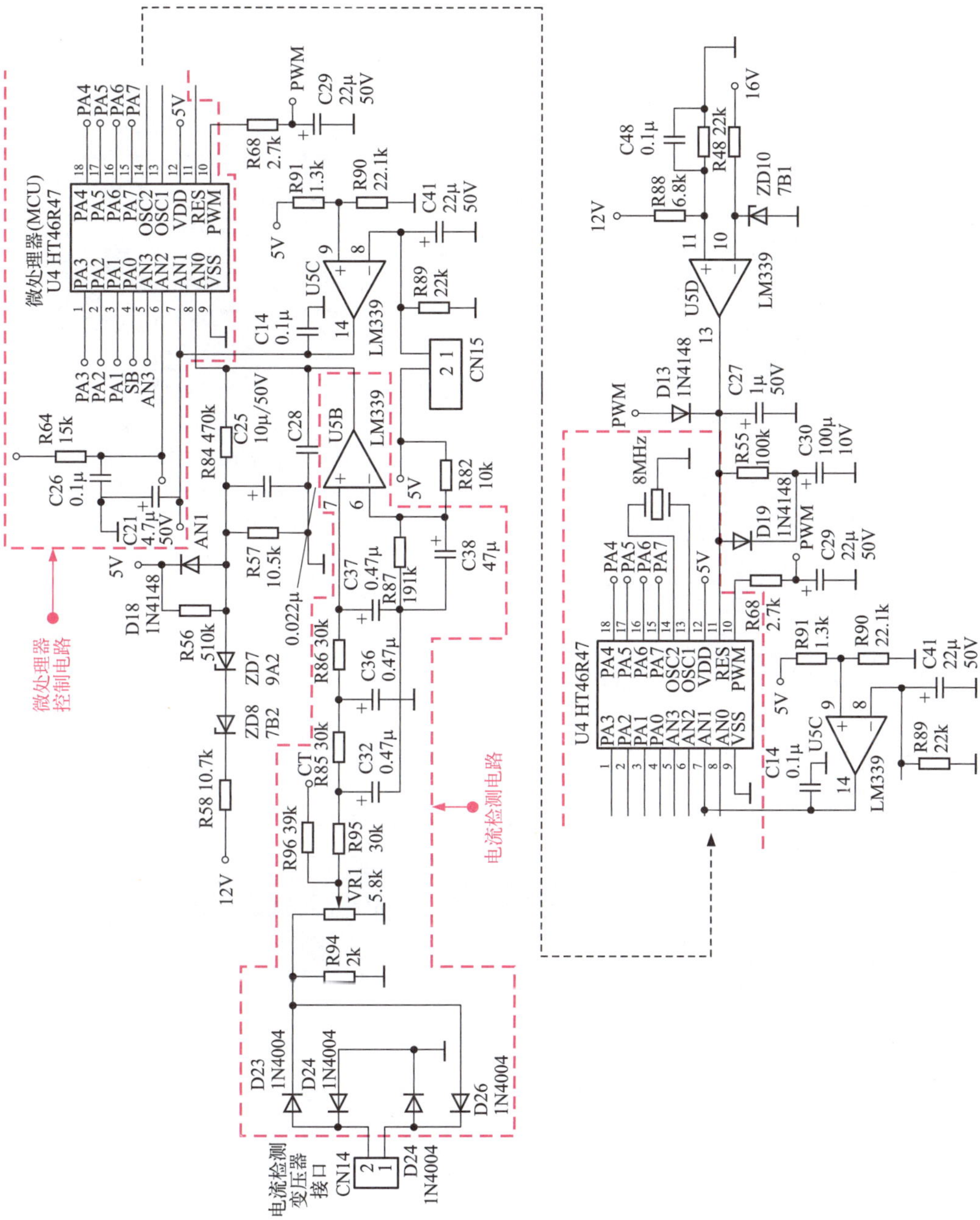

图15-19　尚朋堂SR-1336型电磁炉的电流检测和电压检测电路及相关电路部分原理图

故障检修：

根据检修分析，将该电磁炉的外壳打开后，首先检测电流检测电路。

用万用表检测电流检测电路中的整流二极管 D23 ～ D26，如图 15-20 所示。

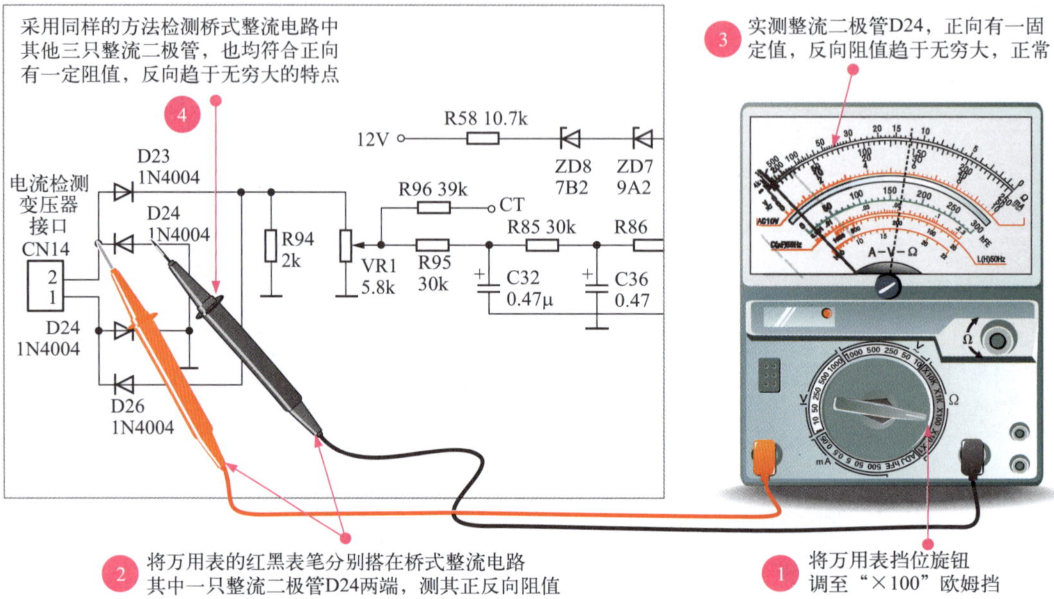

图15-20　电流检测电路中的整流二极管D23 ~ D26的检测方法

经检测 D23 ～ D26 均正常。进一步检测该电路中的其他元件，即检测电位器 VR1 及相关元件是否损坏。

经检测，发现电位器 VR1 调整失常，重新微调该电位器后，对电磁炉重新通电开机，电磁炉的故障排除。

15.9 尚朋堂 SR-1336 型电磁炉屡烧熔断器的检修案例

故障表现：

尚朋堂 SR-1336 型电磁炉通电后，按下开机键，电磁炉不工作。打开外壳后，查看熔断器已经熔断，更换新的熔断器后，通电依旧烧熔断器。

故障分析：

根据故障表现可知，电磁炉电路中应存在严重短路故障，导致屡烧熔断器。检修该类故障，应重点检查电源供电电路及负载电路（即功率输出电路）。

图 15-21 所示为尚朋堂 SR-1336 型电磁炉的电源供电及功率输出电路原理图。

根据维修经验，在电磁炉中因短路故障引起屡烧熔断器时，多为电路中的一些核心元件短路所致，应重点检测电源供电电路中的桥式整流堆和功率输出电路中的 IGBT 等。

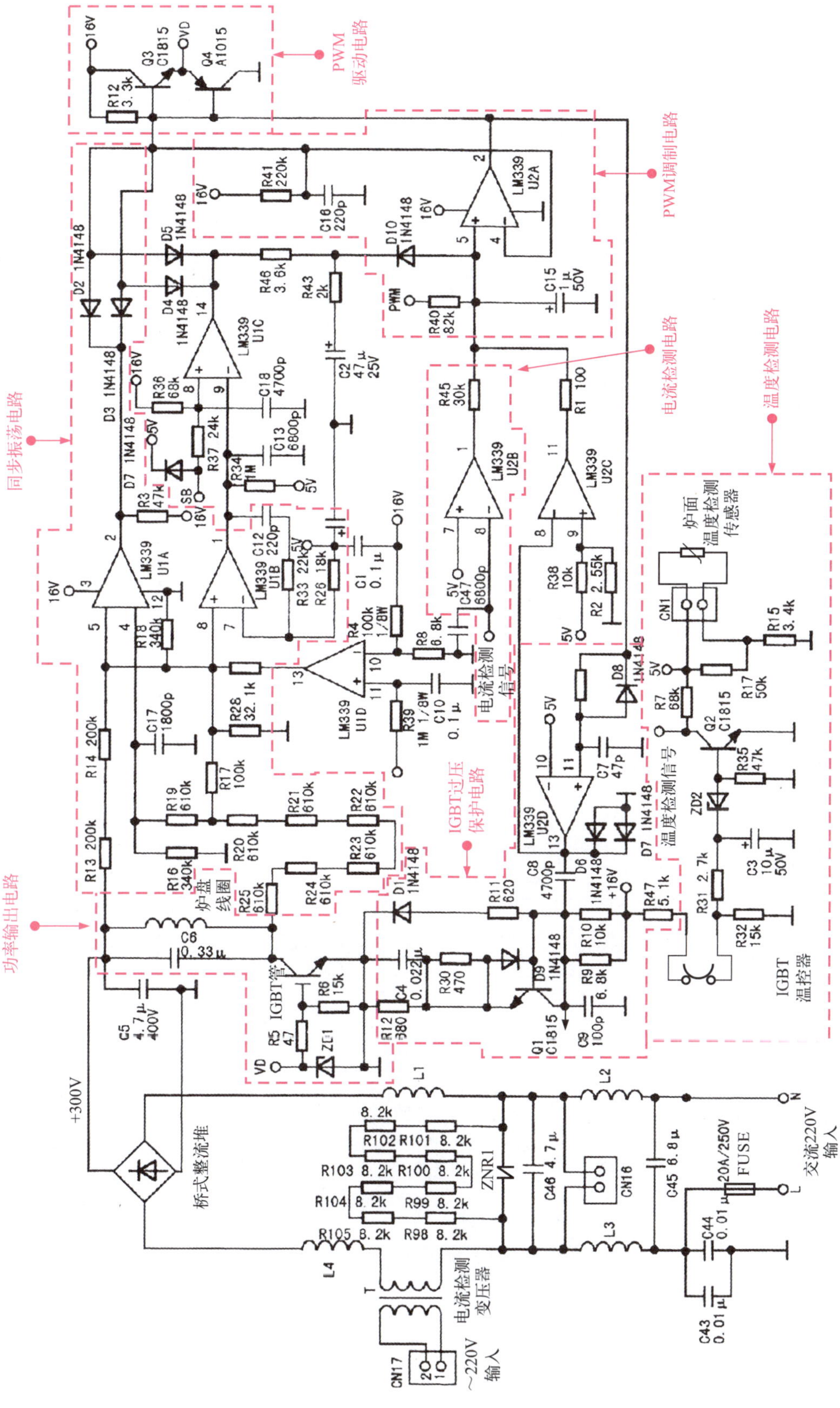

图15-21　尚朋堂SR-1336型电磁炉的电源供电及功率输出电路原理图

故障检修：

根据以上分析，我们首先检查功率输出电路中的 IGBT 是否正常。

采用万用表测电阻法判断该电磁炉中 IGBT 好坏，操作方法如图 15-22 所示。

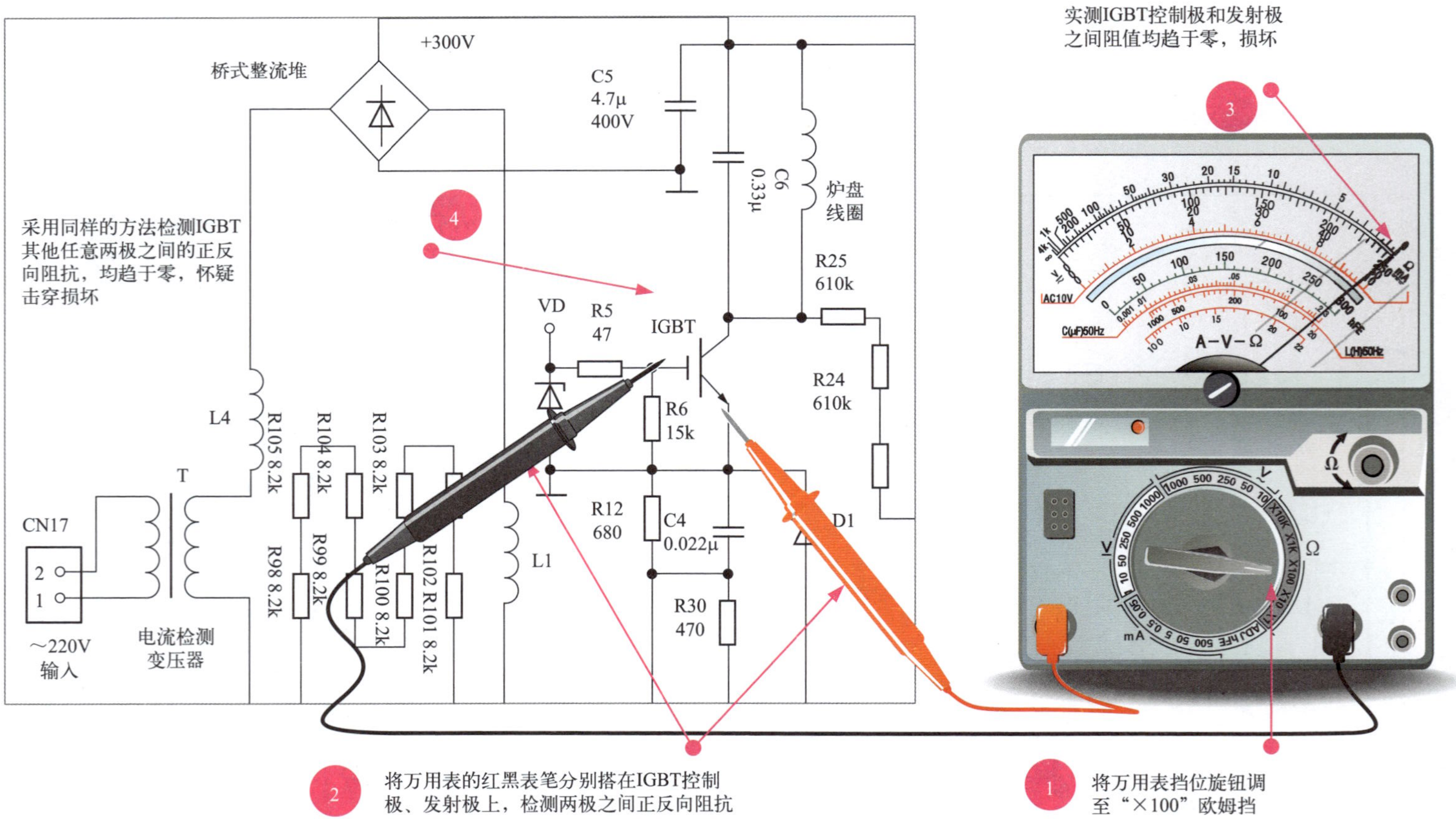

图15-22　IGBT的检测方法

经检测发现，IGBT 的正反向阻值均为 0Ω，说明 IGBT 出现严重击穿短路故障。为防止更换 IGBT 后再次烧坏，还需要对电路中其他可能与 IGBT 击穿故障相关的元件进行排查。

接下来可检测电源供电电路中的桥式整流堆。

该电磁炉电源供电电路中桥式整流堆的检测方法如图 15-23 所示。

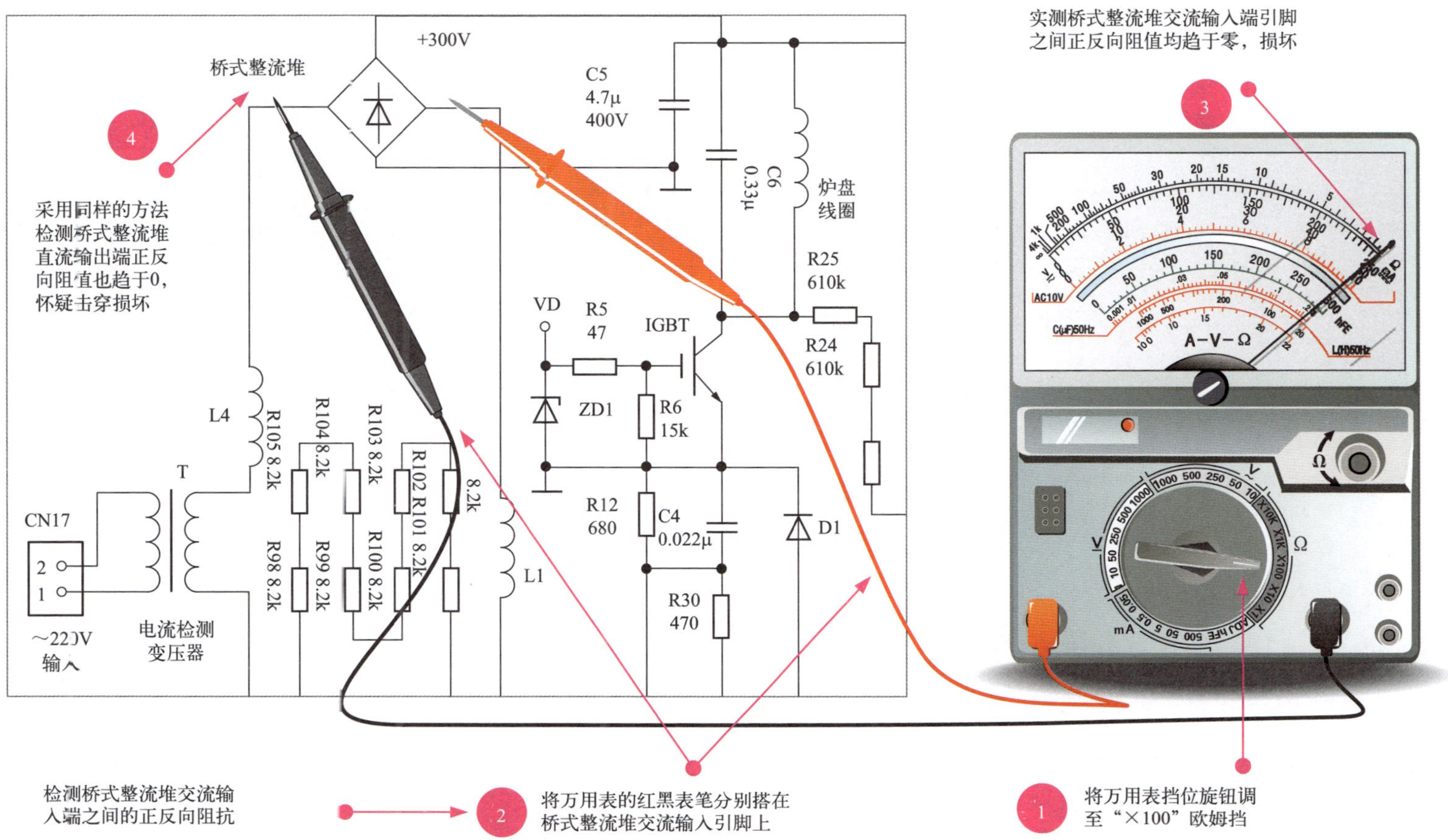

图15-23　故障机中桥式整流堆的检测方法

实测得桥式整流堆交流输入和整流输出端的阻值也均为 0Ω。将损坏的桥式整流堆、IGBT 管、熔断器更换后，对电磁炉开机试机，故障排除。

15.10 尚朋堂 SR-1607C 型电磁炉检锅报警的检修案例

故障表现：

尚朋堂 SR-1607C 型电磁炉开机后，电磁炉有报警提示，更换炊具后，该现象依旧。

故障分析：

根据该电磁炉的故障现象，电磁炉报警，更换炊具后故障依旧，说明当前使用炊具符合要求，排除锅质检测电路问题，其他可能引起报警的地方主要有电流检测电路和电压检测电路等，应重点对这些电路进行检查。

图 15-24 所示为尚朋堂 SR-1607C 型电磁炉电流检测、电压检测及相关电路原理图。

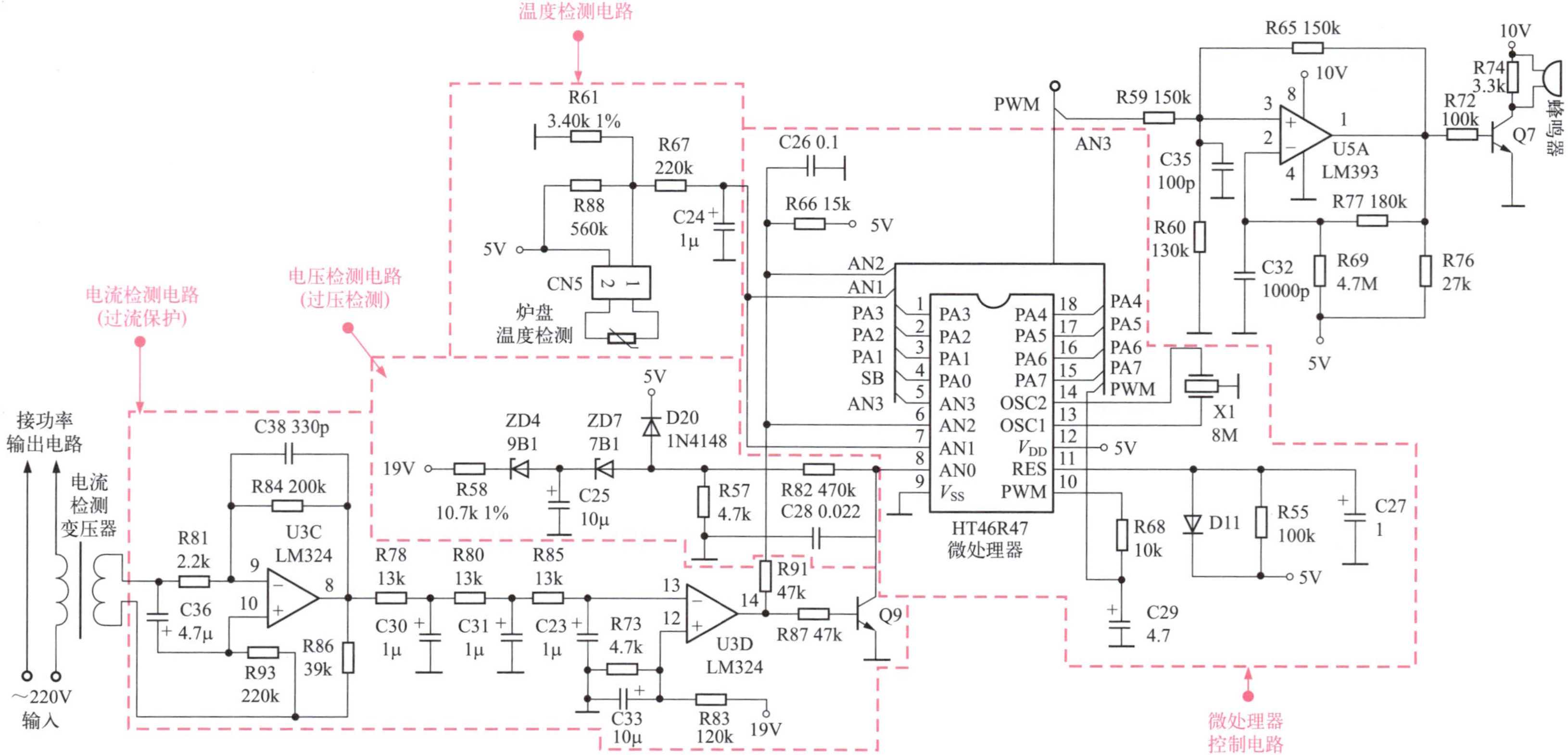

图15-24　尚朋堂SR-1607C型电磁炉电流检测、电压检测及相关电路原理图

故障检修：

根据检修分析，首先对电路中的电流检测电路部分进行检测和排查。

将该电磁炉断电后，检测该电磁炉的电流检测变压器，如图 15-25 所示。

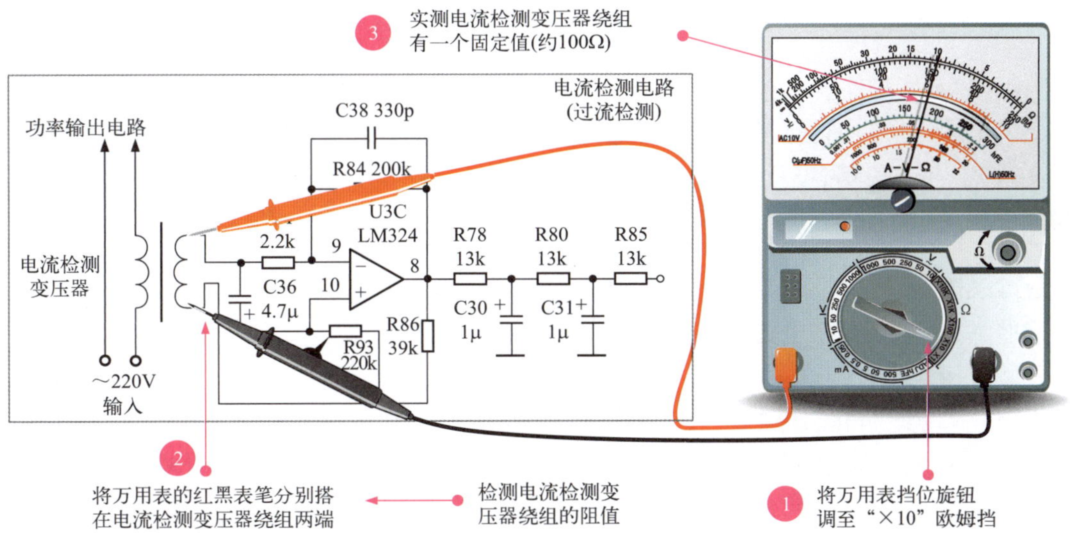

图15-25　电流检测变压器的检测方法

经检测，电流检测变压器绕组阻值约 100Ω，正常。接着继续检测该电路中的其他元件。

用万用表检测电流检测电路中的电阻器 R93，如图 15-26 所示。

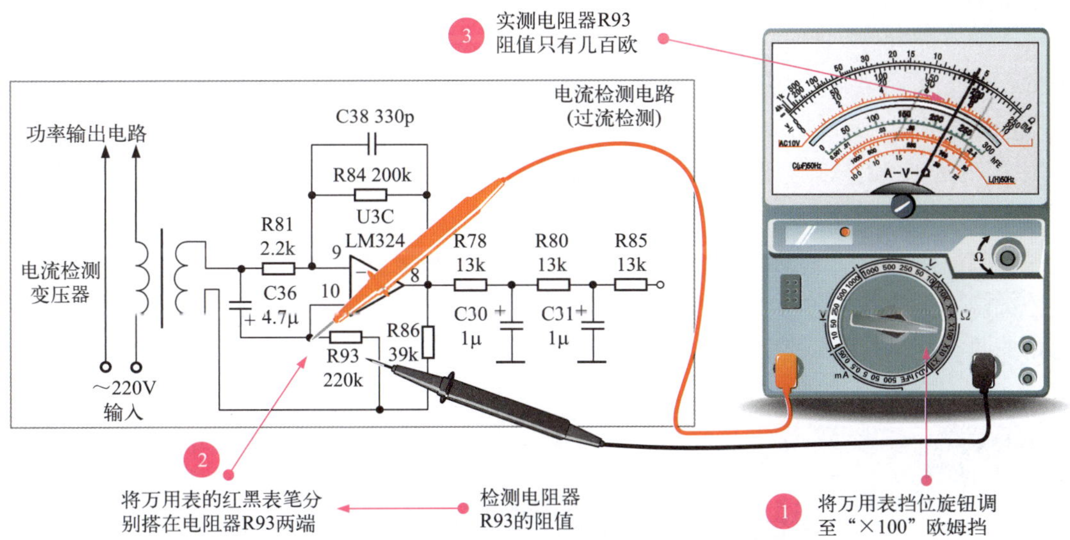

图15-26　电流检测电路中的电阻器R93的检测方法

实测得电阻器 R93 的阻值只有几百欧，与标称阻值 220kΩ 偏差较大，说明该电阻已经变质。将电阻器 R39 更换后，对电磁炉开机试机，故障排除。

特别提示

除了电流检测电路外，过压保护电路、同步振荡电路、高压保护电路等同样会引起此类故障。

15.11 尚朋堂 SR-1607C 型电磁炉开机不工作检修案例

故障表现：

尚朋堂 SR-1607C 型电磁炉开机后，电磁炉整机无反应。

故障分析：

根据故障表现分析，电磁炉通电无反应，多是因电源供电电路无任何电压输出，即电路各元件工作条件无法满足，电路无法进入工作状态。

图 15-27 所示为尚朋堂 SR-1607C 型电磁炉的电源供电电路中的直流电源部分原理图。

故障检修：

根据电路分析，首先检查电源供电电路输出端有无直流低压输出。若输出正常，电磁炉无反应则说明微处理器控制电路故障；若无输出，则多为电源供电电路故障。

将该电磁炉通电，用万用表检测电磁炉中输出的直流 5V 电压，如图 15-28 所示。

经检测，该电路 5V 电压输出端（电解电容器 C35 两端电压）电压为零。怀疑电源供电电路输出侧电路异常，顺信号流程，采用相同的方法检测 5V 电压输出端前级的 10V 供电电压正常，由此可将故障范围锁定在 5V 稳压电路中，重点检查晶体三极管 Q8，稳压二极管 ZD6，电阻器 R79、R71 等。

用万用表检测 5V 电压稳压电路主要元件（以稳压二极管 ZD6 为例），如图 15-29 所示。

经检测发现 ZD6 已经击穿损坏，同样检测晶体三极管 Q8 时，也发现其引脚间阻值接近零，怀疑稳压二极管 ZD6 和晶体三极管 Q8 均出现短路故障，分别用同规格器件更换后，对该电磁炉通电开机，电磁炉工作正常，故障排除。

特别提示

上述故障中，5V 电压输出端的电压值变为零，由电源供电电路中元件击穿短路造成。一般若 5V 电压的负载电路中存在短路故障，也会导致该输出端电压为 0V，需要进一步检测和判断。

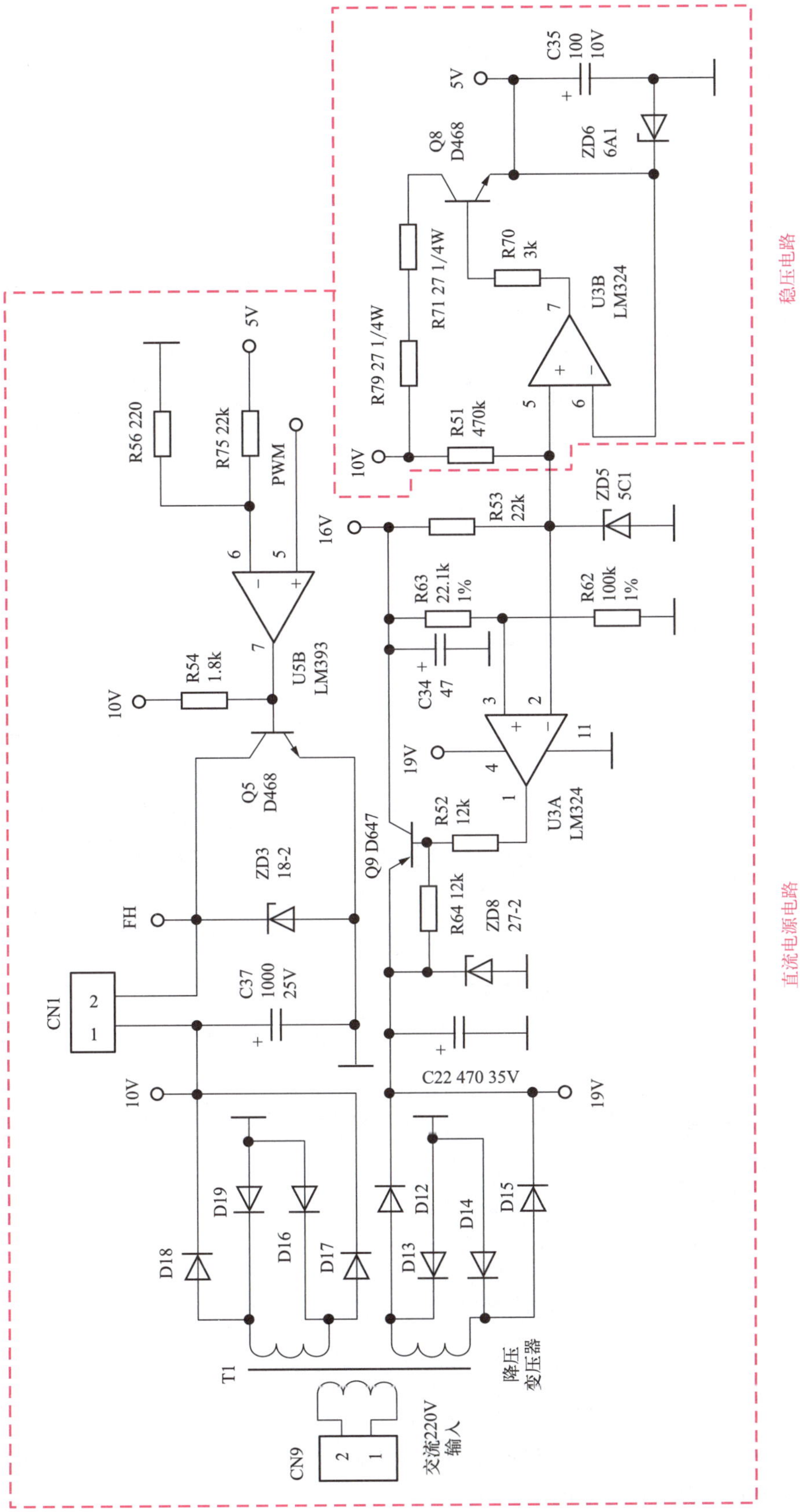

图15-27　尚朋堂SR-1607C型电磁炉的电源供电电路中的直流电源部分原理图

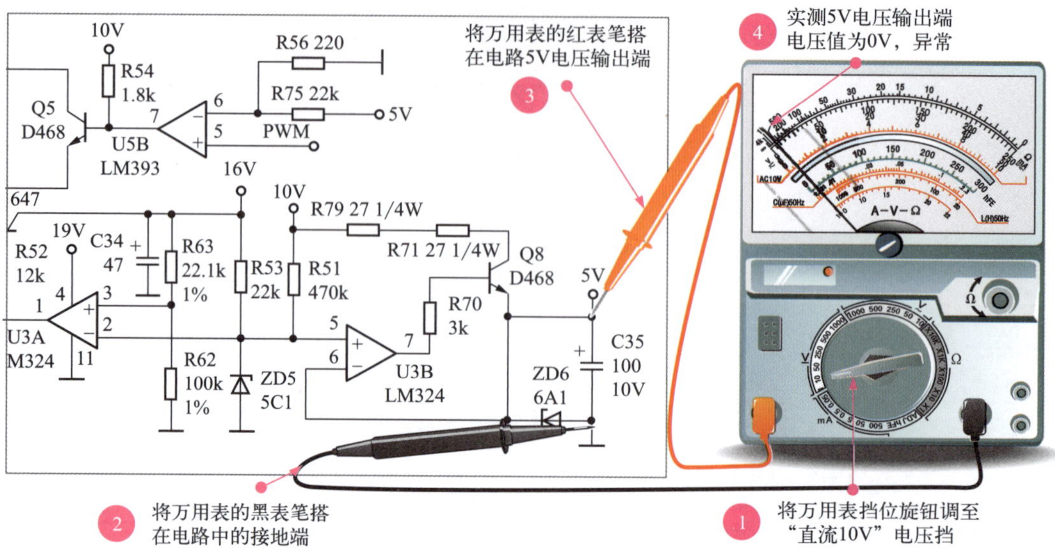

图15-28　故障机直流5V输出电压的检测方法

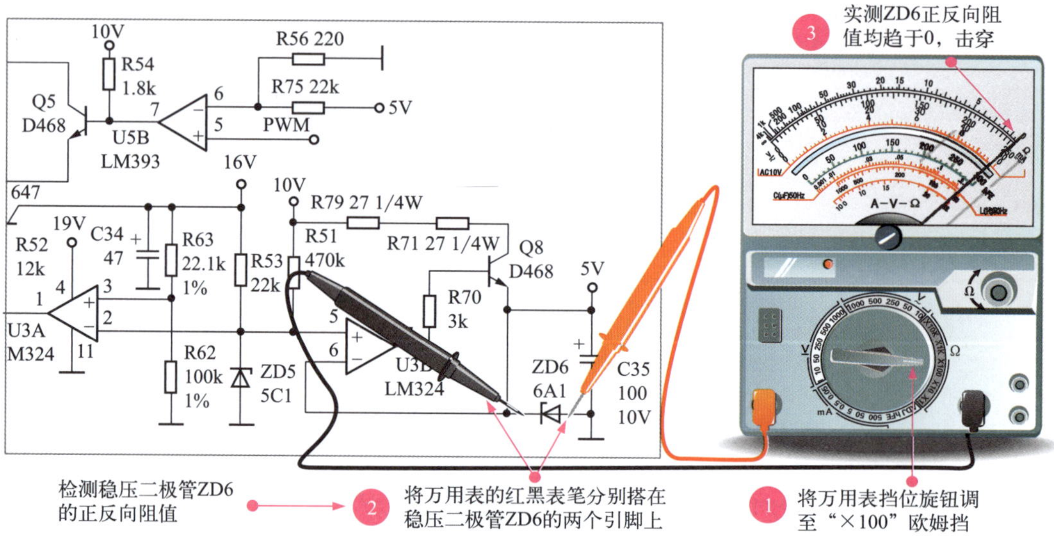

图15-29　检测故障机5V稳压电路中的稳压二极管ZD6

15.12 尚朋堂 SR-19××/20××型电磁炉不加热的检修案例

故障表现：

尚朋堂 SR-19××/20××型电磁炉开机后，电磁炉不加热，检查操作按键正常，指示灯显示正常。

故障分析：

根据故障表现分析，该电路操作按键正常、指示灯也显示，说明其电源供电电路与基本控制电路部分正常；电磁炉不加热，说明功率输出电路未工作，应重点检查 IGBT 过压保护电路、同步振荡电路、PWM 驱动电路等。

图 15-30 所示为尚朋堂 SR-19××/20×× 型电磁炉的电路原理图。

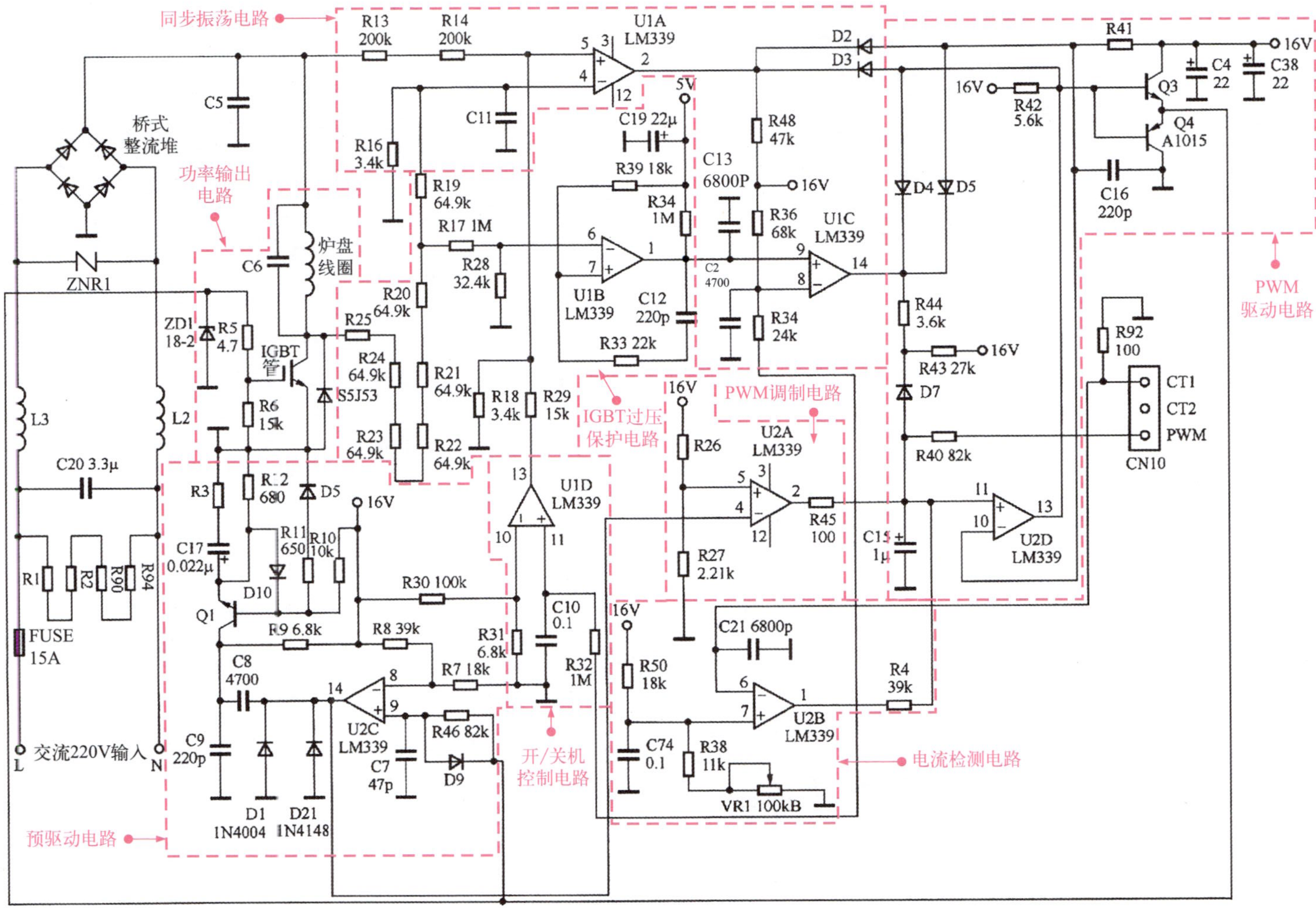

图15-30 尚朋堂SR-19××/20××型电磁炉的电路原理图

故障检修：

根据检修分析，首先对 IGBT 过压保护电路中的主要器件进行检测。

将该电磁炉断电后，检测 IGBT 过压保护电路中的电阻器 R17 是否正常，如图 15-31 所示。

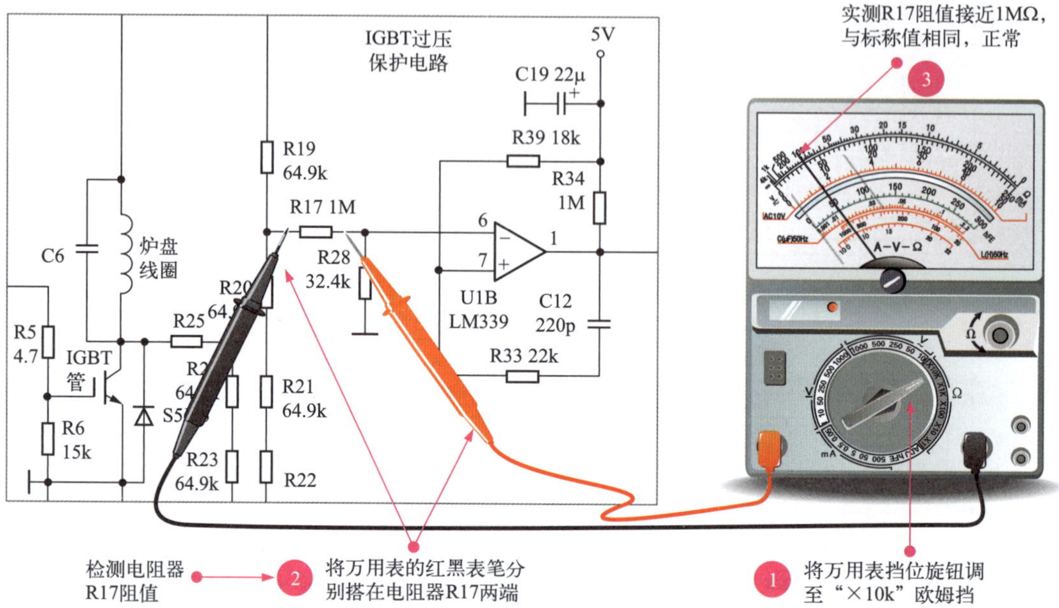

图15-31　检测电阻器R17

经实测得该电阻阻值正常，则说明其取样电压部分基本正常。接下来，应检测 U1B（LM339）的工作状态。

将电磁炉通电后，用万用表检测芯片 U1B（LM339）的①脚输出的电压值，如图 15-32 所示。

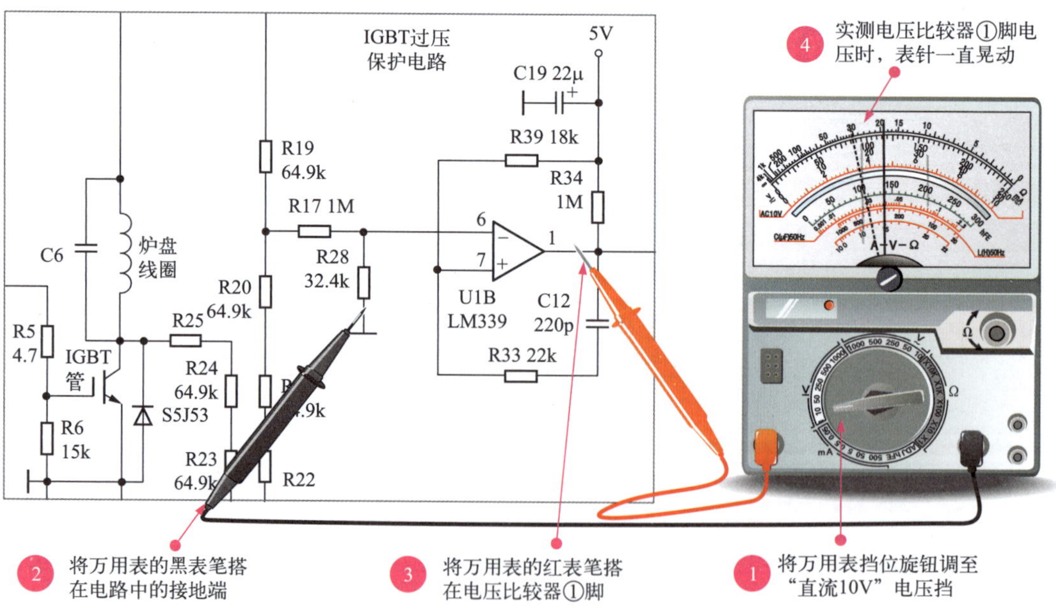

图15-32　检测U1B（LM339）的①脚电压值

经检测可知，U1B（LM339）①脚的电压值很不稳定。而根据电路原理，正常时，该脚应为高电平，怀疑芯片 U1B（LM339）内部损坏。用同型号芯片更换后，开机试机操作，电磁炉故障排除。

15.13 尚朋堂 SR-26××/28×× 型电磁炉断续加热的检修案例

故障表现：

尚朋堂 SR-26××/28×× 型电磁炉按下开关键后，使用电磁炉加热时，刚开始加热正常，当加热一段时间后，电磁炉便停机。重新开机后，电磁炉反复出现此类现象。

故障分析：

根据故障表现分析，怀疑该电磁炉中的功率输出电路或开 / 关机控制电路异常。图 15-33 所示为尚朋堂 SR-26××/28×× 型电磁炉的电路原理图。

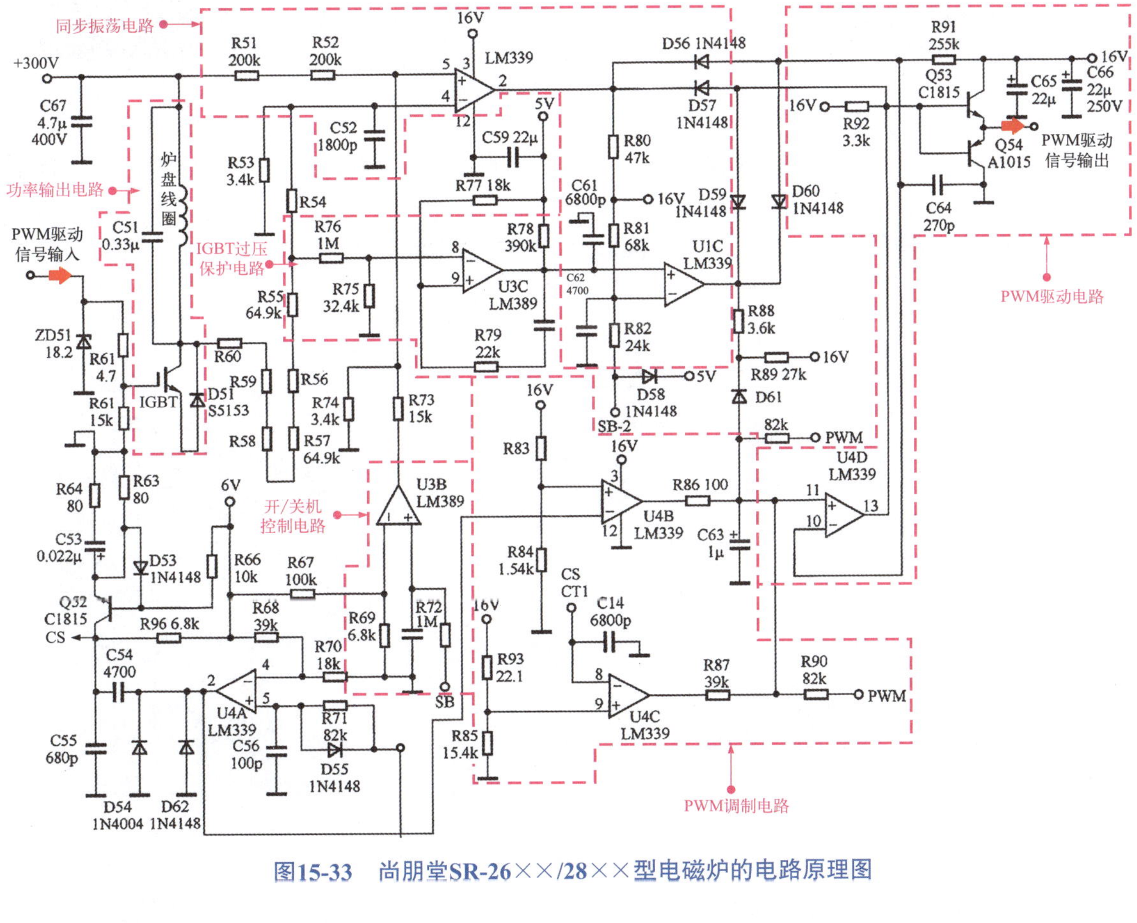

图15-33　尚朋堂SR-26××/28××型电磁炉的电路原理图

故障检修：

根据检修分析，首先检查该电磁炉功率输出电路是否正常，重点检测易损元件高频谐振电容 C51。

将电磁炉断电后，用数字万用表检测该电磁炉功率输出电路中高频谐振电容 C51 的电容量，检查其是否漏电，如图 15-34 所示。

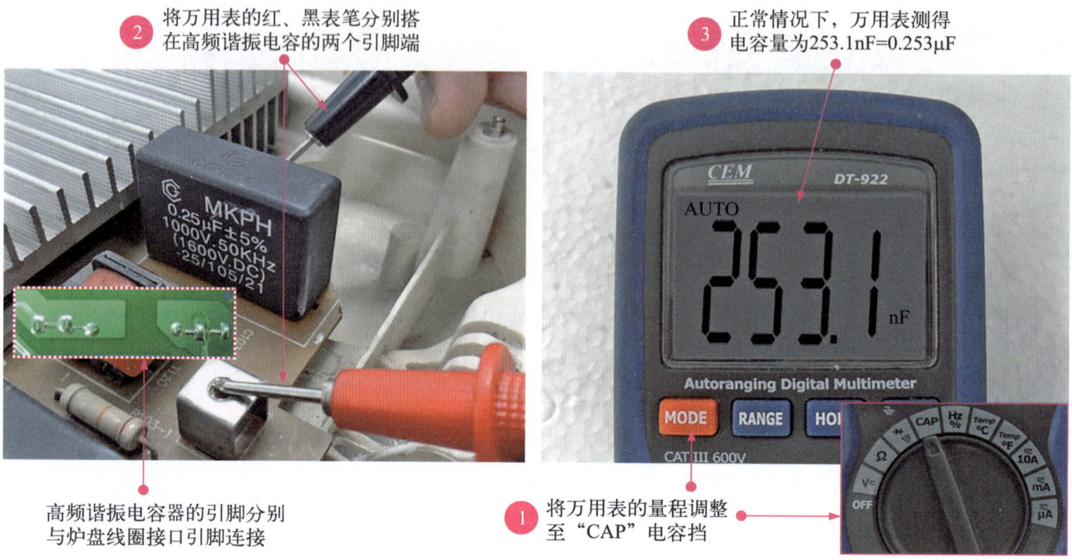

图15-34　高频谐振电容C51电容量的检测方法

经检测发现，该电容器的电容量为 0.253μF，与标称值接近，说明该电容器正常。接下来，重点对开 / 关机控制电路进行检测。

使用万用表检测故障机中开 / 关机控制电路中的电阻器 R72，如图 15-35 所示。

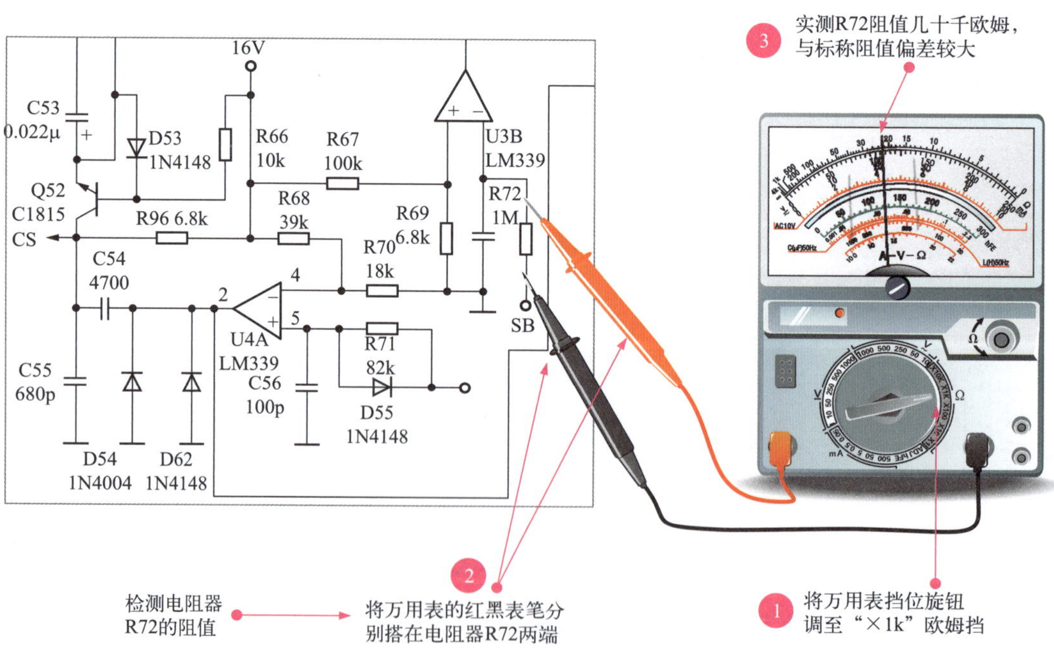

图15-35　开/关机控制电路中的电阻器R72的检测

经检测发现该电阻器的阻值只有几千欧，与标称值（1MΩ）偏差很大，表明该电阻器已经损坏。

用同规格的电阻器更换后，对电磁炉重新开机试机，电磁炉加热正常，表明故障排除。

15.14 尚朋堂 SR-26××/28×× 型电磁炉屡烧 IGBT 管的检修案例

故障表现：

尚朋堂 SR-26××/28×× 型电磁炉加热一段时间后，电磁炉停止加热。打开外壳后，发现 IGBT 被击穿，将其更换后，故障现象依旧。

故障分析：

根据该电磁炉的故障现象，怀疑电磁炉的 IGBT 过压保护电路出现故障。

故障检修：

根据检修分析，怀疑该故障机 IGBT 过压保护电路异常，可用万用表逐一检测该电路中的关键元件，如图 R22、R24、Q6 等。

用万用表检测过压保护电路中的电阻器 R22、R23，如图 15-36 所示。

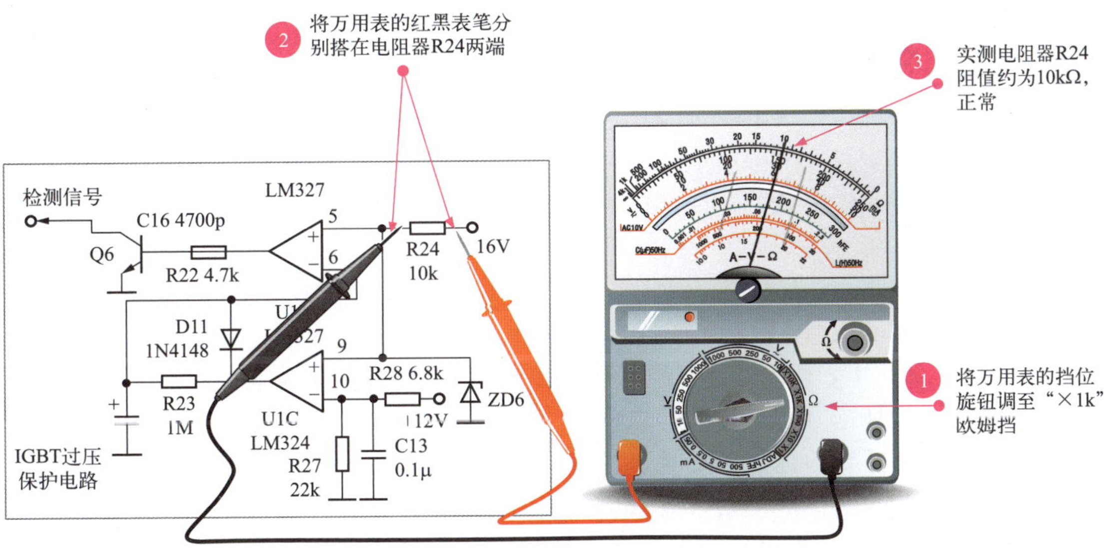

图15-36 检测电阻R22、R23

经检测可知，电阻器 R22、R24 的实际阻值与标称阻值相近，说明电阻器正常。进一步检测晶体三极管 Q6，判断 Q6 有无击穿短路或断路故障。

故障机过压保护电路中，晶体三极管 Q6 的检测方法如图 15-37 所示。

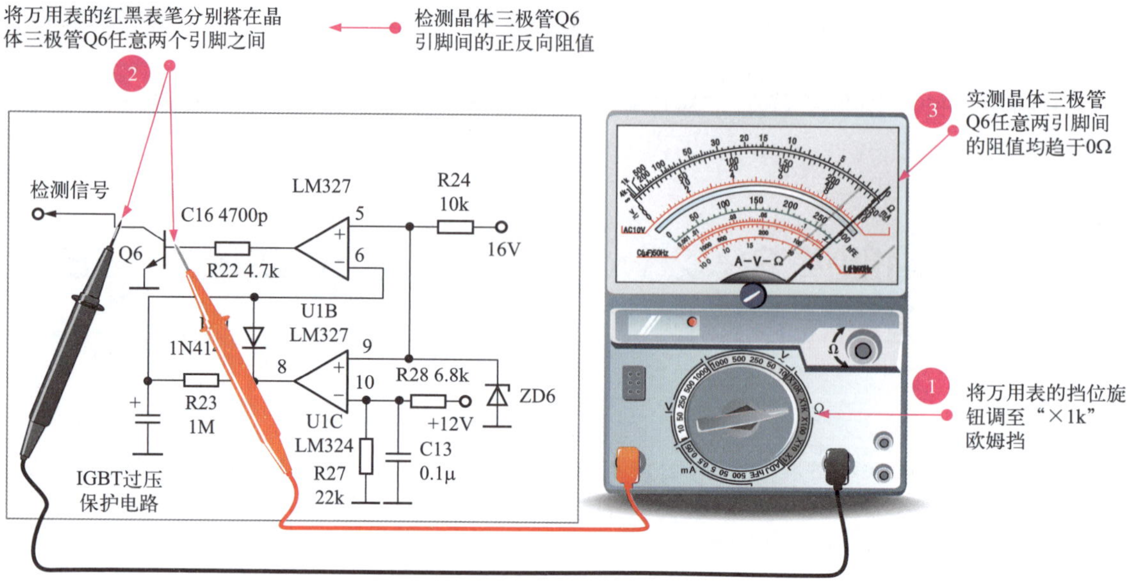

图15-37　晶体三极管Q6的检测方法

经检测该晶体三极管的正反向阻值均为 0Ω，表明其已损坏。用同型号的晶体管将损坏的晶体三极管 Q6 代换后，开机试运行，故障排除。

15.15 尚朋堂 SR-2826 型电磁炉右灶台不加热的检修案例

故障表现：

尚朋堂 SR-2826 型为双灶台电磁炉，通电开机后，对电磁炉进行加热控制，电磁炉的右灶台不加热。

故障分析：

根据故障表现可知，该电磁炉左灶台部分均正常，右灶台不加热，说明左右灶台的公共电路部分，如电源供电、微处理器控制电路等部分均正常，且左灶台专用的电路，如左灶台功率输出电路、IGBT 过压保护电路等也正常，应重点检测右灶台的专用电路，如右灶台的功率输出电路、IGBT 过压保护电路部分。

图 15-38 所示为尚朋堂 SR-2826 型电磁炉的电路原理图。

故障检修：

根据检修分析，首先检查该故障机右灶台的功率输出和 IGBT 过压保护电路。

用万用表检测 IGBT2 的过压保护电路，如图 15-39 所示。

经检测发现，IGBT2 过压保护电路中的 Q112、R126 等均正常。用同样的方法检测右灶台功率输出电路部分的各元件时发现，IGBT2 发射极连接的电阻器 R112 的阻值为 0Ω，而其标称值为 15kΩ，说明电阻器 R112 损坏。更换电阻 R112 后，对电磁炉开机加热，检查右灶台的加热情况，正常，故障排除。

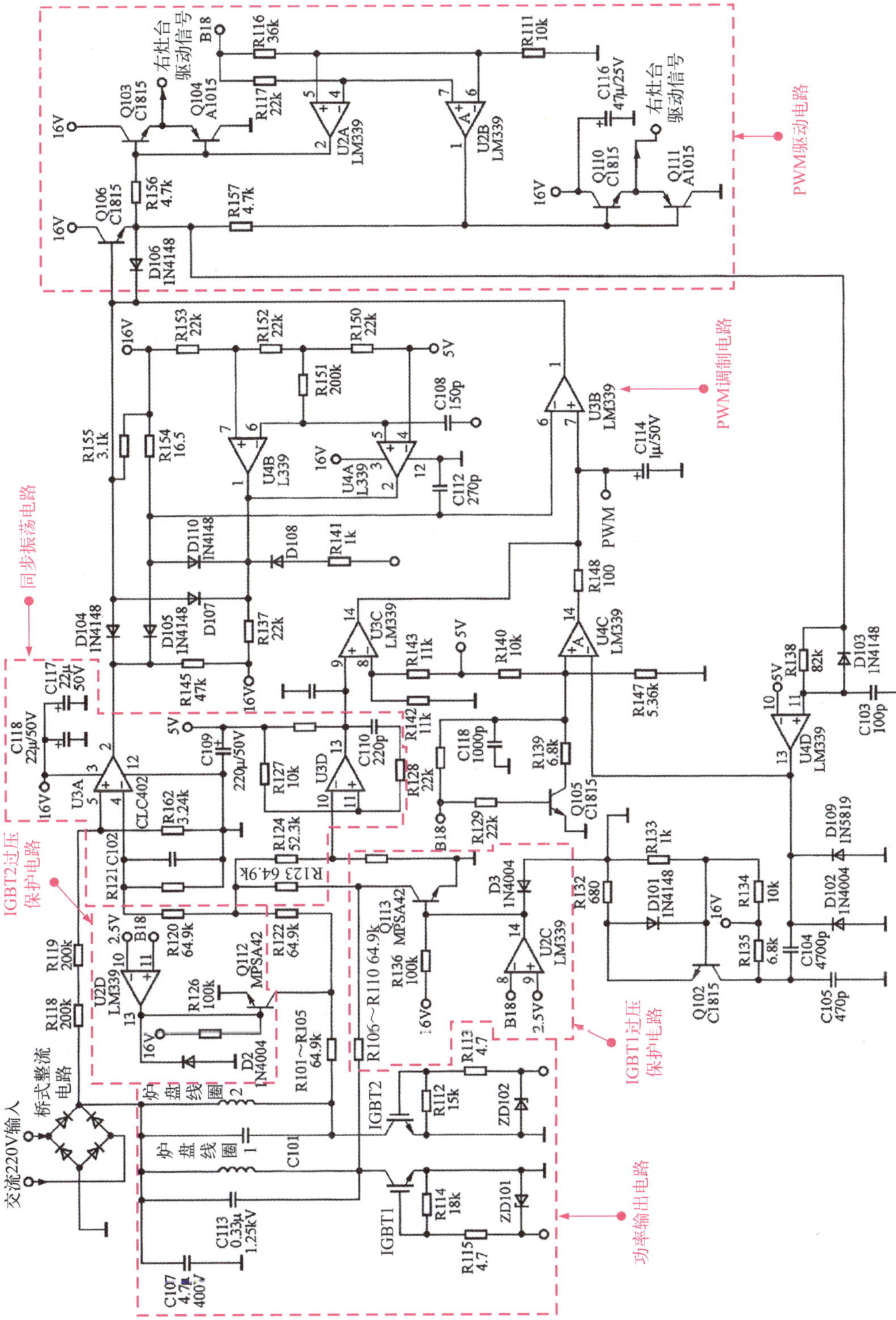

图15-38　尚朋堂SR-2826型电磁炉的电路原理图

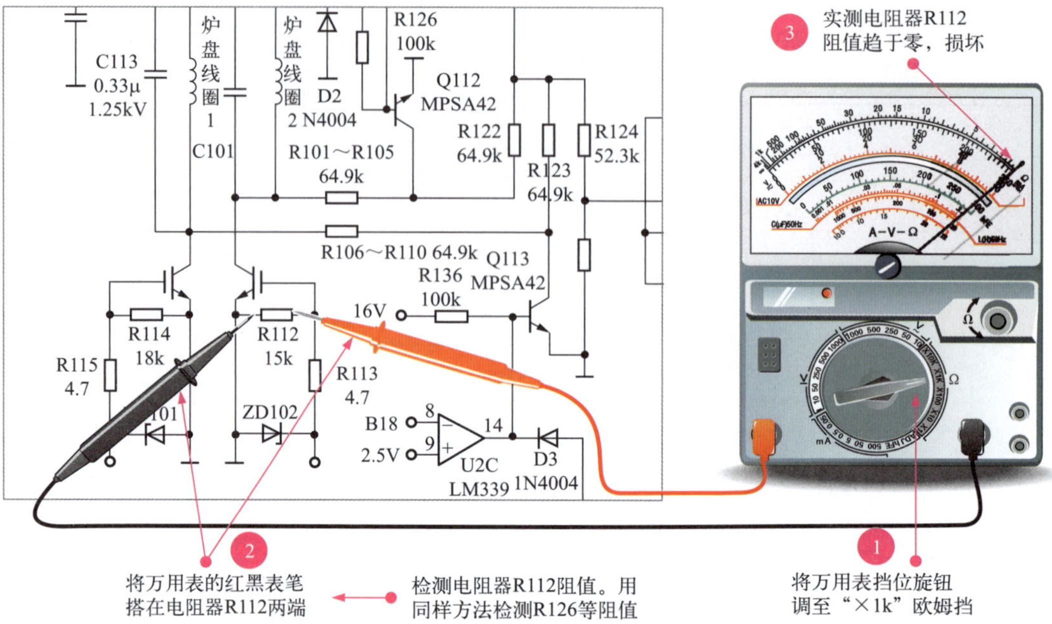

图15-39　检测IGBT2的过压保护电路

第 16 章 九阳电磁炉故障检修案例

16.1 九阳电磁炉故障代码与故障检修

九阳电磁炉故障代码与故障检修见表16-1。

表16-1　九阳电磁炉故障代码与故障检修

故障代码	故障分析	故障检修
E0	内部电路故障，重点查主回路、高压电阻、同步振荡电路、电流/电压检测电路和保护电路	1.检查高压电阻器 2.检测LM339，若损坏，更换即可排除故障 3.检查主控板内部线路，若开路、短路，修复线路问题排除故障 4.查电路耦合电容器 5.查驱动三极管有无开路、短路
E1	不检锅故障（无锅具或锅具材料不合适），重点查主回路、驱动电路、高压电阻、同步振荡电路、电流/电压检测电路和保护电路（浪涌、关机信号回路）	1.查LM339 2.查检锅电路
E2	IGBT温度过高（炉内超温报警），重点查CPU、显示板和温度检测电路	1.查IGBT温度检测电路中的温度传感器（热敏电阻器） 2.查风扇有无不转或转速过慢等情况 3.查IGBT温度信号反馈电路中的元器件
E3	过压故障报警，即电源电压过高，应查电压检测电路	1.查电压检测电路中的主要元器件，更换损坏器件 2.检查整流桥，若异常须更换
E4	欠压故障报警，即电源电压过低，应查电压检测电路	1.查电压检测电路中的主要元器件，更换损坏器件 2.检查整流桥，若异常须更换
E5	温度传感器开路报警，一般多为炉面温度过低，应重点查CPU、显示板和温度检测电路	1.查温度传感器是否开路 2.查CPU及外围元件 3.查显示板
E6	温度传感器短路报警，一般多为炉面温度过高，应重点查CPU、显示板和温度检测电路	1.查温度传感器是否短路 2.查CPU及外围元件 3.查显示板
E7	过热防干烧保护报警，一般为炉盘线圈温度过高或干烧，应重点查CPU、显示板和温度检测电路	1.查防干烧温度传感器 2.查CPU及外围元件 3.查显示板
E8	按键故障，重点查显示板、按键	1.查操作按键是否顶死 2.查显示板

九阳电磁炉常见故障检修方法表16-2。

表 16-2　九阳电磁炉常见故障检修方法

故障表现	故障分析	故障检修
开机烧保险	IGBT、整流桥、驱动三极管被击穿，保险丝烧断，重点检查主回路，高压电阻器、220V AC	电压突变超过IGBT的最大耐压值，内部短路，更换IGBT、整流桥、驱动三极管、保险丝
通电无反应	电路中无5V、18V电压或电压不正常，重点查主回路、开关电源和220V AC	1.查开关电源芯片内部有无异常，更换开关模块、线绕电阻等 2.稳压管不良，更换稳压管 3.整流二极管损坏，更换整流二极管 4.变压器损坏，须更换
通电显示正常，但放上匹配锅具后不加热	这种故障属于无功率故障。查主回路、驱动电路、高压电阻器、同步振荡电路、电流电压检测电路、保护电路	1.LM339损坏，更换 2.耦合电容器损坏，更换 3.驱动三极管损坏，更换
通电显示正常，但放上匹配锅具后断续加热	这种故障属于间歇加热故障。查主回路、驱动电路、高压电阻器、同步振荡电路、电流电压检测电路、保护电路	1.互感器损坏，更换 2.VR可调电阻器损坏，更换 3.LM339损坏，更换
蜂鸣器无声	通电一切正常，但蜂鸣器没有发出正常蜂鸣声，重点查蜂鸣器电路	1.蜂鸣器电路元器件损坏，更换 2.蜂鸣器损坏，更换
显示板灯不亮	通电后个别指示灯不能正常发光工作，查显示板、按键	发光二极管损坏，更换
显示板灯不灭	通电后显示板指示灯常亮，重点查显示板	1.CPU损坏，更换 2.显示控制芯片损坏，更换
显示板灯闪	通电后显示板指示灯连续闪烁，重点查开关电源和显示板	1.检测5V、18V电源电路 2.查显示板与电源连接部分
显示板无反应	通电后显示板无反应，但电路板上的5V、18V电压正常，重点查主控IC和显示板	1.查显示板连接线，重新拔插 2.查CPU，若损坏，更换 3.查晶体，若损坏，更换

16.2 九阳 JYC-19BE2 型电磁炉通电掉闸故障的检修案例

故障表现：

九阳 JYC-19BE2 型电磁炉通电加热一段时间后，跳闸断电，再通电开机后，电磁炉无任何反应。

故障分析：

根据故障表现分析，电磁炉在工作中出现跳闸断电，且再次启动无法开启，多是由电磁炉在工作中元件短路故障引起的。应对电磁炉进行开盖检查，重点检查 IGBT、桥式整流堆等部件。

图 16-1 所示为九阳 JYC-19BE2 型电磁炉的电路原理图。

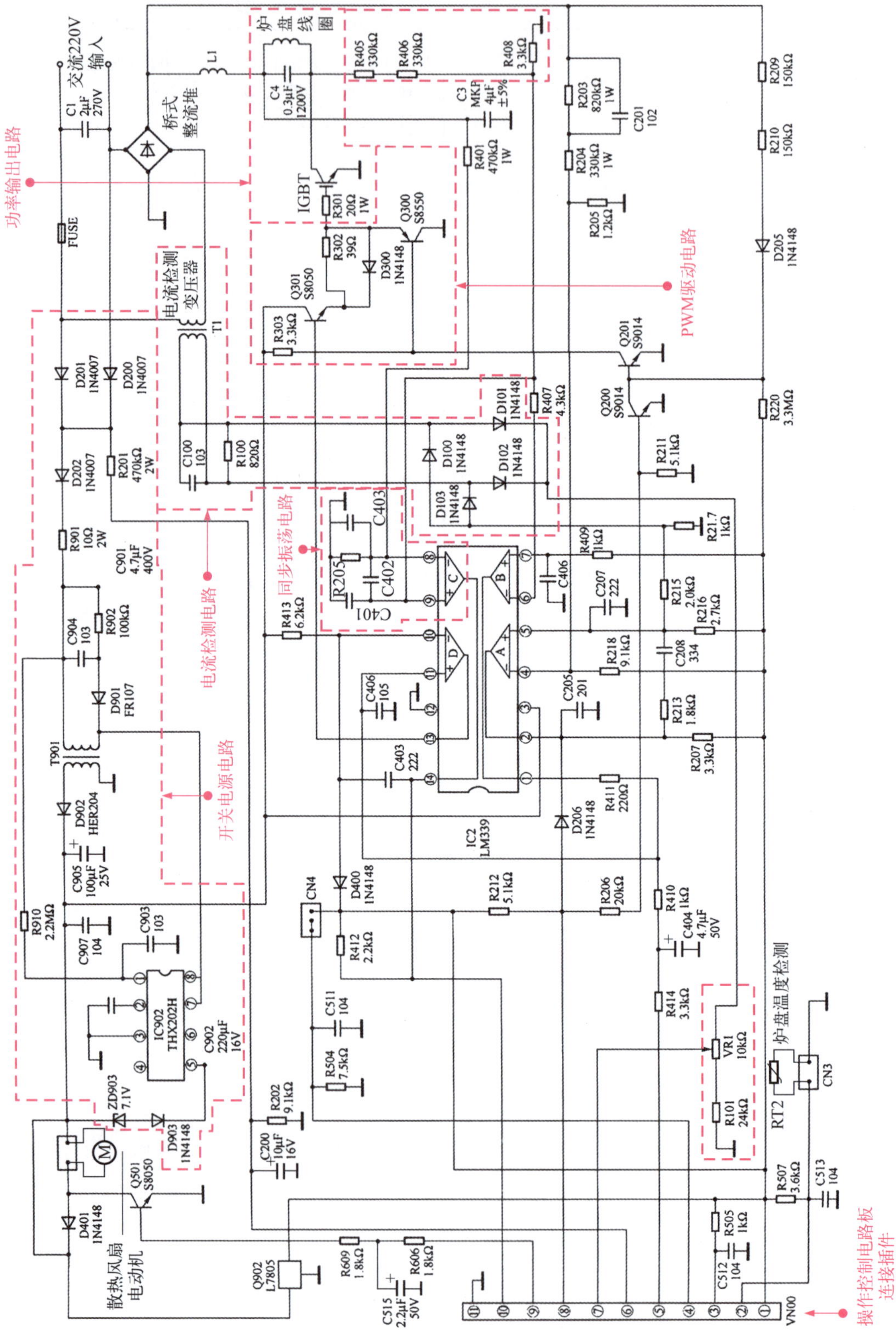

图16-1　九阳JYC-19BE2型电磁炉电路原理图

检修过程：

将电磁炉断电，打开电磁炉的外壳，发现熔断器有明显的烧焦痕迹，由此推断电路中存在严重短路性故障。

根据以上分析，我们首先检查电源供电电路中的桥式整流堆是否正常。将电磁炉散热片取下，并将桥式整流堆从电路中焊下，使用万用表对其进行开路检测，经检测桥式整流堆已击穿损坏。

根据维修经验，电磁炉中的熔断器、桥式整流堆击穿损坏，往往会击穿电路中的 IGBT，此时，须对 IGBT 进行检测操作。

故障机中 IGBT 的检测方法如图 16-2 所示。

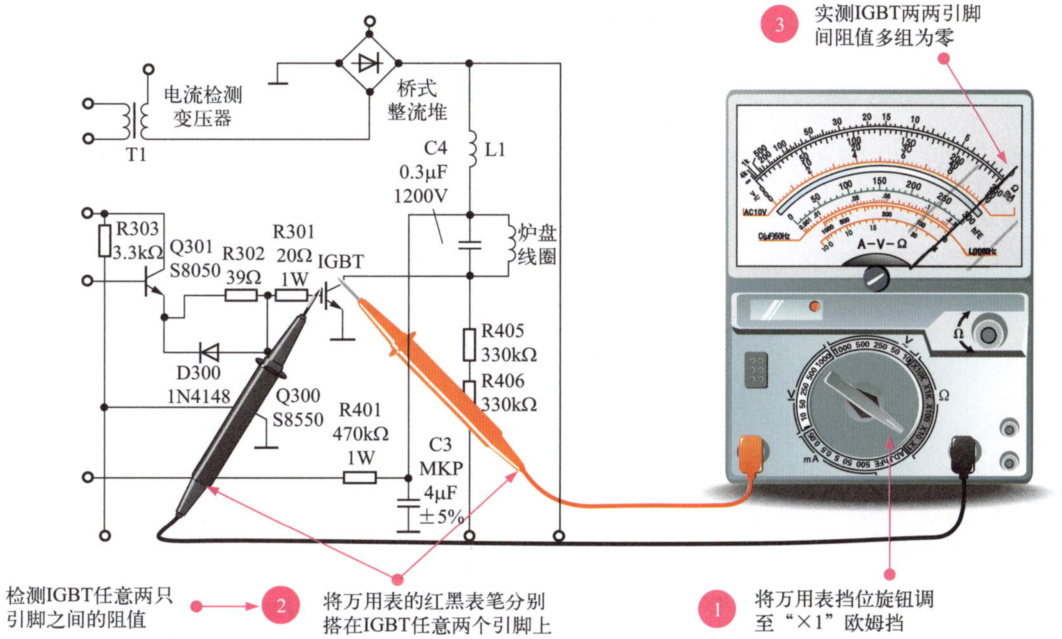

图16-2　检测IGBT

经检测发现，电路中 IGBT 两两引脚之间多组电阻数值为零，说明 IGBT 也已被击穿，更换损坏的熔断器、桥式整流堆和 IGBT 后，开机试运行，故障排除。

16.3 九阳 JYC-19BE2 型电磁炉不开机故障的检修案例

故障表现：

九阳 JYC-19BE2 型电磁炉通电开机后，电源指示灯亮，散热风扇运转，但按下电磁炉开机键，电磁炉无反应、不启动。

故障分析：

根据故障表现分析，该电磁炉指示灯亮、散热风扇运转，说明其电源供电电路、微处理器控制电路均正常，电磁炉无反应、不启动可能是操作电路异常引起的。

图 16-3 所示为九阳 JYC-19BE2 型电磁炉的操作显示电路原理图。

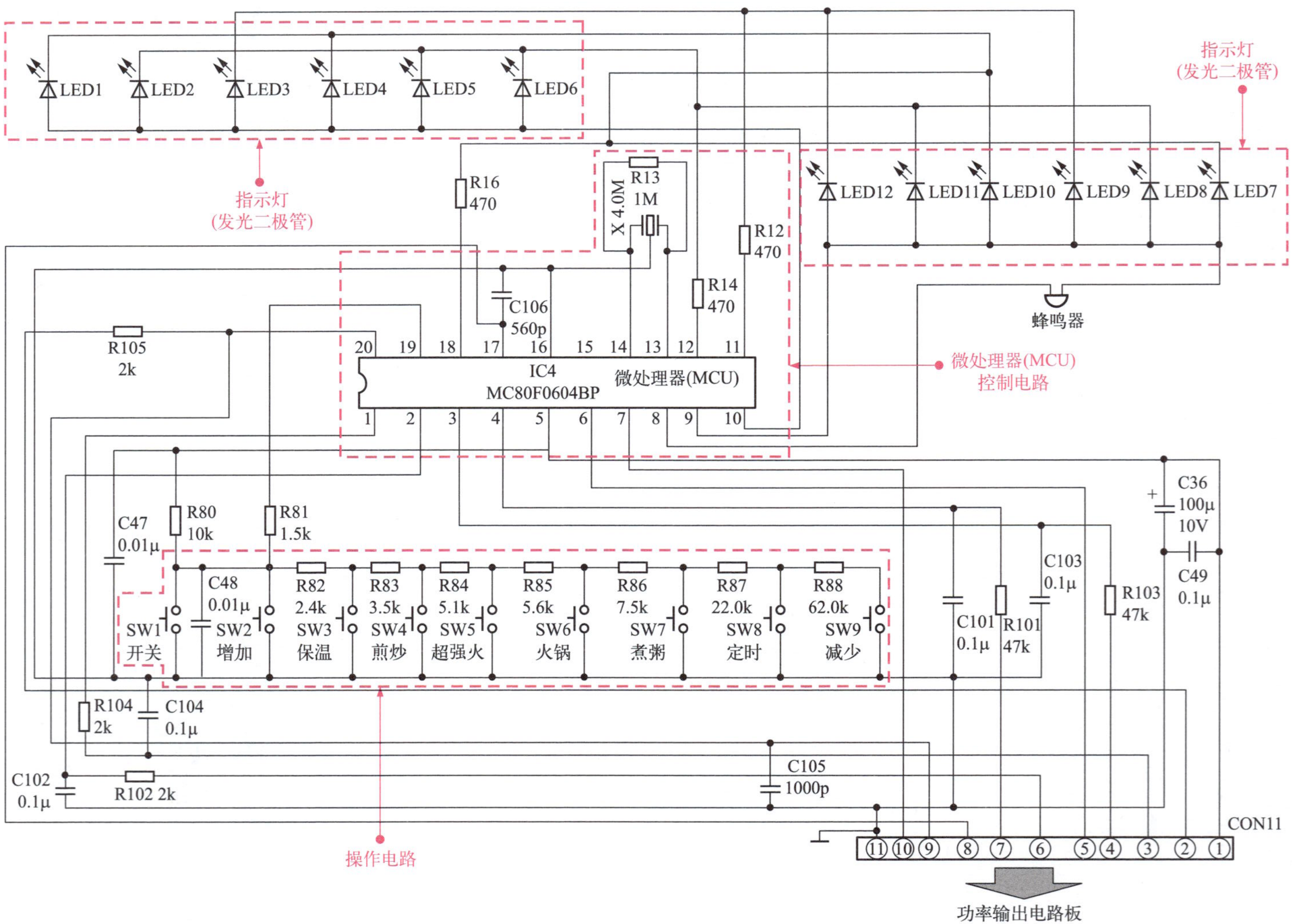

图16-3　九阳JYC-19BE2型电磁炉操作显示电路原理图

检修过程：

根据以上分析，首先检查该故障机操作显示电路中的开关机控制按键是否正常。

将电磁炉断电后，使用万用表检测开关控制按键 SW1，如图 16-4 所示。

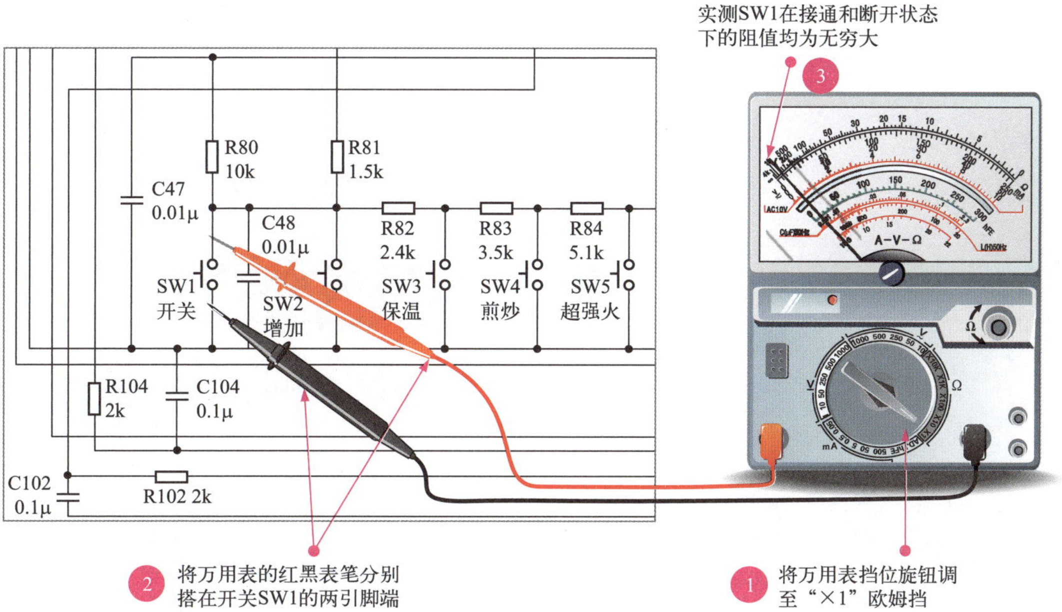

图16-4　检测开关SW1

经检测发现，开关机控制按键 SW1 在接通和断开状态下，其阻值均为无穷大，因此，可判断该开关按键已损坏，导致无法启动电磁炉。

更换损坏的开关按键 SW1 后，通电试机，故障排除。

第 17 章
万利达电磁炉故障检修案例

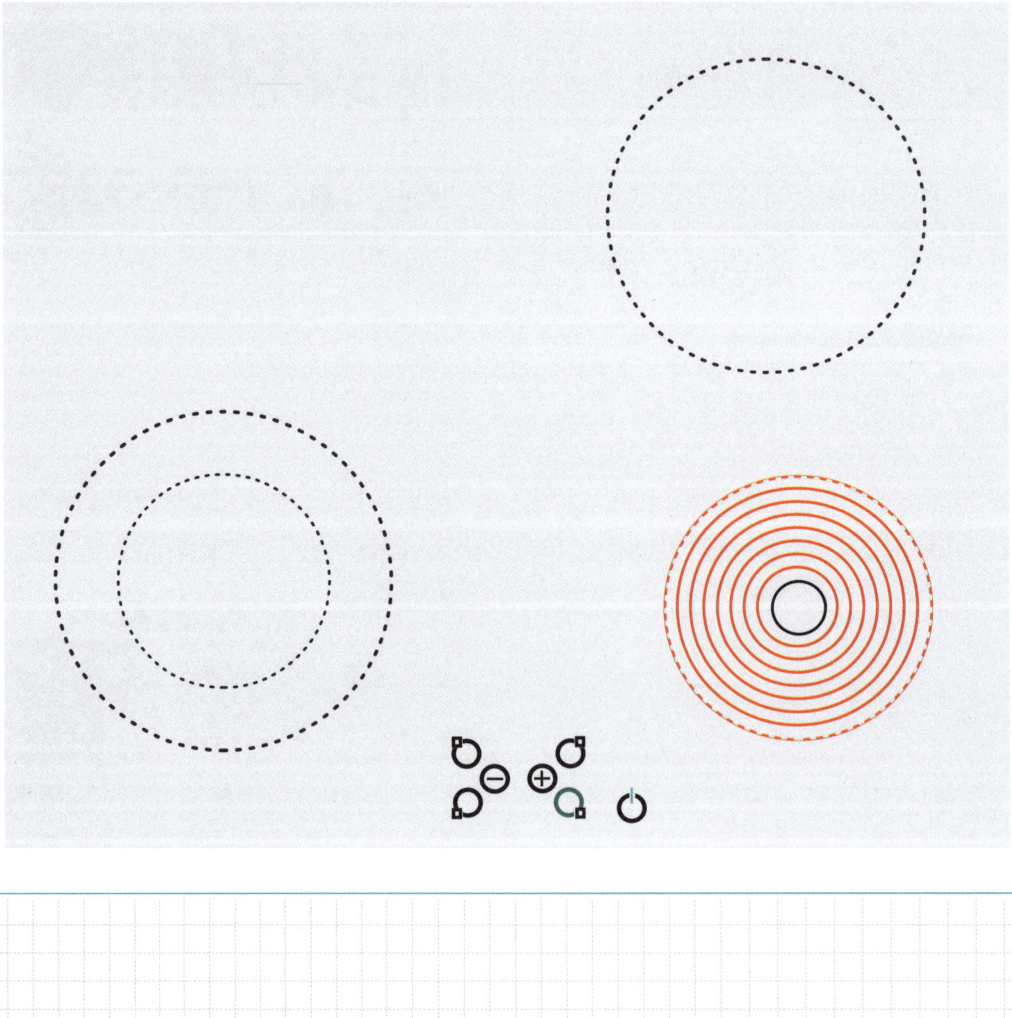

17.1 万利达电磁炉故障代码与故障检修

万利达电磁炉故障代码与故障检修见表 17-1。

表 17-1　万利达电磁炉故障代码与故障检修

故障代码	故障分析	故障检修
E1	过压保护	检查电压保护电路中的相关电子元器件及主控IC
E2	炉面温度过高	检查主温度传感器及温控电路中的电阻器
E3	IGBT温度过高	检查IGBT温度传感器及温控电路中的电阻器
E4	过载保护（内部有短路或接触不良）	检查电压保护电路中的相关电子元器件
E5	电压过低（欠压保护）	检查电压保护电路中的相关电子元器件及主控IC

17.2 万利达 MCE-1903D 型电磁炉开机报警的检修案例

故障表现：

万利达 MCE-1903D 型电磁炉开机，放置炊具后有报警提示，将炊具更换后，现象依旧。

故障分析：

根据该电磁炉的故障现象，怀疑电磁炉属于开机保护或保护电路出现故障，可重点检测电路中的电流检测电路、电压检测电路部分。

图 17-1 所示为万利达 MCE-1903D 型电磁炉的电路原理图。

故障检修：

根据以上分析，我们首先检查电路中的电流检测电路部分，用万用表依次检测电路中的电流检测变压器及相关外围元件。

将电磁炉断电后，用万用表检测电流检测变压器初级绕组阻值，如图 17-2 所示。

经检测，电流检测变压器良好。接下来，进一步检测电流变压器的外围元件，如电阻器 R120、R122，检测发现电阻 R122 的阻值与标称值 1.2kΩ 偏差较大，将损坏的电阻 R122 更换后，对电磁炉开机试机，电磁炉加热正常。

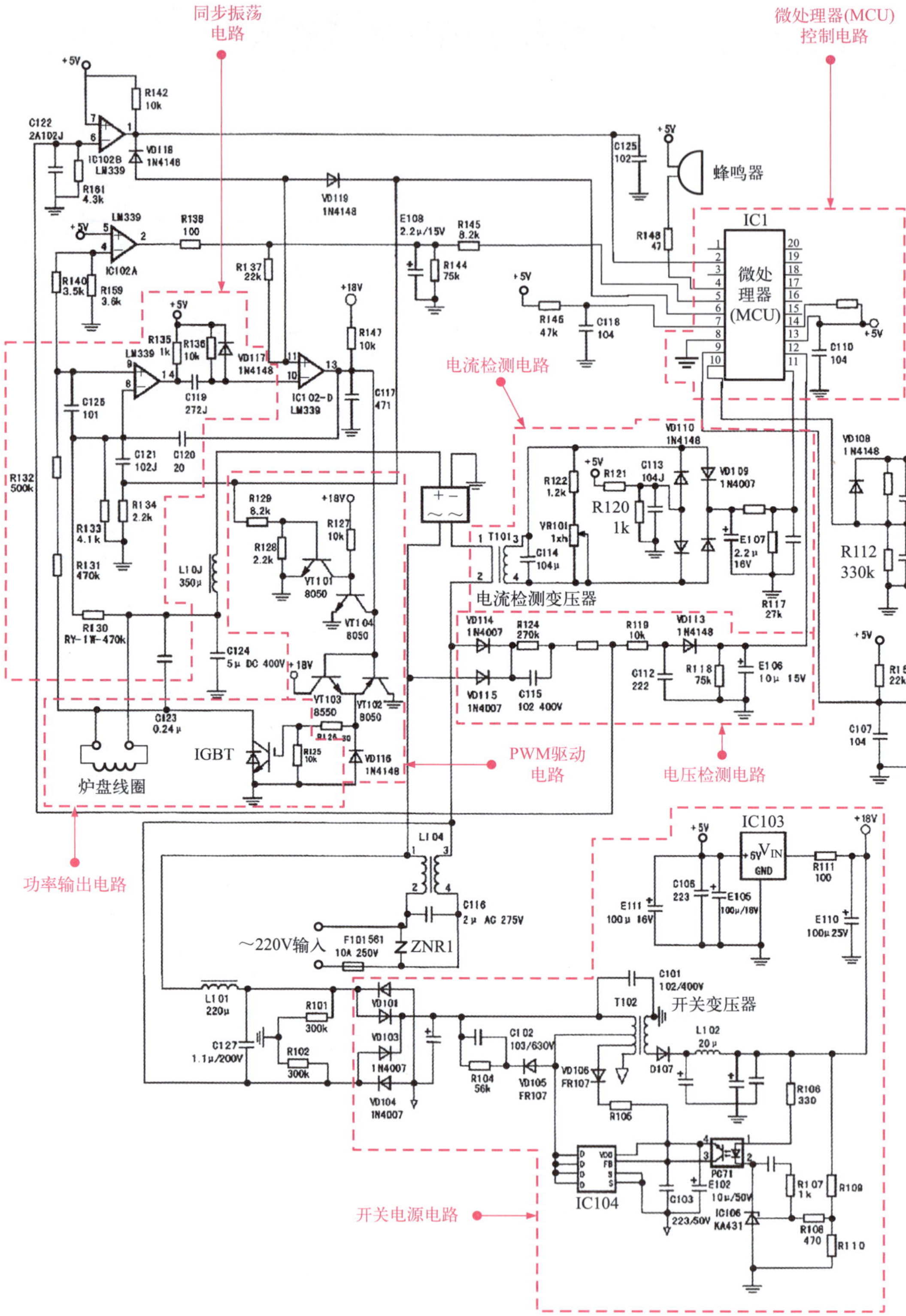

图17-1　万利达MCE-1903D型电磁炉的电路原理图

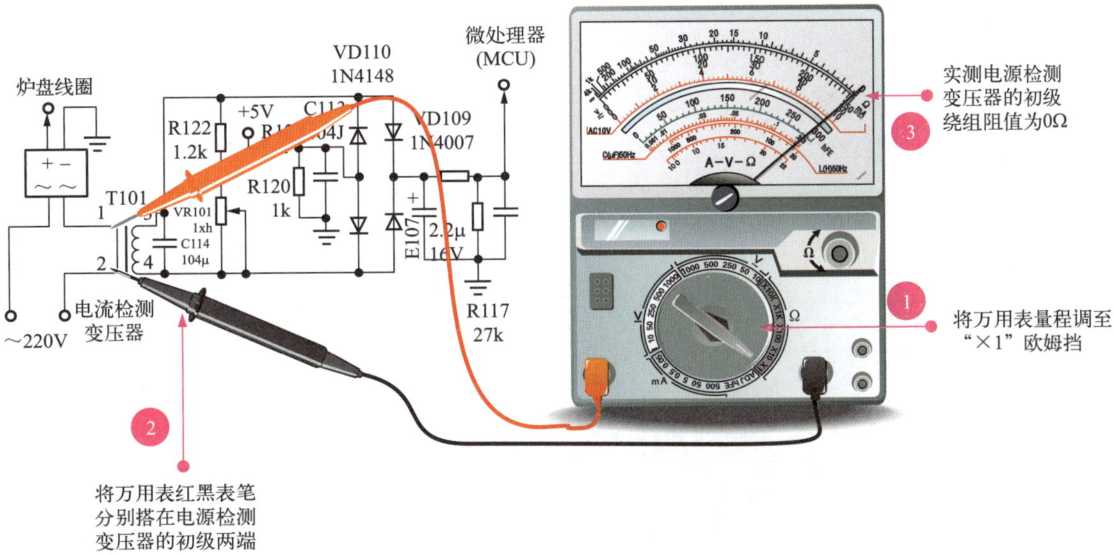

图17-2　检测电流检测变压器

特别提示

在电磁炉检修过程中，因电路异常引起的保护动作较为常见，维修人员需要注意，保护电路动作可能是因被保护电路异常而执行保护动作，也可能是保护电路本身异常，导致送给微处理器的检测信号异常引起的保护。在检修时注意从这两个方面入手。

17.3 万利达 MC-1922 型电磁炉不开机的检修案例

故障表现：

万利达 MC-1922 型电磁炉通电后，电源指示灯亮，按下开机键后，电磁炉不开机，但电磁炉的风扇运转正常。

故障分析：

根据故障表现分析可知，该电磁炉的供电电路正常。打开外壳后，检查电磁炉的开机键正常，则怀疑该电磁炉的操作显示电路出现故障。

图 17-3 所示为万利达 MC-1922 型电磁炉的操作显示电路原理图。

故障检修：

根据以上分析，我们首先检查操作显示电路中的控制芯片 IC101（TM1668）是否正常。

将电磁炉通电后，检测操作显示电路中的供电电压，如图 17-4 所示。

经检测，操作显示电路 IC101 供电端（①脚）的电压值为 0V，怀疑电路供电异常。顺电路连接关系，检查电阻器 R101 上端的电压值为 5V，由此，怀疑电阻器 R101 断路造成 5V 电压无法送至 IC101 的①脚为其供电。

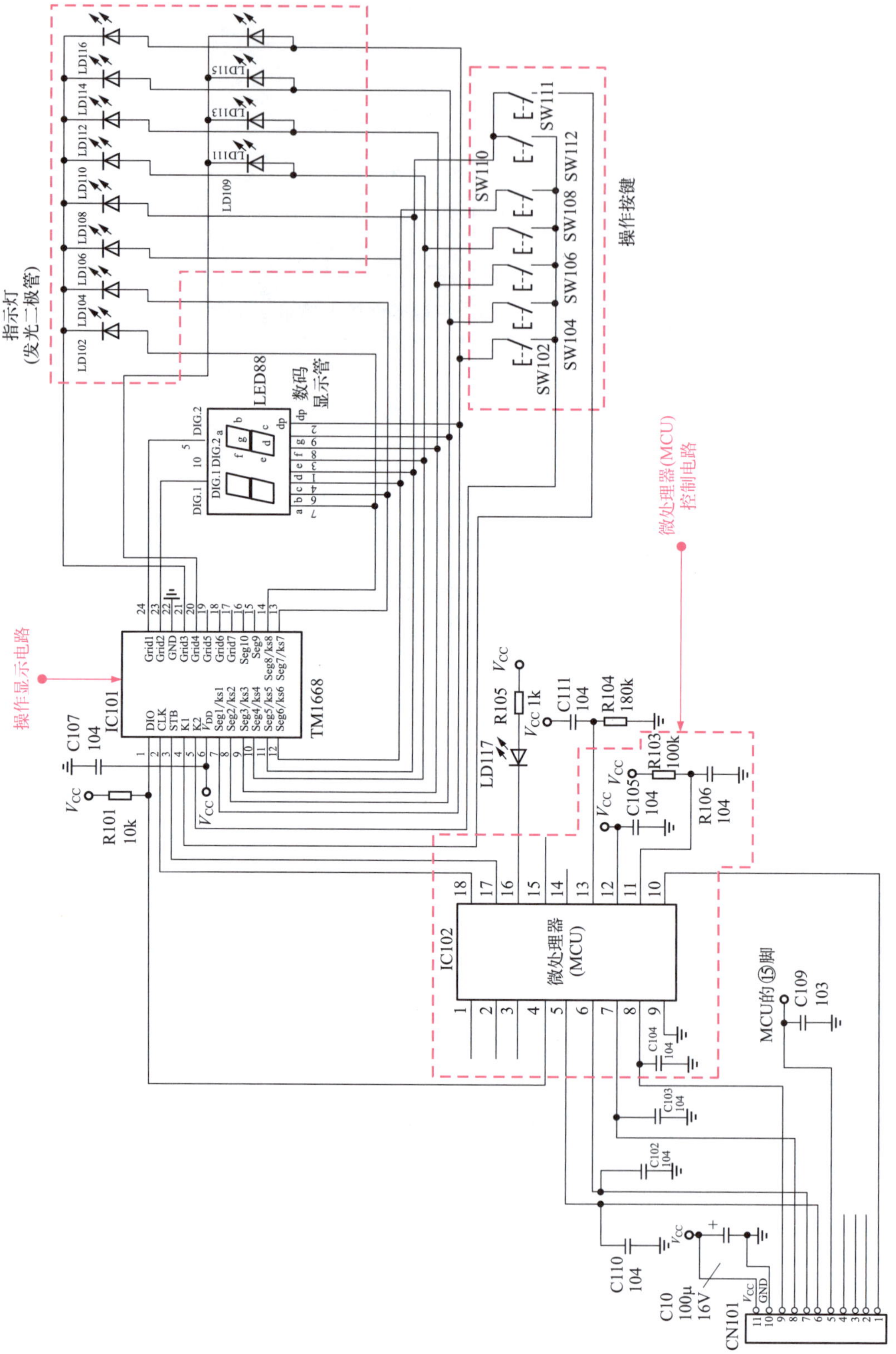

图17-3 万利达MC-1922型电磁炉的操作显示电路原理图

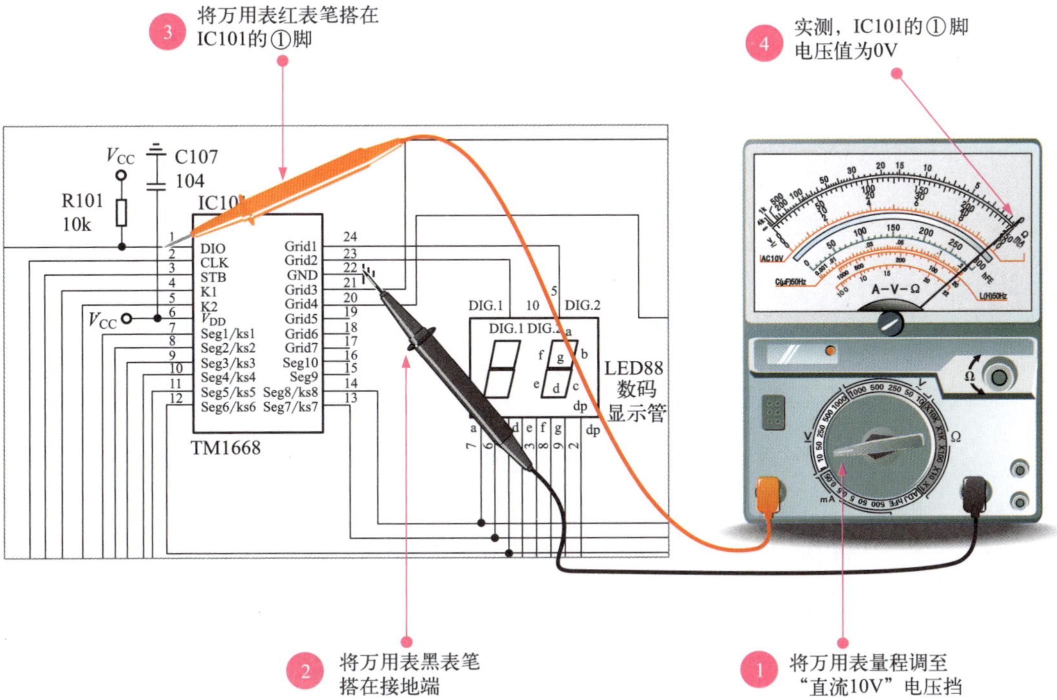

图17-4　检测操作显示电路中的供电电压

将电磁炉断电，检测电阻 R101 阻值，发现其阻值为无穷大，更换损坏的电阻 R101 后，开机试机操作，故障排除。

17.4 万利达 MC-2057/2058 型电磁炉不加热的检修案例

故障表现：

万利达 MC-2057/2058 型电磁炉通电开机后，电磁炉能检锅，但电磁炉不加热，无报警提示。

故障分析：

根据故障表现分析，电磁炉能进行检锅操作，说明其内部的供电、微处理器控制等公共电路部分正常；电磁炉不加热，应重点检查与加热功能直接关联的电路，如PWM驱动电路、功率输出电路等。

图 17-5 所示为万利达 MC-2057/2058 型电磁炉的电路原理图。

故障检修：

根据以上分析，我们首先检查 PWM 驱动电路有无驱动信号输出（具体操作方法前面章节已经介绍，这里不再重复），经检测发现在 IGBT 的控制极（G）无信号波形，说明 IGBT 前级 PWM 驱动电路无信号输出，怀疑该电路中存在损坏元件。

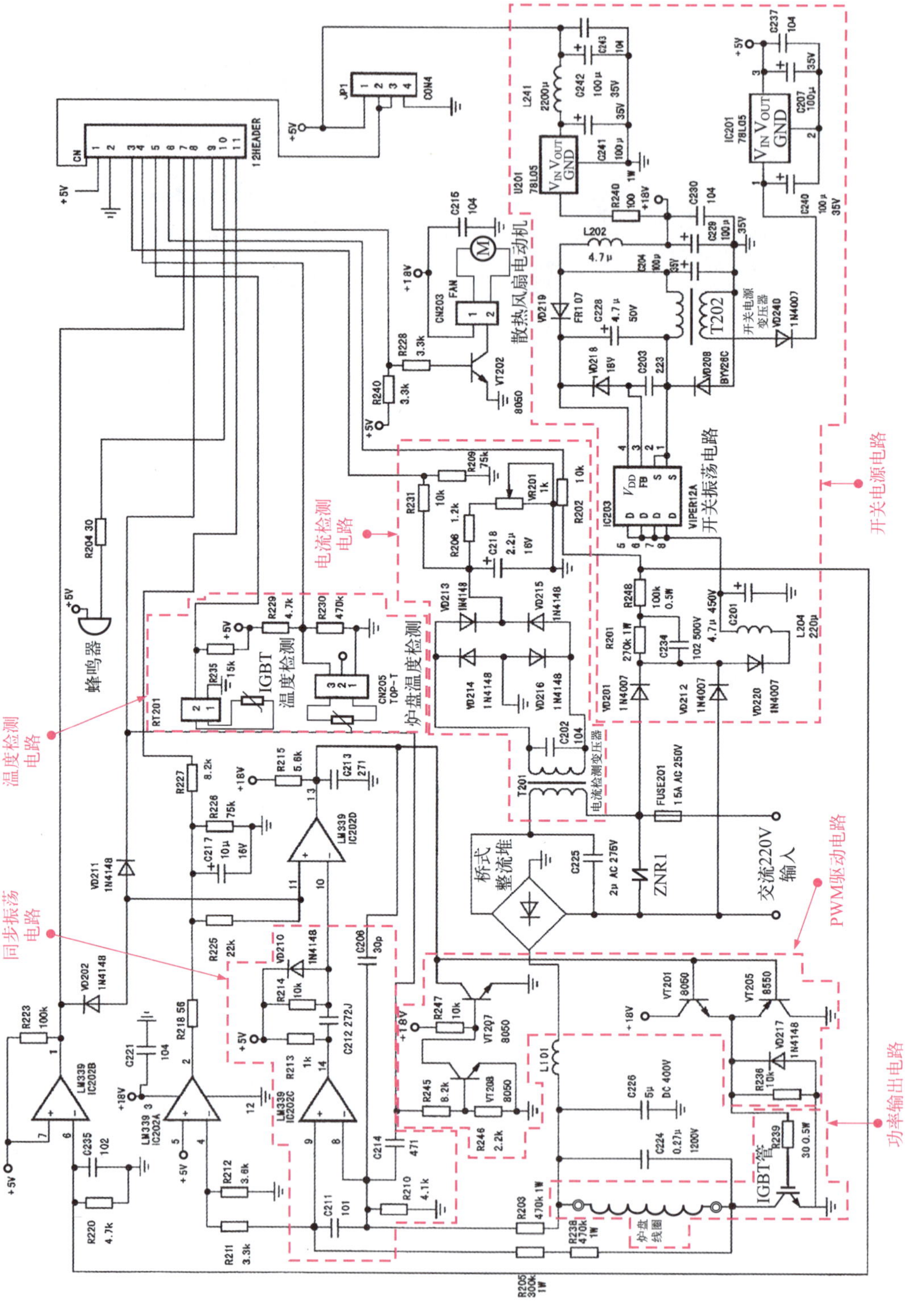

图17-5 万利达MC-2057/2058型电磁炉的电路原理图

将电磁炉断电后，检测 PWM 驱动电路中的晶体三极管 VT207、VT208。经检测后，这两只晶体三极管均正常，接着检测晶体三极管 VT201、VT205 时发现晶体三极管 VT201 断路。

对故障机 PWM 驱动电路元件进行检测时，晶体三极管 VT201 的检测方法如图 17-6 所示。

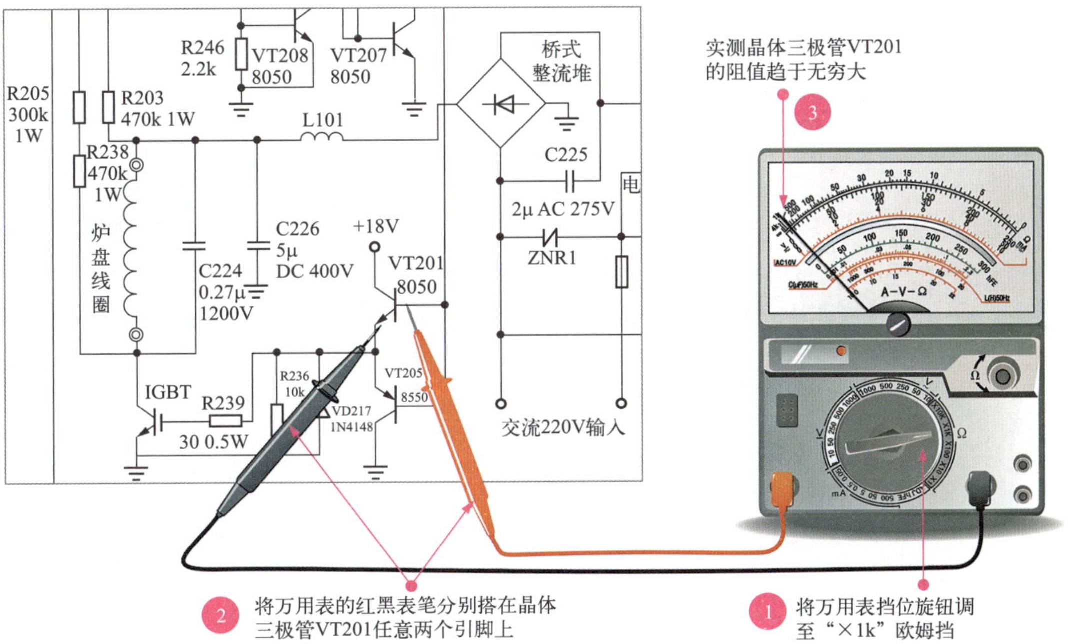

图17-6 检测晶体三极管VT201

经检测，晶体三极管 V201 被击穿断路，用同型号的晶体三极管代替 VT201 后，对电磁炉开机操作，电磁炉加热正常，故障排除。

第 18 章
乐邦电磁炉故障检修案例

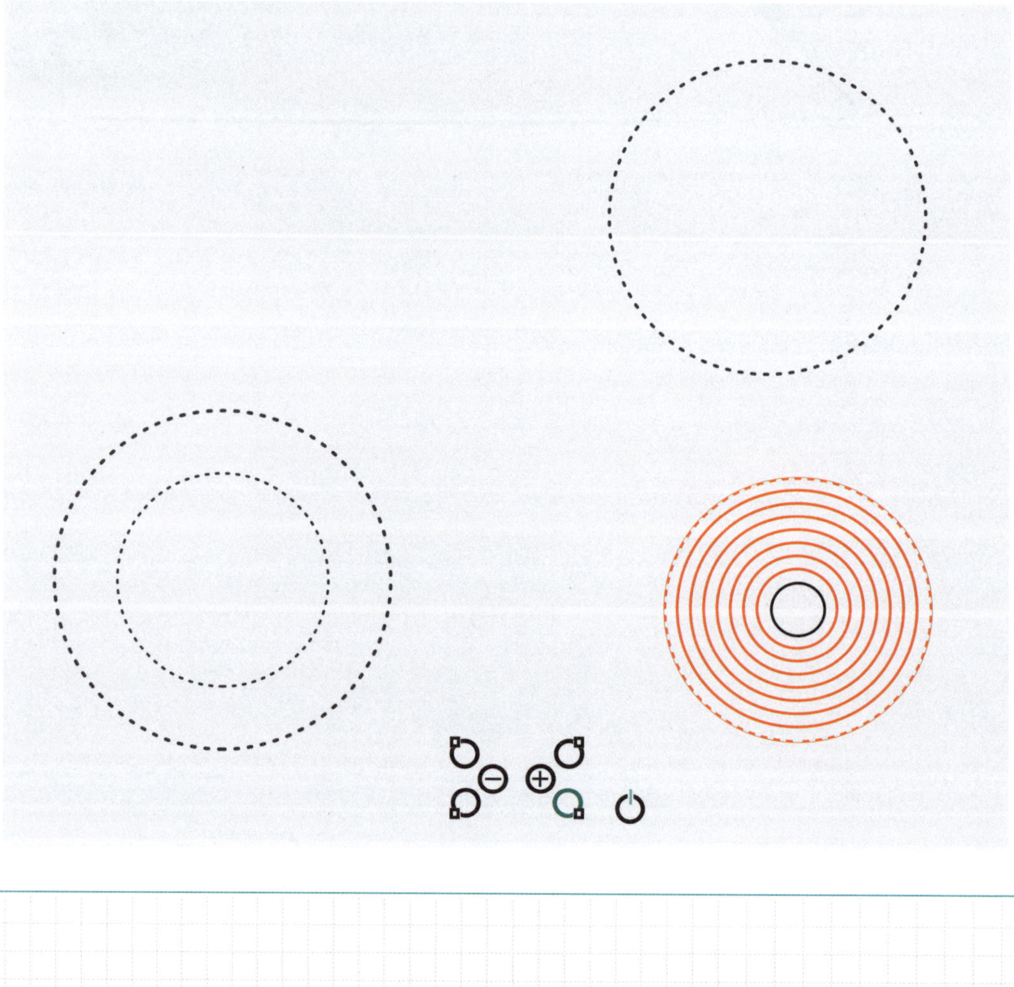

18.1 乐邦电磁炉故障代码与故障检修

乐邦电磁炉故障代码与故障检修见表 18-1。

表 18-1　乐邦电磁炉故障代码与故障检修

故障代码	故障分析	故障检修
E0	上电延时保护电路故障	检测上电延时保护电路中的电子元器件，重点检测晶体管和整流二极管
E1	脉冲同步电路故障	检测脉冲同步电路中的晶体管、电容器和电阻器
E2	大功率元件（IGBT）温度过高或保护电路故障	1.查IGBT温度检测电路中的温度传感器（热敏电阻器） 2.查风扇有无不转或转速过慢等情况 3.查IGBT温度信号反馈电路中的元器件
E3	过压保护	1.电源电压高于交流260V（正常范围为交流160～260V） 2.高压保护电路中整流二极管损坏 3.高压保护电路中电阻器件因老化而阻值发生变化
E4	欠压保护	1.电源电压低于交流160V（正常范围为交流160～260V） 2.低压保护电路中整流二极管损坏 3.低压保护电路中电阻器件因老化而阻值发生变化 4.低压保护电路中电解电容器老化导致漏电流过大
E5	炉面温度传感器开路	1.炉面温度传感器插座未插好或引脚虚焊 2.炉面温度传感器的限流电阻短路 3.炉面温度传感器本身损坏
E6	炉面干烧或传感器位置不当	1.查防干烧温度传感器 2.查CPU及外围元件

18.2 乐邦 18A3 型电磁炉通电掉闸的检修案例

故障表现：

乐邦 18A3 型电磁炉通电掉闸，不能开机加热。

故障分析：

根据故障表现分析，电磁炉使用时出现通电掉闸故障，多是由 IGBT 损坏、桥式整流堆击穿、阻尼二极管击穿，或者是由 IGBT 的过压保护电路损坏等引起的。排查故障时可重点对这些元件及相关电路进行检测。

图 18-1 所示为乐邦 18A3 型电磁炉的电路原理图。

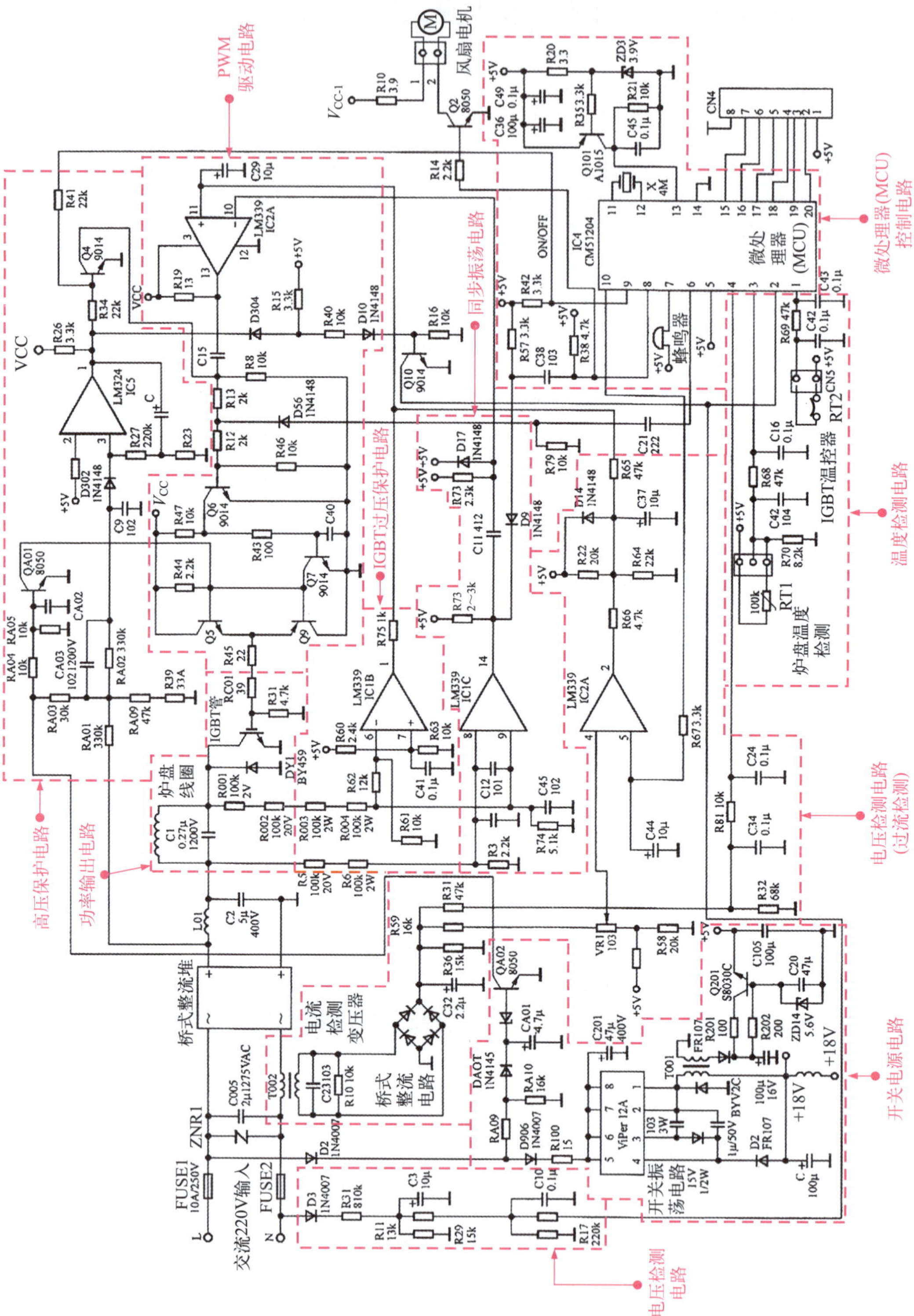

图18-1　乐邦18A3型电磁炉的电路原理图

故障检修：

根据以上分析，首先使用万用表检测桥式整流堆各引脚之间的阻抗，具体检测方法前面已具体介绍，这里不再重复。经检测发现桥式整流堆的输入与输出端短路，判断该桥式整流堆损坏。

接着，再对 IGBT 进行检测，一般可采用万用表测 IGBT 引脚间阻值的方法判断其好坏。

对故障机中 IGBT，用万用表检测的操作方法如图 18-2 所示。

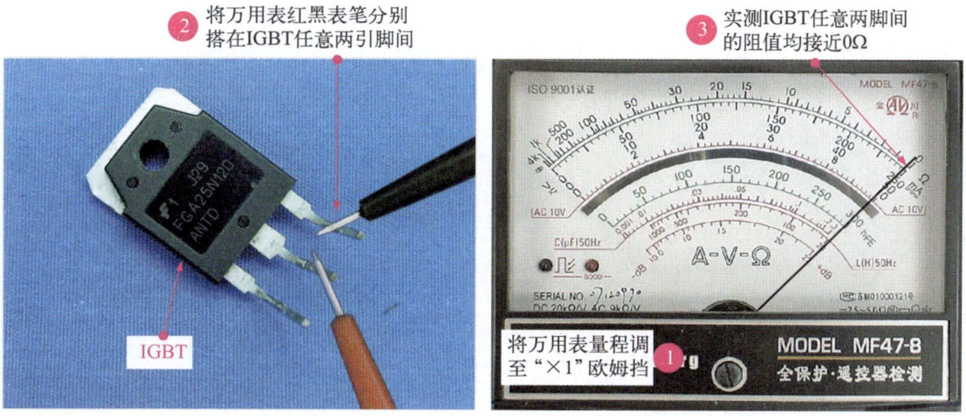

图18-2　故障机IGBT的检测方法

经检测 IGBT 任意两脚间的阻值均为 0Ω，因此，可判断该 IGBT 损坏。在更换损坏的 IGBT 之前，还应对可能造成 IGBT 损坏的 IGBT 过压保护电路进行检测，以防更换后再次击穿，扩大故障范围。

使用万用表的欧姆挡依次检测 IGBT 过压保护电路中的元件，查找故障元件。

图 18-3 所示为使用万用表检测 IGBT 过压保护电路中电阻器 R61。

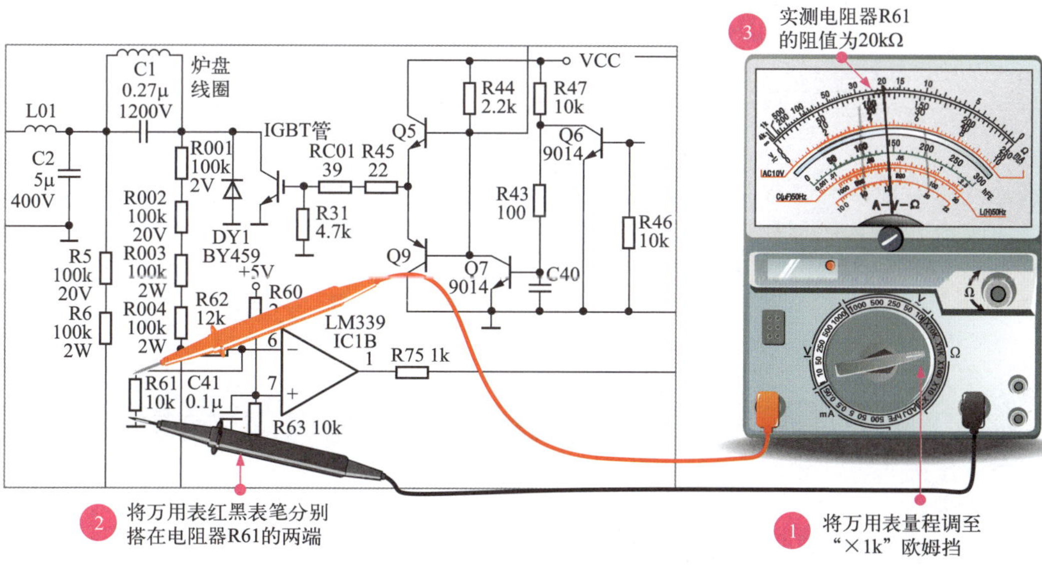

图18-3　IGBT过压保护电路中电阻器R61的检测方法

经检测电阻 R61 阻值明显变大。根据上述检测结果可知，电路中桥式整流堆和 IGBT 击穿、电阻器 R61 变质，依次将这些异常元件更换后，开机试运行，故障排除。

18.3 乐邦 18A3 型电磁炉功率低的检修案例

故障表现：

乐邦 18A3 型电磁炉通电后，能够正常工作，但加热速度很慢，达不到设定的功率值。

故障分析：

根据故障表现分析，电磁炉能够加热，则说明基本的供电、控制和功率输出电路能够工作；加热达不到设定值，多为电路中的检测电路异常，重点对电流检测、电压检测电路进行检查，查看电路中的各元器件是否虚焊、变质。相关电路参见图 18-1。

故障检修：

根据以上分析，我们首先检查故障机中的电流检测电路部分，如电位器 VR1、IC2A（LM339）等。

故障机中，电位器 VR1 的检测方法如图 18-4 所示。

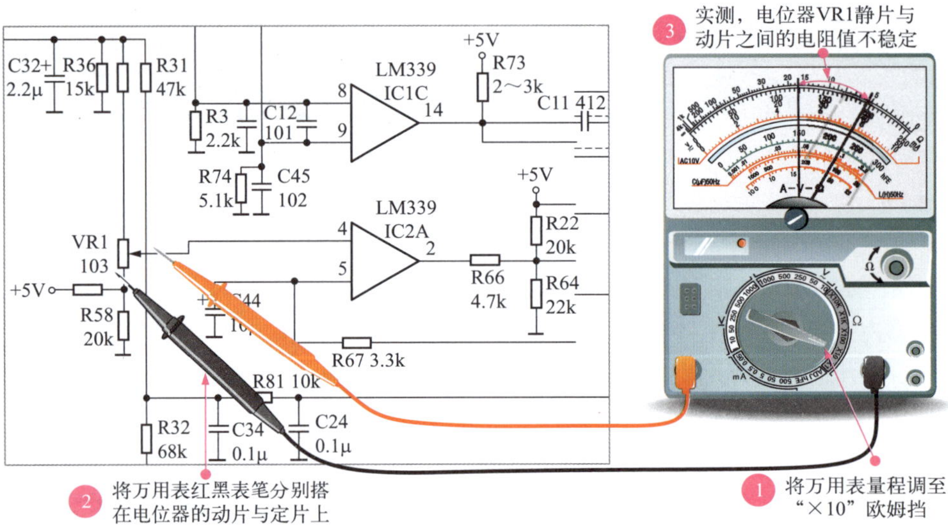

图18-4　电位器VR1的检测方法

经检测后发现，电位器 VR1 静片与动片之间的电阻值不稳定，怀疑该器件的动片接触不良，使送到 LM339 的④脚的电压不稳定而导致故障。

更换电位器 VR1 后，开机试运行，重新微调 VR1，使之在正常加热状态不保护，故障排除。

18.4 乐邦 LB-19D 型电磁炉不加热的检修案例

故障表现：

乐邦 LB-19D 型电磁炉通电开机后，操作显示正常，但不加热，无锅不报警，电磁炉处于保护状态。

故障分析：

根据故障表现分析，该电磁炉出现此种故障，往往是因电流保护电路、电压保护电路、浪涌保护电路等损坏所导致，应重点对这些电路进行检测。

图 18-5 所示为乐邦 LB-19D 型电磁炉的电路原理图。

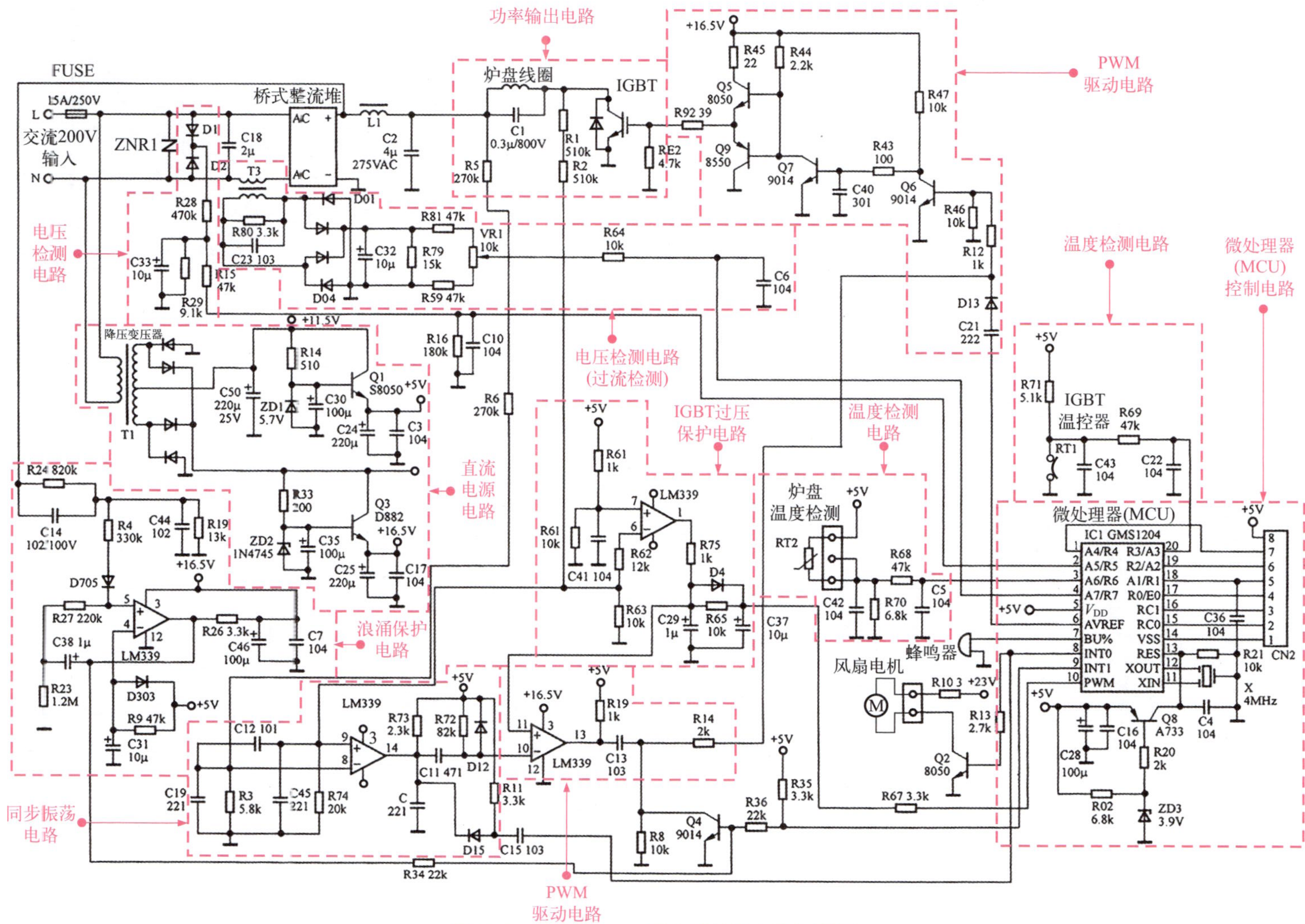

图18-5　乐邦LB-19D型电磁炉的电路原理图

故障检修：

根据以上分析，依次对各检测和保护电路进行检测，首先检查浪涌保护电路是否正常。

为初步确认故障范围，可使用刻刀将该电磁炉浪涌保护电路与主电路断开，如图 18-6 所示。断开后再将电磁炉通电，电磁炉可以正常工作，由此可推断出，电磁炉不加热是因浪涌保护电路异常引起的，可针对该电路元件进行检测。

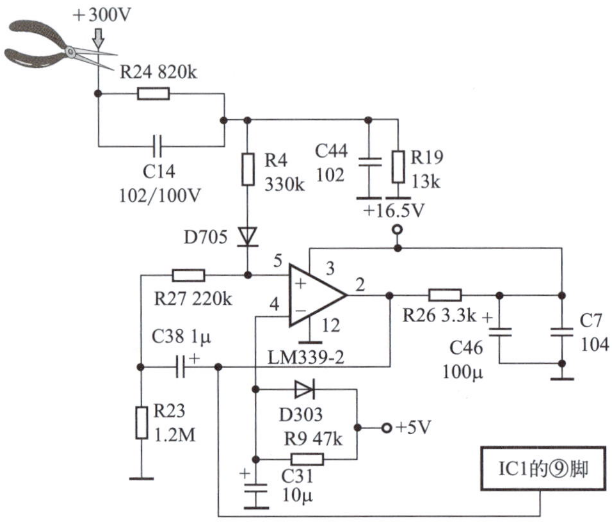

图18-6　检查浪涌保护电路是否出现故障

首先在电磁炉待机状态下，使用万用表的直流电压挡对其浪涌保护电路中的电压比较器 LM339 的输入、输出电压进行检测。

电压比较器 LM339 输入、输出电压的检测方法如图 18-7 所示。

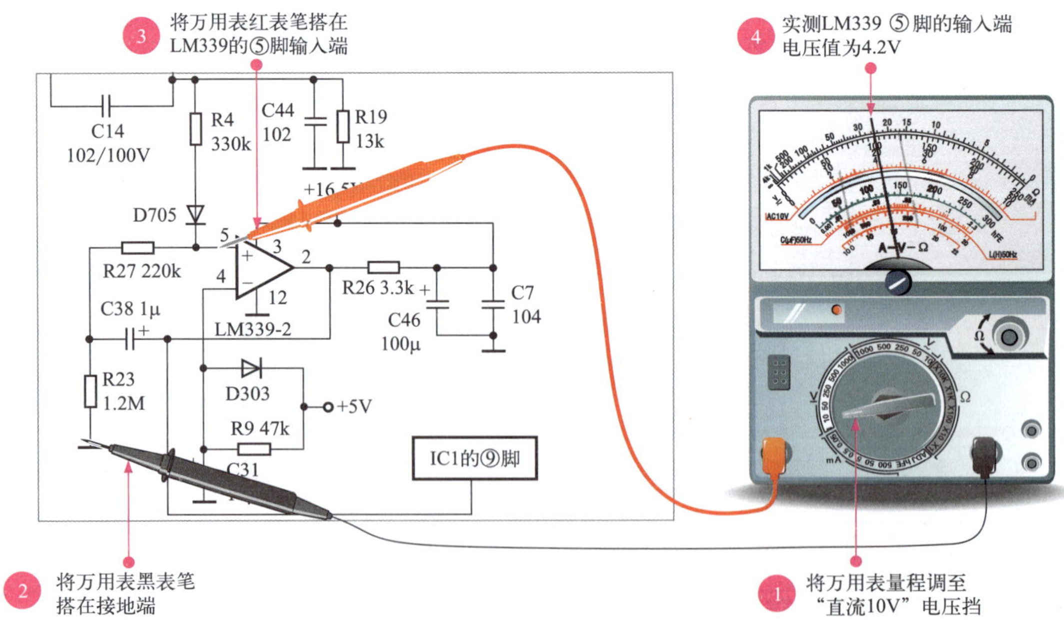

图18-7　电压比较器LM339输入、输出电压的检测方法

经检测 LM339 的⑤脚输入端电压过高，而在正常待机情况下，LM339 的⑤脚输入端电压应为 3V 左右，怀疑 LM339 外围元件异常，可用万用表逐一检测 LM339 外围所有元件，检测时发现电阻器 R4 阻值明显偏小。

图 18-8 所示为使用万用表检测 LM339 外围元件中电阻器 R4 的操作方法。

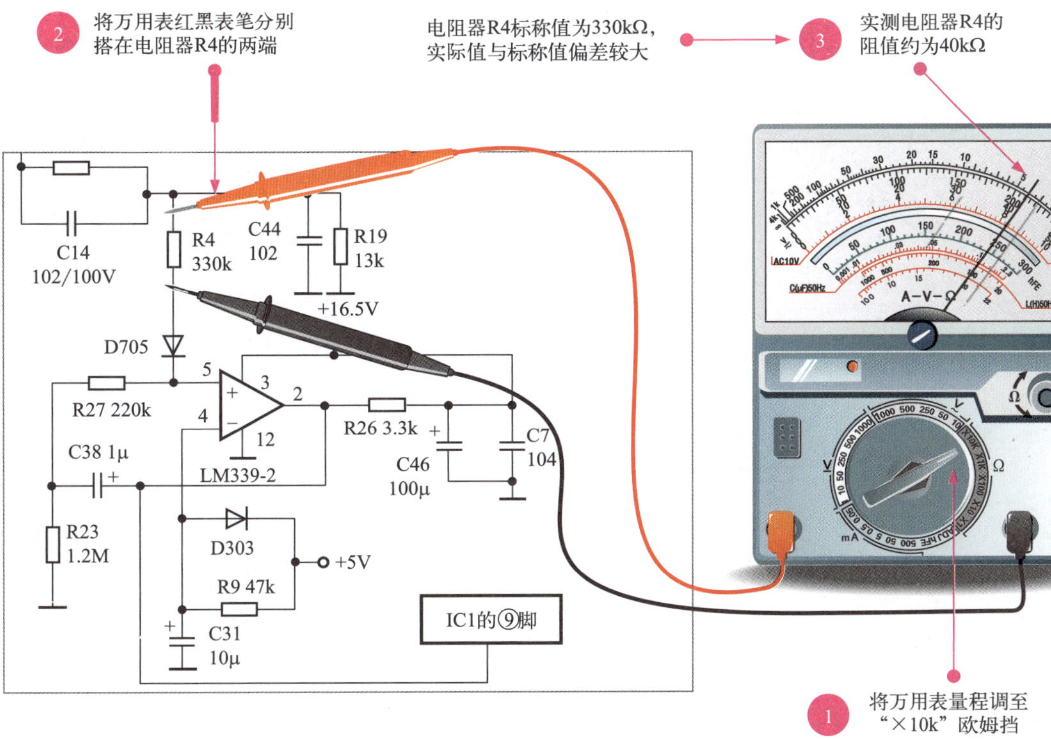

图18-8　LM339外围元件中电阻器R4的检测方法

更换故障电阻 R4 后，开机试运行，故障排除。

18.5　乐邦 LB-19D 型电磁炉屡烧熔断器的检修案例

故障表现：

乐邦 LB-19D 型电磁炉通电开机后，操作面板无显示，按键无反应，将电磁炉断电，打开电磁炉外壳后，发现熔断器已烧坏，更换后，开机试运行，故障依旧存在，熔断器仍被烧坏。

故障分析：

根据故障表现分析，判断电路中有短路性故障，应重点对 IGBT、桥式整流堆、IGBT 相关的 PWM 驱动电路、过压保护电路等进行检测。相关电路结构参照图 18-5 所示电路图。

故障检修：

根据以上分析，我们首先检查故障机中的 IGBT 是否损坏。将电磁炉断电，使用万用表检测故障机中 IGBT 的方法如图 18-9 所示。

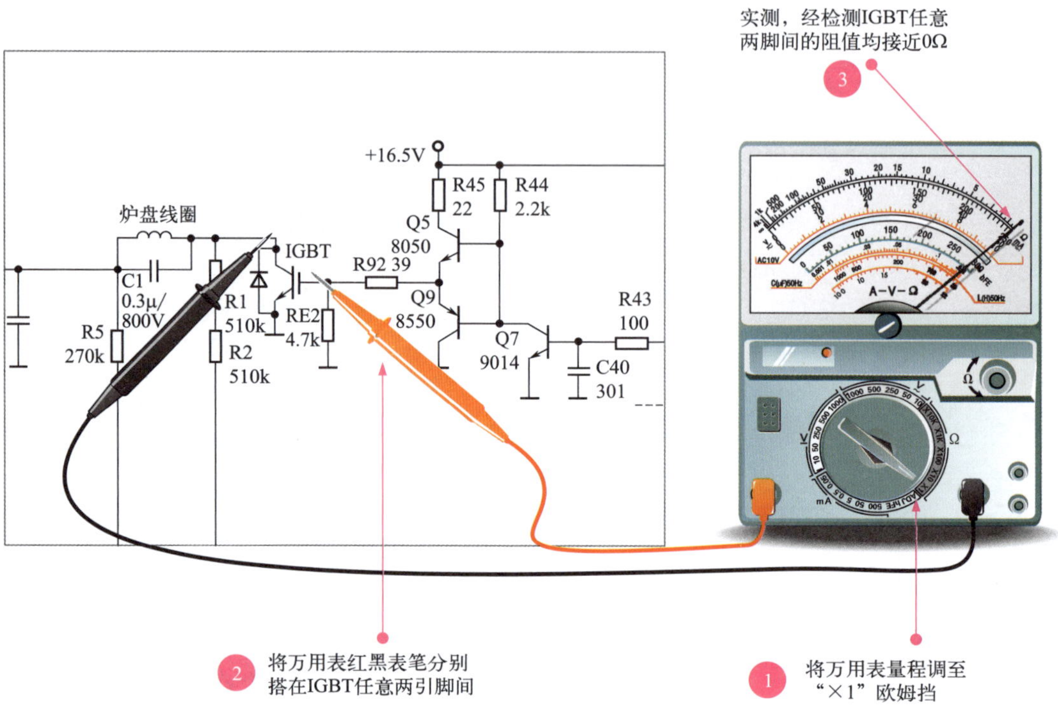

图18-9　故障机中IGBT的检测方法

经检测，IGBT 任意两脚之间的阻值均接近零，因此，可判断 IGBT 已损坏。此时，需对引起 IGBT 损坏的功能电路进行检测，如 PWM 驱动电路、IGBT 过压保护电路等。

经检测发现，PWM 驱动电路中的晶体三极管 Q5 击穿短路，更换损坏的 IGBT 和晶体三极管 Q5 及熔断器后，开机试运行，故障排除。

18.6 乐邦 VF-1800 型电磁炉不检锅的检修案例

故障表现：

乐邦 VF-1800 型电磁炉通电开机后，发出无锅报警提示声，放上符合要求的锅具后，仍然检测无锅。

故障分析：

根据故障表现分析，电磁炉出现检测无锅的故障主要有两个原因，一种是锅具不符合要求，另一种是电磁炉中的锅质检测电路或电流检测电路等损坏。而由于更换符合要求的锅具后故障依旧，可将故障范围锁定在电磁炉内部电路中，重点检测该故障的锅质检测电路或电流检测电路等部分。

图 18-10 所示为乐邦 VF-1800 型电磁炉的电路原理图。

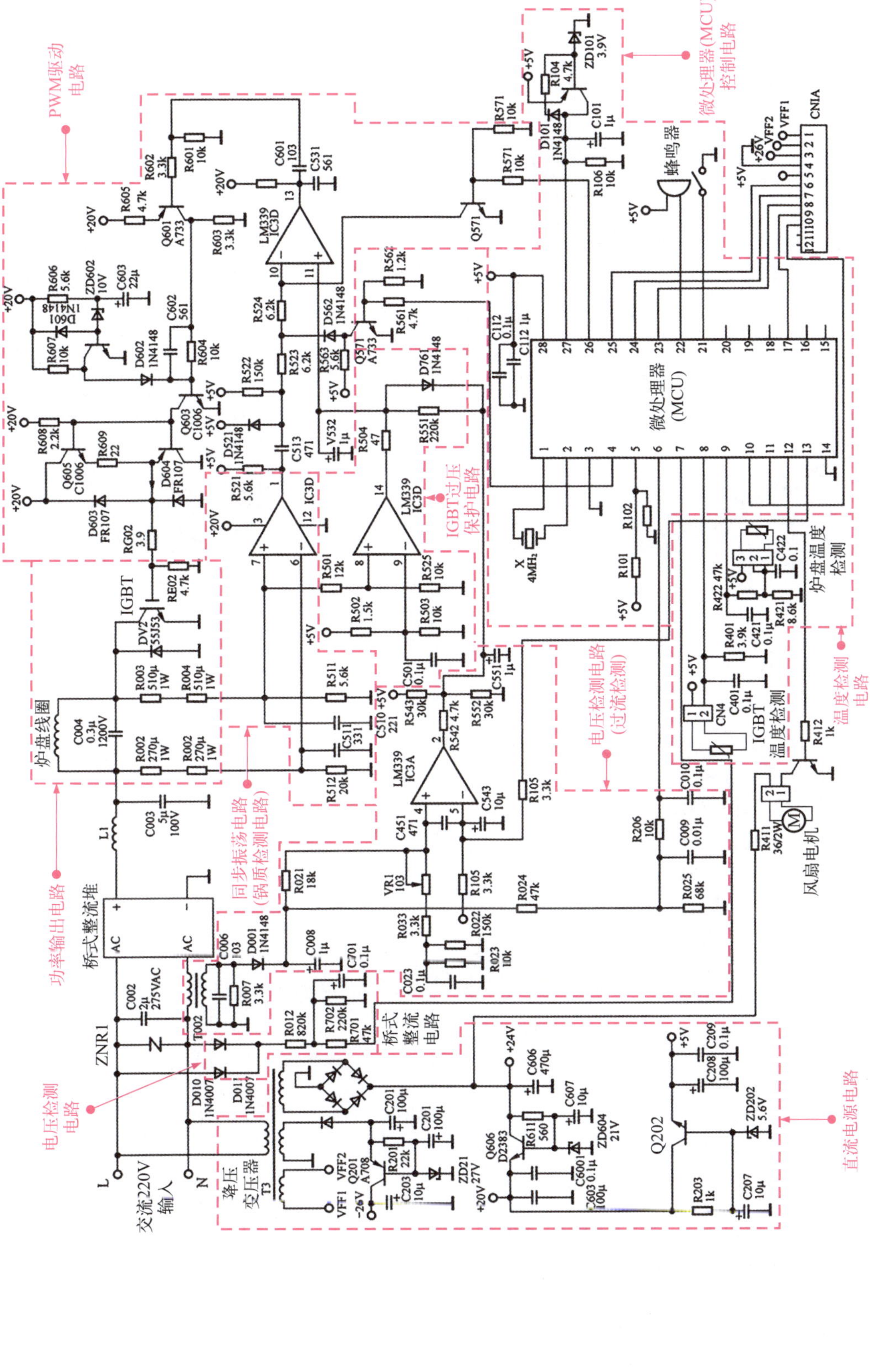

图18-10　乐邦VF-1800型电磁炉的电路原理图

故障检修：

根据以上分析，首先检查故障机中的锅质检测电路部分。

使用万用表的直流电压挡检测锅质检测电路的 +20V 供电电压，如图 18-11 所示。

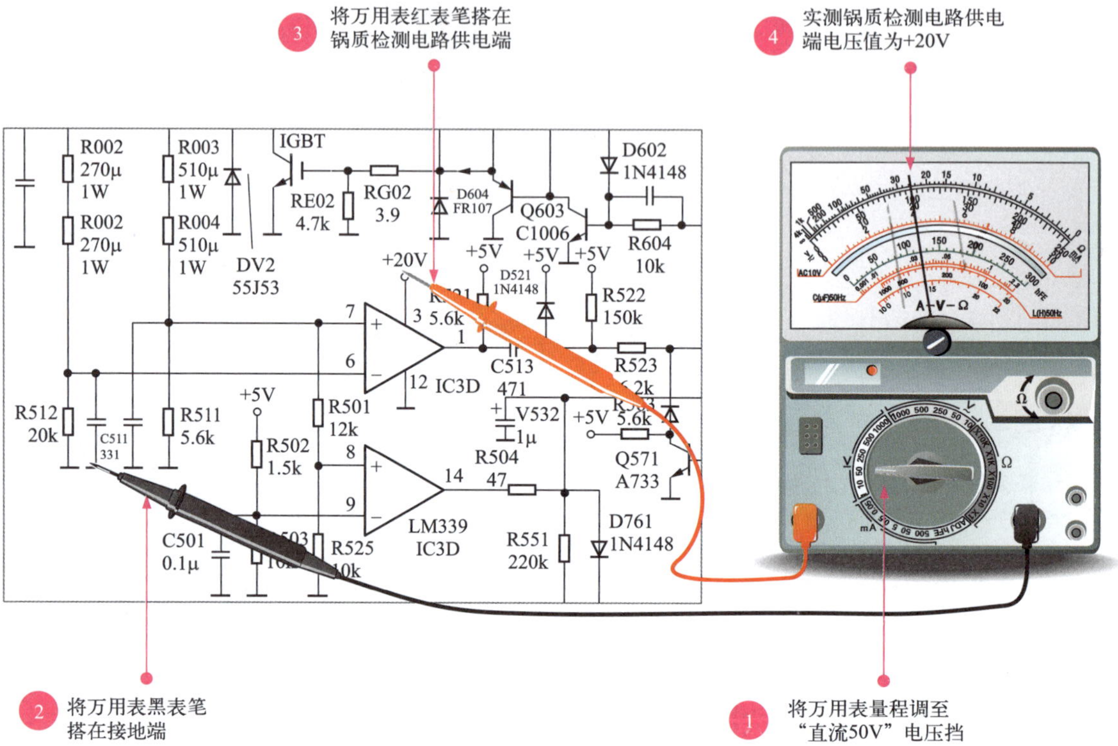

图18-11　锅质检测电路供电电压的检测

经检测，锅质检测电路 +20V 的供电电压正常，由此，排除供电电路故障。

将电磁炉断电，使用万用表分别对锅质检测电路中的元器件进行检测，经检测电阻 R511 短路损坏，更换故障电阻 R511 后，开机试运行，故障排除。

18.7 乐邦 LB-18 型电磁炉间歇加热的检修案例

故障表现：

乐邦 LB-18 型电磁炉通电开机后，有时能够正常加热，有时不能够加热，电磁炉出现时好时坏、断续加热的故障。

故障分析：

根据故障表现分析，该电磁炉出现此种故障，多由电流检测电路、过压保护电路损坏所导致的，应重点对相关电路元件进行检测。

图 18-12 所示为乐邦 LB-18 型电磁炉的电路原理图。

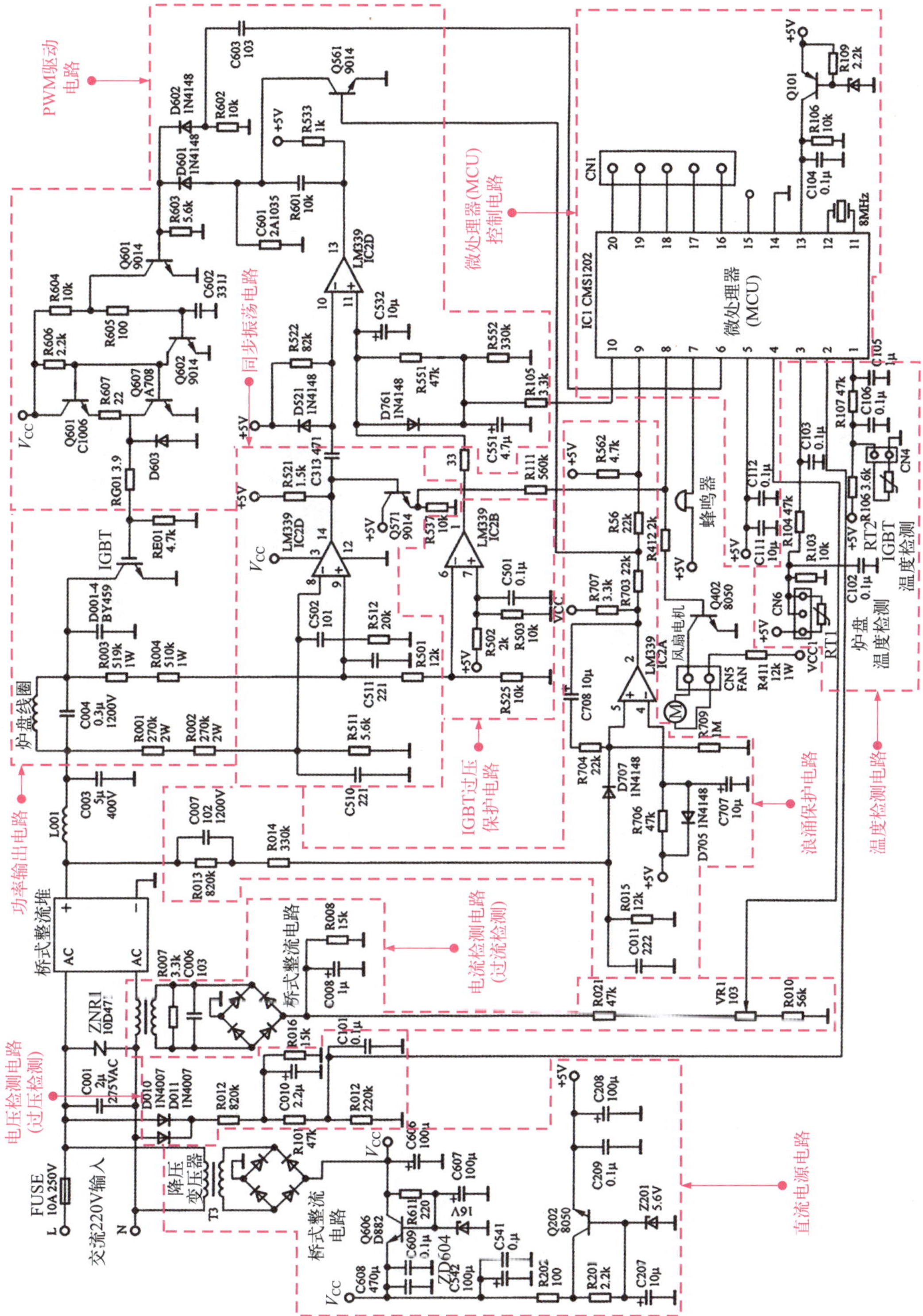

图18-12　乐邦LB-18型电磁炉的电路原理图

故障检修：

根据以上分析，我们首先对电流检测电路中的各元件分别进行检测。经检测该电路中无故障元器件，因此，排除电流检测电路引起的电磁炉故障。再使用万用表对其IGBT过压保护电路中的各元件进行检测，经检测，IGBT过压保护电路中的电阻R525阻值明显变大。图18-13所示为IGBT过压保护电路中电阻R525的检测方法。

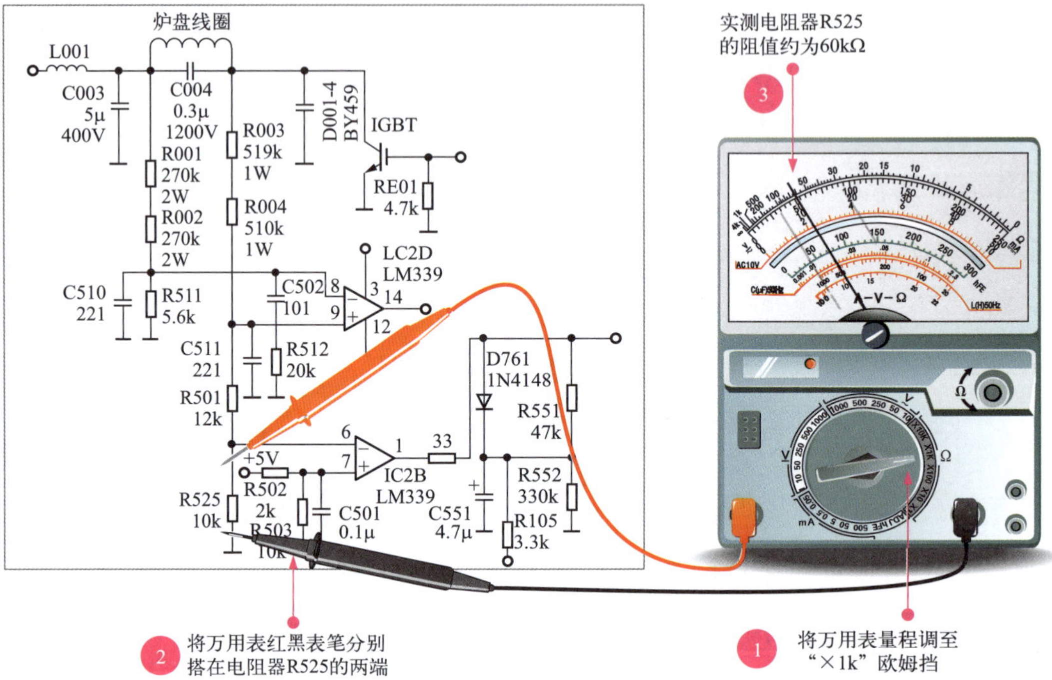

图18-13　IGBT过压保护电路中的电阻R525的检测方法

由此推断，该故障机是因IGBT过压保护电路中的电阻器R525阻值偏大，从而使IGBT过压保护电路输出的检测信号异常，引起错误保护。

更换故障电阻R525后，开机试运行，故障排除。

第 19 章
三洋电磁炉故障检修案例

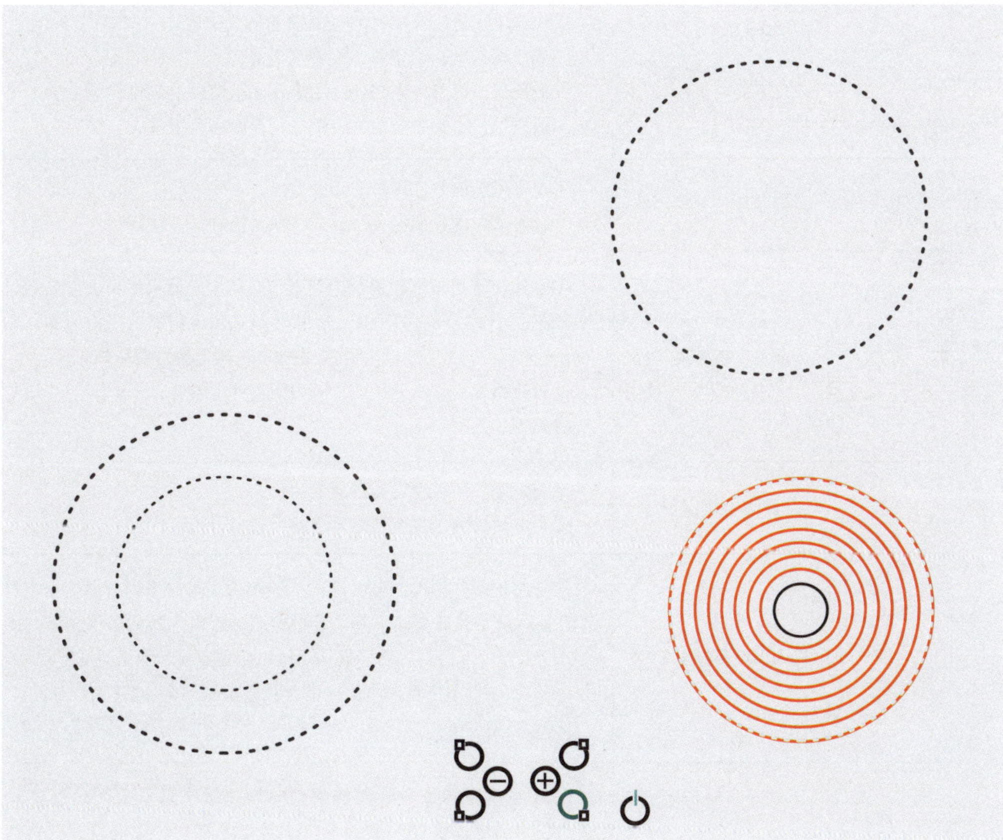

19.1 三洋电磁炉故障代码与故障检修

三洋电磁炉故障代码与故障检修见表19-1。

表19-1 三洋电磁炉故障代码与故障检修

类别	故障代码	故障分析	故障检修
A类	E0	无锅或锅具不合适	①放好锅具； ②查锅具材质、大小、形状、位置是否符合标准； ③查主电路板
	E3	过压保护	①电源电压高于交流260V（正常范围为交流160～260V），排查市电电网电压过高原因，必要时可接入稳压器进行稳压； ②高压保护电路中整流二极管损坏； ③高压保护电路中电阻器件因老化而阻值发生变化
	E4	欠压保护	①电源电压低于交流160V（正常范围为交流160～260V）； ②低压保护电路中整流二极管损坏； ③低压保护电路中电阻器件因老化而阻值发生变化； ④低压保护电路中电解电容器老化导致漏电流过大
	E5	炉面温度传感器断路	①查电磁炉面板温度传感器的阻值； ②查电磁炉面板温度传感器连接线及插件是否良好
	E6	炉面温度传感器短路	①开路检测热敏电阻器的阻值。该热敏电阻器采用负温度系数材料，其阻值随温度的升高而下降。若检测该热敏电阻器的阻值为零，则说明热敏电阻器内部短路，用同规格热敏电阻器更换，故障排除； ②检测温度检测电路中的相关电阻器和电容器； ③检测主控IC
	E7	炉面过热保护	①查电磁炉面板温度传感器的阻值； ②查电磁炉面板温度传感器连接线及插件是否良好
	E8	机内温度传感器短路	①开路检测热敏电阻器的阻值。该热敏电阻器采用负温度系数材料，其阻值随温度的升高而下降。若检测该热敏电阻器的阻值为零，则说明热敏电阻器内部短路，用同规格热敏电阻器更换，故障排除； ②检测IGBT温度检测电路中的相关电阻器和电容器； ③ 检测主控IC
	E9	机内温度传感器断路	①开路检测热敏电阻器的阻值。该热敏电阻器采用负温度系数材料，其阻值随温度的升高而下降。若检测不到热敏电阻器的阻值，则说明热敏电阻器断路，用同规格热敏电阻器更换，故障排除； ②检测IGBT温度检测电路中的相关电阻器和电容器； ③ 检测主控IC

续表

类别	故障代码	故障分析	故障检修
A类	EA	机内温度过高	①查散热风扇； ②查温度传感器； ③查温度检测电路中的主要元器件； ④查主控IC
B类	E0	按键短路	①按键存在接触不良而造成短路； ②按键引脚焊锡熔焊造成短路； ③按键引脚过长导致短路； ④按键引脚间存在油污或电路板潮湿
	E1	主温度传感器断路	①主温度传感器插座未插好； ②主温度传感器的限流电阻短路； ③主温度传感器插座引脚虚焊； ④主温度传感器本身短路
	E2	主温度传感器短路	①主温度传感器引线脚绝缘胶皮破损导致短路； ②主温度传感器插座引脚有焊锡渣、油污、受潮或其他导体引起短路； ③主温度传感器的限流电阻虚焊导致断路； ④主温度传感器本身损坏导致短路
	E3	散热片传感器断路	①IGBT温度传感器连接插件焊接不良、虚焊导致断路； ②IGBT温度传感器的限流电阻因虚焊、焊锡渣、受潮及油污引起短路； ③IGBT温度传感器连接到插件间的引线断路
	E4	散热片传感器短路	①IGBT温度传感器连接插件焊接不良、虚焊导致短路； ②IGBT温度传感器的限流电阻因虚焊、损坏导致开路； ③IGBT温度传感器连接到插件间的引线绝缘破损而产生短路
	E5	低压保护	①电源电压低于交流160V（正常范围为交流160～260V）； ②低压保护电路中整流二极管损坏； ③低压保护电路中电阻器件因老化而阻值发生变化； ④低压保护电路中电解电容器老化导致漏电流过大
	E6	高压保护	①电源电压高于交流260V（正常范围为交流160～260V），排查市电电网电压过高原因，必要时可接入稳压器进行稳压； ②高压保护电路中整流二极管损坏； ③高压保护电路中电阻器件因老化而阻值发生变化

续表

类别	故障代码	故障分析	故障检修
C类	E0	内部电路故障	查主电路板相关电路或元器件，查连接线路是否有断裂或接触不良现象
	E1	无锅具或锅具材质不合适	①放好锅具； ②查锅具材质、大小、形状、位置是否符合标准； ③查主电路板
	E2	机内散热不良或IGBT温度传感器（热敏电阻器）故障	①排查机内散热不良原因； ②查IGBT温度传感器阻值，该温度传感器为负温度系统材料，阻值随温度升高而降低，检测阻值以判断有无短路、断路或脱落； ③查IGBT温度传感器的连接线或插件是否插好
	E3	高压保护（交流电压高于260V）	排查市电电网电压过高原因，必要时可接入稳压器进行稳压
	E4	低压保护（交流电压低于160V）	①排查市电电网电压过低原因，必要时可接入稳压器进行稳压； ②查电源电路中的连接线路及其相关元器件是否有损坏、接触不良或参数发生变化
	E5	电磁炉面板温度传感器开路	①查电磁炉面板温度传感器的阻值； ②查电磁炉面板温度传感器连接线及插件是否良好
	E6	锅具发生干烧，锅具温度过高	①查电磁炉面板温度传感器的阻值； ②查电磁炉面板温度传感器连接线及插件是否良好

19.2 三洋 SM 系列电磁炉未置锅，加热指示灯亮故障的检修案例

故障表现：

三洋 SM 系列电磁炉通电开机后，未放上炊具，电磁炉的加热指示灯亮，电磁炉开始加热工作。

故障分析：

当电磁炉出现该类故障时，通常是由微处理器、同步振荡电路、IGBT 驱动电路损坏所导致的，检测时，可对照该类机型的电路原理图，如图 19-1 所示。

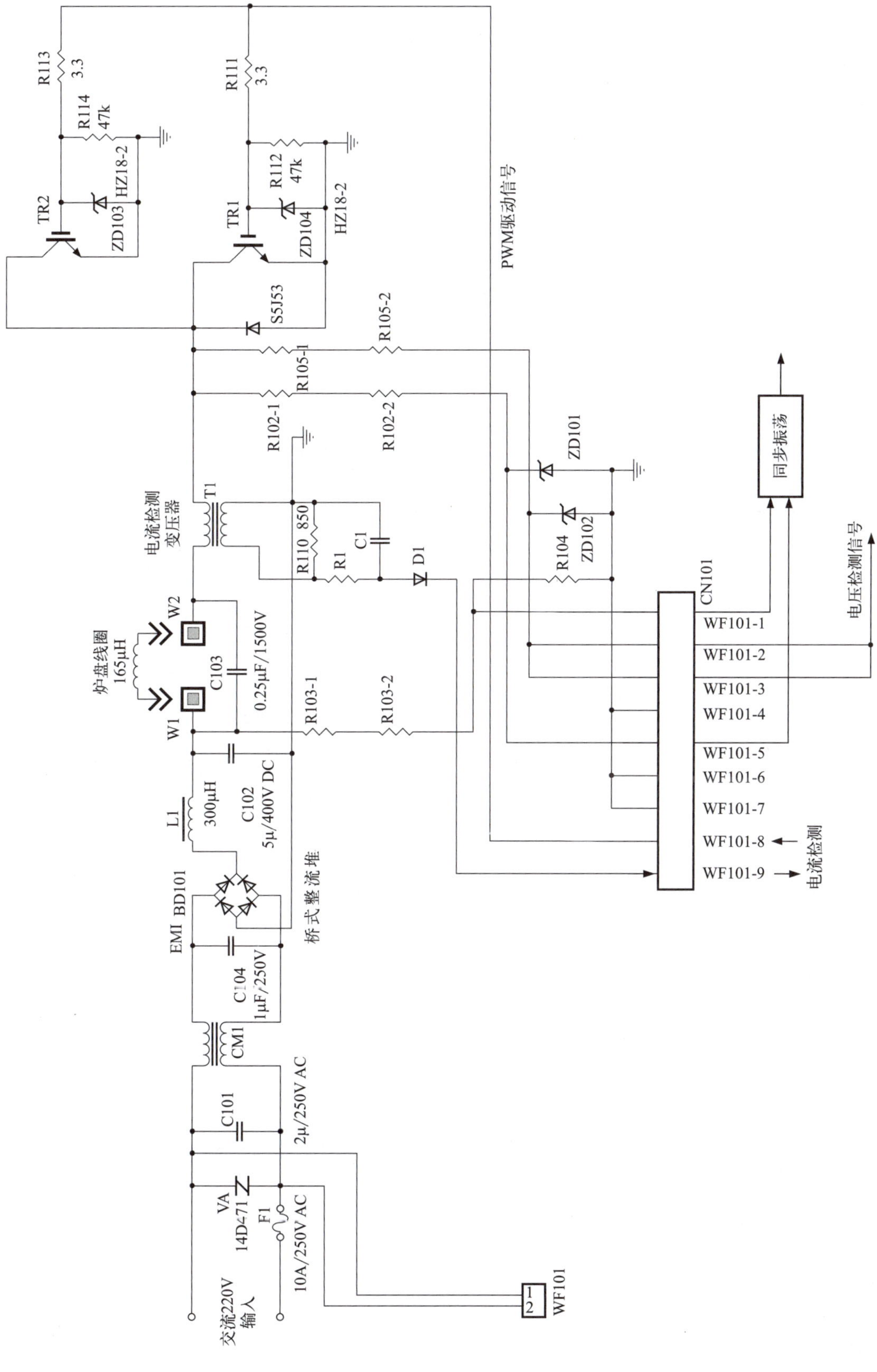

图19-1　三洋SM系列电磁炉的电路原理图

检测时，可先检测同步振荡电路中的电阻器是否正常，若正常，则应对下一个电路进行检测；若不正常，则应更换损坏的元器件，并排除故障。

故障检修：

根据以上分析，首先检查同步振荡电路中的电阻器 R102-1、R102-2，经检测后，测得 R102-1、R102-2 无异常。接下来，则对电阻器 R103-1、R103-2 进行检测。

电阻器的检测方法如图 19-2 所示。

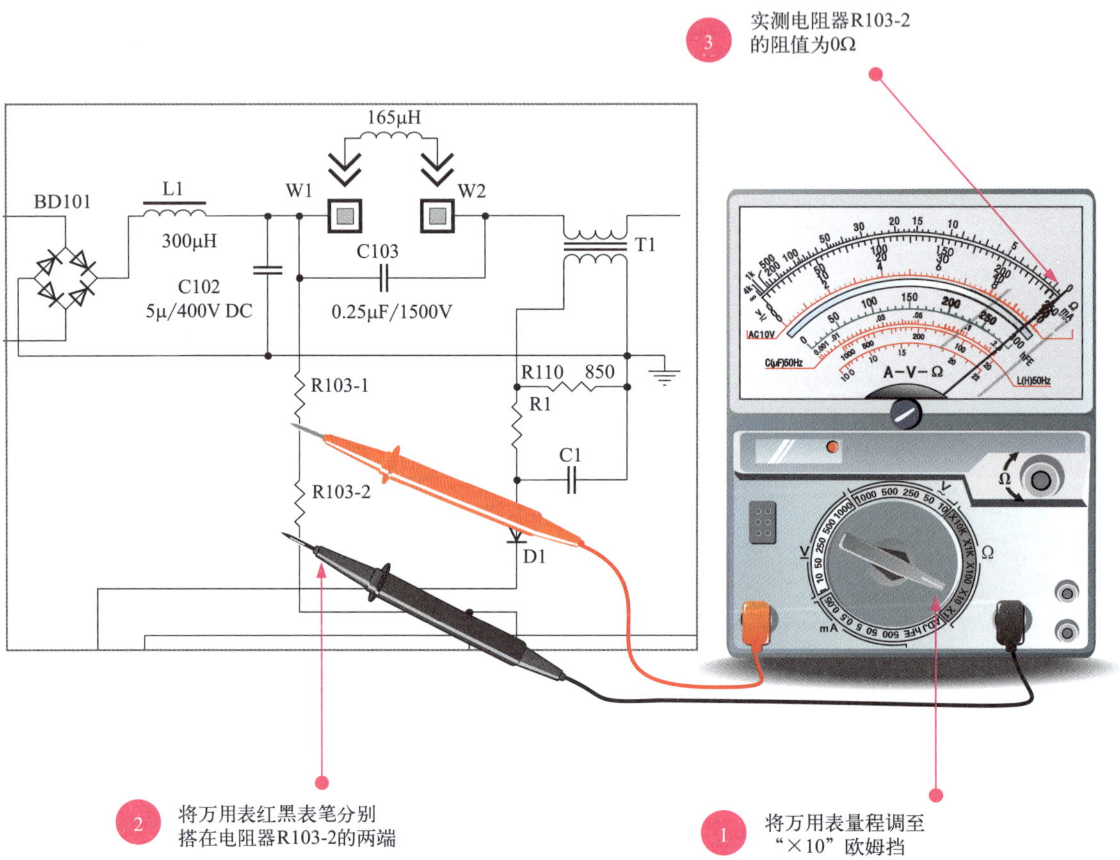

图19-2 电阻器的检测方法

经检测后，测得电阻器 R103-2 阻值为 0Ω，表明电阻 R103-2 损坏。将电阻 R103-2 更换后，对电磁炉重新开机试机，故障排除。

19.3 三洋 SM 系列电磁炉烧熔断器故障的检修案例

故障表现：

三洋 SM 系列电磁炉通电开机后，电磁炉无反应，指示灯不亮。将外壳打开后检查，发现熔断器被烧坏。

故障分析：

根据故障表现，怀疑是由过压保护器、滤波电容、桥式整流堆、IGBT 损坏所导致的，在检测时，可重点对这些元器件进行检测。该型号电磁炉的电路原理图可参见图 19-1。

故障检修：

根据以上故障分析，首先对过压保护器进行检测。

过压保护器的检测方法如图 19-3 所示。

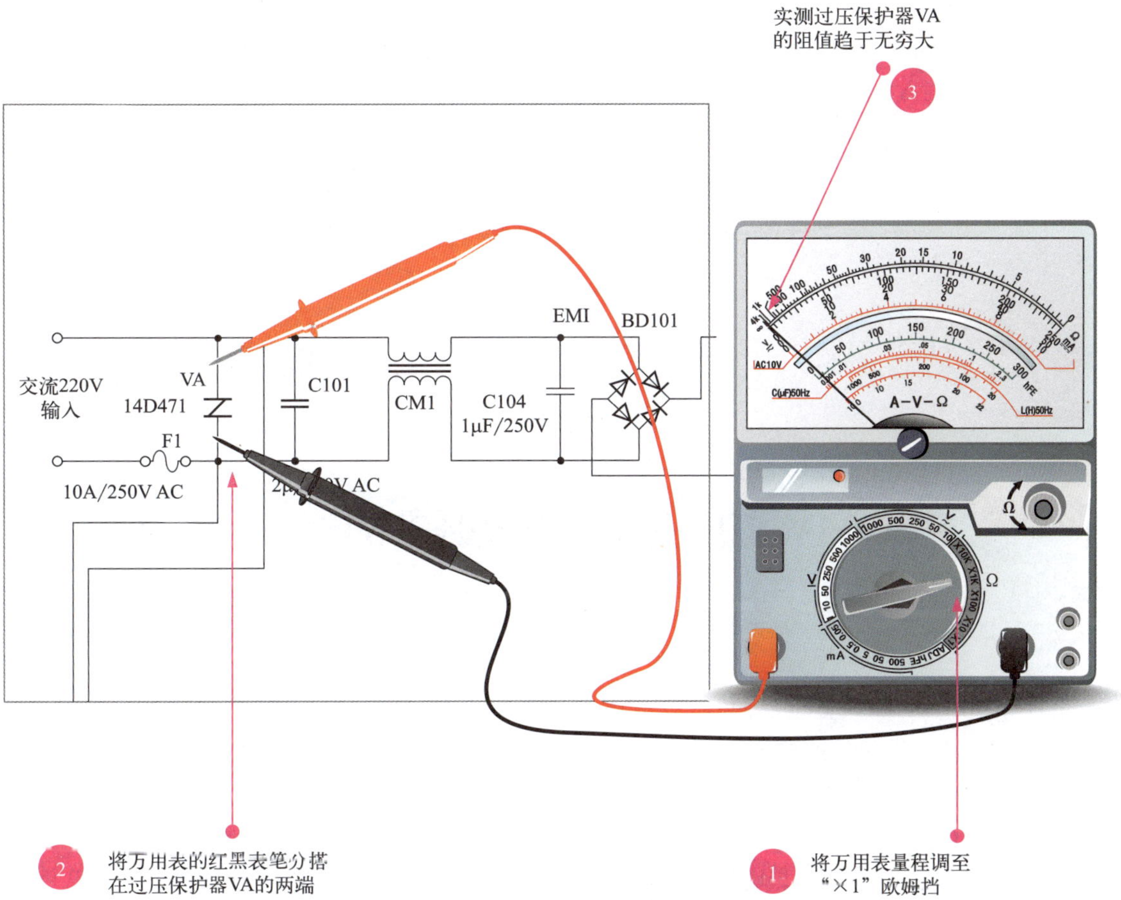

图19-3　过压保护器的检测方法

经检测，测得过压保护器 VA 正常，此时，应进一步对桥式整流堆、滤波电容等进行检测。

桥式整流堆的检测方法如图 19-4 所示。

经检测，发现桥式整流堆 BD101 的输入电压正常，输出电压无 +300V，由此判断桥式整流堆 BD101 损坏，将其更换后，对电磁炉开机试机，故障排除。

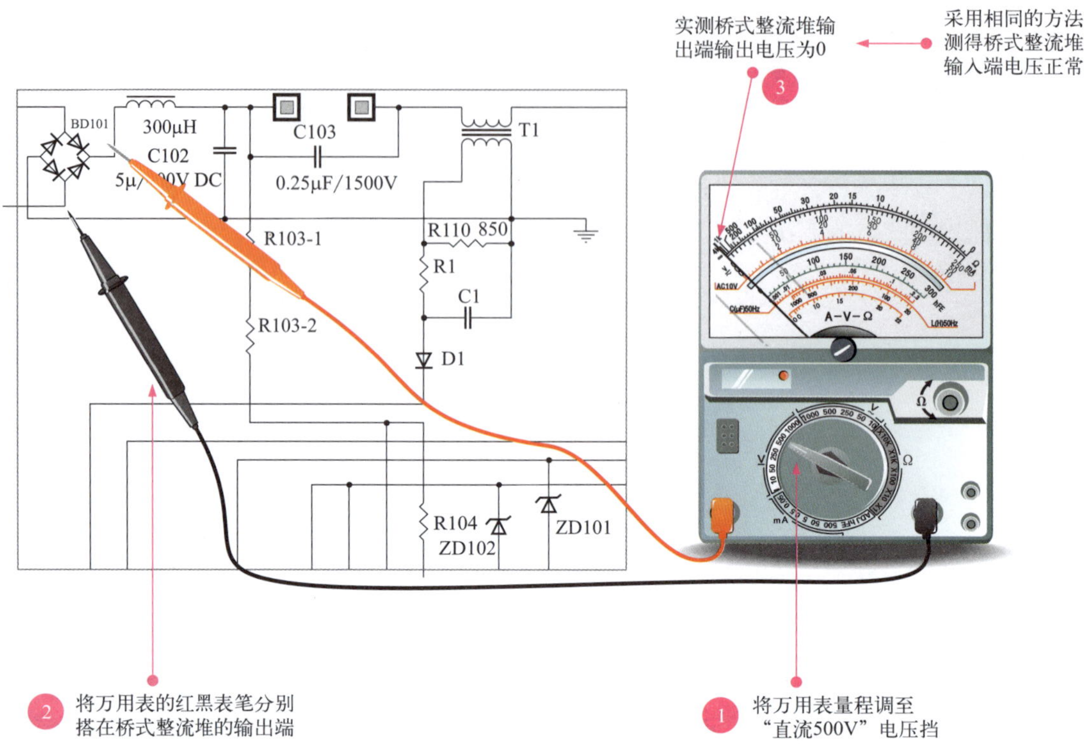

图19-4　桥式整流堆的检测方法

19.4 三洋 HY-185 型电磁炉风扇不转故障的检修案例

故障表现：

三洋 HY-185 型电磁炉通电开机后，电磁炉开机正常，但工作一段时间后，便停机。经检查后，发现该电磁炉的风扇没有运转。

故障分析：

当电磁炉的风扇出现不转的故障时，应重点对电源供电电路、风扇驱动电路、微处理器控制电路进行检修。图 19-5 所示为三洋 HY-185 型电磁炉的电路原理图。

检测时，可先检测电源供电电路输出的电压是否正常，若该电压异常，则表明电源供电电路出现了故障；若电压正常，则应对风扇驱动电路中的散热风扇进行检测，若散热风扇的性能良好，则再进一步对风扇驱动电路中的主要元器件进行检测。

故障检修：

根据检修分析，首先检测电源供电电路输出的 +12V 电压是否正常。

电源供电电路输出电压的检测方法如图 19-6 所示。

经检测，测得 +12V 电压正常，然后对风扇驱动电路中的散热风扇进行检测后，发现散热风扇无异常。此时，应进一步对风扇驱动电路中的主要元器件进行检测，如晶体三极管。

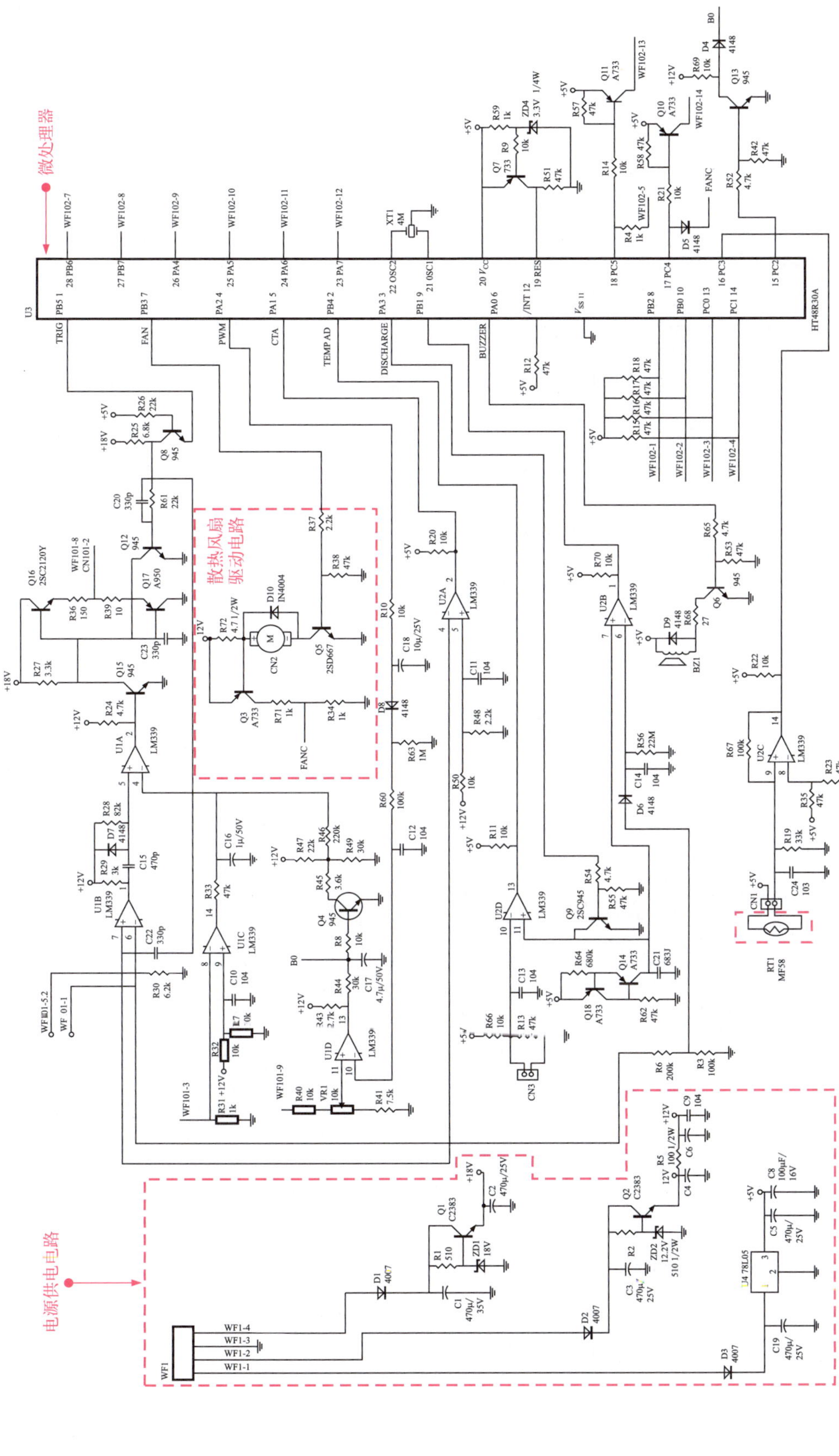

图19-5　三洋HY-185型电磁炉的电路原理图

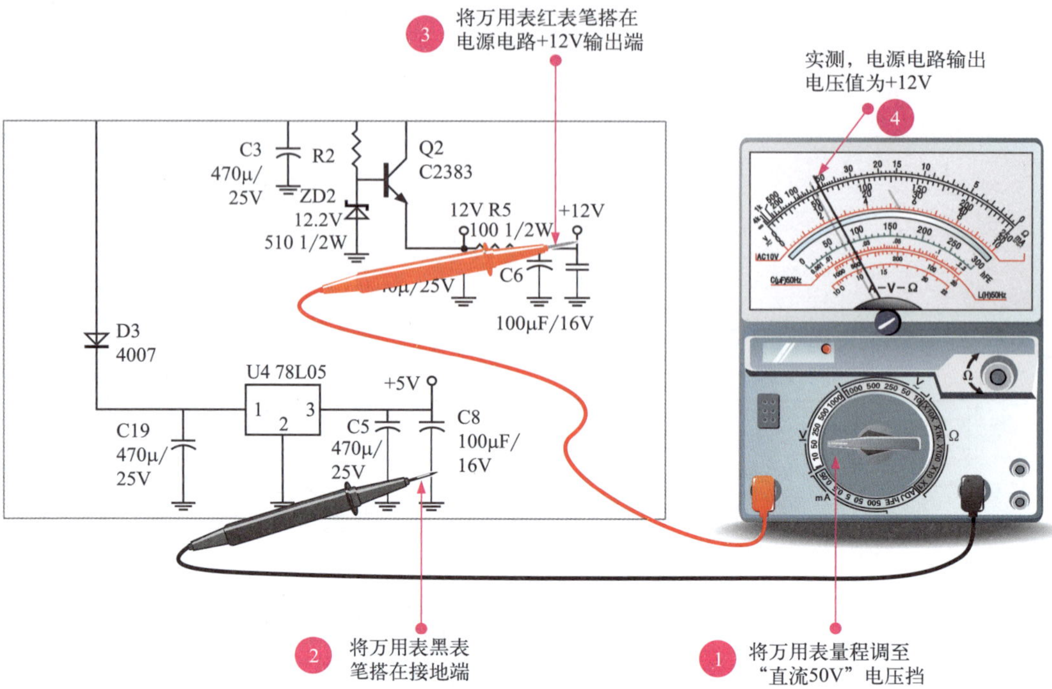

图19-6　电源供电电路输出电压的检测方法

晶体三极管的检测方法如图 19-7 所示。

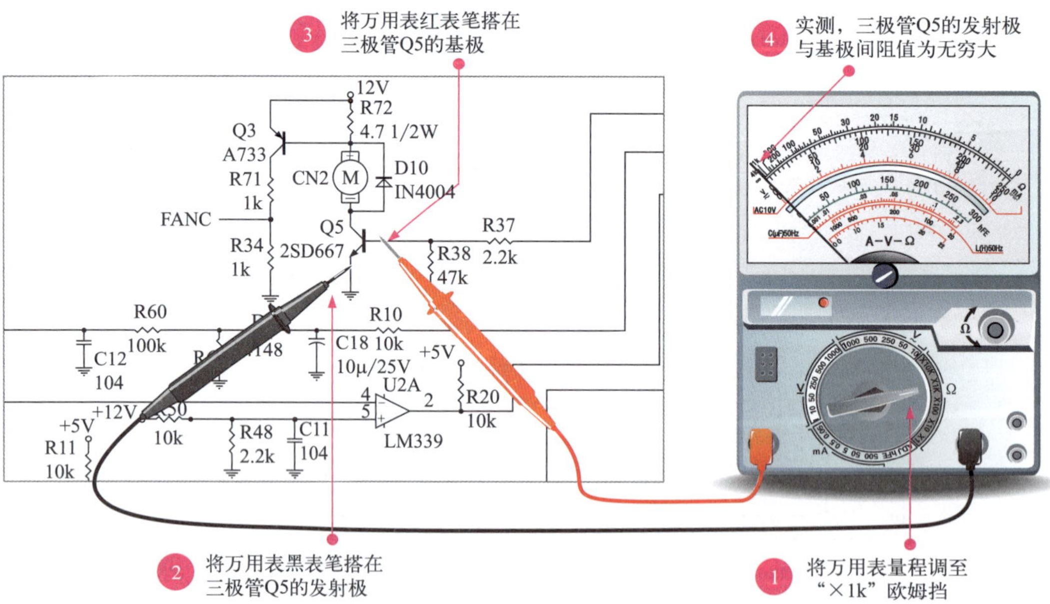

图19-7　晶体三极管的检测方法

经检测后，测得晶体三极管 Q5 的正反向阻值为无穷大，表明晶体三极管 Q5 已经损坏，将其更换后，对电磁炉开机试机，故障排除。

19.5 三洋 HY-185 型电磁炉不开机故障的检修案例

故障表现：

三洋 HY-185 型电磁炉通电后，按下开机键，电磁炉无反应，不开机工作。

故障分析：

当电磁炉出现不开机的故障时，通常是由电源供电电路、微处理器控制电路和操作显示电路损坏所导致的。

检测时可先检测电源供电电路输出的 +5V 电压是否正常。该部分电路原理可参见图 19-5。若输出的电压值不正常，则电源供电电路出现故障；若该电压值正常，应对微处理器控制电路的晶振信号进行检测；若均正常时，还需要对操作显示电路中的操作按键进行检测。该电路的原理图如图 19-8 所示。

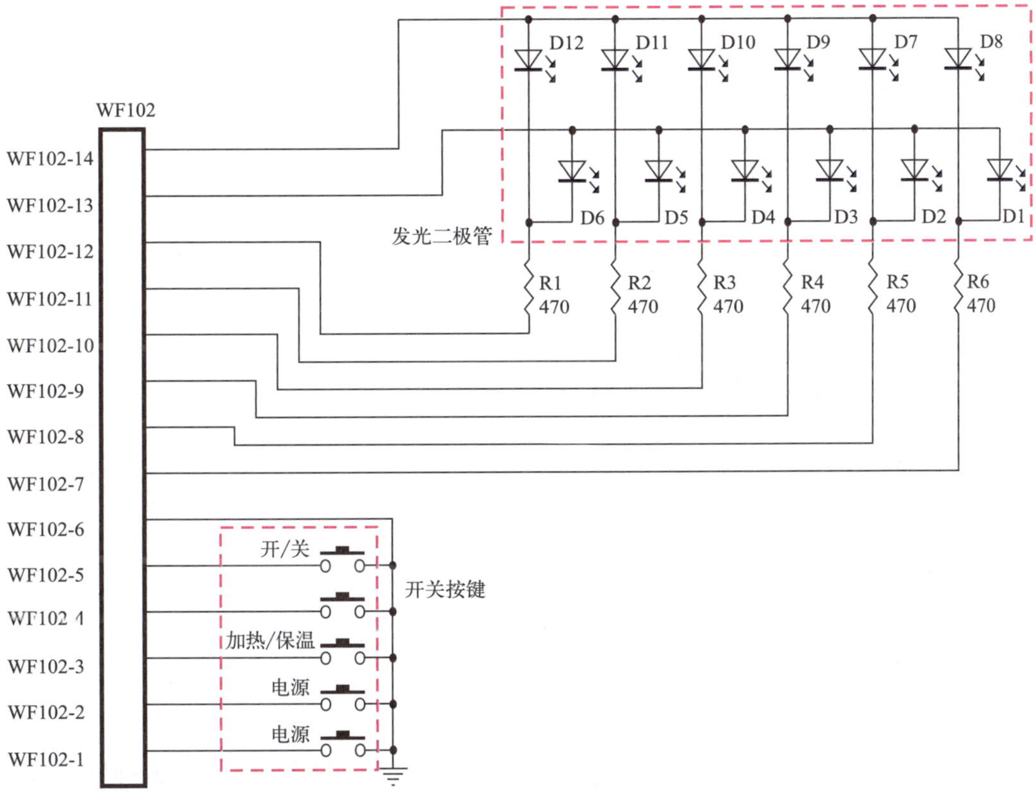

图19-8　三洋HY-185型电磁炉的操作显示电路图

故障检修：

根据上述分析，首先检查电源供电电路的输出电压是否正常。

电源供电电路的输出电压的检测方法如图 19-9 所示。

经检测，电源供电电路输出的 +5V 电压正常，进一步检测晶振信号也无异常，怀疑是电磁炉的开机键损坏，使用万用表对按键进行检测。

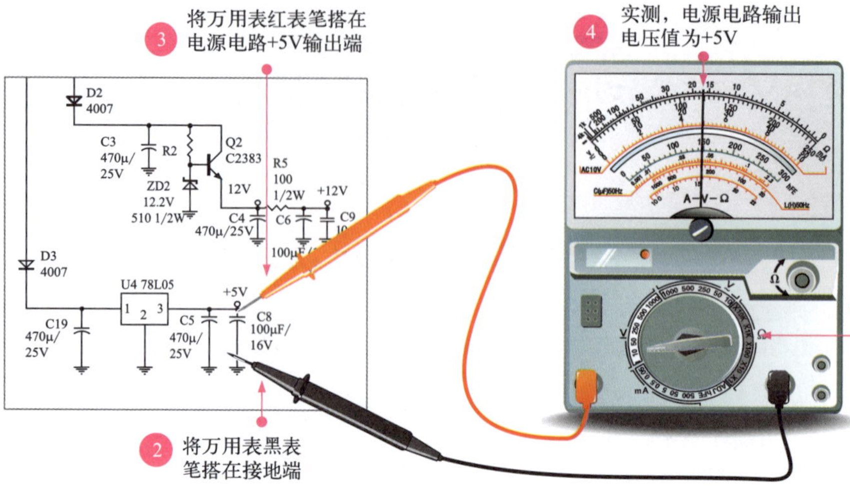

图19-9 电源供电电路的输出电压检测方法

开机键的检测方法如图 19-10 所示。

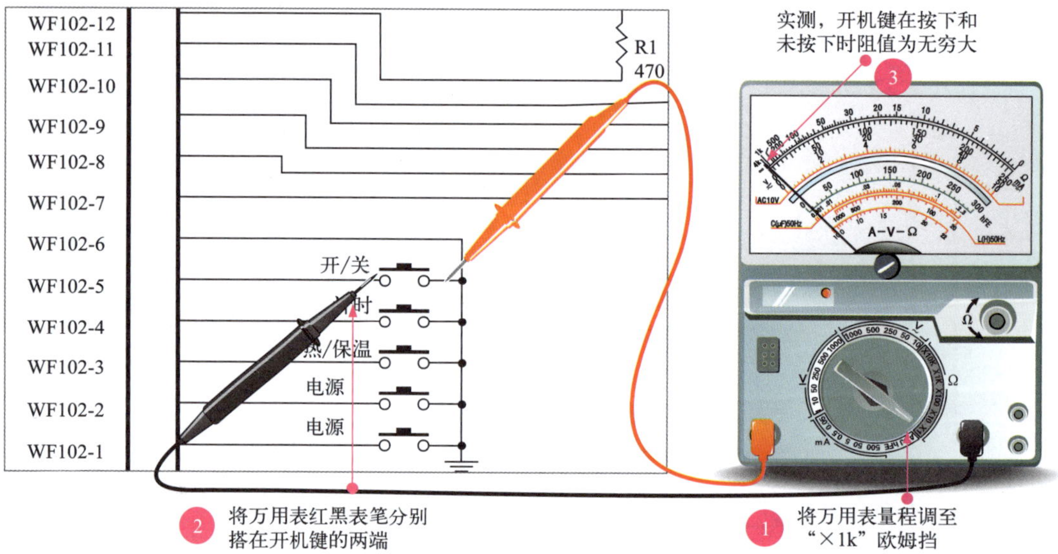

图19-10 开机键的检测方法

检测开机键时，测得开机键在按下和未按下时，阻值均为无穷大，根据结果判断开机键已经损坏，将开机键更换后，对电磁炉开机试机，故障排除。

19.6 三洋 HY-298 型电磁炉开机不加热的检修案例

故障表现：

三洋 HY-298 型电磁炉通电开机后，按下加热键，电磁炉不加热。

故障分析：

电磁炉出现开机不加热的故障时，常由电源供电电路、微处理器控制电路和操作显示电路损坏所导致的。三洋 HY-298 型电磁炉的电路原理图如图 19-11 所示。

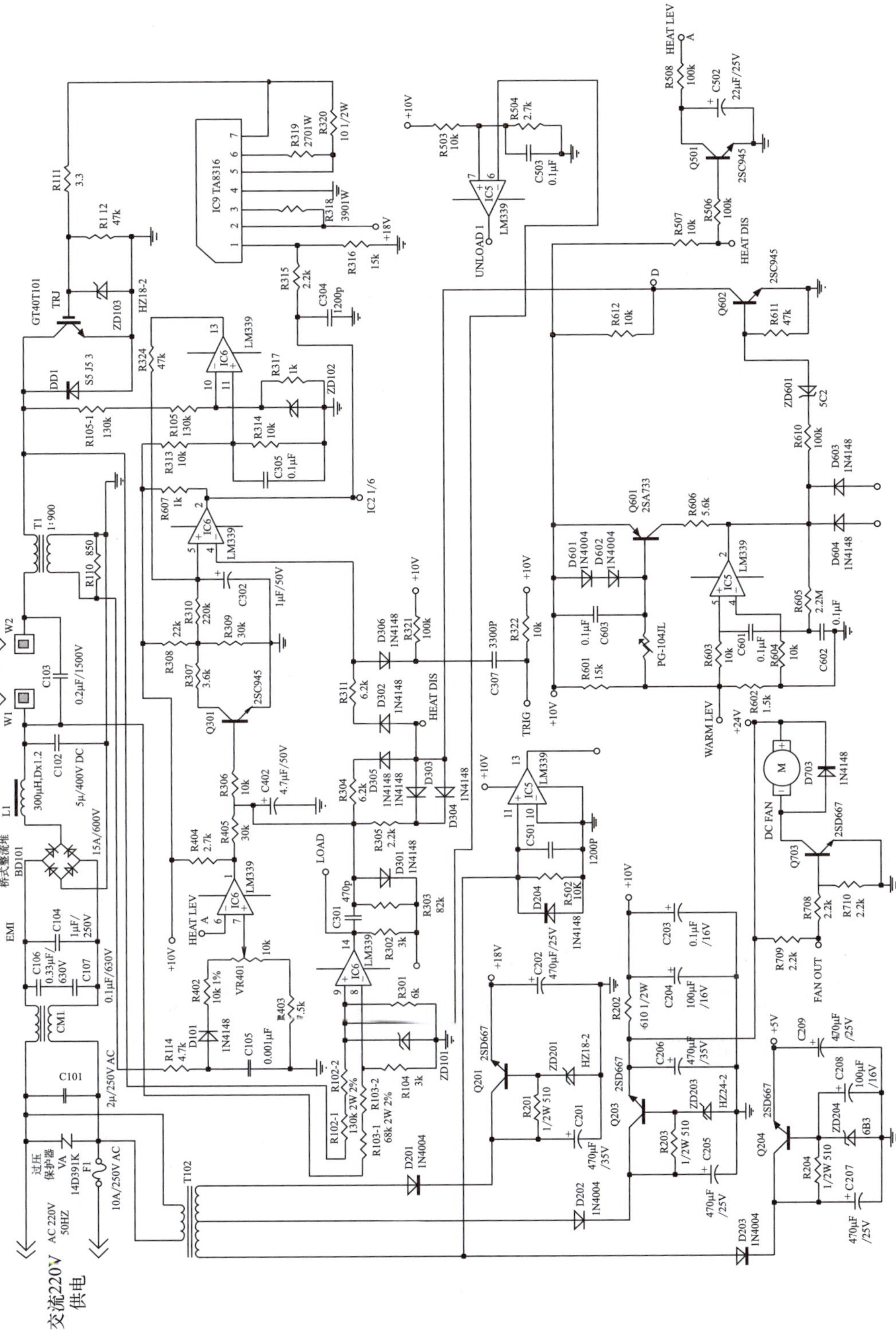

图19-11　三洋HY-298型电磁炉的电路原理图

故障检修：

根据上述分析，可先对 IGBT 和驱动放大器 IC9 进行检测，经检测后，测得 IGBT 和驱动放大器均良好，应进一步对 IGBT 的保护电阻 R112 进行检测。

保护电阻 R112 的检测方法如图 19-12 所示。

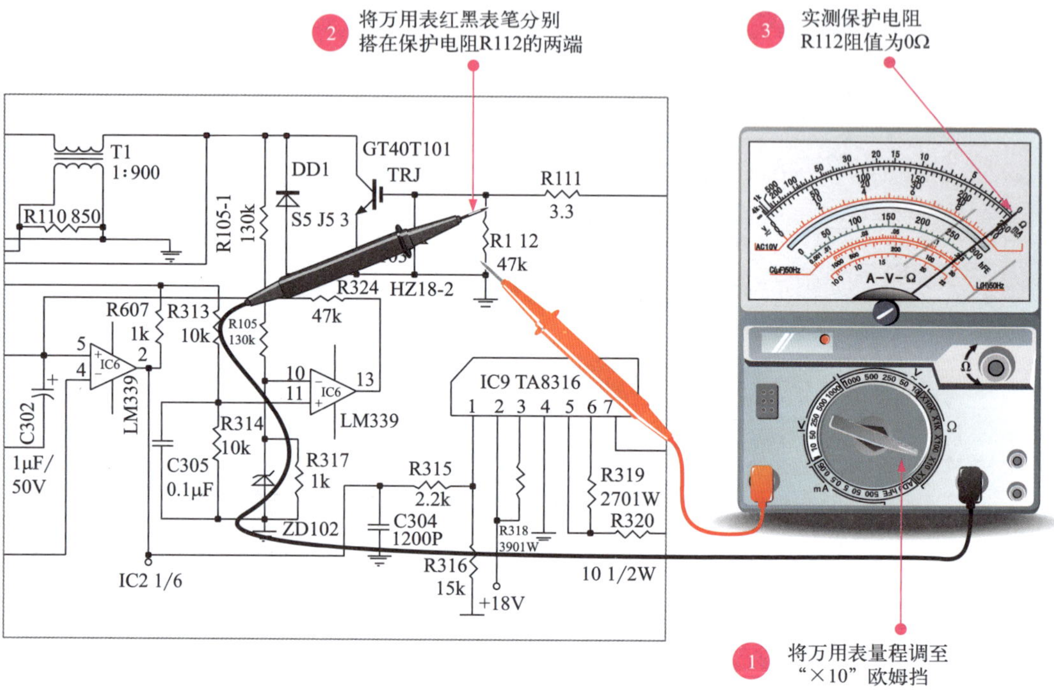

图19-12　保护电阻R112的检测方法

经检测，测得保护电阻 R112 的阻值为 0Ω，根据检测结果可知，保护电阻 R112 已经损坏。将其更换后，对电磁炉开机试机，故障排除。

19.7 三洋 HY-AS30D 型电磁炉风扇自转故障的检修案例

故障表现：

三洋 HY-AS30D 型电磁炉通电开机后，可以加热，但在开机后风扇不转，且蜂鸣器出现长时间的报警提示。

故障分析：

电磁炉出现此类故障时，常是由微处理器控制电路、散热风扇驱动电路损坏，或插接件连接异常所导致的。图 19-13 所示为三洋 HY-AS30D 型电磁炉的微处理器控制电路图。

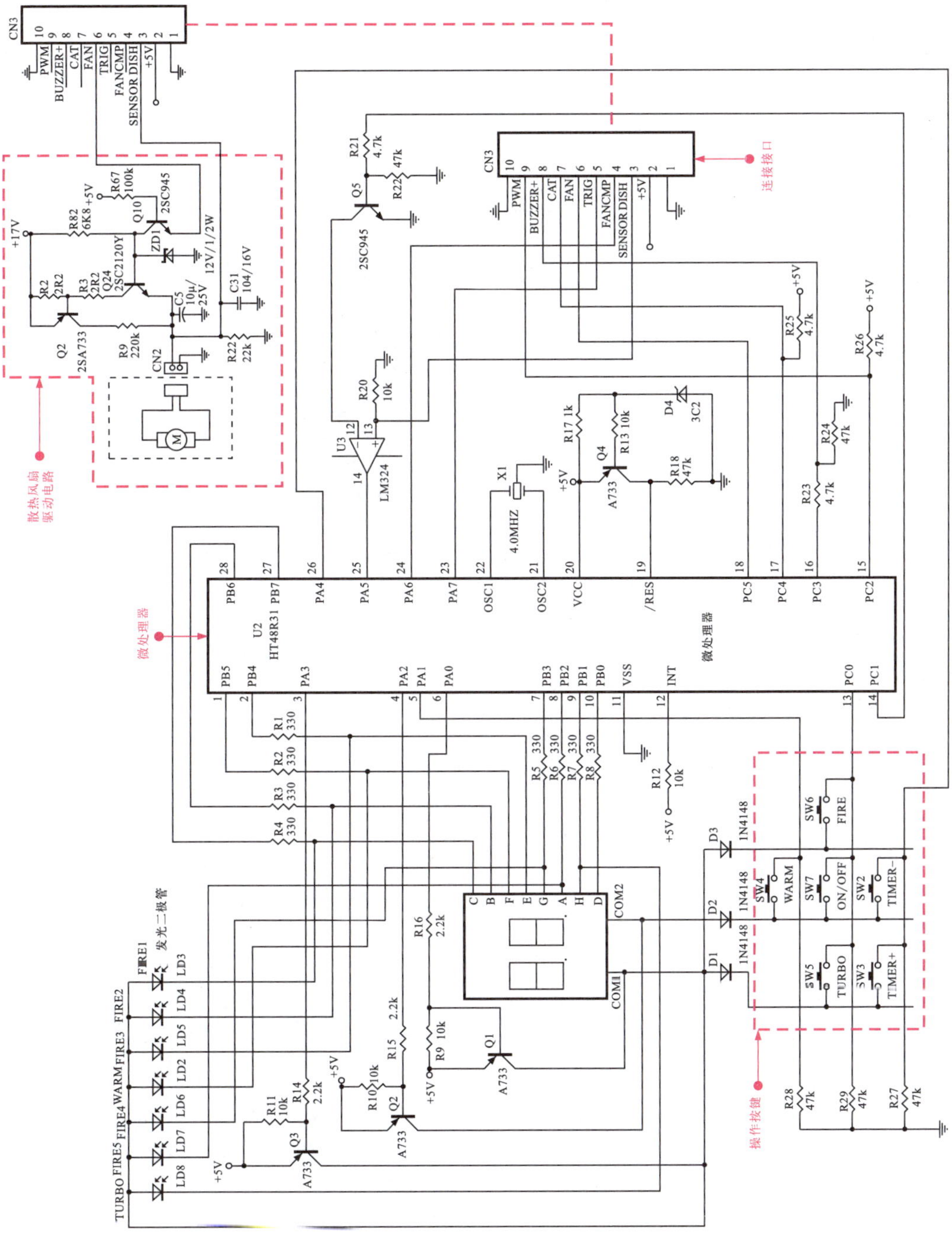

图19-13　三洋HY-AS30D型电磁炉的微处理器控制电路图

检测时，应先检查连接插件是否良好，然后再对散热风扇、风扇驱动电路的晶体三极管等进行检测，找到故障点，并排除故障。

故障检修：

根据上述分析可知，首先检查连接插件是否良好，将插件重新插拔后，电磁炉开机试机操作，故障依旧，此时进一步对散热风扇进行检测。

散热风扇的检测方法如图 19-14 所示。

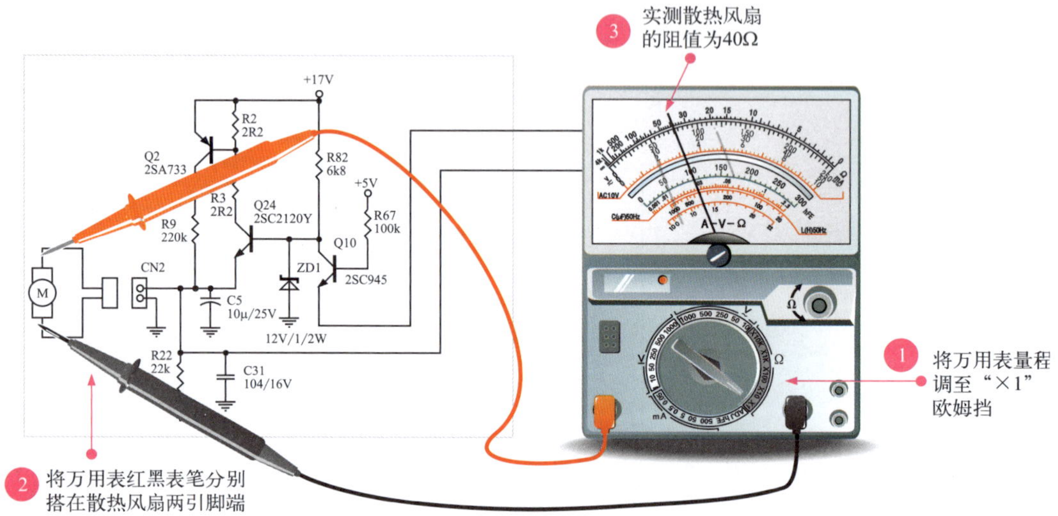

图19-14　散热风扇的检测方法

经检测，散热风扇无异常，接下来，则须对散热风扇驱动电路中的晶体三极管 Q24、Q10、Q2 进行检测。

晶体三极管的检测方法如图 19-15 所示。

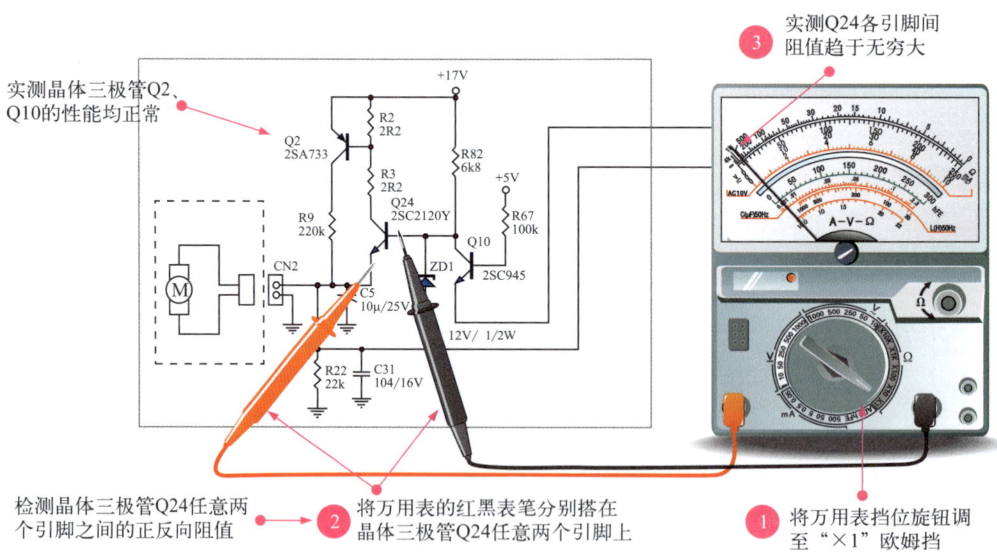

图19-15　晶体三极管的检测方法

经检测，晶体三极管 Q24 的正反向阻值均为无穷大。根据检测结果可知，晶体三极管 Q24 已经损坏。将其更换后，对电磁炉开机试机，故障排除。

19.8 三洋 IC-20Y（YJ）型电磁炉屡烧 IGBT 故障的检修案例

故障表现：

三洋 IC-20Y（YJ）型电磁炉通电开机后，电磁炉不加热。打开外壳后，检查发现 IGBT 被击穿，更换新的 IGBT 后，故障依旧。

故障分析：

电磁炉出现此故障，常由 IGBT 驱动电路、功率输出电路中有不良器件所导致，应重点对功率输出电路中的阻尼二极管进行检测，然后再对二极管、晶体三极管等进行检测。该型号电磁炉的电路原理图如图 19-16 所示。

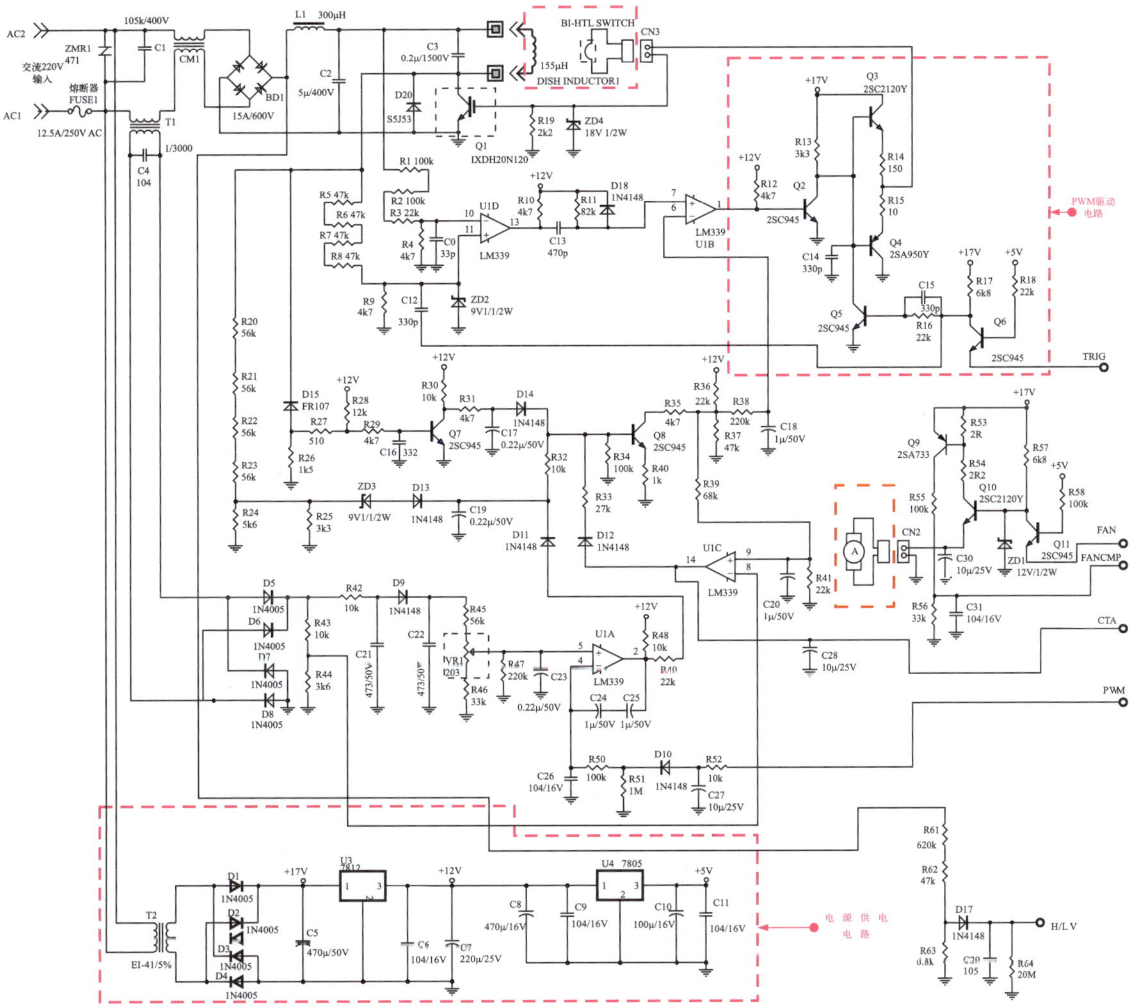

图19-16　三洋IC-20Y（YJ）型电磁炉电路原理图

故障检修：

根据上述分析可知，应先检测阻尼二极管是否正常，经检测，发现阻尼二极管良好，接下来，则需要对二极管 ZD4 进行检测。

二极管 ZD4 的检测方法如图 19-17 所示。

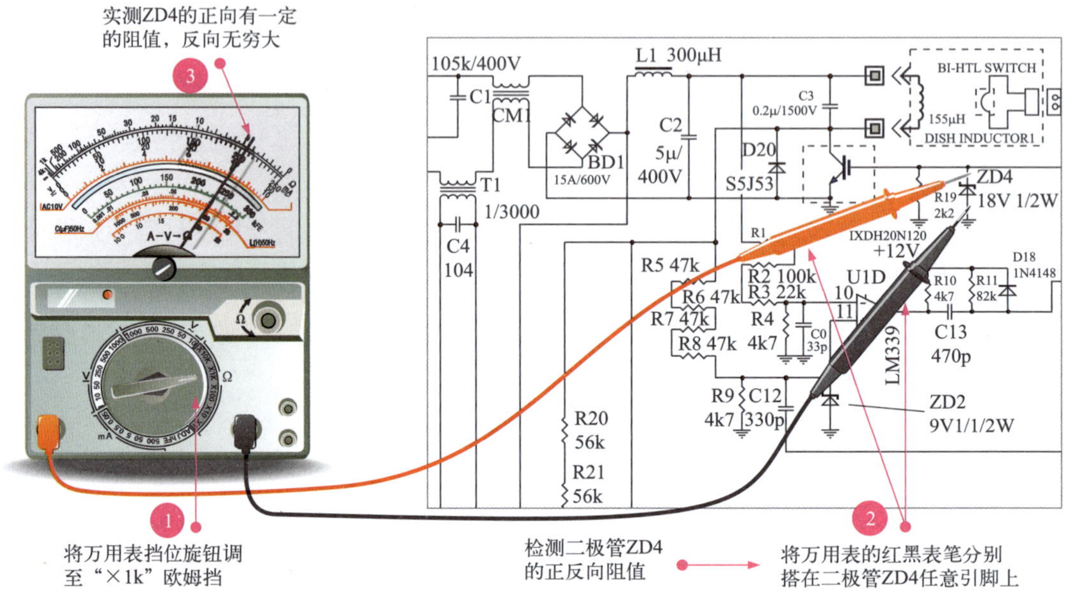

图19-17　二极管ZD4的检测方法

经检测，二极管 ZD4 的正反向阻值无异常，此时，则应进一步检测 IGBT 的驱动电路是否正常。检测时，应重点对晶体三极管 Q3、Q4 进行检测。

晶体三极管的检测方法如图 19-18 所示。

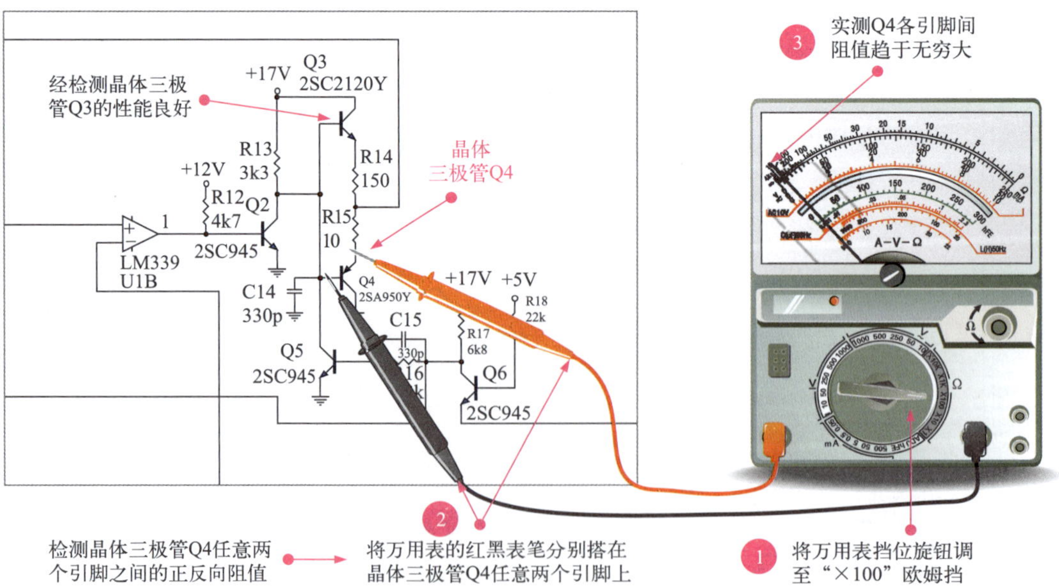

图19-18　晶体三极管的检测方法

经实际检测后，测得晶体三极管 Q4 的正反向阻值均为无穷大。根据检测结果，可知 Q4 已经损坏，将其更换后，对电磁炉开机试机，故障排除。

19.9 三洋 IC-20Y（YJ）型电磁炉开机瞬间无反应故障的检修案例

故障表现：

三洋 IC-20Y（YJ）型电磁炉通电开机后，电磁炉在开机的瞬间有反应，但瞬间过后，电磁炉的显示屏无显示，电磁炉也不加热。

故障分析：

三洋 IC-20Y（YJ）型电磁炉出现此故障，常由微处理器控制电路、电源供电电路损坏所导致。三洋 IC-20Y（YJ）型电磁炉的电路原理图可参见图 19-16。该型号电磁炉的操作控制电路图如图 19-19 所示。

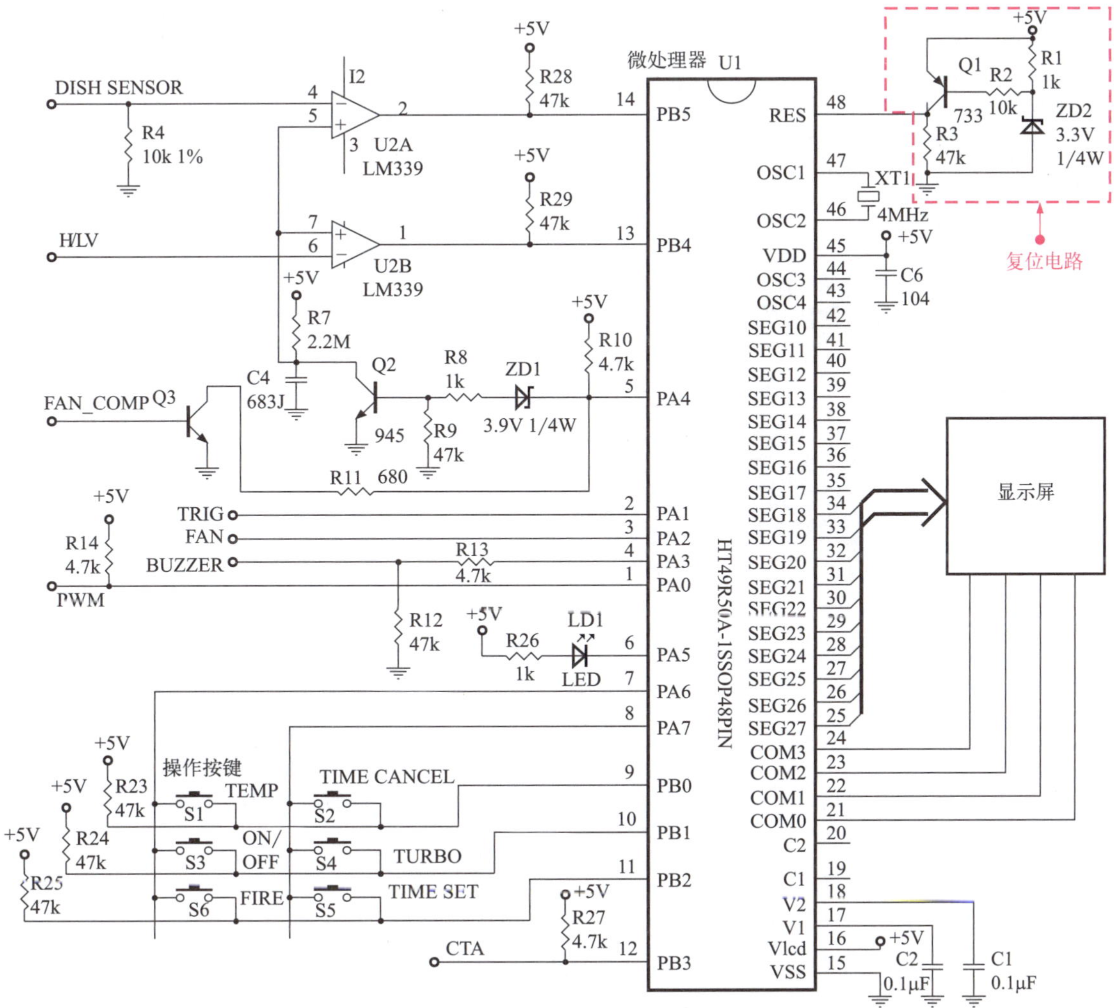

图19-19　三洋IC-20Y（YJ）型电磁炉操作控制电路图

检测该类故障时，可先检查电磁炉电源供电电路的 +5V、+12V、+17V 输出电压是否正常。若正常，则表明电源供电电路正常，应对微处理器控制电路进行检测。

故障检修：

根据上述分析可知，首先检查电源供电电路的 +5V、+12V、+17V 输出电压是否正常。

电源供电电路输出电压的检测方法如图 19-20 所示。

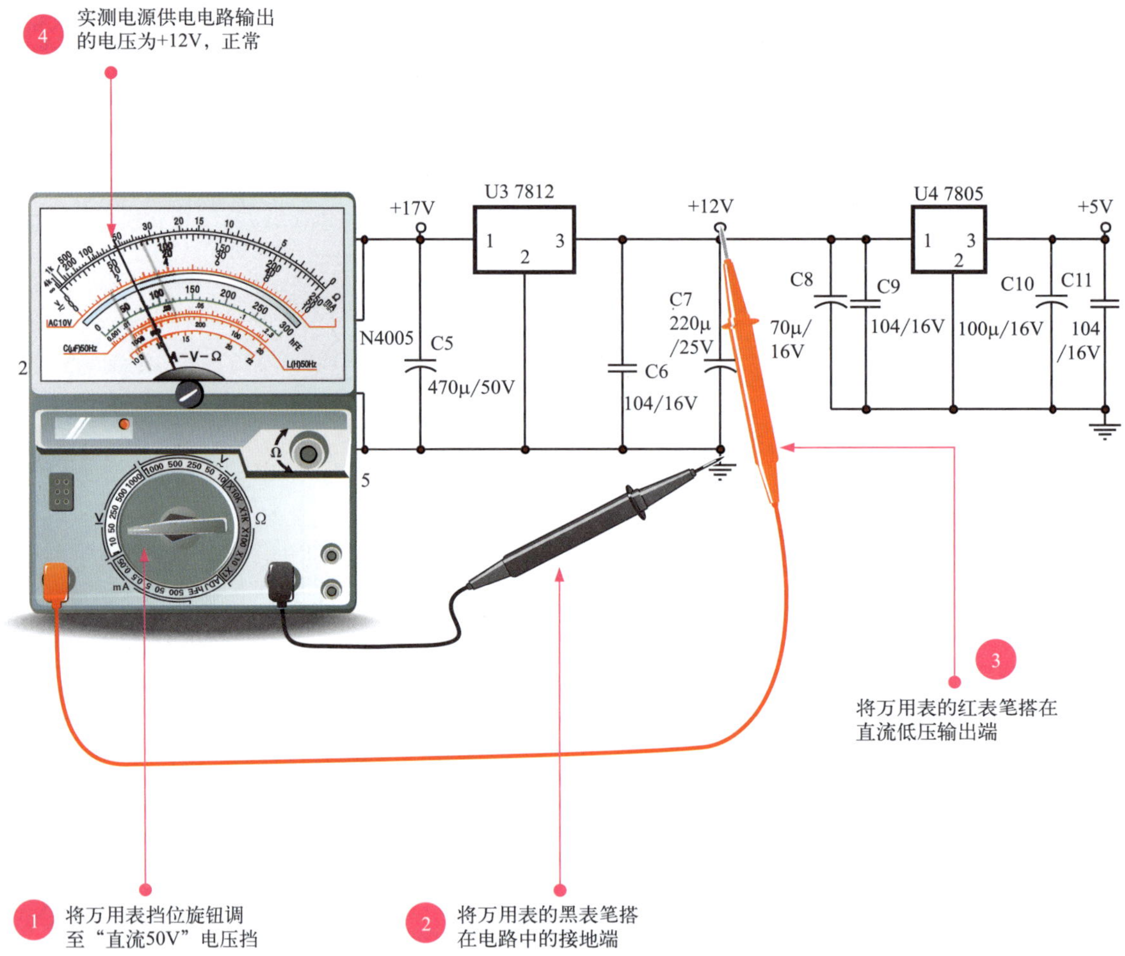

图19-20　电源供电电路输出电压的检测方法

经检测，电源供电电路输出的电压均正常，此时，可对微处理器控制电路中复位电路的晶体管 Q1 进行检测。

晶体三极管 Q1 的检测方法如图 19-21 所示。

经检测后，测得晶体三极管 Q1 的阻值为无穷大。根据检测结果，可知 Q1 已经损坏，将其更换后，对电磁炉开机试机，故障排除。

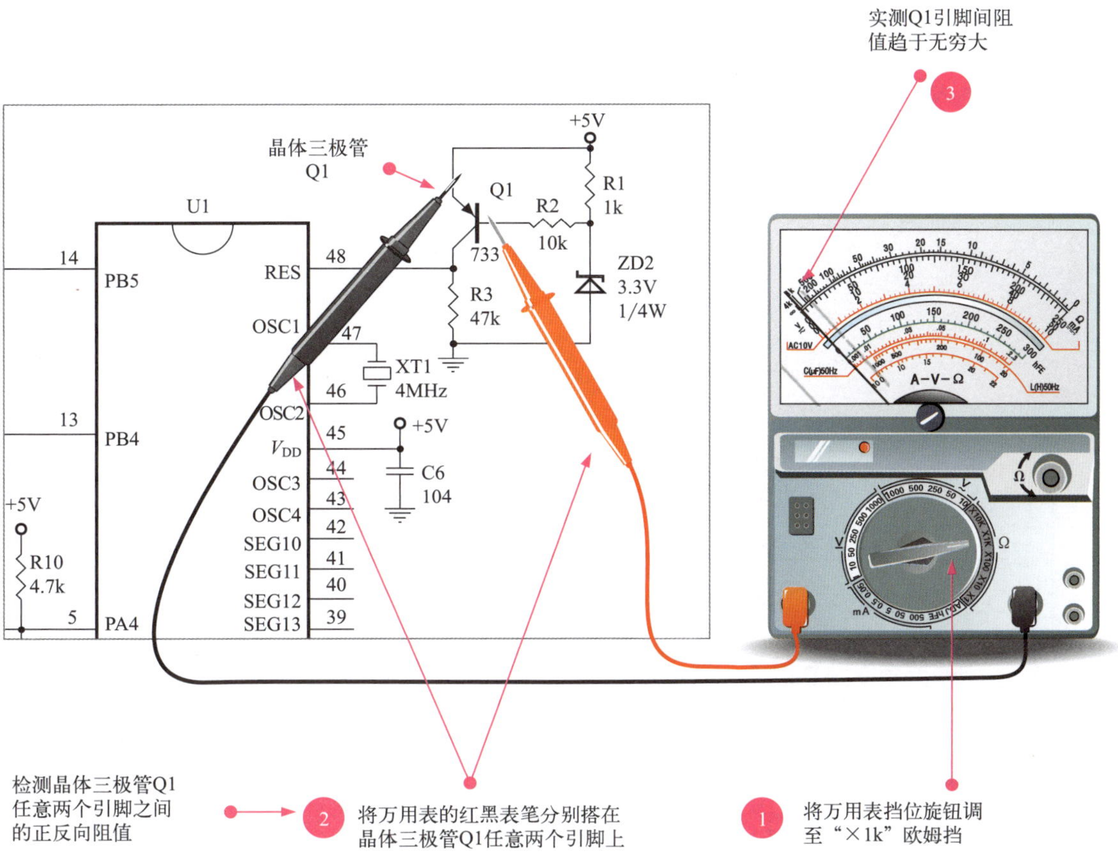

图19-21　晶体三极管Q1的检测方法

19.10　三洋 SM 系列新版电磁炉通电无反应故障的检修案例

故障表现：

三洋 SM 系列新版电磁炉通电开机后，电磁炉无动作，指示灯也不亮。而经过检查后，发现熔断器无损坏。

故障分析：

当电磁炉出现此故障，常由电源供电电路、微处理器控制电路、操作电路损坏导致。进行检测时，可先对电源供电电路输出的电压进行检测，然后再进一步对微处理器控制电路中的晶振信号、微处理器各引脚的供电电压等进行检测，找到故障点，并进行排除。图 19-22 所示为三洋 SM 系列新版电磁炉电路原理图。

故障检修：

根据上述分析可知，先使用万用表检测电源供电电路的输出电压是否正常。

电源供电电路输出电压的检测方法如图 19-23 所示。

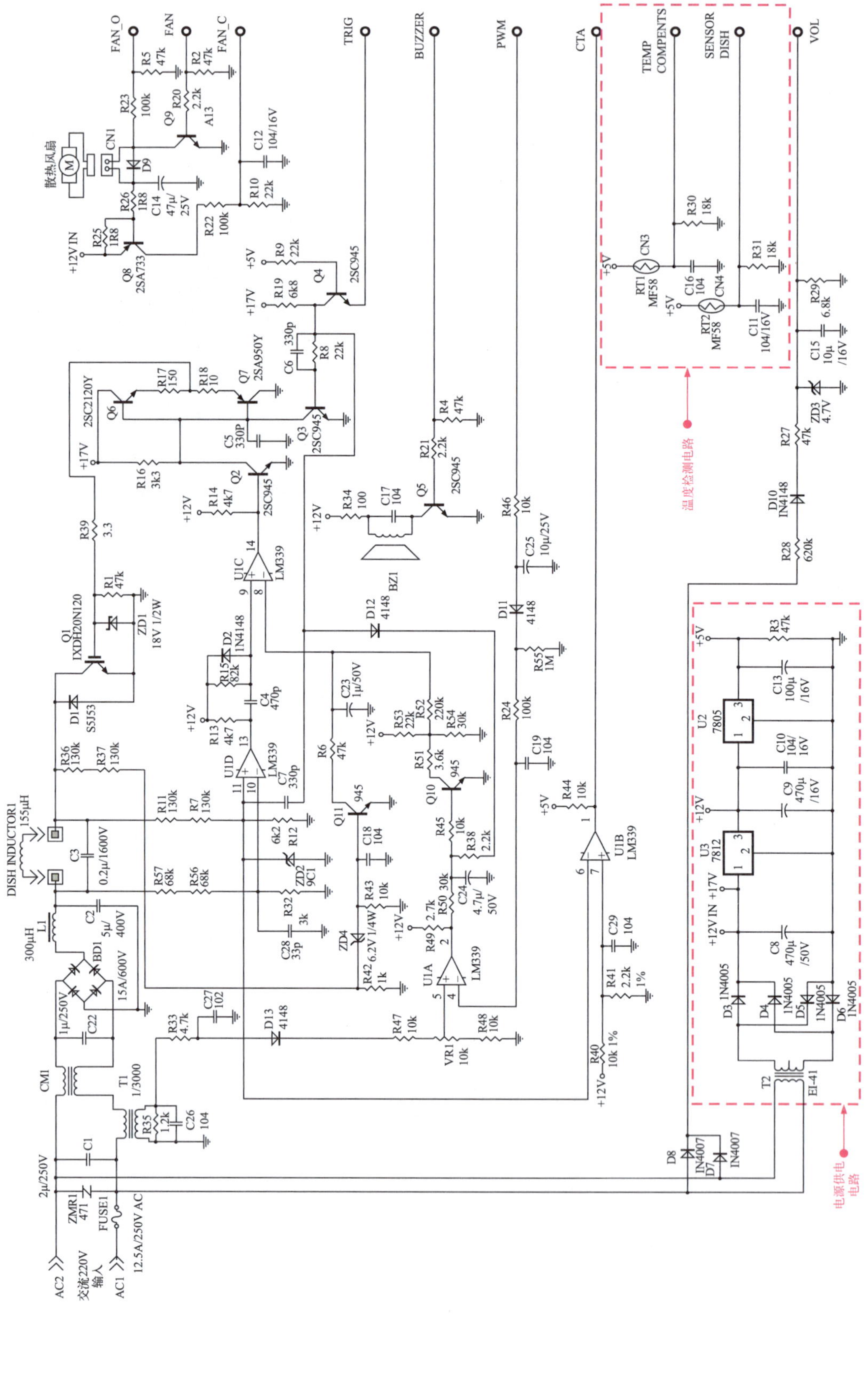
FAN_O
FAN
FAN_C
TRIG
BUZZER
PWM
CTA
TEMP COMPENTS
SENSOR DISH
VOL
散热风扇
温度检测电路
电源供电电路
交流220V输入
AC1
AC2
DISH INDUCTOR1
LM339
7805
7812

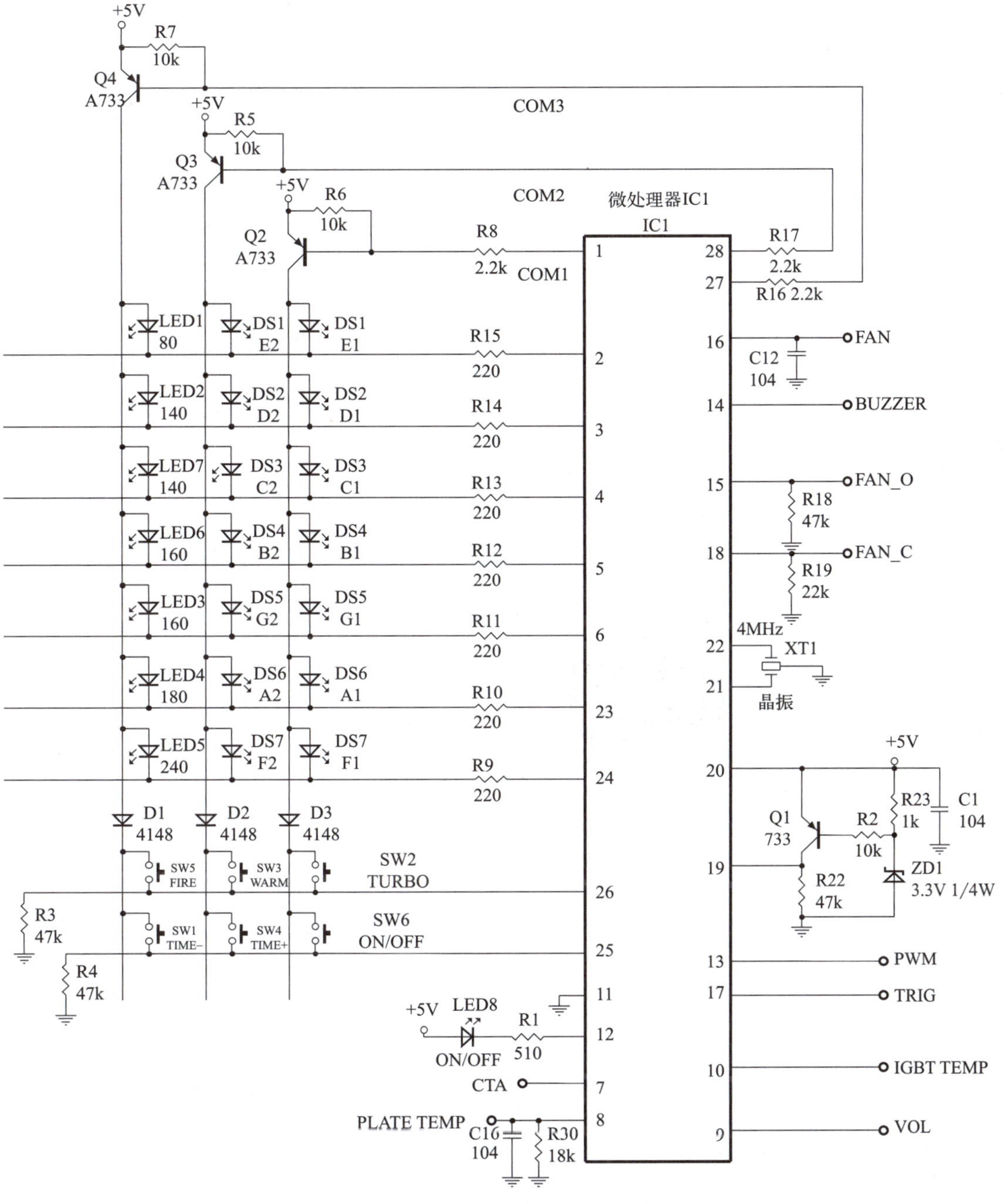

图19-22　三洋SM系列新版电磁炉电路原理图

经检测，电源供电电路的输出电压均正常，此时，应检测微处理器控制电路中的晶振信号波形是否正常。

晶振信号波形的检测方法如图 19-24 所示。

经检测，测得晶振引脚端无信号波形输出，怀疑是该电磁炉微处理器 IC1 损坏，通过检测 IC1 的引脚电压，测得引脚电压大部分为 0V。根据检测结果，怀疑 IC1 损坏，将其更换后，对电磁炉开机试机，故障排除。

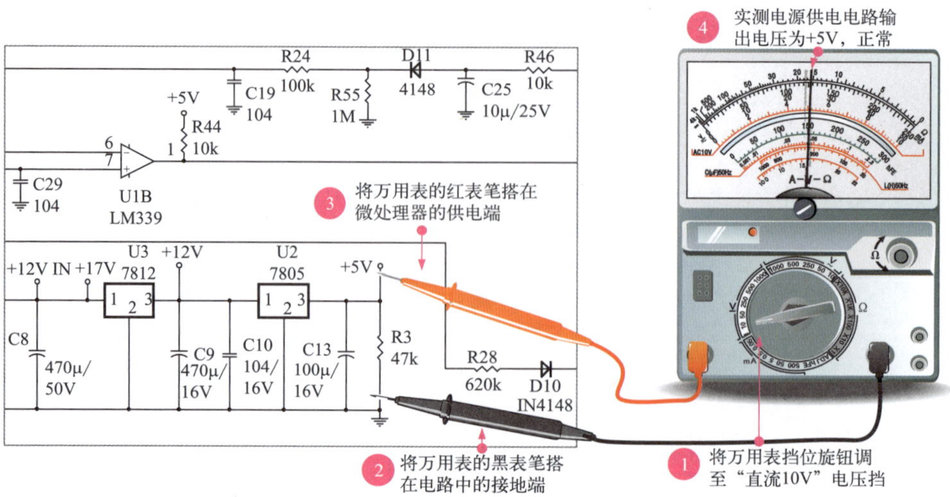

图19-23　电源供电电路输出电压的检测方法

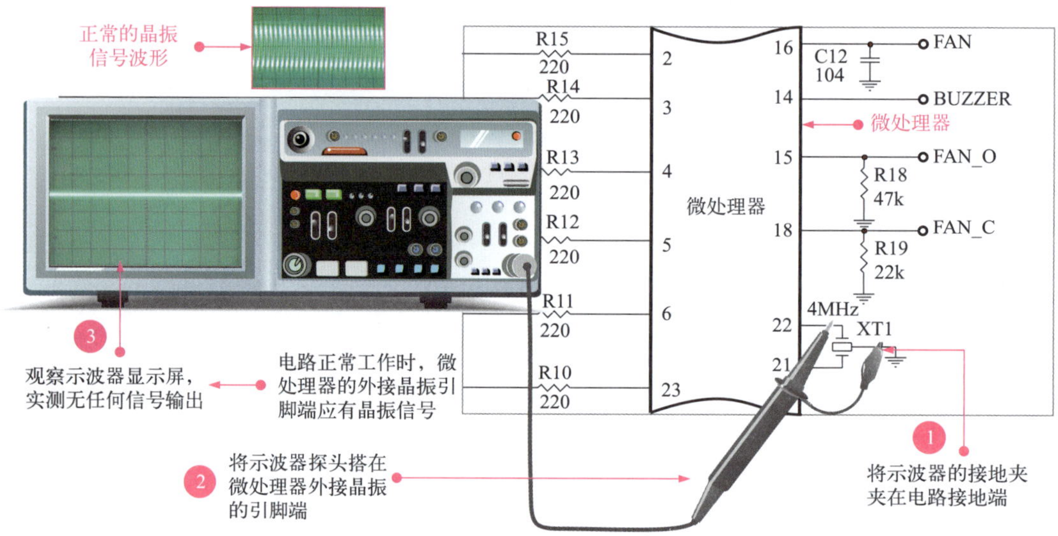

图19-24　晶振信号波形的检测方法

19.11　三洋 HY-AS30D 型电磁炉加热不稳定故障的检修案例

故障表现：

三洋 HY-AS30D 型电磁炉通电开机后，可以加热，但在加热的过程中，电磁炉加热火力的大小不稳定，火力时大时小。

故障分析：

当电磁炉出现此故障时，可能是由微处理器控制电路、电流检测电路、同步振荡电路中有不良器件所导致，可先对电流检测电路中的主要元器件进行检测。若均正常，应顺电路图对同步振荡电路部分中的主要元器件进行检测。检测时可参见图 19-25 所示的三洋 HY-AS30D 型电磁炉电路原理图。

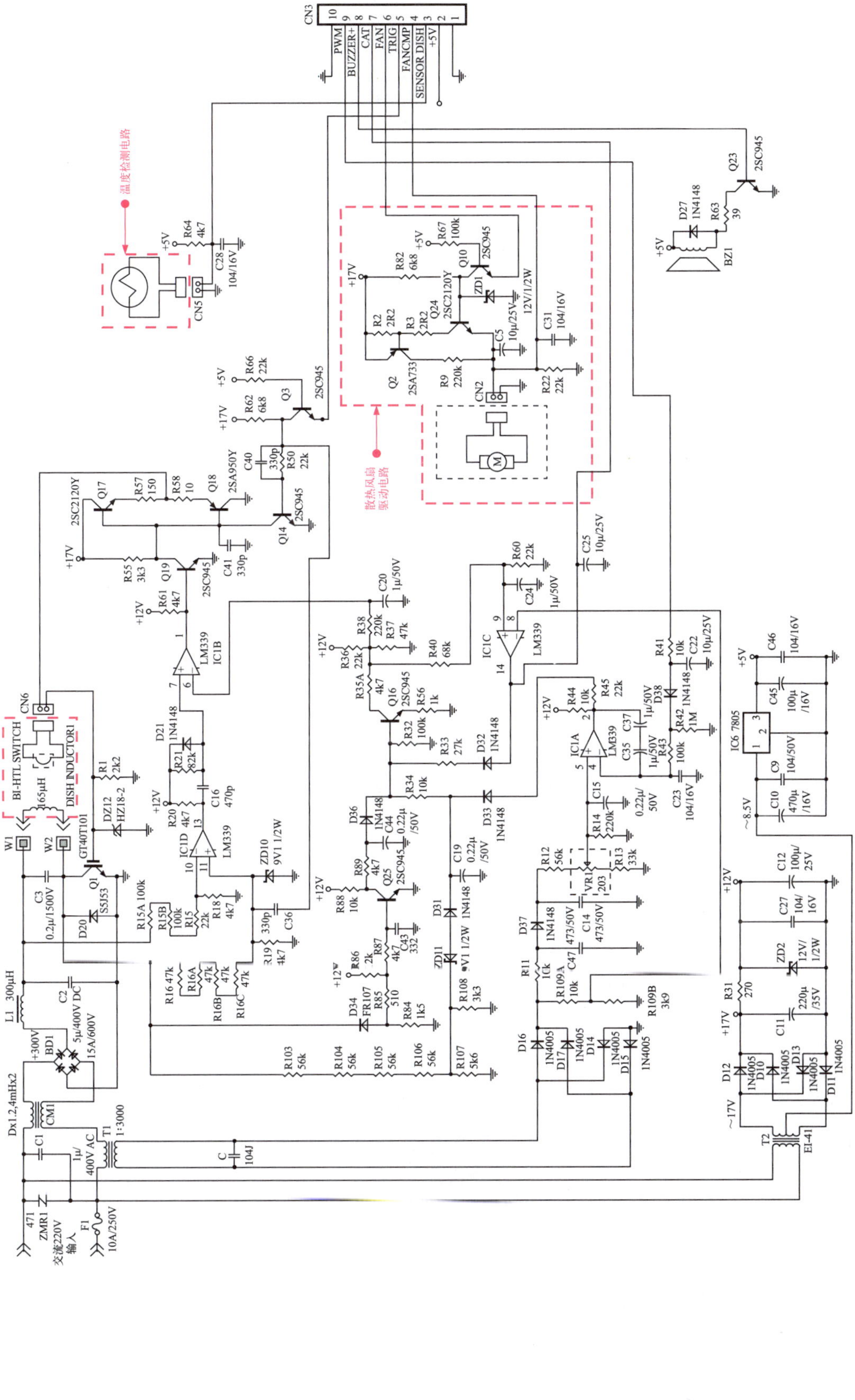

图19-25　三洋HY-AS30D型电磁炉电路原理图

故障检修：

根据故障分析，在检修该故障机时，应先检查电流检测电路中的电容器 C25 是否良好，经检查后，电容器 C25 无异常。接下来，需要对电容器 C24 进行检测。经检测后，测得电容 C24 也无异常。

此时，则需要对同步振荡电路中的元器件进行检测。检测时，可先检测电容器 C16 的性能是否良好。经检测后，测得 C16 漏电、断路，根据检测结果可知，电容器 C16 已经损坏。将其更换后，对电磁炉开机试机，故障排除。

第 20 章 富士宝电磁炉故障检修案例

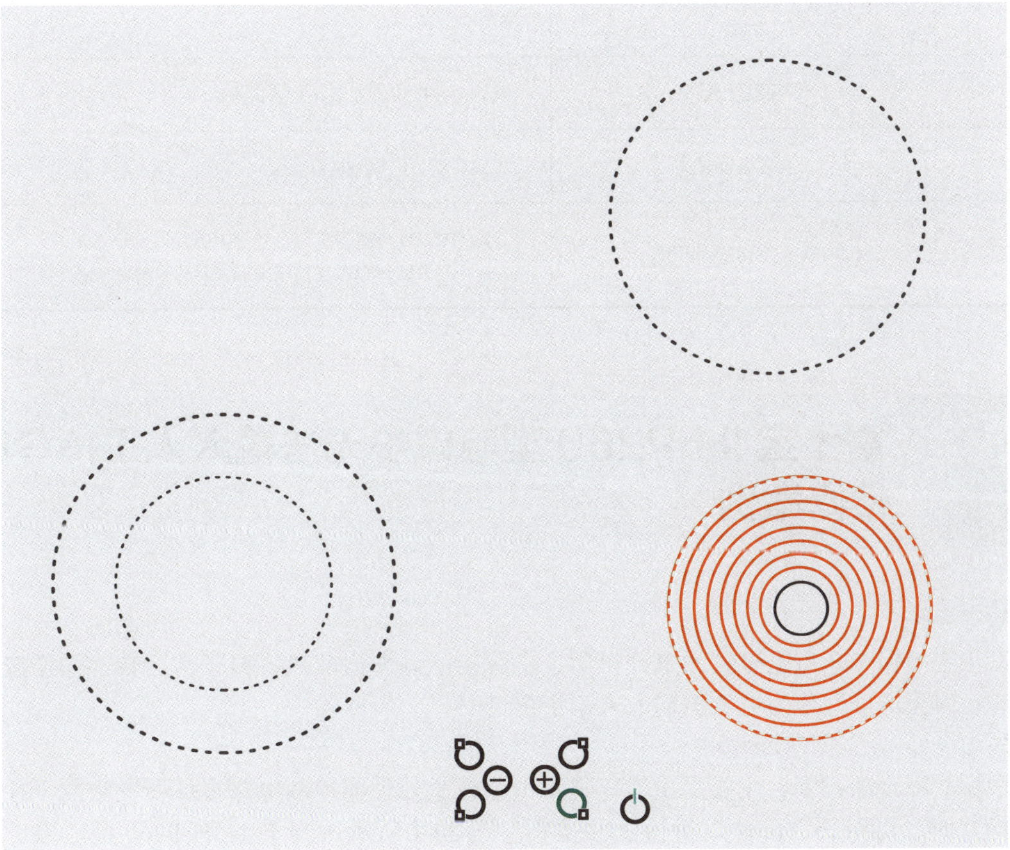

20.1 富士宝电磁炉故障代码与故障检修

富士宝电磁炉故障代码与故障检修见表 20-1。

表 20-1 富士宝电磁炉故障代码与故障检修

故障代码	故障分析	故障检修
E2	温度传感器开路	1.查温度传感器阻值及外围阻容元器件是否正常 2.查温度传感器连接线及插件是否良好
E3	电压过高	1.查电压检测电路中的主要元器件 2.查电源电路中变压器 3.查主控IC
E4	电压过低	1.查电压检测电路中的主要元器件 2.查电源电路中变压器 3.查主控IC
E5	炉面温度过高	查炉面温度传感器散热是否良好
E6	散热片温度过高	查温控器、主控IC是否正常
E7	NTC温度传感器开路	1.查NTC温度传感器阻值及外围阻容元器件是否正常 2.查NTC温度传感器连接线及插件是否良好

20.2 富士宝 IH-P260 型电磁炉无法输入人工指令的检修案例

故障表现：

富士宝 IH-P260 型电磁炉通电开机后，电源指示灯亮，散热风扇正常运转，操作按键也有反应，但无法准确地为电磁炉输入人工指令。

故障分析：

根据故障现象判断，主要是由操作显示电路或微处理器控制电路损坏所导致的。在对其进行检修时，可对关键部件进行检测并排查。图 20-1 所示为富士宝 IH-P260 型电磁炉的操作显示电路原理图。

检测时，可先使用示波器检测插接件处输出的信号是否正常，若不正常，可顺信号流程对插接件或操作显示电路进行检测；若正常，则需要对微处理器控制电路部分进行检测。

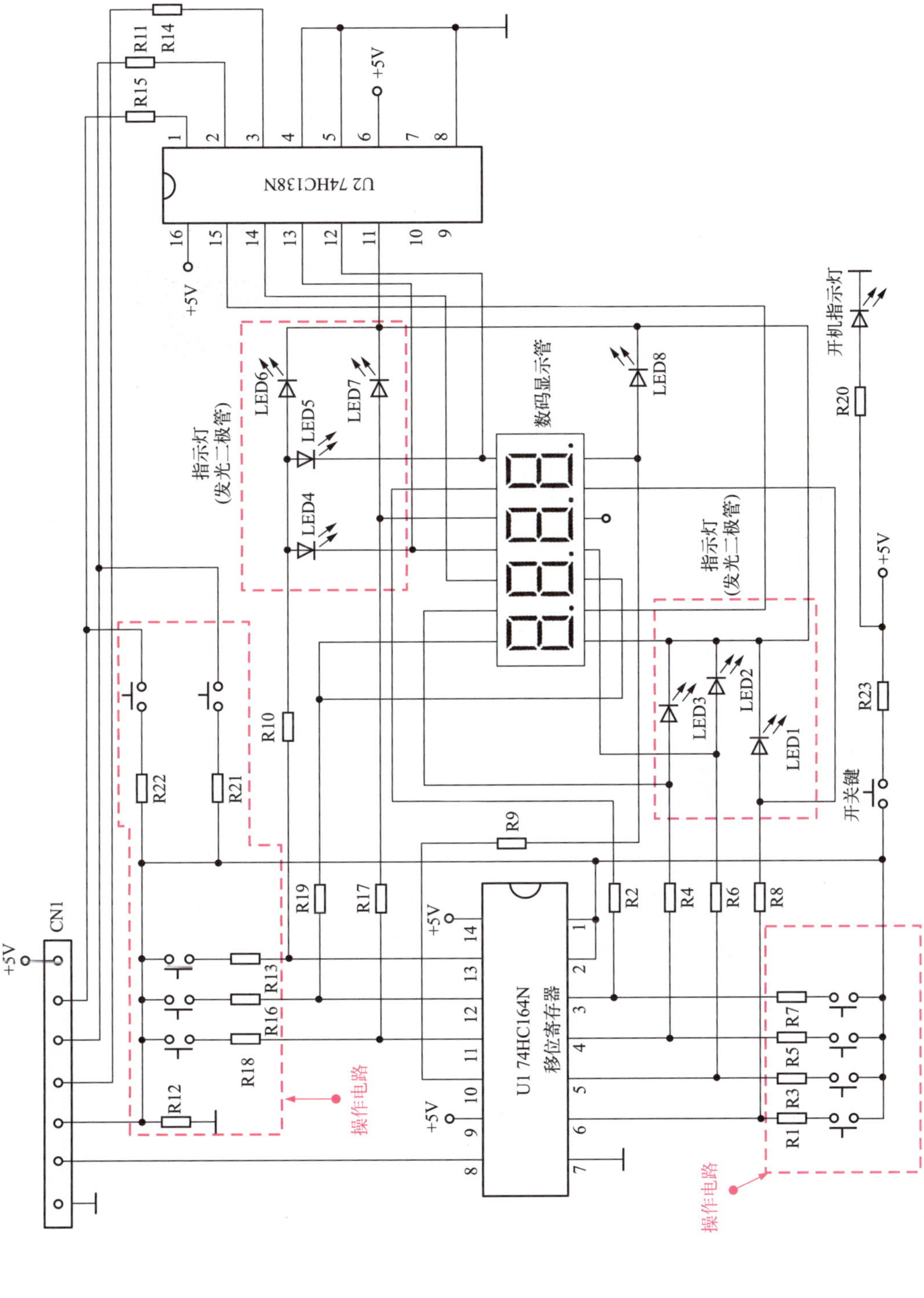

图20-1　富士宝IH-P260型电磁炉的操作显示电路原理图

故障检修：

根据上述分析可知，应先检测插接件处是否有信号输出。

插接件输出信号波形的检测方法如图 20-2 所示。

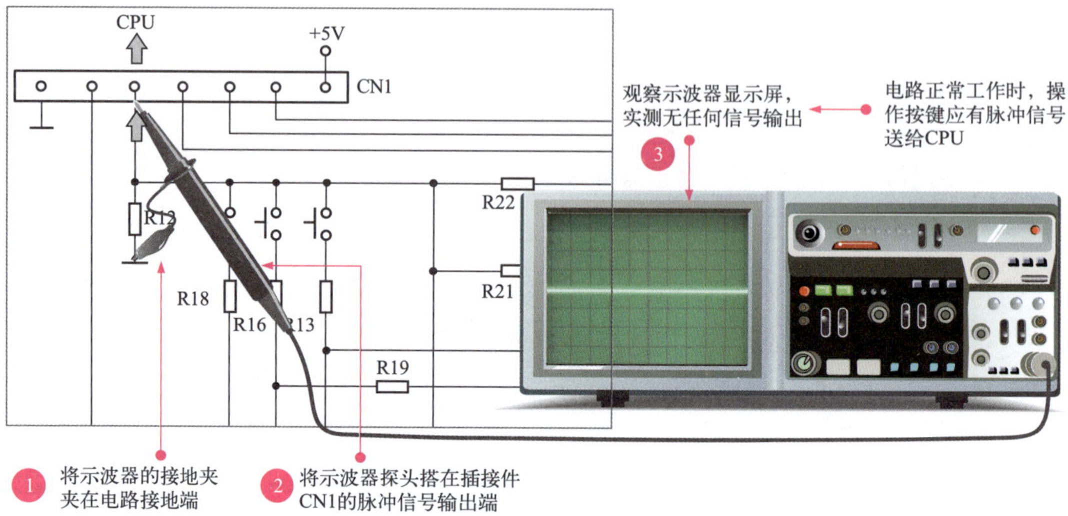

图20-2　插接件输出信号波形的检测方法

经检测，插接件处无信号输出，正常工作时，操作按键应有脉冲信号送给 CPU，经观察插接件 CN1 有明显损坏，使电磁炉无法接收人工指令。更换损坏的插接件 CN1 后，开机试运行，故障排除。

20.3 富士宝 IH-P260 型电磁炉屡损 IGBT 的检修案例

故障表现：

富士宝 IH-P260 型电磁炉通电开机后，不加热，将电磁炉断电后，检查 IGBT 已被击穿，但更换后，该故障依旧存在。

故障分析：

电磁炉出现此种故障，主要是由 IGBT 驱动电路、过压保护电路损坏所导致的，应重点对该部分进行检测。图 20-3 所示为富士宝 IH-P260 型电磁炉的电路原理图。

检测时，首先应对 IGBT 驱动电路中的关键元器件进行检测，若 IGBT 驱动电路中各元器件均正常，则需要进一步对过压保护电路进行检测。

故障检修：

根据上述分析可知，应先检测 IGBT 驱动电路中晶体三极管是否正常。

晶体三极管的检测方法如图 20-4 所示。

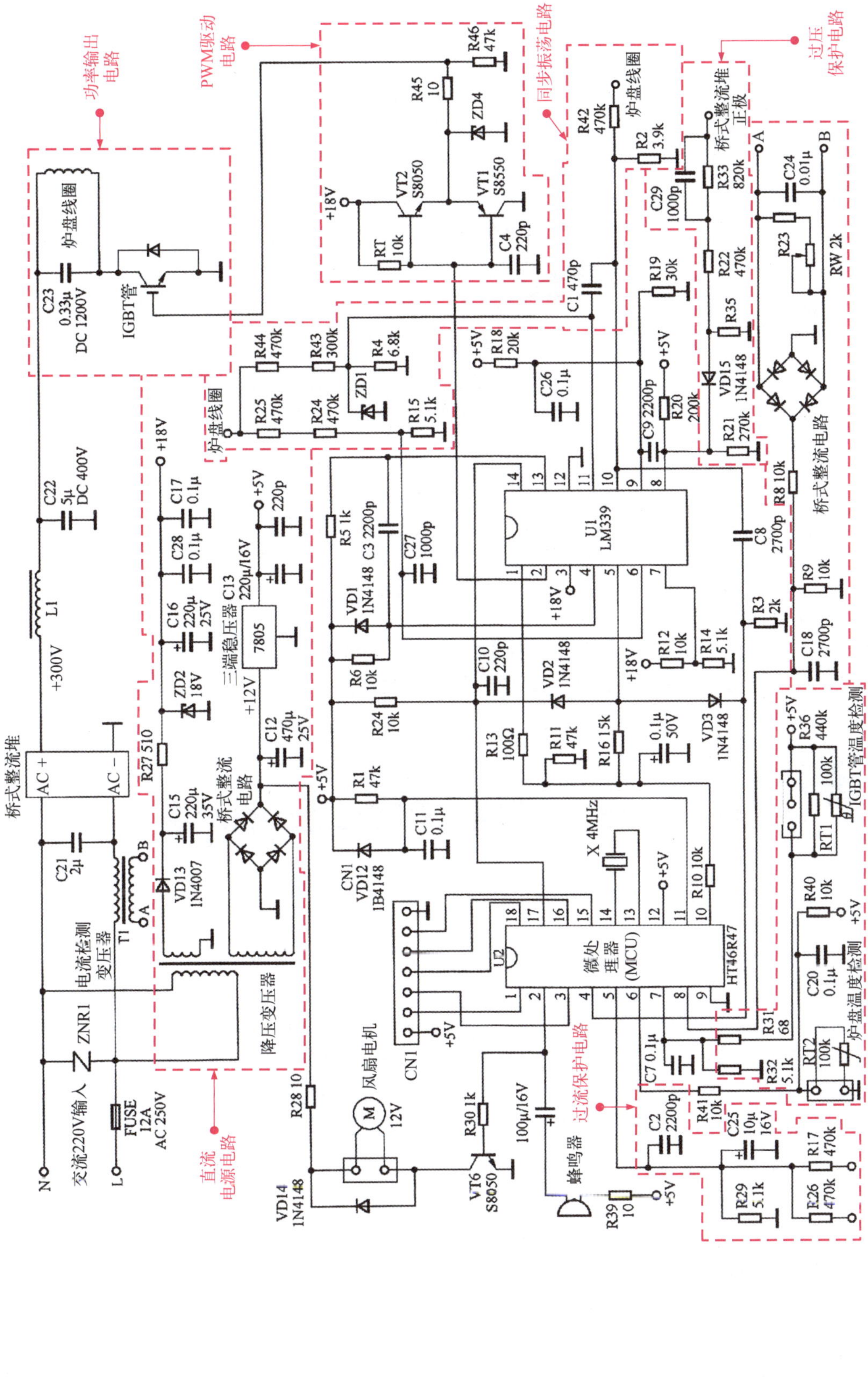

图20-3　富士宝IH-P260型电磁炉的电路原理图

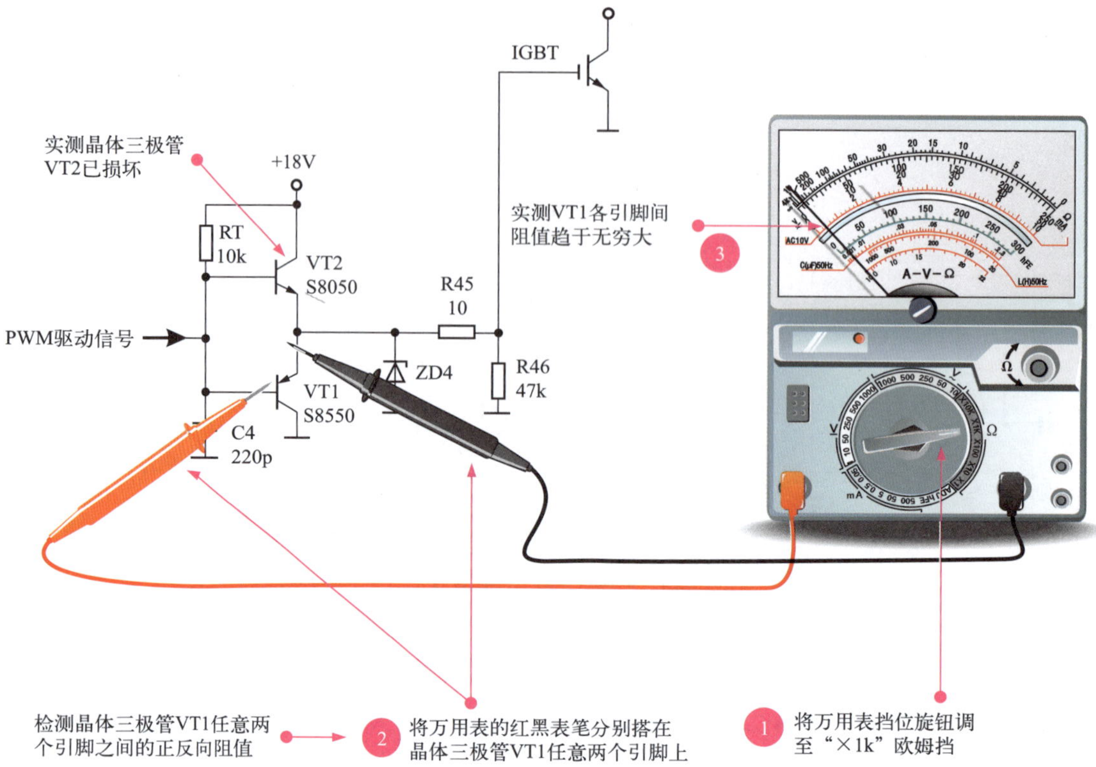

图20-4　晶体三极管的检测方法

将电磁炉断电后，使用万用表检测 IGBT 驱动电路中的晶体三极管 VT1、VT2 时，发现晶体三极管 VT1、VT2 均被击穿损坏。更换损坏的晶体三极管 VT1、VT2 后，开机试运行，故障排除。

20.4 富士宝 IH-P260 型电磁炉全无的检修案例

故障表现：

富士宝 IH-P260 型电磁炉通电无反应，开机无显示，操作按键无反应。

故障分析：

根据电磁炉的故障表现，当电磁炉出现此种故障，主要是由电源供电电路、微处理器控制电路损坏所导致的。检测时，应先对电源供电电路输出的直流低压进行检测，若输出正常，则可排除电源供电电路的故障，可进一步对微处理器控制电路进行排查；若输出电压不正常，则应进一步对电源供电电路进行排查。

富士宝 IH-P260 型电磁炉的电路原理图见 20-3。

故障检修：

根据上述分析可知，首先检测直流低压是否正常。

直流低压的检测方法如图 20-5 所示。

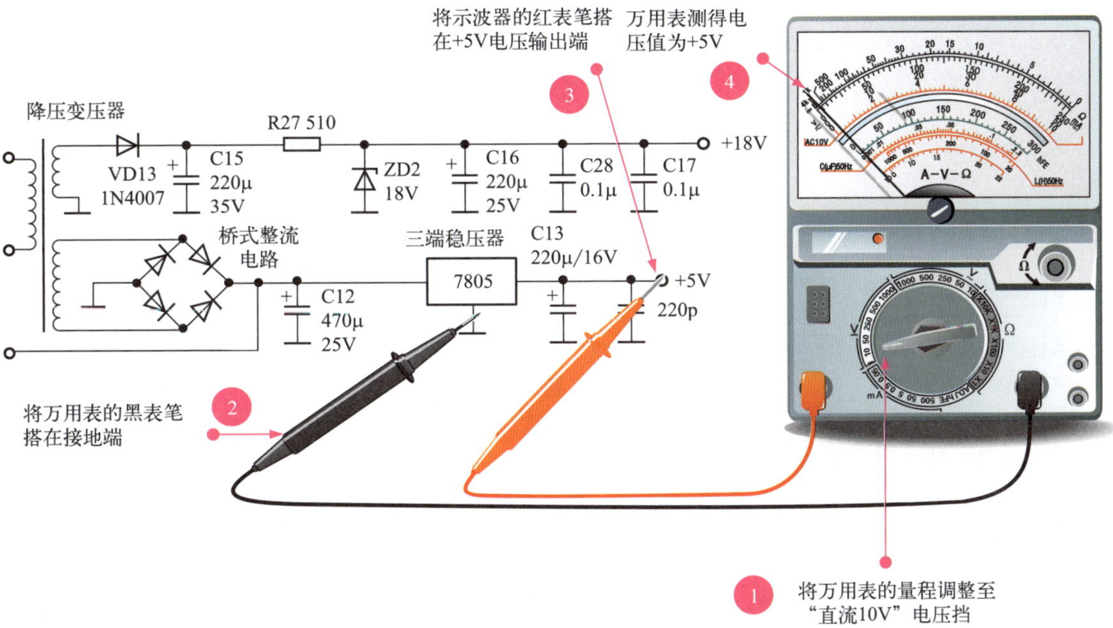

图20-5　直流低压的检测方法

将电磁炉通电，检测电源供电电路输出的 +5V 电压，实测后无电压输出，表明电源供电电路有故障，进一步对主要元器件进行检测。

将电磁炉处于待机状态下，检测三端稳压器的输入端电压，实测三端稳压器的输入端电压正常（12V），再检测输出电压时，发现该三端稳压器无输出电压，因此，可判断三端稳压器已损坏。更换损坏的三端稳压器（7805）后，开机试运行，故障排除。

20.5 富士宝 IH-P190B 型电磁炉整机不工作的检修案例

故障表现：

富士宝 IH-P190B 型电磁炉开机后，数码显示屏无显示，蜂鸣器无响声，风扇不运转，各按键均不起作用。

故障分析：

当电磁炉整机不工作时，主要是由电源供电电路、微处理器控制电路损坏所导致的。检测时，可先对电源供电电路输出的直流低压进行检测，若输出正常，则可排除电源供电电路的故障，可进一步对微处理器控制电路中微处理器的工作状态进行排查；若输出电压不正常，则应进一步对电源供电电路进行排查。图 20-6 所示为富士宝 IH-P190B 型电磁炉的电路原理图。

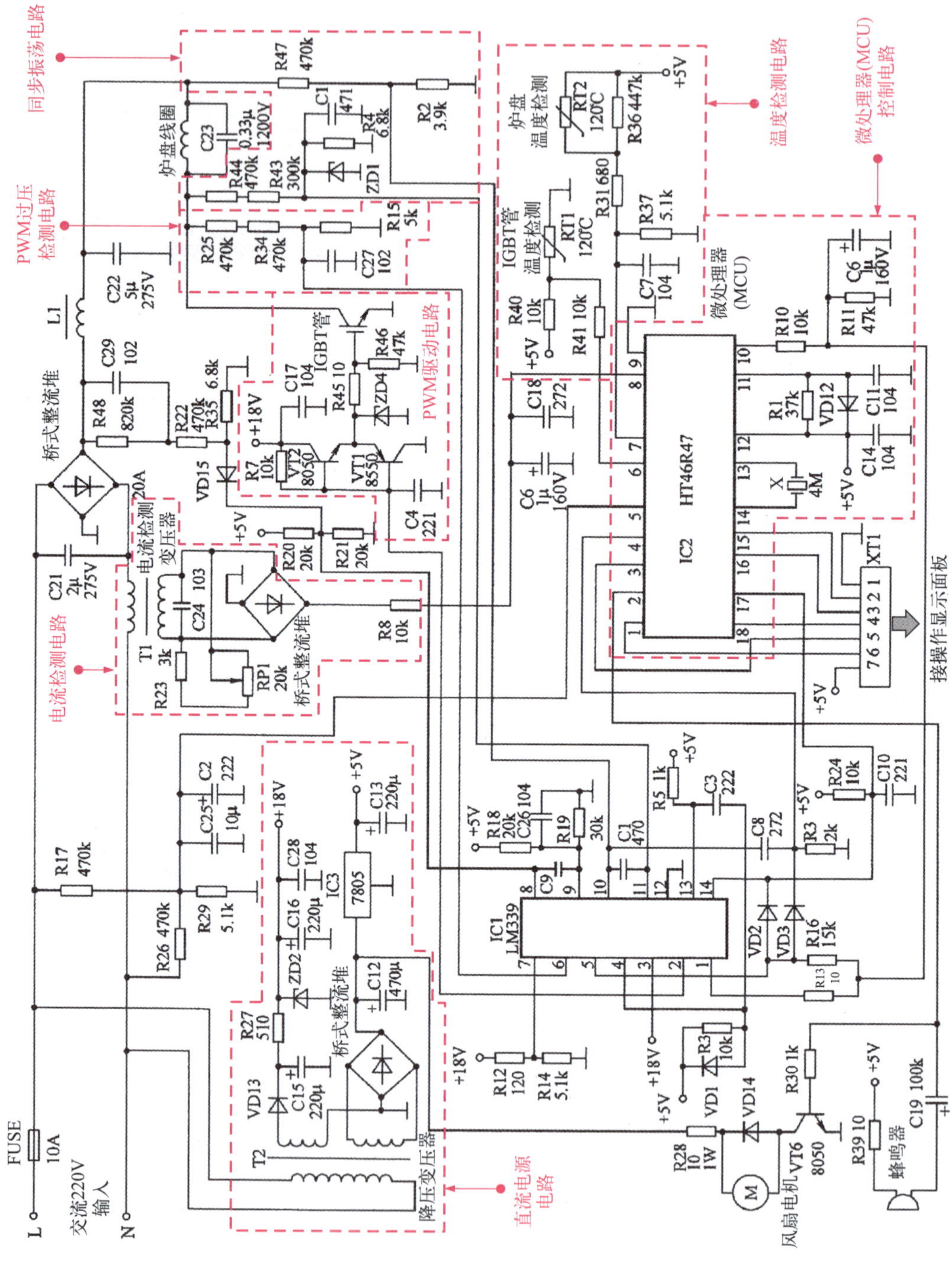

图20-6 富士宝IH-P190B型电磁炉的电路原理图

故障检修：

根据上述分析可知，首先检测电源供电电路输出的电压是否正常。

电源供电电路输出电压的检测方法如图 20-7 所示。

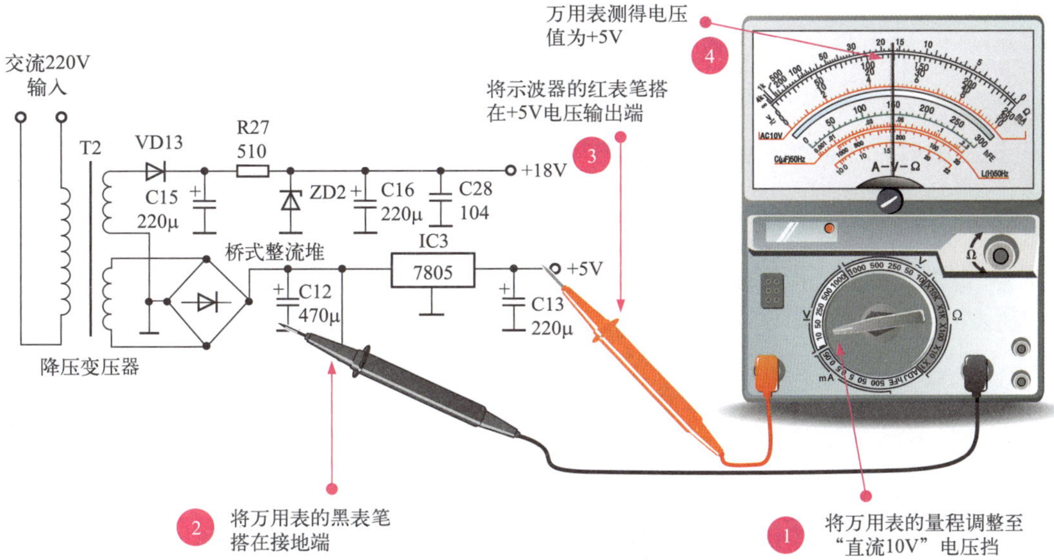

图20-7　电源供电电路输出电压的检测方法

电磁炉通电后，经检测电源供电电路输出的 +5V 电压正常，此时，应对微处理器控制电路进行检测，可先对微处理器的工作条件进行检测，如晶振信号。

微处理器晶振信号的检测方法如图 20-8 所示。

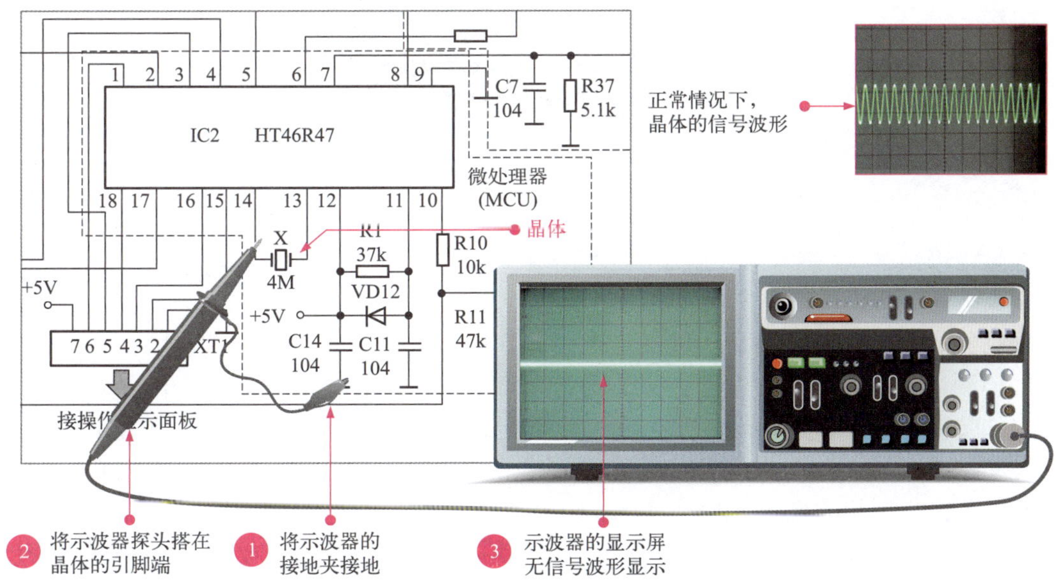

图20-8　微处理器晶振信号的检测方法

经检测，未检测出晶振信号（4MHz 的正弦波），怀疑是晶振损坏，将其更换后，开机试运行，故障排除。

20.6 富士宝 IHP10 型电磁炉无提示声的检修案例

故障表现：

富士宝 IHP10 型电磁炉通电开机后正常工作，但对电磁炉进行任何操作时，蜂鸣器均无提示声。

故障分析：

根据故障现象，应重点对蜂鸣器及蜂鸣器驱动电路部分进行检测，图 20-9 所示为富士宝 IHP10 型电磁炉的结构图。

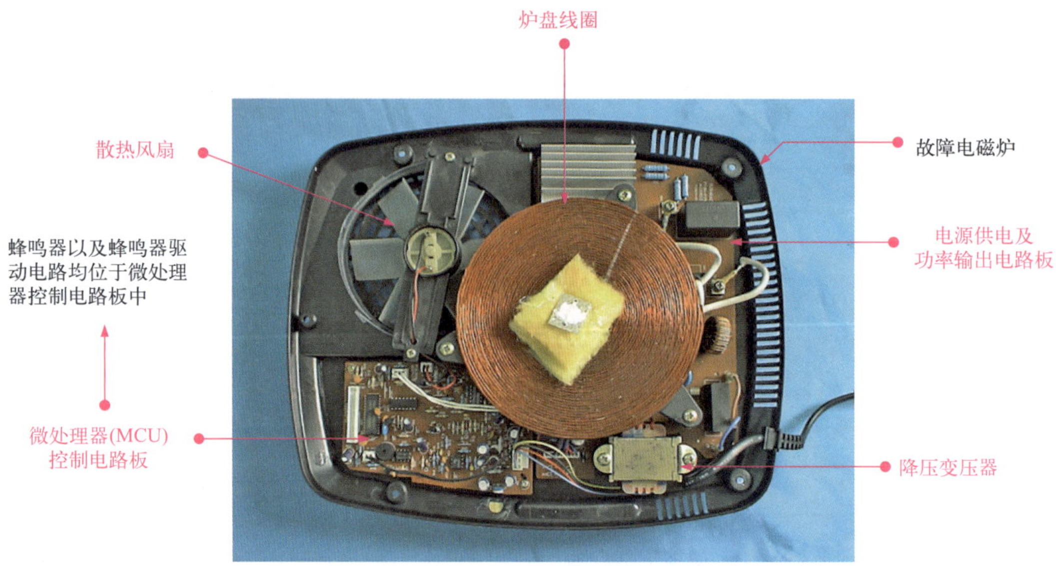

图20-9 富士宝IHP10型电磁炉的结构图

故障检修：

根据上述分析可知，首先检测蜂鸣器本身是否正常。

蜂鸣器的检测方法如图 20-10 所示。

经检测，万用表显示一定的数值，约为 18Ω，并在红、黑笔接触电极的一瞬间蜂鸣器会发出“吱吱”的声响，因此，可判断该蜂鸣器正常。接下来，对蜂鸣器的驱动晶体三极管进行检测。

驱动晶体三极管的检测方法如图 20-11 所示。

经检测，驱动晶体三极管 Q5 的正反向阻值均为无穷大，因此，判断该晶体三极管已损坏。更换损坏的晶体三极管 Q5 后，开机试运行，故障排除。

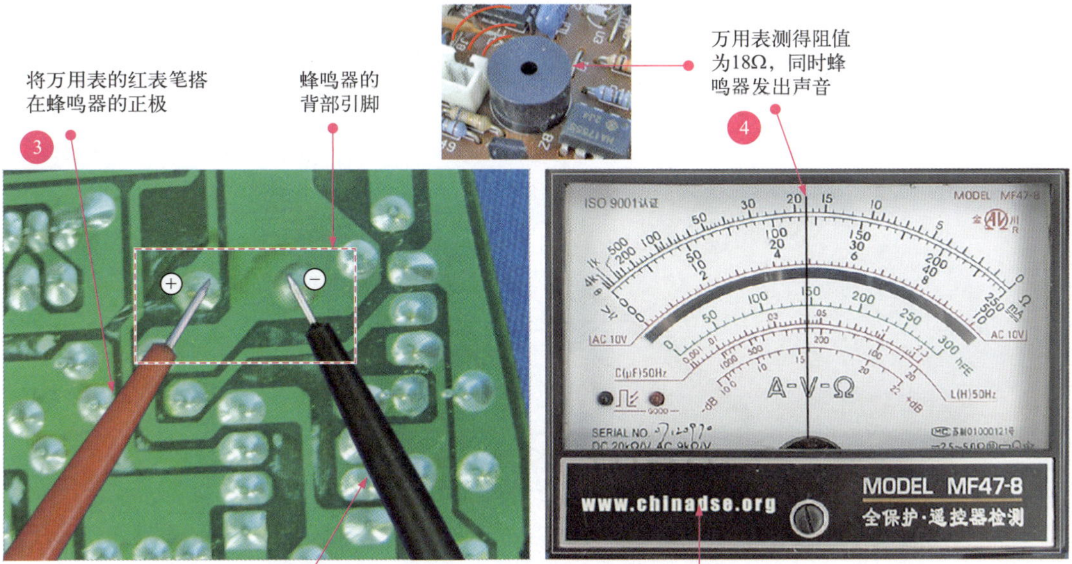

图20-10　蜂鸣器的检测方法

图20-11　驱动晶体三极管的检测方法

20.7 富士宝 IHP10 型电磁炉风扇不运转的检修案例

故障表现：

富士宝 IHP10 型电磁炉通电开机后正常工作，但散热风扇不运转，加热一定时间后停机。

故障分析：

根据故障现象，怀疑是电磁炉中散热风扇电路部分现出故障。检测时，应先对散热风扇的供电进行检测，图 20-12 所示为富士宝 IHP10 型电磁炉散热风扇驱动电路原理图。

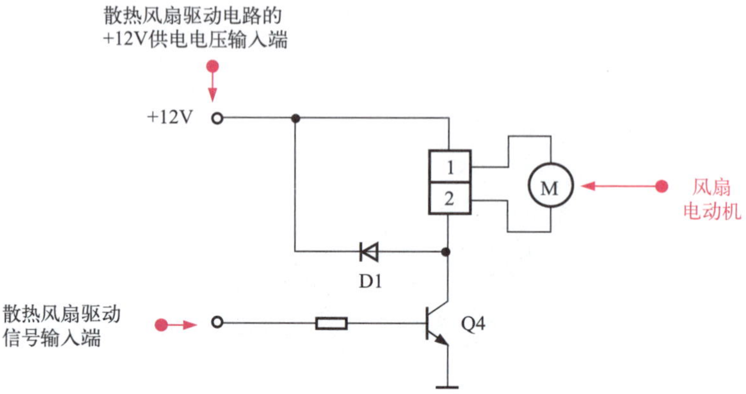

图20-12 散热风扇驱动电路

故障检修：

根据上述分析可知，首先检测散热风扇的供电是否正常。

散热风扇的检测方法如图 20-13 所示。

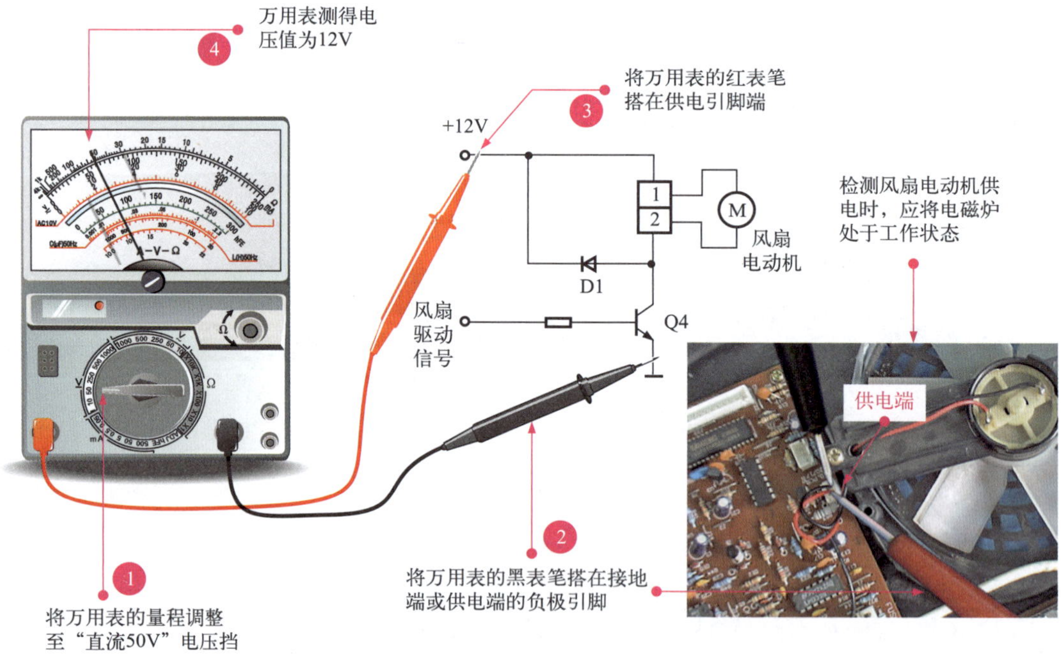

图20-13 散热风扇的检测方法

经检测，风扇电动机的供电电压正常，此时，应进一步对风扇电动机进行检测。

风扇电动机的检测方法如图 20-14 所示。

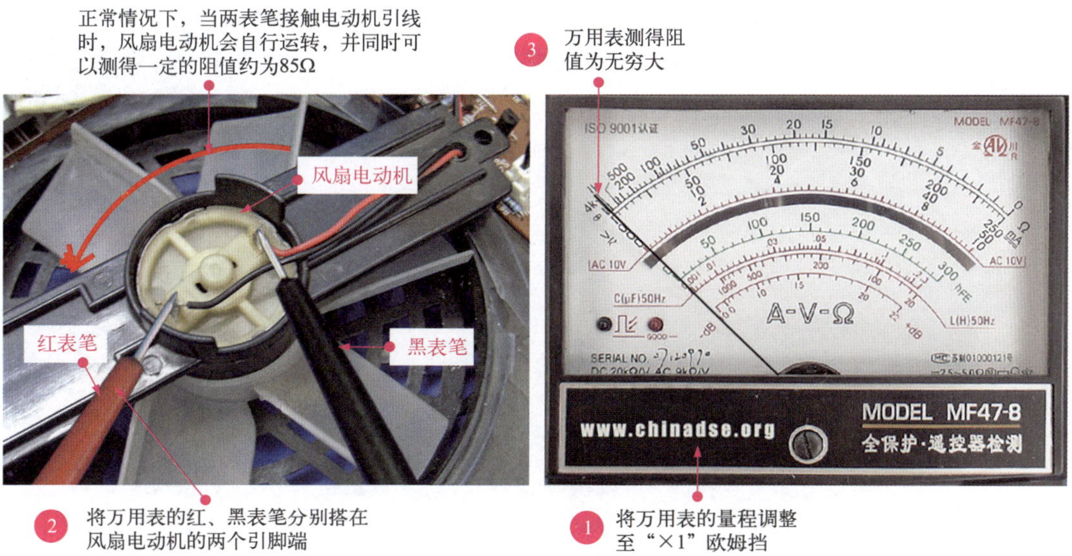

图20-14　风扇电动机的检测方法

经检测，当万用表表笔接触电动机引线时，风扇不旋转，而且阻值为无穷大，因此，判断该风扇电动机可能损坏。更换损坏的风扇电动机后，开机试运行，故障排除。

第21章 苏泊尔电磁炉故障检修案例

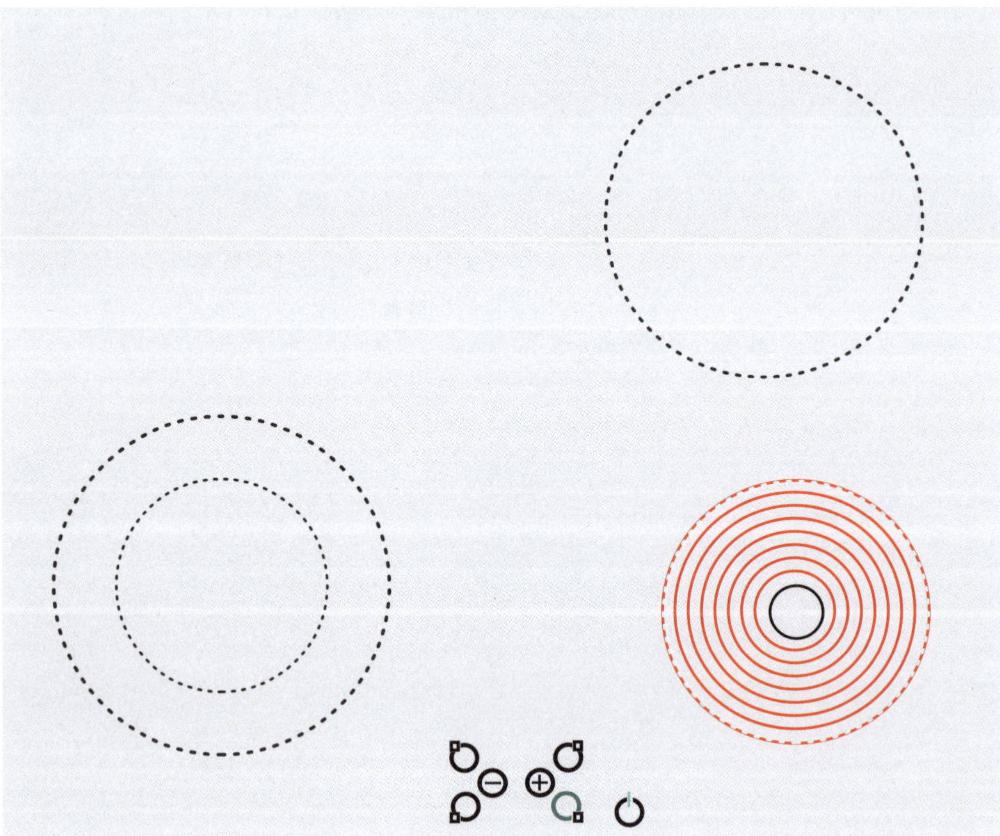

21.1 苏泊尔电磁炉故障代码与故障检修

苏泊尔电磁炉故障代码与故障检修见表 21-1。

表 21-1　苏泊尔电磁炉故障代码与故障检修

故障代码	故障分析	故障检修
E0	内部线路故障	检查驱动电路、谐振电容、炉盘线圈、同步电路中的限流电阻及主控IC
E1	无锅具或锅具不适用于电磁炉	该故障主要为锅具问题，更换符合规定的锅具后，故障可自行排除
E2	IGBT功率管过热保护	检查IGBT的热敏电阻器、风扇驱动电路、IGBT驱动电路
E3	过载保护（电压高于253V）	重点检查电压保护电路中的相关电子元器件及主控IC
E4	欠压保护（电压低于175V）	重点检查电压保护电路中的相关电子元器件及主控IC
E5	温度传感器开路	检查主温度传感器及温控电路中的电阻器
E6	炉面温度过热保护（高于300℃）或温度传感器短路	检查主温度传感器及温控电路中的电阻器

21.2 苏泊尔 QF-SM988 型电磁炉显示“E2”故障代码的检修案例

故障表现：

苏泊尔电磁炉通电开机，显示“E2”故障代码，蜂鸣器报警。

故障分析：

故障代码表明故障为 IGBT（功率管）过热保护的故障。这是因为在电磁炉工作过程中，当系统检测到 IGBT（功率管）温度过高时，系统会自动关闭功率输出，相应的功能指示灯长亮，蜂鸣器长鸣报警，并在数码管上显示“E2”故障代码。

针对上述故障，重点对 IGBT 的温度传感器进行检测，同时故障检测范围还包括风扇驱动电路和 IGBT 驱动电路。

故障检修：

首先，如图 21-1 所示，对 IGBT 温度传感器进行开路检测。该温度传感器为负温度系数的热敏电阻器 RT1，该热敏电阻紧贴在 IGBT 的散热片上，时刻感知 IGBT 的温度变化。图 21-1 中热敏电阻器 RT1 和电阻 R720 分压点的电压变化会送到主控 IC 中，电磁炉中的主控 IC 通过监测该电压的变化，作出相应的动作指令。一旦检测到 IGBT 功率管温度过高，主控 IC 便会关闭功率输出，启动报警并显示故障代码。

分别对电阻 R720 和热敏电阻器 RT1 进行检测。实测结果发现热敏电阻器损坏，采用同型号热敏电阻器更换，故障排除。

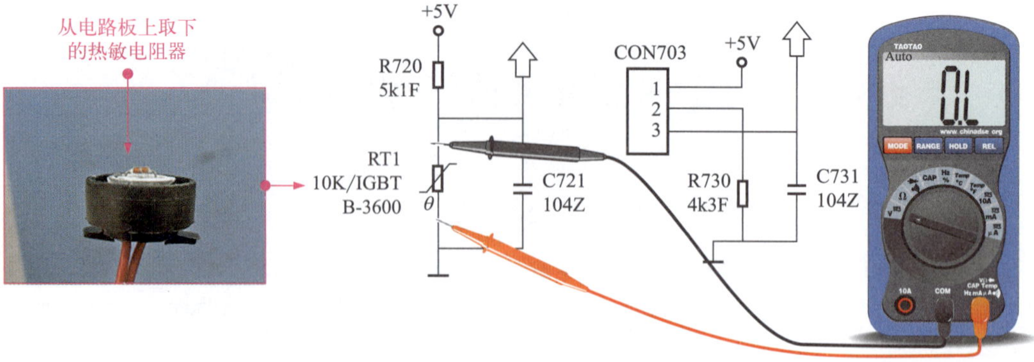

图21-1 IGBT温度传感器的检测

如果电阻器 R720 和热敏电阻器 RT1 都正常，还应对风扇驱动电路进行检测，如图 21-2 所示。

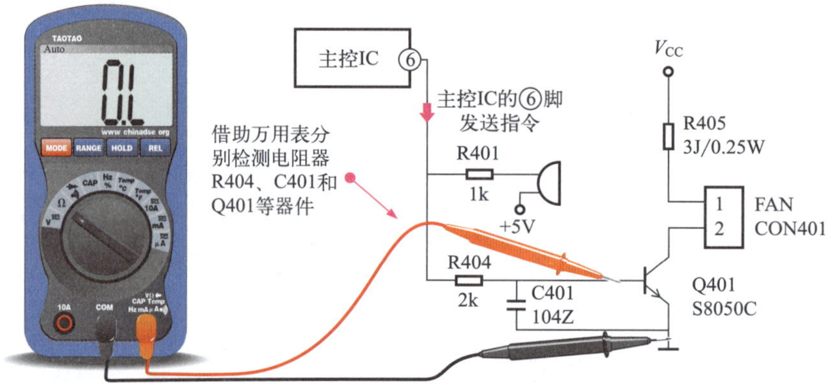

图21-2 风扇驱动电路的检测

电磁炉工作时，主控 IC 的⑥脚发送风扇运转控制指令，电压通过 R404 送到 Q401 的基极，Q401 导通，18V 电压通过接口插件 CON401 为散热风扇供电，散热风扇运转，为 IGBT 及电磁炉内部电路部件提供良好的散热。因此，如果散热不良也会导致 IGBT 温度传感器温度过高。可针对风扇驱动电路中的相应元器件进行检测。

21.3 苏泊尔 C19S06 型电磁炉保险丝烧损的故障检修案例

故障表现：

苏泊尔 C19S06 型电磁炉通电无反应，开机检查时发现保险丝已经烧损。

故障分析：

保险丝烧损，说明电路中存在短路性故障。应重点对 IGBT、桥式整流堆、IGBT 相关的 PWM 驱动电路、过压保护电路等进行检测。

故障检修：

图 21-3 为苏泊尔 C19S06 型电磁炉的电路原理图。

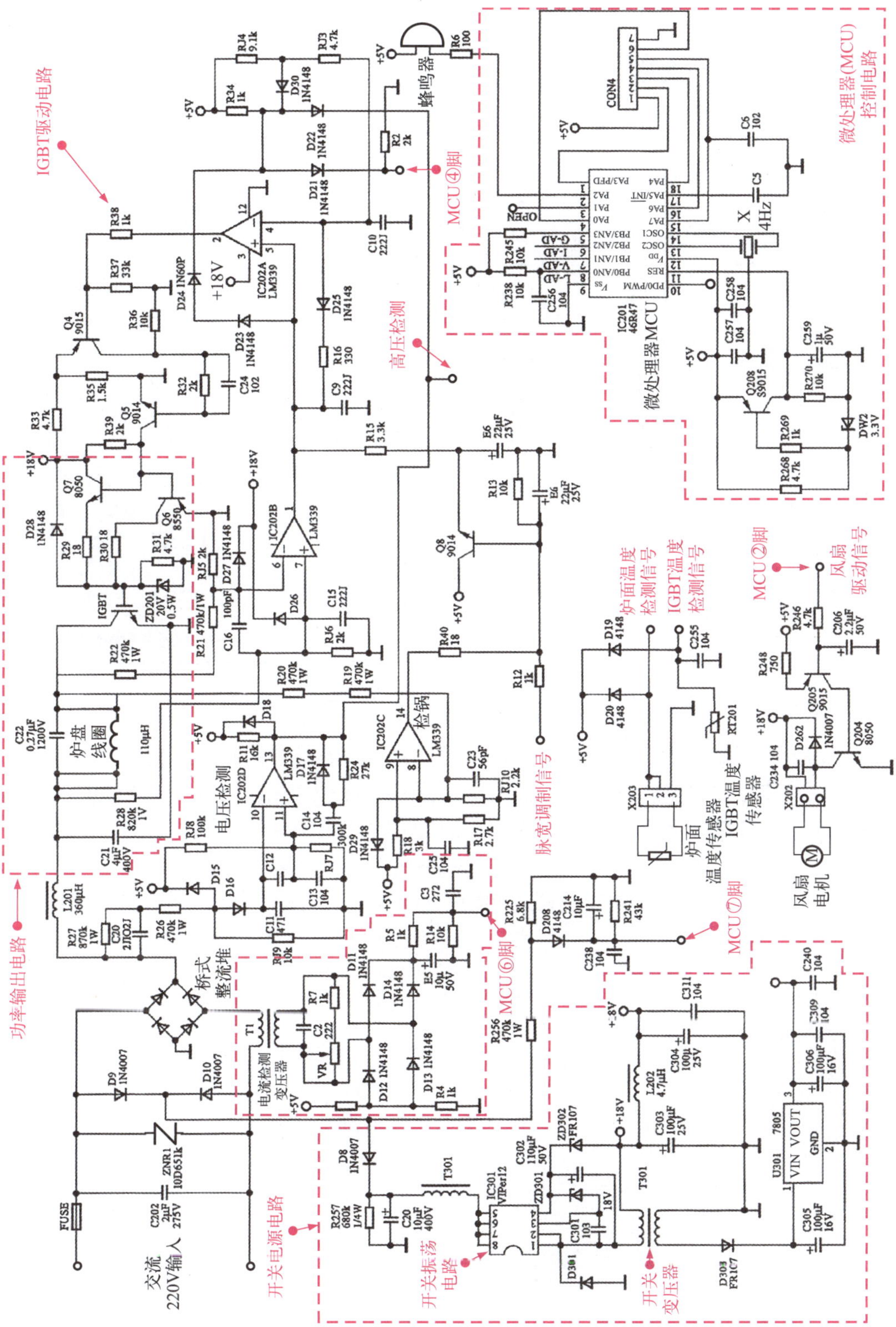

图21-3　苏泊尔C19S06型电磁炉的电路原理图

首先更换已经损坏的熔断器（保险丝）。此时，不可盲目开机，还要对 IGBT 和桥式整流堆进行进一步检测。检测发现 IGBT 管和桥式整流堆都已击穿损坏。选用同型号器件进行代换。

根据经验，还要对 PWM 驱动电路、过压保护电路中的重点元件进行检测。如图 21-4 所示，其中，晶体管 Q4 ～ Q7，电阻器 R29 ～ R31 以及稳压二极管 ZD201 都是重点检测对象。

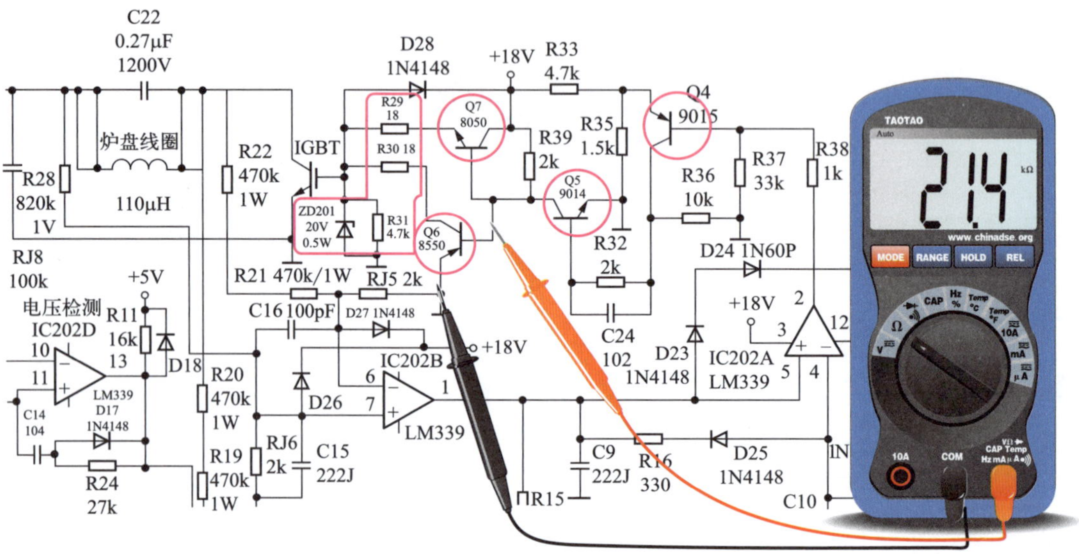

图21-4　过压保护电路中重点元件的检测

IC202A（LM339）输出控制信号控制晶体管 Q7 或 Q6 的导通或截止，进而控制 IGBT 管的导通或截止。在此过程中，稳压二极管 ZD201 主要起保护作用，当 IGBT 栅极的电压过高（超过 20V）时，ZD201 会反向击穿导通，从而防止 IGBT 击穿损坏，对 IGBT 起到有效保护的作用。

经检查发现，电路中 ZD201 损坏。使用同型号稳压管替换后，通电测试，故障排除。

第 22 章 其他品牌电磁炉故障检修案例

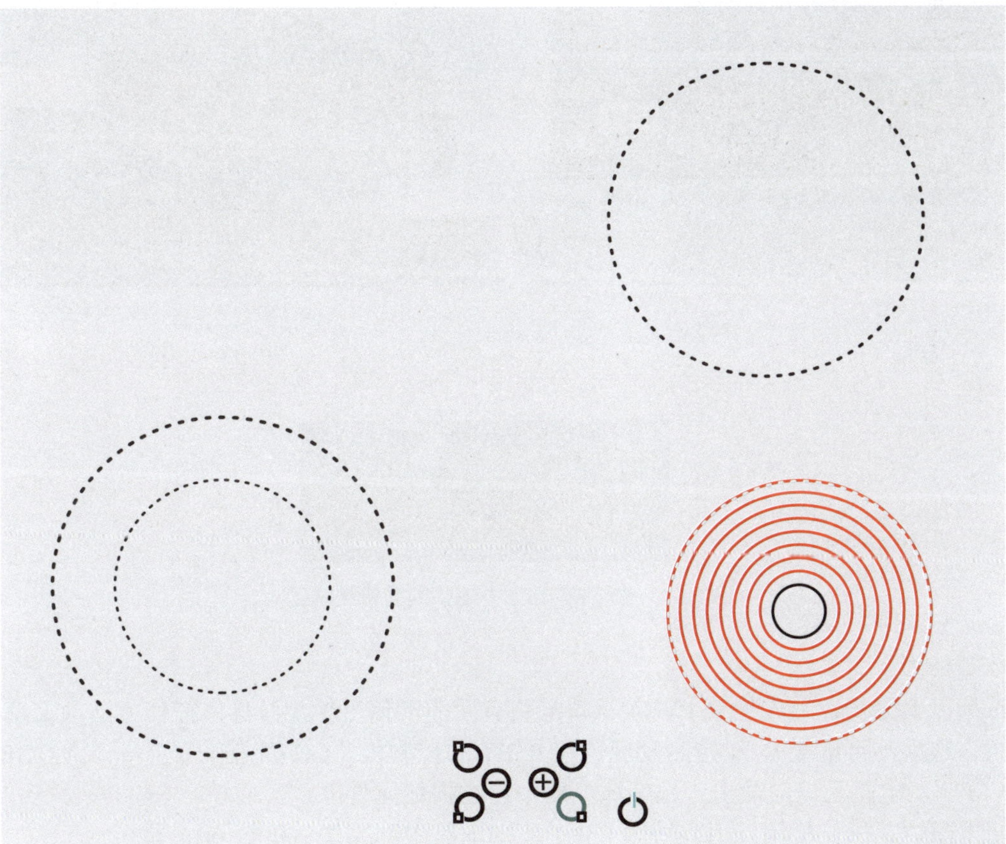

22.1 松下电磁炉不加热故障的检修案例

故障表现：

松下 FB-20 型电磁炉通电开机后，显示正常，按键正常，但按下加热键后，电磁炉不加热。

故障分析：

根据故障表现分析，电磁炉显示、按键均正常，说明电路中的电源供电、微处理器控制等公共电路部分基本正常；电磁炉不加热，重点对功率输出电路、PWM 驱动电路进行检测。

图 22-1 所示为松下 FB-20 型电磁炉的整机结构图。

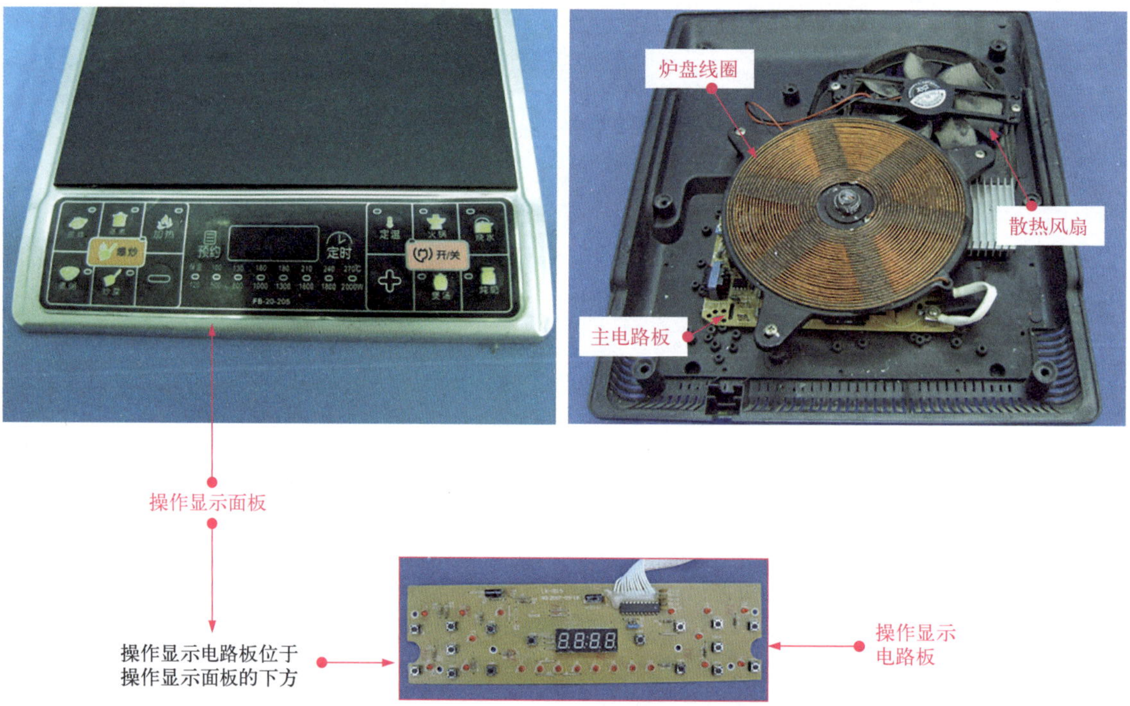

图22-1　松下FB-20型电磁炉的整机结构图

故障检修：

根据以上分析，首先检查 PWM 驱动电路有无驱动信号输出（具体操作方法前面章节已经介绍，这里不再重复）。经检测发现，在 IGBT 的控制极（G）无信号波形，说明 IGBT 前级 PWM 驱动电路无信号输出，怀疑该电路中存在损坏元件。

将电磁炉断电，使用万用表检测 IGBT 驱动电路中的晶体三极管 Q1、Q2。

在对故障机 PWM 驱动电路检测过程中，对晶体三极管 Q2 进行检测的操作如图 22-2 所示。

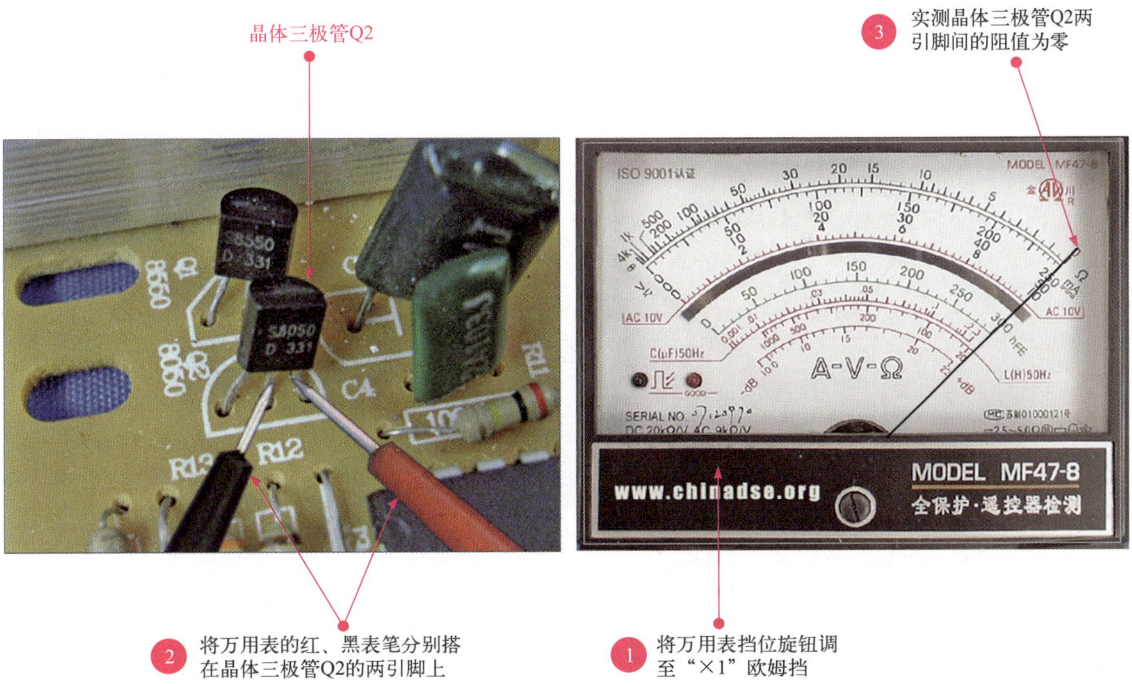

图22-2　晶体三极管Q2的检测操作

经检测发现，晶体三极管 Q2 内部已经烧断，导致 PWM 驱动电路无输出，无法驱动功率输出电路工作，更换损坏的晶体三极管 Q2 后，开机试运行，故障排除。

22.2 拓邦电磁炉无提示声故障的检修案例

故障表现：

拓邦 PC20G 型电磁炉通电后，电磁炉开机时，或按动操作按键时，无任何提示声。

故障分析：

根据故障表现，电磁炉出现此种故障，主要是由蜂鸣器本身或驱动电路损坏所导致的。

图 22-3 所示为拓邦 PC20G 型电磁炉的电路原理图。

故障检修：

根据以上分析，首先检查蜂鸣器驱动电路的基本工作条件，即蜂鸣器的供电电压。

对该电磁炉进行通电，检测该电磁炉的蜂鸣器工作电压，如图 22-4 所示。

经检测，蜂鸣器的工作电压值为 18V，表明供电正常。将电磁炉断电后，检测蜂鸣器驱动电路中的元器件是否损坏。重点检测电阻器 R1、晶体三极管 Q8 等，检测时发现电阻器 R1 的阻值异常。

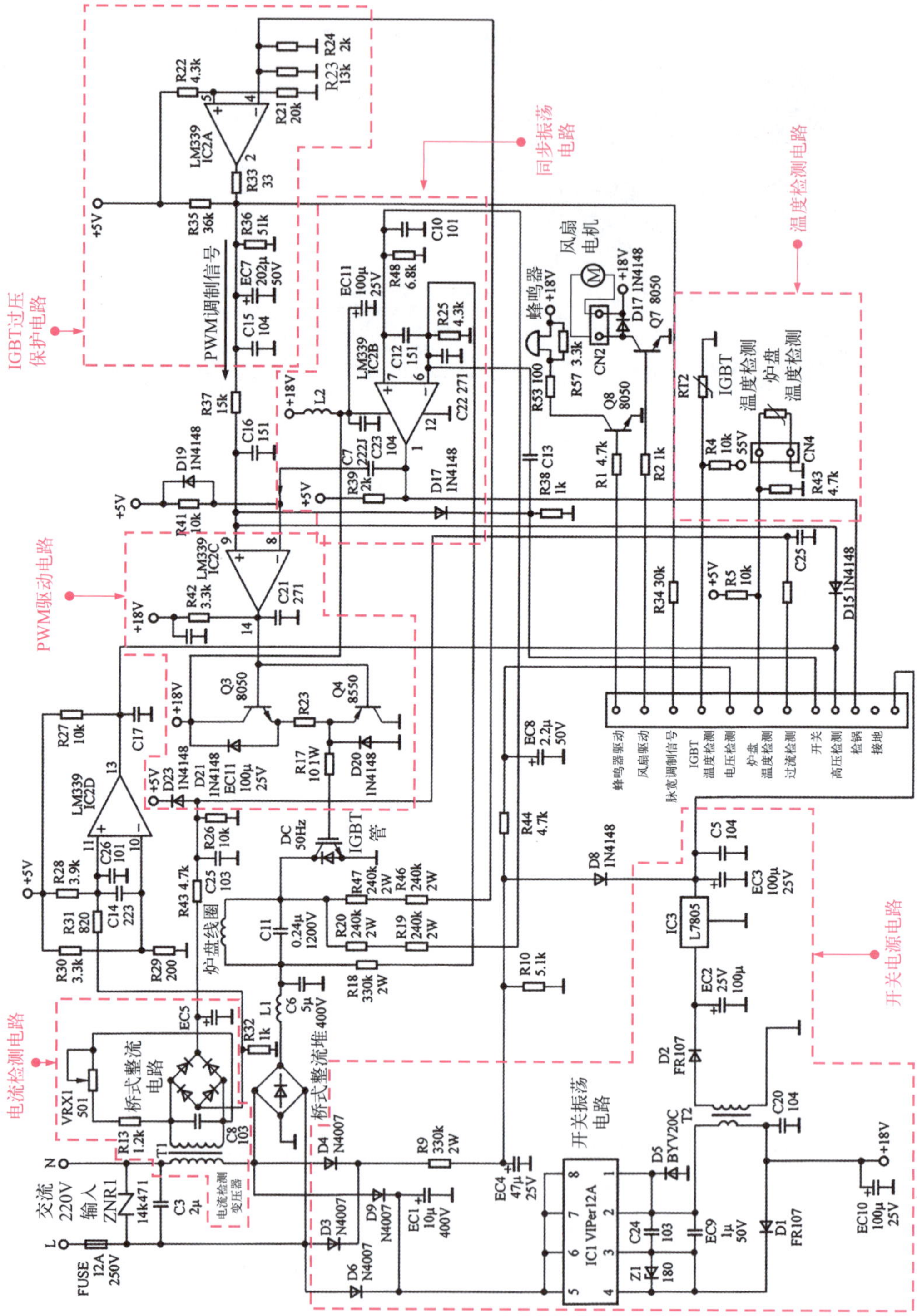

图22-3 拓邦PC20G型电磁炉的电路原理图

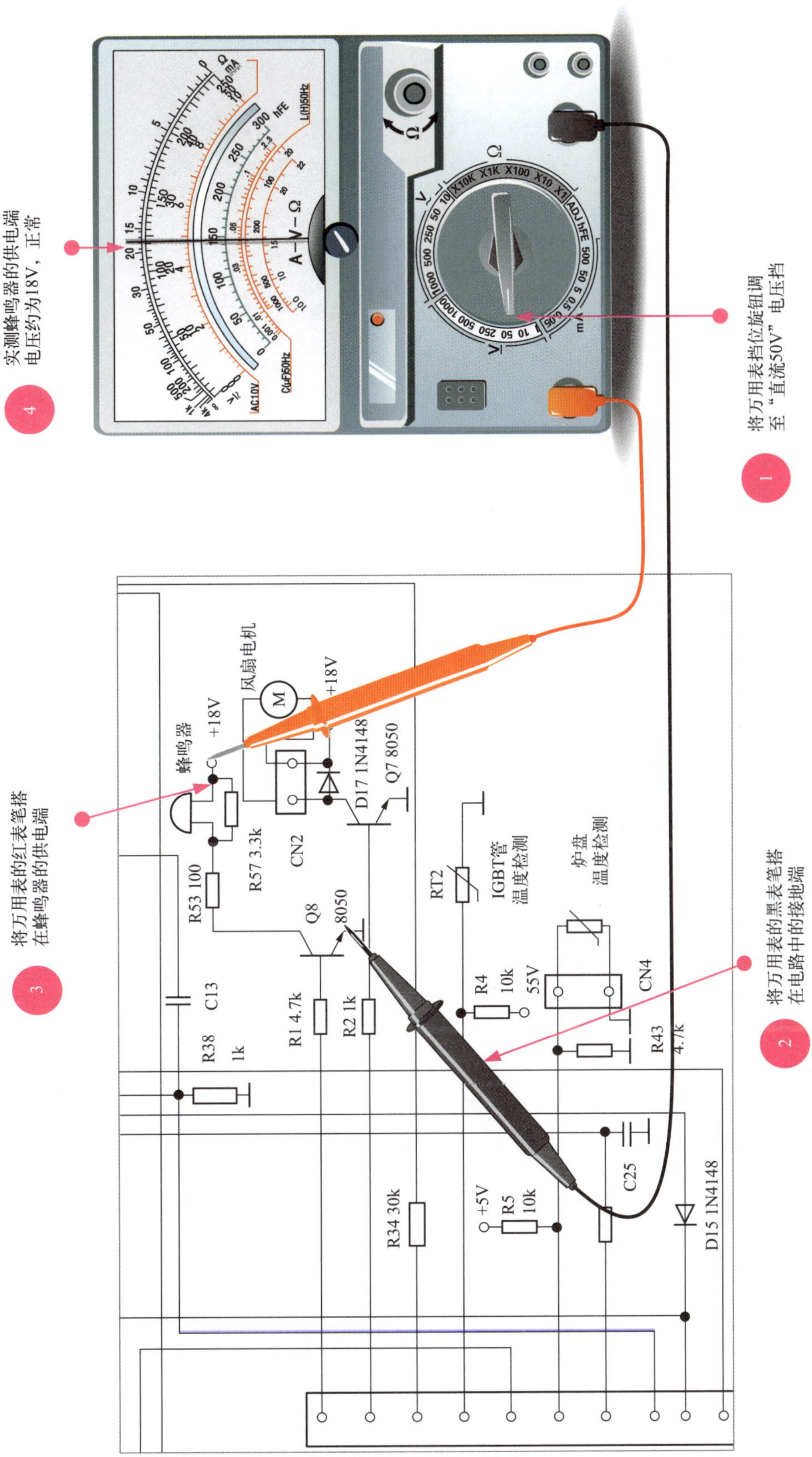

图22-4　检测蜂鸣器工作电压

对蜂鸣器驱动电路检测过程中，电阻器 R1 的检测如图 22-5 所示。

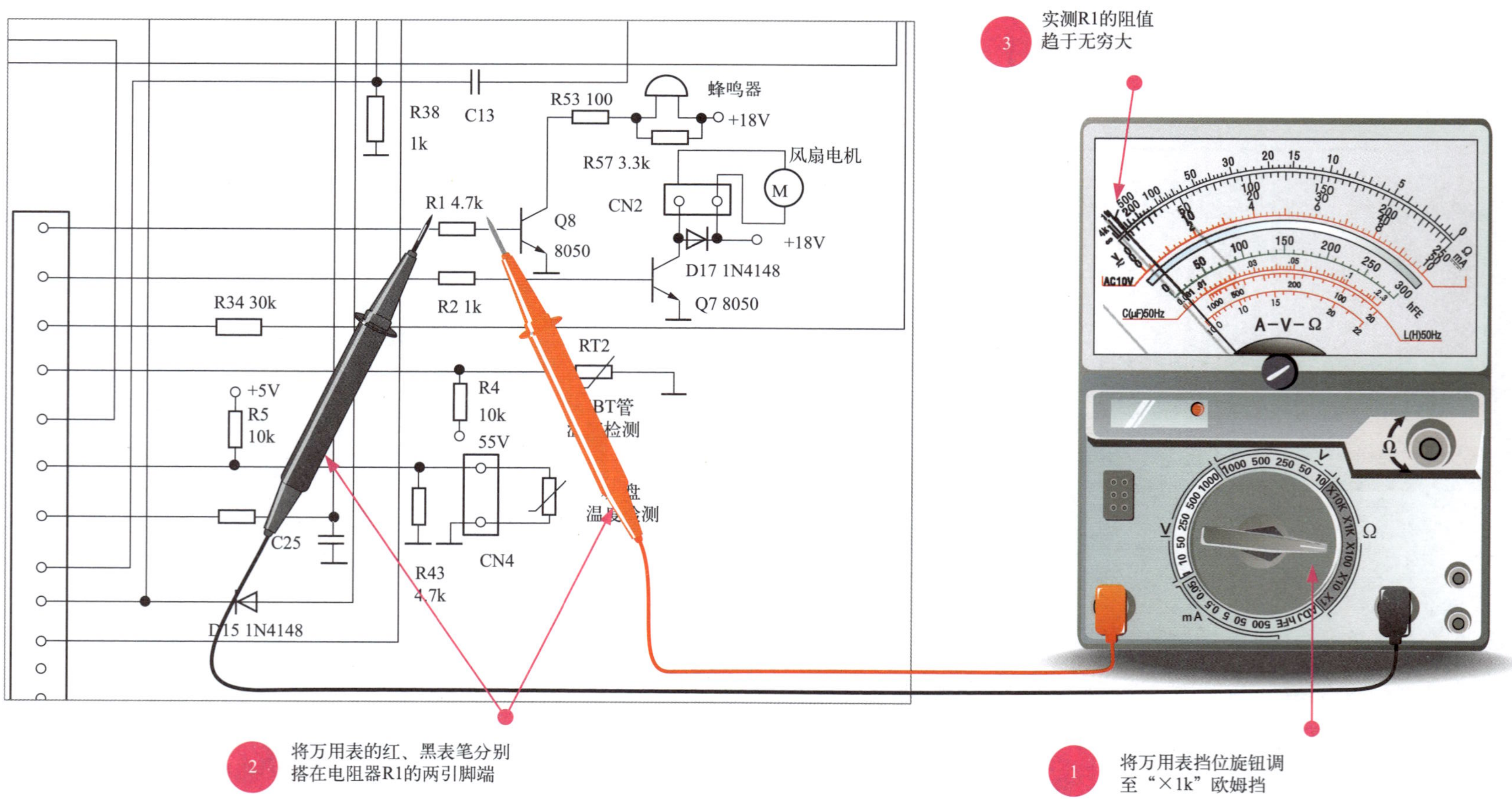

图22-5　检测电阻R1

经检测发现，电阻器 R1 的实际阻值趋于无穷大，与其标称数值 4.7kΩ 偏差过大。更换电阻 R1 后，对电磁炉通电开机，故障排除。

22.3 百合花电磁炉热度不够故障的检修案例

故障表现：

百合花 DCL-1 型电磁炉通电加热后，电磁炉的热度不够，输出功率偏低，加大其加热功率后，电磁炉热度微量上升，但仍达不到功率要求。

故障分析：

根据该电磁炉的故障现象分析，该电磁炉属于功率偏低，热量达不到设定要求的故障，怀疑该电磁炉的操作控制电路、功率输出电路和 PWM 调制电路出现异常。

图 22-6 所示为百合花 DCL-1 型电磁炉的控制电路原理图。

故障检修：

根据以上分析，首先检查操作控制电路中的功率调整操作按键 K2，但经检查后，K2 无接触不良、开路等故障。此时，怀疑操作控制电路输出部分的电阻器 R66 或 R108 异常，可在断电状态检测这两个电阻器的阻值来判断。

故障机中操作显示电路输出侧电阻器 R66 的检测方法如图 22-7 所示。

经检测发现，电阻器 R66 的阻值偏大，表明该电阻已经老化，将电阻 R66 更换后，对电磁炉开机试机，故障排除。

特别提示

上述案例属于操作控制部分的功率调整按键输出侧元件异常，导致调整按键的指令无法正确送达主控电路中，因而使功率输出电路输出功率达不到要求。

在实际维修过程中，导致电磁炉输出功率不足还有一个重要原因，即 PWM 调制电路异常，导致 PWM 脉冲信号宽度不够，引起功率输出电路输出功率不足。该类故障除有功率输出不足表现外，还会伴随加热速度缓慢的情况。

维修人员在检修实践中，应注意积累和总结维修经验，归纳和总结同一个故障可能的故障原因有哪些或同一个故障点可能会引发的故障表现又有什么不同，在实践中提高维修技能，这也是维修人员提高自身技能的重要环节。

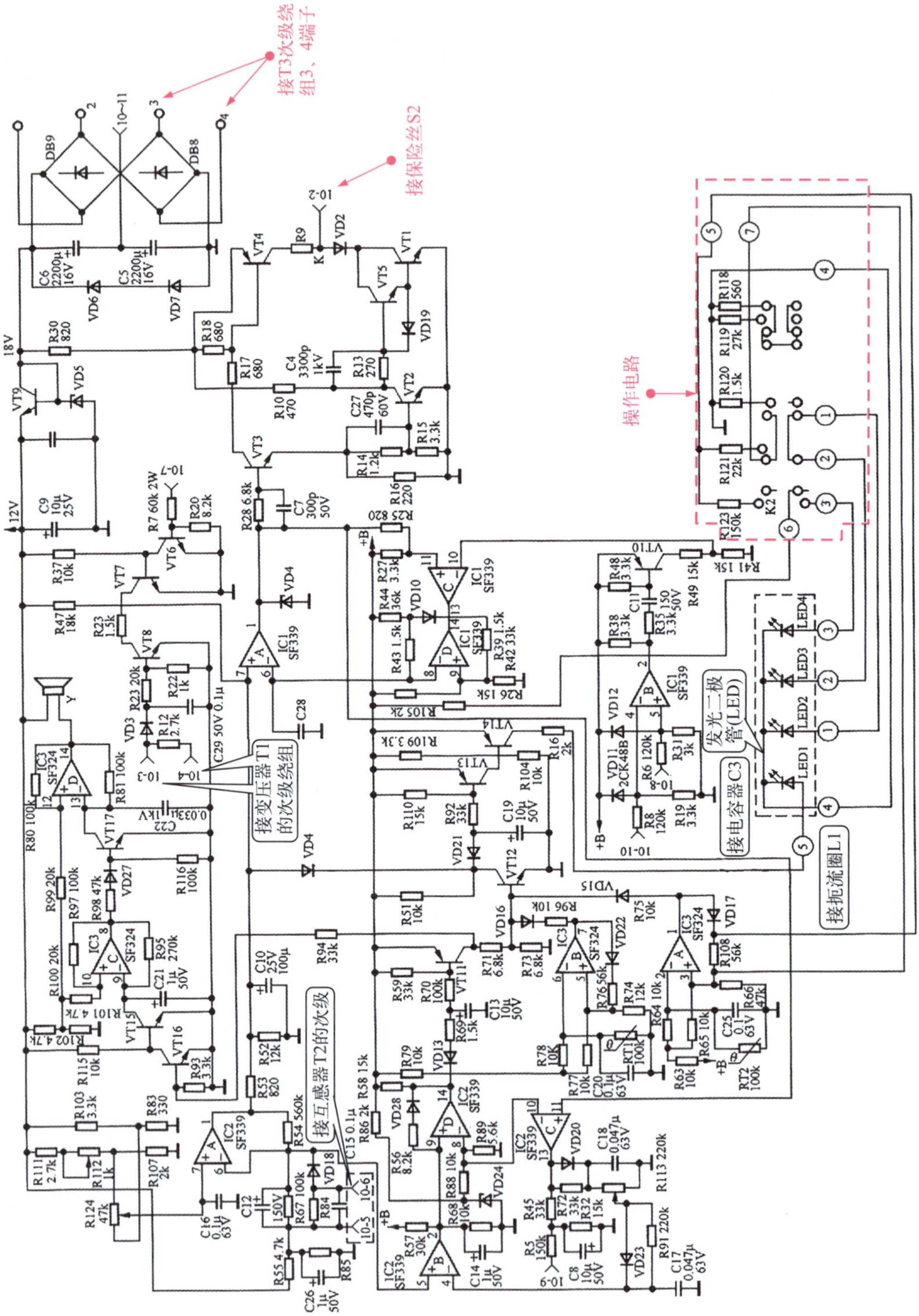

图22-6 百合花DCL-1型电磁炉的控制电路原理图

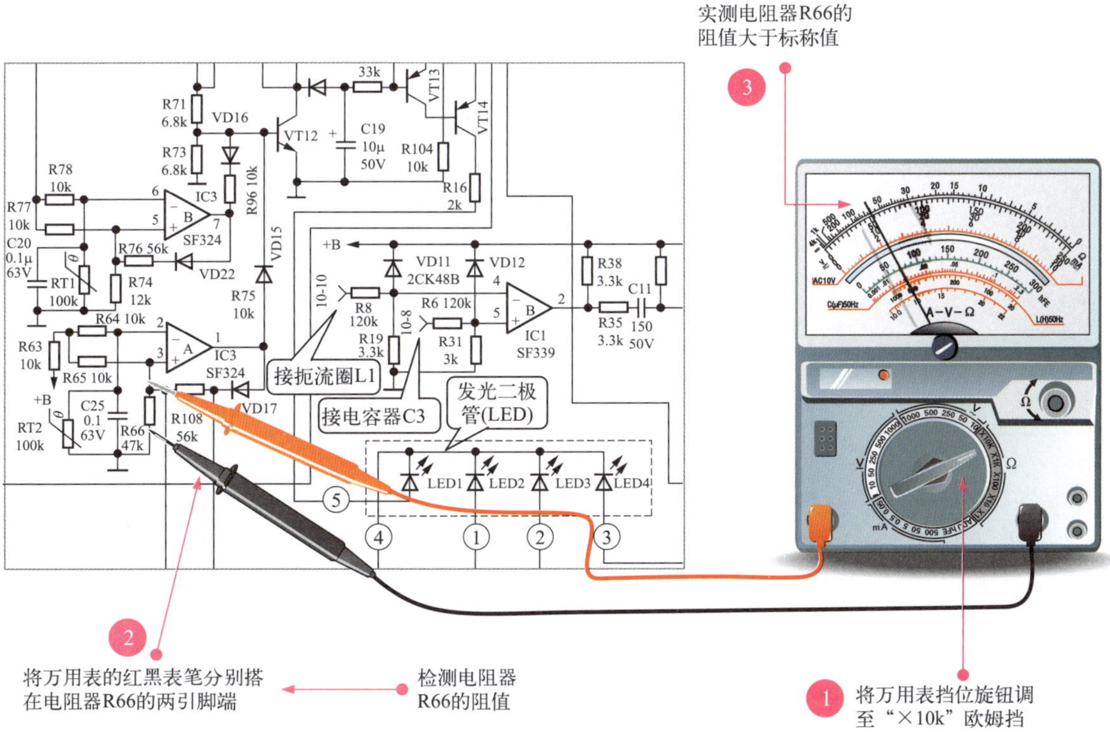

图22-7　检测电阻R66

22.4 TCL 电磁炉断续加热故障的检修案例

故障表现：

TCL PC20N-G 型电磁炉开机加热一段时间后，加热正常，但加热一段时间后，电磁炉停机不工作，而过了 5min 左右，又开始自动加热。

故障分析：

根据该电磁炉的故障现象分析，怀疑该电磁炉的过压保护电路出现故障，且故障多是因器件变质引起的，可逐一检测过压保护电路中各元件，从元件性能参数的检测结果判断好坏。

图 22-8 所示为 TCL PC20N-G 型电磁炉的控制电路原理图。

故障检修：

根据以上分析，我们首先检查该故障机中的过压保护电路部分。将电磁炉断电后，检测电阻器 R408、R522、R506 等均未发现异常。接着，检测电路中电容器 C402 的电容量，检查电容器有无漏电情况。

故障机中，电容器 C402 的检测方法如图 22-9 所示。

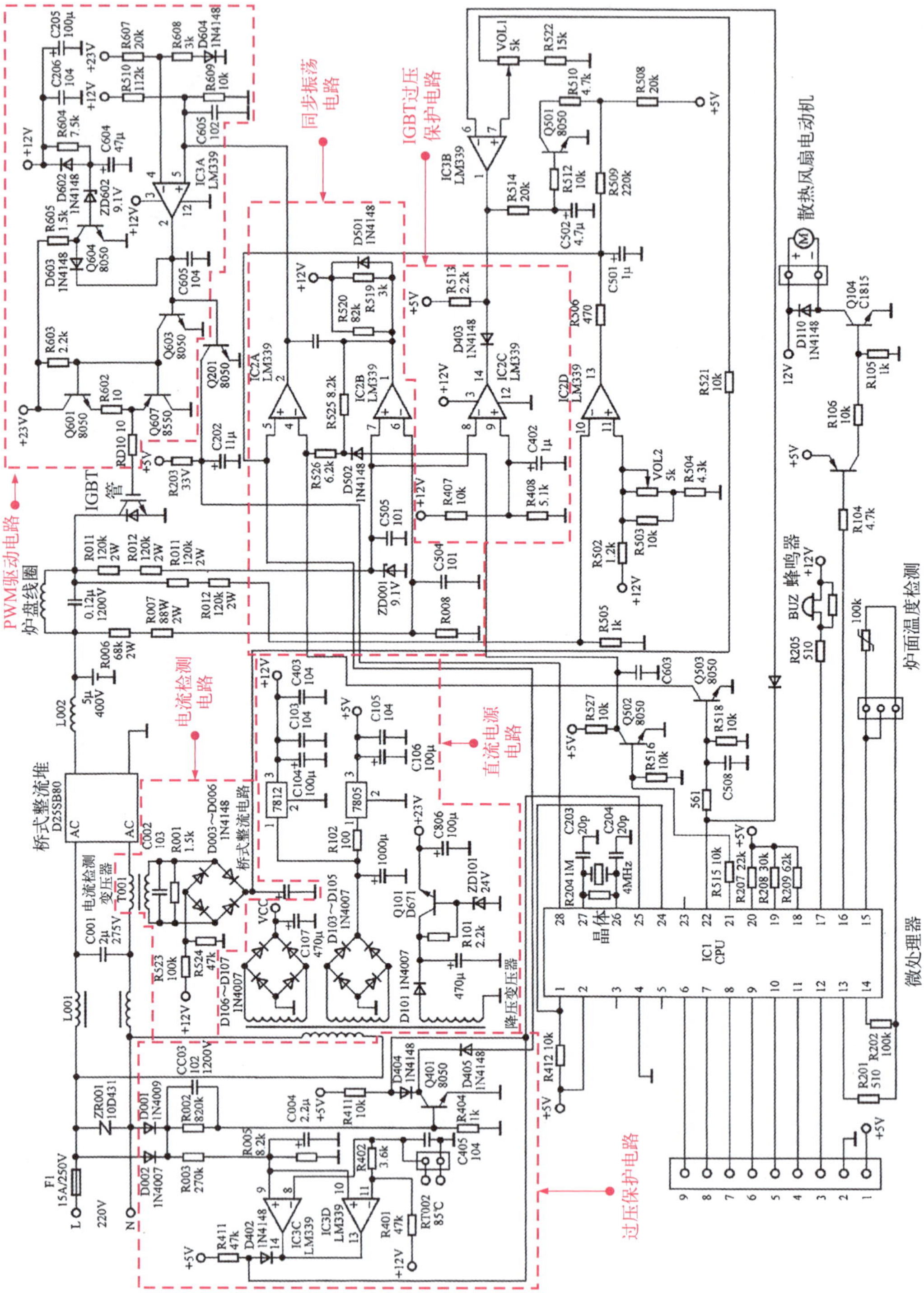

图22-8 TCL PC20N-G型电磁炉的控制电路原理图

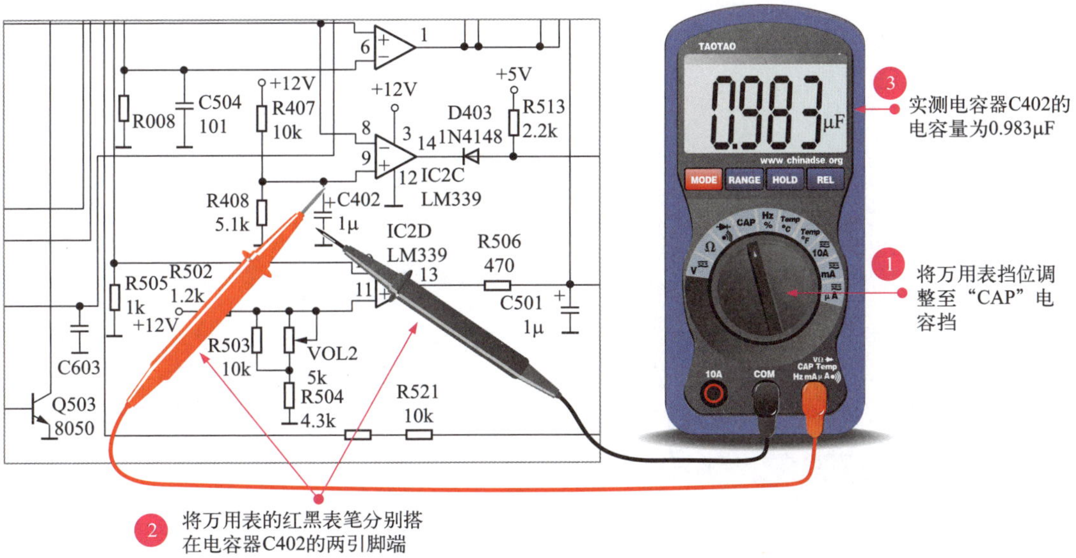

图22-9　检测电容器C402的阻值

经检测，电容器 C402 电容量约为 1μF，也正常。此时，仔细观察和检测电路其他相关元件均未发现异常。由此怀疑该电路本身正常，可能是电路存在虚焊情况。将电磁炉的电路板取下后，检查 R506 附近的焊点，果然发现电阻器 R506 附近有焊点虚焊。将虚焊的焊点重新补焊后，通电试机，故障排除。

特别提示

在电磁炉检修操作中，由虚焊引起的故障不在少数，而且由于有些元件虚焊现象不明显，焊点只有一圈很细的细纹，在工作一段时间后，由于元件自身温升影响，细纹变大，从而引发故障。对该类故障检修时，可对怀疑电路部分的元件首先进行补焊操作，即通过补焊法排除故障。

22.5 万宝电磁炉功率调整失控故障的检修案例

故障表现：

万宝 DCZ-13/15/17 型电磁炉加热时，该电磁炉的功率调整失灵，电磁炉加热的功率不稳定。

故障分析：

根据该电磁炉的故障现象，怀疑该电磁炉的功率输出及相关电路出现故障。图 22-10 所示为万宝 DCZ-13/15/17 型电磁炉的电路原理图。

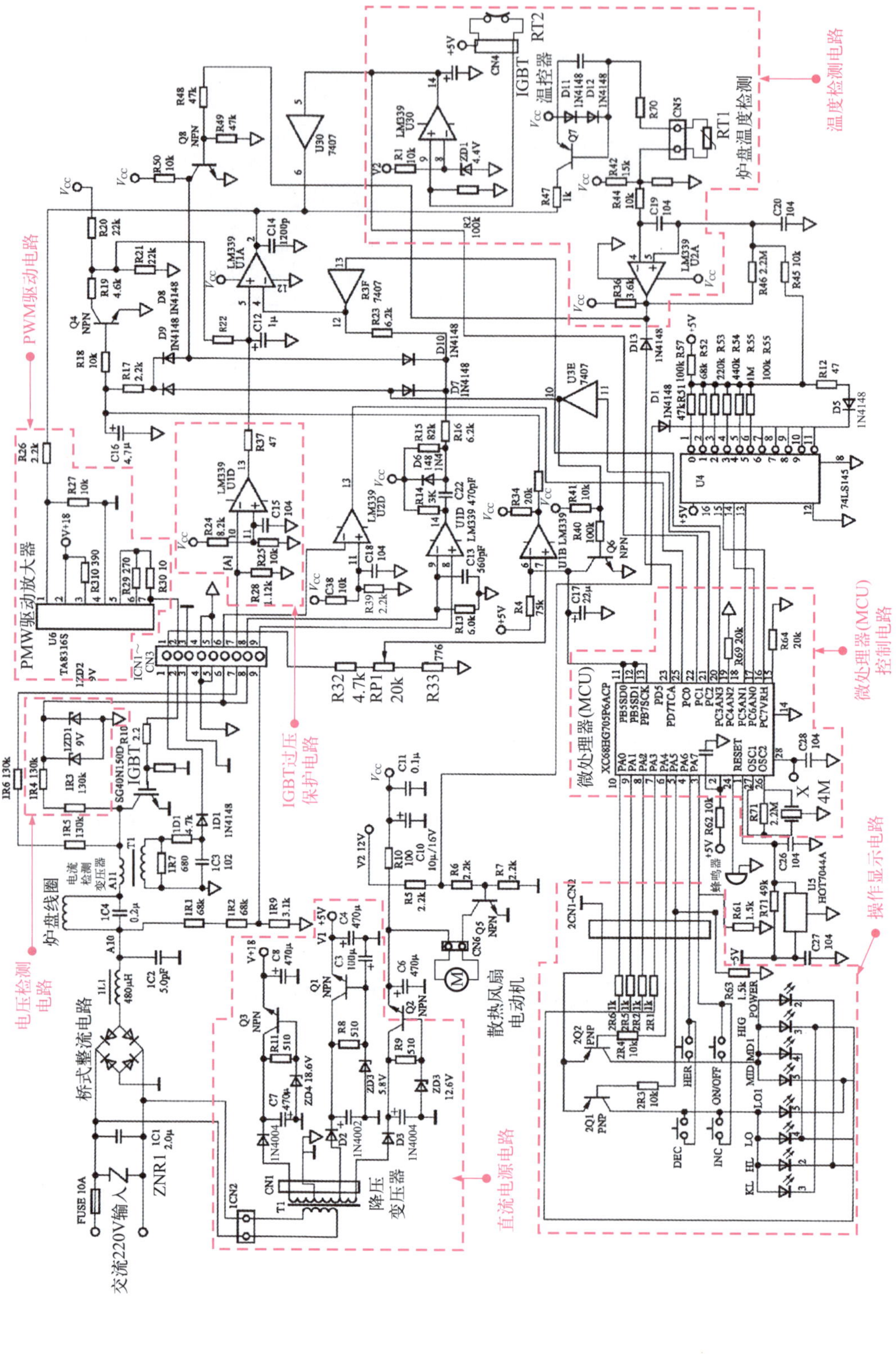

图22-10 万宝DCZ-13/15/17型电磁炉的电路原理图

故障检修：

根据以上分析，首先检查功率输出电路部分，逐一检查该电路中有无器件损坏。

将电磁炉断电后，检测功率输出电路中的电阻器 1R1 和前级电路中的电阻 R32、R33 均未发现异常，但检测电位器 RP1 时，发现电位器 PR1 动静片之间阻值过大。

故障机功率输出电路关联电路中，电位器 RP1 的检测方法如图 22-11 所示。

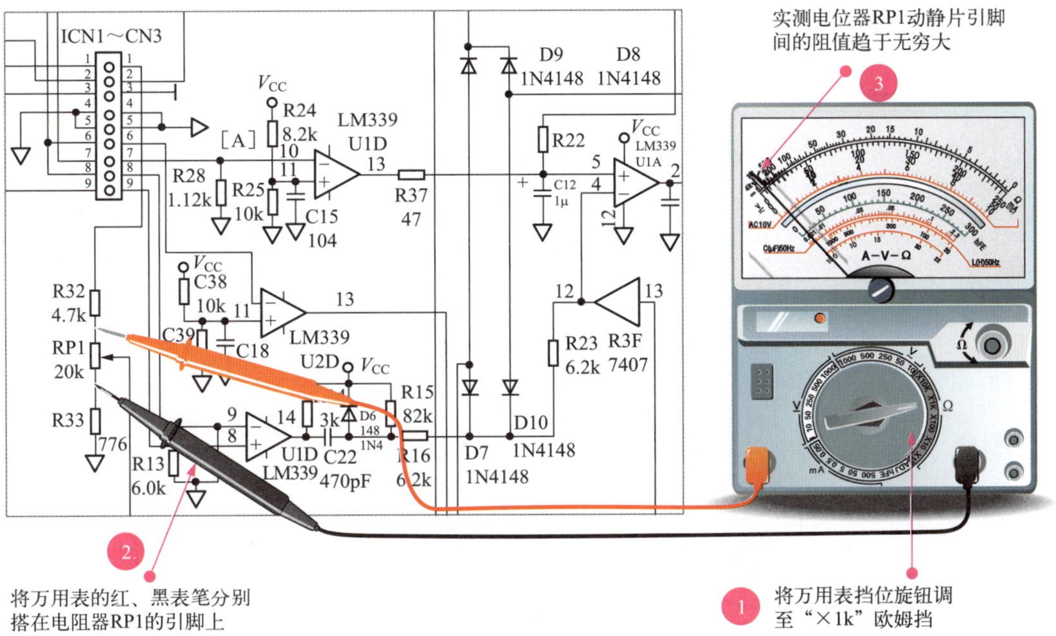

图22-11　检测电位器RP1

经检测发现，如果调整电位器动片，其动静片阻值均为无穷大，怀疑电位器 RP1 内部动片脱落，将其更换后，对 RP1 进行反复微调，使其不在保护状态。对电磁炉开机试机，故障排除。

22.6 爱庭电磁炉开机无反应故障的检修案例

故障表现：

爱庭 JYC-18X2 型电磁炉通电后，无任何反应，电源指示灯也不亮，按下电源开关后，仍旧无任何反应。

故障分析：

根据故障表现分析，当电磁炉出现整机不工作的故障时，首先怀疑电磁炉的直流电源供电电路可能不正常。

图 22-12 所示为爱庭 JYC-18X2 型电磁炉的电路原理图。

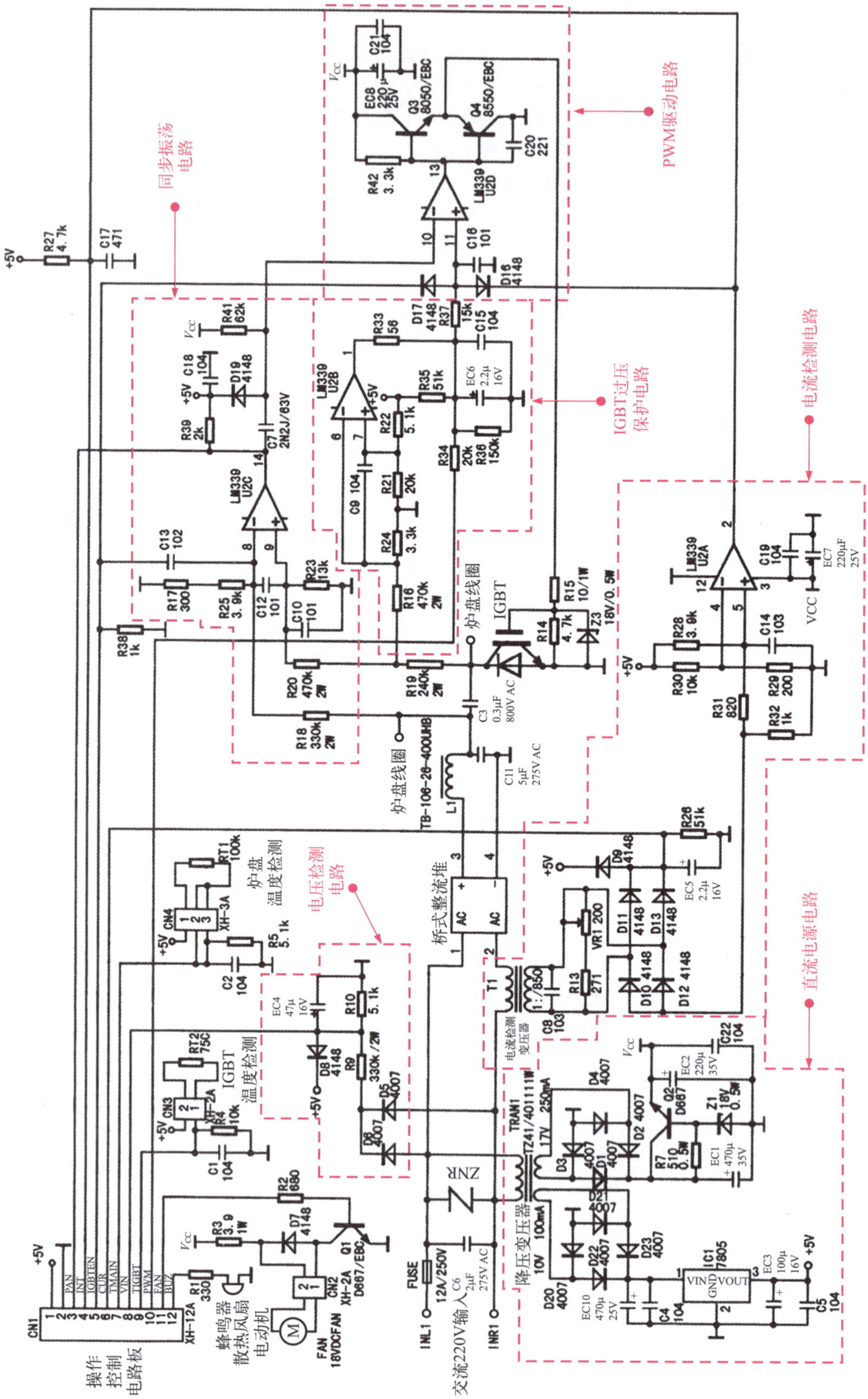

图22-12 爱庭JYC-18X2型电磁炉的电路原理图

故障检修：

根据以上分析，首先检查故障机电源供电电路输出端电压是否正常。

对电磁炉通电后，检测三端稳压器输出电压，如图 22-13 所示。

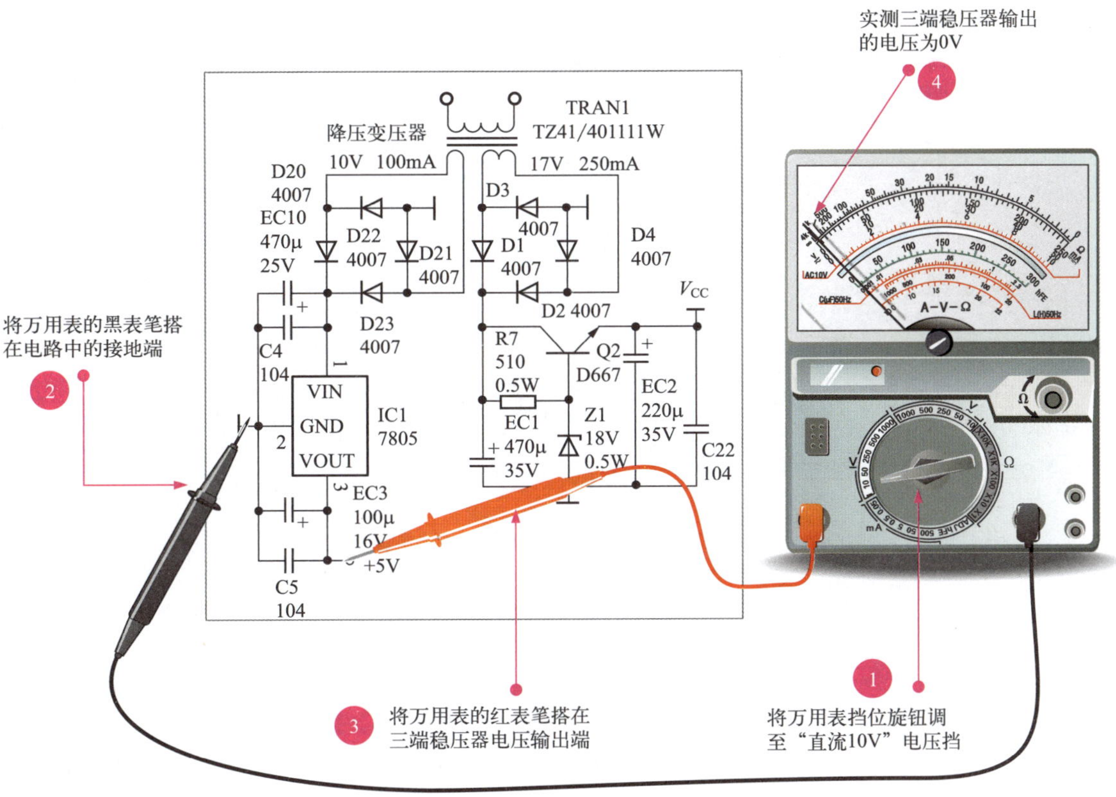

图22-13　检测三端稳压器输出电压

经检测其输出电压为 0V，怀疑电源供电电路中存在故障。此时，将电磁炉断电，顺电路元件连接关系，检测桥式整流电路中的二极管 D20 ～ D23。经检测后，测得二极管 D20、D23 的阻值为无穷大。将二极管 D20、D23 更换后，对电磁炉开机试机，故障排除。

特别提示

值得注意的是，如果检测电源电路输出电压为 0V，可能有两种情况：一是电源电路损坏导致无供电输出；二是直流供电线路的负载有短路故障，导致电源输出直流电压对地短路，此时测量数值也为 0V。区分这两种情况可通过检测电源电路直流电压输出端元件的对地阻值进行判断。

例如，若测得 5V 输出电压为 0V 时，可首先断开电源供电，然后用万用表的电阻挡检测 5V 对地阻值，如图 22-14 所示。

若检测结果有一定阻值，说明 5V 电压负载基本正常，应对电源电路中的三端稳压器及前级相关元件进行检测。若检测阻值为 0Ω，说明 5V 电压的负载器件有短路故障。

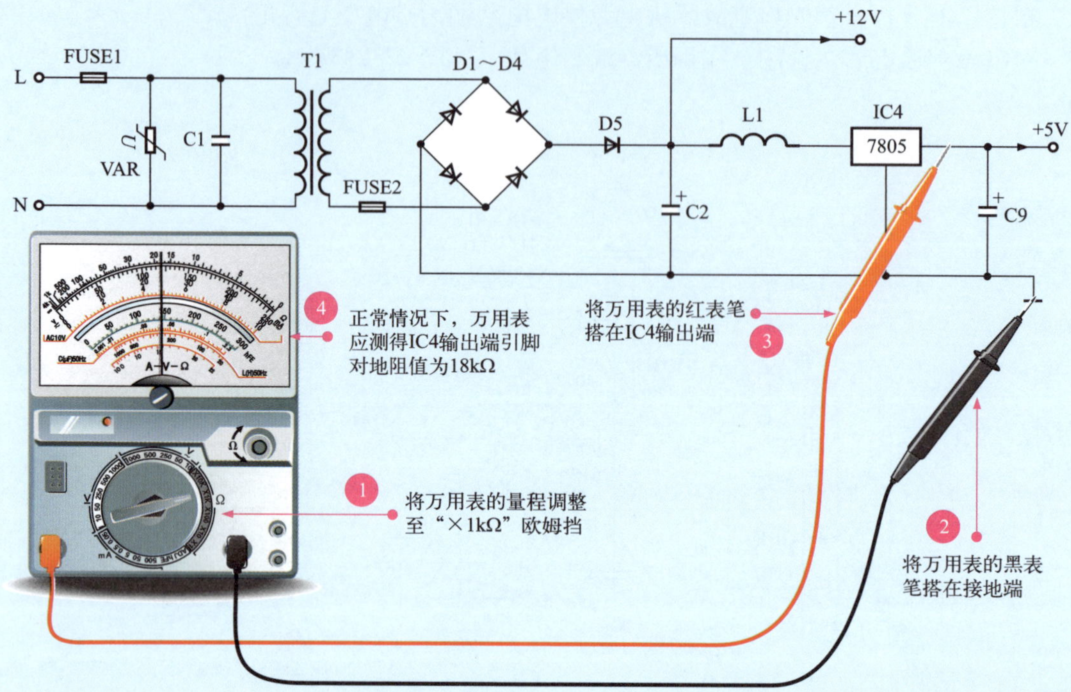

图22-14　5V电压输出器件对地阻值的检测方法

在空调器中，5V输出电压主要供给微处理器、操作显示电路等，可逐一断开这些负载的供电端，如焊开微处理器的电源引脚、拔下显示电路接口插件等。每断开一个器件，检测一次5V对地阻值，若断开后阻值仍为0Ω，说明该负载正常；若断开后，阻值恢复正常，则说明该器件存在短路故障。

22.7 美联电磁炉指示灯闪烁故障的检修案例

故障表现：

美联C-20A25型电磁炉通电后，电磁炉不断发出报警提示，并且电源指示灯不停闪烁。

故障分析：

根据电磁炉故障表现分析，电磁炉发出报警提示，且电源指示灯闪烁，均说明该电磁炉已经进入某种保护状态，应重点对电磁炉的电压检测电路、温度检测电路及其他的检测保护电路进行检查，并确认发生保护的电路是哪个，找出电路执行保护动作的原因，从而排除故障。

图22-15所示为美联C-20A25型电磁炉的控制电路原理图。

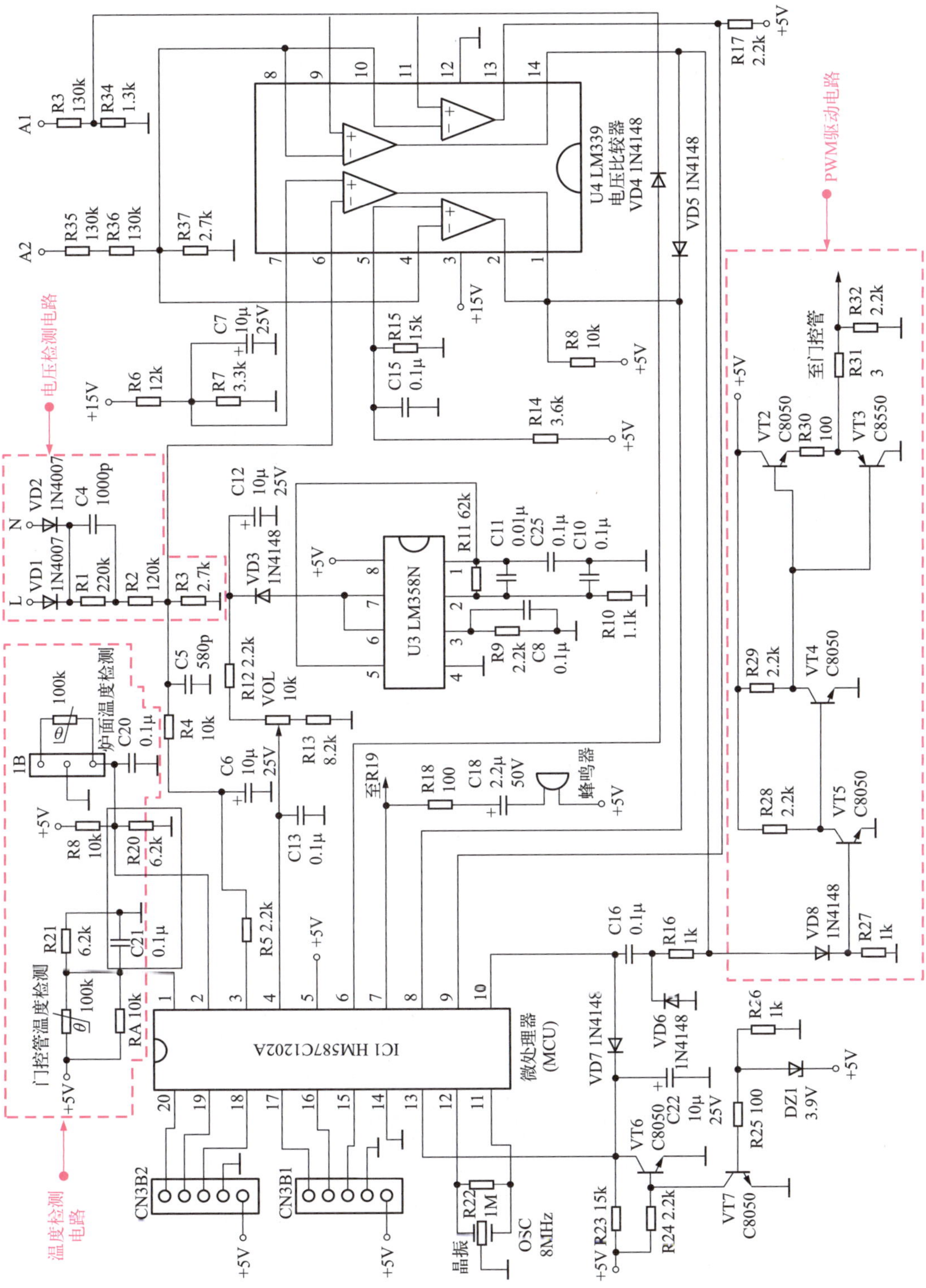

图22-15　美联C-20A25型电磁炉的控制电路原理图

故障检修：

根据以上分析，首先逐一断开各个检测电路和保护电路，发现当断开电压检测电路时，电磁炉通电开机正常，因此怀疑故障是由电压检测电路动作引起的保护，重点检查电压检测电路中的元件以及受保护的电路部分。

将电磁炉断电后，测电压检测电路中各元器件，检测到电阻器 R3 时，发现其实际阻值与标称阻值有明显偏差，如图 22-16 所示。

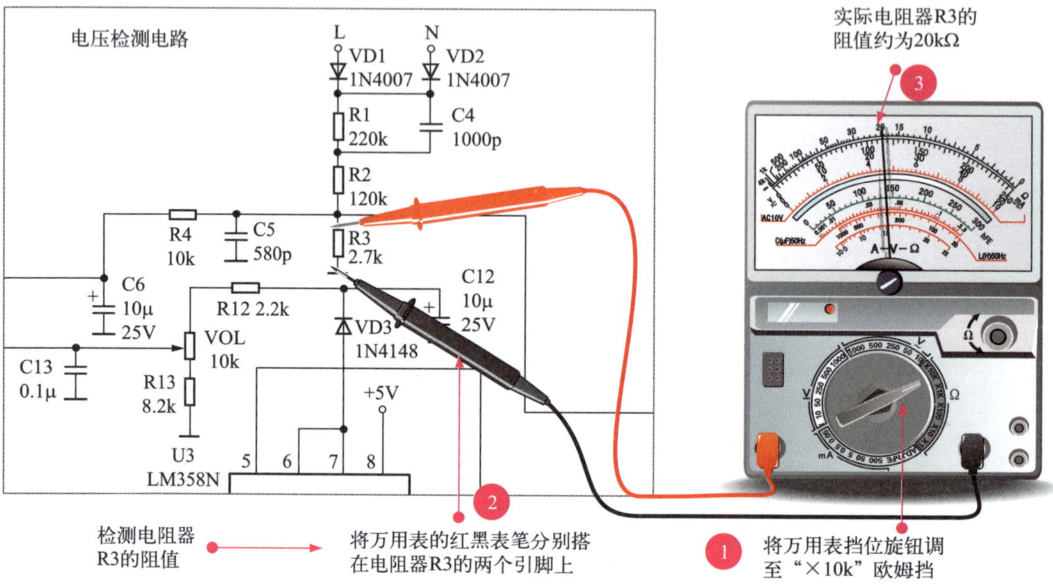

图22-16　检测电阻器R3

经检测发现，其实际阻值约为 20kΩ，与其标称值 2.7kΩ 偏差较大，表明该电阻已经老化。将电阻器 R3 更换后，对电磁炉开机试机，故障排除。

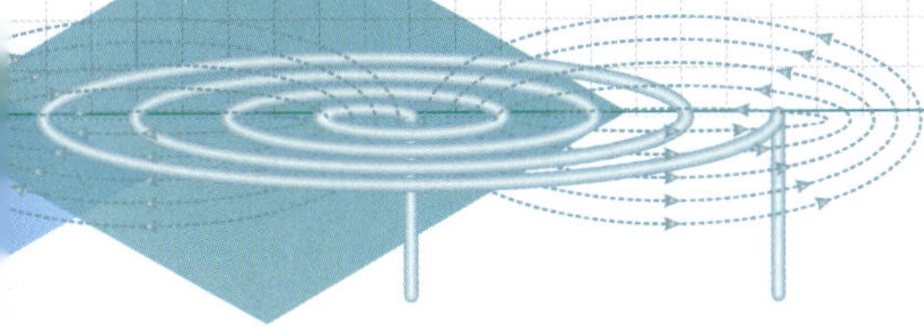

附录
电磁炉维修资料

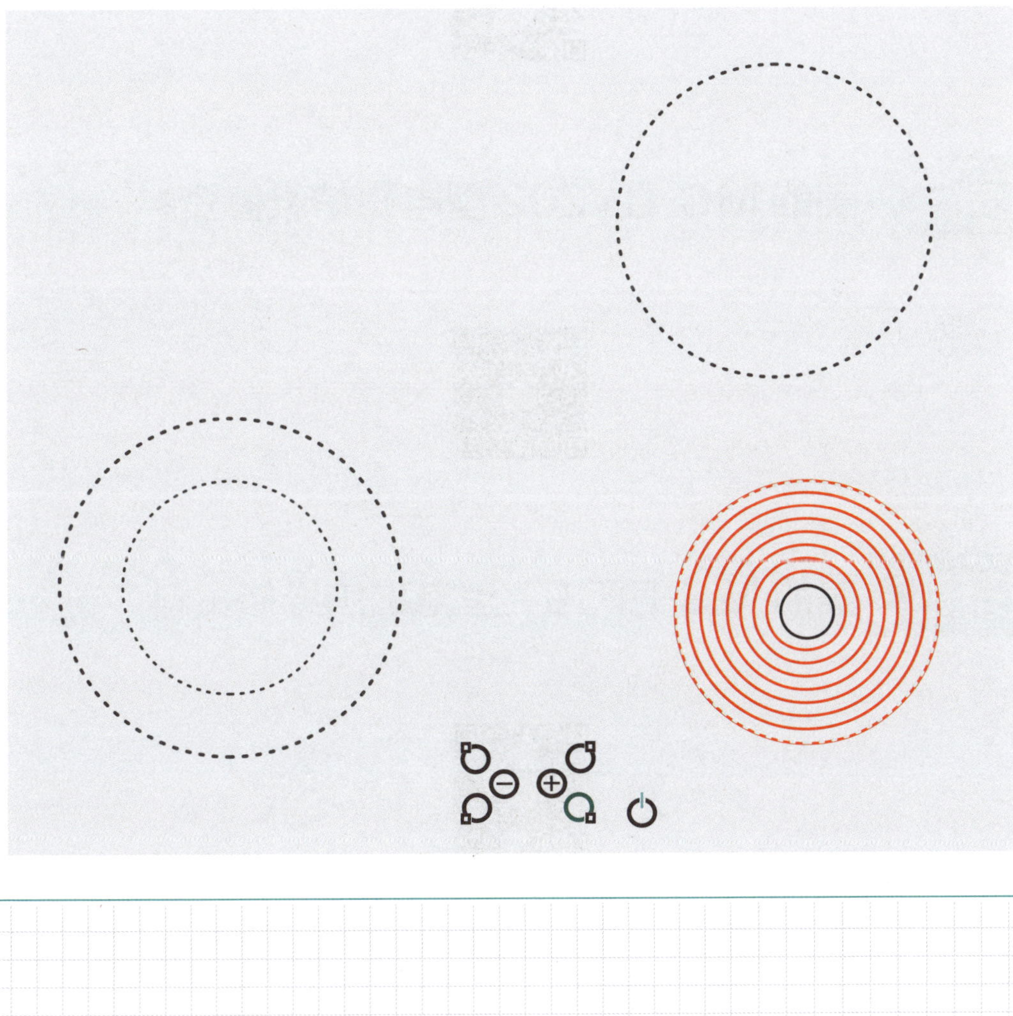

附录一 美的 EP1910 型电磁炉维修资料

附录二 美的 EY-182 型电磁炉维修资料

附录三 美的 MC-CY202 型电磁炉维修资料

附录四 美的 MC-EF197 型电磁炉维修资料

附录五　美的 MC-GY182 型电磁炉维修资料

附录六　九阳 JYC-22F 型电磁炉维修资料

附录七　苏泊尔 T0310 型电磁炉维修资料

附录八　苏泊尔 C16BS 型电磁炉维修资料